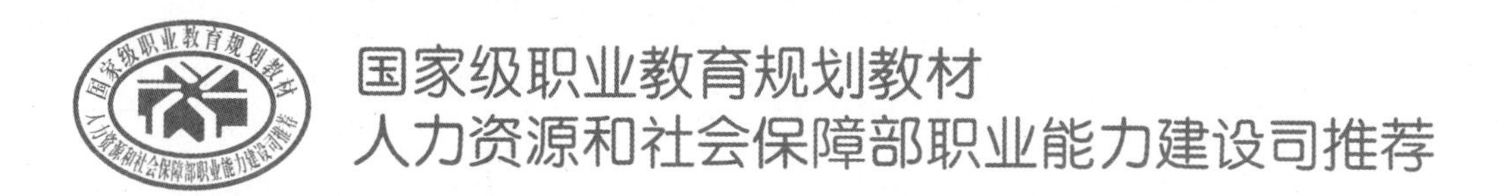

国家级职业教育规划教材

人力资源和社会保障部职业能力建设司推荐

高等职业技术院校园林工程技术专业任务驱动型教材

计算机辅助园林设计

人力资源和社会保障部教材办公室组织编写

周政　曾宪军　主编

中国劳动社会保障出版社

图书在版编目(CIP)数据

计算机辅助园林设计/周政，曾宪军主编．—北京：中国劳动社会保障出版社，2009
高等职业技术院校园林工程技术专业任务驱动型教材
ISBN 978－7－5045－8070－2

Ⅰ．计… Ⅱ．①周…②曾… Ⅲ．园林设计：计算机辅助设计－应用软件，AutoCAD、Photoshop、3DS MAX－高等学校：技术学校－教材 Ⅳ.TU986.2－39

中国版本图书馆CIP数据核字(2009)第210528号

中国劳动社会保障出版社出版发行
（北京市惠新东街1号 邮政编码：100029）
出 版人：张梦欣
*
北京外文印刷厂印刷装订 新华书店经销
787毫米×1092毫米 16开本 24.5印张 575千字
2009年11月第1版 2009年11月第1次印刷
定价：57.00元（含光盘）
读者服务部电话：010－64929211
发行部电话：010－64927085
出版社网址：http://www.class.com.cn

前言

为了满足高职高专教学改革的需要，人力资源和社会保障部教材办公室组织一批教学经验丰富、实践能力强的教师与行业、企业的一线专家，在充分调研、讨论专业设置和课程教学方案的基础上，编写了国内首套任务驱动型的高职高专园林工程技术专业教材：《园林制图与计算机绘图》《园林测量》《园林植物基础》《园林树木栽植与养护》《园林花卉栽培与养护》《园林草坪建植与养护》《园林植物应用技术》《园林规划设计》《计算机辅助园林设计》《园林工程技术》《园林建筑技术》《园林工程施工组织与管理》和《园林工程预算》等。

这套教材紧紧围绕园林绿化工程、景观设计、园林植物保护、花卉园艺等高职高专毕业生就业岗位的要求，参照国家职业标准《花卉园艺师》，优选内容，并确定教学目标是培养学生的四大能力，即园林工程施工技术能力，园林工程施工组织管理能力，园林测绘与设计能力，园林植物栽培、养护及应用能力。

园林工程施工技术能力：主要通过《园林工程技术》《园林建筑技术》的教学，使学生具备一般性园林工程的施工能力，如完成地形营造、园路修建、园林小品建造与布置、堆山置石、小型园林建筑、绿化植物种植等。

园林工程施工组织管理能力：主要通过《园林工程施工组织与管理》和《园林工程预算》的教学，使学生能够编制小型园林工程或大中型园林工程中单项工程的劳动力计划、材料计划、工程预决算和招投标标书，具备施工组织与管理能力。

前言

园林测绘与设计能力：主要通过《园林制图与计算机绘图》《园林测量》《园林规划设计》《计算机辅助园林设计》的教学，使学生具备住宅环境、单位附属绿地、屋顶花园、小型广场等中小型绿地的测绘与设计能力。

园林植物栽培、养护及应用能力：主要通过《园林植物基础》《园林树木栽植与养护》《园林花卉栽培与养护》《园林草坪建植与养护》《园林植物应用技术》的教学，使学生具备常见园林植物的识别、栽培、移植、养护、造型与修剪等方面的能力。

在教材内容的组织上，采用了任务驱动的编写思路。在教材的每一单元，首先提出具体的学习任务，使学生明确目标，产生学习的积极性；然后结合具体实例，讲解完成任务所需要的相关知识，使学生的认识由感性上升到理性；在任务实施环节，介绍完成任务的步骤和注意事项，使学生能够顺利完成任务，增强学生的成就感。在教材的表现形式上，尽量采用以图代文、以表代文，增强直观性和生动性。大部分教材都配有多媒体光盘，能够帮助教师优化课堂教学，提高学生的学习效率。

本套教材在编写过程中，得到有关高等职业技术院校的大力支持，教材的主编、参编、主审等做了大量的工作，在此表示衷心的感谢！同时，恳切希望广大读者对教材提出意见和建议，以便修订时加以完善。

人力资源和社会保障部教材办公室

2009 年 3 月

内容简介

本书为国家级职业教育规划教材，根据高等职业技术院校园林工程技术专业教学计划和教学大纲，由人力资源和社会保障部教材办公室组织编写。主要内容包括：树池施工图和效果图制作；园凳施工图和效果图制作；蘑菇亭施工图和效果图制作；花架施工图和效果图制作；小庭院平面图、彩平图、效果图的制作；欧式景观效果图的制作。

本书打破了传统计算机软件教材的理论体系，采用任务驱动的教学方法，通过实际案例讲述了园林要素施工图到效果图的制作过程。案例从易到难，从局部到整体过渡，强调绘图的基本步骤和要领，注重培养学生分析问题和解决问题的能力。

本书可作为高等职业技术院校园林工程技术专业教材，也可作为本科院校举办的职业技术学院、成人教育园林相关专业教材，或作为从事园林工作人员的参考书、自学用书。

本书由周政、曾宪军主编并负责全书统稿；李永兴、周耀副主编；由刘唐兴主审。

目 录

模块一 树池的制作 /1

任务一 绘制树池施工图 /1

任务二 制作树池模型 /41

模块二 园凳的制作 /51

任务一 绘制园凳施工图 /51

任务二 制作园凳模型 /74

模块三 蘑菇亭的制作 /83

任务一 绘制蘑菇亭施工图 /83

任务二 制作蘑菇亭模型 /97

模块四 花架的制作 /107

任务一 绘制花架施工图 /107

任务二 制作花架模型 /136

模块五 小庭院平面图、彩平图、效果图的制作 /149

任务一 绘制小庭院平面图 /149

任务二 绘制小庭院彩色平面图 /198

任务三 制作小庭院渲染图 /239

任务四 小庭院渲染图的后期处理 /291

模块六 欧式景观效果图的制作 /321

任务一 制作欧式景观渲染图 /321

任务二 欧式景观渲染图的后期处理 /360

模块一 树池的制作

任务一　绘制树池施工图

任务目标

- 绘图前的准备工作（单位设置、选项修改、图层设置）
- 辅助工具的运用
- 绘制树池的平面图、正立面图和1—1剖面图
- 尺寸标注、材料说明、文字注写
- 打印出图

任务引入

运用 AutoCAD 2006 绘图软件，绘制如图 1 － 1 － 1 所示的树池施工图。要求：图线运用、尺寸标注、文字说明符合国家制图标准规定，并能正确设置参数，打印出图。

任务分析

运用 AutoCAD 软件制作树池施工图，首先，通过绘图命令和编辑命令，绘制树池的平面图、正立面图和 1 － 1 剖面图；其次，给图形主要部位标注尺寸；最后，给图形配以材质说明和文字注写，打印出图。绘图步骤简易流程如图 1 － 1 － 2 所示。

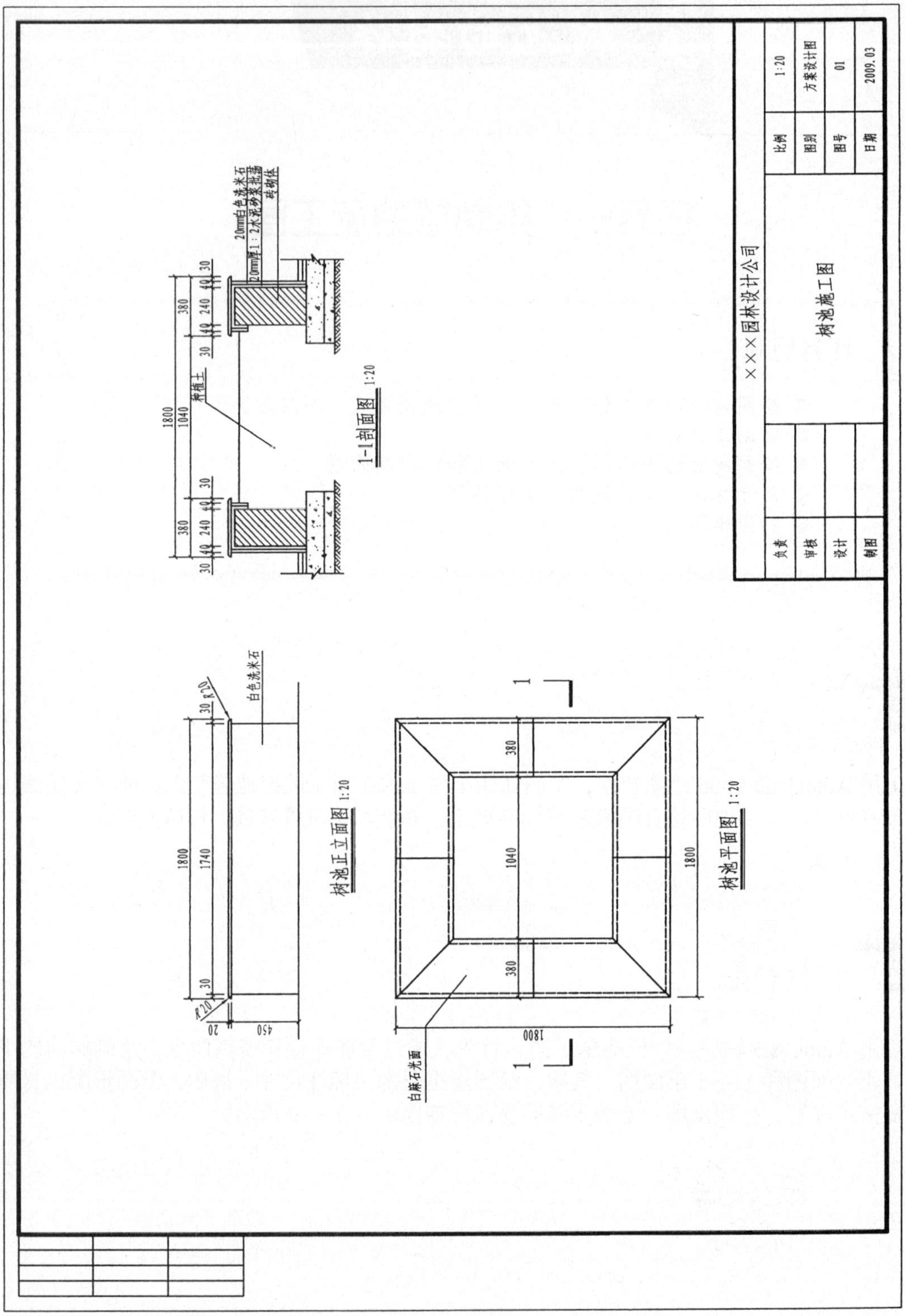

树池正立面图 1:20

1800
30 1740 30
R20 R20
20
450
白色洗米石

1-1剖面图 1:20

1800
380 1040 380
30 40 240 40 30 30 40 240 40 30
种植土
20mm白色洗米石
20mm厚1：2水泥砂浆批荡
砖砌体

树池平面图 1:20

白麻石光面
380 1040 380
1800
1800
1 1

×××园林设计公司				
负责		树池施工图	比例	1:20
审核			图别	方案设计图
设计			图号	01
制图			日期	2009.03

图1—1—1 树池的施工图

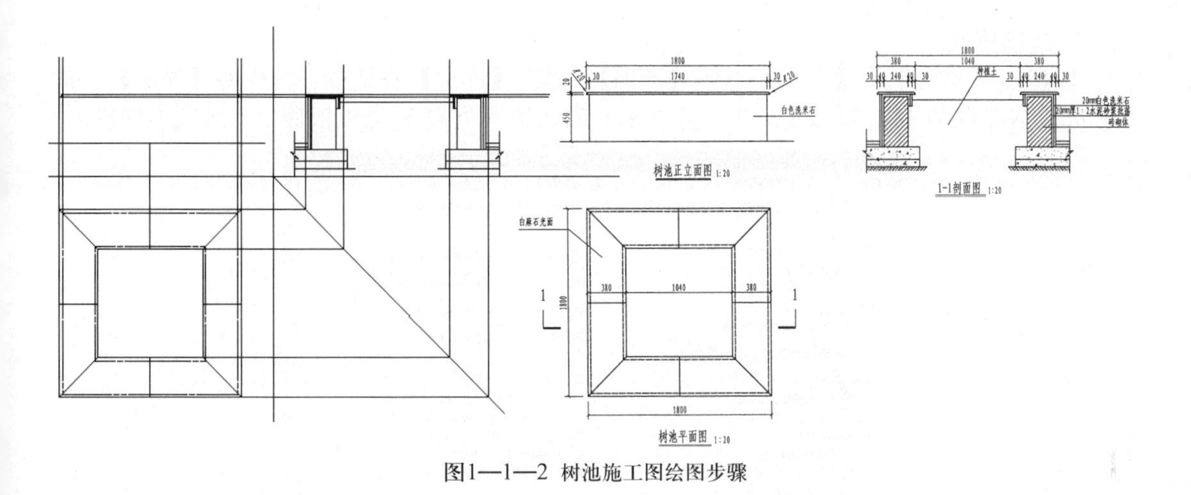

图1—1—2 树池施工图绘图步骤

任务实施

一、绘图前的准备工作

绘图前的准备工作主要包括 CAD 单位设置、选项修改和图层设置。这些都是在绘图前必须做的工作。后期任务实施前的准备工作都按此进行。

1. 单位设置

⑴ 在桌面上双击“ ”按钮，打开 AutoCAD 2006 中文版应用程序。

⑵ 单击菜单栏中的【格式】下的【单位】,弹出【图形单位】对话框,其设置如图 1 － 1 － 3 所示 , 将精度调整为“0.00”, 单位为“毫米”。

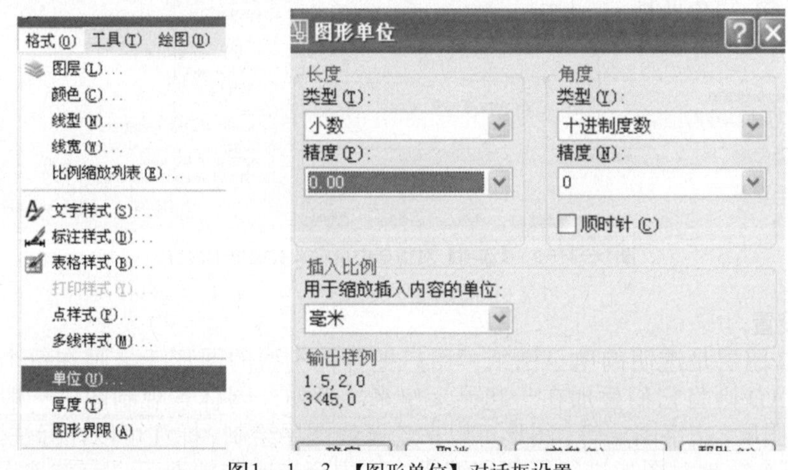

图1—1—3 【图形单位】对话框设置

2. 选项修改

⑴ 单击菜单栏中的【工具】下的【选项】，弹出【选项】对话框，首先将【显示】中的十字光标大小改为100,如图1－1－4所示。默认情况下为5,也可根据个人绘图习惯设置。

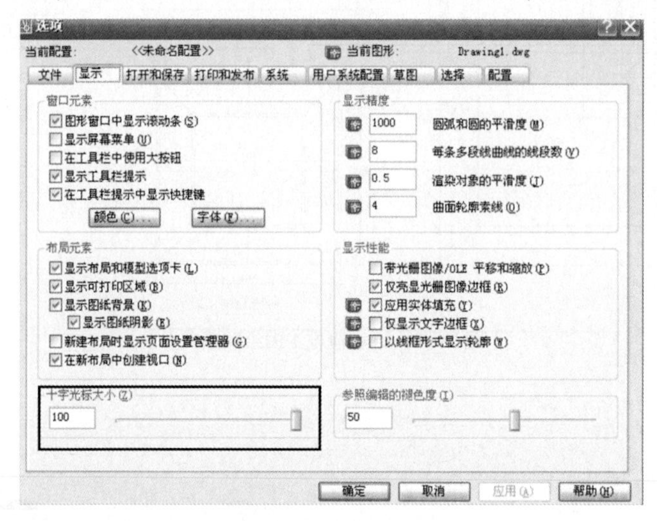

图1—1—4 【选项】对话框设置十字光标大小

⑵ 在【用户系统配置】中单击【自定义右键单击】，将其内容都选择第一项。设置步骤如图1－1－5所示。修改后的设置能有效提高绘图速度，也可根据个人绘图习惯设置。

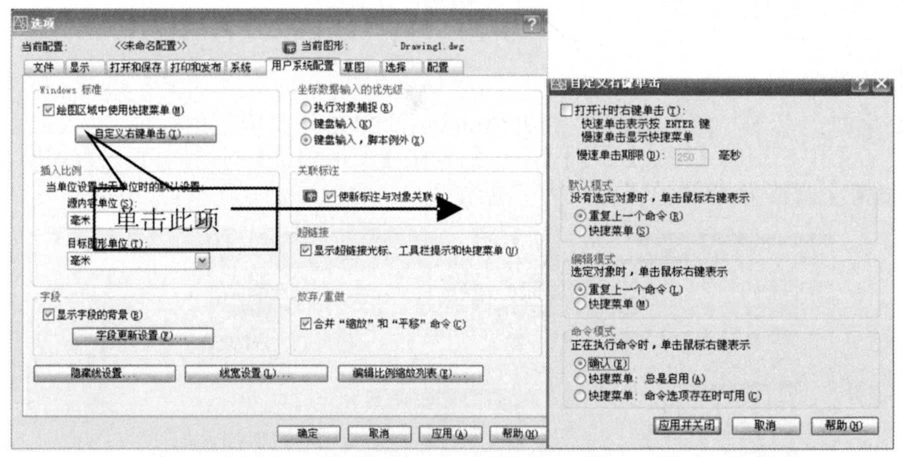

图1—1—5 【选项】对话框中自定义右键单击内容

3. 图层设置

AutoCAD图层是透明的电子图纸，用户把各种类型的图形元素画在每个对应的图层上面，AutoCAD则将它们叠加在一起显示出来。例如，园林景观制图中一般可创建轮廓线图层、标注图层、文字图层等,图形可以在轮廓线图层绘制,标注可以在标注图层绘制等。图层的运用可有效地对图形进行管理和编辑，在内容丰富的情况下，有效地运用图层可提高工作效率。

⑴ 单击【图层】工具栏中的“ ”按钮，如图 1 － 1 － 6 所示；弹出【图层特性管理器】对话框，如图 1 － 1 － 7 所示。

图1—1—6 图层工具栏

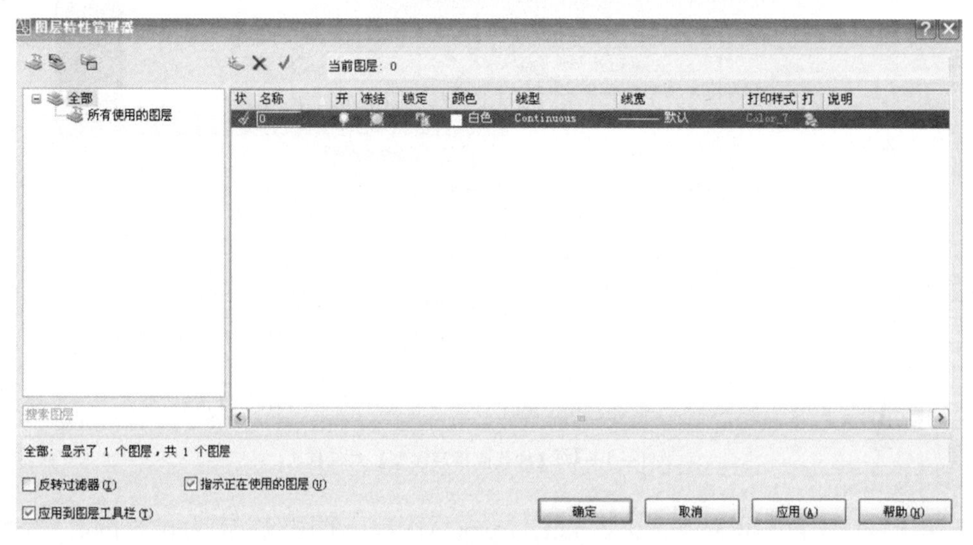

图1—1—7 【图层特性管理器】对话框

⑵ 在【图层特性管理器】中单击“ ”按钮，新建一个图层，并将图层名改为“轮廓线”。

⑶ 单击“轮廓线”图层关联的图标“白色”，这时弹出【选择颜色】对话框，此对话框中包含有 256 种颜色，如图 1 － 1 － 8 所示。

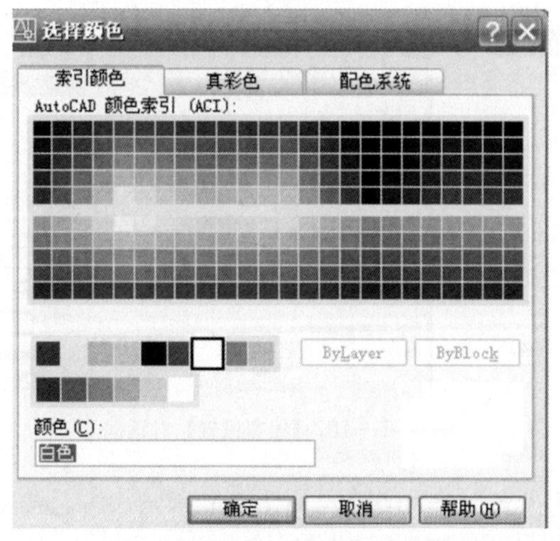

图1—1—8 【选择颜色】对话框

⑷ 单击“轮廓线”图层关联的图标“Continuous”，这时弹出【选择线型】对话框，通过此对话框，用户可以选择一种线型或从线型库中加载更多线型，AutoCAD 默认的线型是 Continuous(实线)，如图 1 － 1 － 9 所示。

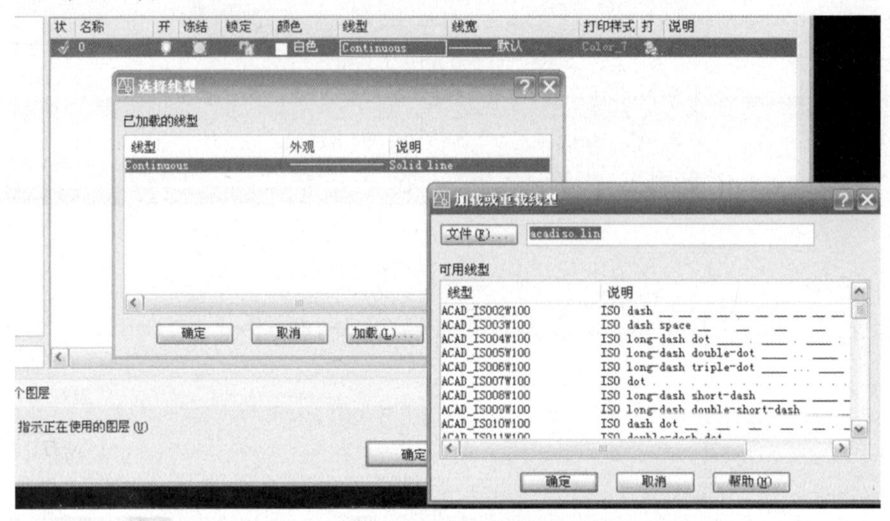

图1—1—9 【加载或重载线型】对话框

⑸ 单击线宽设置其线宽值为 0.35 mm，AutoCAD 默认的图线宽度为 0.25 mm，当然默认图线的宽度是可以改变的,单击菜单栏中的【格式】下的【线宽】,弹出【线宽设置】对话框，可以设置默认线宽的粗细，以及是否显示线宽，但一般情况下都是默认线宽为 0.25 mm，如图 1 － 1 － 10 所示。

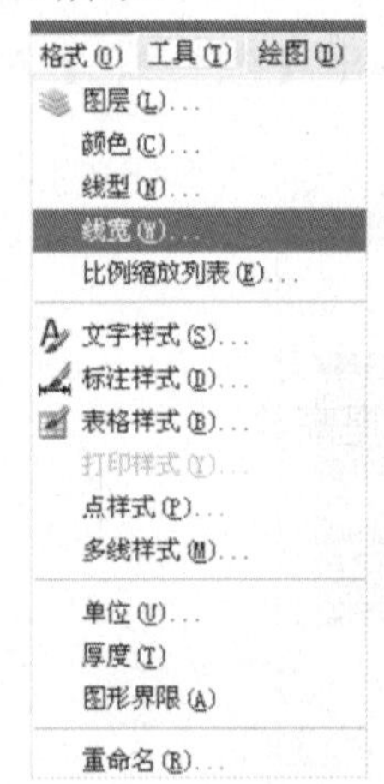

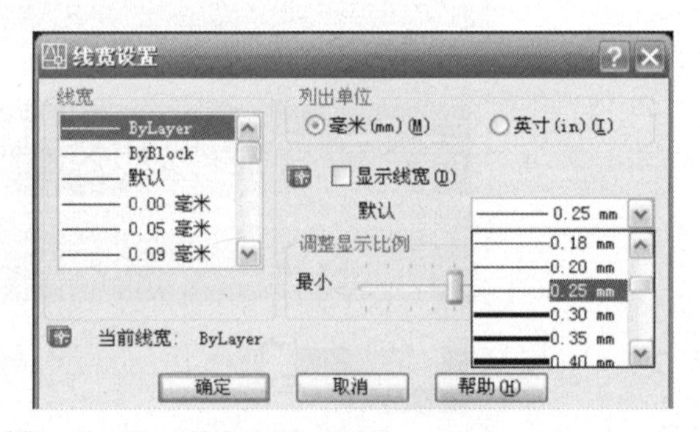

图1—1—10 【线宽设置】对话框

⑹ 按⑵～⑸步骤具体设置图层如图 1 － 1 － 11 所示。

当前图层：轮廓线

状	名称	开	冻结	锁定	颜色	线型	线宽	打印样式	打	说明
	0				白色	Continuous	默认	Color_7		
	标注				红色	Continuous	默认	Color_1		
✓	轮廓线				白色	Continuous	0.35 毫米	Color_7		
	填充				9	Continuous	默认	Color_9		
	文字				蓝色	Continuous	默认	Color_5		
	文字注写				青色	Continuous	默认	Color_4		
	中轴线				品红	CENTER2	默认	Color_6		

图1—1—11 图层设置情况

⑺ 选择“轮廓线”图层单击图标“✓”将其作为当前图层，如图 1 － 1 － 12 所示。

注意：图层前面有一绿色标记“√”，表示该图层为当前图层；其他图层名称前有白色图标“ ”，表示这些图层上没有任何图形对象；如有图形，图标的颜色将为蓝色。

当前图层：轮廓线

置为当前 (Alt+C)

状	名称	开	冻结	锁定	颜色	线型	线宽	打印样式	打	说明
	0				白色	Continuous	默认	Color_7		
	标注				红色	Continuous	默认	Color_1		
✓	轮廓线				白色	Continuous	0.35 毫米	Color_7		
	填充				9	Continuous	默认	Color_9		
	文字				蓝色	Continuous	默认	Color_5		
	文字注写				青色	Continuous	默认	Color_4		
	中轴线				品红	CENTER2	默认	Color_6		

图1—1—12 设置“轮廓线”为当前图层

二、辅助工具的运用（对象捕捉、正交的运用）

绘图过程中，常常需要通过一些特殊的几何点绘制图形。例如，过线段端点、中点绘制图形等。在这种情况下，需要通过一些辅助工具来精确捕捉到这些点，能更快捷和精准地绘制图形。AutoCAD 提供了一系列帮助绘图的工具型命令，也就是所说的辅助工具，包括栅格与捕捉、正交、对象捕捉、极轴追踪和对象追踪，这些命令本身不产生对象，而是帮助我们在绘制图形时精确定位一些特殊点，简化点的坐标的输入，提高绘图的准确性和绘图速度。下面重点讲一下对象捕捉和正交功能。

1. 使用对象捕捉精确绘图

⑴ 可以通过【对象捕捉】工具栏，进行对象捕捉，如图 1 － 1 － 13 所示。

图1—1—13 【对象捕捉】工具栏

⑵ 鼠标右键单击状态栏下的【对象捕捉】，选择“设置”，弹出【草图设置】对话框，在“对象捕捉”面板中，可以选择需要捕捉的点的类型，如图 1 － 1 － 14 所示。

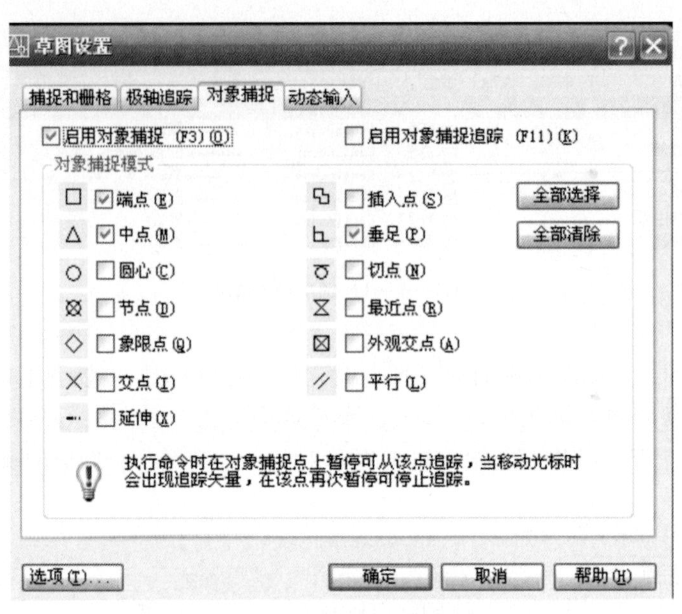

图1—1—14　对象捕捉设置

⑶ 启动对象捕捉有以下两种方法：

● 单击键盘上的【F3】键，可以切换打开或关闭对象捕捉功能。

● 单击状态行按钮【对象捕捉】，如果按钮显示下凹，则启动对象捕捉功能，如显示为凸起，则关闭对象捕捉功能。

⑷ 开启对象捕捉后，只要将光标移动到目标点附近，AutoCAD 就会自动捕捉到这些点，如图 1 － 1 － 15 所示。

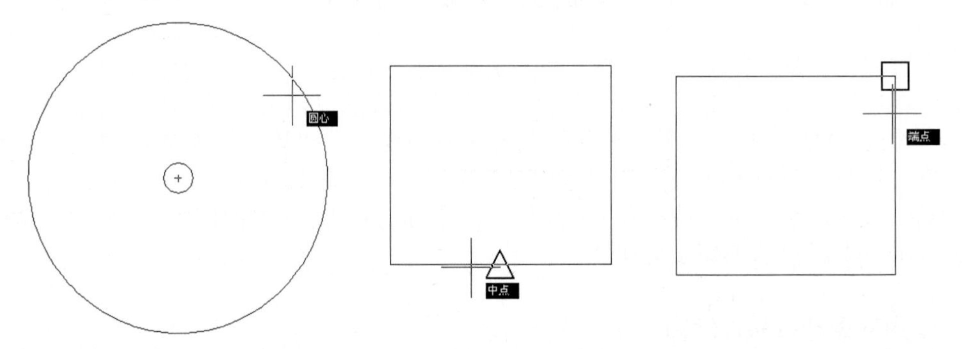

图1—1—15 开启对象捕捉的效果

2. 使用辅助工具正交绘图

用鼠标绘制图形时，绘制水平线和垂直线并不容易，AutoCAD 提供的正交功能则能非常方便地绘制出水平线和垂直线。

启动正交功能有以下两种方法：

● 单击键盘上的【F8】键，可以切换打开或关闭正交功能。

● 单击状态行按钮【正交】，如果按钮显示下凹，则启动正交功能，如显示为凸起，则关闭正交功能。

打开正交后，光标只能沿水平或垂直方向移动（在绘图过程中，可实时根据绘图需要，随时开启或关闭正交功能）。

三、绘制树池的平面图

这是一个方形的树池，从上往下看，其图形基础都是矩形，可以以矩形为基础，通过偏移命令 O(offset) 来绘制其平面图。

1. 将“轮廓线”图层设置为当前图层。

2. 运用矩形命令 REC(rectangle)，绘制 1 800 mm×1 800 mm 矩形，如图 1 － 1 － 16 所示。

- “绘图”工具栏：单击工具栏中的“ ”图标。
- “绘图”菜单：依次单击“绘图”菜单 ➤ “矩形”。
- 命令行：REC(rectangle)。

命令 : rec RECTANGLE

指定第一个角点或 [倒角 (C)/ 标高 (E)/ 圆角 (F)/ 厚度 (T)/ 宽度 (W)]:（在屏幕上任意单击一点）

指定另一个角点或 [面积 (A)/ 尺寸 (D)/ 旋转 (R)]:（键盘输入 @1800,1800）

图1—1—16 绘制1 800 mm×1 800 mm矩形

3. 以 1 800 mm×1 800 mm 矩形为参照物，运用偏移命令 O(offset)，绘制矩形，偏移距离 =380 mm，如图 1 － 1 － 17 所示。

- “修改”工具栏：单击修改工具栏中的“ ”图标。
- “修改”菜单：依次单击“修改”菜单 ➤ “偏移”。
- 命令行：O(offset) 。

命令 : o OFFSET

当前设置 : 删除源 = 否 图层 = 源 OFFSETGAPTYPE=0

指定偏移距离或 [通过 (T)/ 删除 (E)/ 图层 (L)] < 通过 >:（键盘输入 380 回车）

指定偏移距离或 [通过 (T)/ 删除 (E)/ 图层 (L)] < 通过 >: 380

选择要偏移的对象，或 [退出 (E)/ 放弃 (U)]< 退出 >:（单击要选择的对象 1 800 mm×1 800 mm

的矩形)

指定要偏移的那一侧上的点,或 [退出 (E)/ 多个 (M)/ 放弃 (U)] < 退出 >: (选择好矩形后,将鼠标向矩形内部方向单击一下,这时偏移完成)

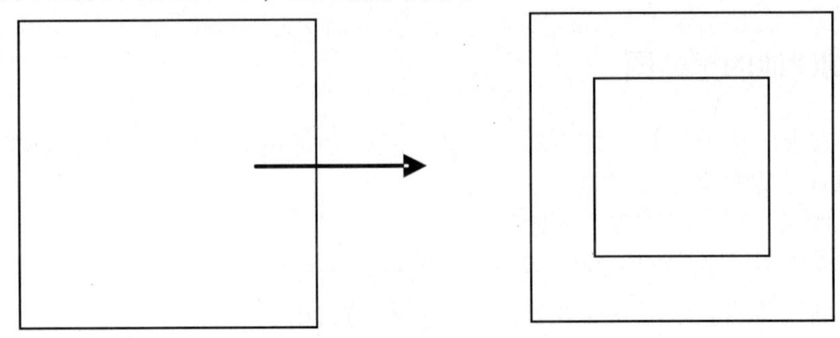

图1—1—17 偏移命令后的效果

4. 继续运用偏移命令 O(offset), 绘制矩形,偏移距离 =30 mm,如图 1 － 1 － 18 所示。

5. 改变刚才绘制的矩形的线型为虚线。

依次选择步骤 4 绘制的 2 个矩形 (鼠标单击即可),如图 1 － 1 － 19 所示。

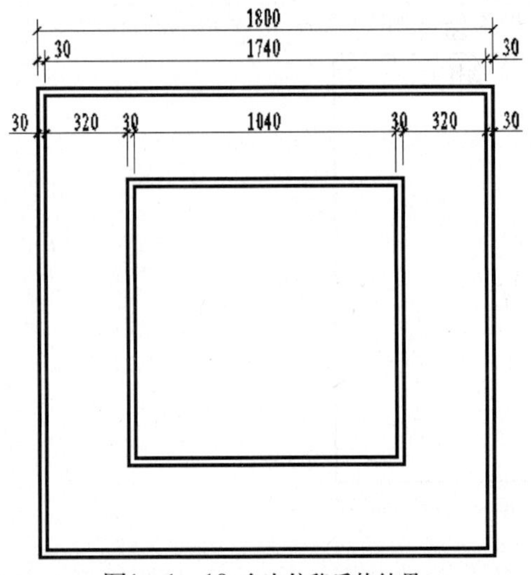

图1—1—18 多次偏移后的结果

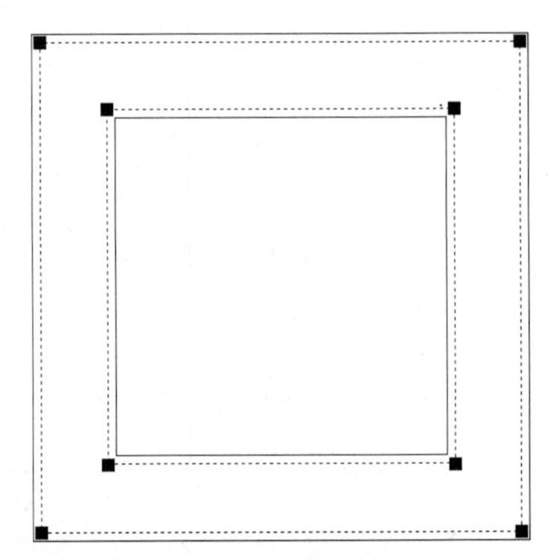

图1—1—19 选择需改变线型的矩形

单击【对象特性】工具栏中图线下拉菜单选择“其他”,如图 1 － 1 － 20 所示。

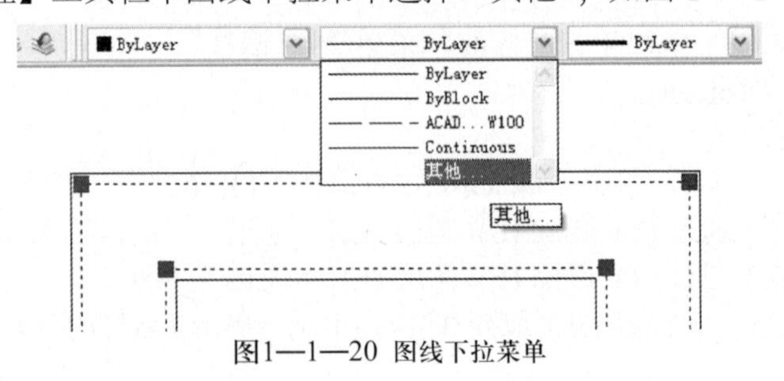

图1—1—20 图线下拉菜单

弹出线型管理器对话框，如图 1 － 1 － 21 所示。

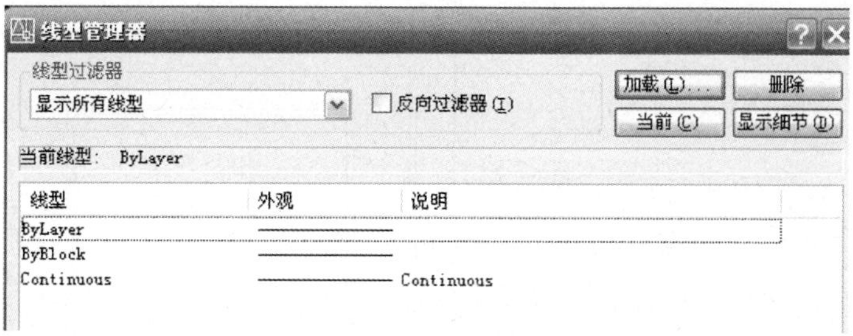

图1—1—21【线型管理器】对话框

单击加载，选择虚线线型（ACAD_ISOO2W100），如图 1 － 1 － 22 所示。

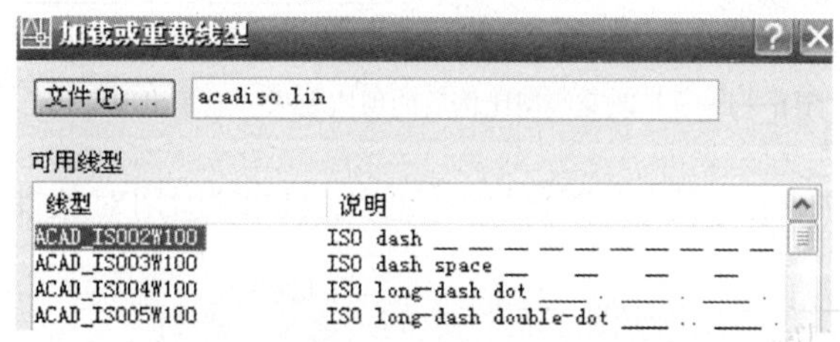

图1—1—22 线型列表，选择需要的线型

完成命令后，如图 1 － 1 － 23 所示。

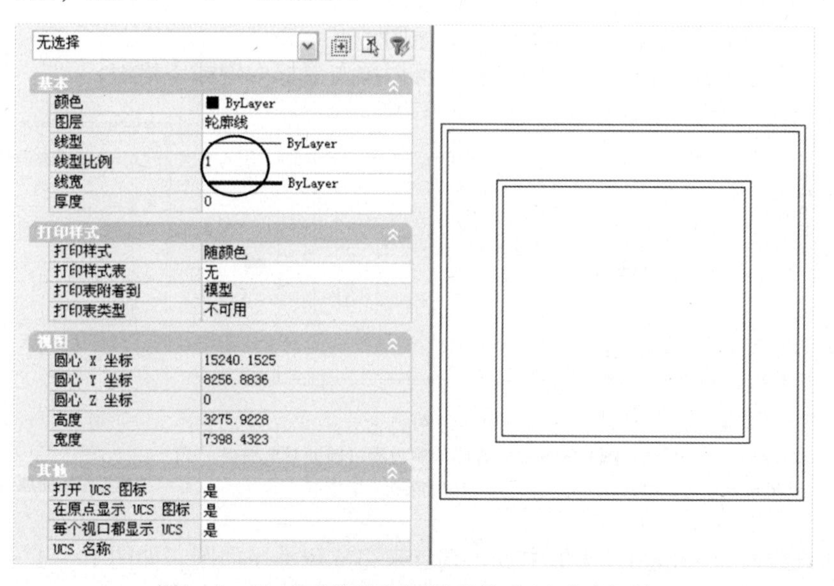

图1—1—23 修改线型后的现实效果（看上去无变化）

但线型比例有些问题，显示不明星，在两个线条被选择的情况下，键盘输入 Ctrl+1，弹出【特性】对话框，将比例改为 5 后，其效果如图 1 － 1 － 24 所示。

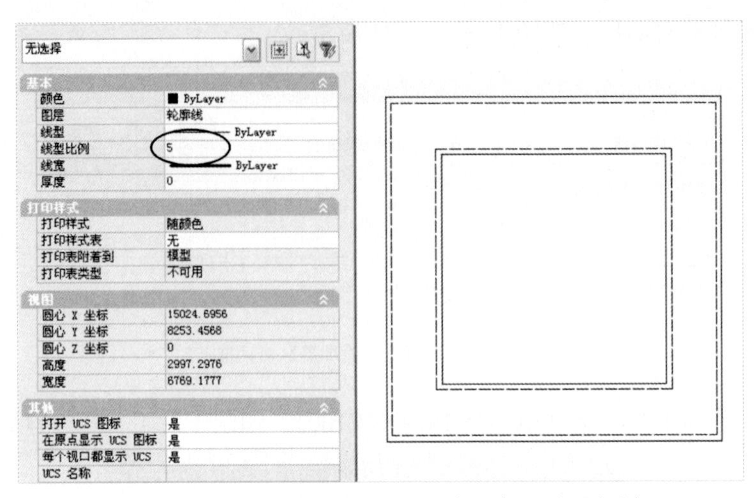

图1—1—24 改变线型比例后的现实效果（显示出现变化）

6. 运用直线命令 L(line)，绘制对角线和中心线（同时运用对象捕捉），如图 1 － 1 － 25 所示。

● “绘图”工具栏：单击绘图工具栏中的“ ”图标。

● “绘图”菜单：依次单击“绘图”菜单 “直线”。

● 命令行：L(line) 。

命令 : l LINE 指定第一点 :（捕捉中点）如图

指定下一点或 [放弃 (U)]:（捕捉中点）如图

指定下一点或 [放弃 (U)]:（命令完成，可以单击鼠标右键或空格键）

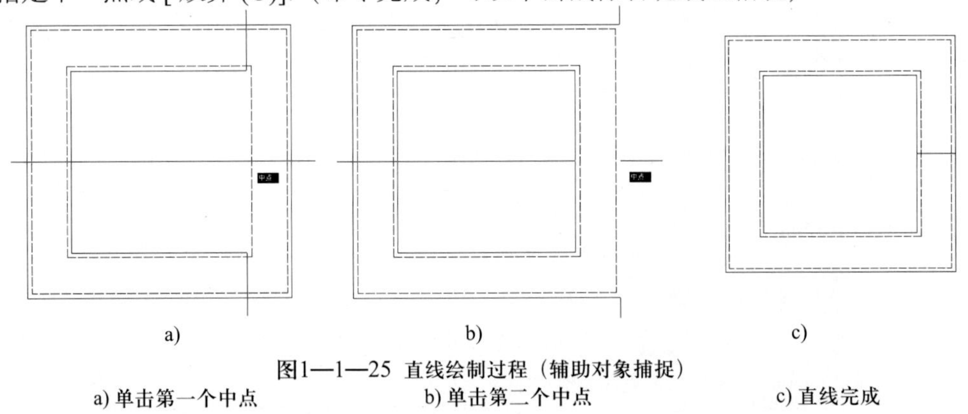

a)　　b)　　c)

图1—1—25 直线绘制过程（辅助对象捕捉）

a) 单击第一个中点　　b) 单击第二个中点　　c) 直线完成

7. 重复直线命令 L(line)，捕捉中点、端点来完成树池平面图，如图 1 － 1 － 26 所示。

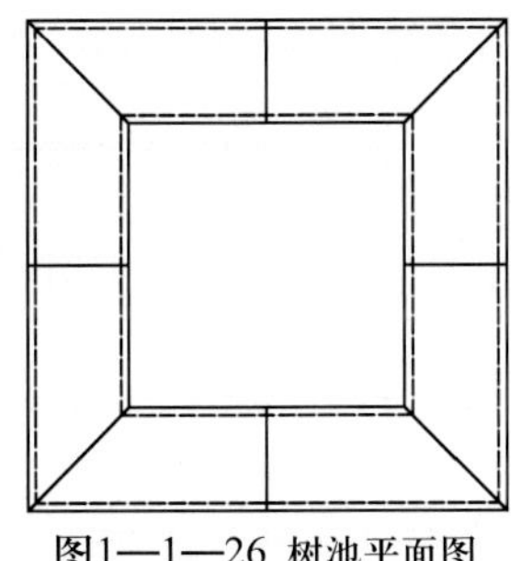

图1—1—26 树池平面图

四、绘制树池的正立面图

在任务实施的过程中，通常要通过辅助线条来完成从平面图到正立面图的绘制。首先，先来看正立面图和平面图之间的关系，如图 1 － 1 － 27 所示（当然也可以先画正立面图，再画平面图，前提是理解两者之间的关系）。

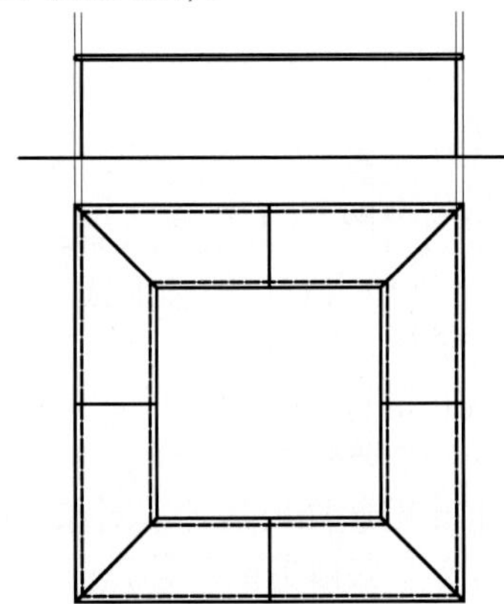

图1—1—27 平面图和正立面图的关系（灵活运用辅助线）

1. 参考样图尺寸，运用直线命令 L(line)，首先绘制正立面图中的地平线和辅助线，如图 1 － 1 － 28 所示。

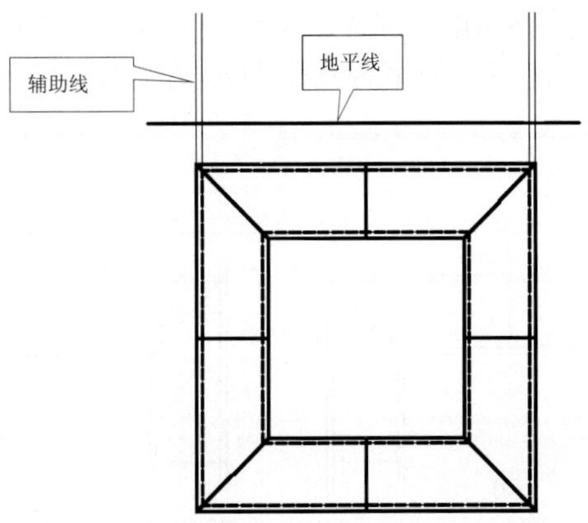

图1—1—28 绘制正立面图中的地平线和辅助线

2. 运用偏移命令 O(offset)，将地平线偏移 450 mm、20 mm，如图 1 － 1 － 29 所示。

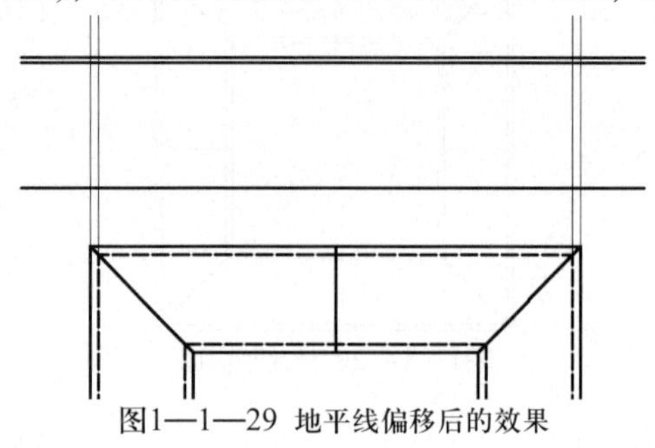

图1—1—29 地平线偏移后的效果

3. 运用修剪命令 TR(trim)，将图形进行修改，如图 1 － 1 － 30 所示。

- “修改”工具栏：单击修改工具栏中的“ ”图标。
- “修改”菜单：依次单击“修改”菜单 ➤ “修剪”。
- 命令行：TR(trim)。

命令 : tr TRIM

当前设置 : 投影 =UCS，边 = 无

选择剪切边 ...

选择对象或 < 全部选择 >: 找到 1 个 (单击左边的辅助线)

选择对象 : 找到 1 个，总计 2 个 (单击右边的辅助线)

选择对象 : (单击空格或鼠标右键表示完成剪切边的选择)

选择要修剪的对象，或按住 Shift 键选择要延伸的对象，或 [栏选 (F)/ 窗交 (C)/ 投影 (P)/ 边 (E)/ 删除 (R)/ 放弃 (U)]: (选择第 1 个要修剪的对象)

选择要修剪的对象，或按住 Shift 键选择要延伸的对象，或 [栏选 (F)/ 窗交 (C)/ 投影 (P)/ 边 (E)/ 删除 (R)/ 放弃 (U)]: (选择第 2 个要修剪的对象)

选择要修剪的对象，或按住 Shift 键选择要延伸的对象，或 [栏选 (F)/ 窗交 (C)/ 投影 (P)/ 边 (E)/ 删除 (R)/ 放弃 (U)]: (选择第 3 个要修剪的对象)

选择要修剪的对象，或按住 Shift 键选择要延伸的对象，或 [栏选 (F)/ 窗交 (C)/ 投影 (P)/ 边 (E)/ 删除 (R)/ 放弃 (U)]: (选择第 4 个要修剪的对象)

选择要修剪的对象，或按住 Shift 键选择要延伸的对象，或 [栏选 (F)/ 窗交 (C)/ 投影 (P)/ 边 (E)/ 删除 (R)/ 放弃 (U)]: (单击空格或鼠标右键表示完成剪切任务)

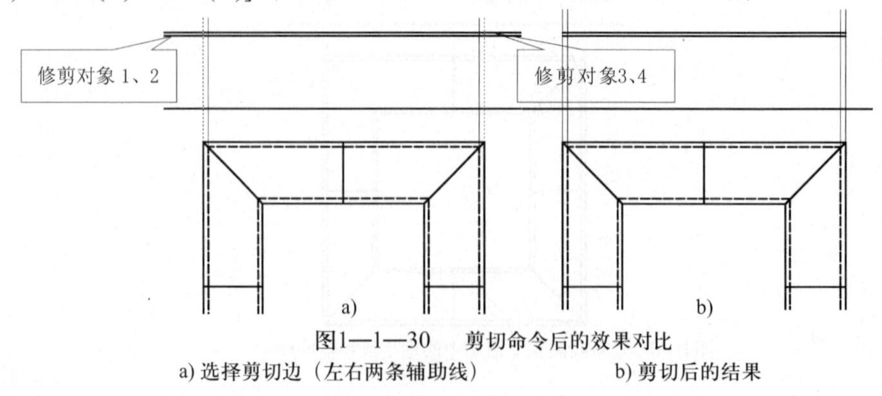

图1—1—30 剪切命令后的效果对比

a) 选择剪切边（左右两条辅助线） b) 剪切后的结果

4. 运用直线命令 L(line)，辅助对象捕捉，绘制如图 1 － 1 － 31 所示。

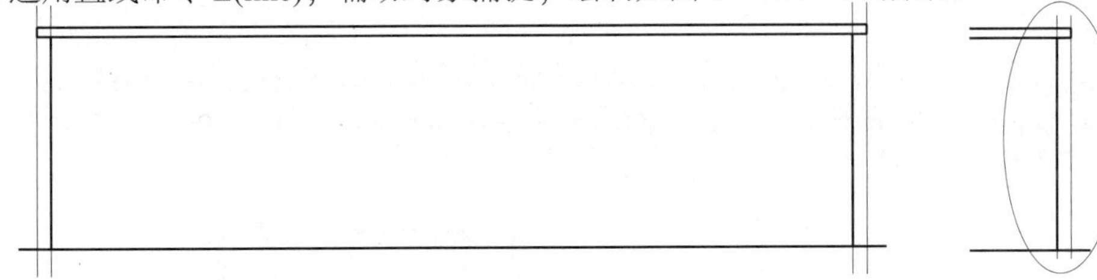
图1—1—31 直线命令绘制效果

5. 运用倒圆角命令 F(fillet)，半径 =20 mm，如图 1 － 1 － 32 所示。

● "修改"工具栏：单击修改工具栏中的" "图标。
● " 修改"菜单：依次单击"修改"菜单 "圆角"。
● 命令行：F(fillet)。

命令：f FILLET
当前设置：模式 = 修剪，半径 = 0
选择第一个对象或 [放弃 (U)/ 多段线 (P)/ 半径 (R)/ 修剪 (T)/ 多个 (M)]: r 指定圆角半径 <0>: 20（默认情况下，半径 =0，键盘输入 r, 接着根据命令提示行，输入半径的值）
选择第一个对象或 [放弃 (U)/ 多段线 (P)/ 半径 (R)/ 修剪 (T)/ 多个 (M)]: (单击第 1 个对象)
选择第二个对象，或按住 Shift 键选择要应用角点的对象：(单击第 2 个对象)

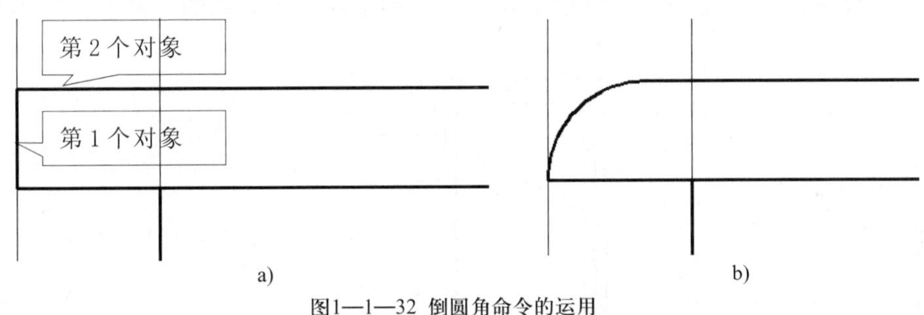

图1—1—32 倒圆角命令的运用
a) 未倒圆角前的效果　　b) 倒圆角后的效果

6. 正立面图完成，如图 1 － 1 － 33 所示。

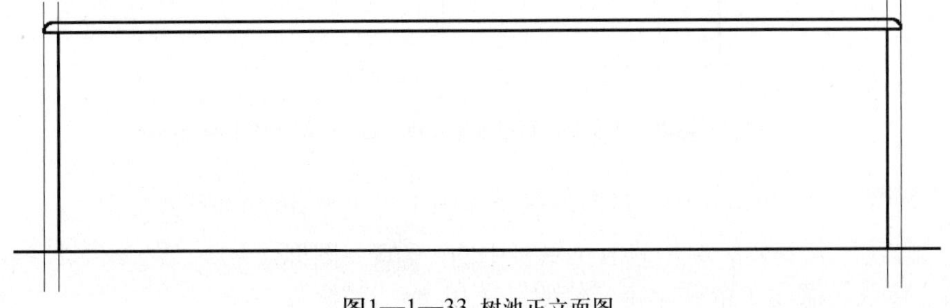
图1—1—33 树池正立面图

五、绘制树池的 1 － 1 剖面图

在任务实施的过程中，通常要通过辅助线条来完成从平面图到正立面图再到 1 － 1 剖面图的绘制。首先，先来看平面图、正立面图和 1 － 1 剖面图之间的关系，如图 1 － 1 － 34 所示，它们遵循“长对正、宽相等、高平齐”的投影规律。

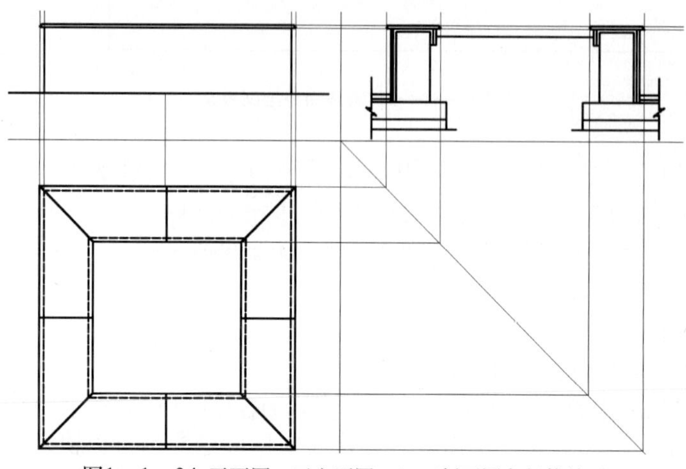

图1—1—34 平面图、正立面图、1－1剖面图之间的关系

1. 参考样图尺寸，根据平面图和正立面图绘制 1 － 1 剖面图的一部分，运用直线命令 L(line)、圆角命令 F(fillet)，绘制图形如图 1 － 1 － 35 所示。

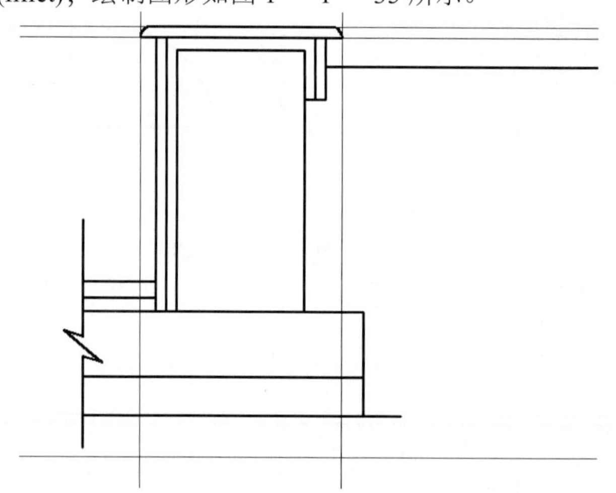

图1—1—35 运用直线命令、圆角命令绘制树池1－1剖面图中的一部分

2. 运用镜像命令 MI(mirror)，将图形绘制如图 1 － 1 － 36 所示。

- “修改”工具栏：单击修改工具栏中的“ ”图标。
- “修改”菜单：依次单击“修改”菜单 ➤ “镜像”。
- 命令行：MI(mirror)。

命令 : mi MIRROR

选择对象 : 指定对角点 : 找到 20 个 (框选左边所有对象)

选择对象 : (对象选择完毕，可以单击鼠标右键或空格键，表示选择完成)

指定镜像线的第一点 : (选择对称轴的第 1 点)

指定镜像线的第二点 : (选择对称轴的第 2 点)

要删除源对象吗？ [是 (Y)/ 否 (N)] <N>: (默认情况下为否，这时我们需要源对象，可以单击鼠标右键或空格键，表示命令完成)

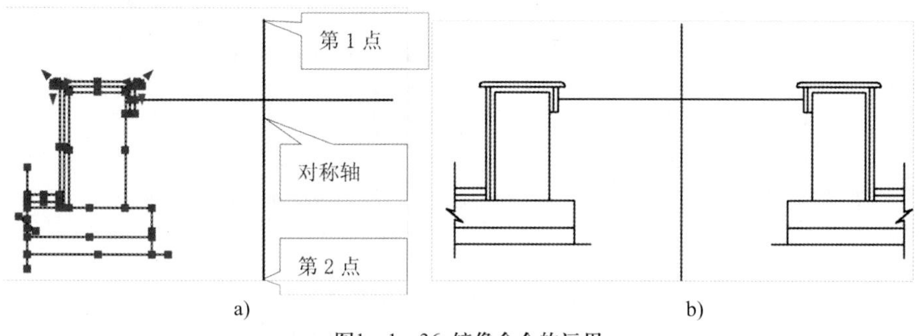

a) b)

图1—1—36 镜像命令的运用

a) 选择需要镜像的对象 b)镜像后的图形

3. 树池平面图、正立面图、1 － 1 剖面图绘制完成，如图 1 － 1 － 37 所示。

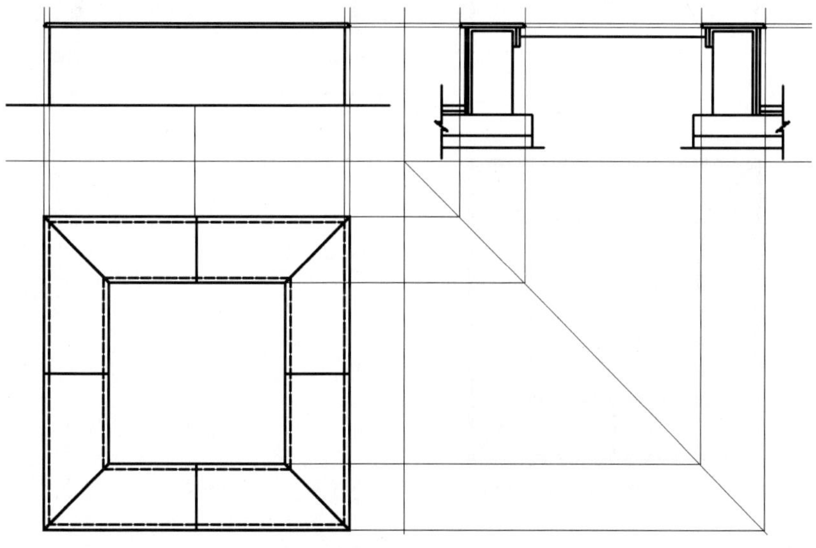

图1—1—37 树池平面图、正立面图、1－1剖面图绘制完成

4. 运用删除命令 E(erase)，将辅助线删除，如图 1 － 1 － 38 所示。

- “修改”工具栏 : 单击修改工具栏中的 “ ” 图标。
- “修改”菜单 : 依次单击“修改”菜单 ➤ “删除”。
- 命令行 : E(erase)。

命令 : e ERASE
选择对象 : 指定对角点 : 找到 10 个 （框选需删除的对象）
选择对象 : 指定对角点 : 找到 5 个，总计 15 个 （框选需删除的对象）
选择对象 : 指定对角点 : 找到 2 个，总计 17 个 （框选需删除的对象）
选择对象 : （单击鼠标右键或空格键，表示选择完成）

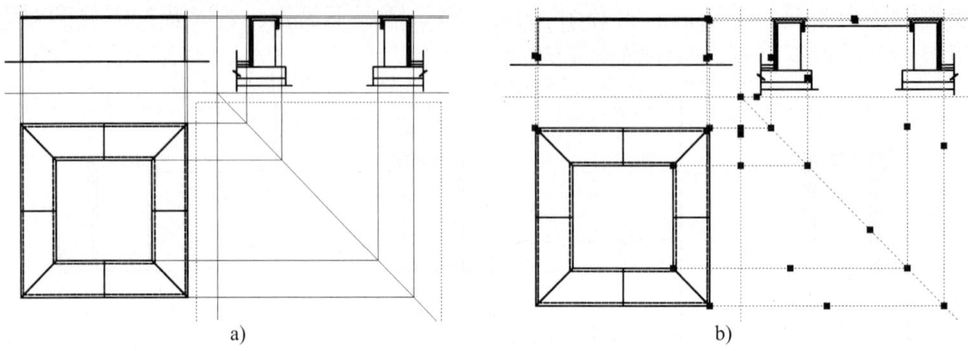

图1—1—38 删除命令的运用
a) 框选所要删除的对象　　b) 所有需删除的对象被选择（虚线显示）

5. 树池平面图、正立面图和 1 － 1 剖面图绘制完成，如图 1 － 1 － 39 所示。

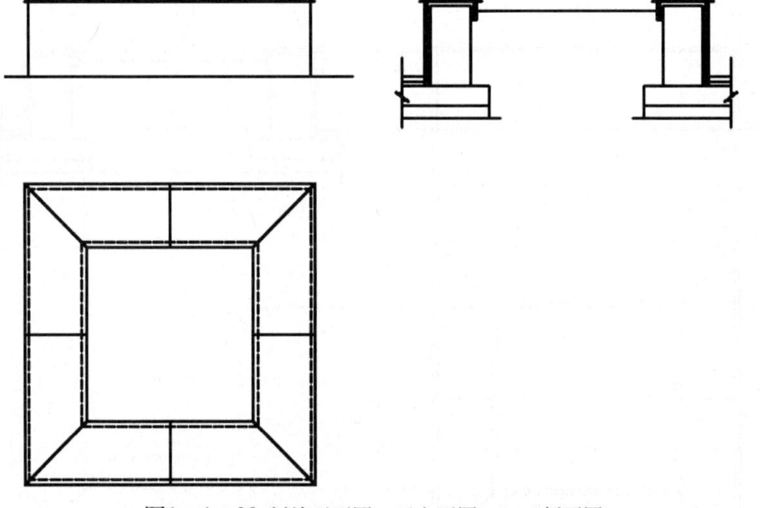

图1—1—39 树池平面图、正立面图、1－1剖面图

六、尺寸标注

尺寸标注是园林施工图中的一项重要内容，它能表现设计对象各组成部分的大小及相对位置关系，是实际施工的重要依据。

1. 尺寸标注的组成元素，如图 1 － 1 － 40 所示。

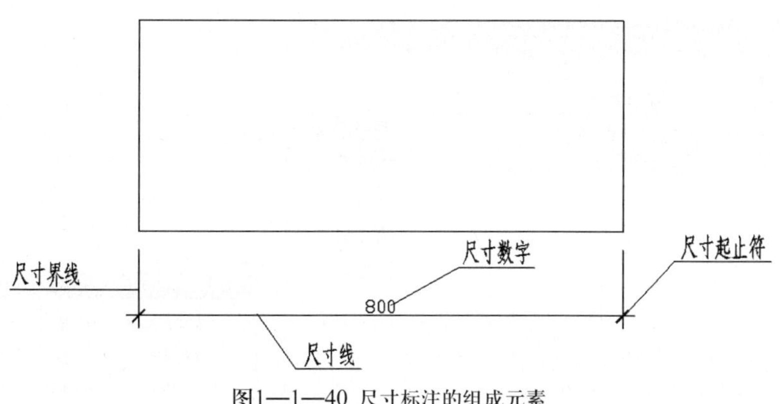

图1—1—40 尺寸标注的组成元素

⑴ 尺寸界线

表示图形尺寸范围的界线，用细实线绘制，一般垂直于所标注的轮廓线，其一端离开尺寸线的距离不小于 2 mm，另一端超出尺寸线 2 ~ 3 mm。

⑵ 尺寸线

表示图形尺寸设置方向的线，用细实线绘制，与所标注的轮廓线平行。尺寸线与最外轮廓线之间的距离不宜小于 10 mm，平行排列的尺寸线距离 7 ~ 10 mm。

⑶ 尺寸起止符

一般用中粗短线绘制，其倾斜方向与尺寸界线成顺时针 45°角，长度为 2 ~ 3 mm。半径、直径、角度、弧长的尺寸起止符用箭头表示。

⑷ 尺寸数字

一般采用 3.5 号数字，写在尺寸线上方中部。

2. 将标注图层设置为当前图层。

3. 建立尺寸标注样式。尺寸包括尺寸线、尺寸界线、尺寸数字以及尺寸起止符，它们的样式、大小以及它们之间的相对位置，都可以在尺寸样式中设置，根据园林制图的要求，可以创建园林制图尺寸标注样式。

- “样式”工具栏：单击工具栏中的“ ”图标。如图 1 － 1 － 41 所示。
- “格式”菜单：依次单击“格式”菜单 ➤ “标注样式”。
- “标注”菜单：依次单击“标注”菜单 ➤ “样式”。
- 命令行：D(dimstyle)。

图1—1—41 【样式】工具栏

执行命令后，将会弹出【标注样式管理器】对话框，单击新建标注样式，新样式名为：园林标注。如图 1 － 1 － 42 所示。

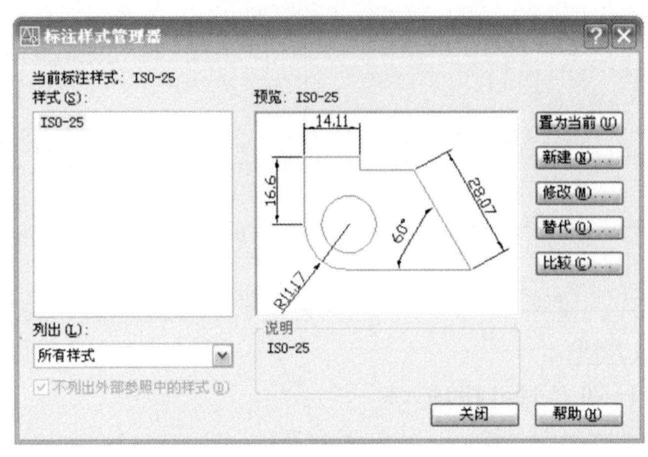

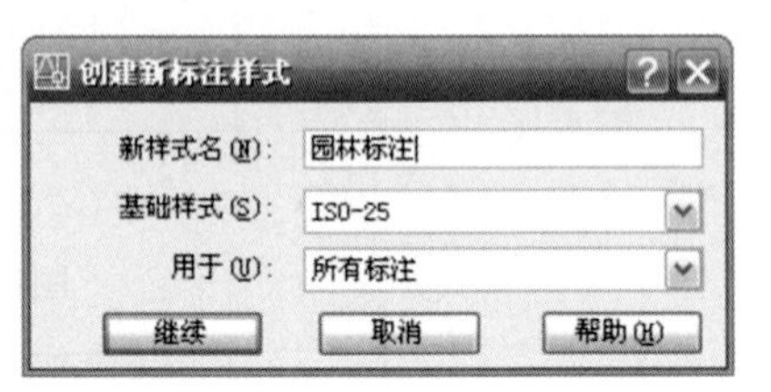

图1—1—42 【标注样式管理器】对话框参数设置

4. 单击修改按钮，设置新的标注样式参数，这张图样是按 1 ： 20 出图，尺寸样式的设置参数如图 1 － 1 － 43、图 1 － 1 － 44、图 1 － 1 － 45、图 1 － 1 － 46 所示。

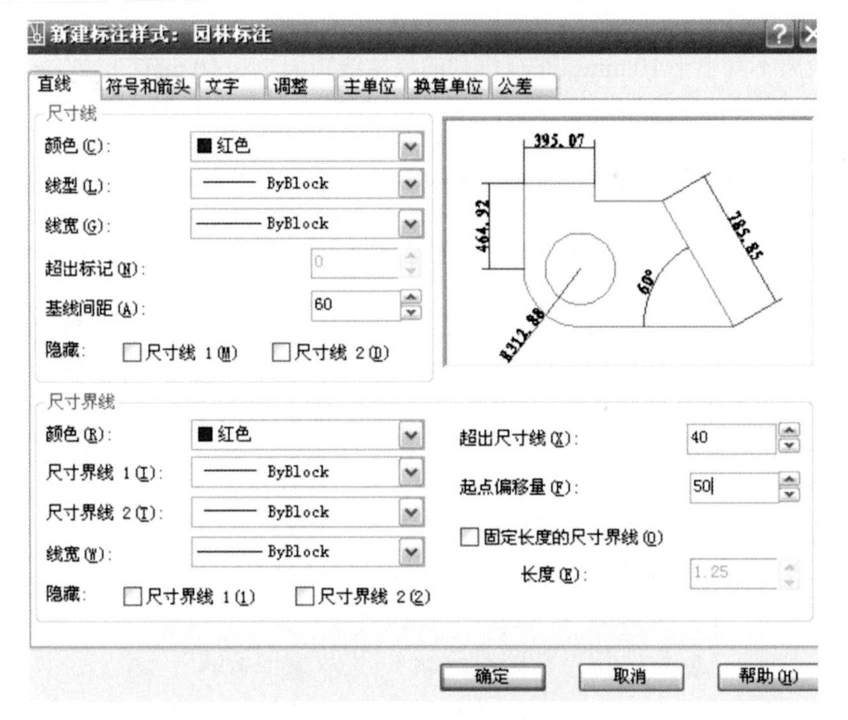

图1—1—43 【直线】参数设置

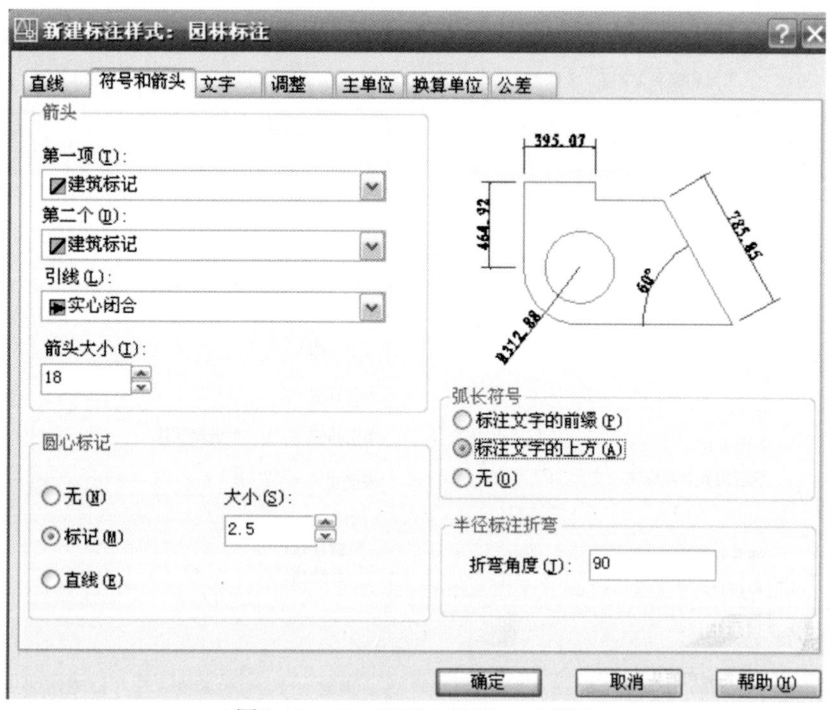

图1—1—44 【符号和箭头】参数设置

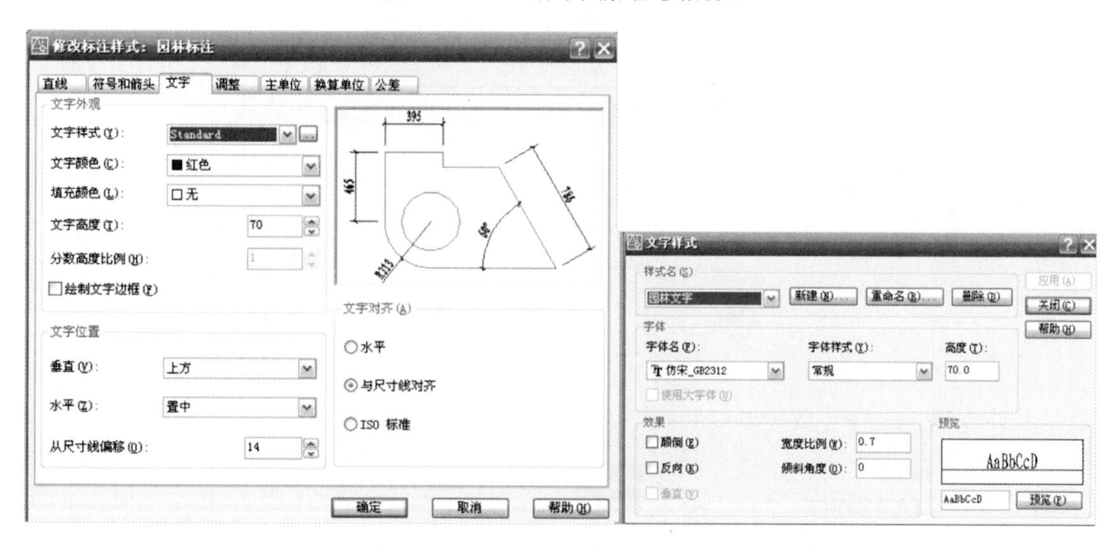

图1—1—45 【文字参数设置】

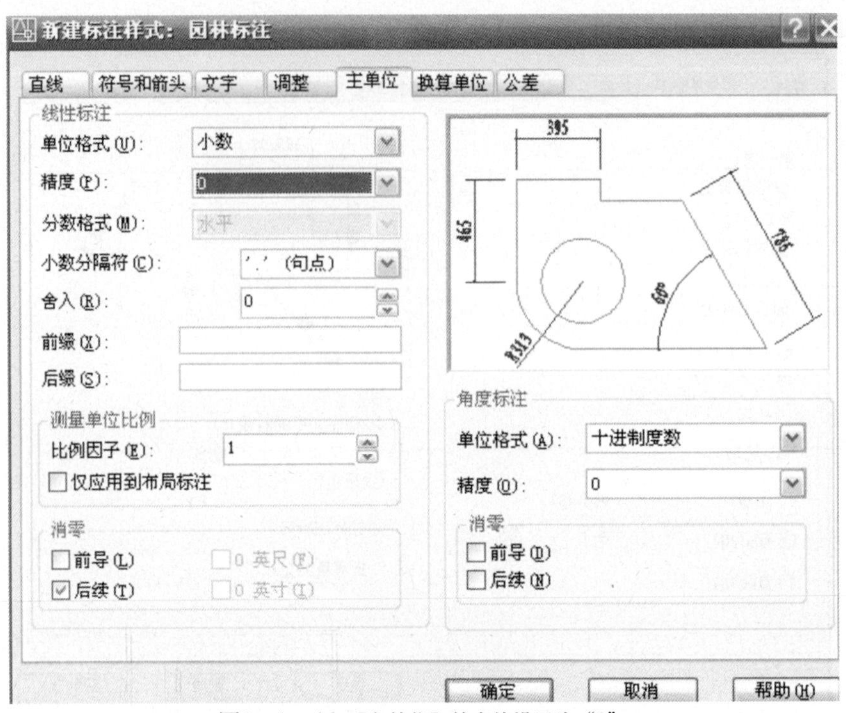

图1—1—46 【主单位】精度值设置为“0”

5. 将【园林标注】设置为当前标注样式，如图 1 － 1 － 47 和图 1 － 1 － 48 所示。

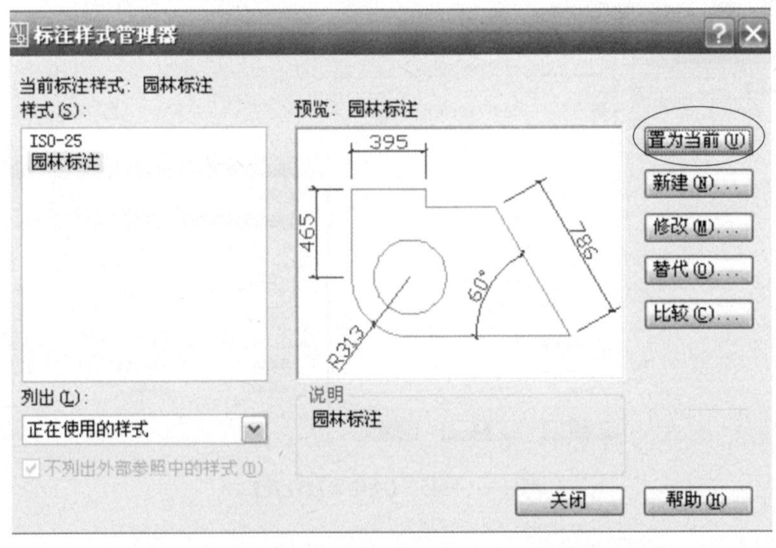

图1—1—47 选择【园林标注】单击置为当前标注样式

图1—1—48 【样式】工具栏中显示当前标注样式为【园林标注】

6. 运用线性标注 DLI(dimlinear) 对平面图进行标注，如图 1 － 1 － 49 所示。

- “标注”工具栏：单击修改工具栏中的“ ”图标。
- “标注”菜单：依次单击“标注”菜单 ➤ “线性”。
- 命令行：DLI(dimlinear)。

命令 : dli DIMLINEAR

指定第一条尺寸界线原点或 < 选择对象 >: (单击第 1 个端点)

指定第二条尺寸界线原点或 < 选择对象 >: (单击第 2 个端点)

指定尺寸线位置或 [多行文字 (M)/ 文字 (T)/ 角度 (A)/ 水平 (H)/ 垂直 (V)/ 旋转 (R)]: (拖动光标将尺寸线放置在适当的位置，然后单击鼠标左键，完成操作)

标注文字 = 380

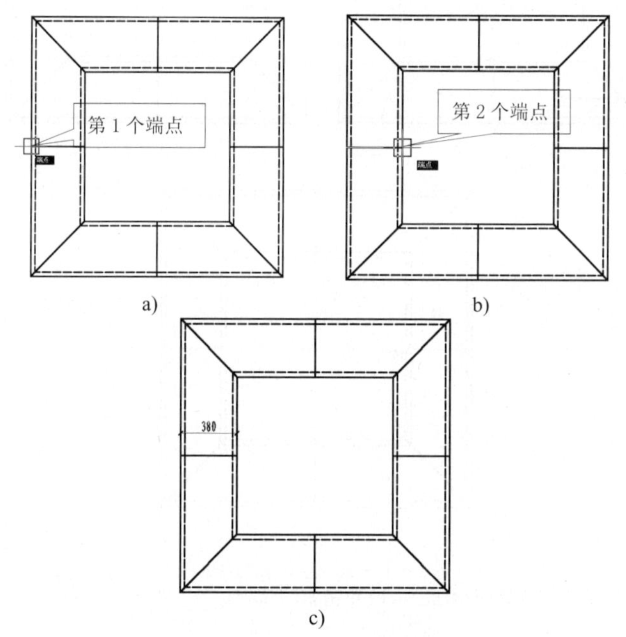

图1—1—49 线性标注过程

a) 单击第1条尺寸界线原点 b) 单击第2条尺寸界线原点 c) 第一个线性标注完成

7. 运用连续标注 DCO(dimcontinue) 对平面图进行标注，如图 1 － 1 － 50 所示。

- “标注”工具栏：单击修改工具栏中的“ ”图标。

● “标注”菜单：依次单击“标注”菜单 ▶ “连续”。

● 命令行：DCO(dimcontinue)。

命令 : dco DIMCONTINUE

指定第二条尺寸界线原点或 [放弃 (U)/ 选择 (S)] < 选择 >: (单击第 1 个端点)

标注文字 = 1040

指定第二条尺寸界线原点或 [放弃 (U)/ 选择 (S)] < 选择 >: (单击第 2 个端点)

标注文字 = 380

指定第二条尺寸界线原点或 [放弃 (U)/ 选择 (S)] < 选择 >:

选择连续标注 : (单击鼠标右键或空格键，表示选择完成)

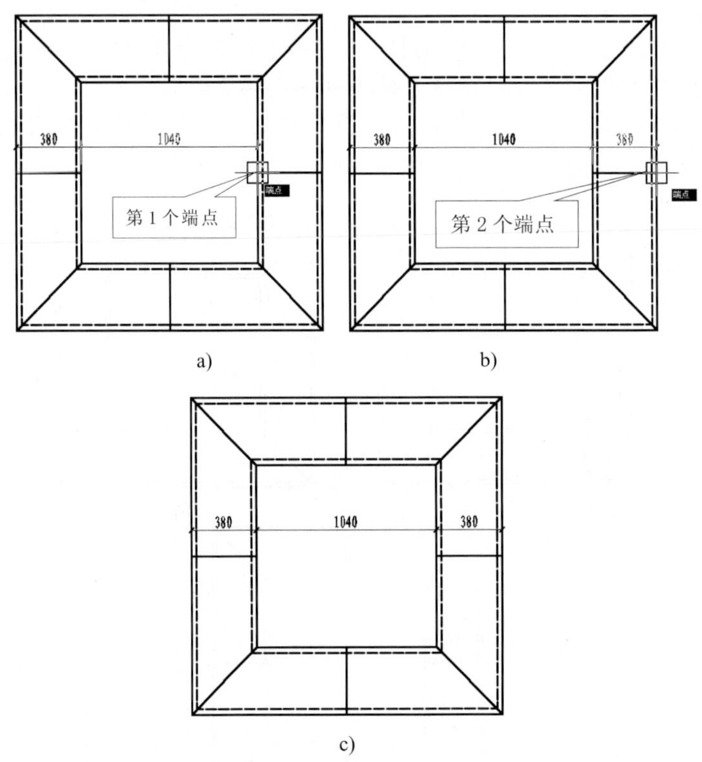

a)　　b)

c)

图1—1—50 连续标注的过程

a) 单击第1个端点　b) 单击第2个端点　c) 完成连续标注

8. 运用线性标注 DLI(dimlinear) 和连续标注 DCO(dimcontinue)，完成树池平面图、正立面图、1 － 1 剖面图的标注，如图 1 － 1 － 51 所示。

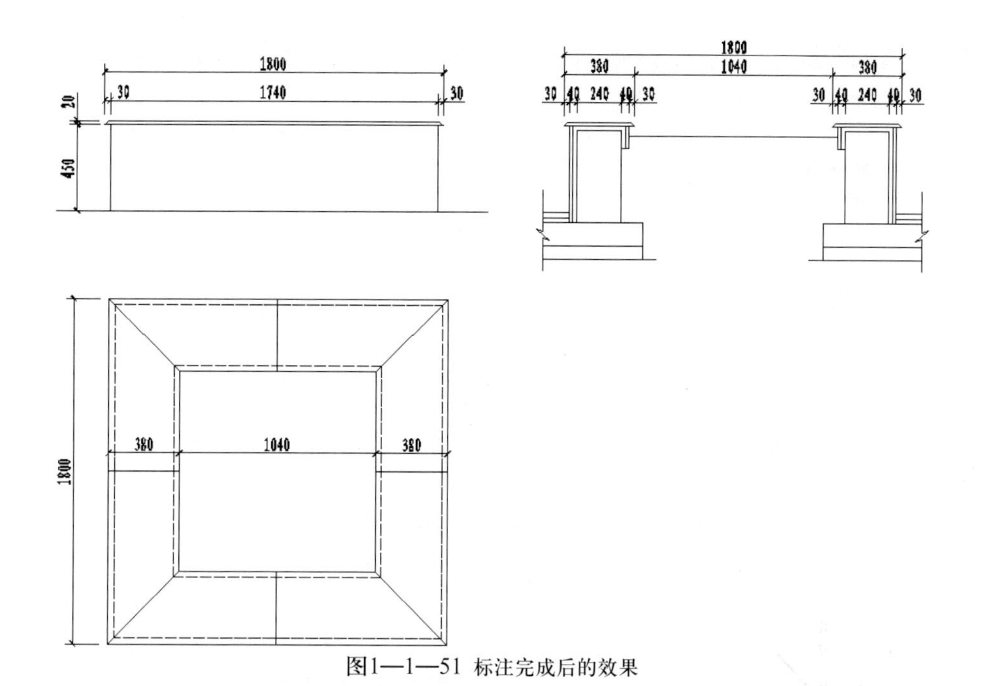

图1—1—51 标注完成后的效果

9. 在【园林标注】的基础上修改并新建【半径标注】样式，此标注样式是适合标注半径的，因为这时尺寸起止符应为箭头，而箭头的大小也有所改变，和【园林标注】样式对比，这里只改变箭头的大小，其他不变，设置如图 1 － 1 － 52 和图 1 － 1 － 53 所示。

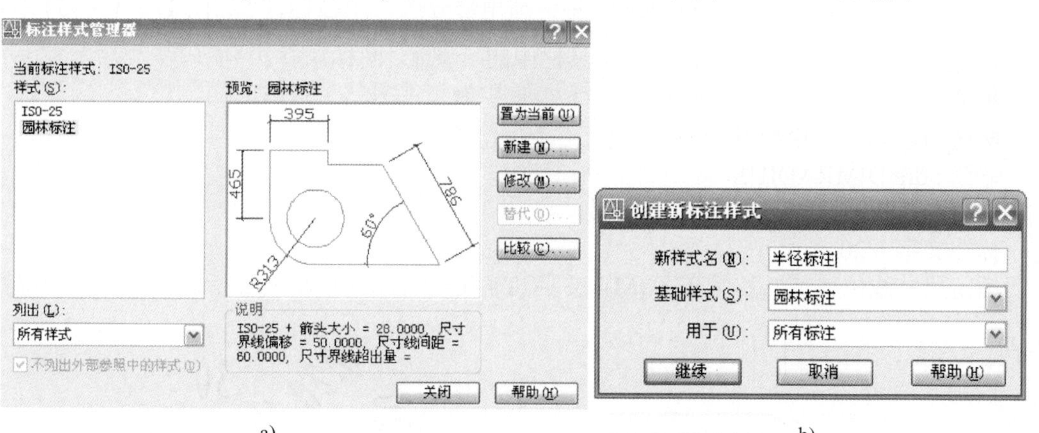

a) b)

图1—1—52 设置新的标注样式为【半径标注】

a) 单击新建标注样式 b) 新样式名为：半径标注

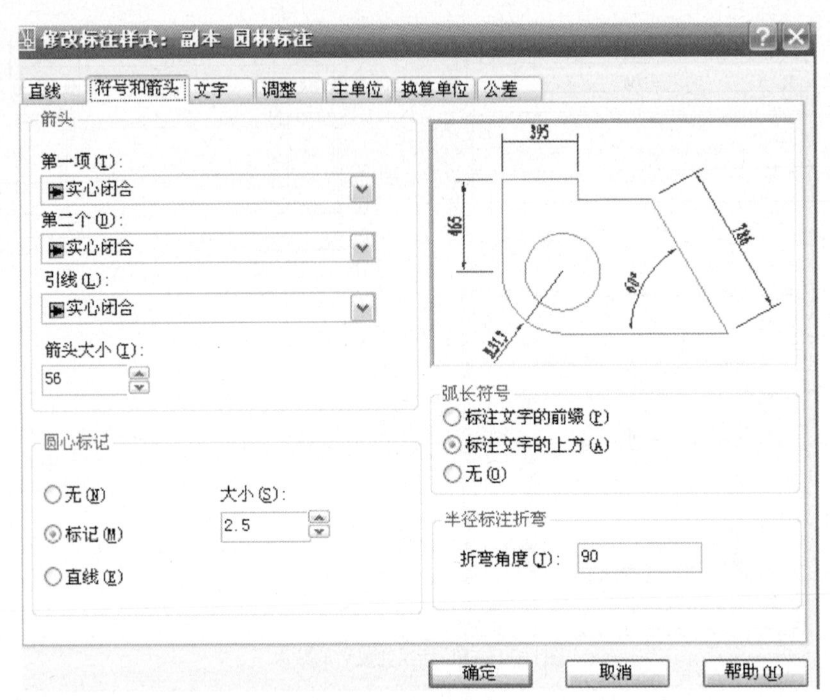

图1—1—53 箭头的设置

10. 将【半径标注】设置为当前标注样式。

11. 运用半径标注 DRA(dimradius)，将倒圆角部分进行半径标注，如图 1 － 1 － 54 所示。

● “标注”工具栏：单击标注工具栏中的“ ”图标。

● “标注”菜单：依次单击“标注”菜单 “半径”。

● 命令行：DRA(dimradius)。

命令 : dra DIMRADIUS

选择圆弧或圆 : (单击要标注的圆弧)

标注文字 = 20

指定尺寸线位置或 [多行文字 (M)/ 文字 (T)/ 角度 (A)]: (移动光标指定标注文字的位置)

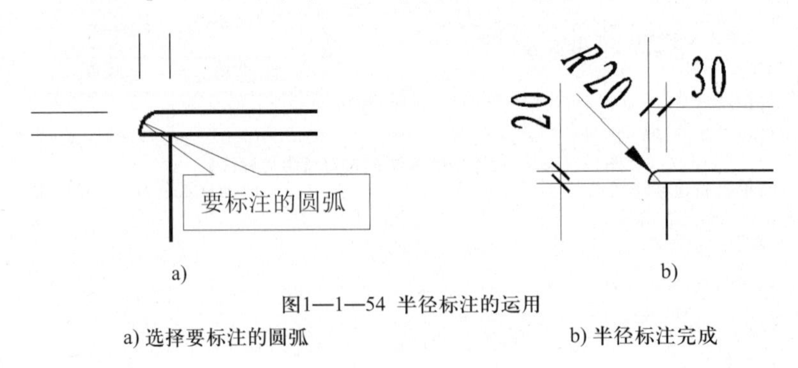

图1—1—54 半径标注的运用

a) 选择要标注的圆弧　　b) 半径标注完成

12. 树池标注完成图，如图 1 － 1 － 55 所示。

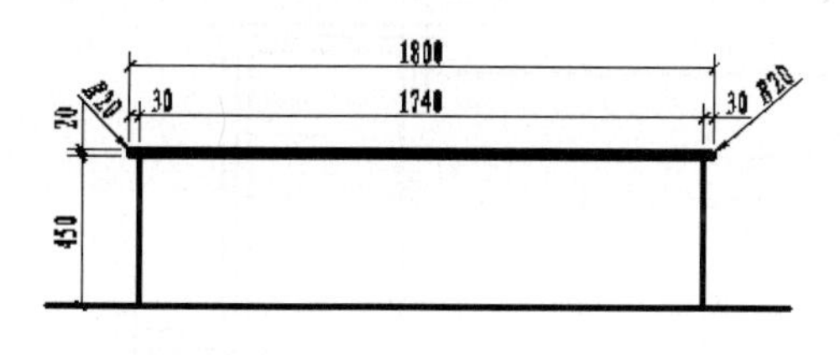

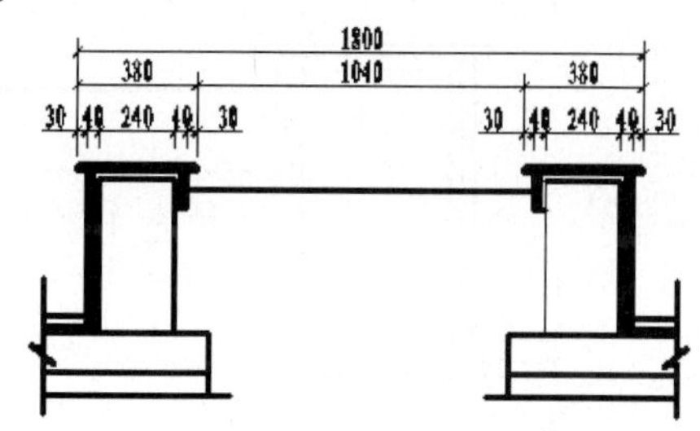

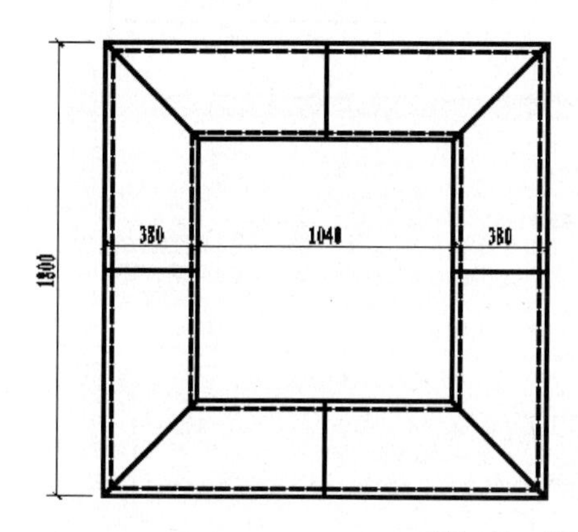

图1—1—55 树池标注完成图

七、图案填充

在绘制图形时经常会遇到这种情况，比如绘制物体的剖面或断面时，需要使用某一种图案来填充某个指定区域，这个过程就叫做图案填充（Hatch）。图案填充经常用于在剖面图中表达对象的材料类型，从而增加了图形的可读性。

1. 将填充图层设置为当前图层。

2. 运用图案填充命令 H(hatchedit)，对 1 － 1 剖面图进行填充，如图 1 － 1 － 56 所示。

- "修改"工具栏：单击修改工具栏中的" "图标。
- "修改"菜单：依次单击"修改"菜单 ➤ "图案填充"。
- 命令行：H(hatchedit)。

命令 : h HATCH

拾取内部点或 [选择对象 (S)/ 删除边界 (B)]: 正在选择所有对象 ... (单击部位 *A* 内部一点)

正在选择所有可见对象 ...

正在分析所选数据 ...

正在分析内部孤岛 ...

拾取内部点或 [选择对象 (S)/ 删除边界 (B)]: (单击部位 *B* 内部一点)

正在分析内部孤岛 ...

拾取内部点或 [选择对象 (S)/ 删除边界 (B)]: (单击鼠标右键或空格键，表示选择完成)

（接着在【图案填充和渐变色】对话框中设置图案填充参数，并单击确定完成。）

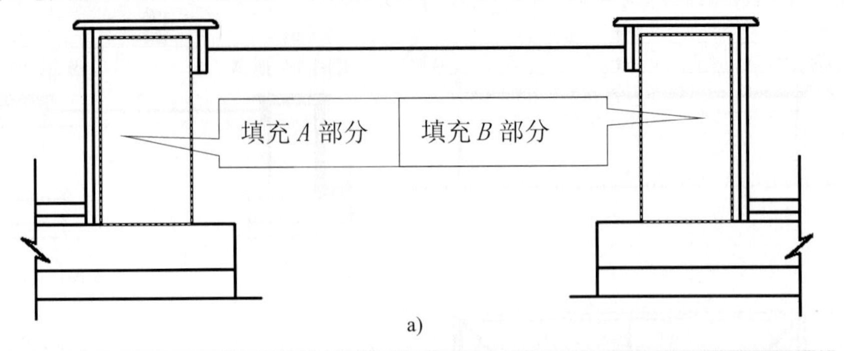

a)

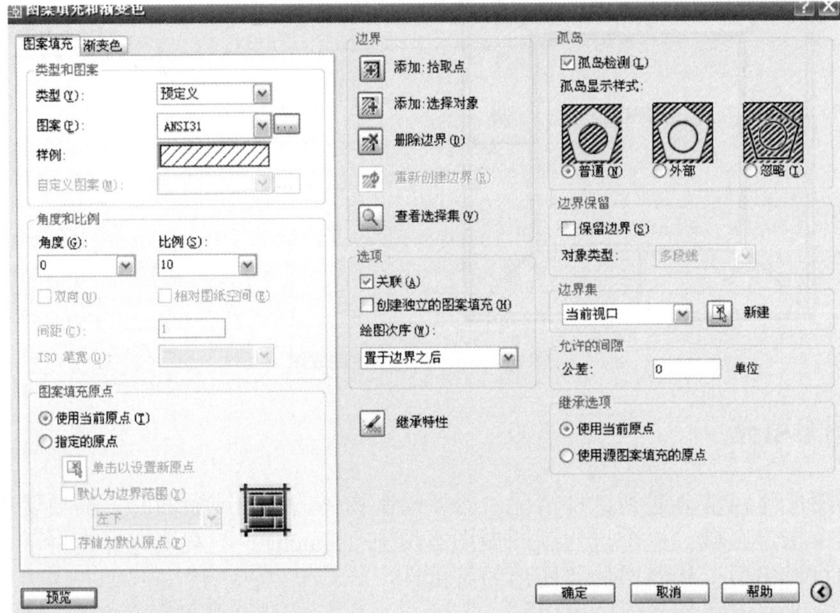

b)

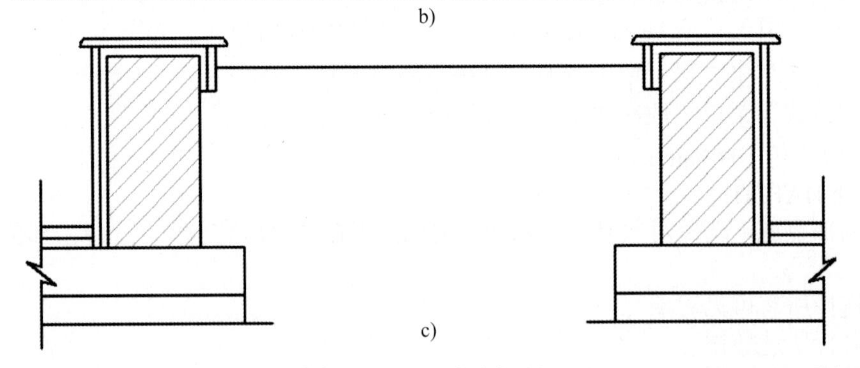

c)

图1—1—56 图案填充过程

a) 选择需填充的部位*A*、*B*　b)【图案填充和渐变色】参数设置　c) 1－1剖面图填充效果

3. 继续运用图案填充命令 H(hatchedit)，对 1 － 1 剖面图进行填充，如图 1 － 1 － 57 所示。

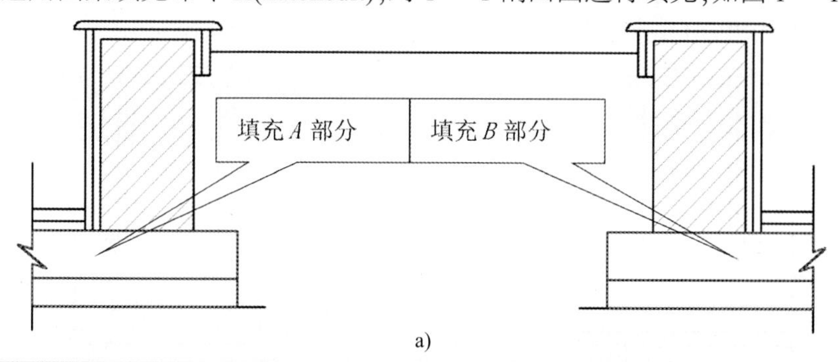

a)

b)

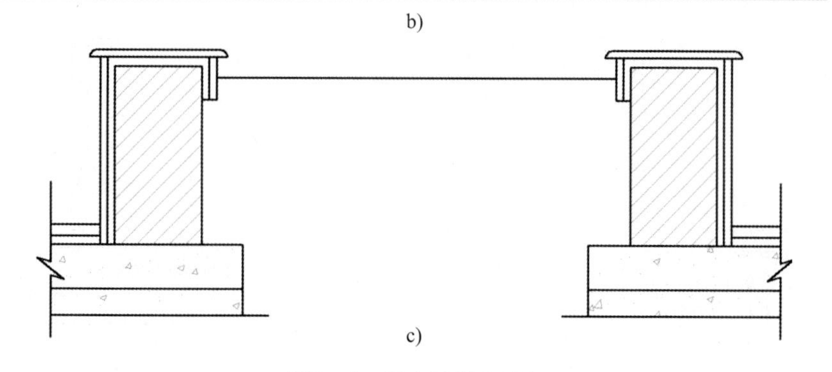

c)

图1—1—57 图案填充过程

a) 选择填充部位 b)【图案填充和渐变色】参数设置 c) 填充效果

4. 继续运用图案填充命令 H(hatchedit)，对 1 － 1 剖面图进行填充，如图 1 － 1 － 58 所示。先运用偏移命令 O(offset) 绘制辅助线，填充后，将辅助线删除 E(erase)。

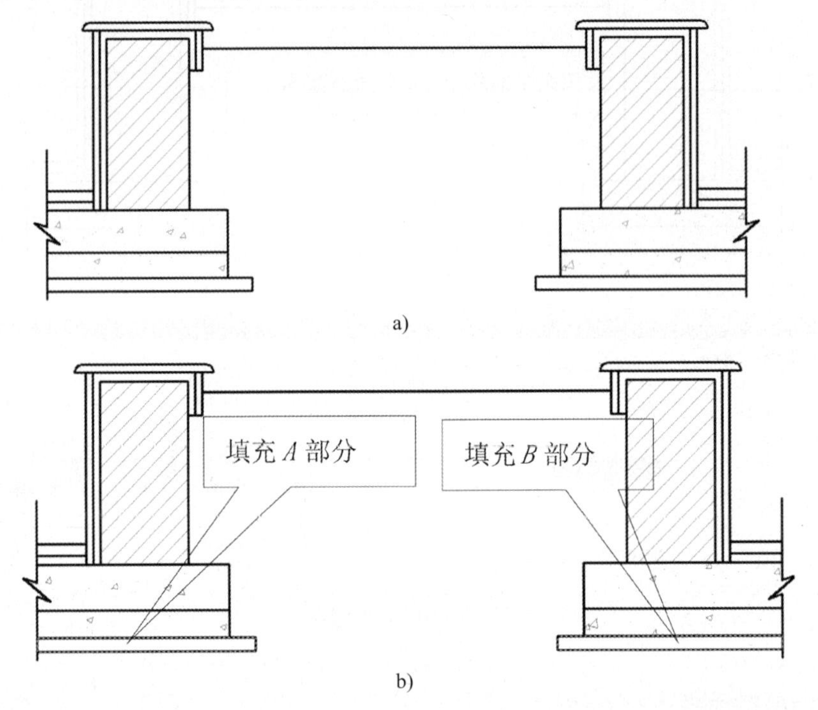

a)

b)

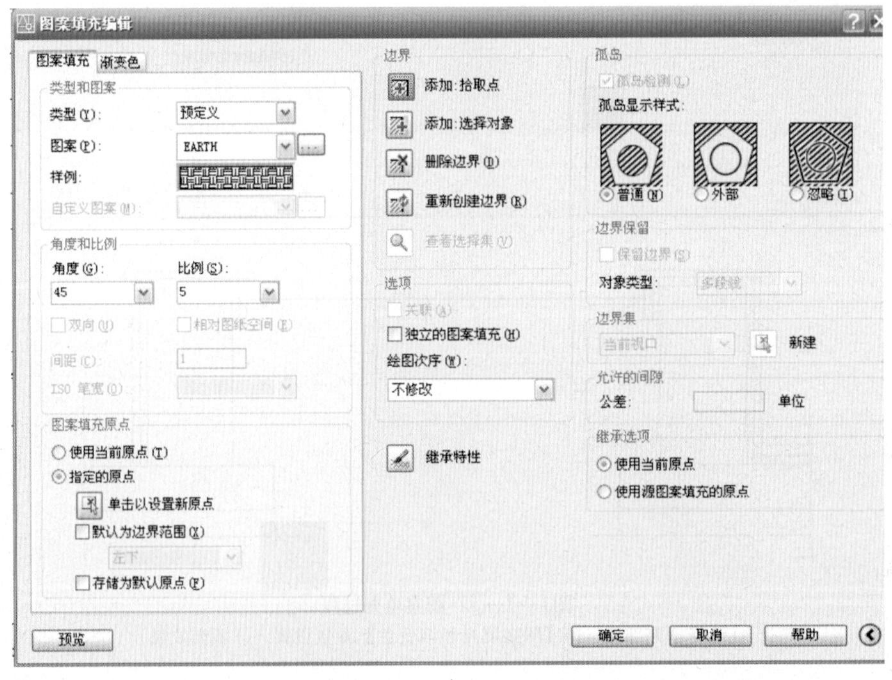

c)

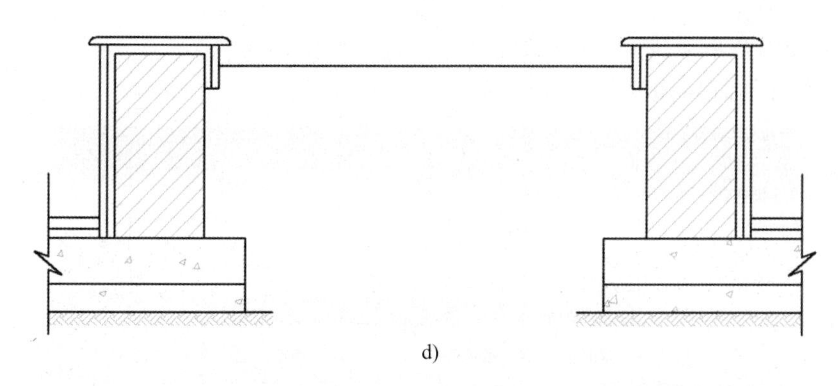

d)

图1—1—58 图案填充过程

a) 绘制辅助线 b) 选择填充部位 c)【图案填充和渐变色】参数设置 d) 填充图案并删除辅助线效果

5. 图案填充后，树池平面图、正立面图、1 － 1 剖面图效果，如图 1 － 1 － 59 所示。

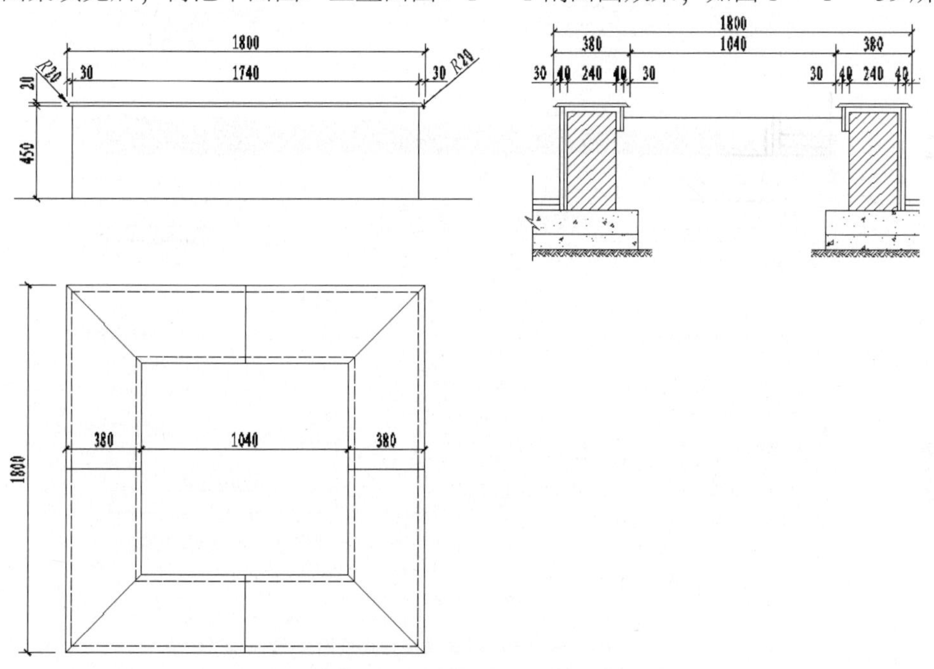

图1—1—59 树池图案填充完成图

八、材料说明、文字注写

树池施工图中，文字部分包括两大块，一部分是材料说明；一部分是图名和比例书写。必须设置两个文字样式，供其不同书写要求。

1. 将文字图层置为当前图层。

2. 根据出图比例为 1 ∶ 20，设置文字样式为【园林文字】，用于材料说明。其具体参数设置如图 1 － 1 － 60 所示。

● “文字”工具栏：单击文字工具栏中的 “ ” 图标。

● “格式”菜单：依次单击“格式”菜单 ➤ “文字样式”。
● 命令行：ST(style)。

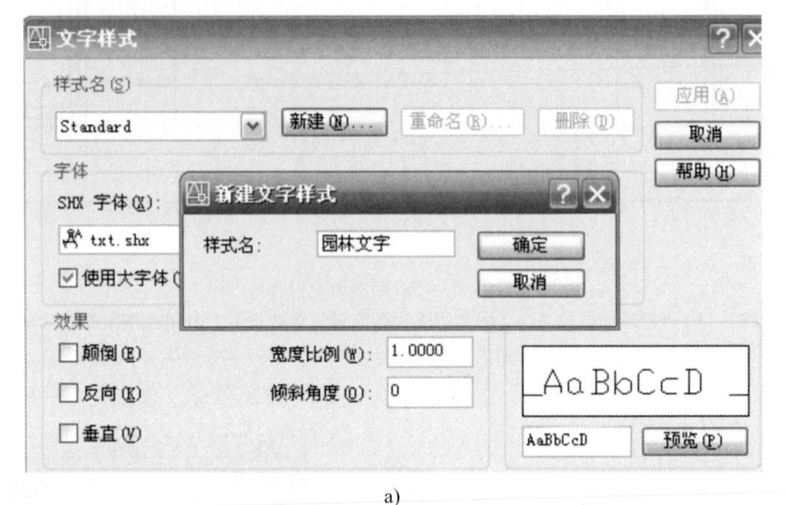

a)

b)

图1—1—60 设置文字样式过程
a) 新建文字样式 b)【文字样式】参数设置

3. 参照图样，对树池施工图注写文字材料说明，如图 1 － 1 － 61 所示。
● “绘图”菜单：依次单击“绘图”菜单 ➤ “文字” ➤ “单行文字”。
● 命令行：T(text)。

命令：t TEXT 当前文字样式：“园林文字” 当前文字高度 :70
指定第一角点：
指定对角点或 [高度 (H)/ 对正 (J)/ 行距 (L)/ 旋转 (R)/ 样式 (S)/ 宽度 (W)]:（单击对角点）

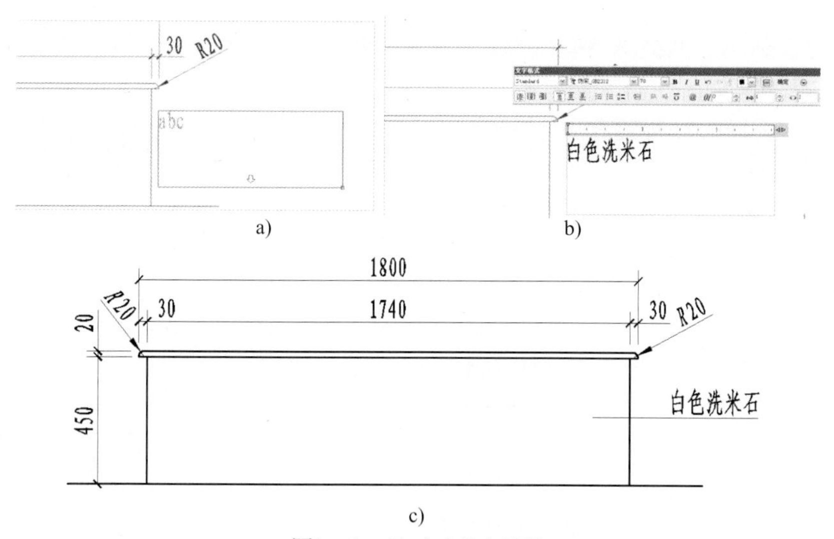

图1—1—61 文字输入过程

a) 指定第一角点和对角点，形成矩形输入框 b) 输入文字内容 c) 正立面图文字注写完成图样

4. 运用单行文字命令 T(text)，将树池施工图中材料说明文字注写完成，如图 1 － 1 － 62 所示。

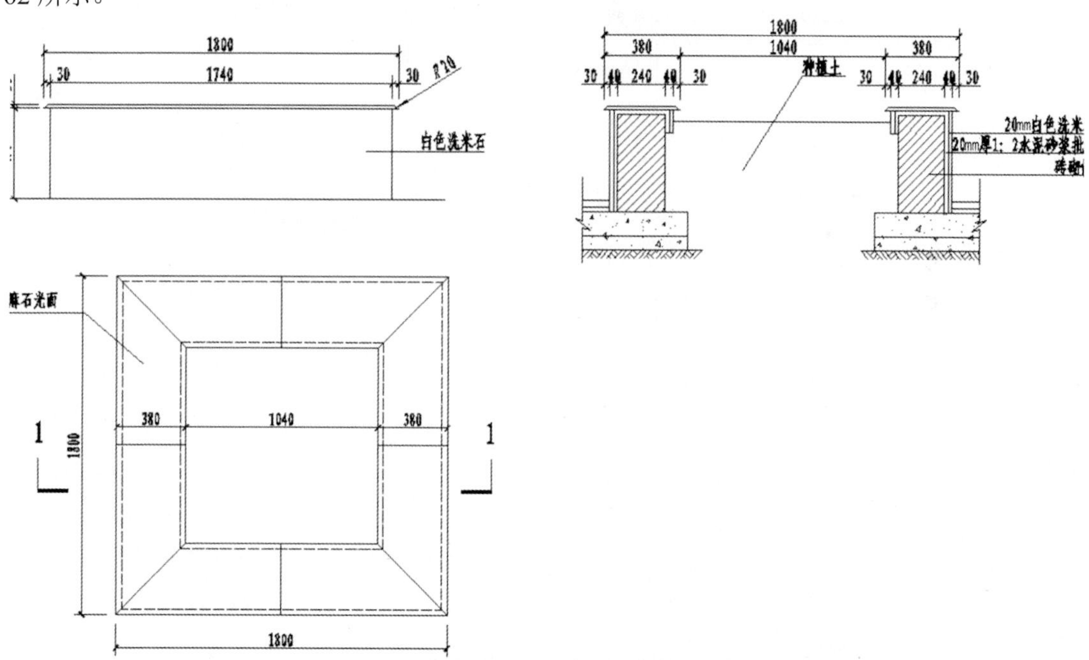

图1—1—62 材料说明、剖面符号注写完成

5. 根据出图比例为 1:20，设置文字样式为【园林文字注写】，用于图名和比例的书写。其具体参数设置如图 1 － 1 － 63 所示。

图1—1—63 【文字样式】参数设置

6. 将【园林文字注写】文字样式设置为当前文字样式，运用单行文字命令 T(text)，对平面图、正立面图和 1 － 1 剖面图进行图名和比例的注写，如图 1 － 1 － 64 所示。

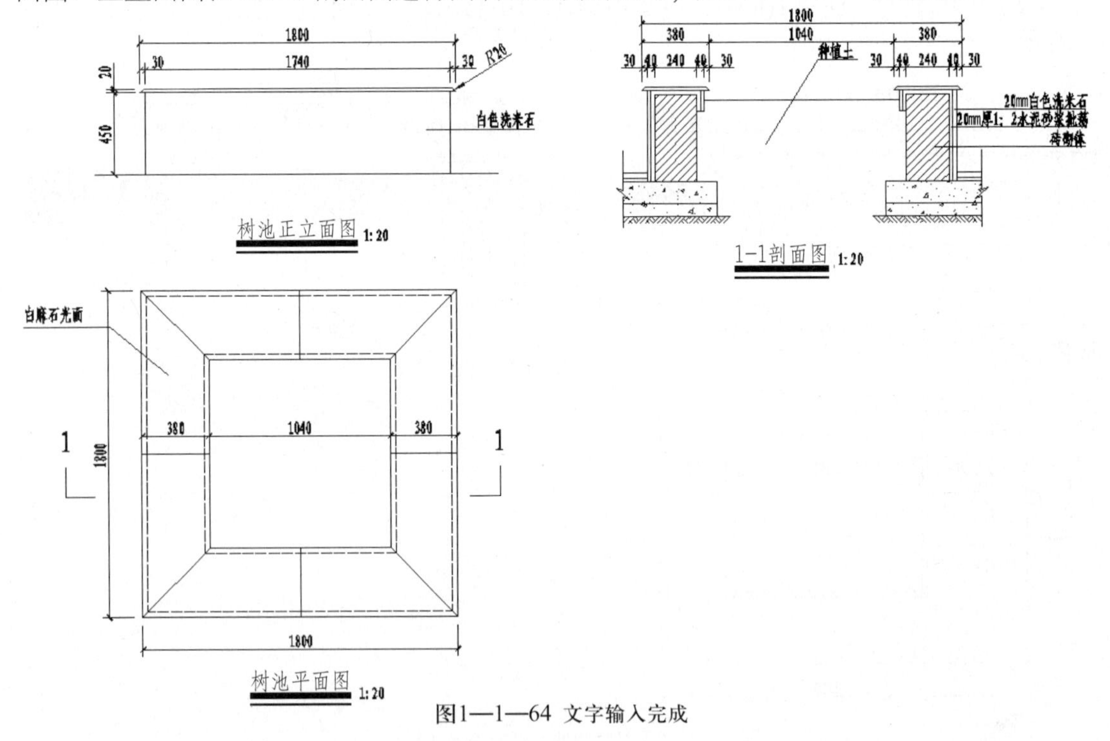

图1—1—64 文字输入完成

九、打印出图

1. 运用插入块命令 I(insert)，插入 A3 图框图块。

- “插入”工具栏：单击工具栏中的“ ”图标。
- “插入”菜单：依次单击“插入”菜单 ➤ “块”。
- 命令行：I(insert)。

此时弹出【插入】对话框，如图 1 － 1 － 65 所示。

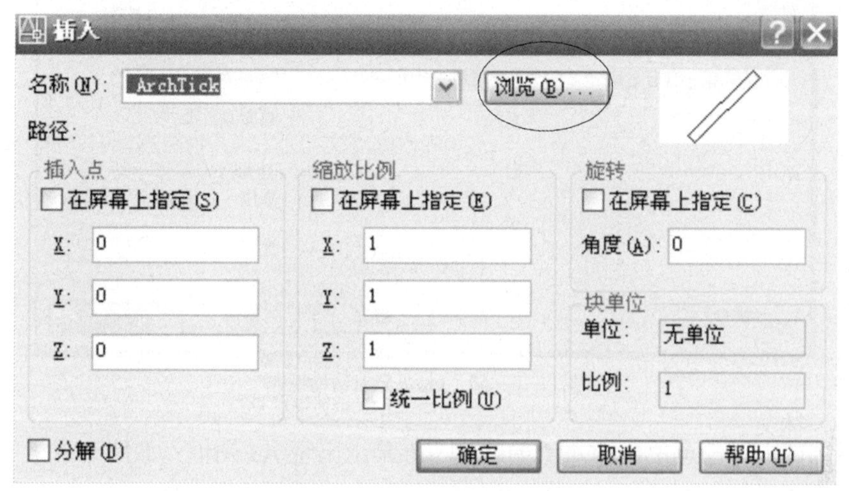

图1—1—65 【插入】对话框

单击浏览，找到文件“A3 图框块横式 .dwg”(在光盘中 CAD 平面图 / 模块一 /A3 图框块横式 .dwg)，单击打开，如图 1 － 1 － 66 所示。

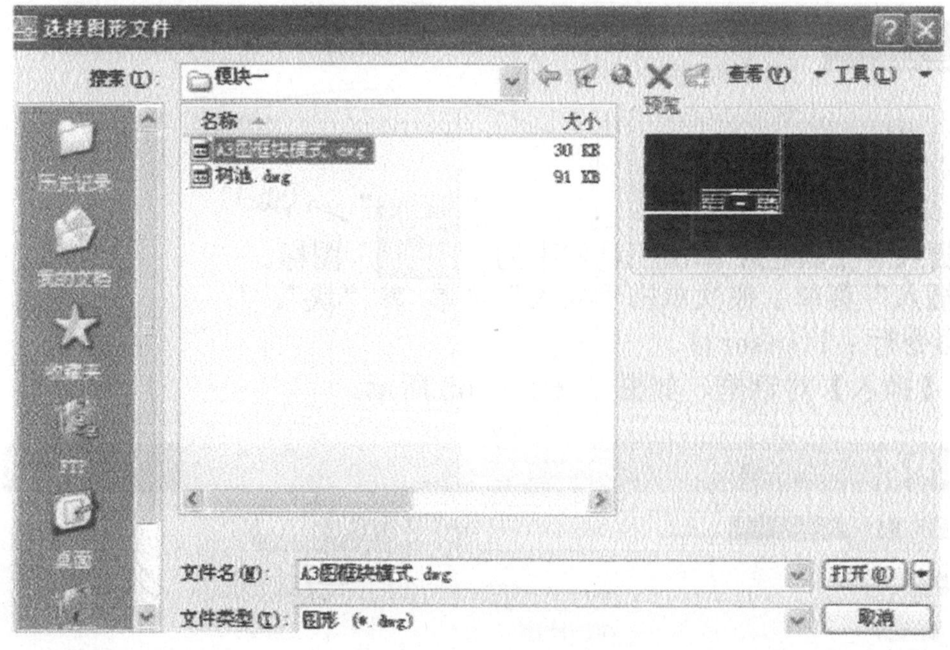

图1—1—66 打开A3图框横式

这时在路径中，勾选“在屏幕上指定”，如图 1 － 1 － 67 所示。

插入
名称(N): A3图框块横式 浏览(B)...
路径:
插入点
☑在屏幕上指定(S)
X: 0
Y: 0
Z: 0
缩放比例
☐在屏幕上指定(E)
X: 1
Y: 1
Z: 1
☐统一比例(U)
旋转
☐在屏幕上指定(C)
角度(A): 0
块单位
单位: 毫米
比例: 1
☐分解(D) 确定 取消 帮助(H)

图1—1—67 【插入】对话框设置

在绘图区域中，任意单击插入点，这时，屏幕上出现 A3 图框，如图 1 － 1 － 68 所示。

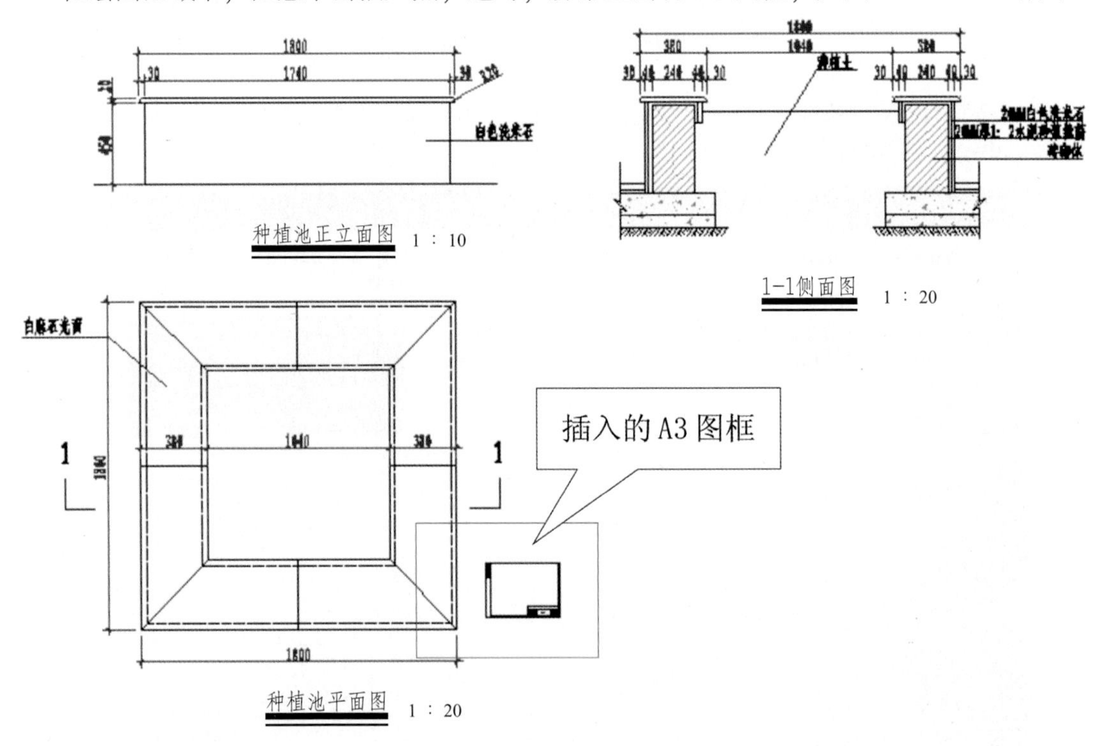

图1—1—68 插入A3图框

2. 运用比例缩放命令 SC(scale)，将 A3 图框放大 20 倍，如图 1 － 1 － 69 所示。

● “修改”工具栏：单击工具栏中的“ ”图标。
● “修改”菜单：依次单击“修改”菜单 ➤ “缩放”。
● 命令行：SC(scale)。

命令：sc SCALE
选择对象：找到 1 个 (选择需缩放的 A3 图框，如图 1 － 1 － 69a 所示)
选择对象：(单击右键或空格键，完成选择，表示选择一个对象即可)
指定基点：(指定图框右下角的端点，以此为基点进行缩放，如图 1 － 1 － 69b 所示)
指定比例因子或 [复制 (C)/ 参照 (R)] <1.0>：20（输入 20，将图框放大 20 倍）
将图框放大 20 倍，等同于将图形以 1:20 的比例出图。

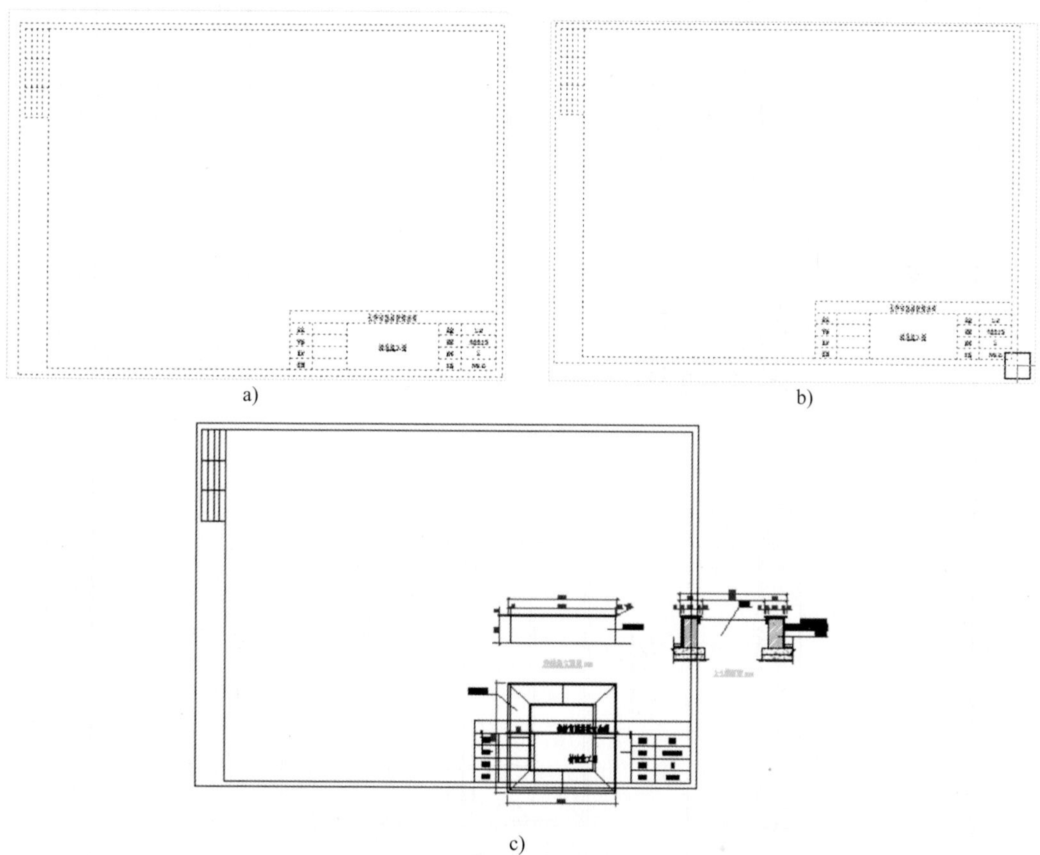

图1—1—69 等比缩放的过程
a) 选择A3图框 b) 捕捉图框右下角端点为基点 c) 等比缩放完成的效果

运用移动命令 M(move)，将图框移至合适位置，如图 1 － 1 － 70 所示。

● “修改”工具栏：单击工具栏中的“ ”图标。
● “修改”菜单：依次单击“修改”菜单 ➤ “移动”。
● 命令行：M(move)。

命令：m MOVE

选择对象 : 找到 1 个 (选择需移动的 A3 图框)
选择对象 : (单击右键或空格键，完成选择，表示选择一个对象即可)
指定基点或 [位移 (D)] < 位移 >: (选择需移动的 A3 图框的某个角点)
指定第二个点或 < 使用第一个点作为位移 >: (将图框移至合适位置单击任意一点)

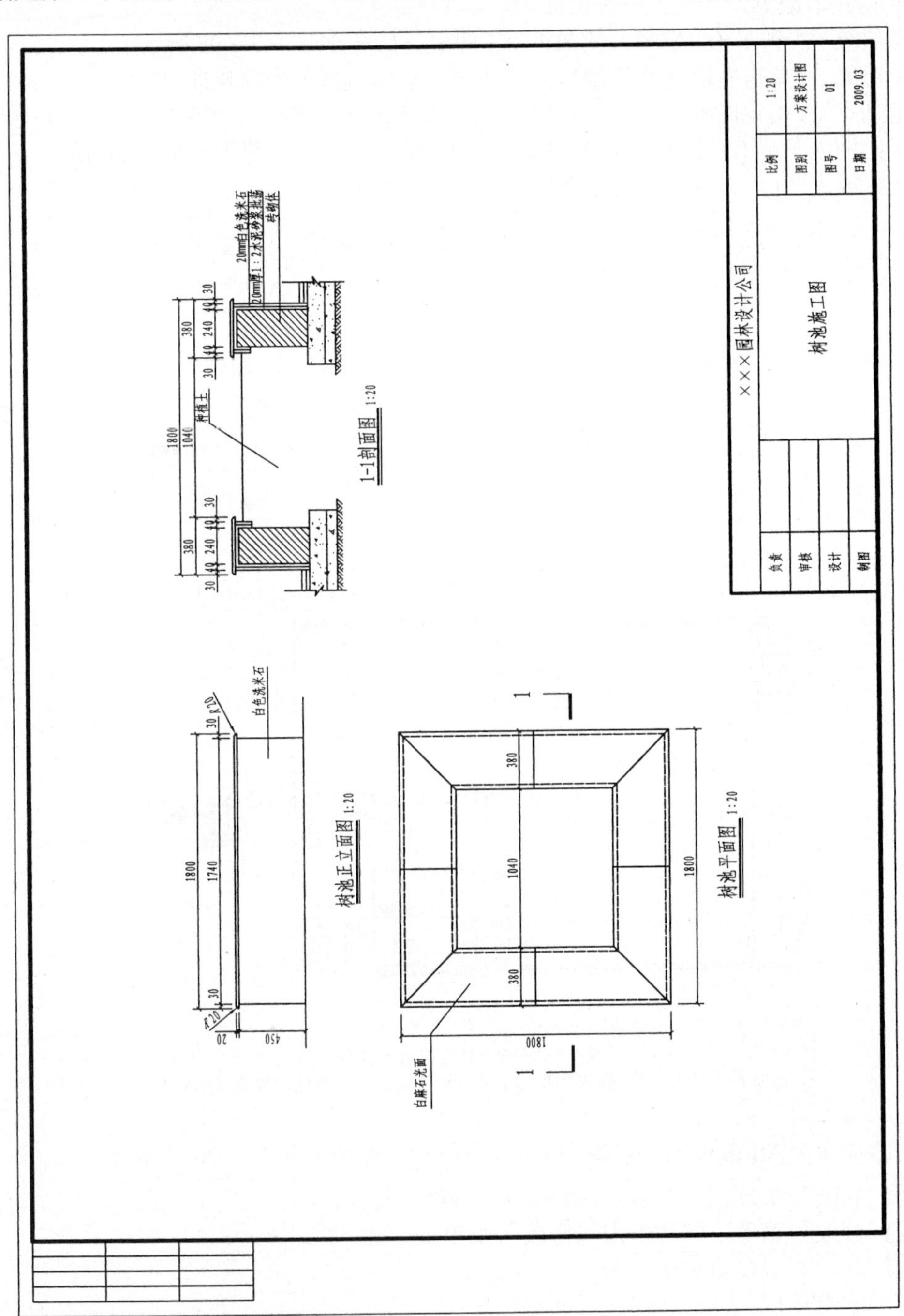

图1—1—70 调整后的A3图框与图形直接的关系

3．打印出图

● “文件”菜单：依次单击“文件”菜单“打印”。

● 命令行：Ctrl + P。

实施命令后，弹出【打印 — 模型】对话框，设置如图 1 － 1 － 71 所示。

图1—1—71【打印—模型】对话框设置

单击“窗口(O)<”，回到模型状态，利用端点捕捉图框左上角和右下角后，在弹出的【打印—模型】对话框中单击确定，打印出图，弹出文件存储位置，选择合适的位置，存储文件，默认情况下，文件将存储为扩展名为 .dwf 的文件，如图 1 － 1 － 72 和图 1 － 1 － 73 所示。

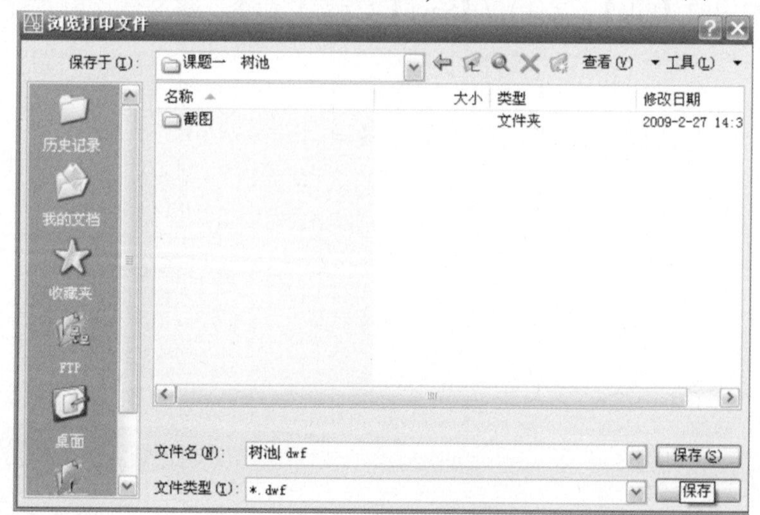

图1—1—72 保存打印出图的文件

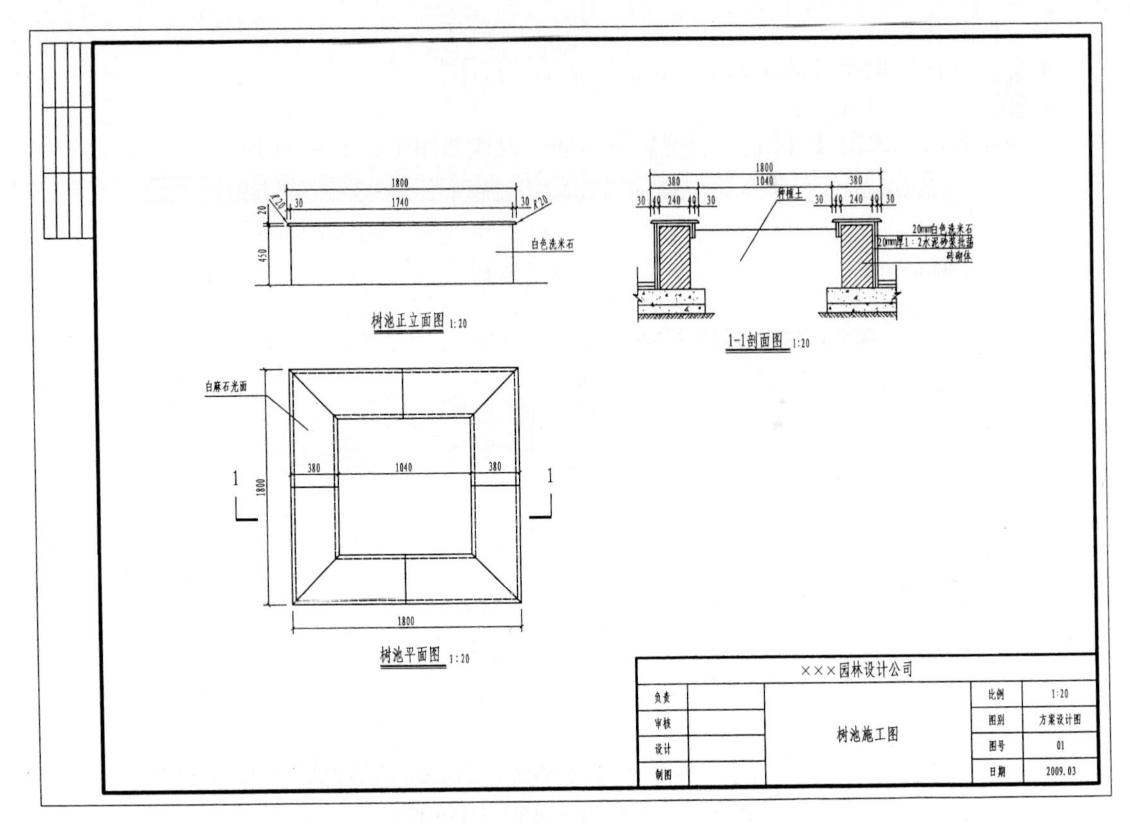

图1—1—73 打印出图的树池施工图

十、保存文件

执行菜单栏中的【File】（文件）/【Save】（保存）命令，将文件存为“树池 .dwg”。

任务二 制作树池模型

任务目标

- 掌握【Edit Spline】（样条编辑器）命令的使用
- 掌握【Extrude】（拉伸）命令的使用
- 掌握【Bevel】（斜切）命令的使用
- 掌握材质的制作方法
- 掌握【Map Scaler（WSM）】【贴图定标器（WSM）】命令的使用

任务引入

运用 3DS MAX 软件制作树池，效果如图 1—2—1 所示。

图1—2—1 树池最终效果

任务分析

树池制作流程如图 1—2—2 所示。

图1—2—2 树池制作流程图

运用 3DS MAX 软件制作树池，首先制作树池模型，其中用到了【Edit Spline】(样条编辑器)、【Extrude】(拉伸)、【Bevel】(斜切)等命令；建好模型之后，要给模型赋上材质，主要使用了麻石和洗米石。

任务实施

一、制作模型

1. 启动 3DS MAX 软件。

2. 执行菜单栏中【File】(文件) /【Reset】(重置) 命令，重新设置系统。

3. 执行菜单栏中的【Customize】(自定义) /【Units Setup】(单位设置) 命令，弹出【Units Setup】(单位设置) 对话框，设置参数如图 1—2—3 所示。

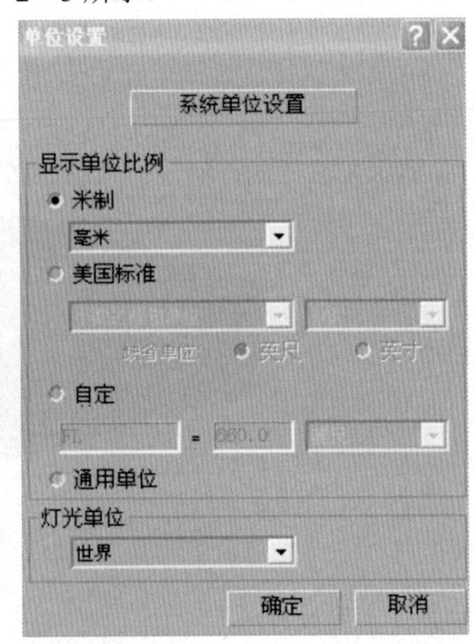

图1—2—3 【单位设置】对话框

再单击“System Unit Setup”(系统单位设置) 按钮，弹出【System Unit Setup】(系统单位设置) 对话框，设置参数如图 1—2—4 所示。

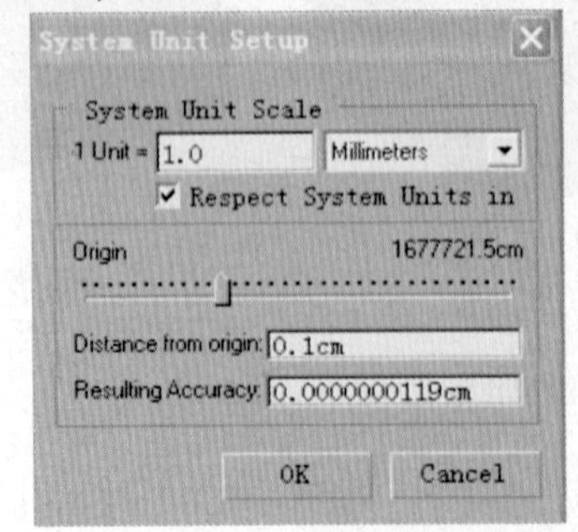

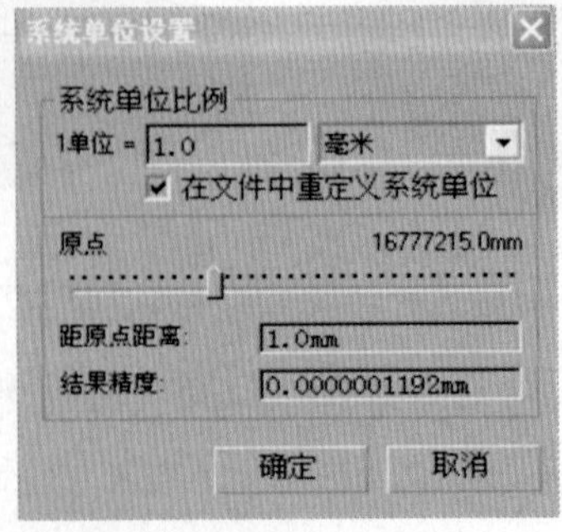

图1—2—4 【系统单位设置】对话框

4. 依次单击“[icon] / [icon] / Rectangle”（矩形）按钮，在顶视图中，创建一个【Length】（长度）为 1750 mm、【Width】（宽度）为 1750 mm 的矩形，参数设置如图 1—2—5 所示，调整位置如图 1—2—6 所示。

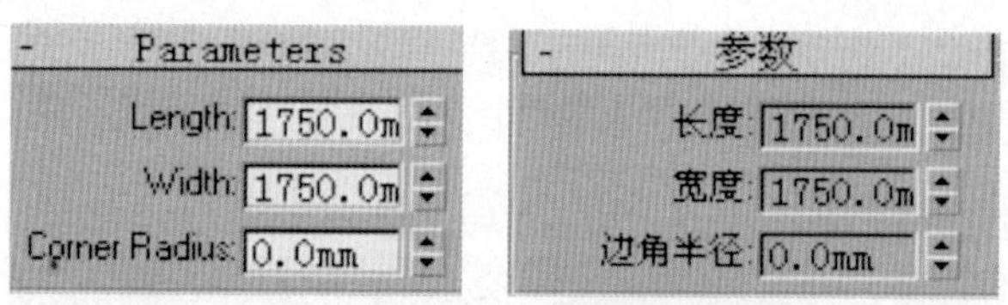

图1—2—5 参数设置

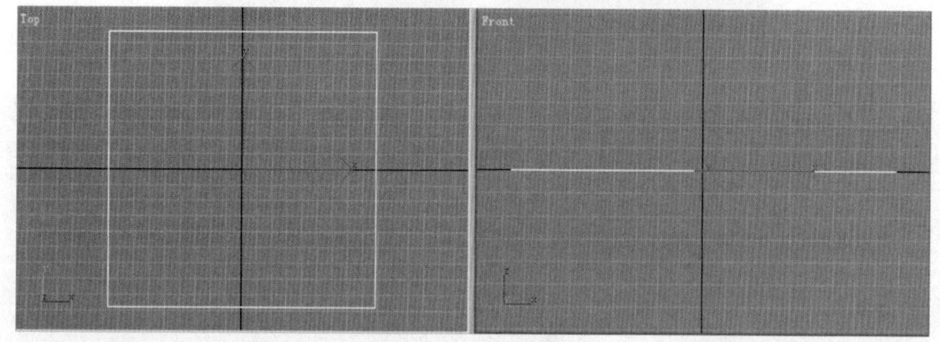

图1—2—6 绘制的矩形

5. 单击“[icon]”按钮，在【Modifier List】（修改器列表）下拉菜单中选择【Edit Spline】（样条编辑器）命令，选择子对象 Spline，在【Geometry】（几何体）卷展栏下设置轮廓值为 250 mm，如图 1—2—7 所示。

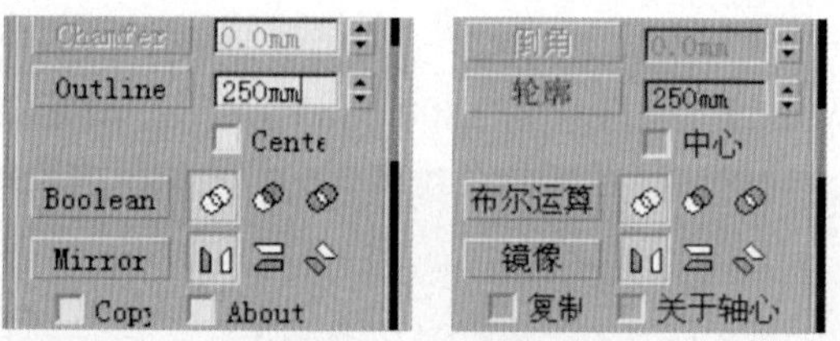

图1—2—7 设置轮廓值

再单击“Outline”（轮廓）按钮，轮廓后的形态及位置如图 1—2—8 所示。

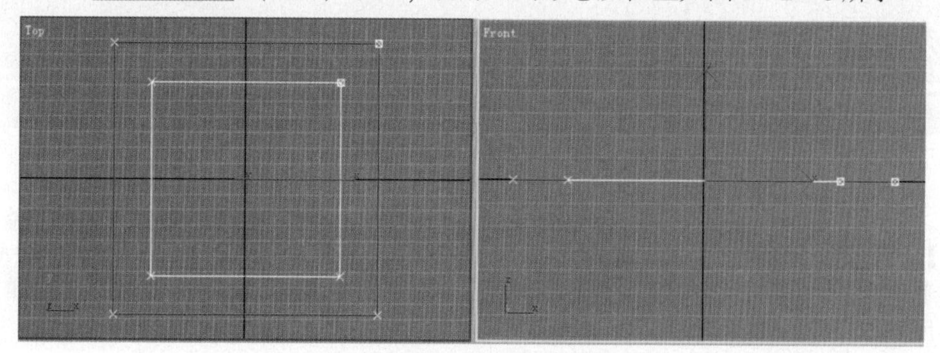

图1—2—8 轮廓后的形态及位置

6. 在【Modifier List】(修改器列表) 下拉菜单中选择“Extrude”(拉伸) 命令，设置【Amount】(数量) 值为450 mm，参数设置如图1—2—9所示，命名为“树池”，调整其位置如图1—2—10所示。

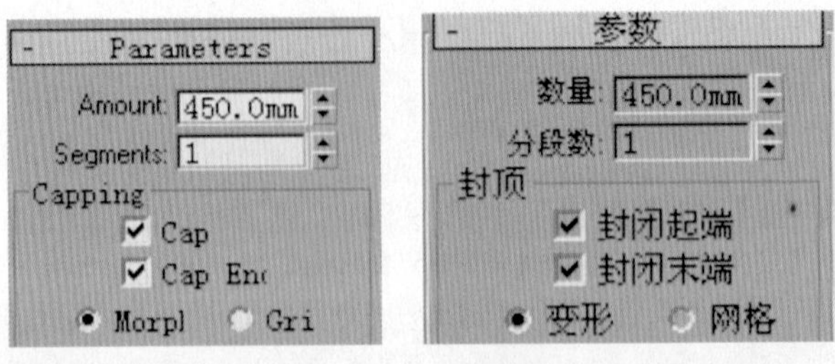

图1—2—9 参数设置

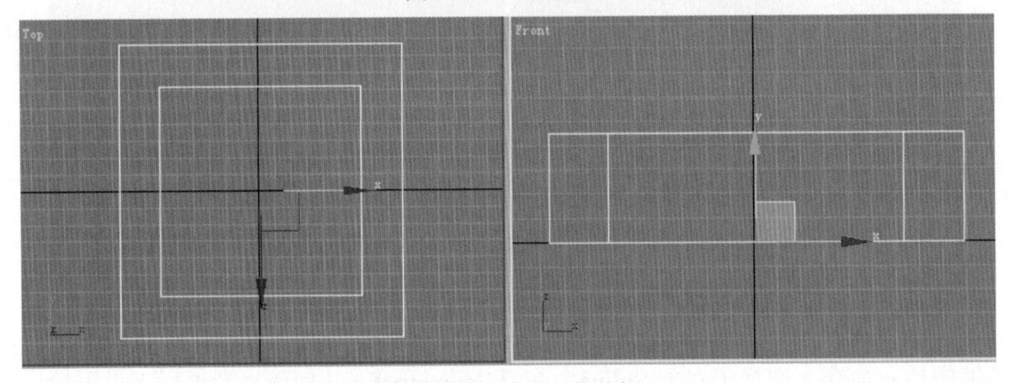

图1—2—10 拉伸后的形态

7. 依次单击“ / / Rectangle ”(矩形)按钮，在顶视图中，创建一个【Length】(长度) 为1800 mm、【Width】(宽度) 为1800 mm的矩形，调整位置如图1—2—11所示。

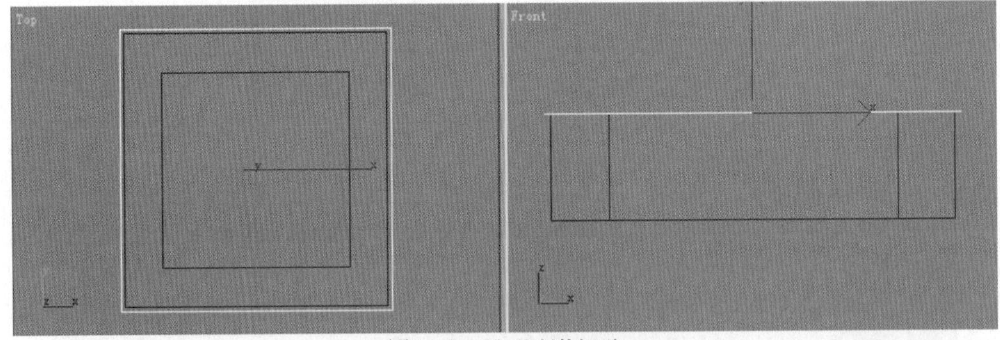

图1—2—11 绘制的矩形

8. 单击“ ”按钮，在【Modifier List】(修改器列表) 下拉菜单中选择【Edit Spline】(样条编辑器) 命令，选择子对象Spline，在【Geometry】(几何体) 卷展栏下设置轮廓值为310 mm，再单击“Outline”(轮廓) 按钮，轮廓后的形态及位置如图1—2—12所示。

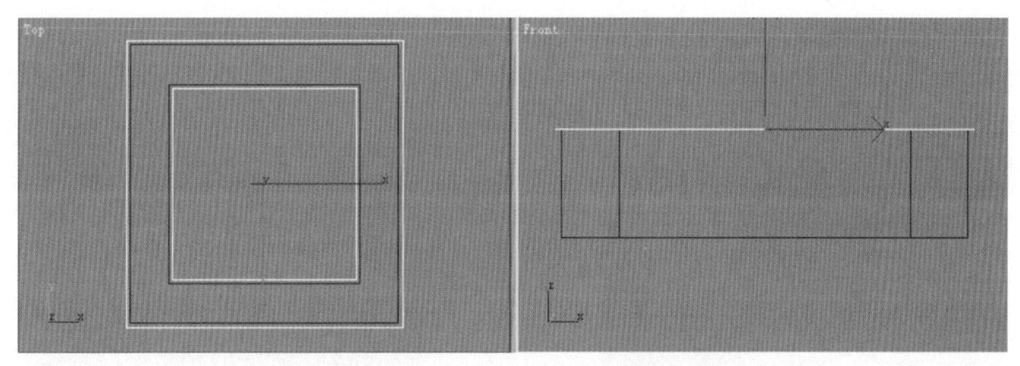

图1—2—12 轮廓后的形态及位置

9．单击“Bevel”(斜切) 命令,在【Parameters】(参数) 卷展栏下设置参数如图 1—2—13 所示。

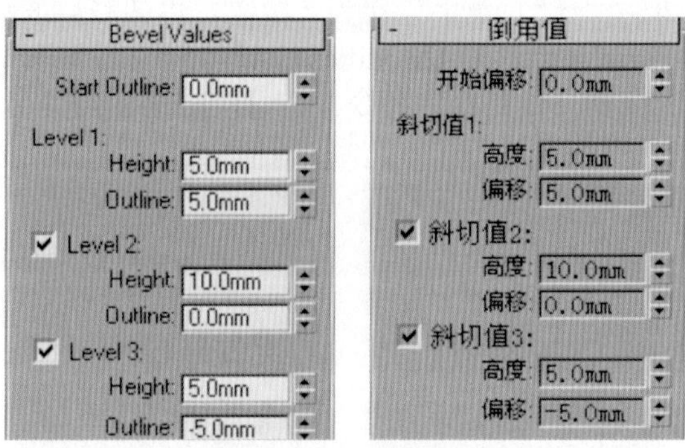

图1—2—13 参数设置

10. 斜切后的形态如图 1—2—14 所示，命名为“树池沿”。

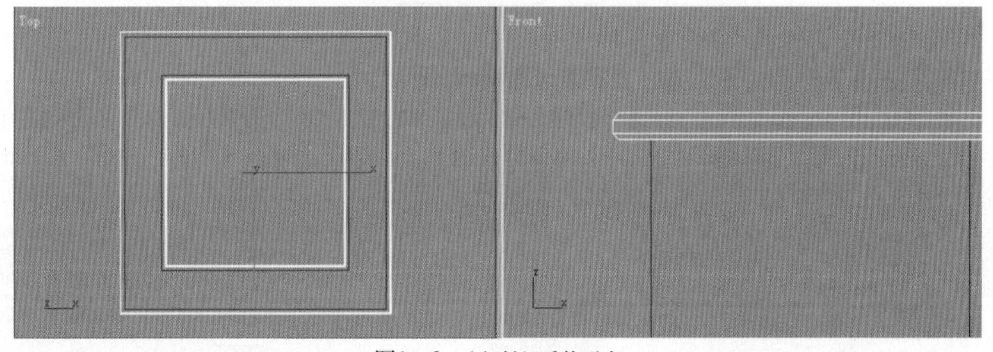

图1—2—14 斜切后的形态

二、制作树池材质

1. 单击工具栏上的“ ”按钮，在弹出【Material Editor】(材质编辑器) 对话框中选择一个空白示例球，命名为“树池材质”。

2. 在【Blinn Basic Parameters】(胶性基本参数) 卷展栏下单击【Diffuse】(表面色) 右侧小按钮,在弹出的【Material/Map Browser】(材质 / 贴图浏览器) 对话框中双击【Bitmap】(位图),打开本书配套光盘"贴图 / 模块一 / 洗米石 .jpg"贴图文件,参数设置如图 1—2—15 所示。

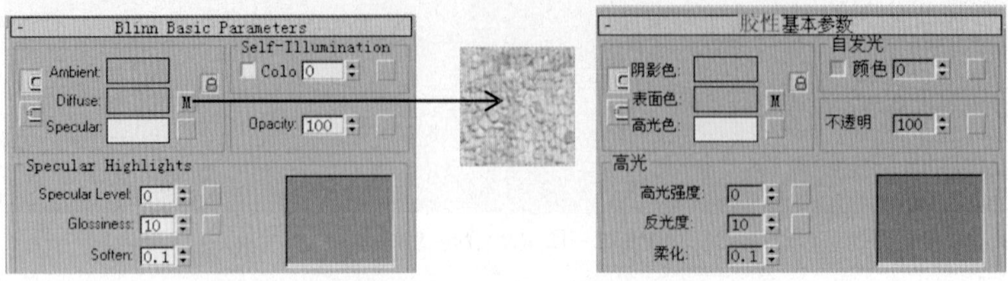

图1—2—15 【Blinn Basic Parameters】（胶性基本参数）卷展栏

3. 在视图中选择"花坛造型", 单击" "按钮, 将调配好的材质赋予选择的造型。

4. 在视图中选择"花坛造型", 在【Modificr List】(修改器列表) 下拉菜单中选择【Map Scaler（WSM)】【贴图定标器（WSM)】命令, 在【Parameters】(参数) 卷展栏下设置参数如图 1—2—16 所示。

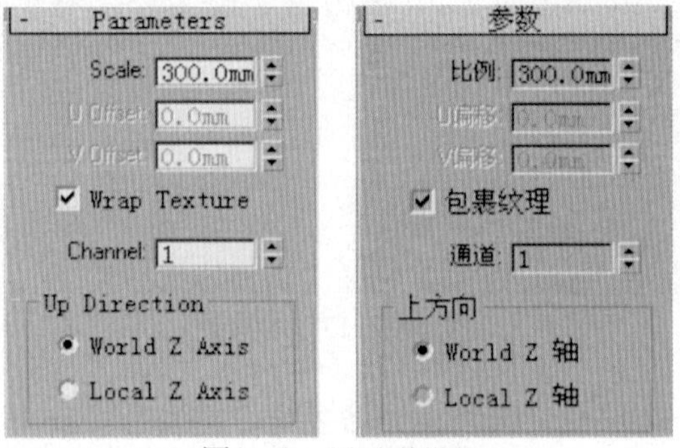

图1—2—16 参数设置

5. 重新选择一个空白示例球, 命名为"树池沿材质"。

6. 在【Blinn Basic Parameters】(胶性基本参数) 卷展栏下单击【Diffuse】(表面色) 右侧小按钮, 在弹出的【Material/Map Browser】(材质 / 贴图浏览器) 对话框中双击【Bitmap】(位图),打开本书配套光盘"贴图 / 模块一 /SC.jpg"贴图文件,参数设置如图 1—2—17 所示。

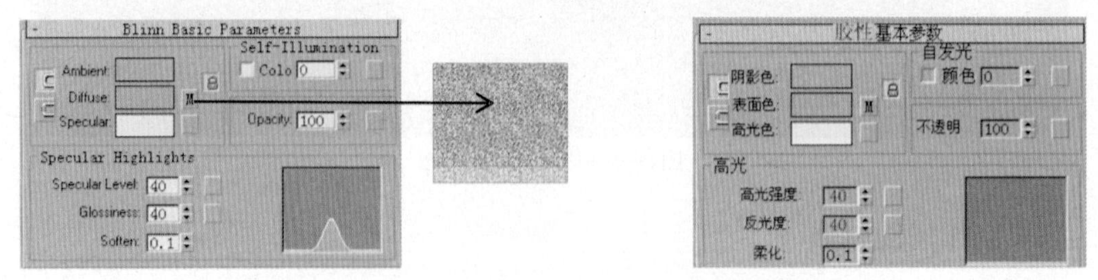

图1—2—17 【Blinn Basic Parameters】（胶性基本参数）卷展栏

7. 在【Bitmap Parameters】(位图参数) 卷展栏下设置参数, 如图 1—2—18 所示。

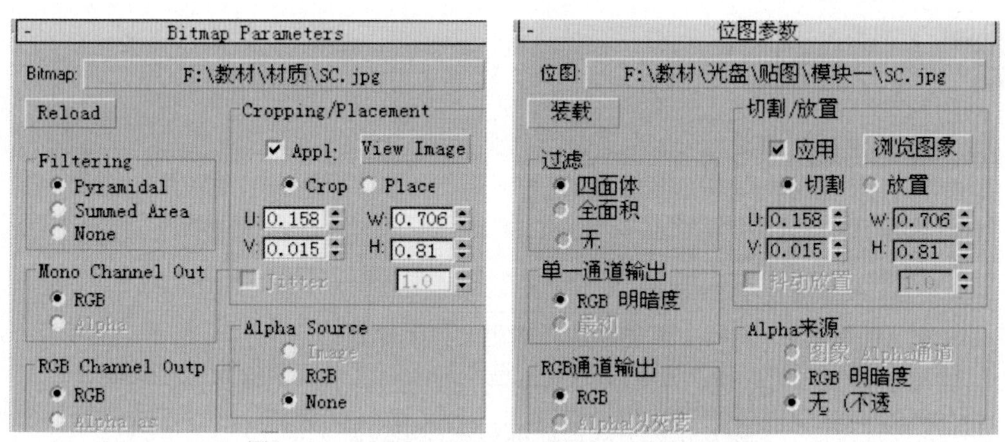

图1—2—18 【Bitmap Parameters】（位图参数）卷展栏

8. 单击“ ”按钮，返回上一级。

9. 在视图中选择“花坛沿造型”，单击“ ”按钮，将调配好的材质赋予选择的造型。

10. 在视图中选择“花坛沿造型”，单击“ ”按钮，在【Modifier List】(修改器列表) 下拉菜单中选择【Map Scaler（WSM)】【贴图定标器（WSM)】命令，在【Parameters】(参数) 卷展栏下设置参数如图 1—2—19 所示。

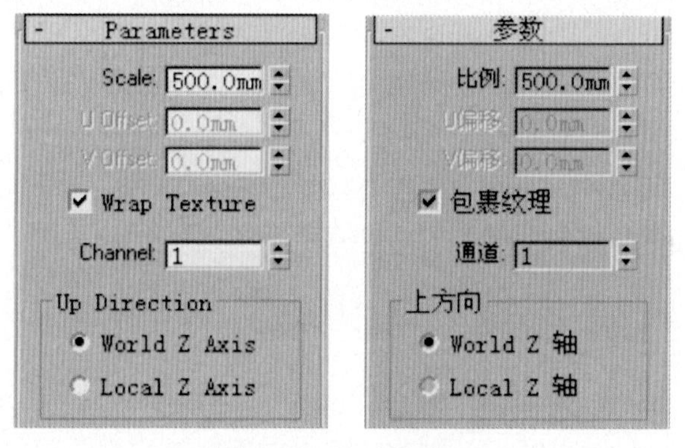

图1—2—19 参数设置

三、保存文件

执行菜单栏中的【File】(文件) /【Save】(保存) 命令，将场景文件存为“树池 .max”。

练 习 题

一、理论基础

1.AutoCAD 图形文件格式的后缀是_____。
2. 建筑制图中最常用的长度单位是______。
3. 尺寸标注的四个组成要素是______________。
4.AutoCAD 图案填充中____填充随边界的更改自动更新。
5.【Extrude】(拉伸) 建模通过为一个__造型加上厚度，使其生成____模型。
6.【Edit Spline】(样条编辑器) 可以进行_____、_____、____和_____四个层级的修改编辑。
7. 自我总结模块一中所使用命令的快捷键 (绘制表格)。

二、实践操作

题图 1 － 1 为园路的平面图，请根据此图，完成以下实践操作：
1. 运用 Auto CAD 软件，综合模块一所学的知识点，绘制如图所示的园路平面图。注：源文件在配套光盘课后习题文件夹模块一中。
2. 根据图样绘制的内容，按其尺寸和材料，运用 3DS MAX 软件绘制其模型图。

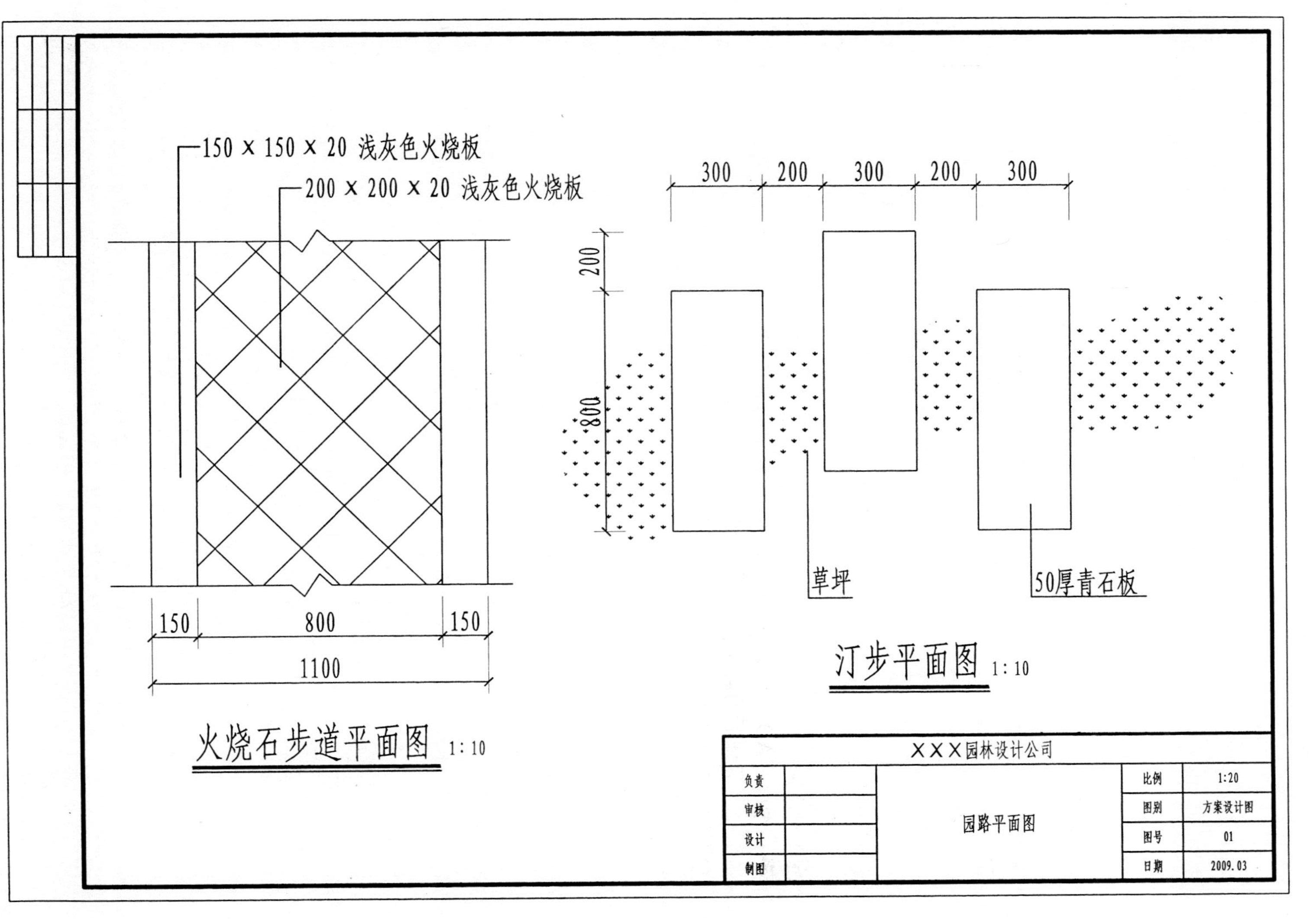
150×150×20 浅灰色火烧板
200×200×20 浅灰色火烧板
150
800
150
1100
火烧石步道平面图 1:10
300
200
300
200
300
200
800
草坪
50厚青石板
汀步平面图 1:10
×××园林设计公司
负责
审核
设计
制图
园路平面图
比例 1:20
图别 方案设计图
图号 01
日期 2009.03

题图1—1 园路平面图

模块二 园凳的制作

任务一　绘制园凳施工图

任务目标

- 绘制园凳的平（剖）面图、正立面图、侧立面图
- 尺寸标注、图案填充、材料说明、文字注写
- 打印出图

任务引入

运用 AutoCAD 2006 绘图软件，绘制如图 2 － 1 － 1 所示的园凳施工图。要求：图线运用、尺寸标注、文字说明符合国家制图标准规定，并能正确设置参数，打印出图。

任务分析

运用 AutoCAD 软件，制作园凳施工图，首先通过绘图命令和编辑命令，绘制园凳的平(剖) 面图、正立面图和侧立面图；其次，在图形的基础上，给图形主要部位标注尺寸；最后，给图形配以材质说明和文字说明，打印出图。园凳施工图绘制简易流程如图 2—1—2 所示。

任务实施

一、绘制园凳的平面图

这是一个矩形园凳，从上往下看，其图形基础都是矩形，可以以矩形为基础，通过绘图命令中的直线命令 L(line)、矩形命令 REC(rectangle)、倒圆角命令 F(fillet) 等来完成图形的绘制。

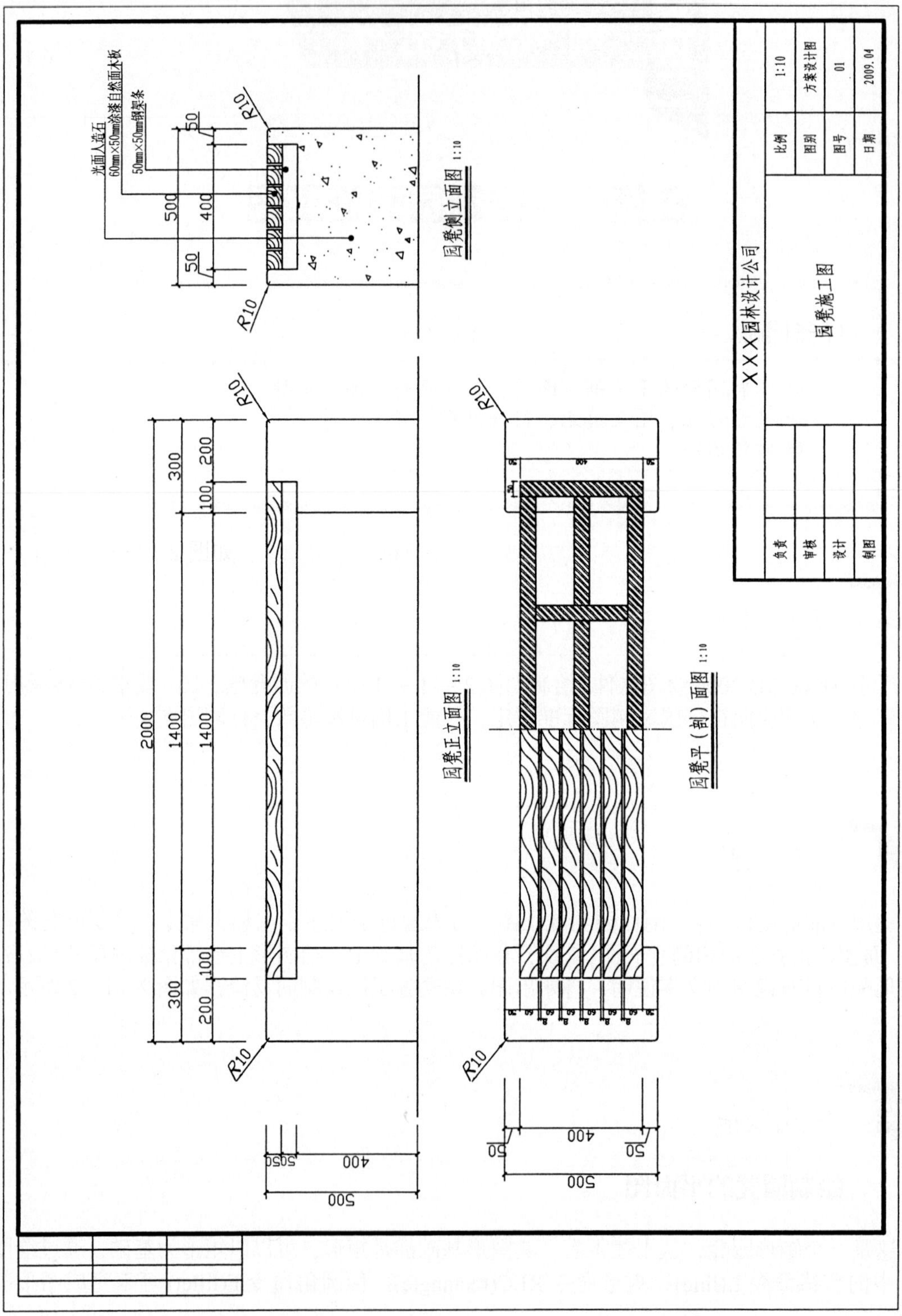

图2—1—1 园凳施工图

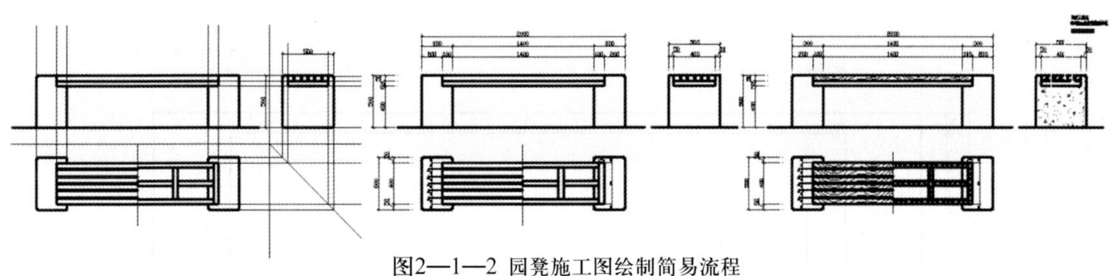

图2—1—2 园凳施工图绘制简易流程

1. 将轮廓线图层设为当前图层。
2. 运用直线命令 L(line),绘制一个长为 2 000 mm、宽为 500 mm 的矩形,如图 2—1—3 所示。

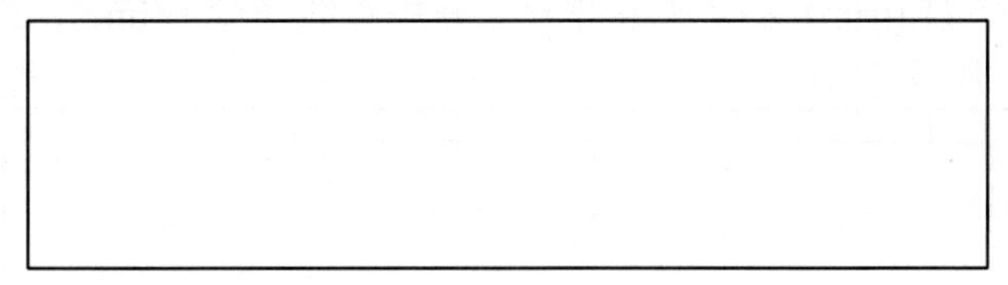

图2—1—3 绘制一个2000 mm×500 mm 的矩形

3. 运用偏移命令 O(offset),偏移距离分别为 200 mm、100 mm,如图 2—1—4 所示。

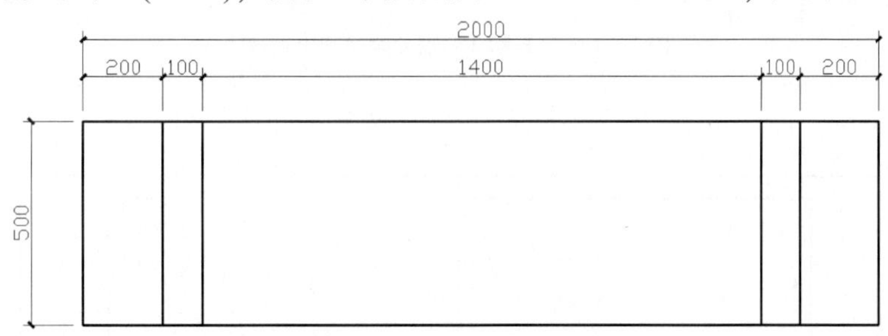

图2—1—4 偏移后的效果

4. 运用偏移命令 O(offset),将长边上下各偏移 50 mm,如图 2—1—5 所示。

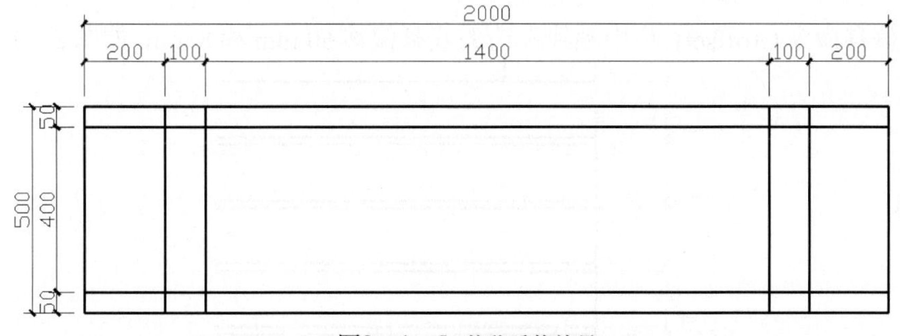

图2—1—5 偏移后的效果

5. 运用倒圆角命令 F(fillet),其半径设为 0,将图像修整为如图 2—1—6 所示。

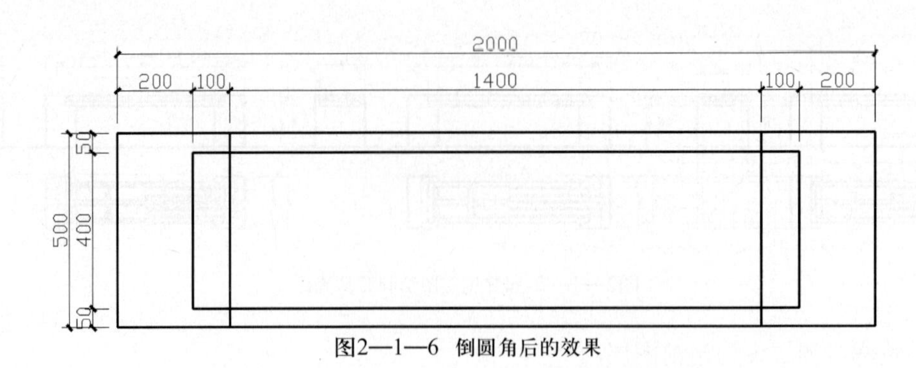

图2—1—6 倒圆角后的效果

6. 运用剪切命令 TR(trim) 去除多余部分，并用直线命令 L(line)，绘制中轴线，其线型为点画线，如图 2—1—7 所示。

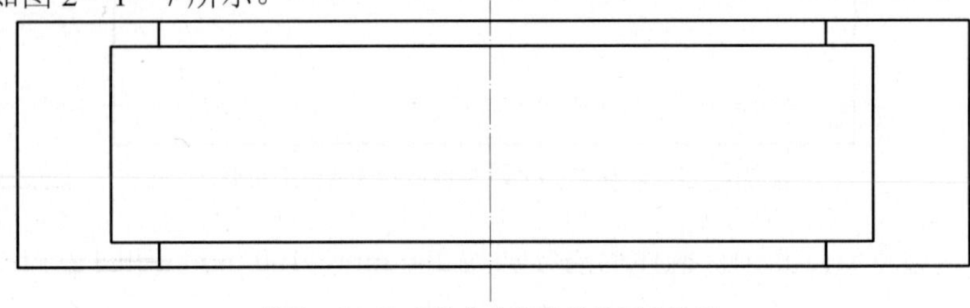

图2—1—7 去除多余部分并绘制中轴线

7. 运用剪切命令 TR(trim)，将中轴线右边部分删除，如图 2—1—8 所示。

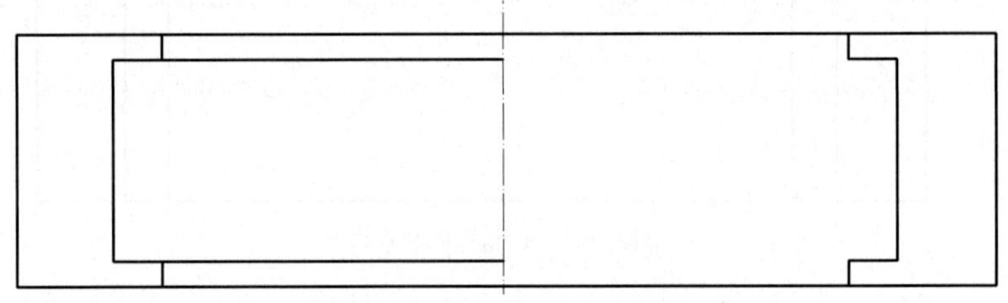

图2—1—8 剪切命令后的效果

8. 运用偏移命令 O(offset)，将中轴线左边的线条偏移 60 mm 和 8 mm，如图 2—1—9 所示。

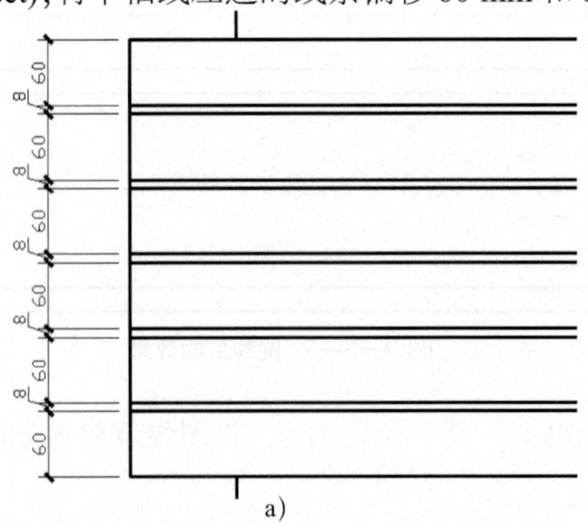

a)

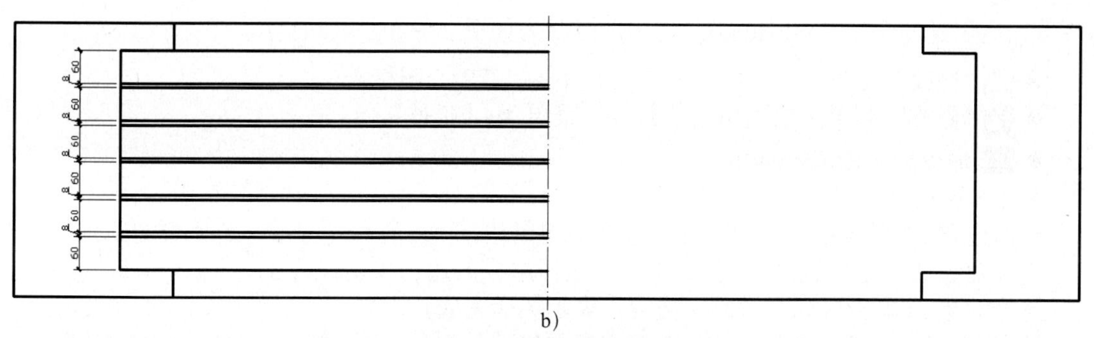

b）

图2—1—9 偏移后的效果

a）放大效果　b）整体效果

9. 用剪切命令 TR(trim)，将 8 mm 位置进行剪切，如图 2 － 1 － 10 所示。

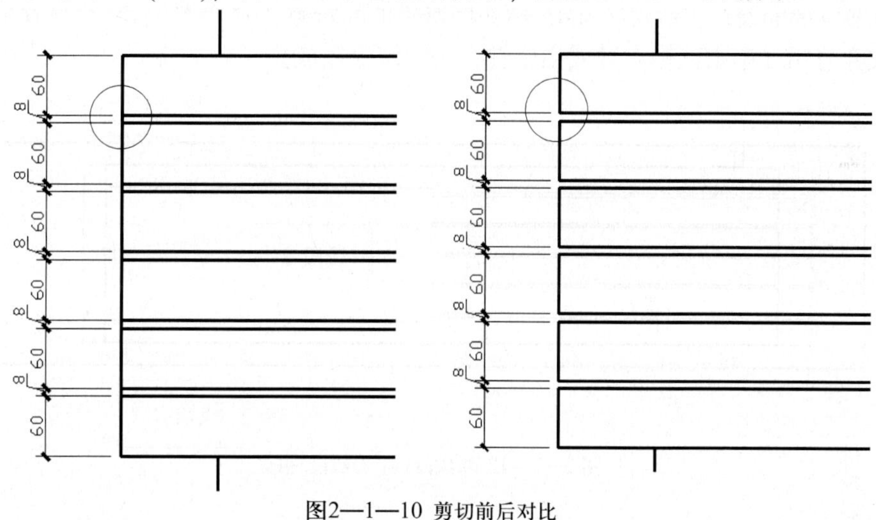

图2—1—10 剪切前后对比

10. 运用直线命令 L(line)，绘制线条 *A*、*B*、*C*，再运用偏移命令 O(offset)，将线条 *A*、*B*、*C* 各偏移 50 mm，如图 2 － 1 － 11 所示。

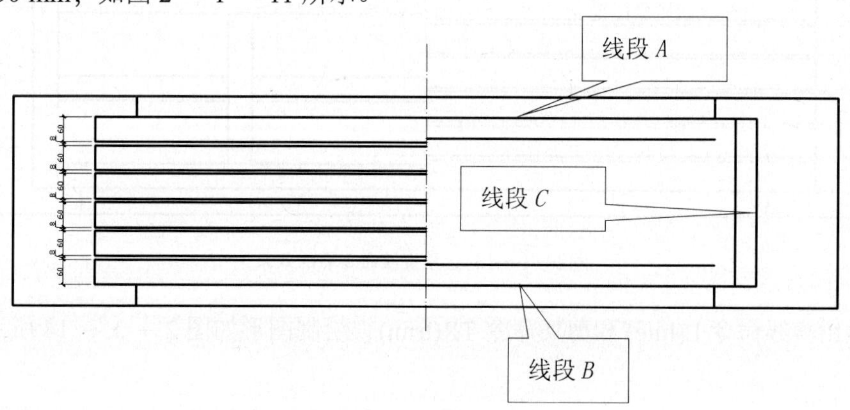

图2—1—11 偏移后的效果

11. 运用延伸命令 EX(extend)，将图形修改为如图 2 － 1 － 12 所示。

- “修改”工具栏：单击修改工具栏中的“ ”图标。
- “修改”菜单：依次单击“修改”菜单 ➤ “延伸”。
- 命令行：EX(extend)。

命令：ex EXTEND

当前设置：投影 =UCS，边 = 无　选择边界的边 ...

选择对象或 <全部选择>：找到 1 个（选择边界的边，单击线段 3）

选择对象：(单击鼠标右键或空格键，表示选择完成)

选择要延伸的对象，或按住 Shift 键选择要修剪的对象，或 [栏选 (F)/ 窗交 (C)/ 投影 (P)/ 边 (E)/ 放弃 (U)]：(选择要延伸的对象，单击线段 1)

选择要延伸的对象，或按住 Shift 键选择要修剪的对象，或 [栏选 (F)/ 窗交 (C)/ 投影 (P)/ 边 (E)/ 放弃 (U)]：(继续选择要延伸的对象，单击线段 2)

选择要延伸的对象，或按住 Shift 键选择要修剪的对象，或 [栏选 (F)/ 窗交 (C)/ 投影 (P)/ 边 (E)/ 放弃 (U)]：(单击鼠标右键或空格键，表示命令完成)

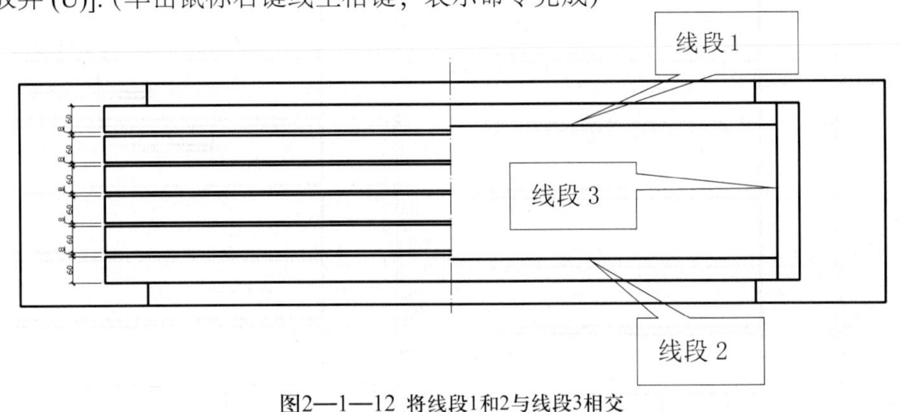

图2—1—12　将线段1和2与线段3相交

12. 运用直线命令 L(line)，辅助对象捕捉，绘制图形如图 2 － 1 － 13 所示。

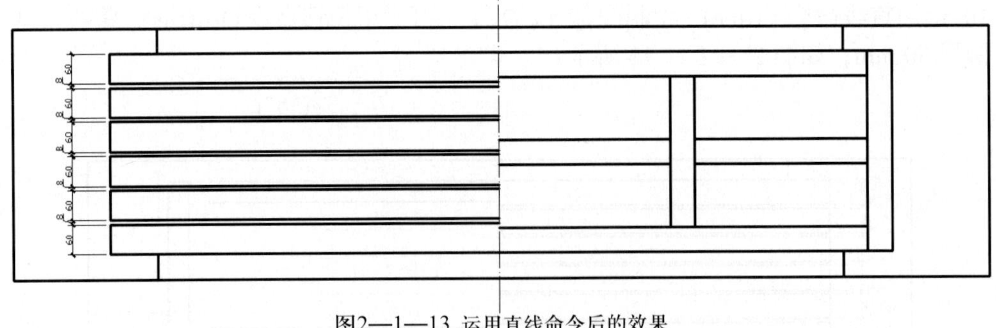

图2—1—13　运用直线命令后的效果

13. 运用直线命令 L(line) 和剪切命令 TR(trim)，绘制图形如图 2 － 1 － 14 所示。

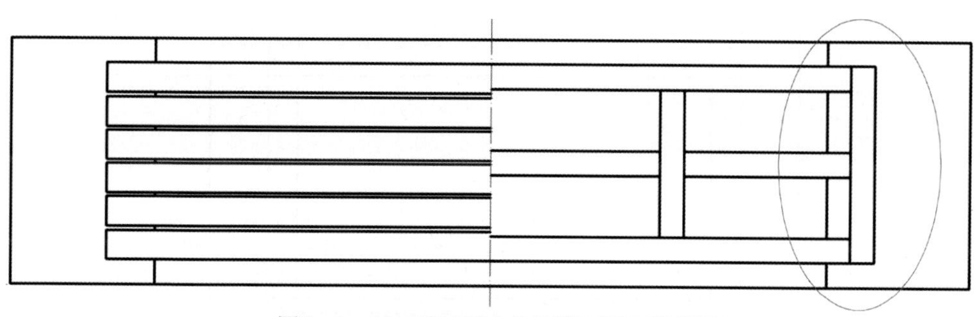

图2—1—14　运用直线命令和剪切命令后的效果

14. 运用直线命令 L(line) 和剪切命令 TR(trim)，绘制图形如图 2 － 1 － 15 所示。

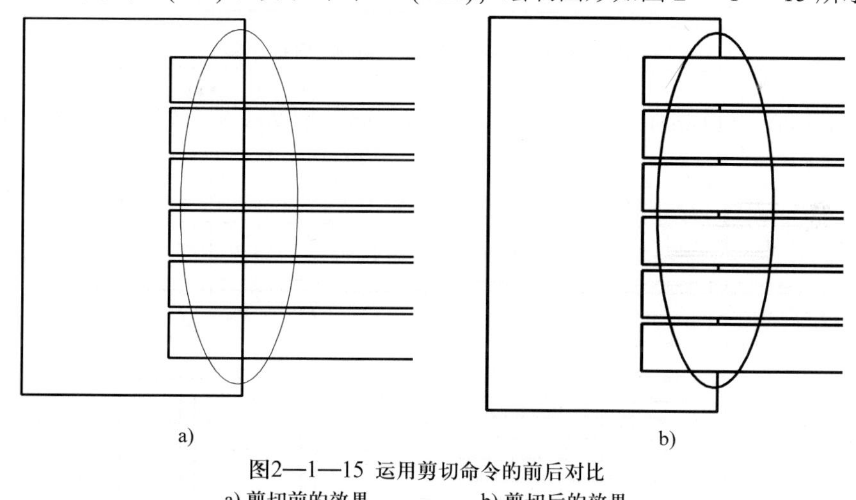

a)　　　　　　　　　　b)

图2—1—15　运用剪切命令的前后对比

a) 剪切前的效果　　　　b) 剪切后的效果

15. 平面图完成，如图 2 － 1 － 16 所示。

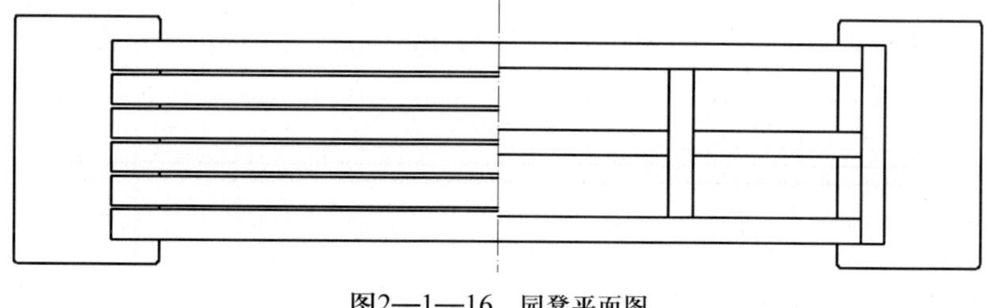

图2—1—16　园凳平面图

二、绘制园凳的正立面图

在任务实施的过程中，通常要通过辅助线条来完成从平面图到正立面图的绘制。首先，先来看正立面图和平面图之间的关系，如图 2 － 1 － 17 所示（当然也可以先画正立面图，再画平面图，前提是理解两者之间的关系）。

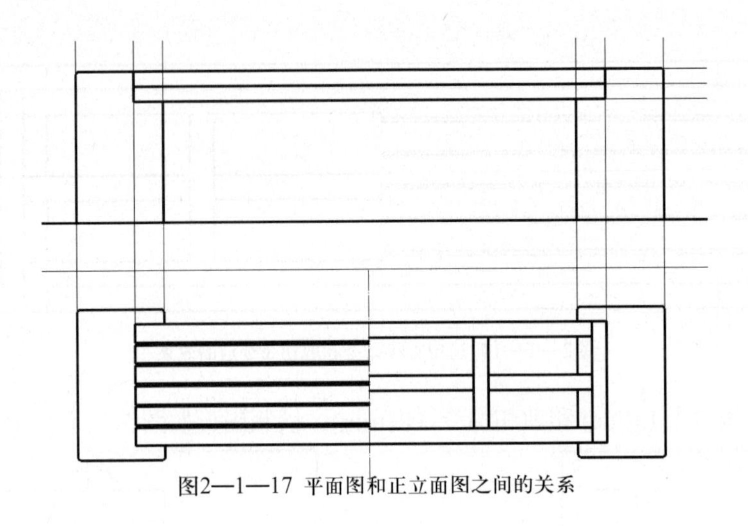

图2—1—17 平面图和正立面图之间的关系

1. 运用直线命令 L(line)，绘制地平线和垂直方向的辅助线条，如图 2 － 1 － 18 所示。

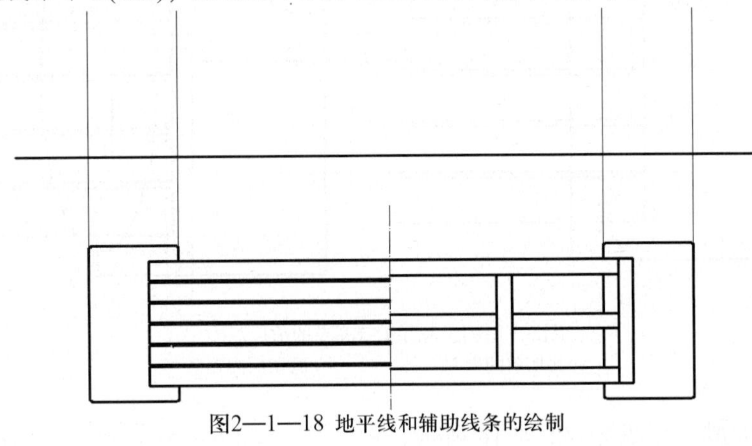

图2—1—18 地平线和辅助线条的绘制

2. 运用偏移命令 O(offset)，依次偏移水平线 400 mm、50 mm、50 mm，如图 2 － 1 － 19 所示。

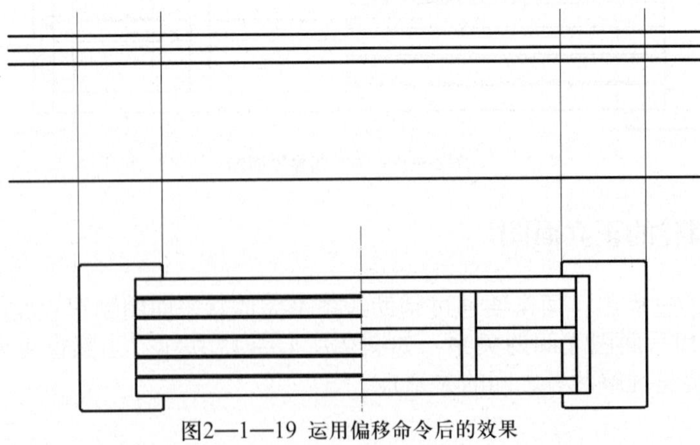

图2—1—19 运用偏移命令后的效果

3. 运用剪切命令 TR(trim)，修剪图形如图 2—1—20 所示。

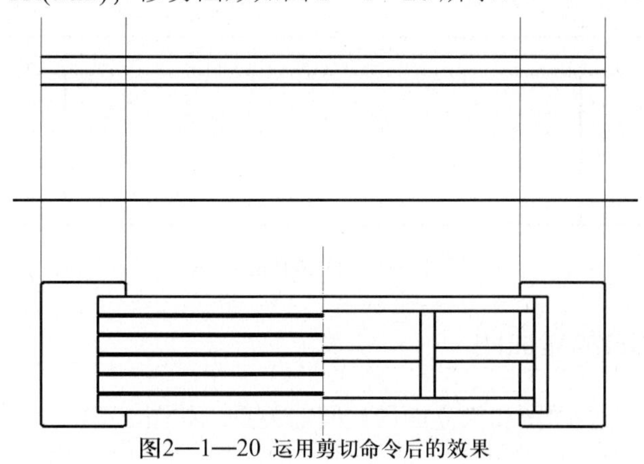

图2—1—20 运用剪切命令后的效果

4. 运用直线命令 L(line)，辅助对象捕捉，绘制图形如图 2—1—21 所示。

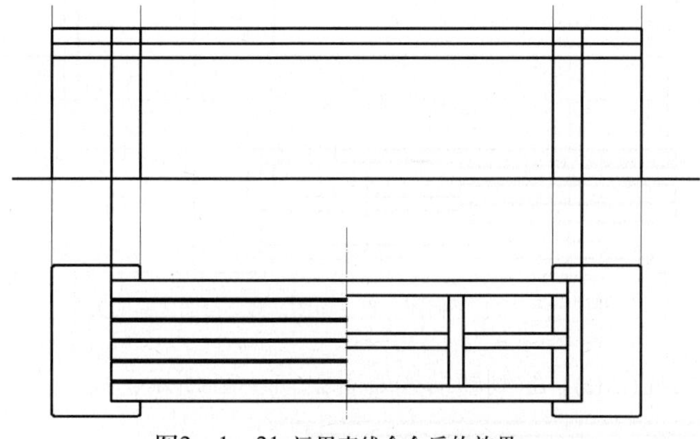

图2—1—21 运用直线命令后的效果

5. 运用剪切命令 TR(trim)、删除命令 E(erase)，绘制图形如图 2—1—22 所示。

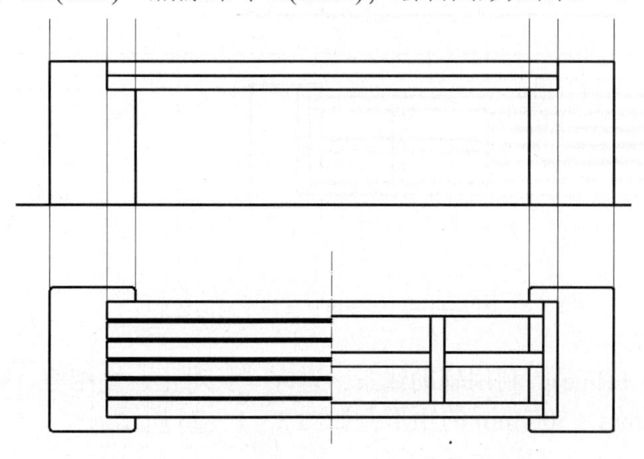

图2—1—22 运用剪切命令、删除命令后的效果

6. 正立面图完成，如图 2—1—23 所示。

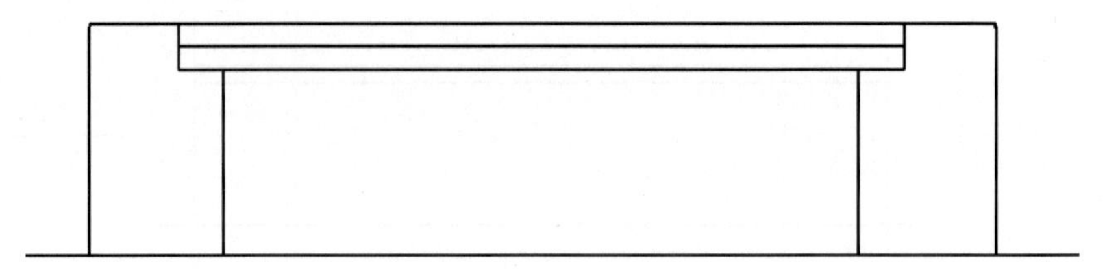

图2—1—23 园凳正立面图

三、绘制园凳的侧立面图

先来看平面图、正立面图和侧立面图之间的关系，如图 2—1—24 所示。

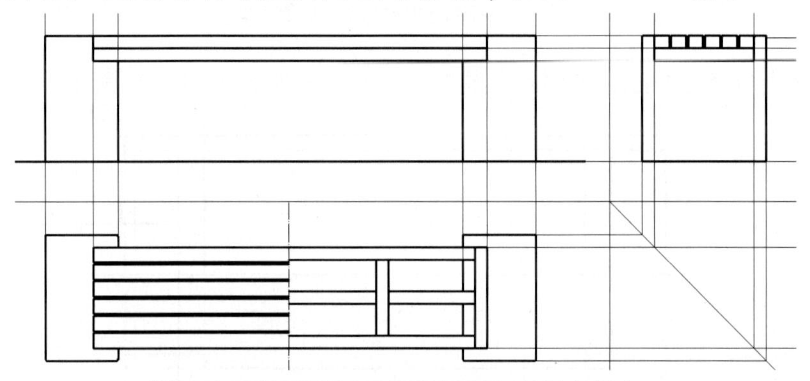

图2—1—24 平面图、正立面图、侧立面图之间的关系

1. 运用直线命令 L(line)，绘制辅助线如图 2—1—25 所示。

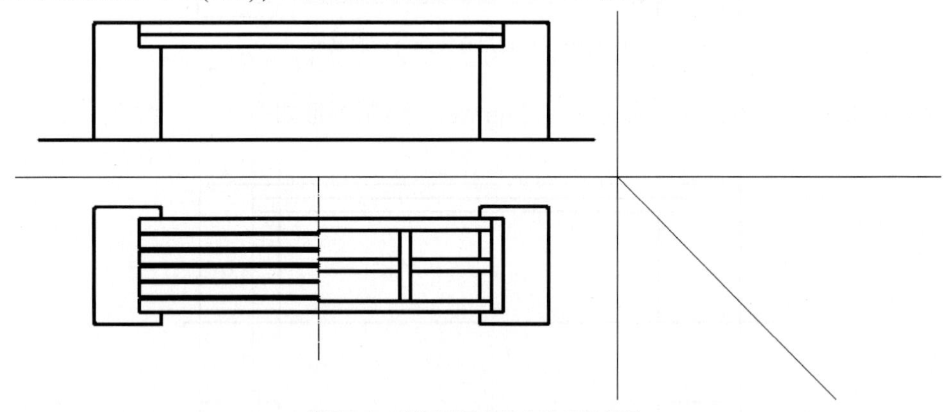

图2—1—25 运用直线命令后的效果

2. 运用直线命令 L(line)，利用辅助线条，遵守“长对正、宽相等、高平齐”原则，绘制侧立面图框架，500 mm×500 mm 的矩形，如图 2—1—26 所示。

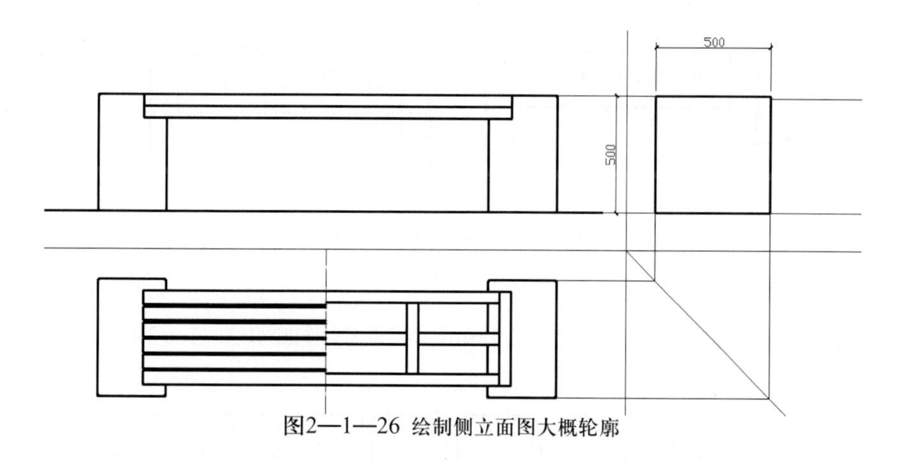

图2—1—26　绘制侧立面图大概轮廓

3. 运用直线命令 L(line)，根据辅助线，绘制图形如图 2—1—27 所示。

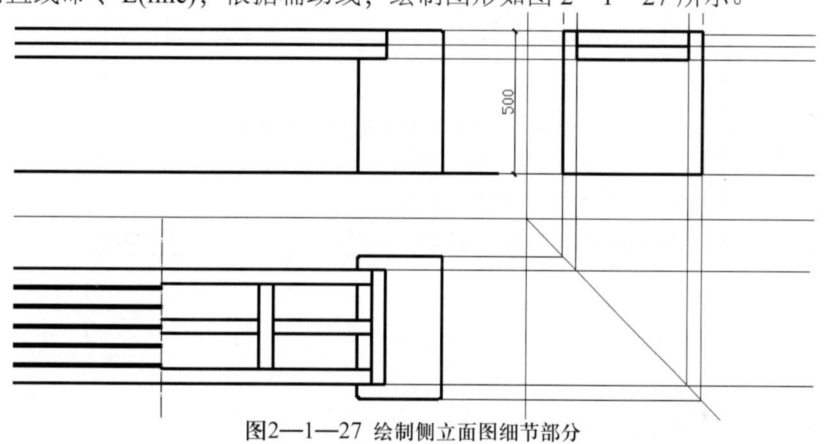

图2—1—27　绘制侧立面图细节部分

4. 运用偏移命令 O(offset)，依次偏移 60 mm、8 mm，绘制图形如图 2—1—28 所示。

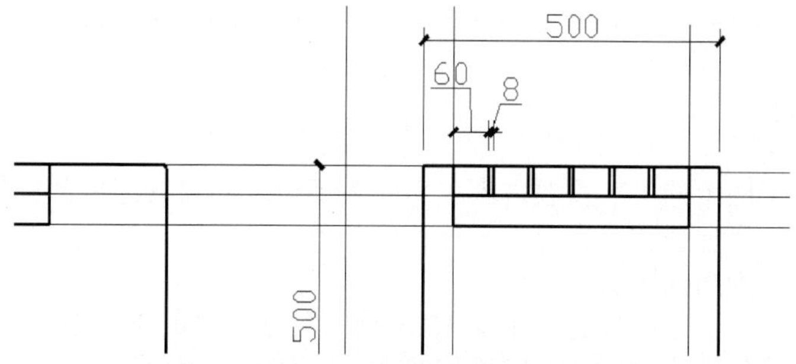

图2—1—28　运用偏移命令绘制侧立面座面

5. 运用剪切命令 TR(trim)，将图形修改为如图 2—1—29 所示。

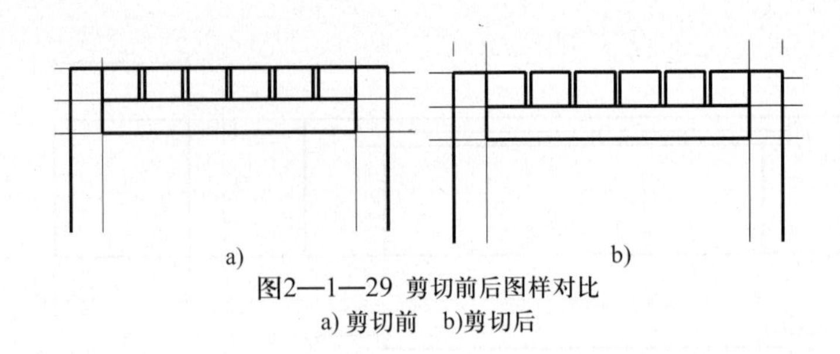

图2—1—29 剪切前后图样对比
a) 剪切前　b)剪切后

6. 运用倒圆角命令 F(fillet)，半径为 10 mm，绘制图形如图 2—1—30 所示。

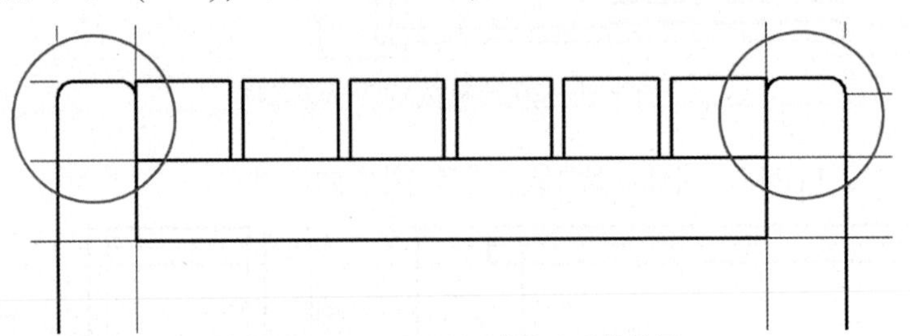
图2—1—30 运用倒圆角命令后的效果

7. 侧立面图绘制完成，如图 2—1—31 所示。

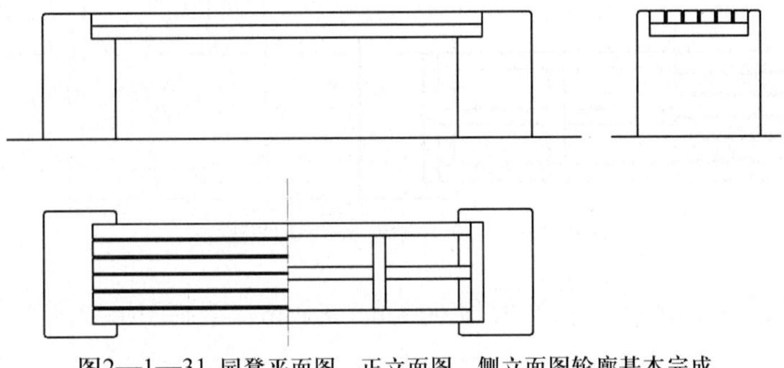
图2—1—31 园凳平面图、正立面图、侧立面图轮廓基本完成

四、尺寸标注

尺寸是园林施工图中的一项重要内容，它能表现设计对象各组成部分的大小及相对位置关系，是实际施工的重要依据。在这里需要用到的是线性标注、连续标注和半径标注。

1. 将标注图层置为当前图层。

2. 设置尺寸样式，这张图样是按 1 ∶ 10 出图，尺寸样式的设置参数如下所示：

新建【园林标注】样式，其直线、符号和箭头、文字的具体参数分别如图 2—1—32、图 2—1—33、图 2—1—34 所示。

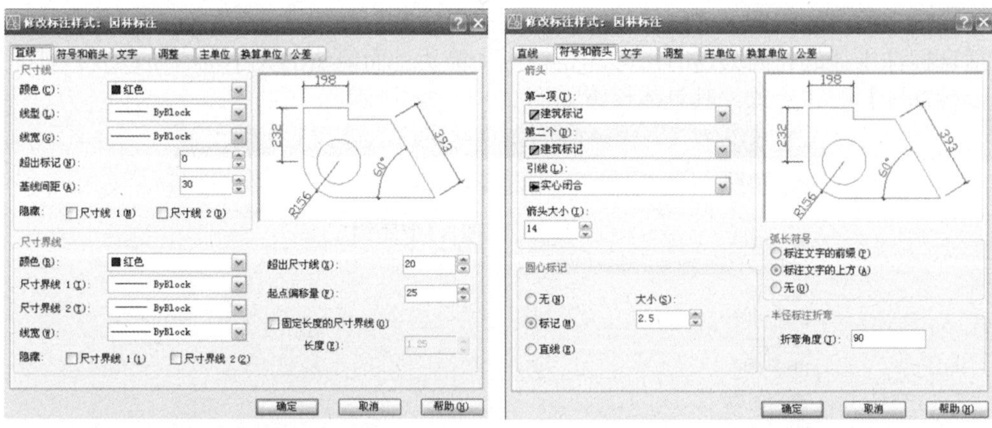

图2—1—32【直线】参数设置　　图2—1—33【符号和箭头】参数设置

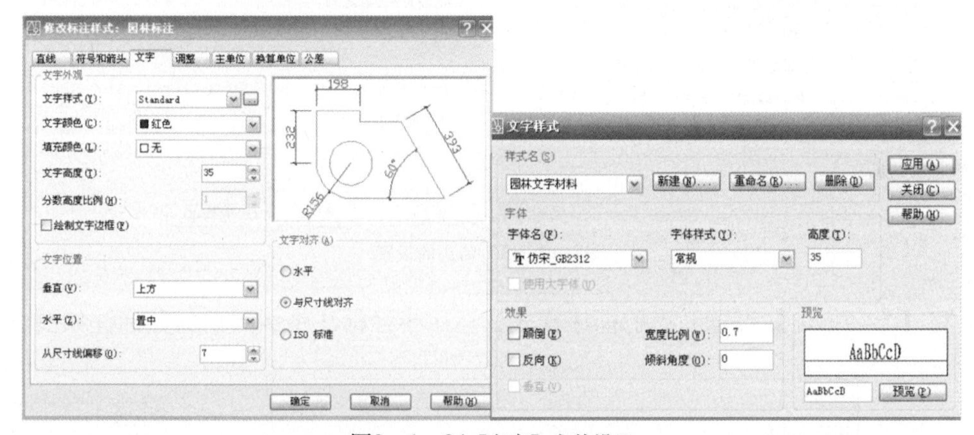

图2—1—34【文字】参数设置

3. 将【园林标注】设置为当前标注样式，运用线性标注和连续标注，标注如图 2—1—35 所示。

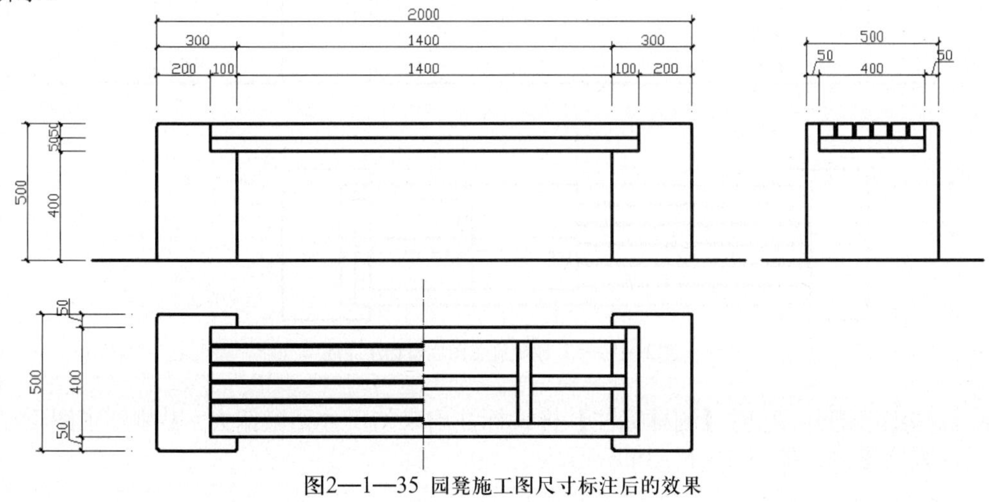

图2—1—35　园凳施工图尺寸标注后的效果

4. 标注倒圆角部位，在【园林标注】的基础上修改并新建【半径标注】样式，此标注样式是适合标注半径的，因为这时尺寸起止符应为箭头，而箭头的大小也有所改变，其他设置与【园林标注】样式一致。其具体设置如图 2—1—36 所示。

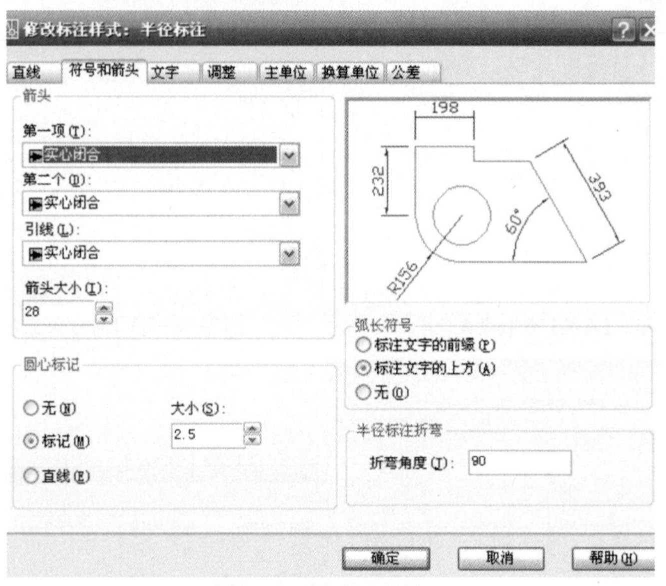

图2—1—36 箭头的设置

5. 将【半径标注】设置为当前标注样式，运用半径标注将倒圆角部分标注如图 2—1—37 所示。

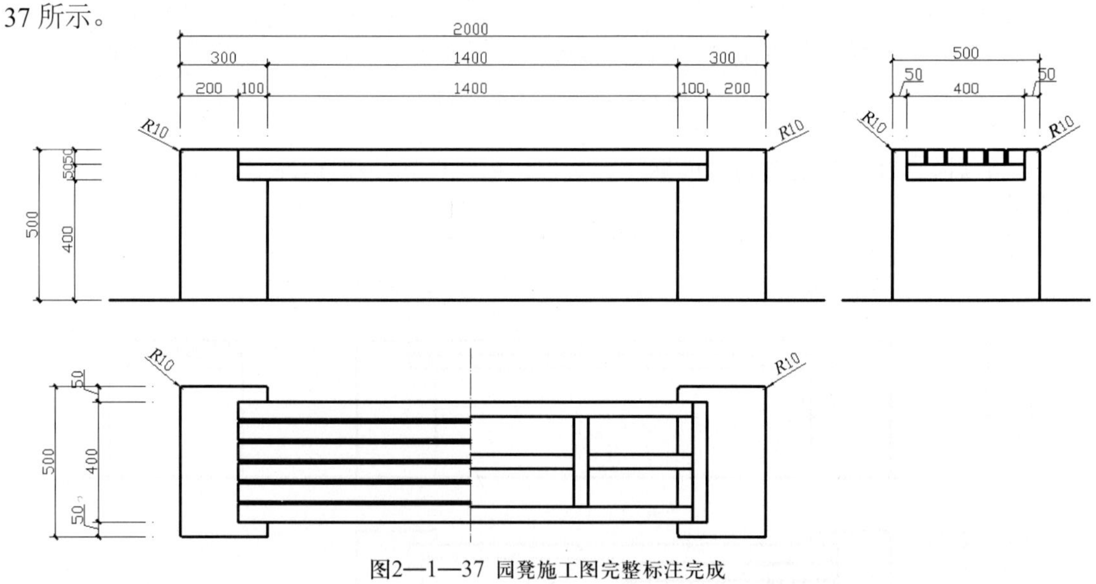

图2—1—37 园凳施工图完整标注完成

6. 标注细节部分，这时【园林标注】样式标注出来的尺寸稍微偏大，影响到了图形显示，同时尺寸数字重叠，如图 2—1—38 所示。

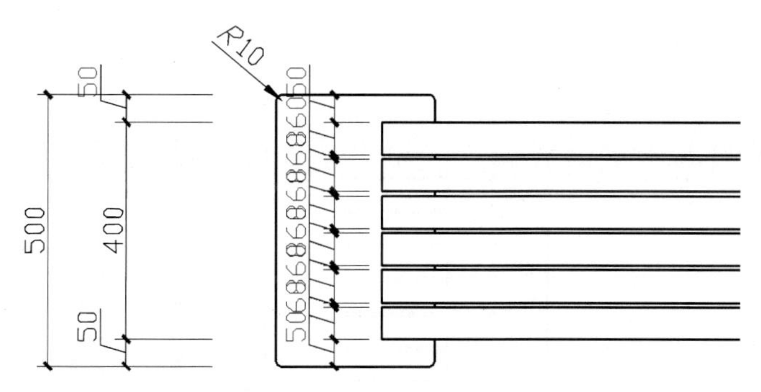

图2—1—38 标注细节部分

7. 改变细节标注的尺寸参数，任意单击细节标注中的一个，键盘同时输入【Ctrl】+1，将参数进行修改，具体设置如图 2—1—39 所示。

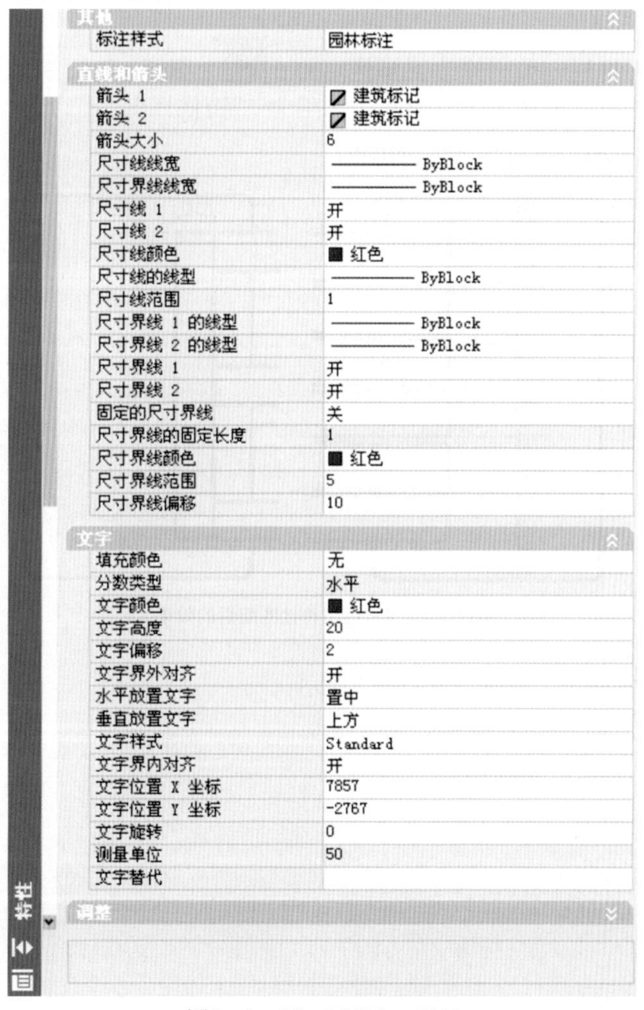

图2—1—39　【特性】对话框

8. 这时选中的尺寸标注将按新的设置显示，如图 2—1—40 所示。

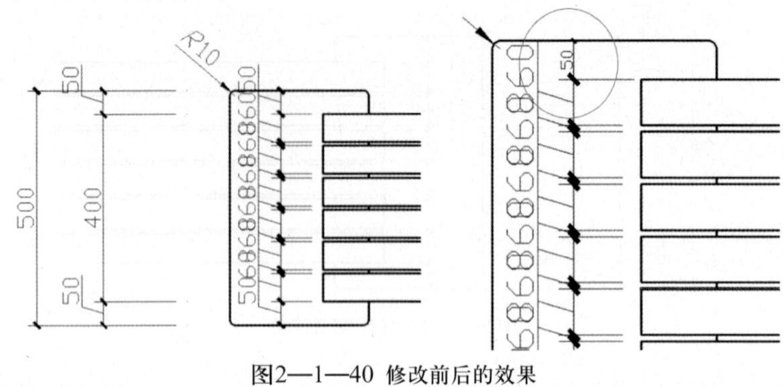

图2—1—40 修改前后的效果

9. 运用特性匹配命令 MA（matchprop），将所有的细节标注更新为最新的设置，如图 2—1—41 所示。

- “标准”工具栏：单击修改工具栏中的“ ”图标。
- “修改”菜单：依次单击“修改”菜单 ➤ “特性匹配”。
- 命令行：MA(matchprop 或 painter)。

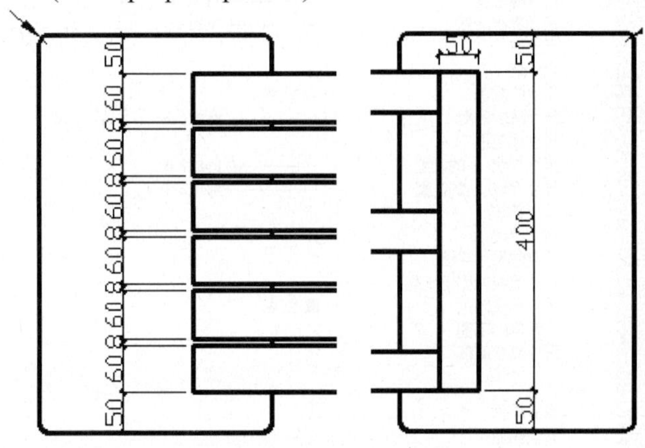

图2—1—41 运用特性匹配后的效果

10. 全图尺寸标注完成，如图 2—1—42 所示。

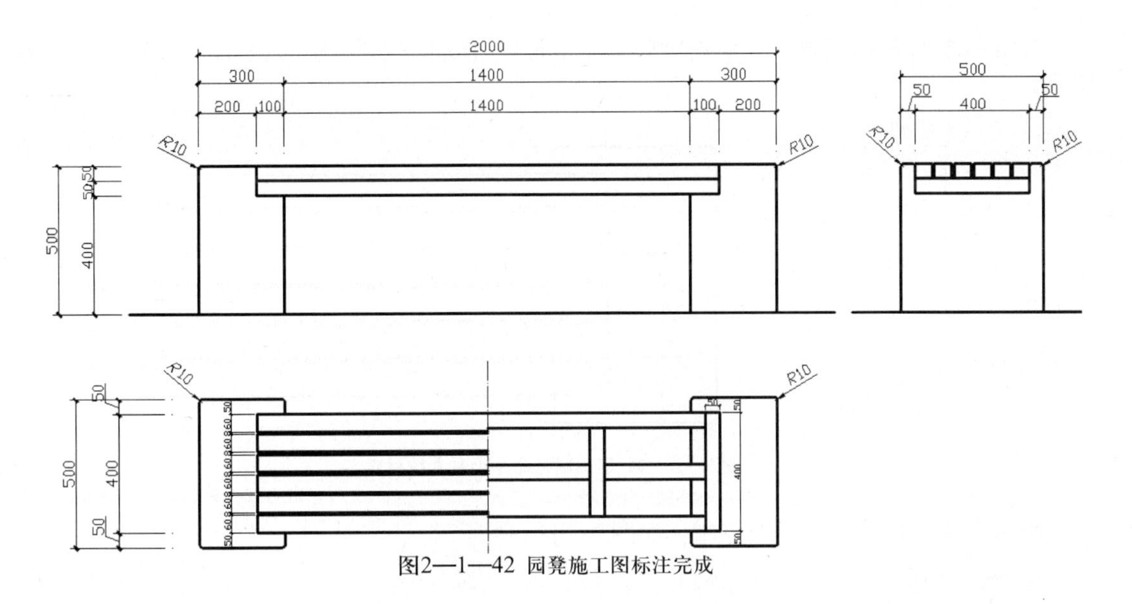

图2—1—42 园凳施工图标注完成

五、图案填充

有时候因为CAD提供的图案不能更好表现材质属性，更多的需要用户自己绘制对象材料图例。

1. 绘制正立面图材质属性，运用圆弧命令(arc)，辅助对象捕捉，绘制图形如图2—1—43所示。

- “绘图”工具栏：单击修改工具栏中的“ ”图标。
- “绘图”菜单：依次单击“修改”菜单 ➤ “圆弧”。
- 命令行：arc。

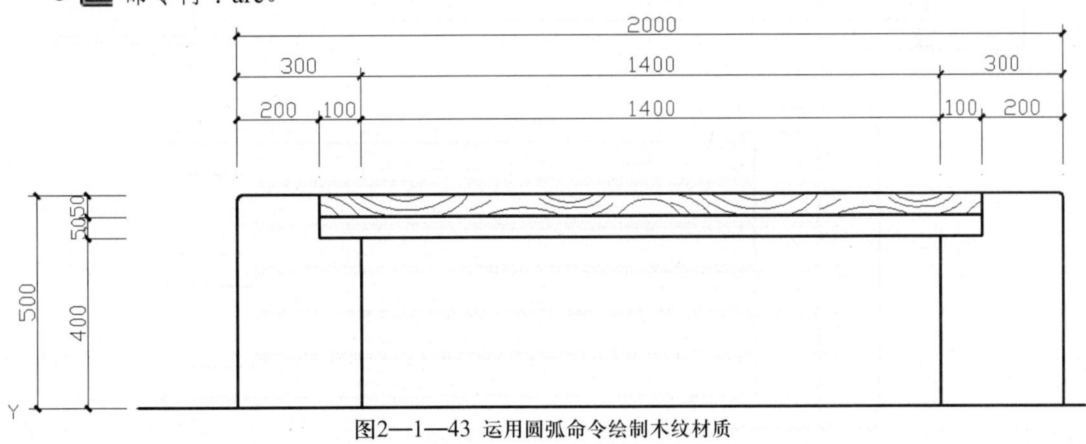

图2—1—43 运用圆弧命令绘制木纹材质

2. 绘制平面图材质属性，运用圆弧命令 (arc)，辅助对象捕捉，绘制图形如图 2—1—44 所示。

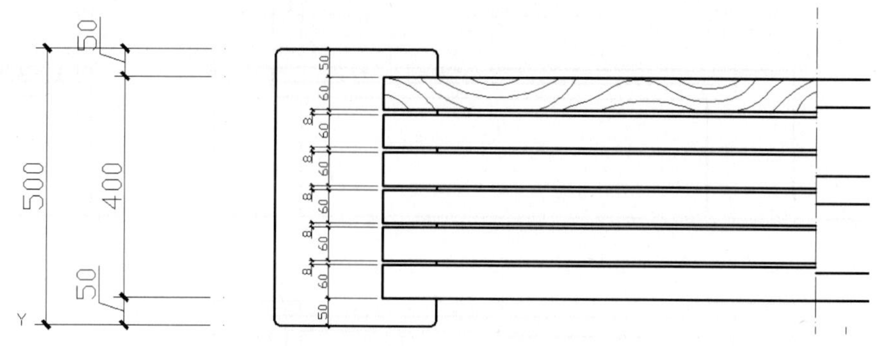

图2—1—44 运用圆弧命令绘制木纹材质

3. 运用复制命令，将图像复制，如图 2—1—45 所示。

- “修改”工具栏：单击修改工具栏中的“ ”图标。
- “修改”菜单：依次单击“修改”菜单 ➤ “复制”。
- 命令行：CO(copy)。

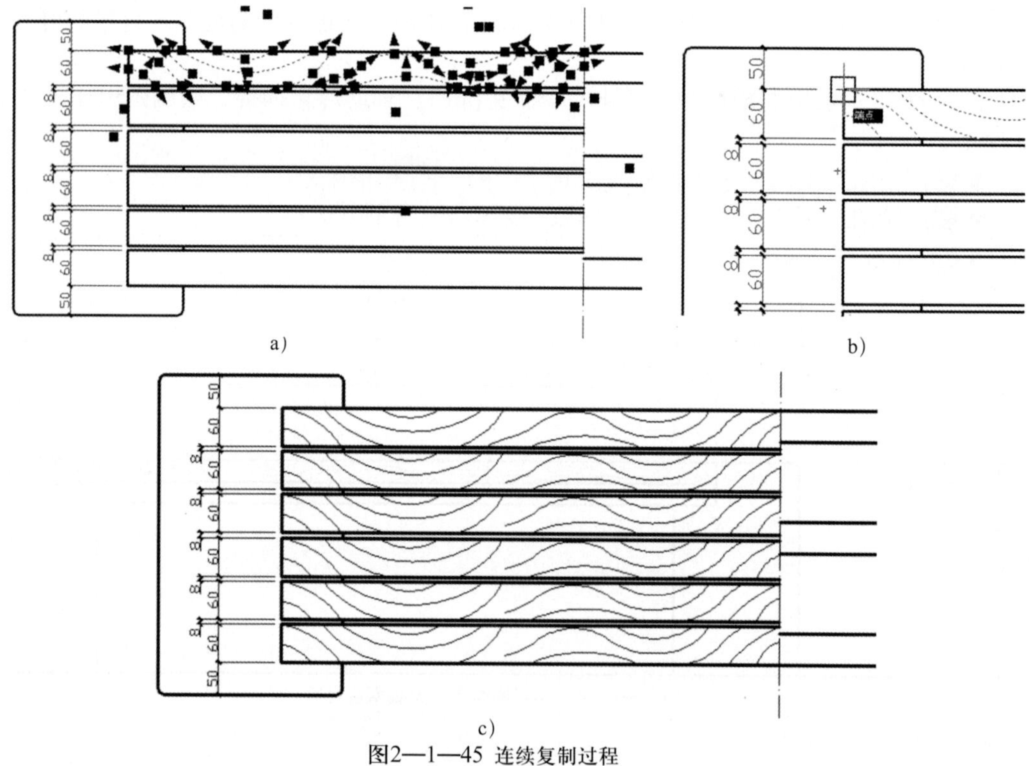

图2—1—45 连续复制过程

a）选择需复制的对象 b）选择基点位置 c）最后连续复制的结果

4. 运用填充图案命令 H(hatchedit)，将中轴线右边部分按参数设置填充，如图 2—1—46 所示。

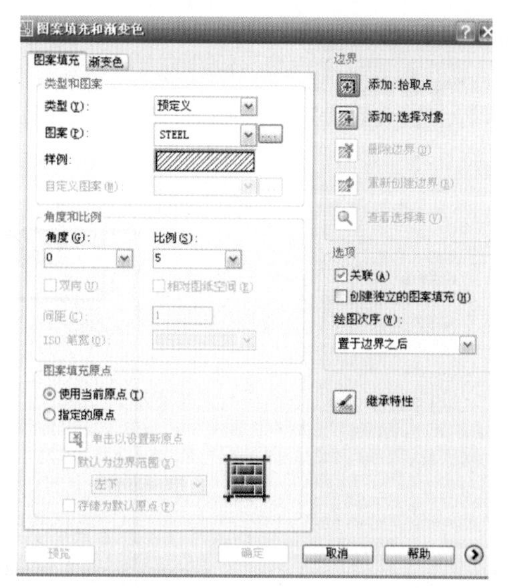

a）

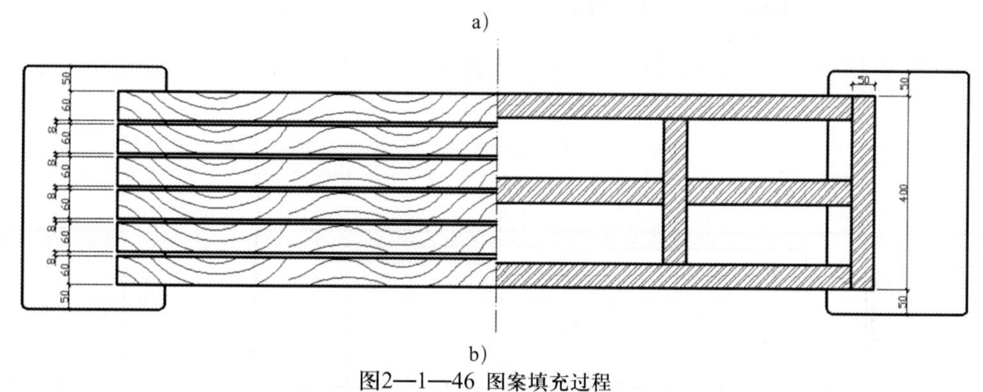

b）

图2—1—46 图案填充过程

a）【图案填充和渐变色】参数设置　b）填充图案后的效果

5. 运用圆弧命令 (arc)、复制命令 CO(copy)，绘制侧立面图木材质部分，如图 2—1—47 所示。

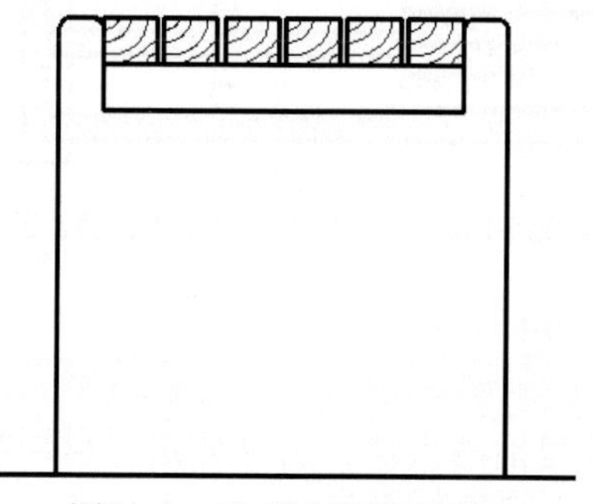

图2—1—47 侧立面材质绘制

6. 运用图案填充命令 H(hatchedit)，填充侧立面图，其参数设置如图 2—1—48 所示。

7. 图案填充后的侧立面图，如图 2—1—49 所示。

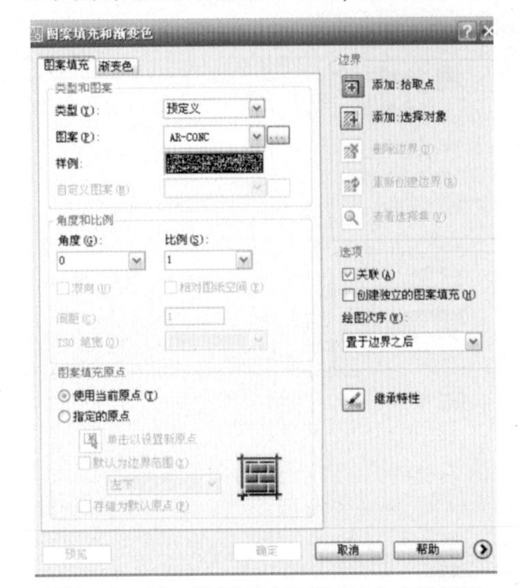

图2—1—48 【图案填充和渐变色】参数设置

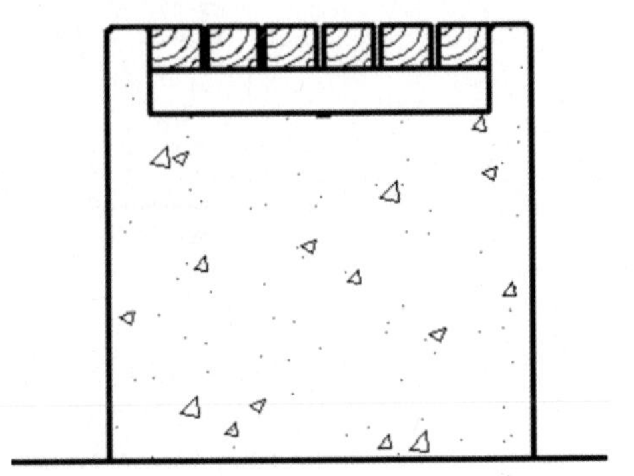

图2—1—49 图案填充后的侧立面图

8. 图案填充后的园凳平面图、正立面图、侧立面图，如图 2—1—50 所示。

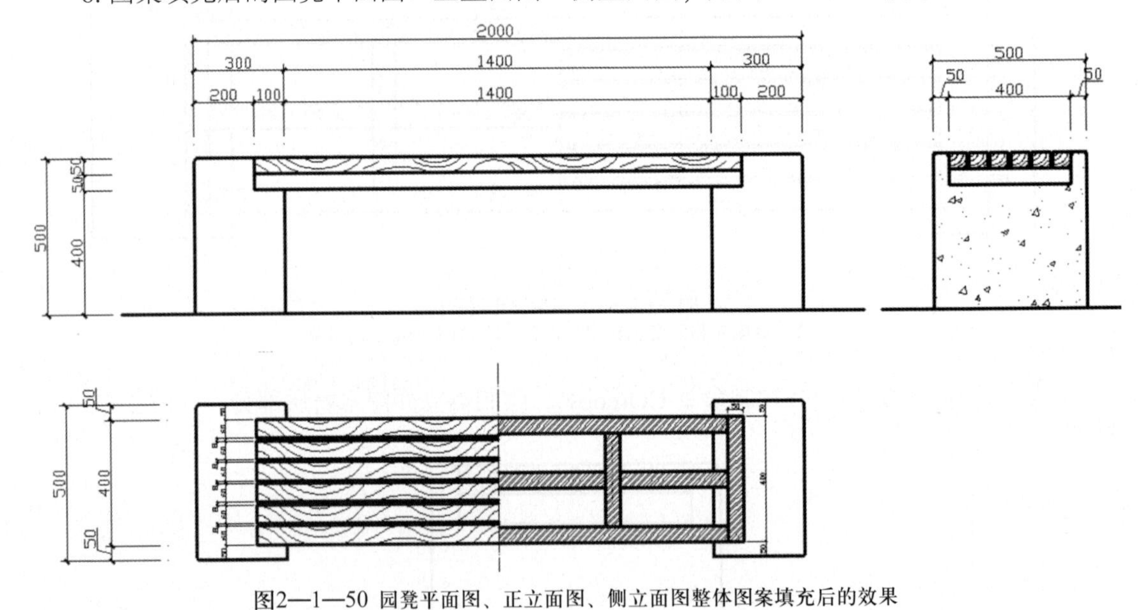

图2—1—50 园凳平面图、正立面图、侧立面图整体图案填充后的效果

六、材料说明、文字注写

园凳施工图中，文字部分包括两大块，一部分是材料说明；一部分是图名和比例书写。必须设置两个文字样式，供其不同书写要求。

1. 将文字图层置为当前图层。

2. 根据出图比例为 1 ： 10，设置文字样式为【园林文字材料】，用于材料说明。其具体参数设置如图 2—1—51 所示。

图2—1—51 【文字样式】参数设置

3. 将【园林文字材料】置为当前文字样式，运用单行文字命令 T(text)，在侧立面图中注写主要材料，如图 2—1—52 所示。

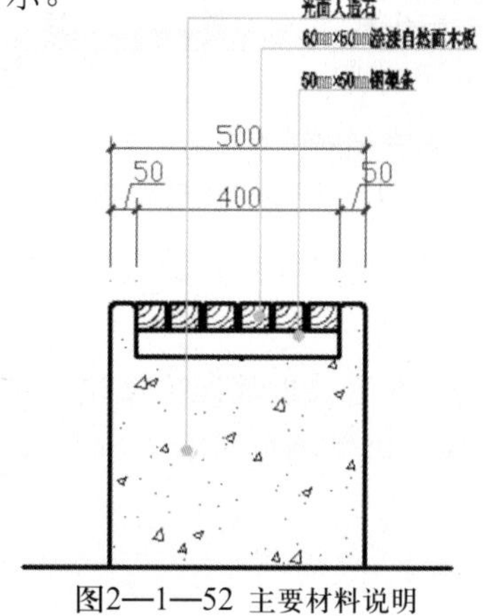

图2—1—52 主要材料说明

4. 根据出图比例为 1 ： 10，设置文字样式为【园林文字材料注写】，用于图名和比例的书写。其具体参数设置如图 2—1—53 所示。

图2—1—53 【文字样式】参数设置

5. 将【园林文字材料注写】置为当前文字样式，运用单行文字命令 T(text)，对平面图和立面图进行图名和比例的注写，如图 2—1—54 所示。

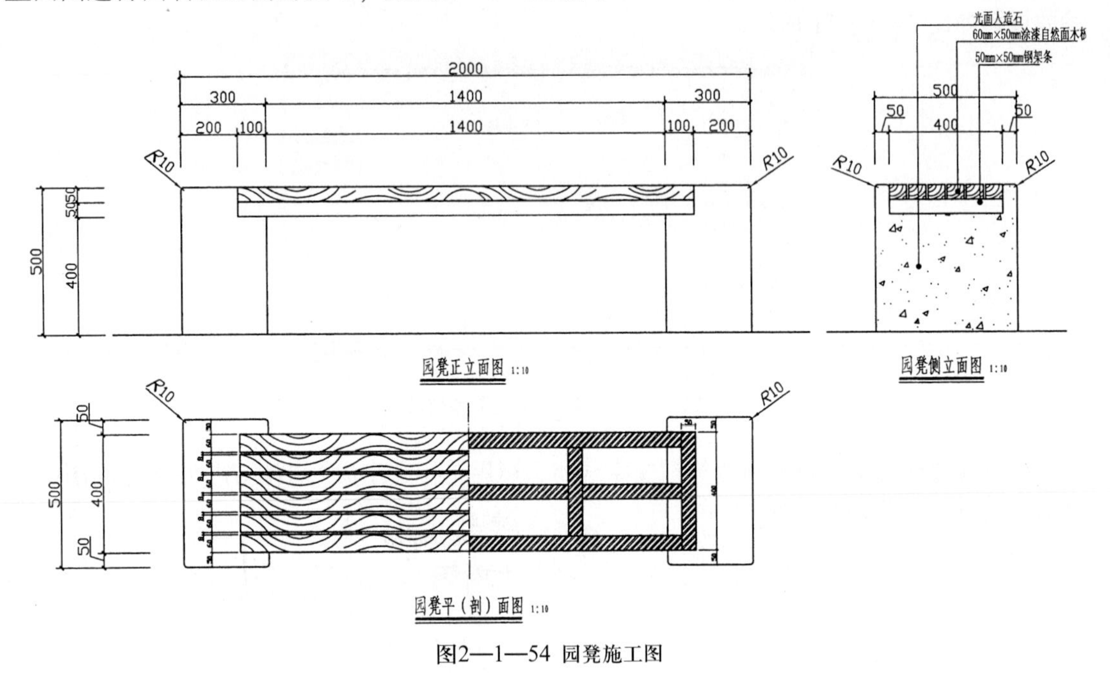

图2—1—54 园凳施工图

七、打印出图

调入 A3 图框，同时将其放大 10 倍，步骤参见模块一中任务一的打印出图。将图框标题内容进行修改，并将园凳施工图与图框调整如图 2—1—55 所示，打印出图。

八、保存文件

执行菜单栏中的【File】(文件) /【Save】(保存) 命令，将场景文件存为“园凳 .dwg”。

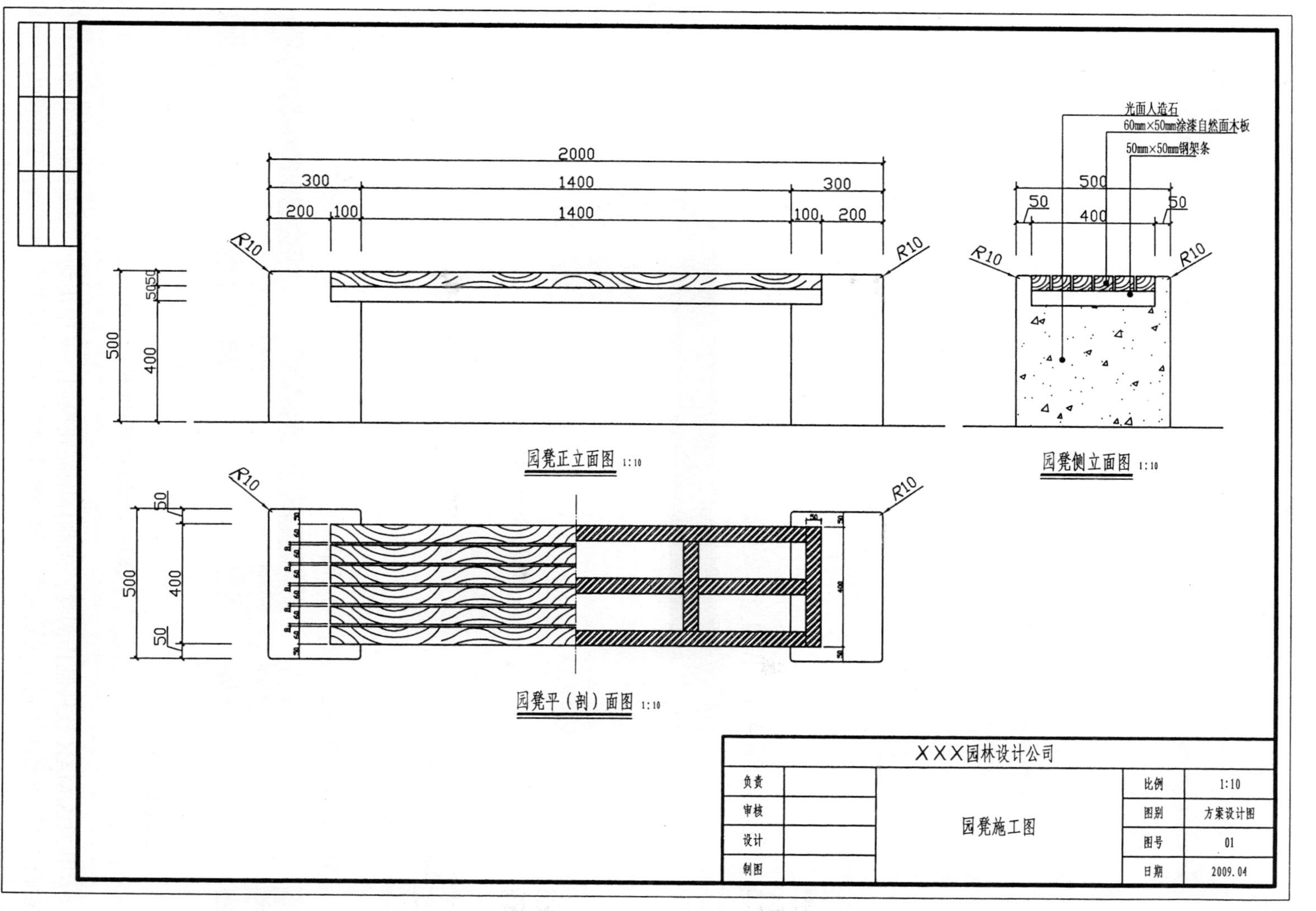

图2—1—55 园凳施工图最终打印出图效果

任务二　制作园凳模型

任务目标

- 掌握三维物体的创建
- 掌握【Boolean】（布尔运算）命令的使用
- 掌握镜像工具的使用
- 掌握关联复制

任务引入

使用 3DS MAX 软件制作园凳，效果如图 2 － 2 － 1 所示。

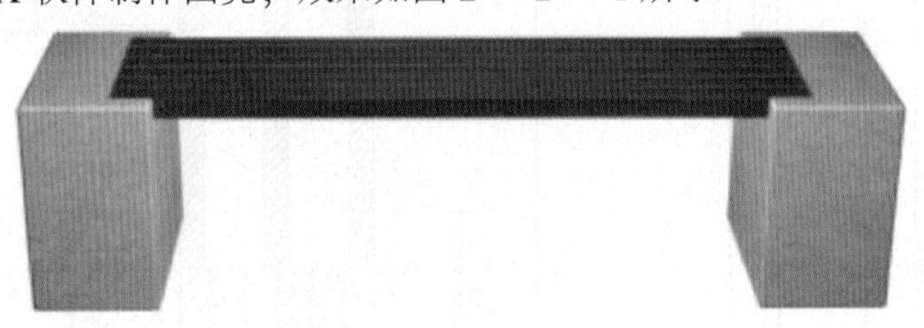

图2—2—1　园凳最终效果

任务分析

园凳制作流程如图 2 － 2 － 2 所示。

制作凳腿　　制作凳面　　赋材质后的效果

图2—2—2　园凳制作流程

运用 3DS MAX 软件制作园凳，先制作园凳腿模型，其中用到了三维物体的布尔运算和镜像操作；制作凳面用到了关联复制；建好模型之后，要给模型赋上材质，主要使用了石材和木材质。

任务实施

一、制作模型

1. 启动 3DS MAX 软件。

2. 重新设置系统。

3. 执行菜单栏中的【Customize】(自定义)/【Units Setup】(单位设置)命令，设置单位为“毫米”。

4. 依次单击“ / / ChamferBox”（倒角方体）按钮，在顶视图中，创建【Length】（长度）为 500 mm、【Width】（宽度）为 300 mm、【Height】（高度）为 500 mm、【Fillet】（倒角）为 10 mm、【Fillet Segs】（倒角分段数）为 15 的倒角方体，命名为“腿 01”，如图 2 － 2 － 3 所示。

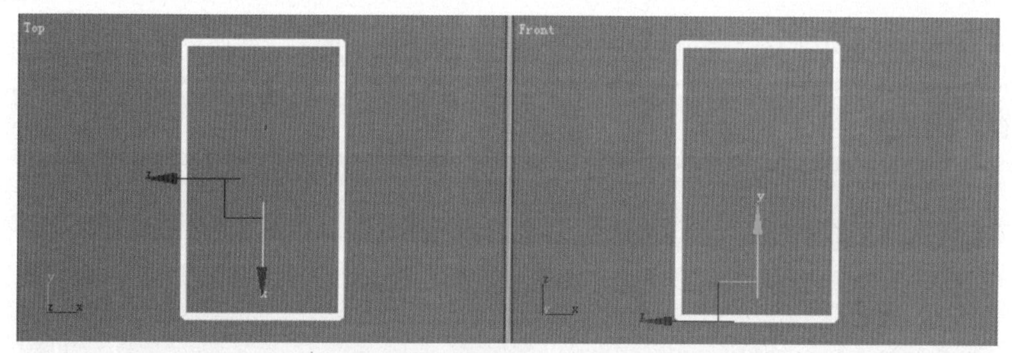

图2—2—3 创建的“腿01”倒角方体

5. 依次单击“ / / Box”（方体）按钮，在顶视图中，创建【Length】（长度）为 400 mm、【Width】（宽度）为 100 mm、【Height】（高度）为 100 mm 的方体，调整位置如图 2 － 2 － 4 所示。

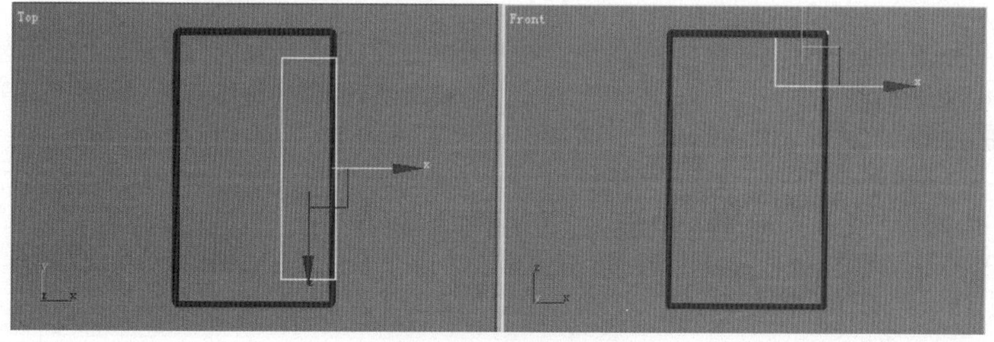

图2—2—4 创建的方体

6. 选择“腿 01”造型，执行“ / / Compound Objects”（复合物体）命令，再单击

“Boolean”(布尔运算)按钮,然后选择“Subtraction(A － B)”[差集运算(A － B)],在【Pick Boolean】(拾取布尔物体)卷展栏下单击【Pick Operand B】(拾取运算物体 B)按钮，在视图中拾取方体造型，布尔运算后的形态如图 2 － 2 － 5 所示。

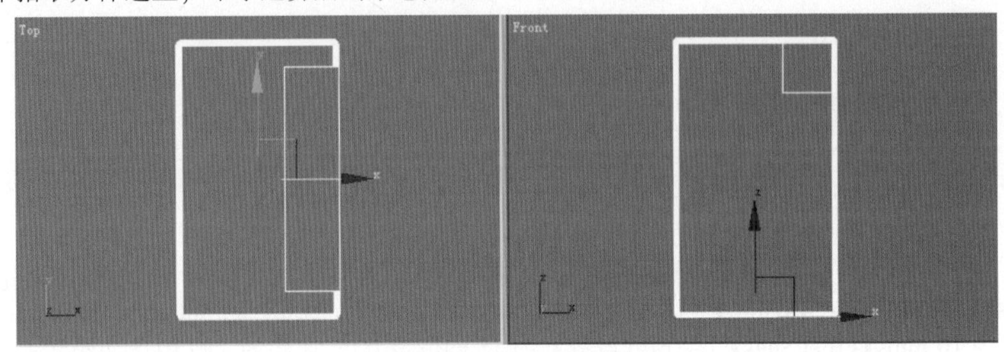

图2—2—5 布尔运算后的形态

7. 在顶部视图中选择“腿 01”造型，单击工具栏上的“ ”(镜像)按钮，将选择的造型以【Instance】(关联复制)的方式沿 X 轴镜像关联复制一组，两者之间的距离为 1 400 mm，调整其位置如图 2 － 2 － 6 所示。

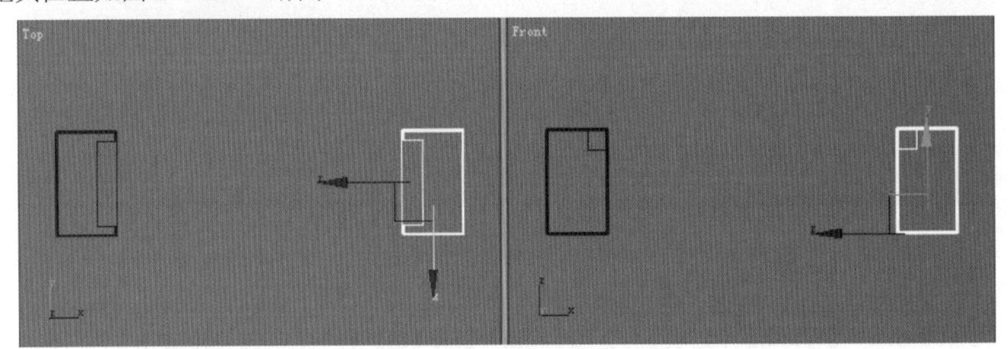

图2—2—6 镜像关联复制后的形态

8. 依次单击“ / ”按钮，在“Standard Primitives”(标准几何体)下拉列表中，选择“Extended Primitives”(扩展几何体)，在“Object Type”(物体类型)卷展栏中单击“ChamferBox”(倒角方体)按钮,在顶视图中,创建【Length】(长度)为 60 mm、【Width】(宽度)为 1 600 mm、【Height】(高度)为 50 mm、【Fillet】(倒角)为 2 mm、【Fillet Segs】(倒角分段数)为 15 的倒角方体，调整位置如图 2 － 2 － 7 所示。

9. 在顶视图中，选择上面创建的倒角方体，单击工具栏上的“ ”移动工具，将其沿 Y 轴【Instance】(关联复制)5 个，效果如图 2 － 2 － 8 所示。

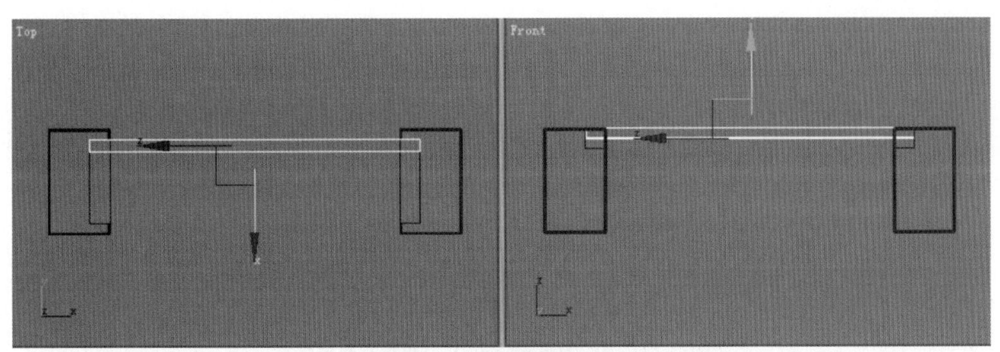

图2—2—7 创建的倒角方体

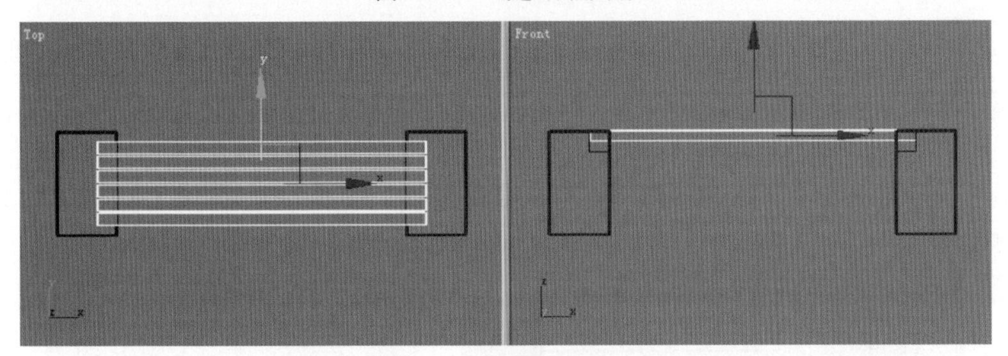

图2—2—8 关联复制后的形态

10. 选择上面创建及复制的所有倒角方体，执行菜单栏【Group】(组群) /【Group】(组群) 命令，将其成组并命名为“凳面”。

二、制作园凳材质

1. 单击工具栏上的“ ”按钮，在弹出的【Material Editor】(材质编辑器) 对话框中选择一个空白示例球，命名为“石材质”。

2. 在【Blinn Basic Parameters】(胶性基本参数) 卷展栏下单击【Diffuse】(表面色) 右侧小按钮，在弹出的【Material/Map Browser】(材质 / 贴图浏览器) 对话框中双击【Bitmap】(位图)，打开本书配套光盘“贴图 / 模块二 / 墙石 026.BMP”贴图文件，参数设置如图 2 － 2 － 9 所示。

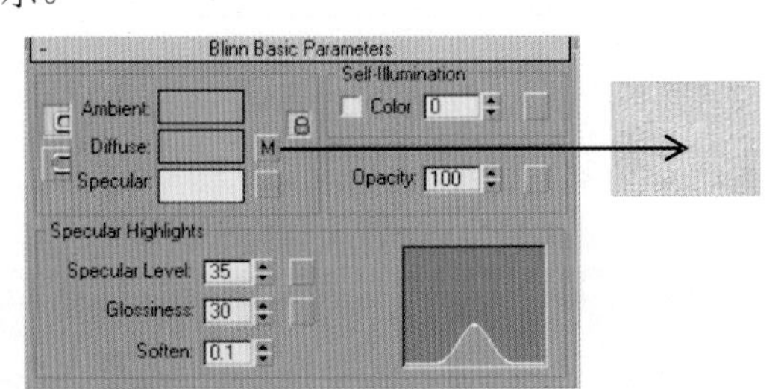

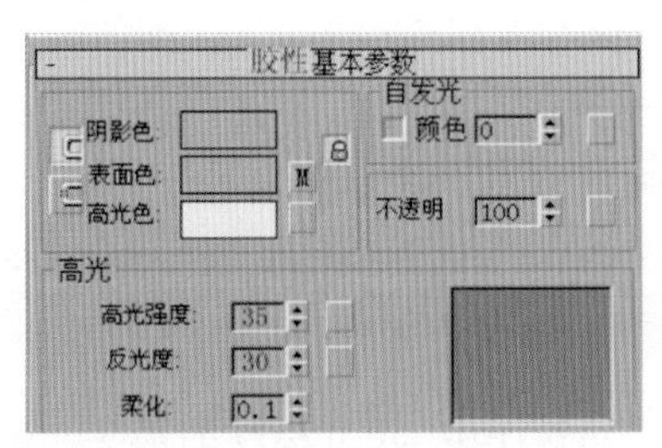

图2—2—9 【Blinn Basic Parameters】(胶性基本参数) 卷展栏

3. 单击【Diffuse】(表面色) 右侧“M”按钮，设置参数如图 2－2－10 所示。

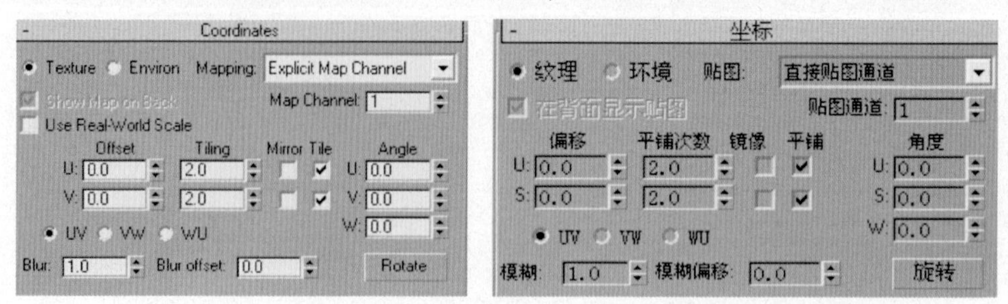

图2—2—10 【Coordinates】(坐标) 卷展栏

4. 在视图中选择“腿 01、02”，单击“ ”按钮，将调配好的材质赋予选择的造型。

5. 重新选择一个空白示例球，命名为“木材质”。

6. 在【Blinn Basic Parameters】(胶性基本参数) 卷展栏下单击【Diffuse】(表面色) 右侧小按钮，在弹出的【Material/Map Browser】(材质 / 贴图浏览器) 对话框中双击【Bitmap】(位图)，打开本书配套光盘“贴图 / 模块二 / 樱桃木 .jpg”贴图文件，参数设置如图 2 － 2 － 11 所示。

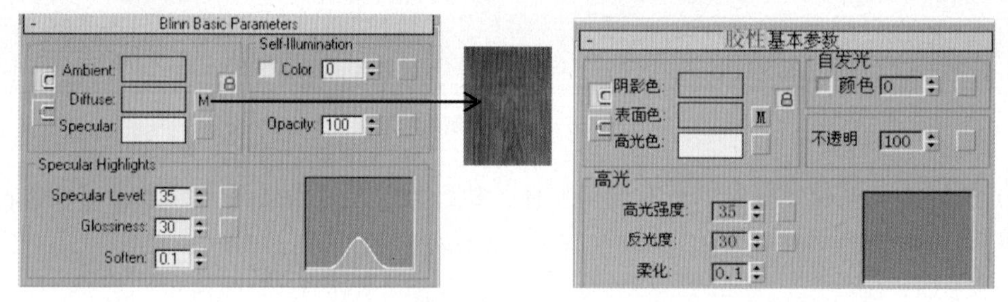

图2—2—11 【Blinn Basic Parameters】(胶性基本参数) 卷展栏

7. 在视图中选择“凳面”，单击“ ”按钮，将调配好的材质赋予选择的造型。

三、保存文件

执行菜单栏中的【File】(文件) /【Save】(保存) 命令，将场景文件存为“园凳 .max”。

一、理论基础

1. 建筑图中，尺寸标注的箭头一般用_____，半径、直径、角度与弧长的尺寸标注的箭头，宜用______表示。

2.3DS MAX 系统缺省设置的视图是___、___、___和___。

3. 标准材质使用_____、______和______三种颜色构成对象表面。

4. 自我总结模块二中所使用命令的快捷键（绘制表格）。

二、实践操作

1. 题图 2 － 1 为某小型广场铺装施工图，请根据此图，完成以下实践操作：

⑴ 运用 AutoCAD 软件，综合模块二所学的知识点，绘制如图所示的 XX 小型广场铺装施工图。注：源文件在配套光盘课后习题文件夹模块二中。

⑵ 根据图样绘制的内容，按其尺寸和材料，运用 3DS MAX 软件绘制其模型图。

2. 题图 2 － 2 为园凳施工图，请根据此图，完成以下实践操作：

⑴ 运用 AutoCAD 软件，综合模块二所学的知识点，绘制如图所示的园凳施工图。注：源文件在配套光盘课后习题文件夹模块二中。

⑵ 根据图样绘制的内容，按其尺寸和材料，运用 3DS MAX 软件绘制其模型图。

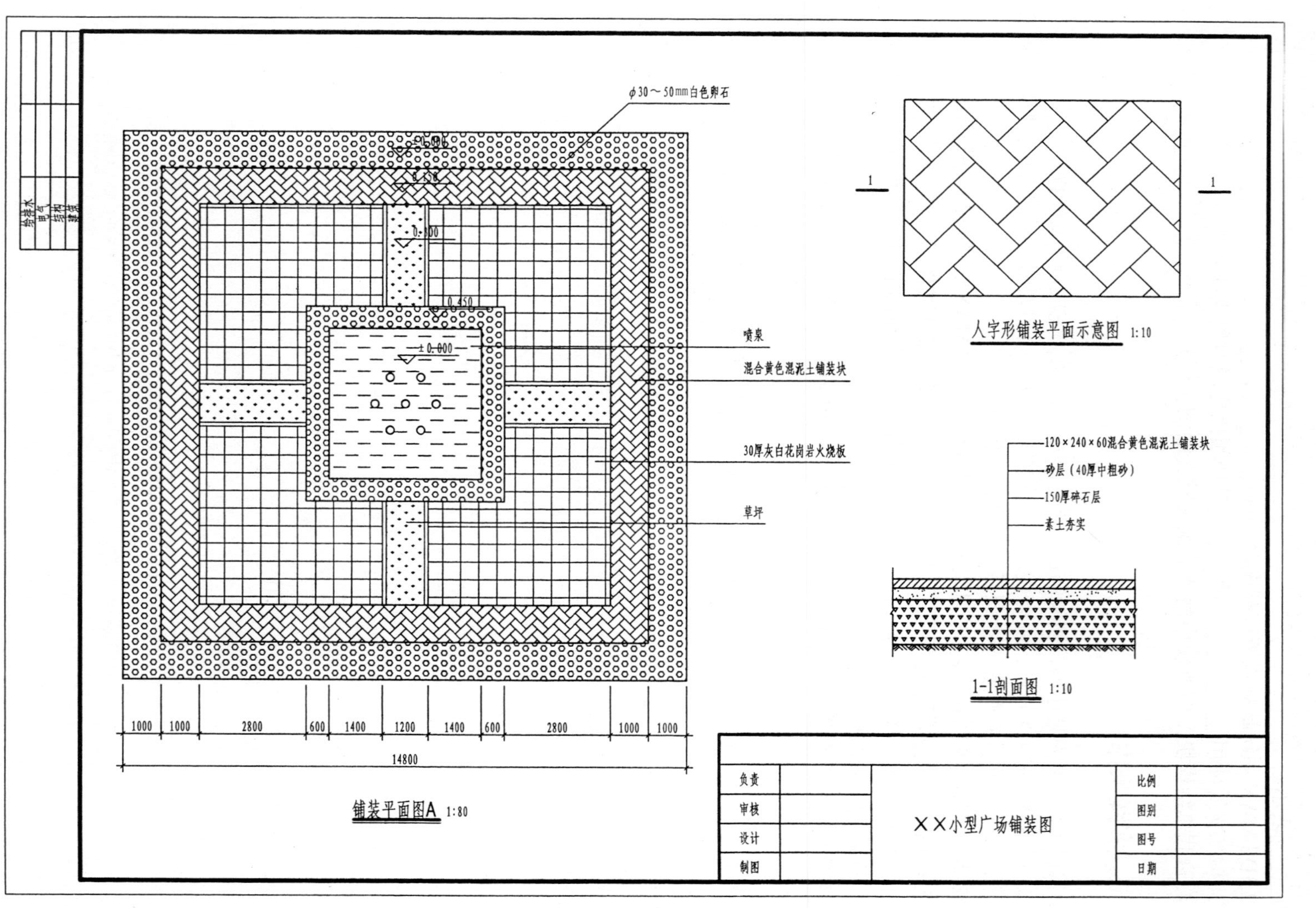

题图2—1 XX小型广场铺装图

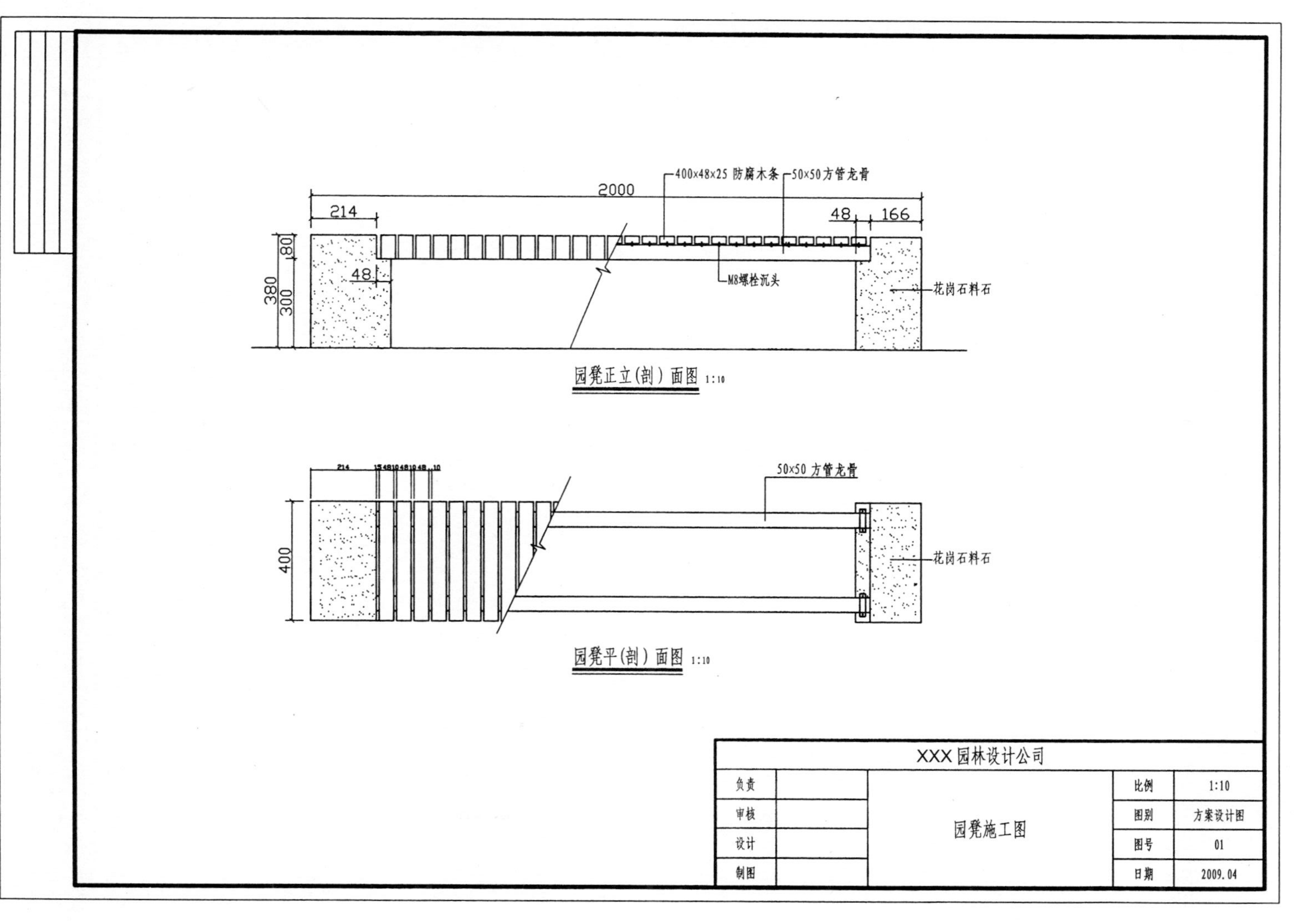
400×48×25 防腐木条
50×50方管龙骨
2000
214
48
166
80
380
300
48
M8螺栓沉头
花岗石料石
园凳正立(剖)面图 1:10
214
50×50 方管龙骨
400
花岗石料石
园凳平(剖)面图 1:10
XXX园林设计公司
负责
审核
设计
制图
园凳施工图
比例
1:10
图别
方案设计图
图号
01
日期
2009.04

题图2—2　园凳施工图

模块三 蘑菇亭的制作

任务一 绘制蘑菇亭施工图

任务目标

- 绘制蘑菇亭的平面图、立面图
- 尺寸标注、材料说明、文字注写
- 打印出图

任务引入

运用 AutoCAD 2006 绘图软件，绘制如图 3 － 1 － 1 所示的蘑菇亭施工图。要求：图线运用、尺寸标注、文字说明符合国家制图标准规定，并能正确设置参数，打印出图。

任务分析

制作蘑菇亭施工图，首先运用 AutoCAD 软件，通过绘图命令和编辑命令，绘制蘑菇亭的平面图和立面图；其次，给图形主要部位标注尺寸；最后，给图形配以材质说明和文字说明，打印出图。蘑菇亭绘制简易流程如图 3 － 1 － 2 所示。

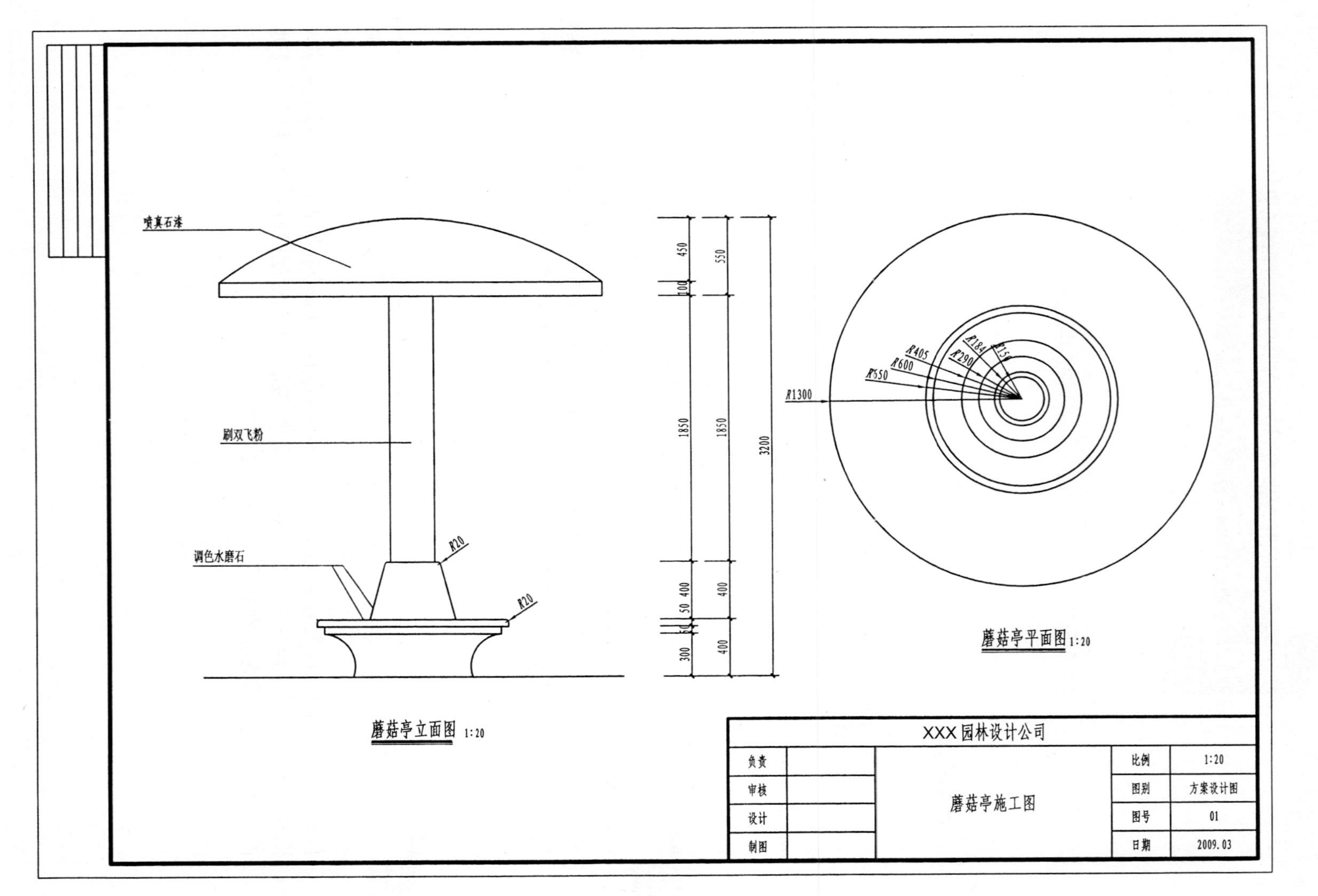
喷真石漆
刷双飞粉
调色水磨石
R20
R20
450
100
1850
400
50
50
300
550
1850
400
400
3200
R1300
R550
R600
R405
R290
R184
R150
蘑菇亭立面图 1:20
蘑菇亭平面图 1:20
XXX园林设计公司
负责
审核
设计
制图
蘑菇亭施工图
比例
1:20
图别
方案设计图
图号
01
日期
2009.03

图3—1—1 蘑菇亭施工图

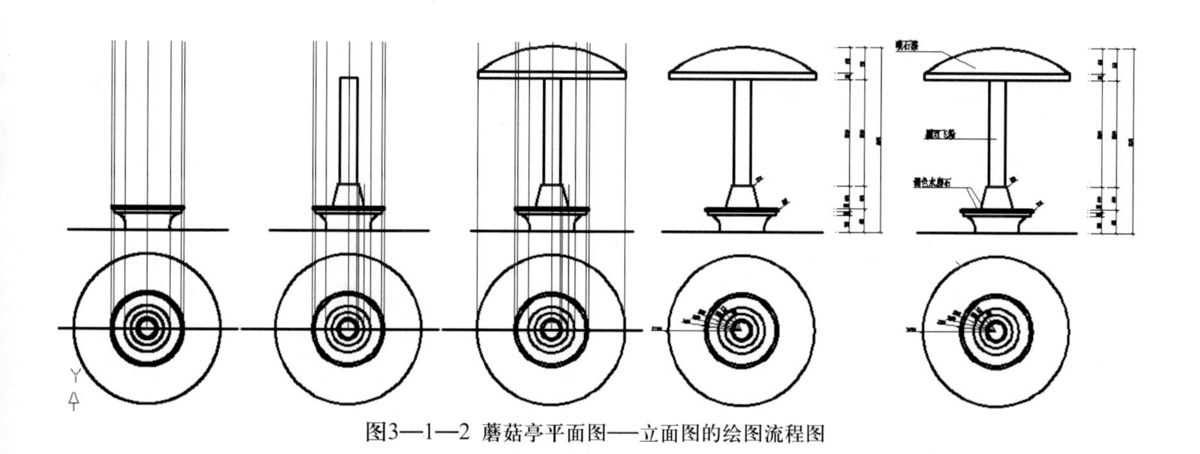

图3—1—2 蘑菇亭平面图——立面图的绘图流程图

任务实施

一、绘制蘑菇亭的平面图

这是一个蘑菇亭，从上往下看，其图形基础都是圆形，可以以圆形为基础，通过绘图命令中的圆形，来绘制半径不同的同心圆。

1. 将轮廓线图层设为当前图层。

2. 运用圆命令绘制半径为 150 mm 圆，如图 3 － 1 － 3 所示。

- "绘图"工具栏：单击修改工具栏中的"⊙"图标。
- "绘图"菜单：依次单击"绘图"菜单 ➤ "圆"。
- 命令行：circle。

命令：c CIRCLE 指定圆的圆心或 [三点 (3P)/ 两点 (2P)/ 相切、相切、半径 (T)]:（在绘图区域中任意单击一点，指定圆的圆心）

指定圆的半径或 [直径 (D)] <150.0>: 150（键盘输入 150，圆的半径）

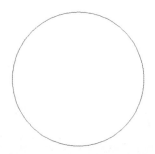

图3—1—3 绘制半径为150 mm圆

3. 捕捉刚才绘制的半径为 150 mm 圆的圆心，重复使用绘图命令圆，分别绘制半径为 184 mm、290 mm、405 mm、600 mm、650 mm、1 300 mm 的同心圆，如图 3 － 1 － 4 所示。

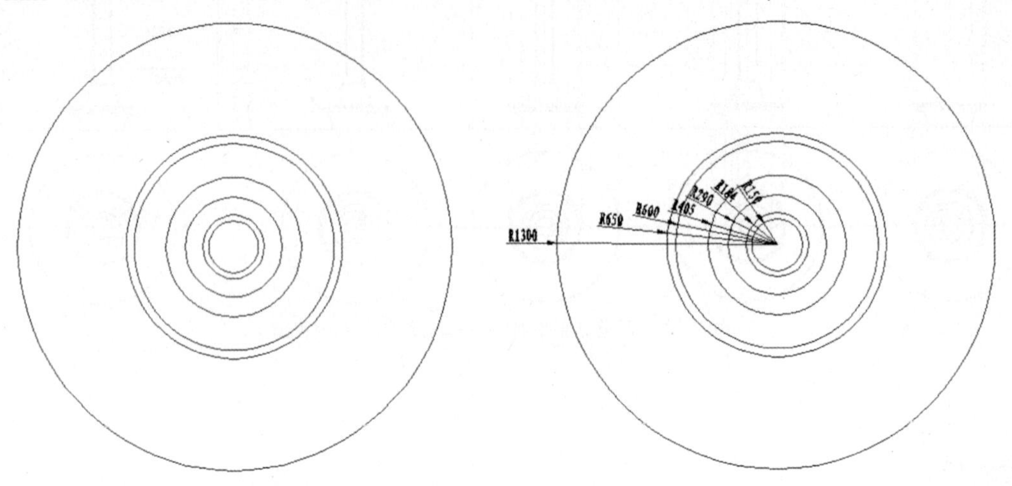

图3—1—4 捕捉半径为150 mm圆的圆心，绘制同心圆

二、绘制蘑菇亭的立面图

首先,先来看立面图和平面图之间的关系,如图 3 － 1 － 5 所示(当然也可以先画立面图，再画平面图，前提是理解两者之间的关系)。

1. 运用直线命令 L(line)，首先绘制立面图中的地平线和蘑菇亭的中轴线，以及辅助线，如图 3 － 1 － 6 所示。

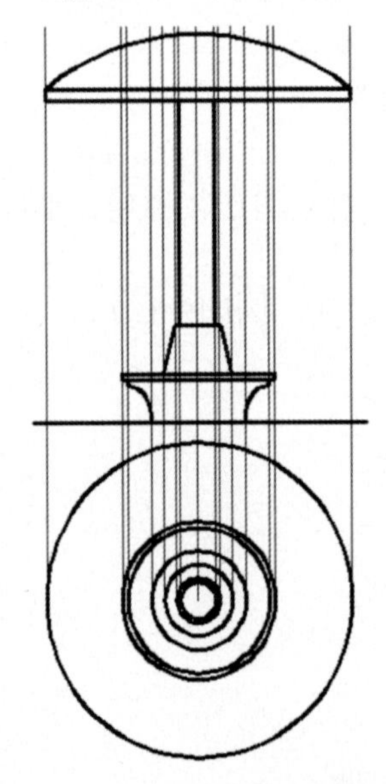

图3—1—5 立面图与平面图之间的关系（灵活运用辅助线）

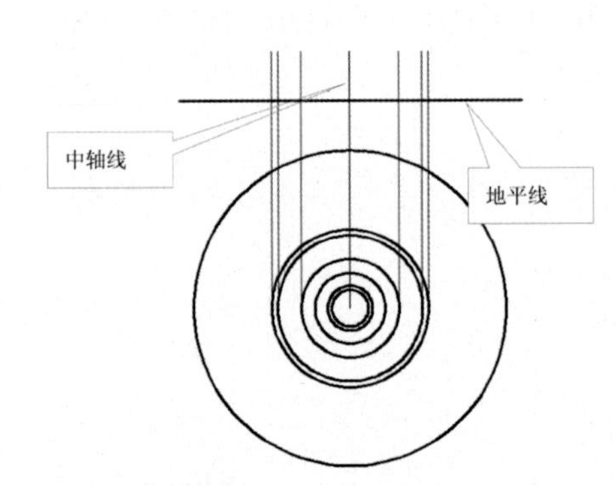

图3—1—6 绘制辅助线

2. 利用辅助线，参照样图尺寸，先绘制蘑菇亭的底部，如图 3 － 1 － 7 所示。

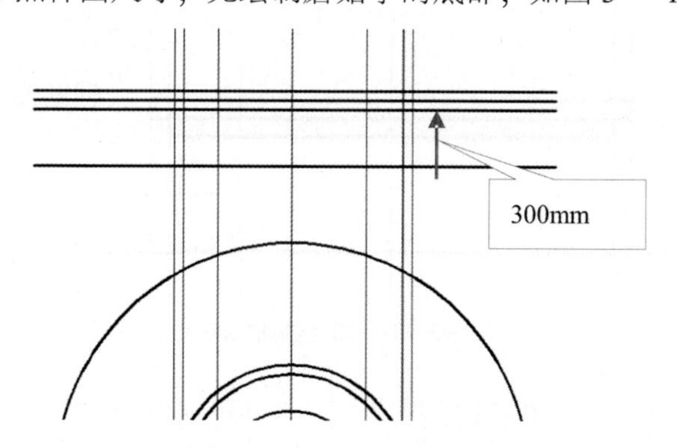

图3—1—7 运用偏移命令将地平线偏移300 mm、50 mm、50 mm

3. 运用剪切命令 TR(trim)，将图形剪切如图 3 － 1 － 8 所示。

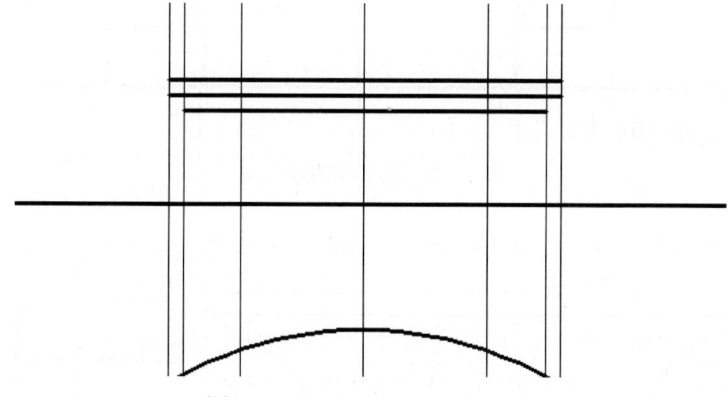

图3—1—8 运用剪切命令后的效果

4. 运用直线命令 L(line)，绘制图形如图 3 － 1 － 9 所示。

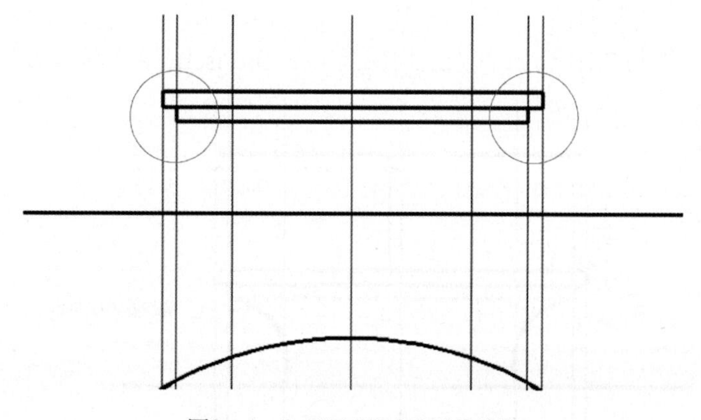

图3—1—9 运用直线命令后的效果

5. 做辅助线如图 3 － 1 － 10 所示。

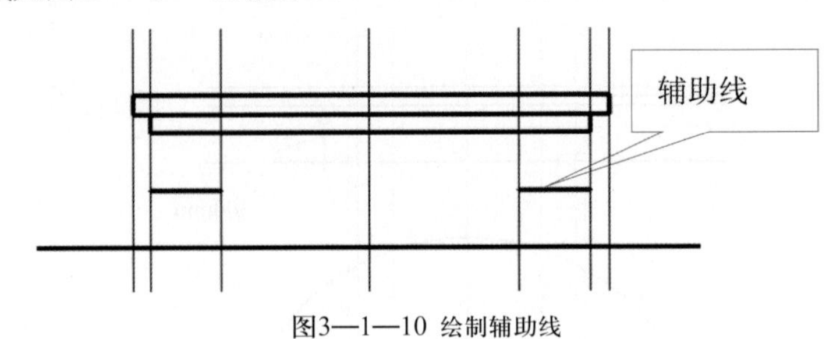

图3—1—10 绘制辅助线

6. 运用圆弧命令 (arc)、对象捕捉中的端点，绘制图形如图 3 － 1 － 11 所示。

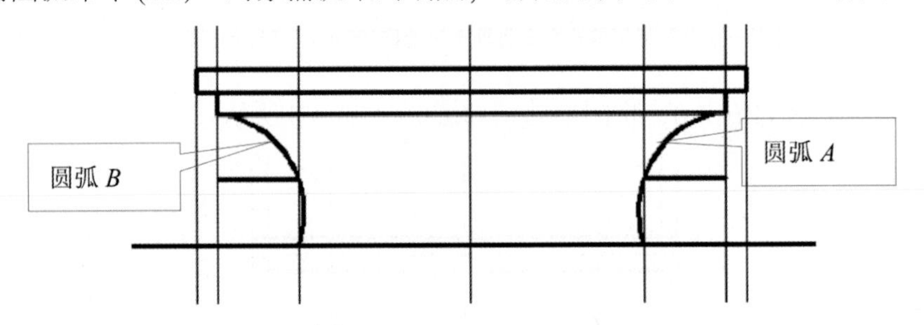

图3—1—11 绘制圆弧*A*、*B*

7. 运用倒圆角命令 F(fillet)，倒角半径为 20mm，如图 3 － 1 － 12 所示。

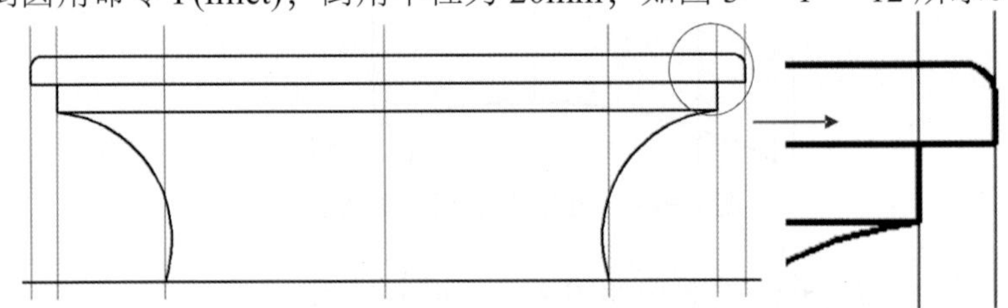

图3—1—12 运用倒角后的效果

8. 利用辅助线，绘制柱体部位，首先运用偏移命令 O(offset)，绘制图形如图 3 － 1 － 13 所示。

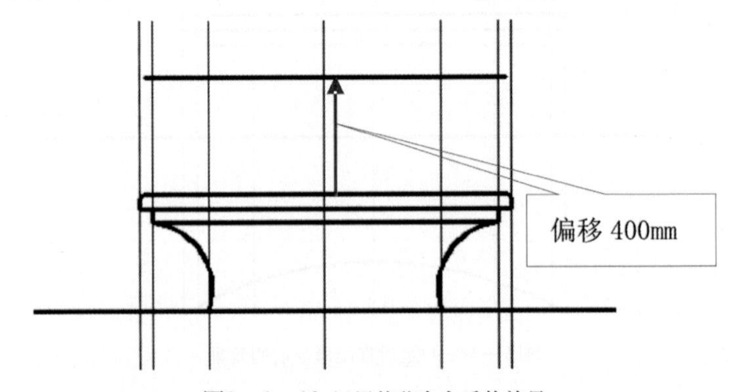

图3—1—13 运用偏移命令后的效果

9. 运用直线命令 L(line)，绘制辅助线，如图 3 － 1 － 14 所示。

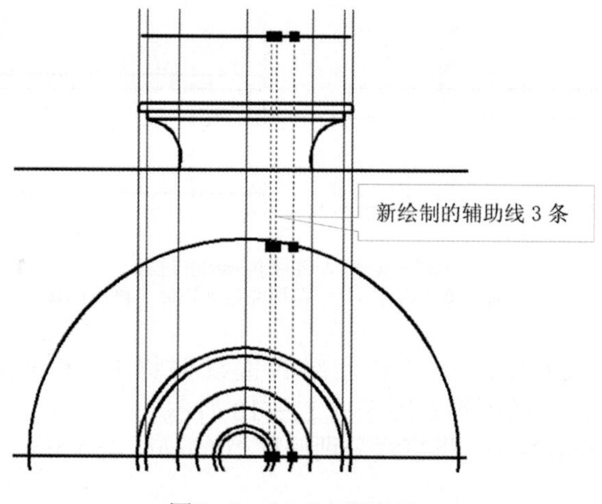

图3—1—14 绘制辅助线

10. 运用直线命令 L(line)，辅助端点捕捉，绘制直线如图 3 － 1 － 15 所示。

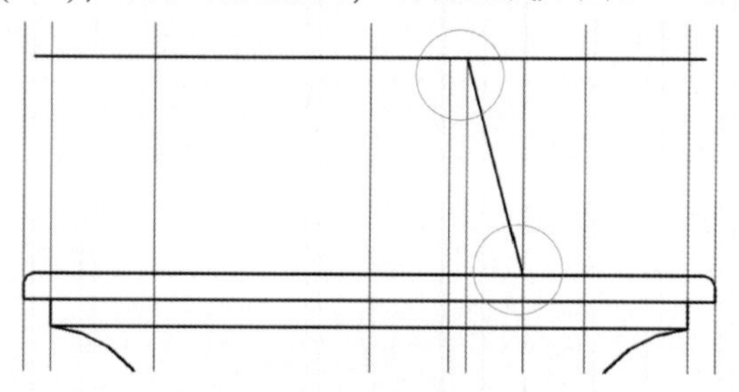

图3—1—15 运用端点捕捉绘制线条

11. 运用倒圆角命令 F(fillet)，将水平线和斜线倒圆角 R=20 mm，如图 3 － 1 － 16 所示。

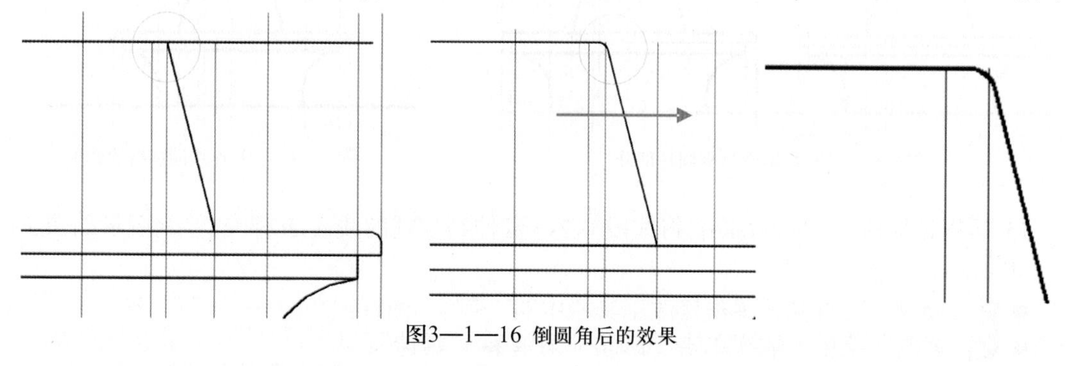

图3—1—16 倒圆角后的效果

12. 选择斜线和倒圆角部位，运用镜像命令 MI(mirror) 和剪切命令 TR(trim)，将其镜像并修改为如图 3 － 1 － 17 所示。

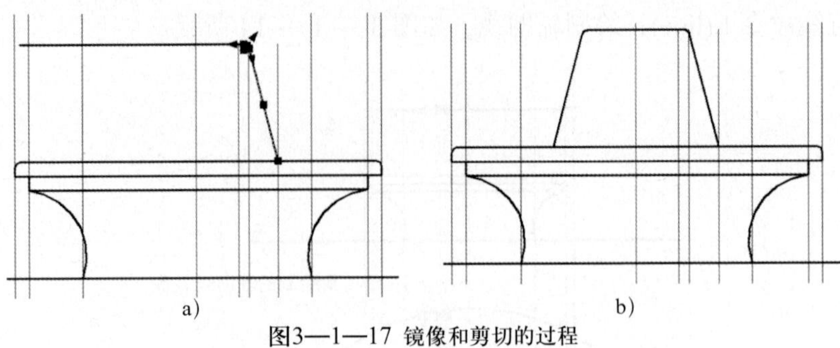

图3—1—17 镜像和剪切的过程

a）选择镜像物体 b） 镜像并用剪切命令修改图像

13. 运用偏移命令 O(offset)，将最上部的直线偏移 1 850 mm，同时运用直线命令 L(line)，辅助端点捕捉，绘制图形如图 3 － 1 － 18 所示。

14. 运用偏移命令 O(offset)，将直线分别偏移 100 mm、450 mm，如图 3 － 1 － 19 所示。

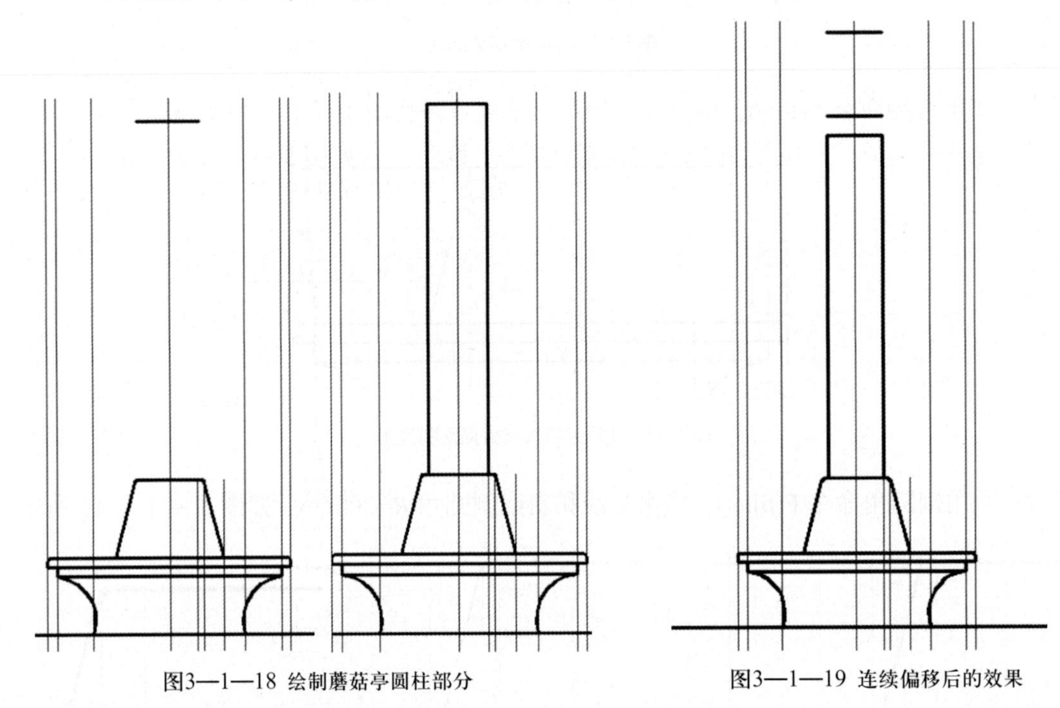

图3—1—18 绘制蘑菇亭圆柱部分

图3—1—19 连续偏移后的效果

15. 运用延伸命令 EX(extend)，将线段 1、2、3 延伸到与辅助线 *A*、*B* 相交，绘制图形如图 3 － 1 － 20 所示。

- “修改”工具栏：单击修改工具栏中的“ ”图标。
- “修改”菜单：依次单击“修改”菜单 ➤ “延伸”。
- 命令行：EX(extend)。

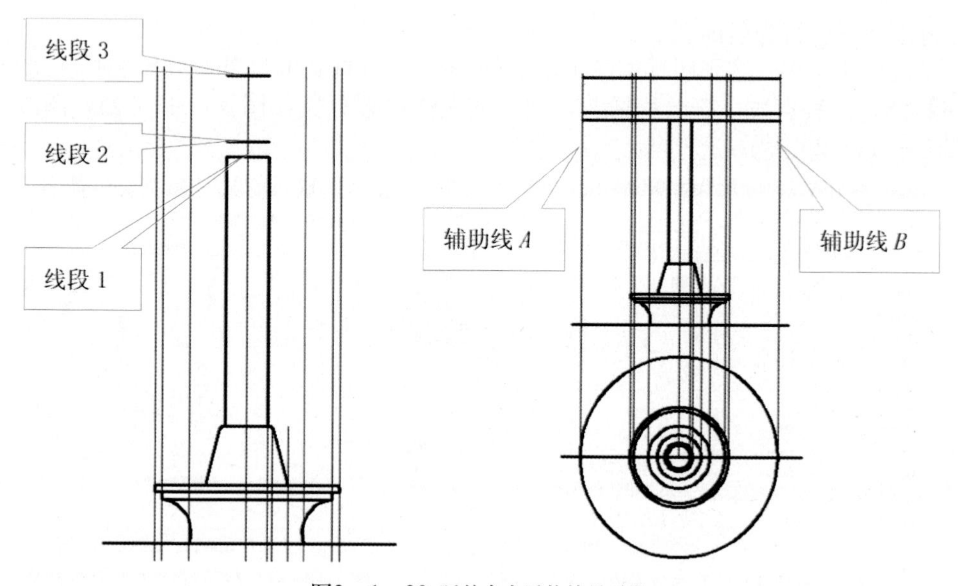

图3—1—20 延伸命令后的效果对比

16. 运用圆弧命令 (arc)，辅助中点和端点捕捉，绘制图形如图 3 － 1 － 21 所示。

17. 运用直线命令 L(line),完成最后蘑菇亭沿边厚度,删除辅助线,如图 3 － 1 － 22 所示。

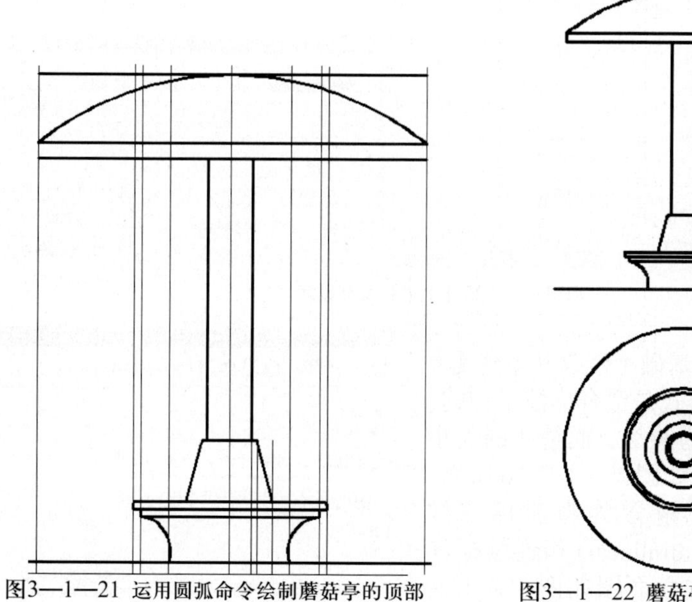

图3—1—21 运用圆弧命令绘制蘑菇亭的顶部

图3—1—22 蘑菇亭正立面图和平面图

三、尺寸标注

尺寸是园林施工图中的一项重要内容，它能表现设计对象各组成部分的大小及相对位置关系，是实际施工的重要依据。在这里需要用到的是线性标注、连续标注和半径标注。

1. 将标注图层置为当前图层。

2. 设置尺寸样式，这张图样是按 1 ∶ 20 出图，尺寸样式的设置参数如下所示:新建【园林标注】样式，其直线、符号和箭头、文字的具体参数分别如图 3 － 1 － 23、图 3 － 1 － 24、图 3 － 1 － 25 所示。

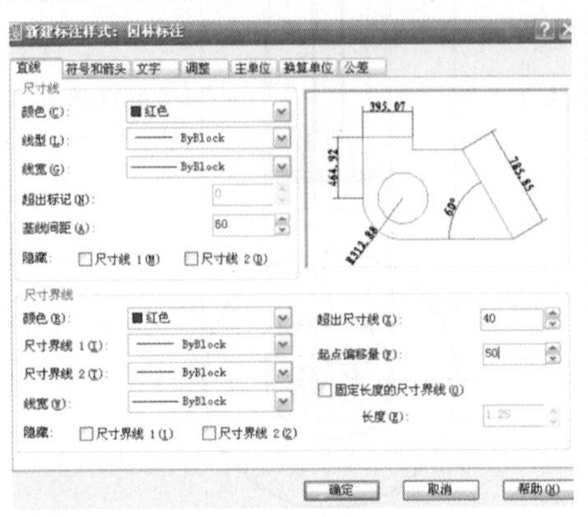

图3—1—23【直线】参数设置

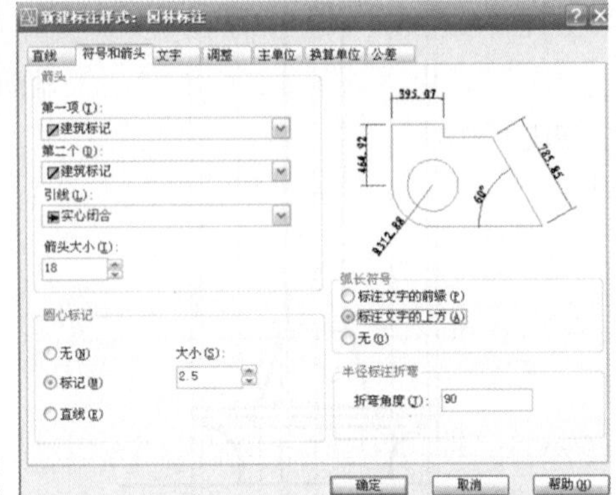

图3—1—24【符号和箭头】参数设置

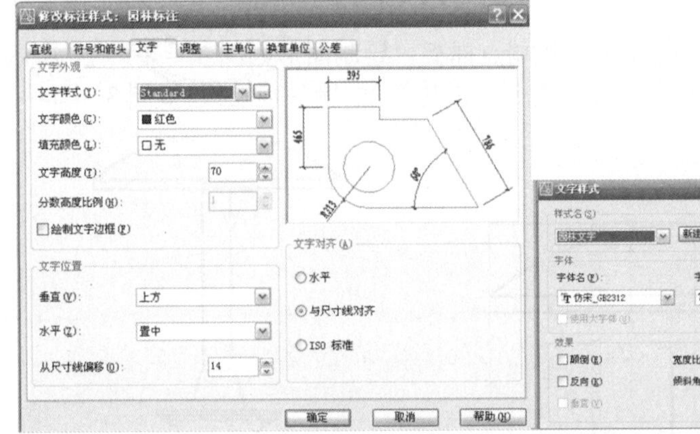

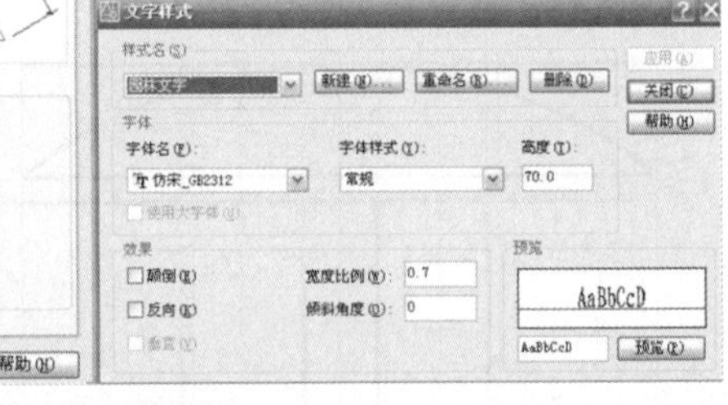

图3—1—25【文字】参数设置

3. 在【园林标注】的基础上修改并新建【半径标注】样式，此标注样式是适合标注半径的，因为这时尺寸起止符应为箭头，而箭头的大小也有所改变。其具体设置如图 3 － 1 － 26 所示。

4. 将【园林标注】设置为当前标注样式，运用线性标注 DLI(dimlinear) 和连续标注 DCO(dimcontinue)，标注立面图如图 3 － 1 － 27 所示。

5. 将【半径标注】设置为当前标注样式，运用半径标注 DRA(dimradius) 标注倒圆角部分和平面图，如图 3 － 1 － 28 所示。

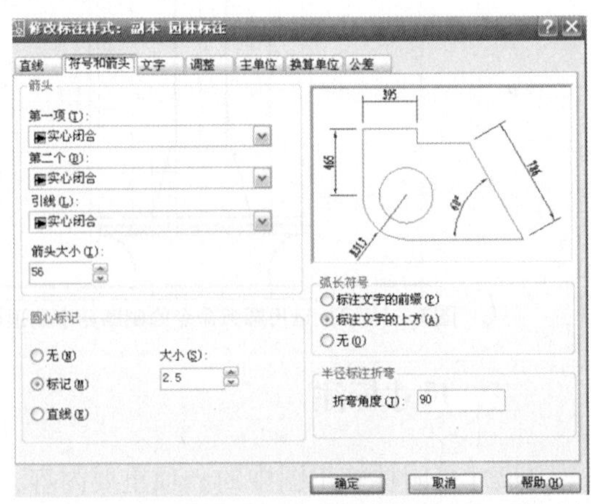

图3—1—26 箭头的设置

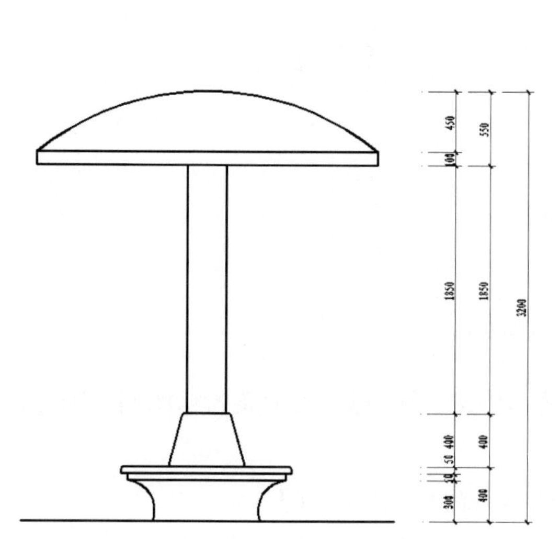

图3—1—27 蘑菇亭立面图标注完成效果

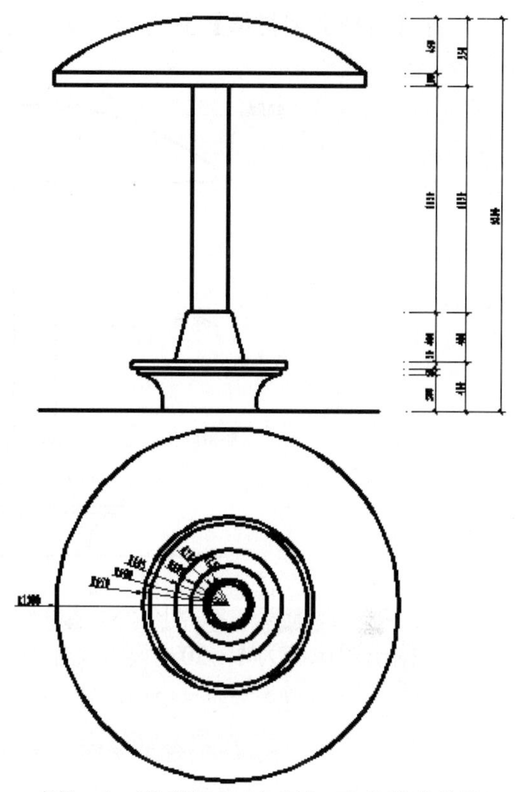

图3—1—28 蘑菇亭正立面图、平面图标注效果

四、材料说明、文字注写

蘑菇亭施工图中，文字部分包括两大块，一部分是材料说明；一部分是图名和比例书写。必须设置两个文字样式，供其不同书写要求。

1. 将文字图层置为当前图层。

2. 根据出图比例为 1 ∶ 20，设置文字样式为【园林文字材料】，用于材料说明。其具体参数设置如图 3 － 1 － 29 所示。

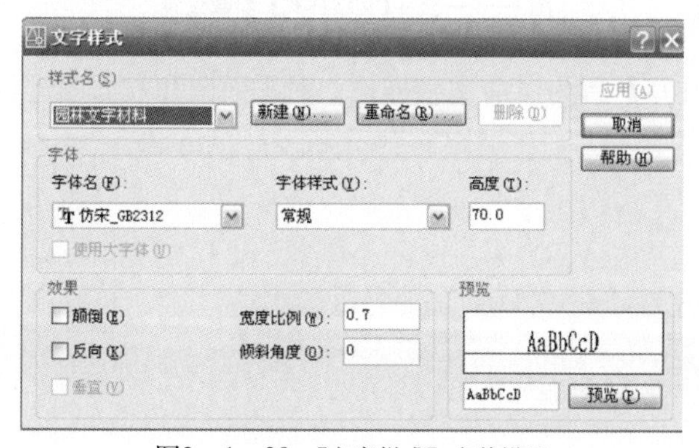

图3—1—29 【文字样式】参数设置

3. 将【园林文字材料】置为当前文字样式，在立面图中注写主要材料，如图 3 － 1 － 30 所示。

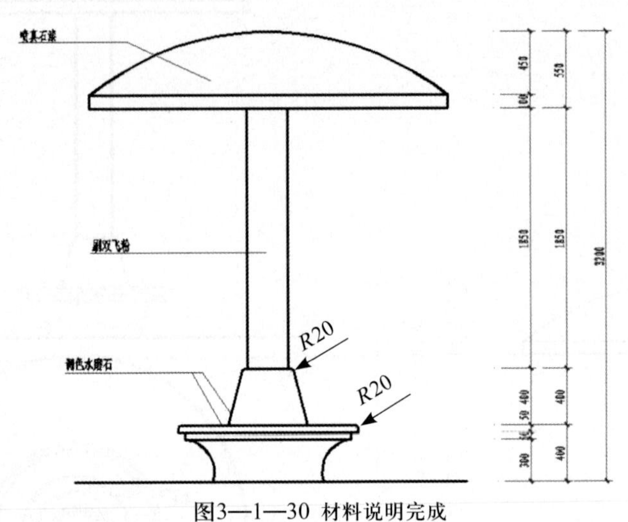

图3—1—30 材料说明完成

4. 根据出图比例为 1 : 20，设置文字样式为【园林文字注写】，用于图名和比例的书写。其具体参数设置如图 3 － 1 － 31 所示。

图3—1—31 【文字样式】参数设置

5. 将【园林文字注写】置为当前文字样式，对平面图和立面图进行图名和比例的注写，如图 3 － 1 － 32 所示。

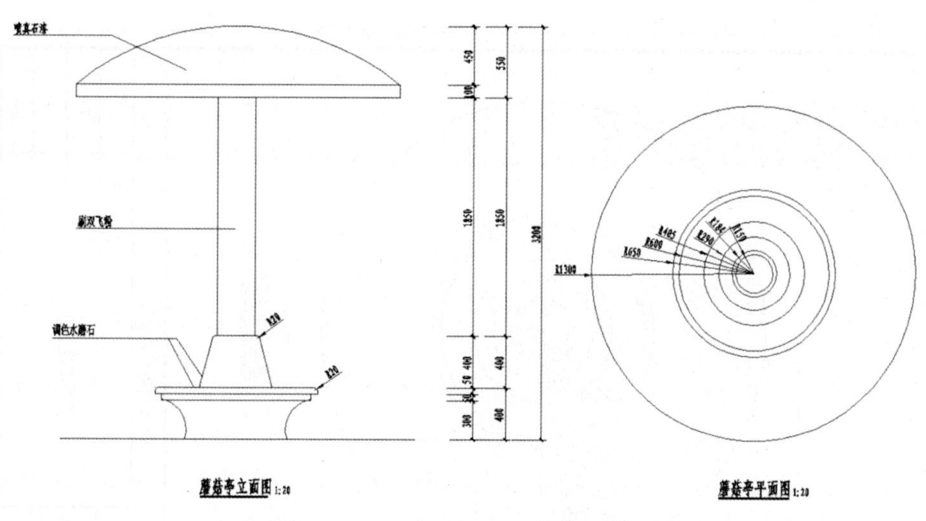

图3—1—32 蘑菇亭施工图文字部分完成

五、打印出图

调入 A3 图框，同时将其放大 20 倍，将图框标题内容进行修改，并将蘑菇亭施工图与图框调整成如图 3 － 1 － 33 所示，打印出图。步骤参见模块一中任务一的打印出图。

六、保存文件

执行菜单栏中的【File】(文件) /【Save】(保存) 命令,将场景文件存为“蘑菇亭 .dwg”。

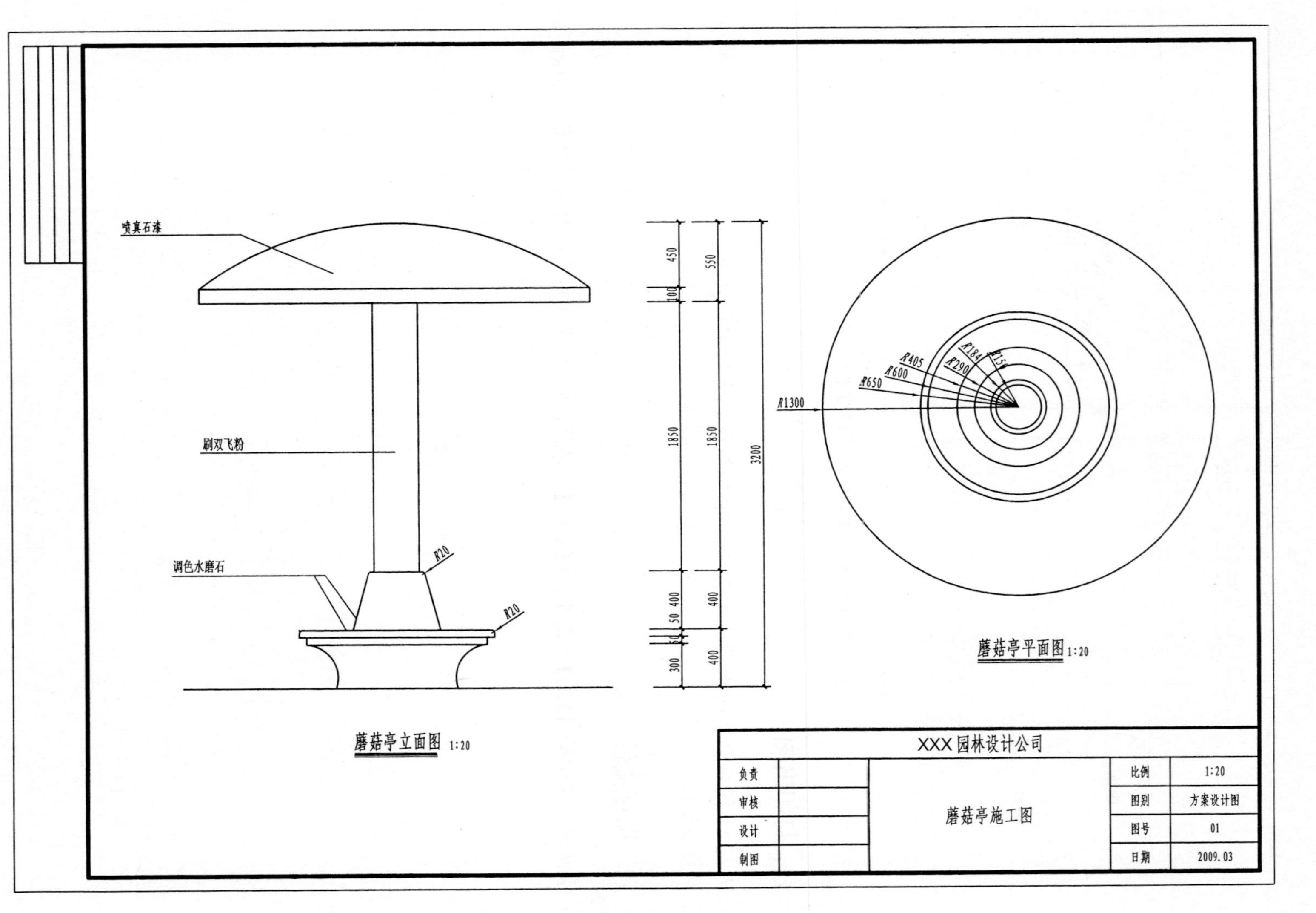

图3—1—33 蘑菇亭施工图打印出图效果

任务二　制作蘑菇亭模型

任务目标

- 掌握二维线形的创建和编辑
- 掌握【Lathe】（旋转）命令的使用

任务引入

使用 3DS MAX 软件制作蘑菇亭，效果如图 3 － 2 － 1 所示。

图3—2—1　蘑菇亭最终效果

任务分析

蘑菇亭制作流程如图 3 － 2 － 2 所示。

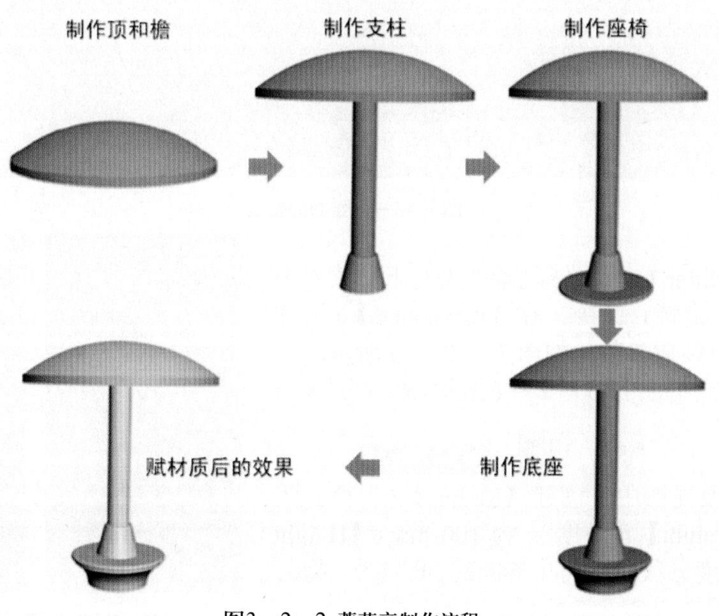

图3—2—2　蘑菇亭制作流程

运用3DS MAX软件制作蘑菇亭，在模型的制作中，用到了【Edit Spline】(样条编辑器)、【Lathe】(旋转)等命令；建好模型之后，要给模型赋上材质，主要使用了石材质和喷漆材质。

任务实施

一、制作模型

1. 启动3DS MAX软件。
2. 重新设置系统。
3. 执行菜单栏中的【Customize】(自定义)/【Units Setup】(单位设置)命令，设置单位为“毫米”。
4. 依次单击“ / / Arc ”(弧线)按钮，在前视图中，创建一条弧线，参数设置如图3－2－3所示，调整位置如图3－2－4所示。

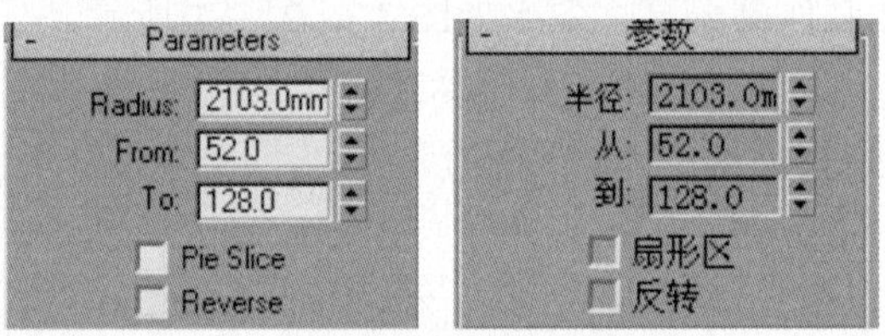

图3—2—3 参数设置

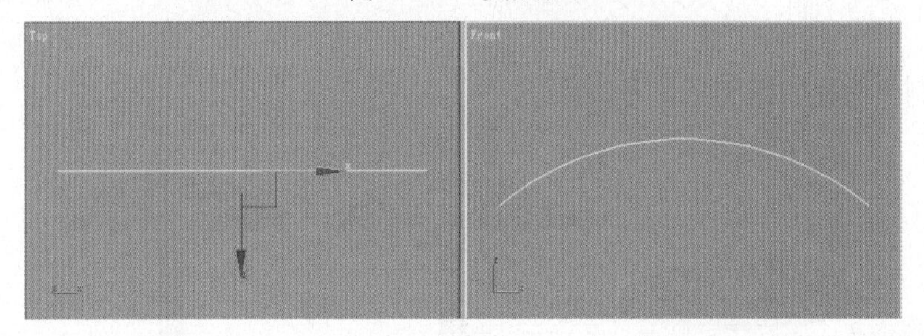
图3—2—4 绘制的弧线

5. 在【Modifier List】(修改器列表)下拉菜单中选择【Lathe】(旋转)命令，在【Parameters】(缓冲参数)卷展栏下设置参数，如图3－2－5所示。
6. 旋转后的形态如图3－2－6所示，命名为“顶”。
7. 依次单击“ / / Cylinder ”(圆柱)按钮，在顶视图中，创建【Radius】(半径)为1 300 mm、【Height】(高度)为100 mm、【Height Segments】(高度分段数)为1的圆柱，命名为“檐”，调整其位置如图3－2－7所示。

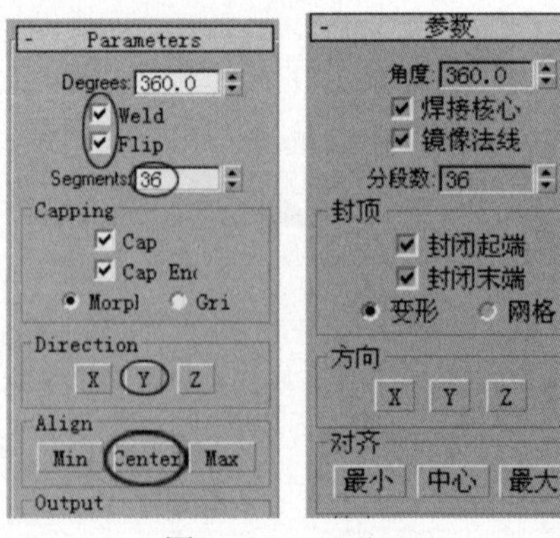

图3—2—5 参数设置

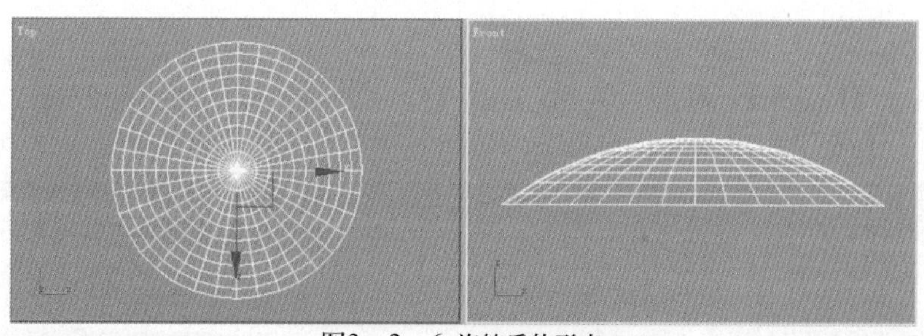
图3—2—6 旋转后的形态

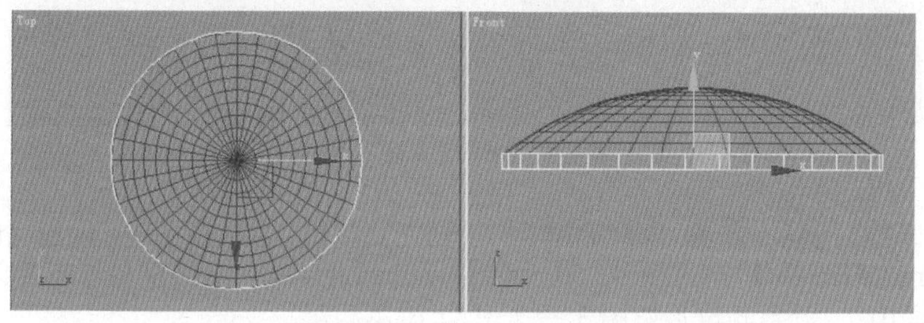
图3—2—7 创建的“檐”圆柱

8. 依次单击“ / / Cylinder ”（圆柱）按钮，在顶视图中，创建【Radius】（半径）为 150 mm、【Height】（高度）为 1 850 mm、【Height Segments】（高度分段数）为 1 的圆柱，命名为“支柱 01”，调整其位置如图 3 － 2 － 8 所示。

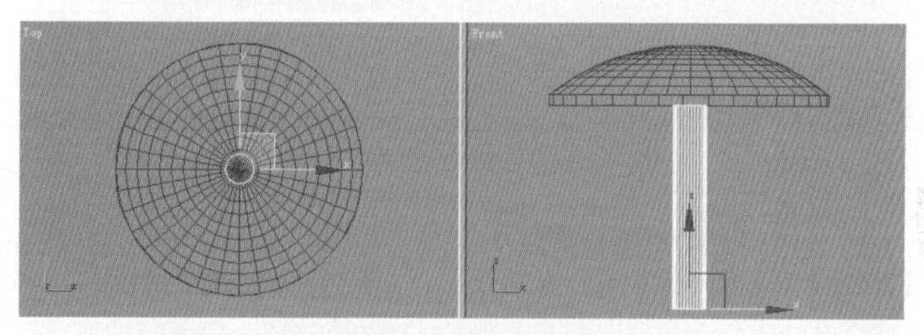
图3—2—8 创建的“支柱01”圆柱

9. 依次单击“ / / Cone ”（圆锥）按钮，在顶视图中，创建【Radius 1】（半径）为 290 mm、【Radius 2】（半径）为 184 mm、【Height】（高度）为 400 mm 的圆锥，命名为“支柱 02”，调整其位置如图 3 － 2 － 9 所示。

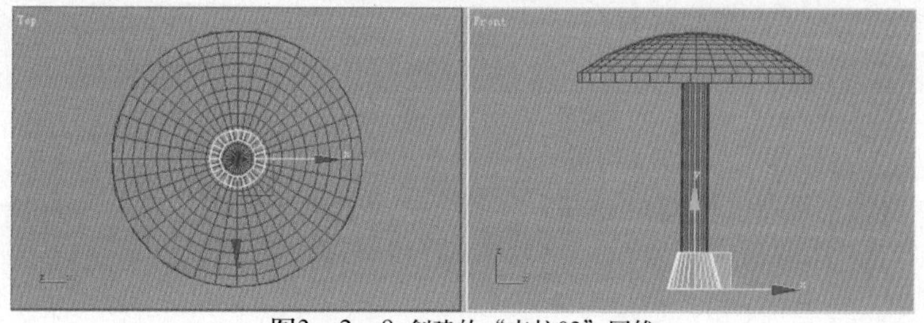
图3—2—9 创建的“支柱02”圆锥

10. 依次单击“ / / ChamferCyl”（倒角圆柱）按钮，在顶视图中，创建【Radius】（半径）为 650 mm、【Height】（高度）为 50 mm、【Fillet】（倒角）半径为 20 mm、【Fillet Segs】（倒角分段数）为 15 的倒角圆柱，命名为“座椅”，调整其位置如图 3 − 2 − 10 所示。

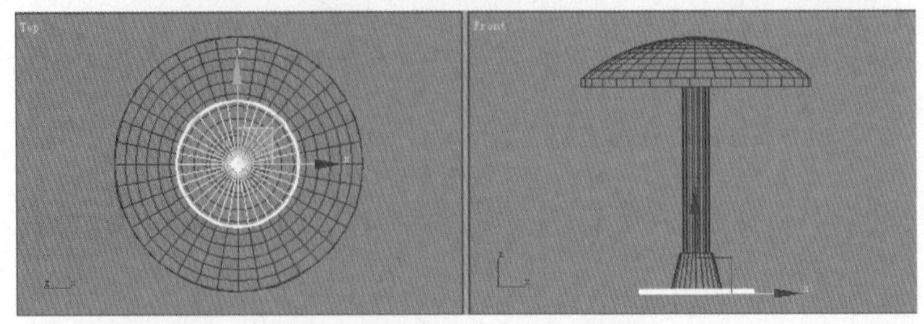
图3—2—10 创建的“座椅” 倒角圆柱

11. 依次单击“ / / Cylinder”（圆柱）按钮，在顶视图中，创建【Radius】（半径）为 600 mm、【Height】（高度）为 50 mm、【Height Segments】（高度分段数）为 1 的圆柱，命名为“底座 01”，调整其位置如图 3 − 2 − 11 所示。

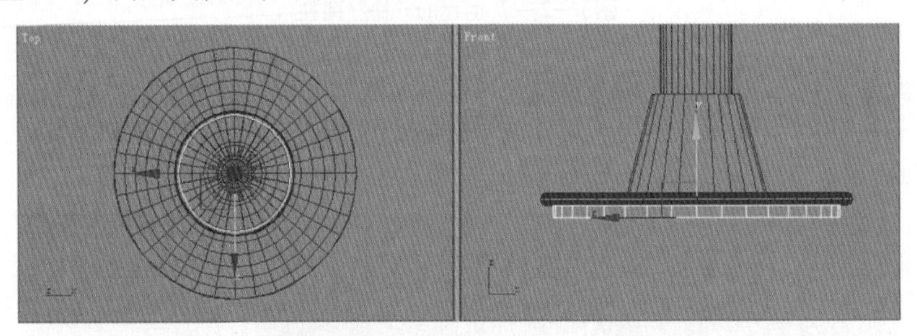
图3—2—11 创建的“底座01”圆柱

12. 依次单击“ / / Line”（线）按钮，在前视图中，绘制【Length】（长度）为 300 mm、【Width】（宽度）为 600 mm 的线形，如图 3 − 2 − 12 所示。

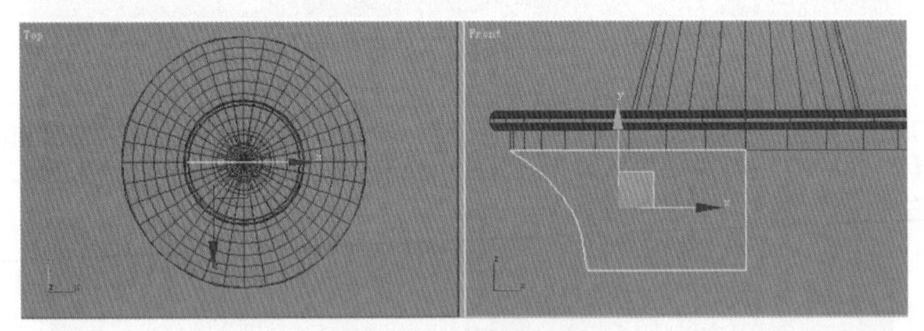
图3—2—12 绘制的线形

13. 单击“ ”按钮，在【Modifier List】（修改器列表）下拉菜单中选择【Lathe】（旋转）命令，旋转后的形态如图 3 − 2 − 13 所示，命名为“底座 02”。

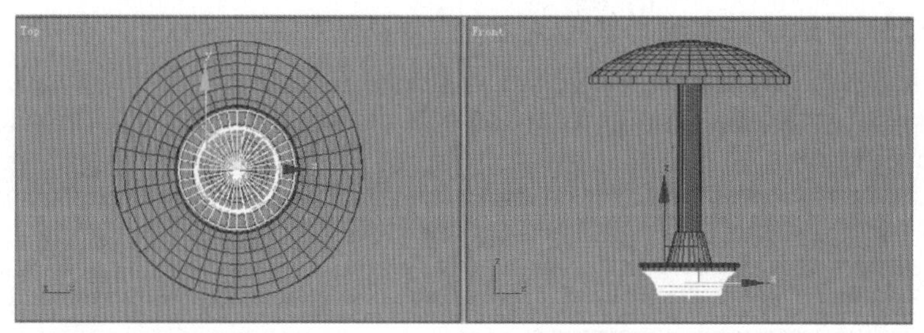

图3—2—13 旋转后的形态

二、制作蘑菇亭材质

1. 单击工具栏上的“ ”按钮，在弹出【Material Editor】（材质编辑器）对话框中选择一个空白示例球，命名为“大理石材质”。

2. 在【Blinn Basic Parameters】（胶性基本参数）卷展栏下单击【Diffuse】（表面色）右侧小按钮，在弹出的【Material/Map Browser】（材质 / 贴图浏览器）对话框中双击【Bitmap】（位图），打开本书配套光盘“贴图 / 模块三 / 大理石 .jpg”贴图文件，参数设置如图 3 － 2 － 14 所示。

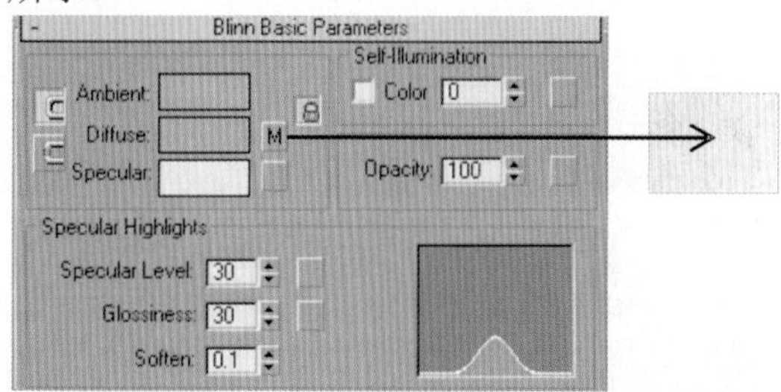

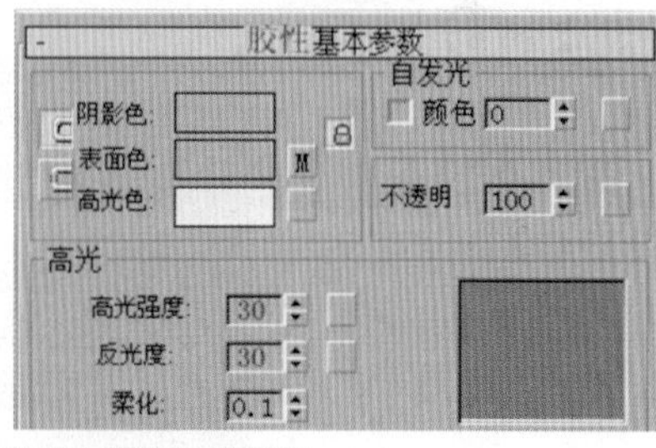

图3—2—14 【Blinn Basic Parameters】（胶性基本参数）卷展栏

3. 在视图中选择“支柱 02、座椅、底座 01~02”，单击“ ”按钮，将调配好的材质赋予选择的造型。

4. 在视图中选择“支柱 02、座椅、底座 01 ~ 02”，在【Modifier List】（修改器列表）下拉菜单中选择【Map Scaler（WSM）】【贴图定标器（WSM）】命令，在【Parameters】（参数）卷展栏下设置参数如图 3 － 2 － 15 所示。

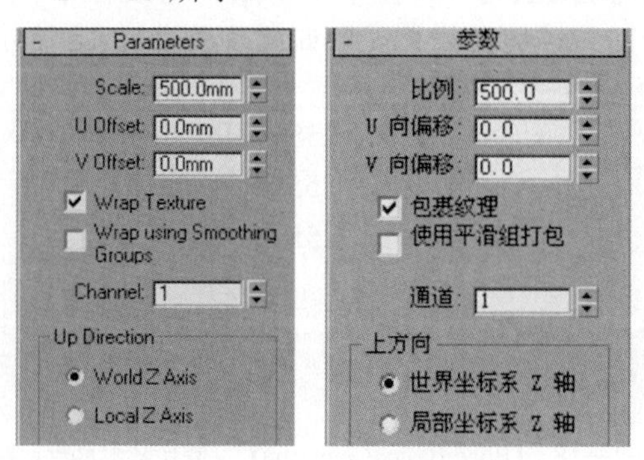

图3—2—15 参数设置

5. 重新选择一个空白示例球，命名为“真石漆材质”。

6. 在【Blinn Basic Parameters】(胶性基本参数) 卷展栏下单击【Diffuse】(表面色) 右侧小按钮，在弹出的【Material/Map Browser】(材质 / 贴图浏览器) 对话框中双击【Bitmap】(位图)，打开本书配套光盘“贴图 / 模块三 / 灰黄麻 .jpg”贴图文件，参数设置如图 3 － 2 － 16 所示。

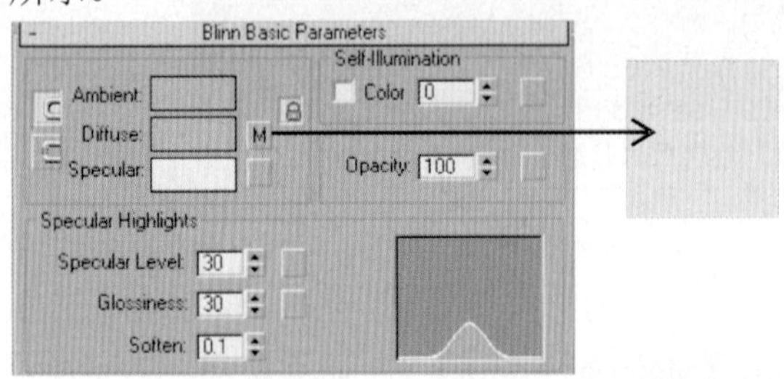

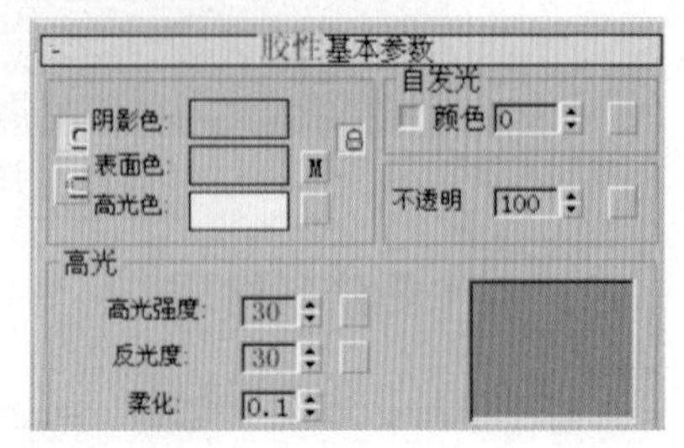

图3—2—16【Blinn Basic Parameters】（胶性基本参数）卷展栏

7. 在视图中选择“顶、檐”，单击“ ”按钮，将调配好的材质赋予选择的造型。

8. 在视图中选择“顶、檐”，在【Modifier List】(修改器列表) 下拉菜单中选择【Map Scaler（WSM)】【贴图标器（WSM)】命令，在【Parameters】(参数) 卷展栏下设置参数如图 3 － 2 － 17 所示。

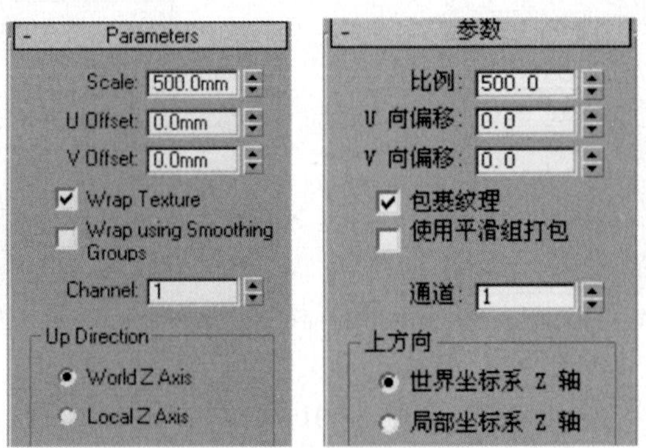

图3—2—17 参数设置

9. 重新选择一个空白示例球，命名为“双飞粉材质”。

10. 在【Blinn Basic Parameters】(胶性基本参数) 卷展栏下，将【Ambient】(阴影色)、【Diffuse】(表面色) 前面的锁锁定，设置参数如图 3 － 2 － 18 所示。

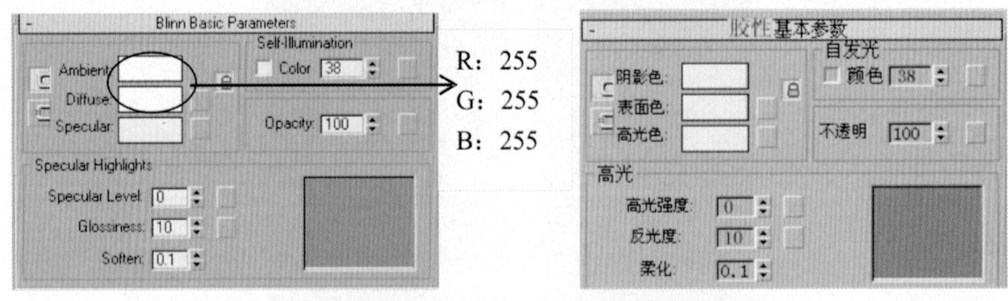

图3—2—18 【Blinn Basic Parameters】（胶性基本参数）卷展栏

11. 在视图中选择“支柱 01”，单击“ ”按钮，将调配好的材质赋予选择的造型。

三、保存文件

执行菜单栏中的【File】(文件) /【Save】(保存) 命令，将场景文件存为“蘑菇亭 .max”。

练 习 题

一、理论基础

1. 3DS MAX 提供了____种 2D 造型。
2. 自我总结模块三中所使用命令的快捷键（绘制表格)。

二、实践操作

1. 题图 3 － 1 为石桌凳的施工图，请根据此图，完成以下实践操作：

⑴ 运用 Auto CAD 软件，综合模块三所学的知识点，绘制如图所示的石桌凳施工图。注：源文件在配套光盘课后习题文件夹模块三中。

⑵ 根据图样绘制的内容，按其尺寸和材料，运用 3DS MAX 软件绘制其模型图。

2. 题图 3 － 2 为花坛的施工图，请根据此图，完成以下实践操作：

⑴ 运用 Auto CAD 软件，综合模块三所学的知识点，绘制如图所示的花坛施工图。注：源文件在配套光盘课后习题文件夹模块三中。

⑵ 根据图样绘制的内容，按其尺寸和材料，运用 3DS MAX 软件绘制其模型图。

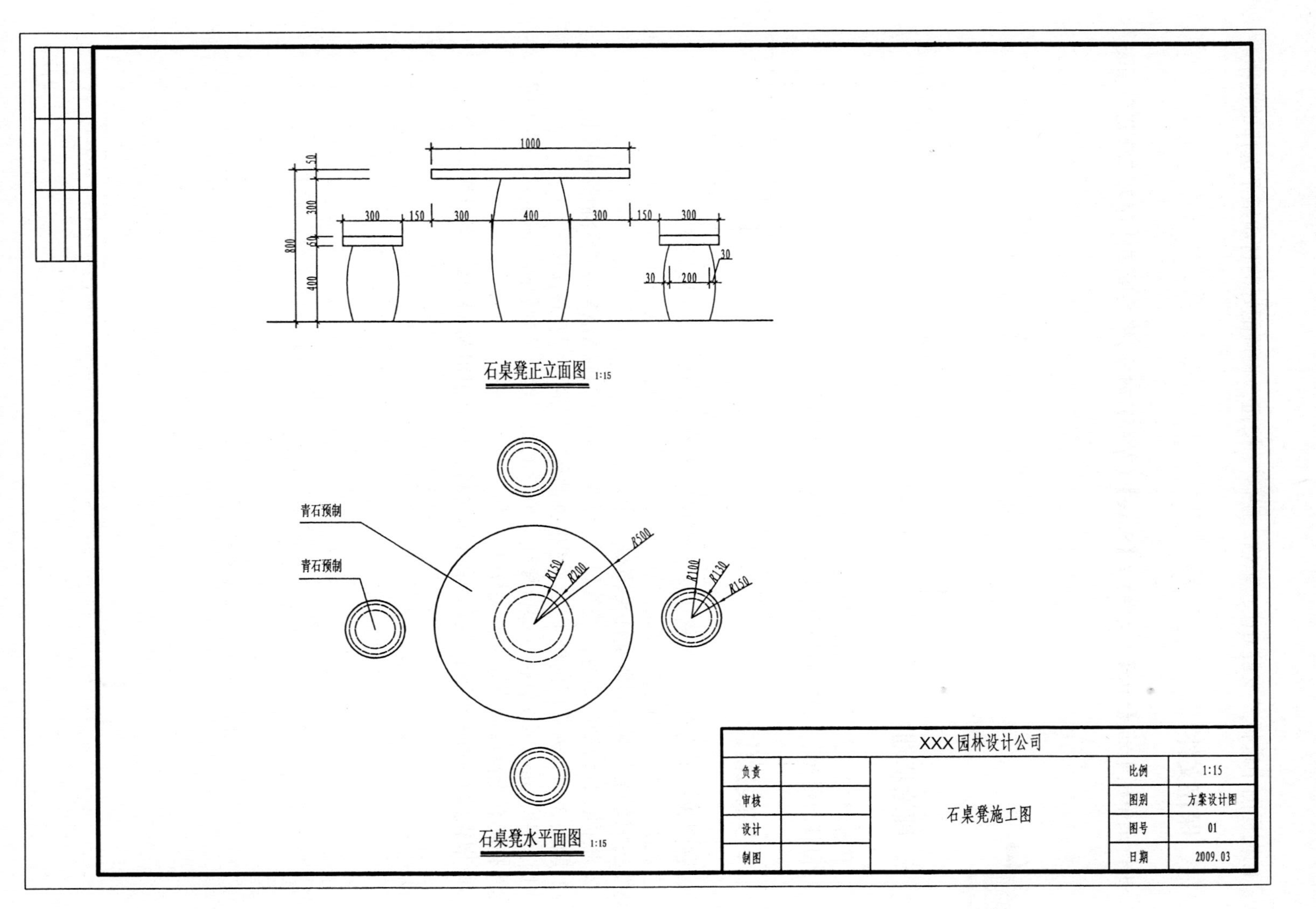
1000
300
150
300
400
300
150
300
800
50
300
60
400
30
200
30
石桌凳正立面图 1:15
青石预制
青石预制
R500
R150
R200
R100
R130
R150
石桌凳水平面图 1:15
XXX园林设计公司
负责
审核
设计
制图
石桌凳施工图
比例
1:15
图别
方案设计图
图号
01
日期
2009.03

题图3—1 石桌凳施工图

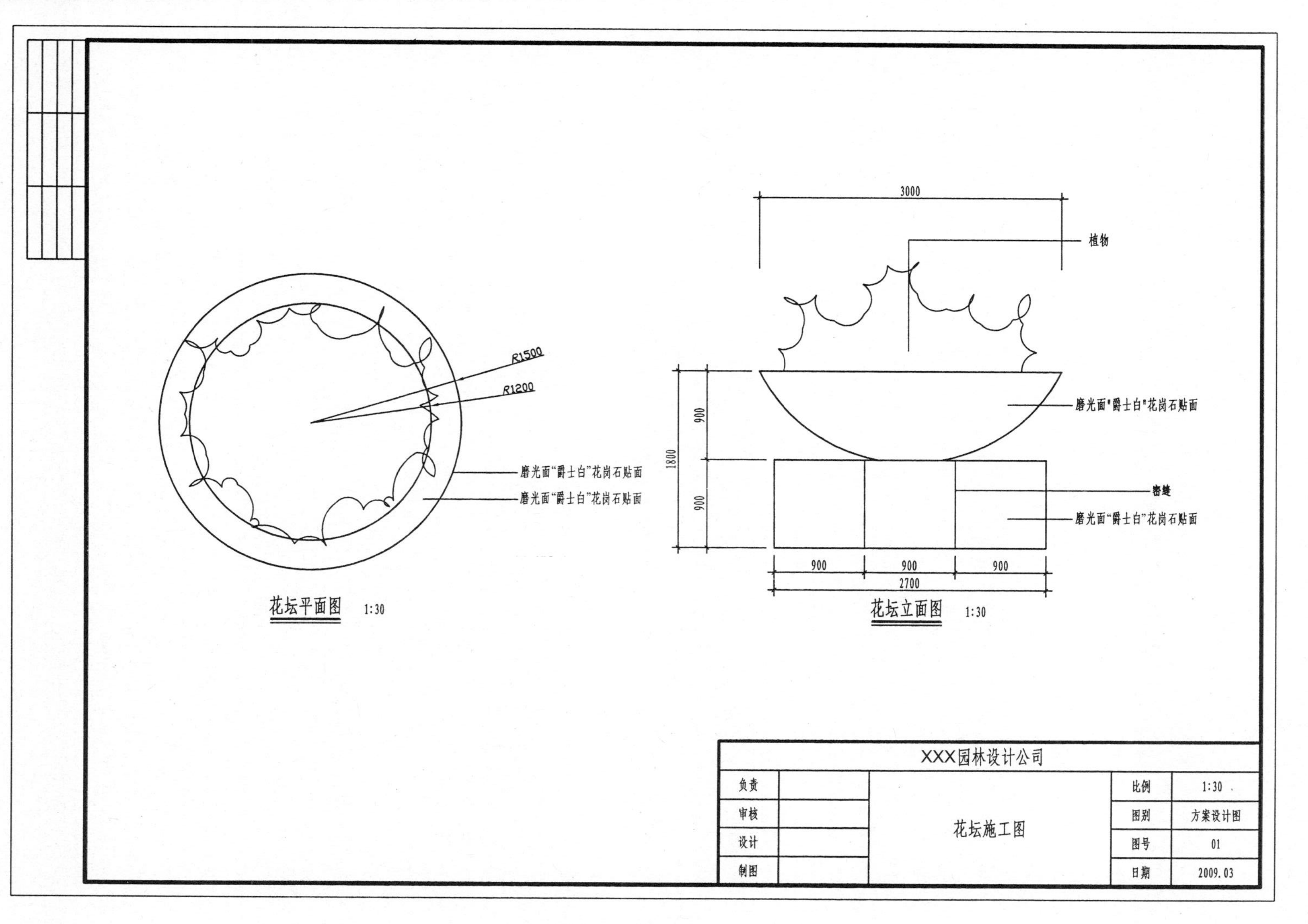
R1500
R1200
磨光面"爵士白"花岗石贴面
磨光面"爵士白"花岗石贴面
花坛平面图 1:30
3000
植物
磨光面"爵士白"花岗石贴面
900
1800
900
密缝
磨光面"爵士白"花岗石贴面
900
900
900
2700
花坛立面图 1:30
XXX园林设计公司
负责
审核
设计
制图
花坛施工图
比例 1:30
图别 方案设计图
图号 01
日期 2009.03

题图3—2 花坛施工图

模块四 花架的制作

任务一　绘制花架施工图

任务目标

- 绘制花架的平面图、正立面图、侧立面图
- 尺寸标注、材料说明、文字注写
- 打印出图

任务引入

运用 AutoCAD 2006 绘图软件，绘制如图 4 － 1 － 1 所示的花架施工图。要求：图线运用、尺寸标注、文字说明符合国家制图标准规定，并能正确设置参数，打印出图。

任务分析

制作花架的施工图，首先运用 AutoCAD 软件，通过绘图命令和编辑命令，绘制花架的平面图、正立面图、侧立面图；其次，给图形主要部位标注尺寸；最后，给图形配以材质说明和文字说明，打印出图。绘图流程图如图 4 － 1 － 2 所示。

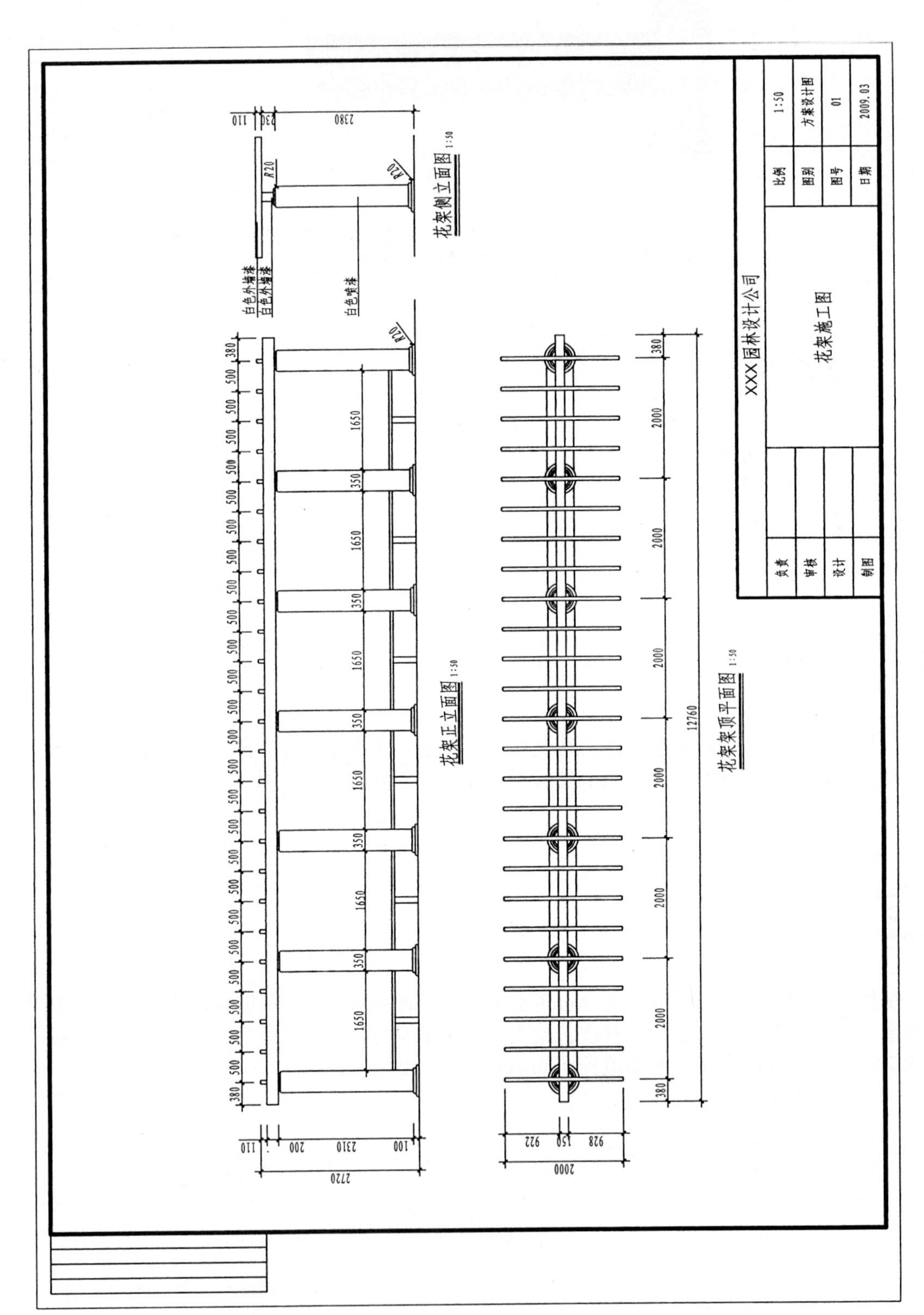

XXX园林设计公司
花架施工图
比例
1:50
图别
方案设计图
图号
01
日期
2009.03
负责
审核
设计
制图
花架侧立面图 1:50
花架正立面图 1:50
花架架顶平面图 1:50
白色外墙漆
白色喷漆
R20
12760
2720
2000

图4—1—1 花架施工图

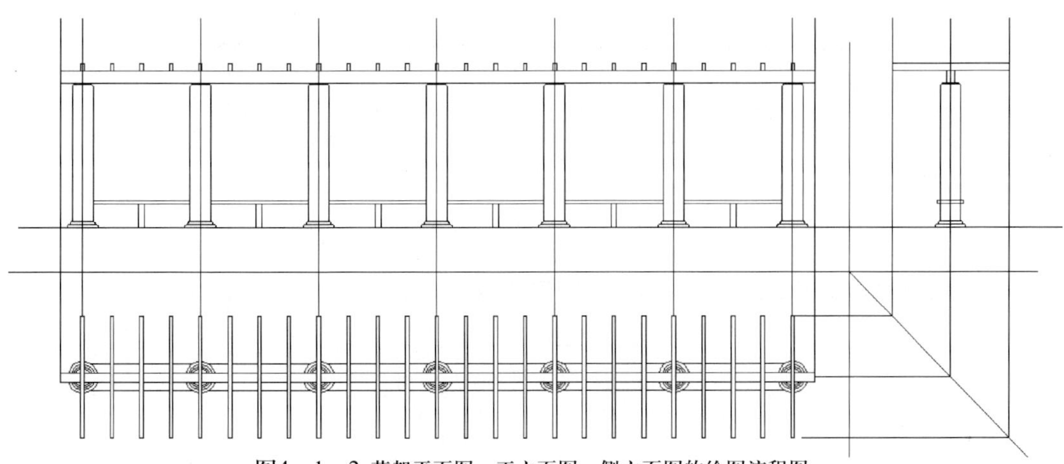

图4—1—2 花架平面图—正立面图—侧立面图的绘图流程图

一、绘制花架的平面图

这是一个花架，从上往下看，其图形基础都是矩形，可以以矩形为基础，通过绘图命令中的矩形，来绘制花架的平面图。

1．将轮廓线图层设为当前图层。

2．运用直线命令 L(line)，绘制 12 760 mm×150 mm 的矩形，如图 4 － 1 － 3 所示。

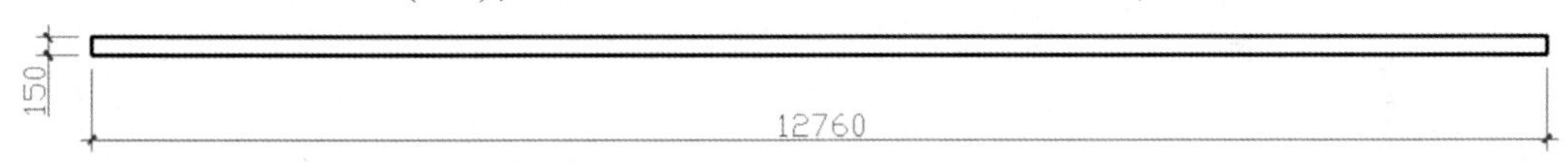

图4—1—3　绘制12 760 mm × 150 mm的矩形

3. 运用偏移命令 O(offset)，偏移 205 mm、350 mm。如图 4 － 1 － 4 所示。

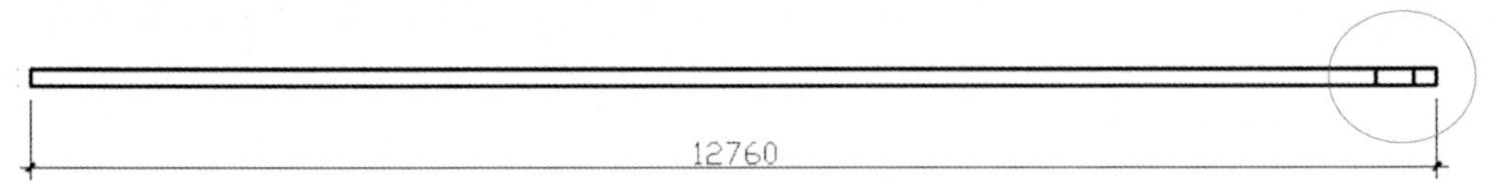

图4—1—4 右侧进行偏移命令

4．运用直线命令 L(line)，捕捉端点，绘制辅助线 *a*，如图 4 － 1 － 5 所示。

5．运用圆命令 C（circle)，捕捉对角线的中点，绘制直径为 350 mm 圆，如图 4 － 1 － 6 所示。

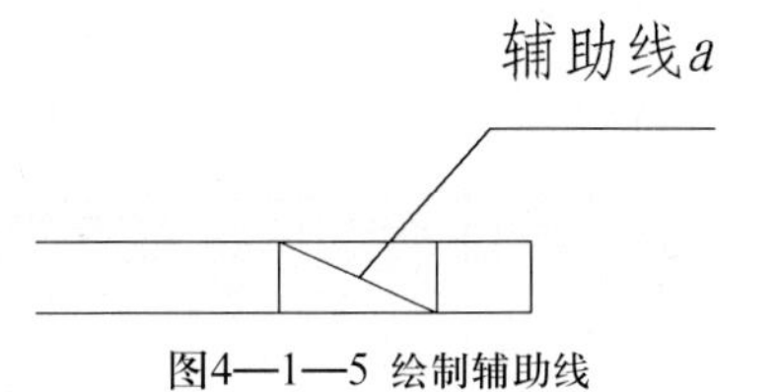

图4—1—5 绘制辅助线

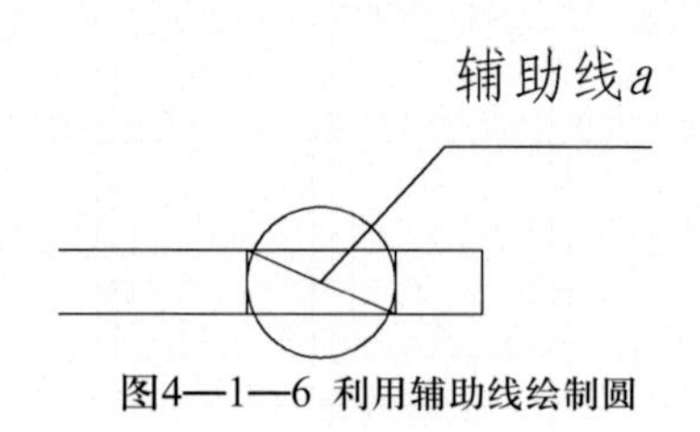

图4—1—6 利用辅助线绘制圆

6．运用删除命令 E(erase)，删除多余的辅助线，如图 4 － 1 － 7 所示。

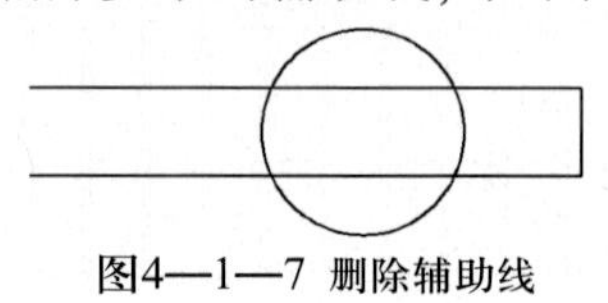

图4—1—7 删除辅助线

7．运用圆命令 C（circle），捕捉圆心，绘制直径不同的同心圆，如图 4 － 1 － 8 所示。

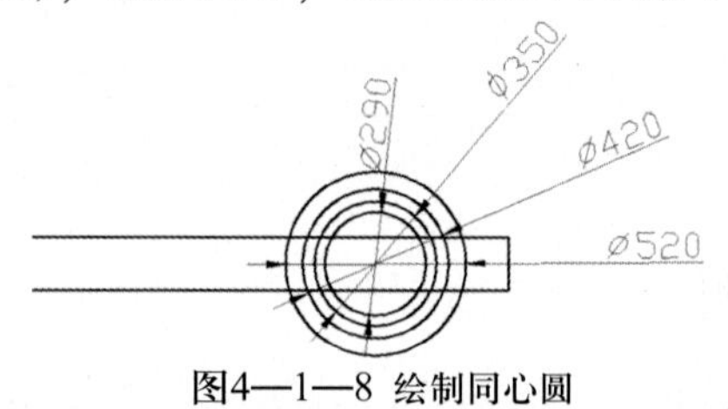

图4—1—8 绘制同心圆

8．运用直线命令 L(line)，捕捉圆的圆心，任意画一辅助线，同时将辅助线运用偏移命令 O(offset), 连续偏移 2 000 mm, 如图 4 － 1 － 9 所示。

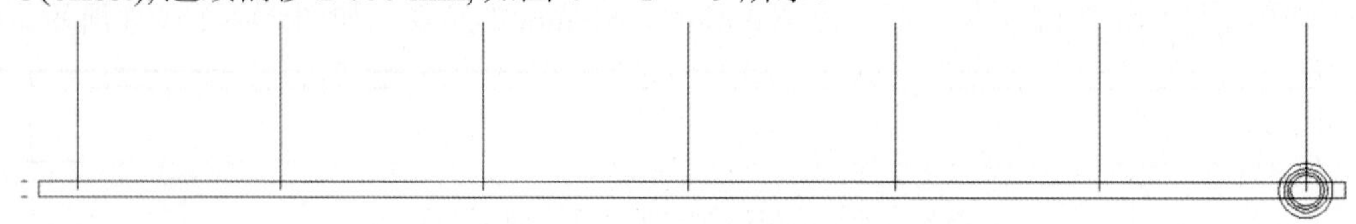

图4—1—9 绘制辅助线

9．缩放显示后，为了使图形更加清楚，关闭了状态栏下的线宽，前后对比，如图 4 － 1 － 10 所示。

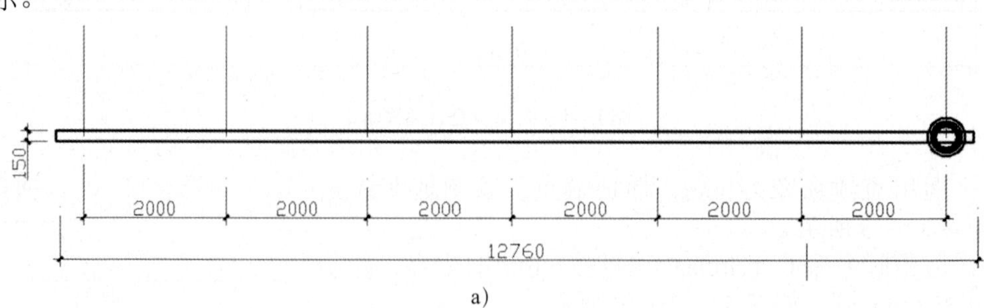

a)

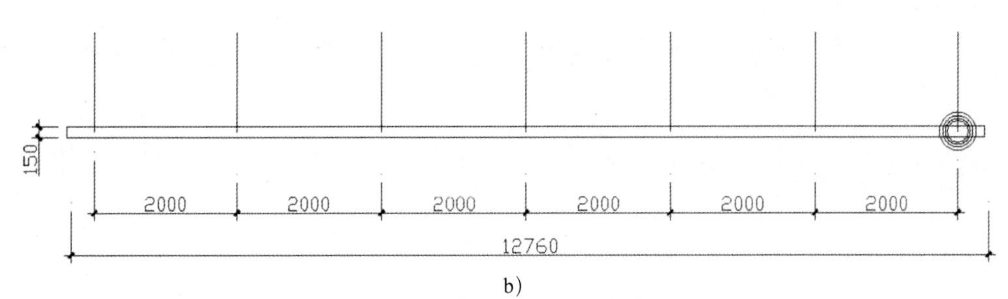

b)

图4—1—10　开启/关闭线宽显示模式前后对比

a）开启状态栏下的显示线宽模式　　b）关闭状态栏下的显示线宽模式

10．选择同心圆，运用复制命令 CO(copy)，捕捉圆心，将同心圆复制到对应的辅助线上，如图 4 － 1 － 11 所示。

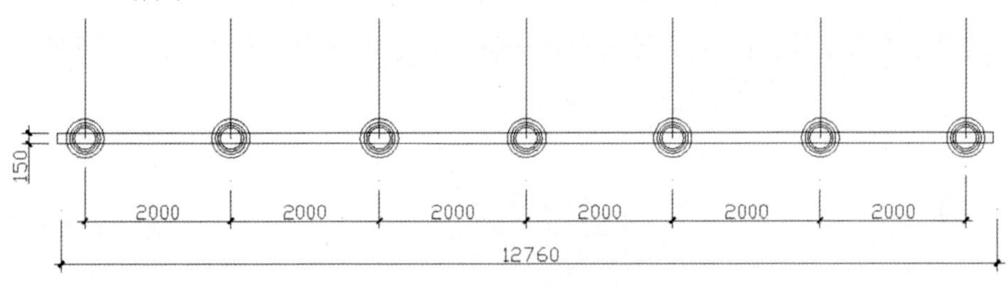

图4—1—11　复制同心圆

11．运用修剪命令 TR(trim)，修剪图形如图 4 － 1 － 12 所示。

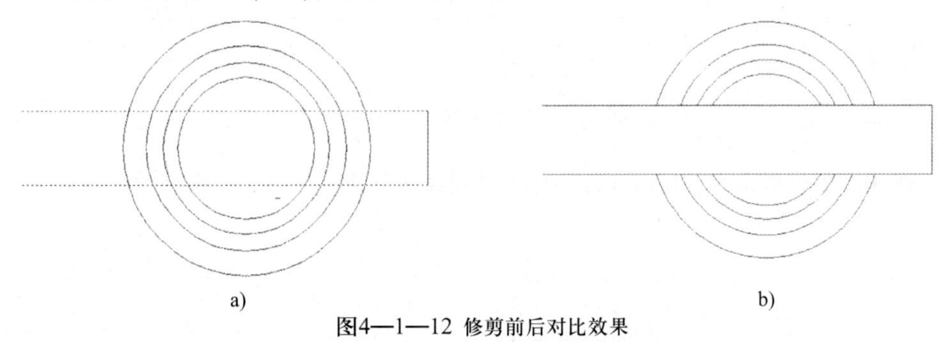

a)　　b)

图4—1—12　修剪前后对比效果

a)选择剪切边　　b)修剪完后的效果

12．重复修剪命令 TR(trim)，修剪图形如图 4 － 1 － 13 所示。

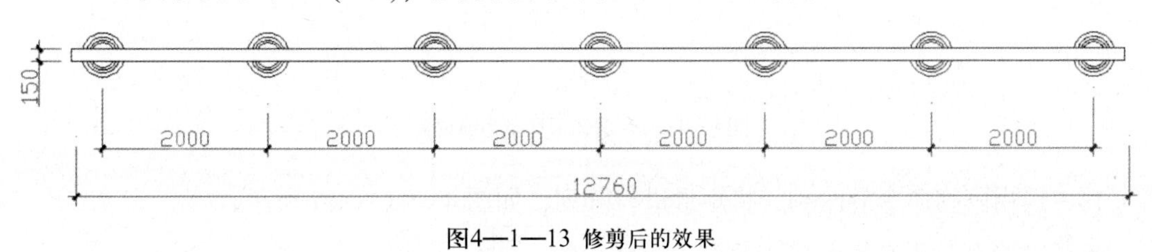

图4—1—13　修剪后的效果

13．运用矩形命令 REC(rectangle)，绘制一个 60 mm×2 000 mm 的矩形，如图 4 － 1 － 14 所示。

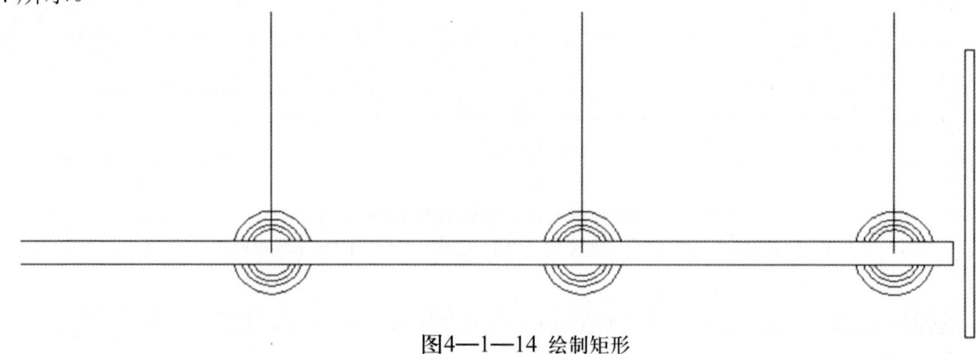

图4—1—14 绘制矩形

14．运用移动命令 M(move)，辅助对象捕捉，将矩形移至如图 4 － 1 － 15 所示位置。

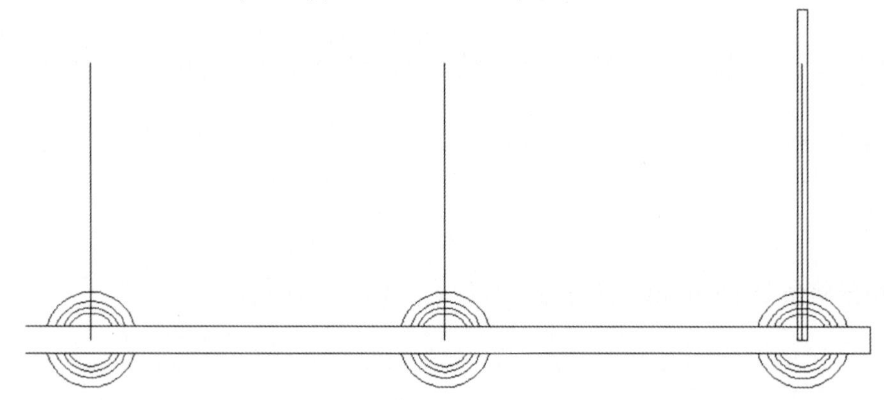

图4—1—15 将矩形移至当前位置

15．继续运用移动命令 M(move)，将图形调整为如图 4 － 1 － 16 所示。

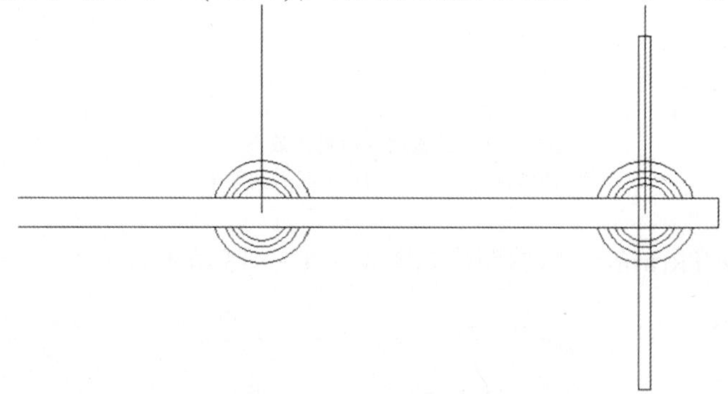

图4—1—16 将矩形移至当前位置

16．运用阵列命令 (array)，将矩形进行阵列，如图 4 － 1 － 17 所示。

● "修改"工具栏：单击修改工具栏中的"▣"图标。

- “修改”菜单：依次单击“修改”菜单 ➤ “阵列”。
- 命令行：array。

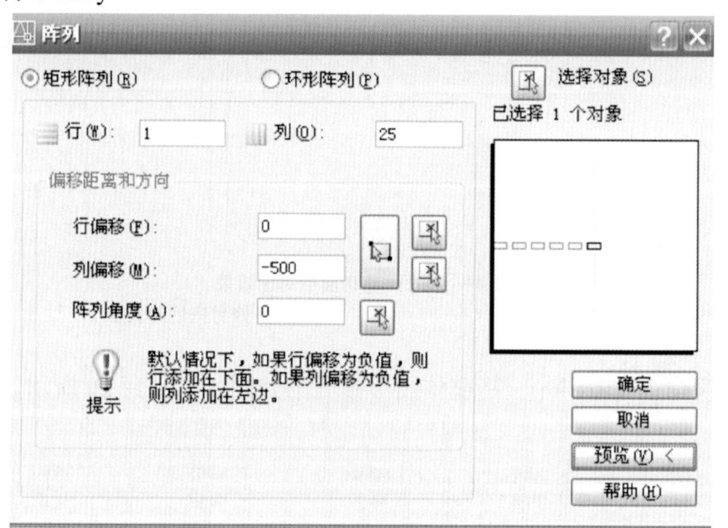

a)

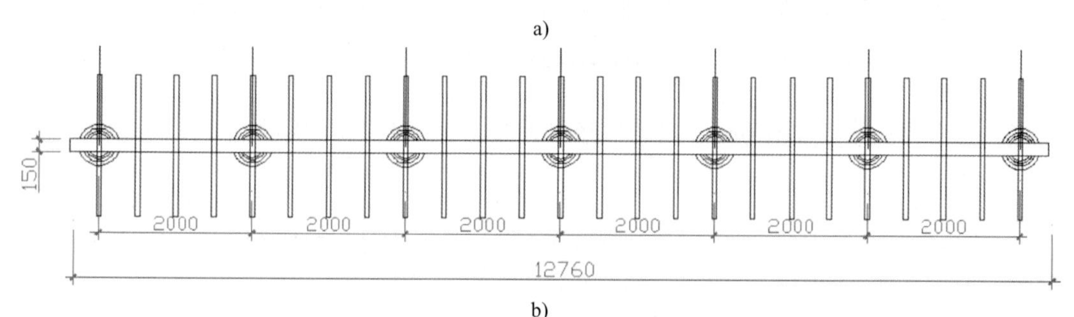

b)

图4—1—17 【阵列】参数设置及阵列后的效果

a)【阵列】参数设置　　b) 阵列后效果

17．运用删除命令 E(erase)，删除多余辅助线，如图 4 － 1 － 18 所示。

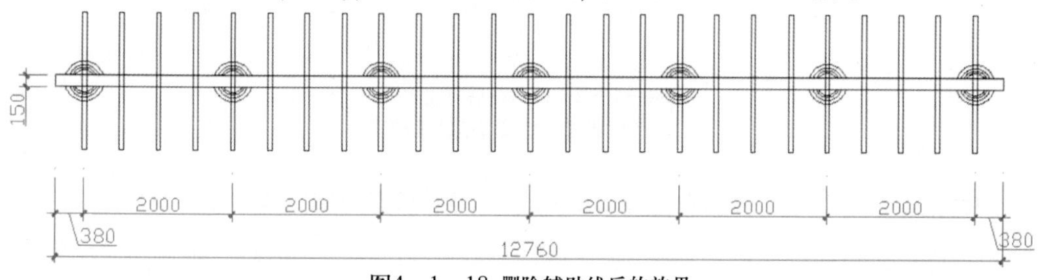

图4—1—18 删除辅助线后的效果

18．放大显示后，运用修剪命令 TR(trim)，将图形修剪为如图 4 － 1 － 19 所示。

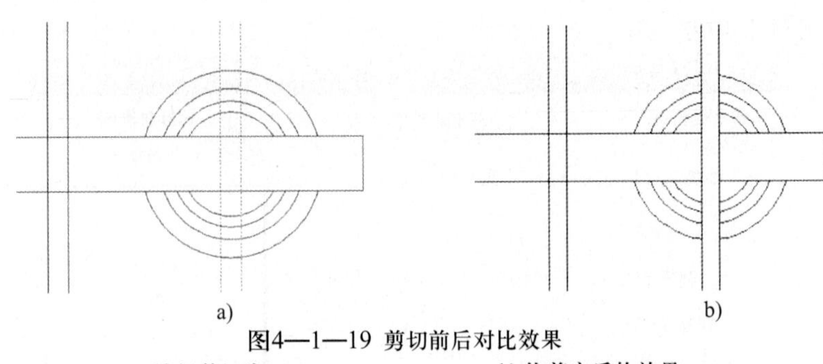

a)　　　　　　　　　　　　b)

图4—1—19 剪切前后对比效果

a) 选择剪切边　　　　　　b) 修剪完后的效果

19．重复修剪命令 TR(trim)，将整体图形修剪为如图 4 － 1 － 20 所示。

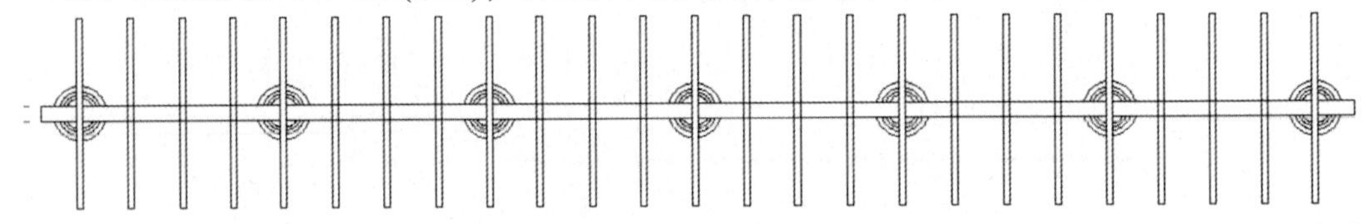

图4—1—20 修剪图形

20．运用修剪命令 TR(trim)，将图形修剪为如图 4 － 1 － 21 所示。

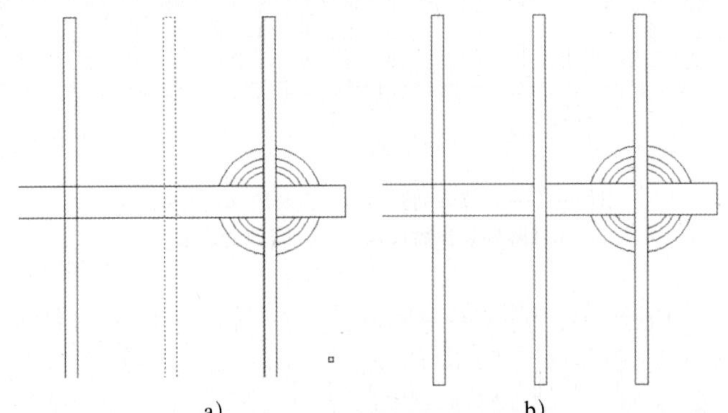

a)　　　　　　　　　　　　b)

图4—1—21 修剪前后对比效果

a）选择剪切边　b）修剪完后的效果

21．重复上一个命令，修剪命令 TR(trim)，将图形修剪为如图 4 － 1 － 22 所示。

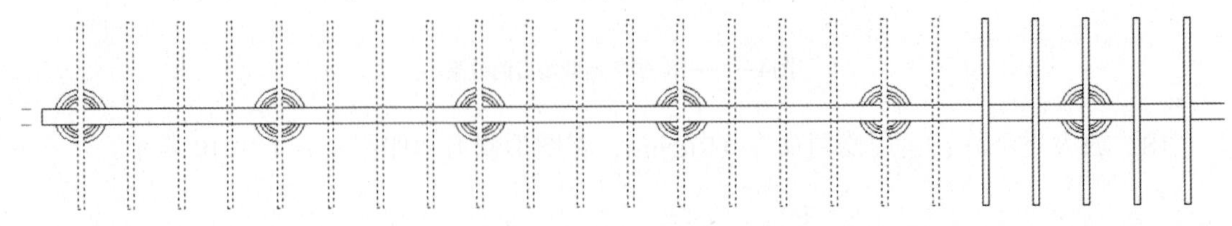

a)

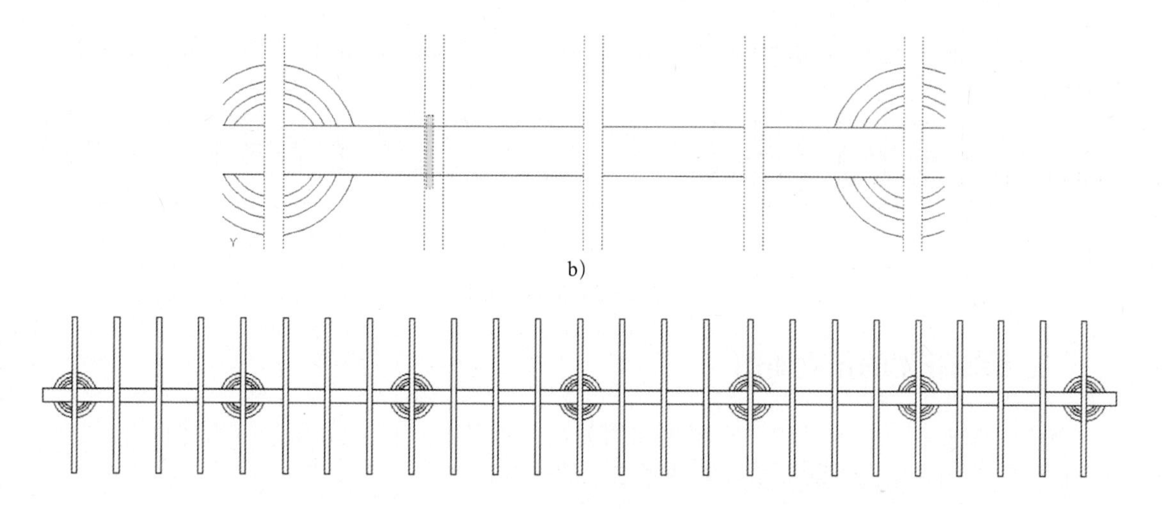

b）

c）

图4—1—22 修剪后的最终效果

a）可以通过框选，选择所有的剪切边　b）也可以通过框选，选择要修剪的对象　c）修剪后的最终效果

22．运用偏移命令 O(offset)，将对象偏移 150 mm，如图 4 － 1 － 23 所示。

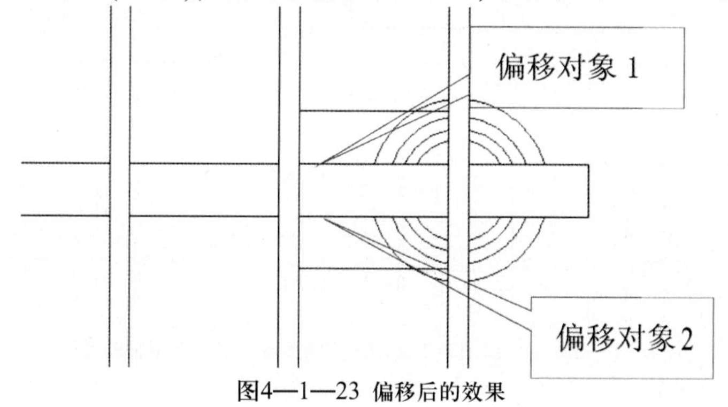

图4—1—23 偏移后的效果

23．运用修剪命令 TR(trim)，将图形修剪为如图 4 － 1 － 24 所示。

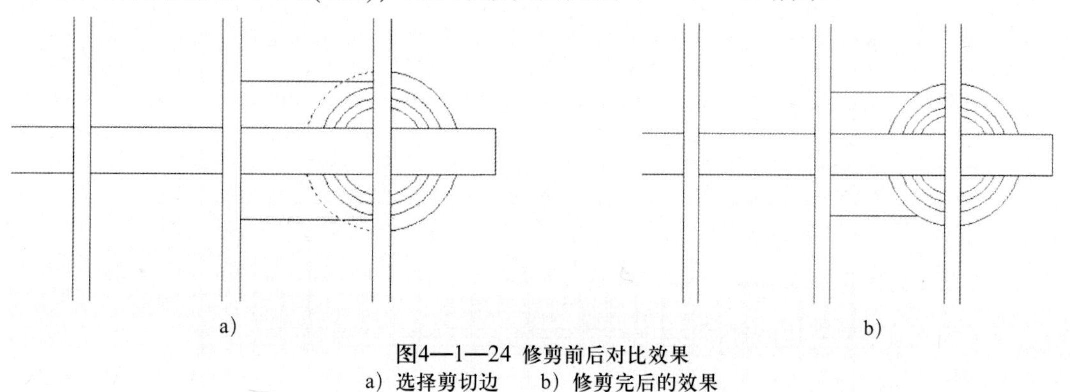

a）　　b）

图4—1—24 修剪前后对比效果

a）选择剪切边　b）修剪完后的效果

24．重复偏移命令 O(offset) 和修剪命令 TR(trim)，花架平面图绘制完成，如图 4 － 1 － 25 所示。

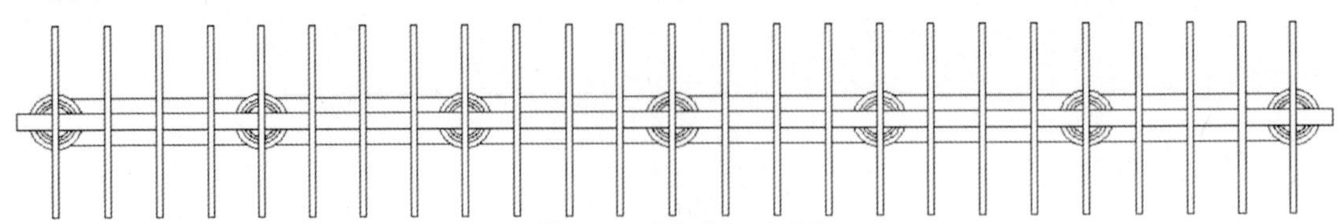

图4—1—25 花架平面图

二、绘制花架的正立面图

首先，先来看正立面图和平面图之间的关系，如图 4 － 1 － 26 所示（当然也可以先画正立面图，再画平面图，前提是理解两者之间的关系）。

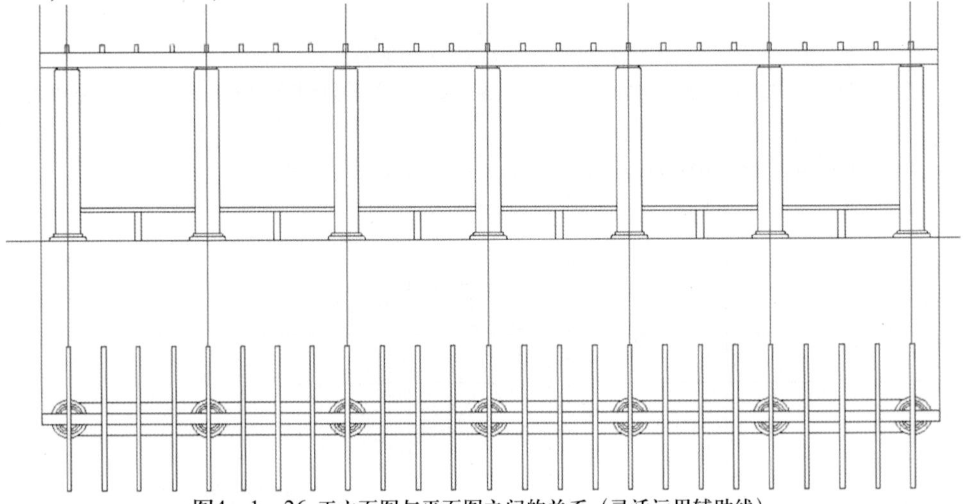

图4—1—26 正立面图与平面图之间的关系（灵活运用辅助线）

1．运用直线命令 L(line)，首先绘制正立面图中的地平线和主要辅助线，如图 4 － 1 － 27 所示。

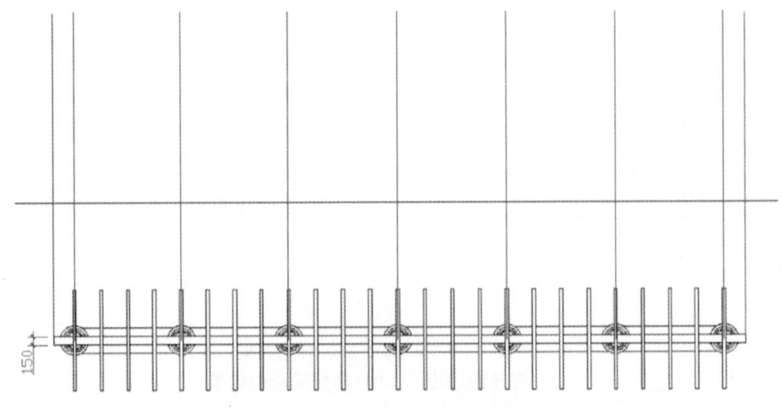

图4—1—27 绘制地平线、辅助线

2．运用偏移命令 O(offset)，将右边柱子中线左右偏移各 175 mm，如图 4 － 1 － 28 所示。

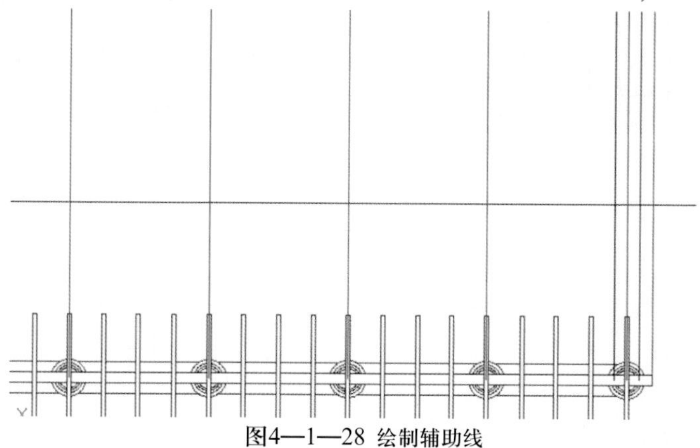
图4—1—28 绘制辅助线

3．运用偏移命令 O(offset)，将地平线分别偏移 50 mm、50 mm、2 280 mm、30 mm，如图 4 － 1 － 29 所示。

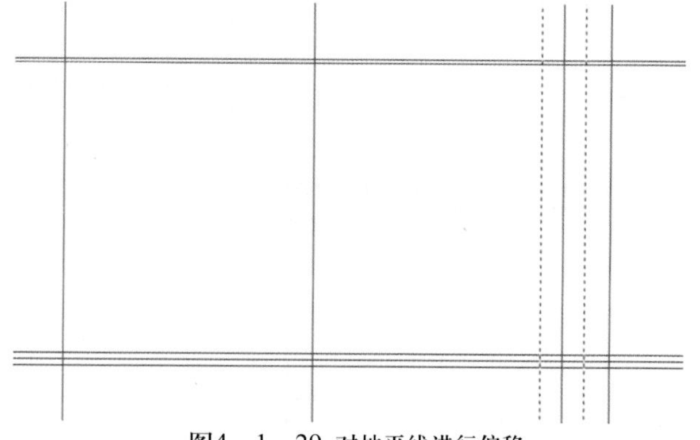
图4—1—29 对地平线进行偏移

4．运用修剪命令 TR(trim)，将图形修剪为如图 4 － 1 － 30 所示。

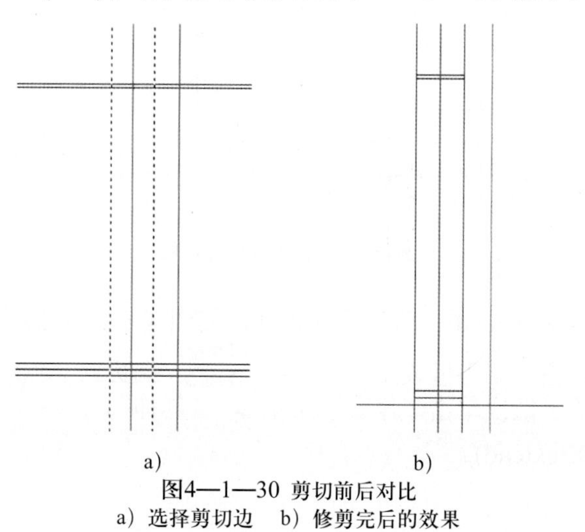
a) b)
图4—1—30 剪切前后对比
a）选择剪切边 b）修剪完后的效果

5．重复运用修剪命令 TR(trim)，将图形修剪为如图 4 － 1 － 31 所示。

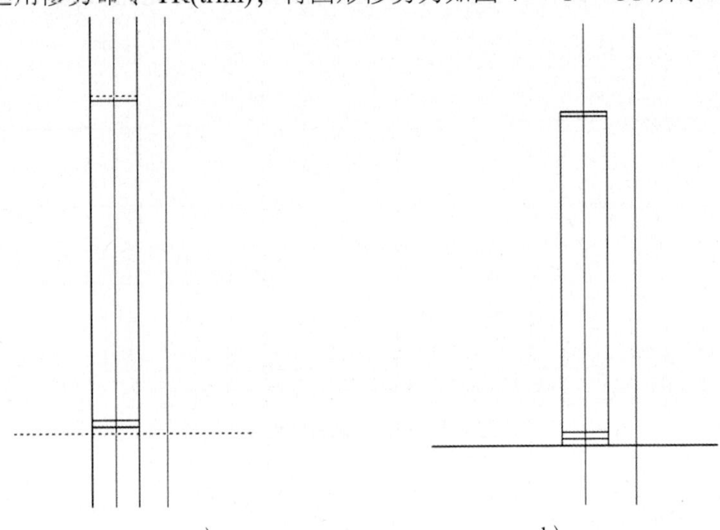

图4—1—31 剪切前后对比
a）选择剪切边 b）修剪完后的效果

6．放大显示圆柱底部，垂直线分别偏移 30 mm、50 mm，如图 4 － 1 － 32 所示。

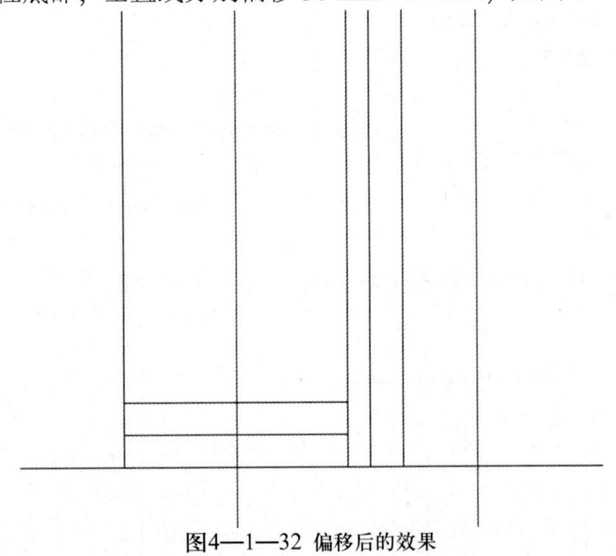

图4—1—32 偏移后的效果

7．运用延伸命令 EX(extend)，将水平线延伸到如图 4 － 1 － 33 所示。

- “修改”工具栏：单击修改工具栏中的“ ”图标。
- “修改”菜单：依次单击“修改”菜单 ➤ “延伸”。
- 命令行：EX(extend)。

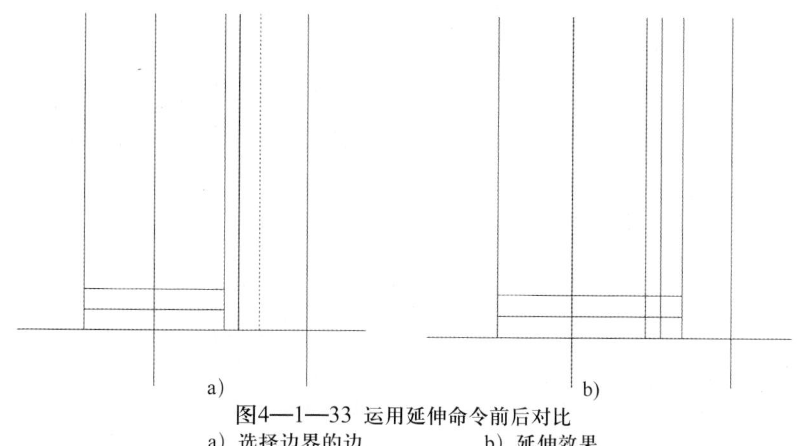

图4—1—33 运用延伸命令前后对比

a）选择边界的边　　b）延伸效果

8．运用倒圆角命令 F(fillet)，半径为 20 mm，绘制图形如图 4 － 1 － 34 所示。

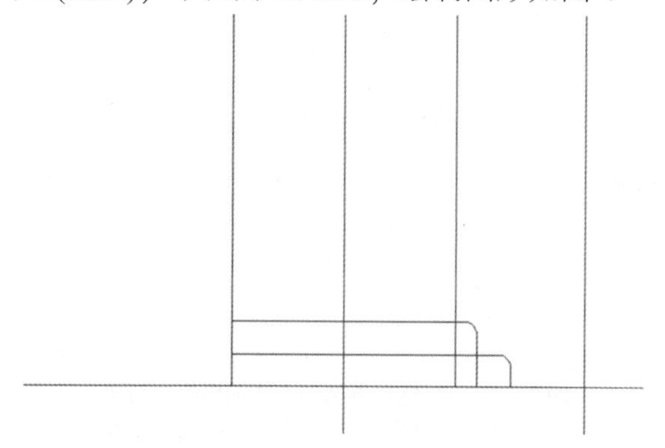

图4—1—34 倒圆角后的效果

9．运用镜像命令 MI(mirror)，绘制图形如图 4 － 1 － 35 所示。

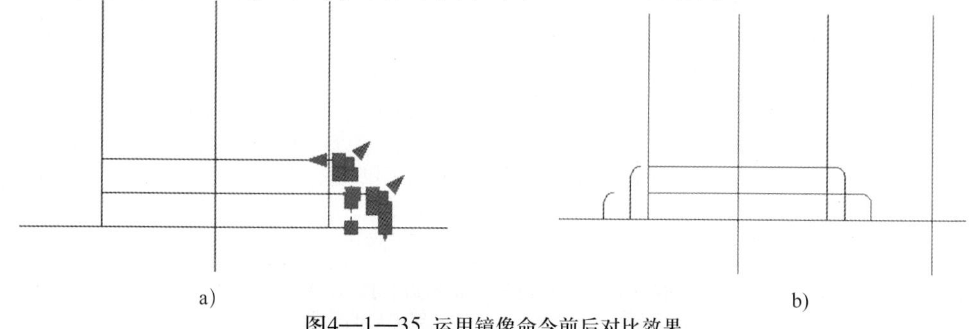

图4—1—35 运用镜像命令前后对比效果

a）选择要镜像的物体　　b）镜像后的结果

10．运用延伸命令 EX(extend)，绘制图形如图 4 － 1 － 36 所示。

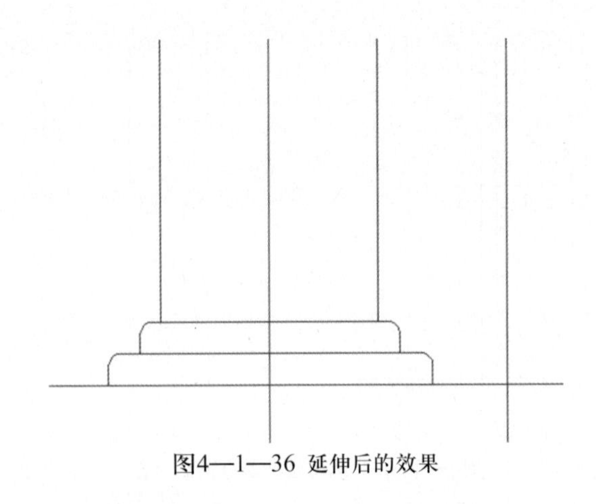

图4—1—36 延伸后的效果

11．放大显示柱子顶部，运用倒圆角命令 F(fillet)，半径为 20 mm，绘制图形如图 4 － 1 － 37 所示。

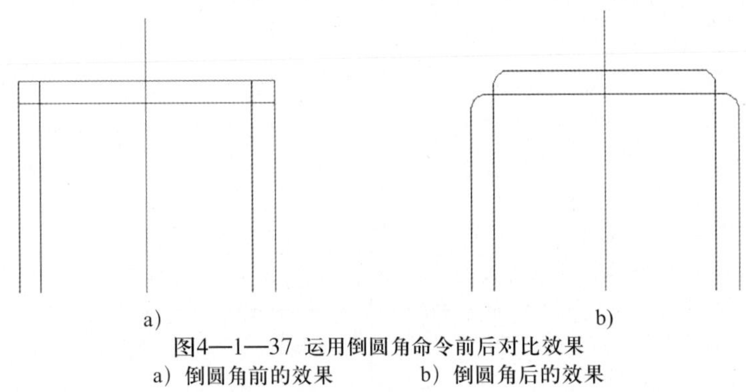

a) b)

图4—1—37 运用倒圆角命令前后对比效果

a）倒圆角前的效果 b）倒圆角后的效果

12．运用剪切命令 TR(trim)，绘制图形如图 4 － 1 － 38 所示。

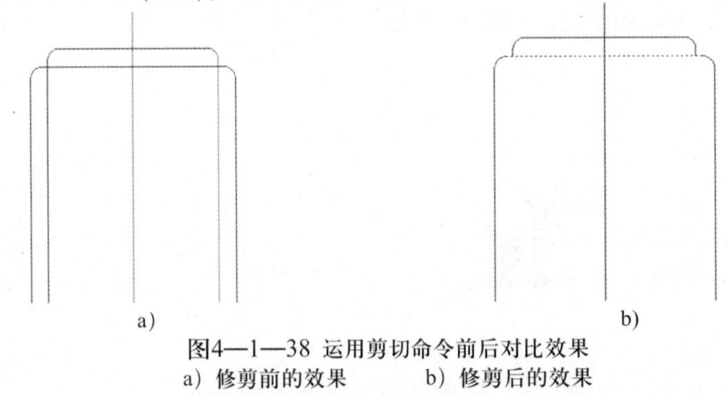

a) b)

图4—1—38 运用剪切命令前后对比效果

a）修剪前的效果 b）修剪后的效果

13．完成以上命令后，圆柱整体结构成形，如图 4 － 1 － 39 所示。

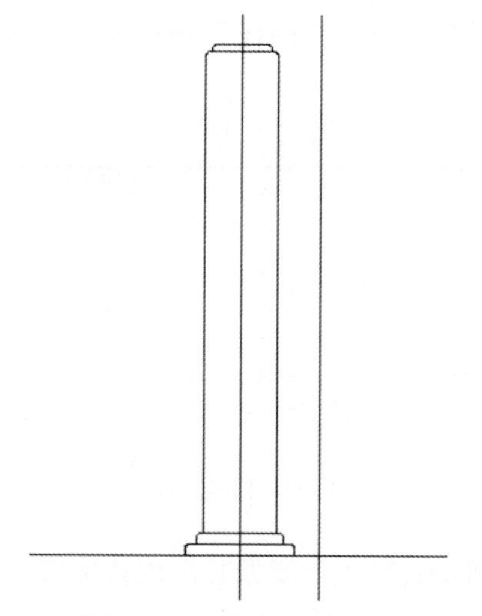

图4—1—39 花架柱体结构效果

14．运用阵列命令 AR(array)，将圆柱进行阵列，其参数设置与阵列效果如图 4 – 1 – 40 所示。

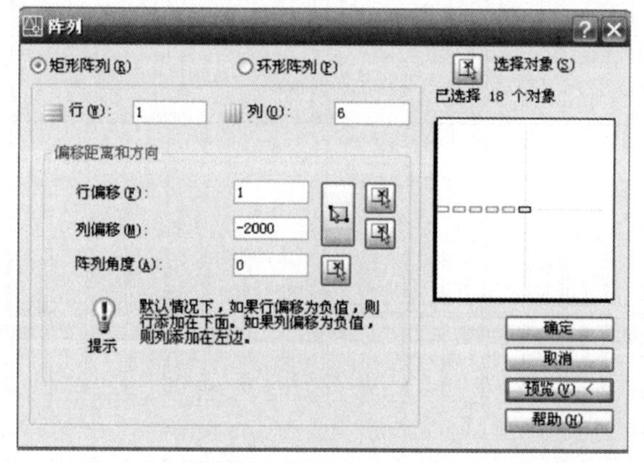

a)

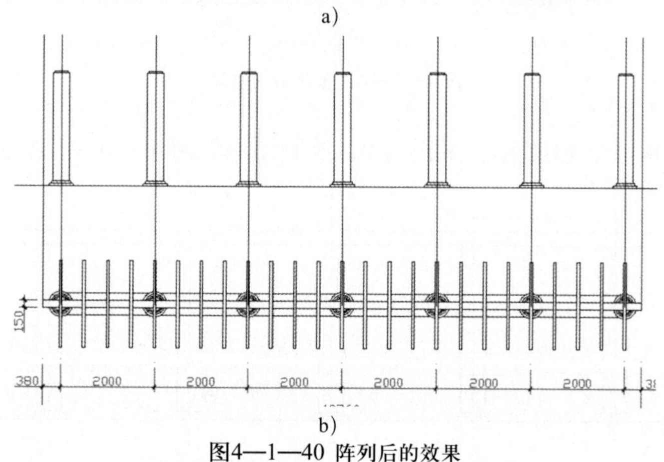

b)

图4—1—40 阵列后的效果

a)【阵列】参数设置　　b) 阵列效果

15. 运用偏移命令 O(offset)，将地平线偏移 2 394 mm，绘制图形如图 4 － 1 － 41 所示。

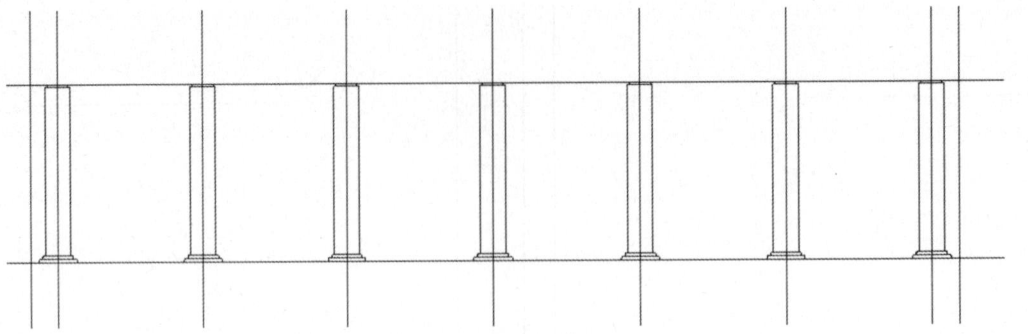

图4—1—41 偏移后的效果

16. 重复运用偏移命令 O(offset)，将上一步偏移的线条偏移 200 mm，如图 4 － 1 － 42 所示。

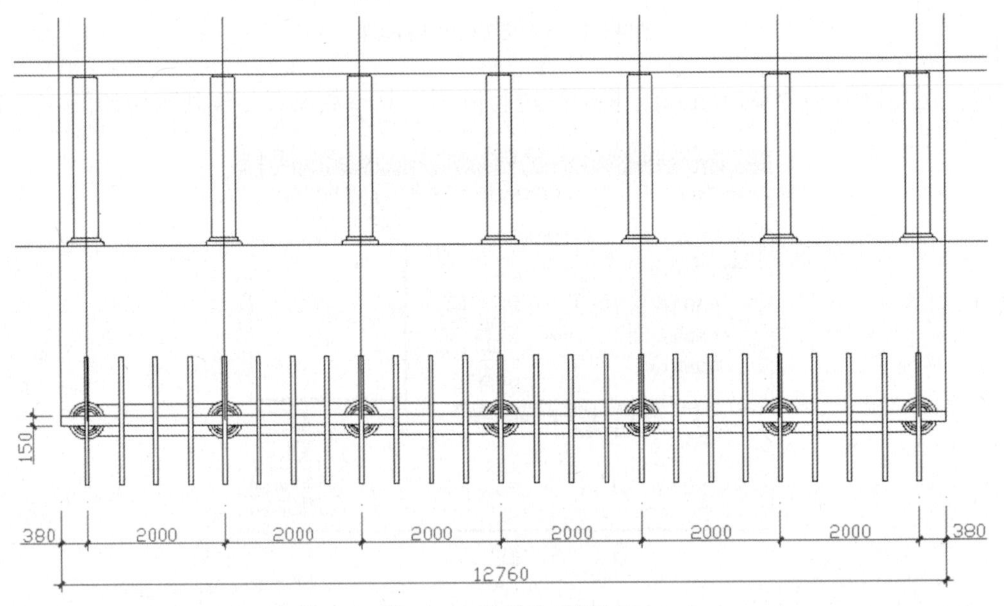

图4—1—42 偏移后的效果

17. 运用倒圆角命令 F(fillet)，半径为 0，绘制图形如图 4 － 1 － 43 所示。

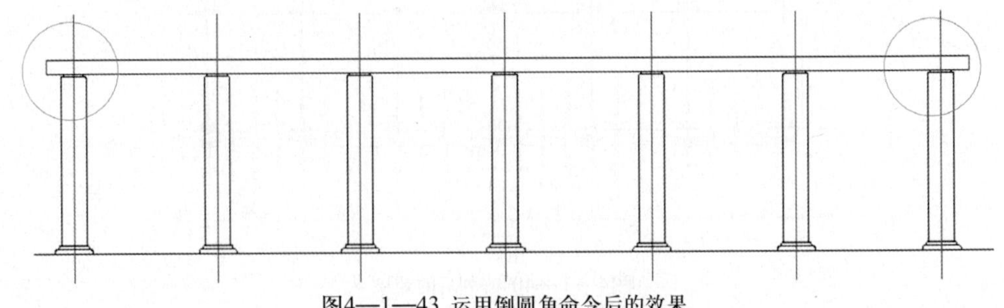

图4—1—43 运用倒圆角命令后的效果

18．运用矩形命令 REC(rectangle)，绘制 60 mm×110 mm 的矩形，如图 4 － 1 － 44 所示。

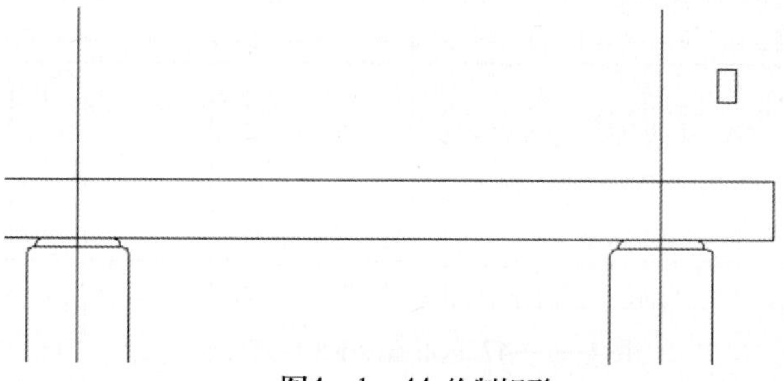

图4—1—44 绘制矩形

19．运用移动命令 M(move)，将矩形移至如图 4 － 1 － 45 所示。

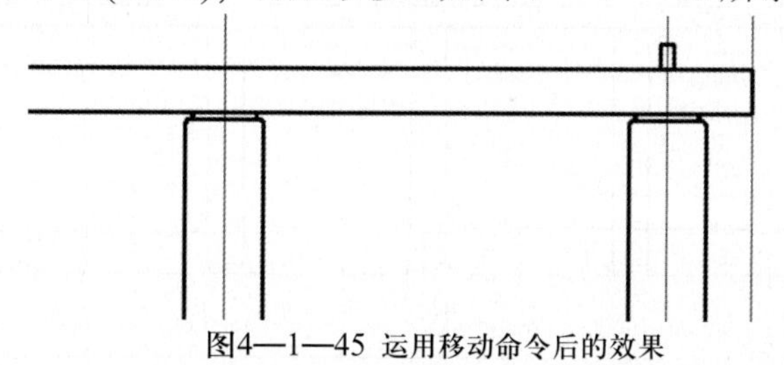

图4—1—45 运用移动命令后的效果

20．运用阵列命令 AR(array)，将矩形阵列如图 4 － 1 － 46 所示。

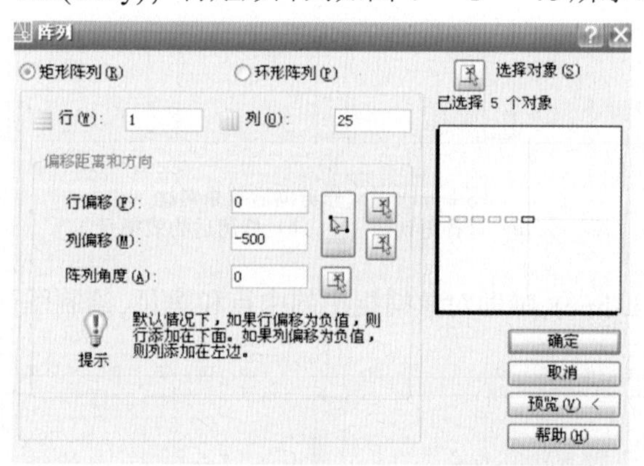

a）

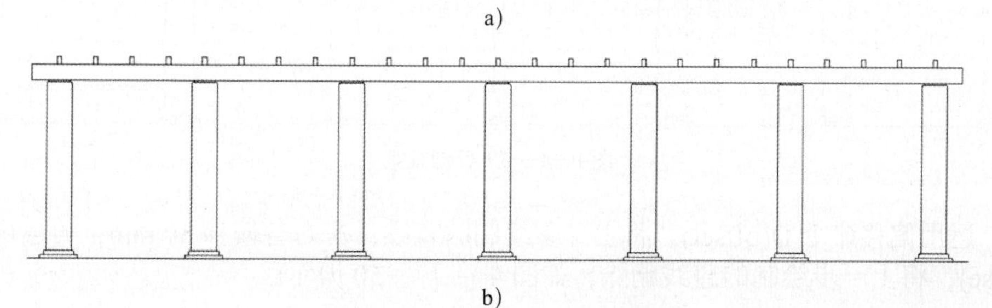

b）

图4—1—46 阵列后的立面图效果

a）【阵列】参数设置　b）阵列效果

21．运用偏移命令 O(offset)，将地平线分别偏移 400 mm、50 mm，如图 4 － 1 － 47 所示。

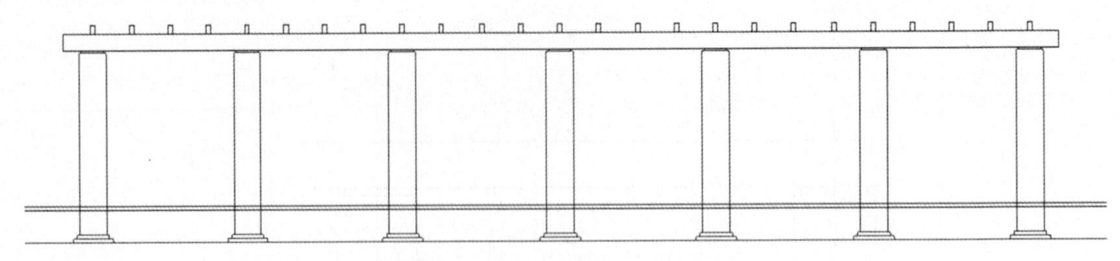

图4—1—47 运用偏移命令后的效果

22．运用修剪命令 TR(trim)，将图形修改为如图 4 － 1 － 48 所示。

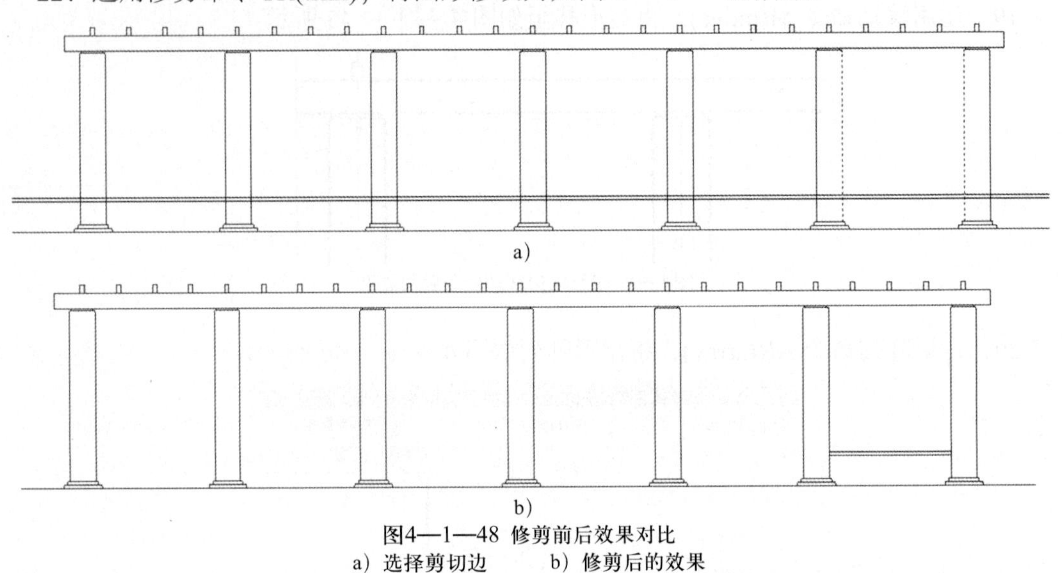

a）

b）

图4—1—48 修剪前后效果对比

a）选择剪切边　　b）修剪后的效果

23．运用直线命令 L(line)，辅助对象捕捉中的中点和垂足，绘制图形如图 4 － 1 － 49 所示。

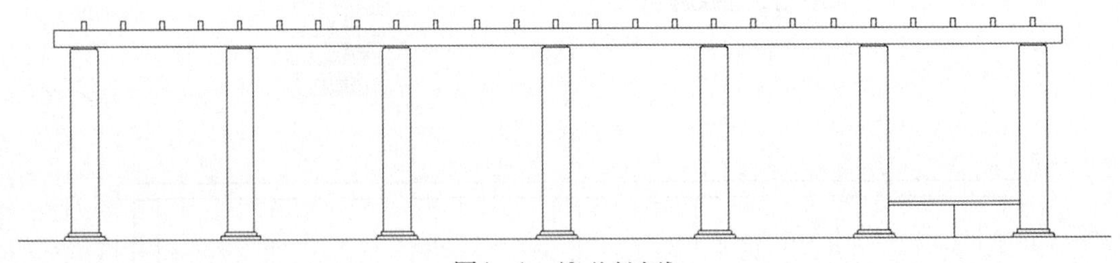

图4—1—49 绘制直线

24．运用偏移命令 O(offset)，将上一步绘制的直线，左右各偏移 50 mm，再运用删除命令 E(erase)，将上一步绘制的直线删除，如图 4 － 1 － 50 所示。

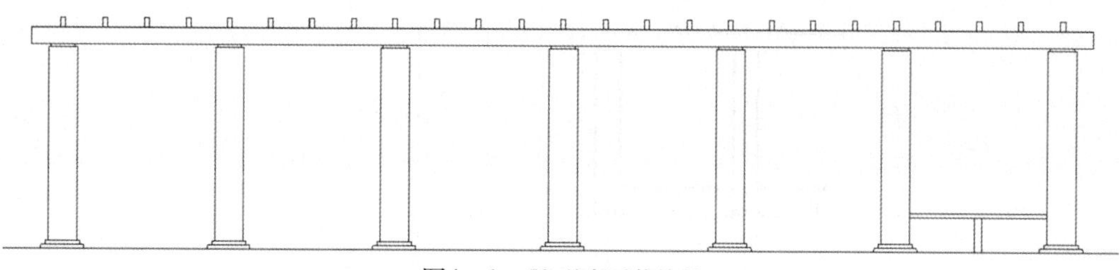

图4—1—50 绘制后的效果

25．运用复制命令 CO(copy)，绘制图形如图 4 － 1 － 51 所示。

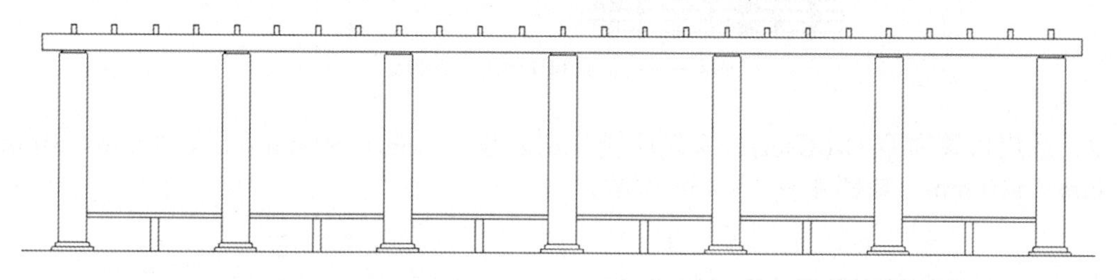

图4—1—51 花架正立面图

三、绘制花架的侧立面图

先来看正立面图、平面图和侧立面图之间的关系，如图 4 － 1 － 52 所示。

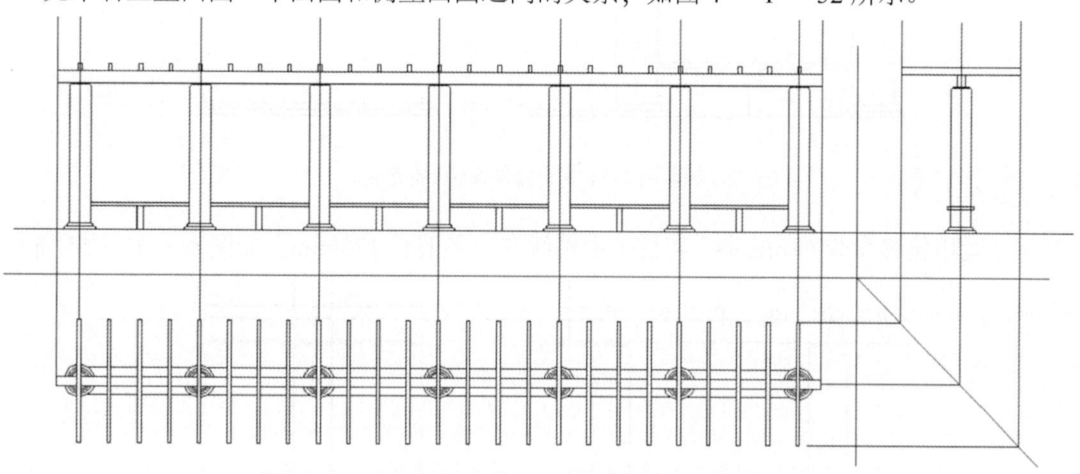

图4—1—52 花架正立面图、平面图、侧立面图之间的关系

1．运用直线命令 L(line)，绘制辅助线，同时绘制好地平线，如图 4 － 1 － 53 所示。

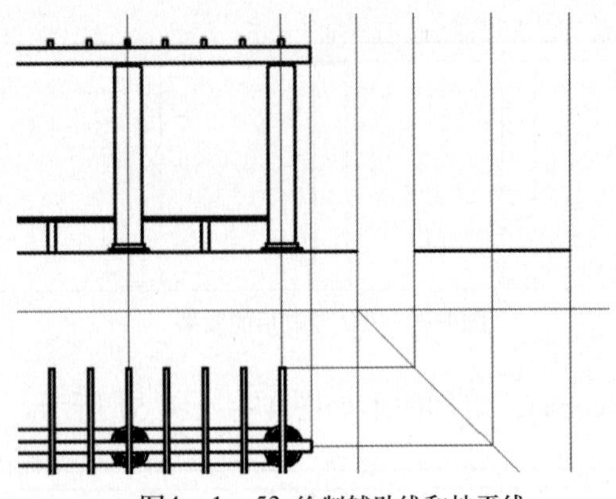

图4—1—53 绘制辅助线和地平线

2．运用偏移命令 O(offset)，将地坪线分别偏移 50 mm、50 mm、2 280 mm、30 mm、200 mm、110 mm，如图 4 － 1 － 54 所示。

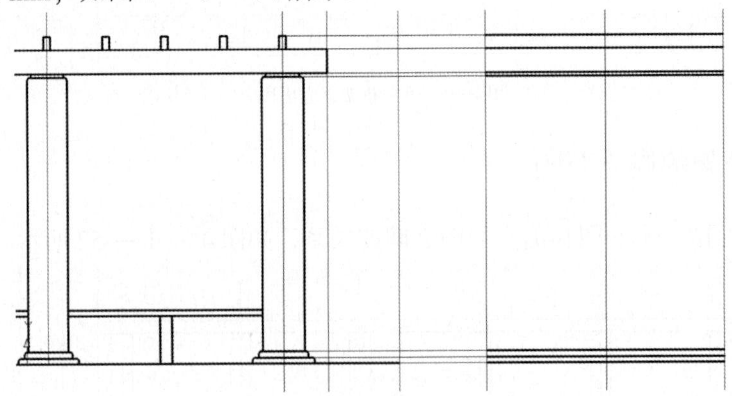

图4—1—54 运用偏移命令后的效果

3．运用偏移命令 O(offset)，将柱子中轴线左右各偏移 175 mm，如图 4 － 1 － 55 所示。

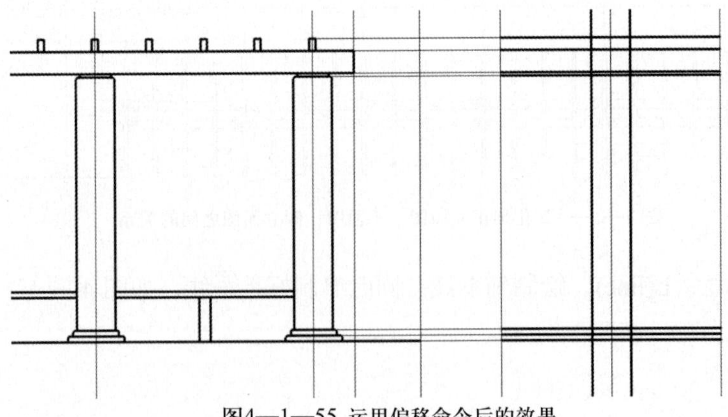

图4—1—55 运用偏移命令后的效果

4．运用修剪命令 TR(trim)，将图形修剪为如图 4 － 1 － 56 所示。

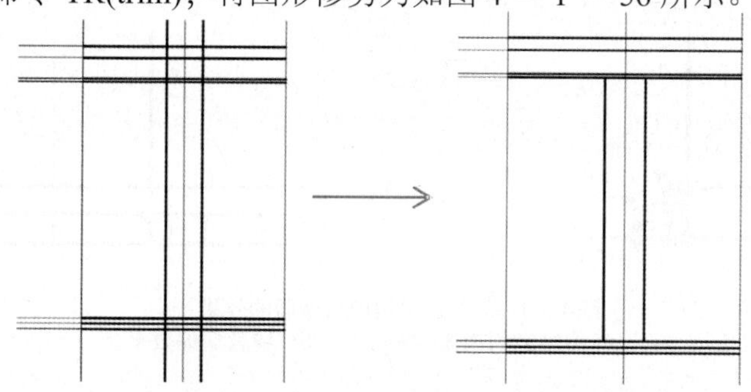

图4—1—56 运用修剪命令前后对比效果

5．运用直线命令 L(line)，辅助对象捕捉其端点和垂足，绘制图形如图 4 － 1 － 57 所示。

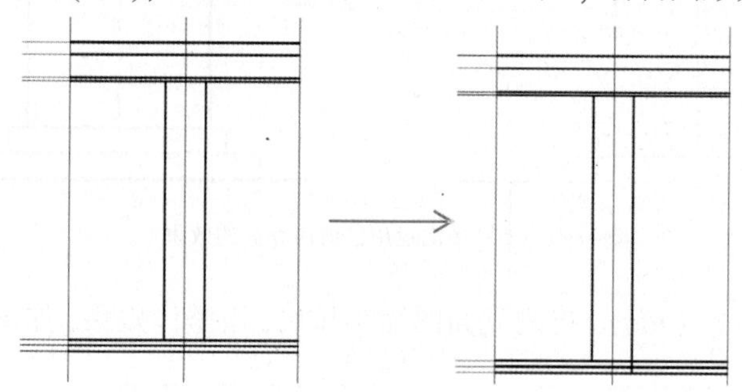

图4—1—57 绘制直线

6.运用偏移命令O(offset),将上一步直线分别偏移35 mm、100 mm,如图4 － 1 － 58所示。

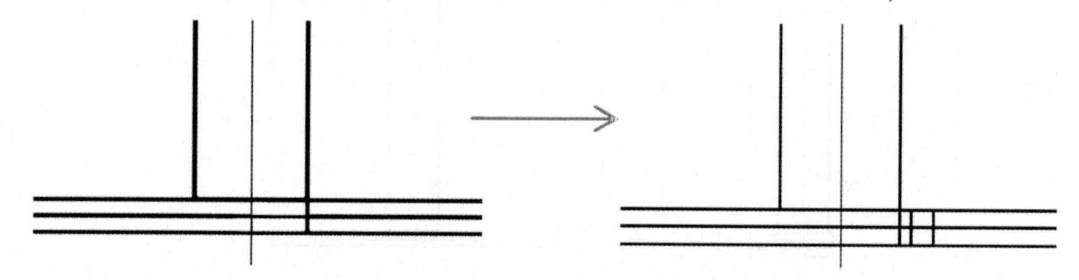

图4—1—58 将上一步直线进行偏移后的效果

7．运用倒圆角命令 F(fillet)，半径为 20 mm，绘制图形如图 4 － 1 － 59 所示。

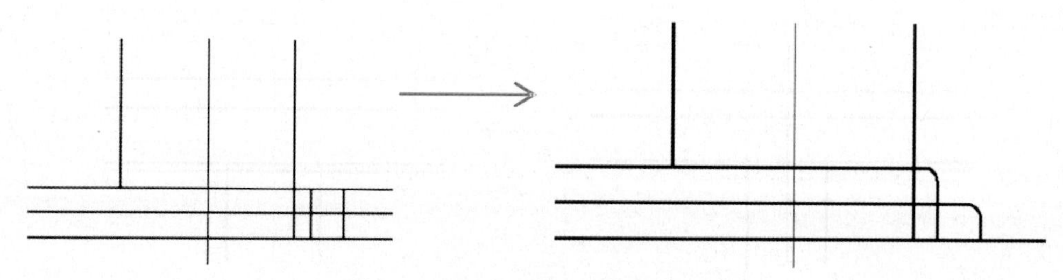

图4—1—59 运用倒圆角命令后的效果

8．运用镜像命令 MI(mirror)，将图形绘制如图 4 － 1 － 60 所示。

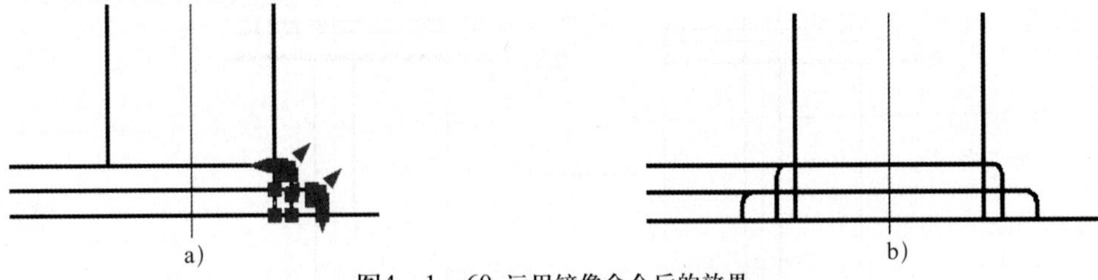

图4—1—60 运用镜像命令后的效果

a）选择需镜像的物体　　b）镜像后的效果

9．运用修剪命令 TR(trim)、绘制图形如图 4 － 1 － 61 所示。

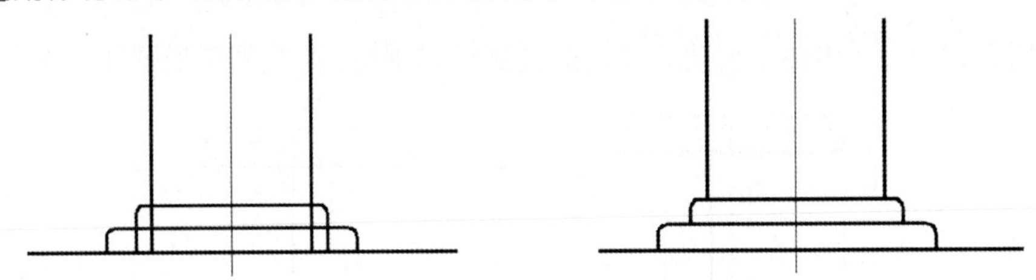

图4—1—61 多次运用修剪命令后的效果

10．运用缩放命令 Z（zoo)，将侧立面图缩小显示，看整体效果，如图 4 － 1 － 62 所示。

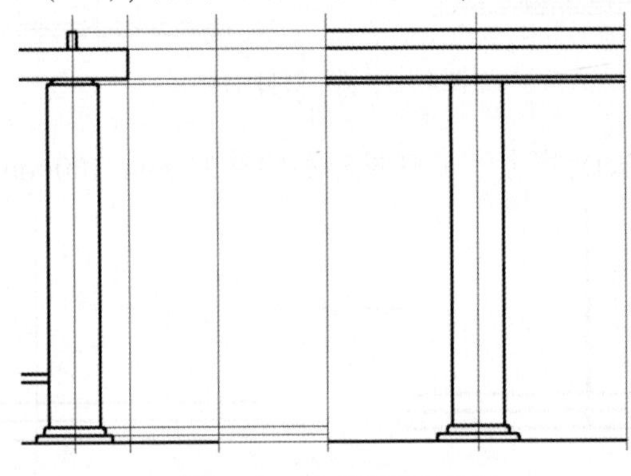

图4—1—62 缩放显示效果

11．运用缩放命令 Z（zoo)，放大显示侧立面图花架顶部，运用直线命令 L(line)，绘制辅助线如图 4 － 1 － 63 所示。

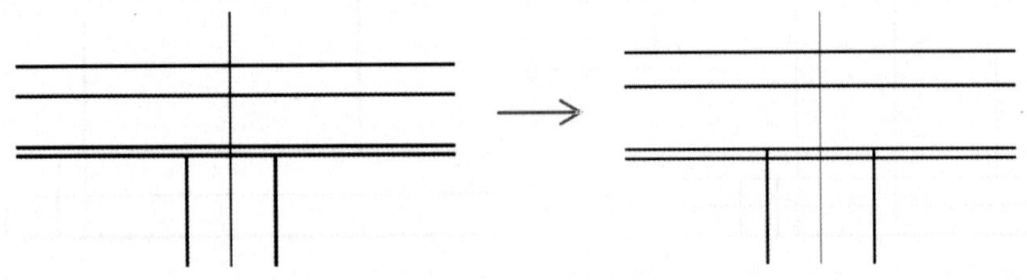

图4—1—63 绘制辅助线

12．运用移动命令 M(move)，将辅助线条分别移动 30 mm，如图 4 － 1 － 64 所示。

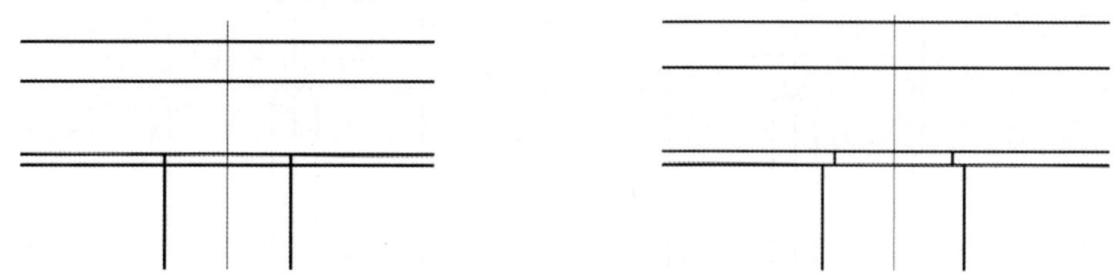

图4—1—64 运用移动命令后的前后对比

13．运用倒圆角命令 F(fillet)，半径为 20 mm，绘制图形如图 4 － 1 － 65 所示。

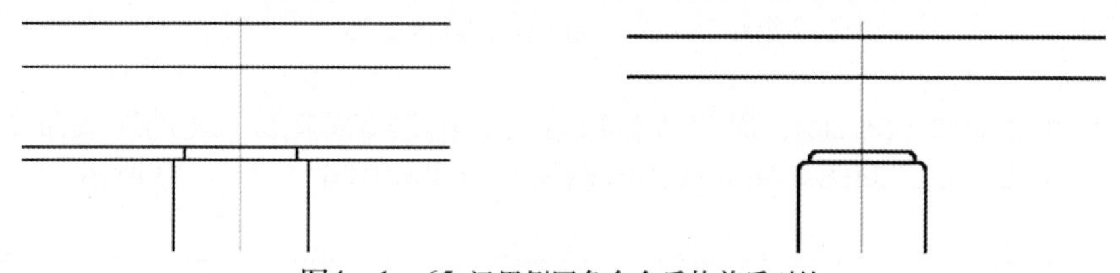

图4—1—65 运用倒圆角命令后的前后对比

14．运用直线命令 L(line)，辅助对象捕捉中的端点和垂足，绘制辅助线如图 4 － 1 － 66 所示。

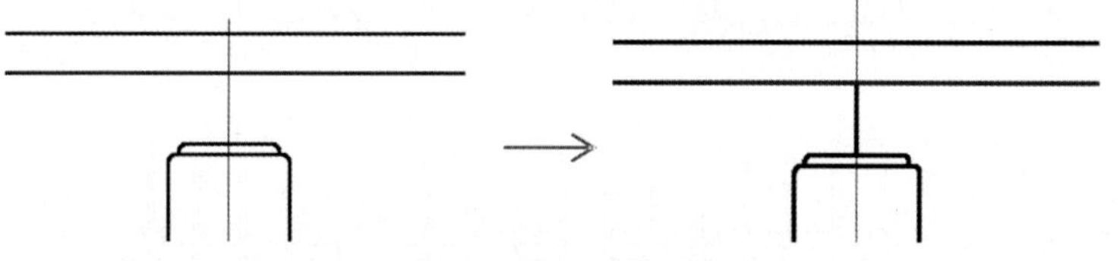

图4—1—66 运用直线命令后的效果

15．运用偏移命令 O(offset)，将辅助线左右各偏移 75 mm，并运用删除命令 E(erase)，将辅助线删除，如图 4 － 1 － 67 所示。

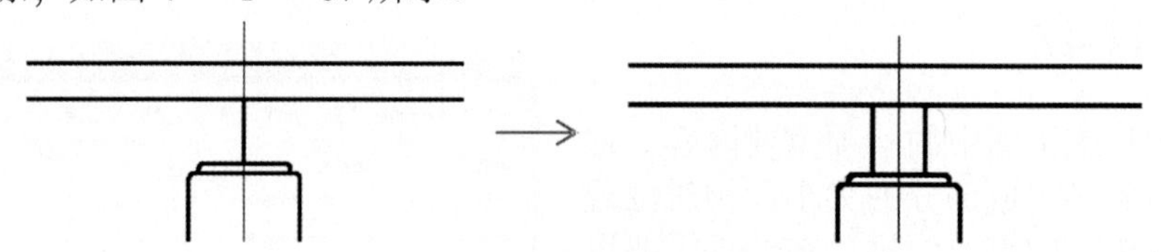

图4—1—67 运用偏移命令后的效果

16．运用直线命令 L(line)，辅助对象捕捉中的端点，绘制图形如图 4 － 1 － 68 所示。

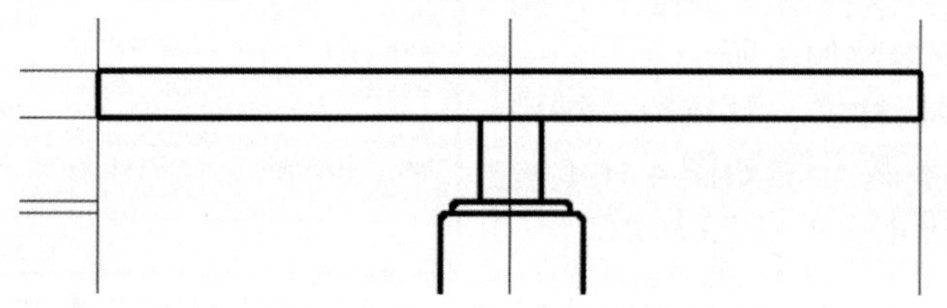

图4—1—68 运用直线命令后的效果

17．运用直线命令 L(line)，借助辅助线，绘制图形如图 4 － 1 － 69 所示。

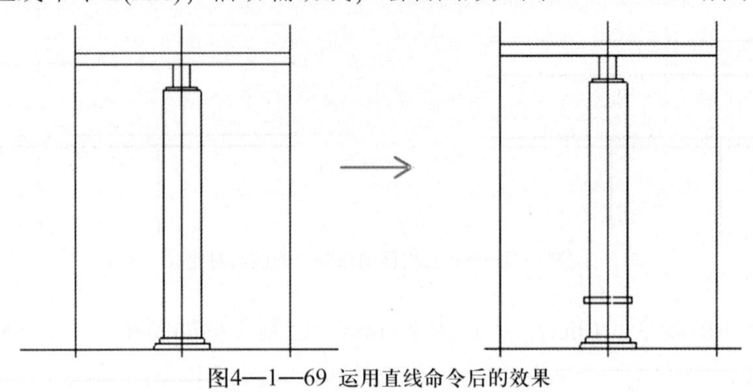

图4—1—69 运用直线命令后的效果

18．运用删除命令 E(erase)，删除所有辅助线；取消线宽显示；运用缩放命令 Z（zoo），缩小显示，平面图、正立面图、侧立面图绘制完成效果如图 4 － 1 － 70 所示。

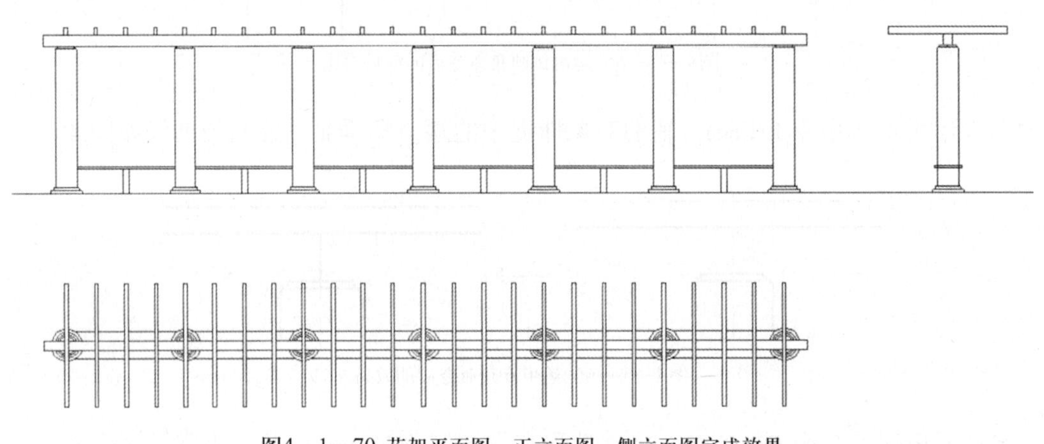

图4—1—70 花架平面图、正立面图、侧立面图完成效果

四、尺寸标注

尺寸是园林施工图中的一项重要内容，它能表现设计对象各组成部分的大小及相对位置关系，是实际施工的重要依据。在这里需要用到的是线性标注、连续标注和半径标注。

1．将标注图层置为当前图层。

2．设置尺寸样式，这张图样是按 1 ∶ 50 出图，尺寸样式的设置参数如下所示：

新建【园林标注】样式，其直线、符号和箭头、文字的具体参数分别如图 4 － 1 － 71、图 4 － 1 － 72、图 4 － 1 － 73 所示。

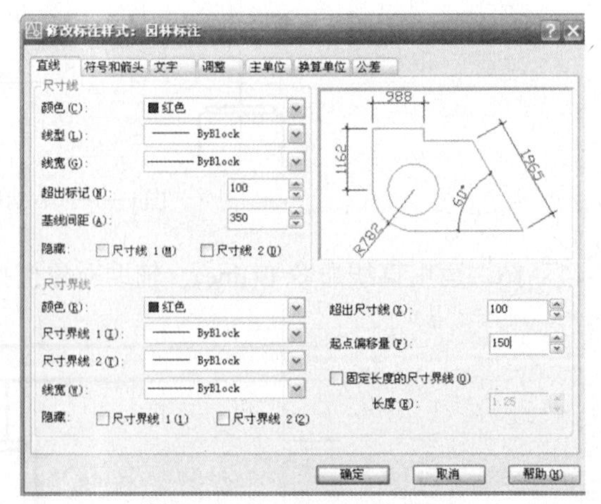

图4—1—71 【直线】参数设置

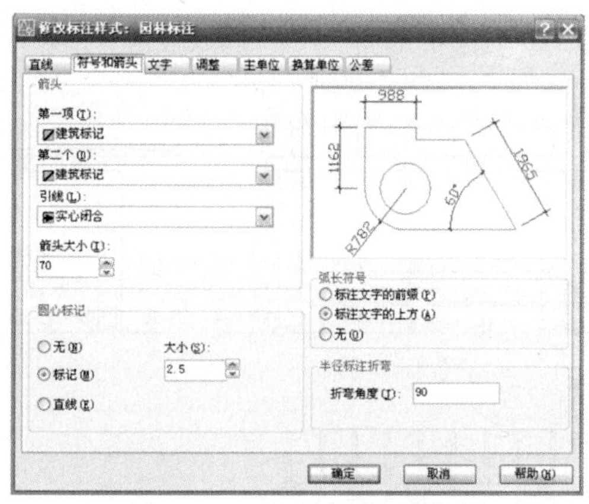

图4—1—72 【符号和箭头】参数设置

图4—1—73 【文字参数设置】

在【园林标注】的基础上修改并新建【半径标注】样式，此标注样式是适合标注半径的，因为这时尺寸起止符应为箭头，而箭头的大小也有所改变。其他设置和【园林标注】一致。其具体设置如图 4 － 1 － 74 所示。

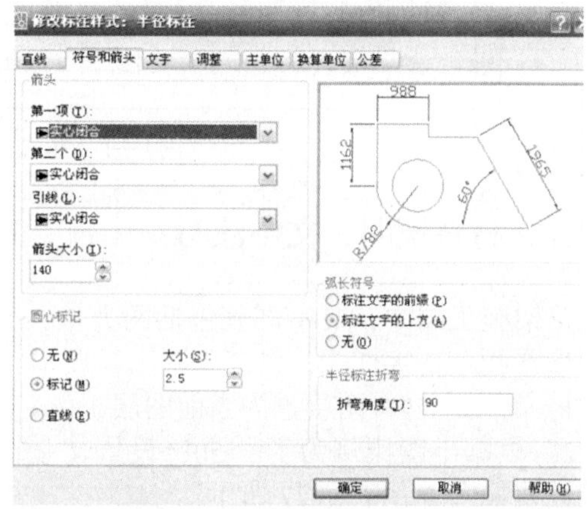

图4—1—74 箭头的设置

3．将【园林标注】设置为当前标注样式，运用线性标注 DLI(dimlinear) 和连续标注 DCO(dimcontinue)，标注如图 4 － 1 － 75 所示。

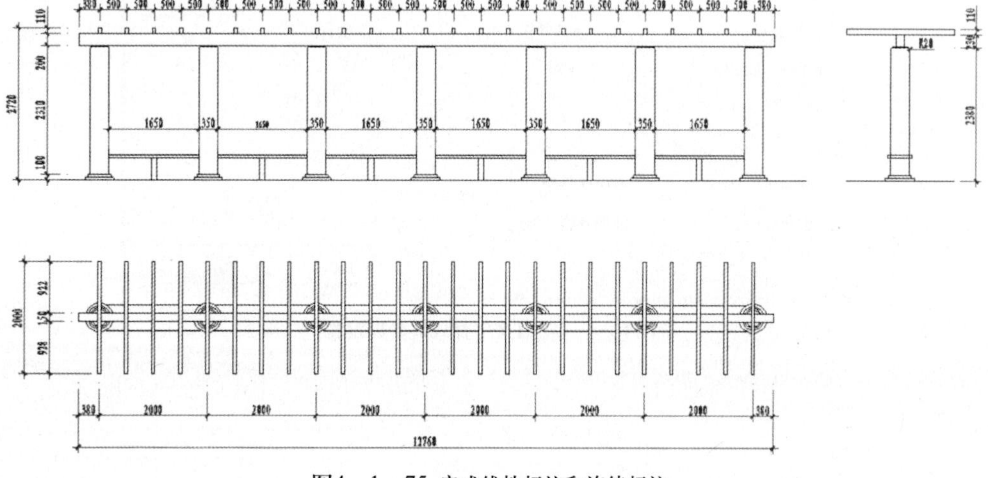

图4—1—75 完成线性标注和连续标注

4．将【半径标注】设置为当前标注样式，运用半径标注 DRA(dimradius) 将倒圆角部分进行标注，如图 4 － 1 － 76 所示。

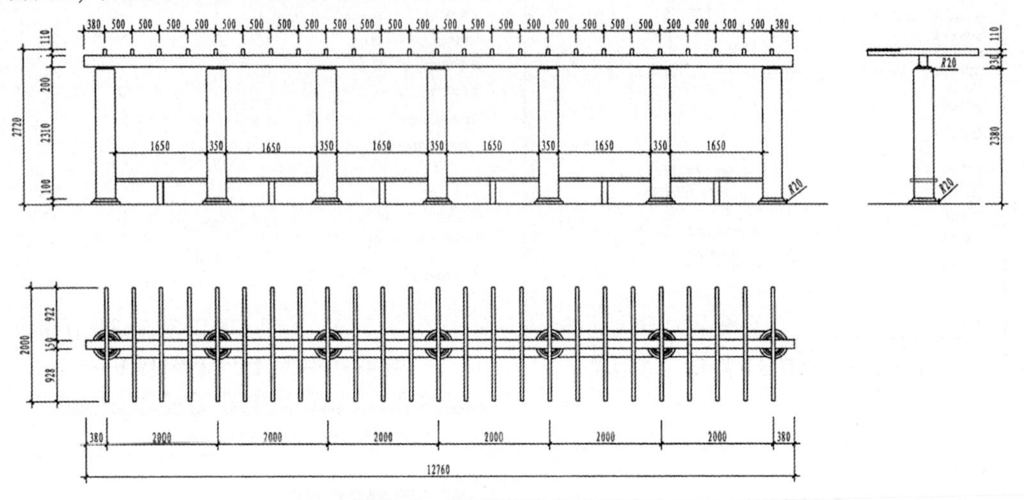

图4—1—76 花架施工图标注完成

五、材料说明、文字注写

花架施工图中，文字部分包括两大块，一部分是材料说明；一部分是图名和比例书写。必须设置两个文字样式，供其不同书写要求。

1．将文字材料图层置为当前图层。

2．根据出图比例为 1 ∶ 50，设置文字样式【园林文字材料】，用于材料说明。其具体参数设置如图 4 － 1 － 77 所示。

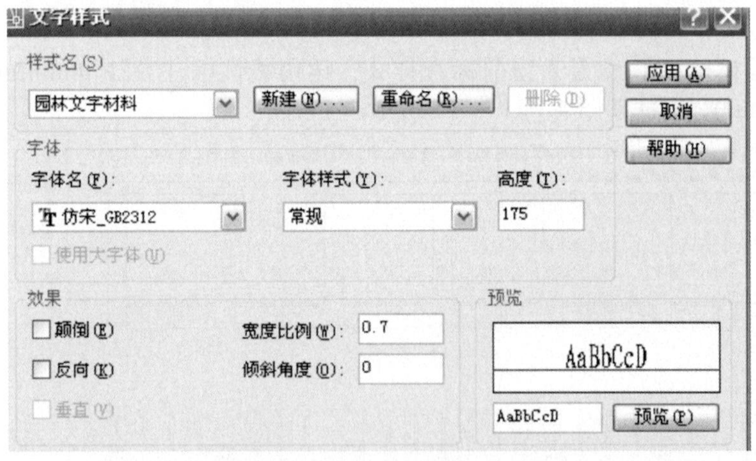

图4—1—77 【文字样式】参数设置

3．将【园林文字材料】置为当前文字样式，运用单行文字 T(text)，在侧立面图中书写材料说明，如图 4 － 1 － 78 所示。

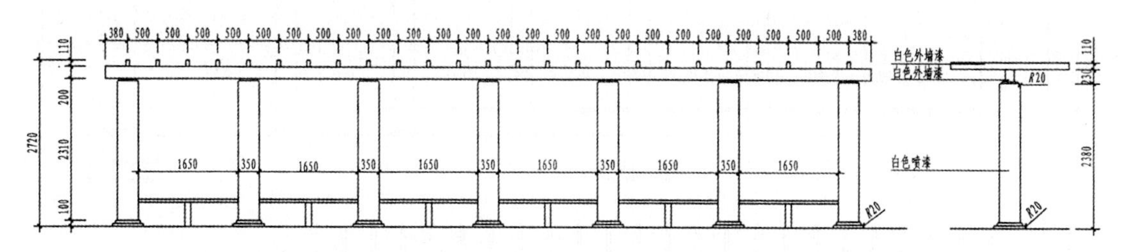

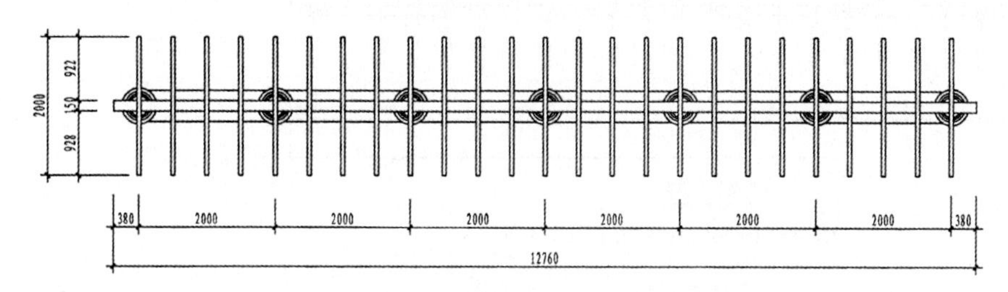

图4—1—78　完成花架材料说明

4．根据出图比例为 1 ∶ 50，设置文字样式【园林文字注写】，用于图名和比例的书写。其具体参数设置如图 4 － 1 － 79 所示。

图4—1—79　【文字样式】参数设置

5．将【园林文字注写】置为当前文字样式，对平面图和立面图进行图名和比例的注写，如图 4 － 1 － 80 所示。

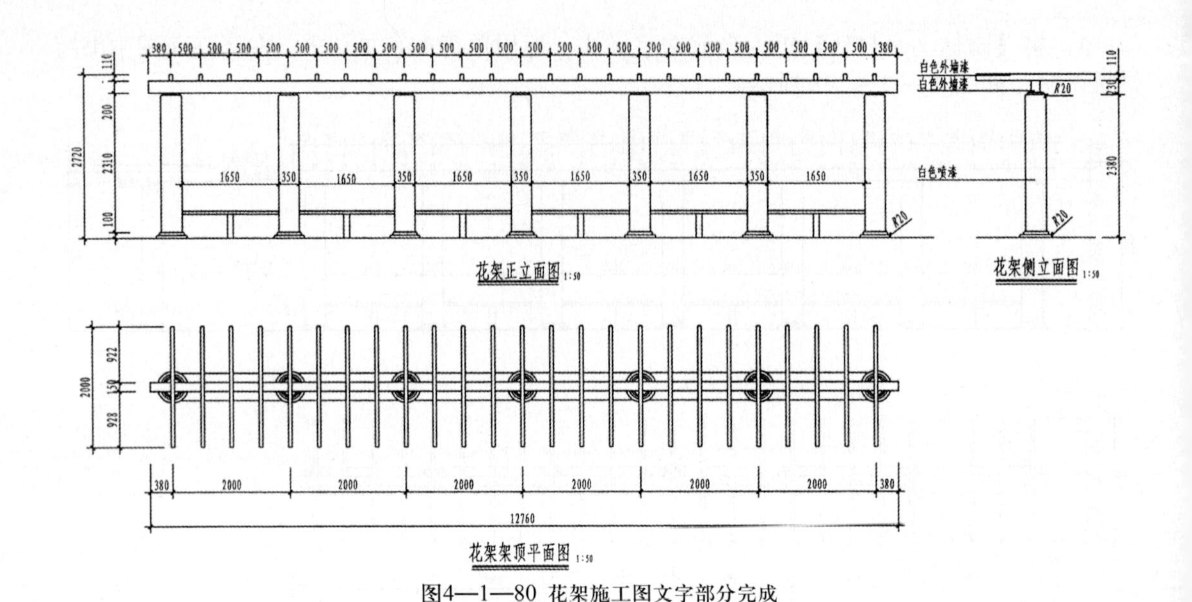

图4—1—80 花架施工图文字部分完成

六、打印出图

调入 A3 图框，同时将其放大 50 倍，将图框标题内容进行修改，并将花架施工图与图框调整成如图 4 － 1 － 81 所示，打印出图。

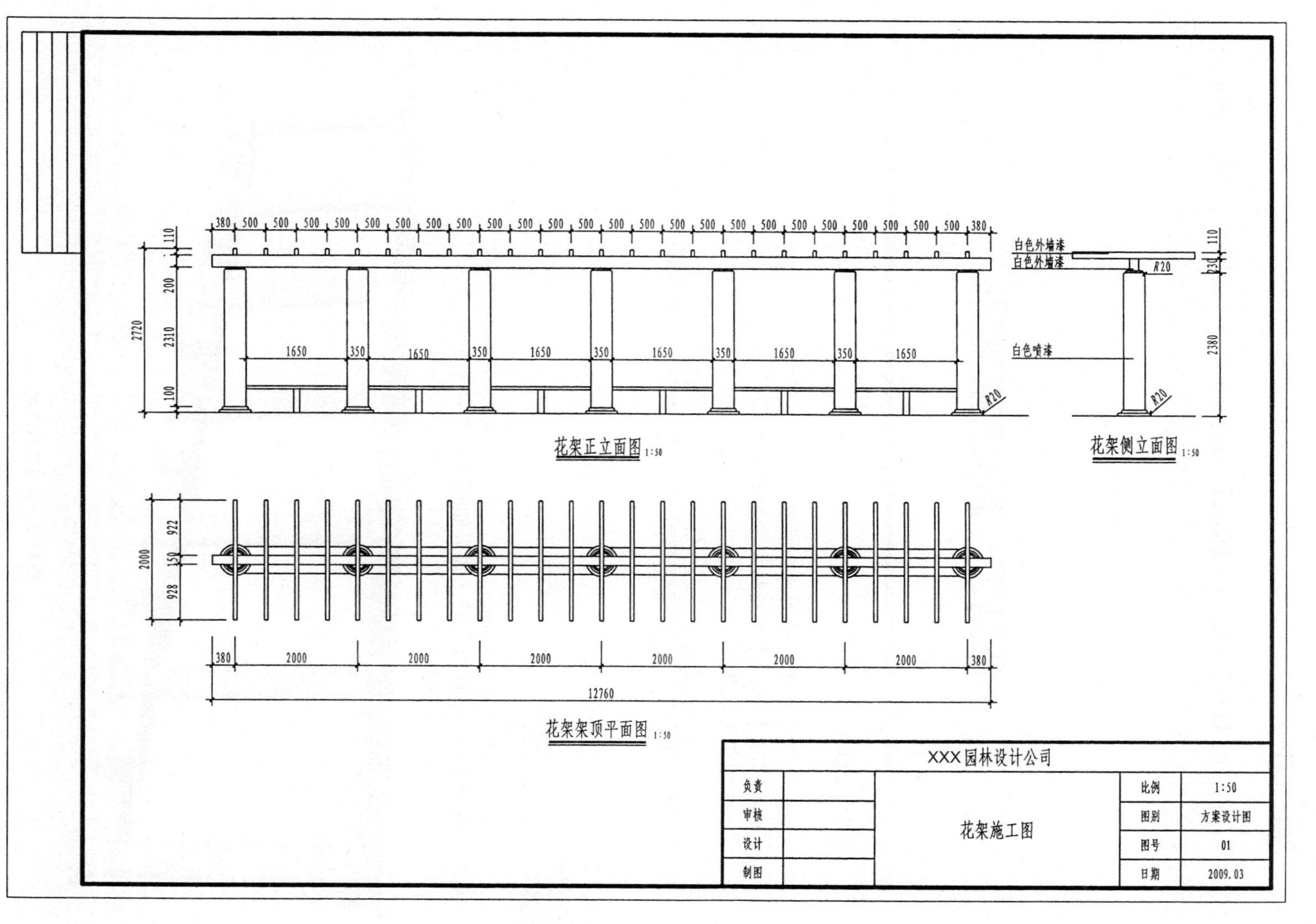

图4—1—81　打印出图效果

七、保存文件

执行菜单栏中的【File】(文件) /【Save】(保存) 命令，将文件存为“花架 .dwg”。

任务二　制作花架模型

任务目标

- 掌握二维线形的创建和修改
- 掌握【Lathe】(旋转)命令的使用
- 掌握关联复制

任务引入

使用 3DS MAX 软件制作花架，效果如图 4 － 2 － 1 所示。

图4—2—1 花架最终效果

任务分析

花架的制作流程如图 4 － 2 － 2 所示。

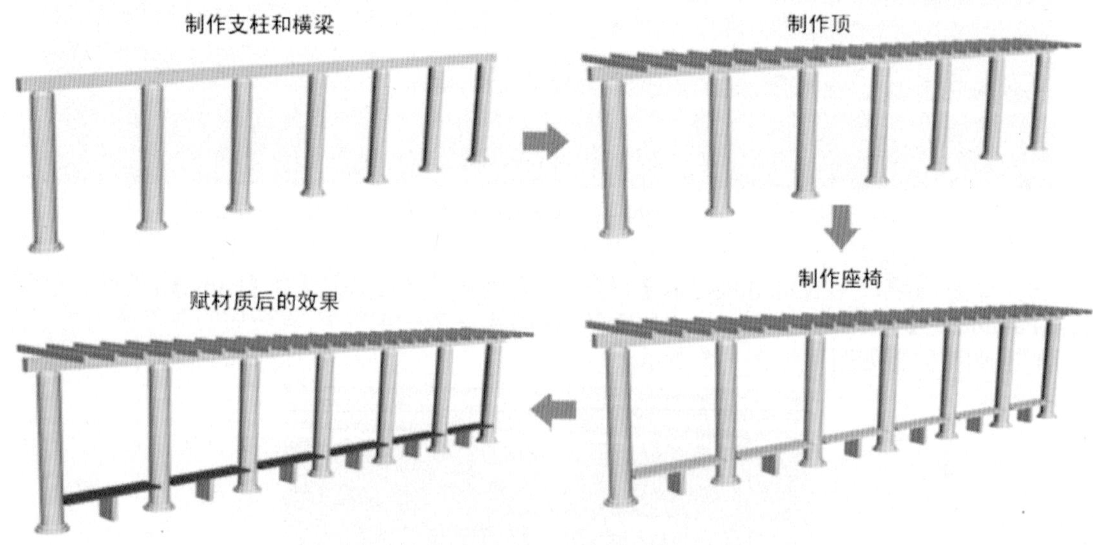

图4—2—2　花架制作流程图

运用 3DS MAX 软件制作花架，首先制作支柱模型，其中用到了【Edit Spline】(样条编辑器)、【Lathe】(旋转) 等命令;然后使用【Box】制作横梁、顶、座椅造型;建好模型之后，给模型赋上材质，使用了白漆材质和木材质。

任务实施

一、制作模型

1．启动 3DS MAX 软件。

2．执行菜单栏中的【File】(文件) /【Reset】(重置) 命令，重新设置系统。

3．执行菜单栏中的【Customize】(自定义) /【Units Setup】(单位设置) 命令，设置单位为“毫米”。

4．依次单击“ / / Line ”(线形)按钮,在前视图中,创建一个【Length】(长度) 为 50 mm、【Width】(宽度) 为 260 mm 的线形，调整位置如图 4 － 2 － 3 所示。

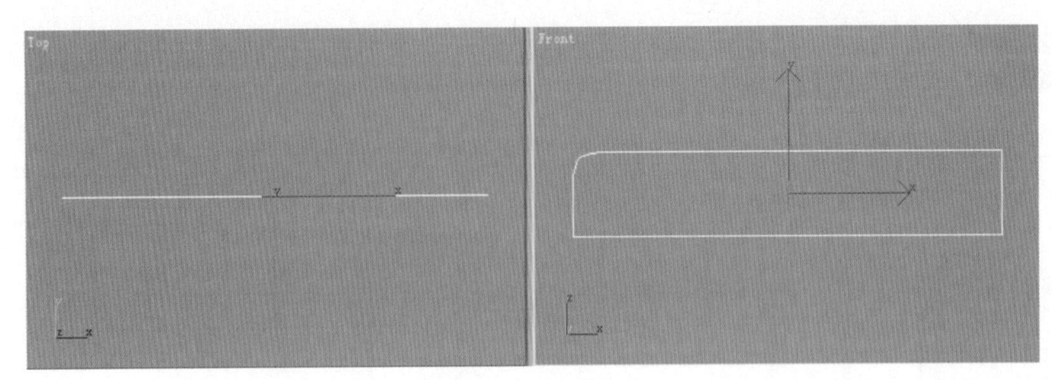

图4—2—3 绘制的线形

5．单击“ ”，在【Modifier List】(修改器列表) 下拉菜单中选择【Lathe】(旋转) 命令，在【Parameters】(参数) 卷展栏下设置参数，如图 4 － 2 － 4 所示，旋转后的对象命名为“支柱 01”，调整位置如图 4 － 2 － 5 所示。

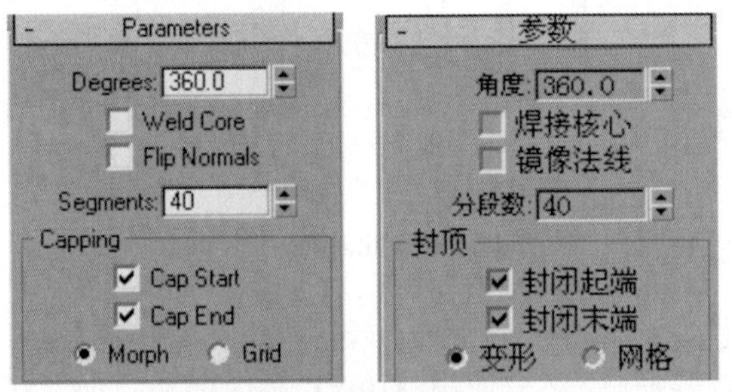

图4—2—4 参数设置

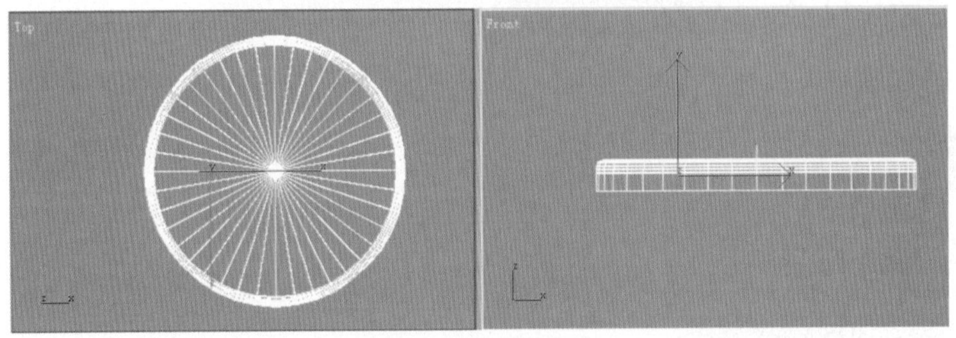

图4—2—5 旋转后的形态

6．依次单击“ / / Line ”(线形) 按钮，在前视图中，创建一个【Length】(长度) 为 50 mm、【Width】(宽度) 为 210 mm 的线形，调整位置如图 4 － 2 － 6 所示。

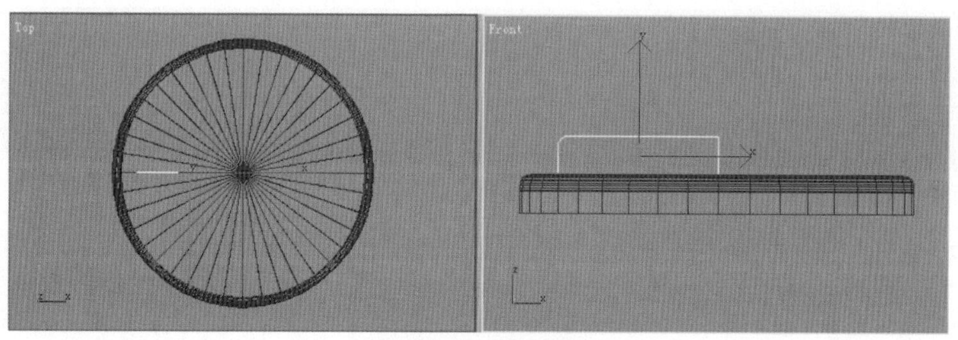

图4—2—6　绘制的线形

7. 单击“ ”,在【Modifier List】(修改器列表) 下拉菜单中选择【Lathe】(旋转) 命令,在【Parameters】(参数) 卷展栏下设置参数,如图 4 － 2 － 7 所示,旋转后的对象命名为“支柱 02”，调整位置如图 4 － 2 － 8 所示。

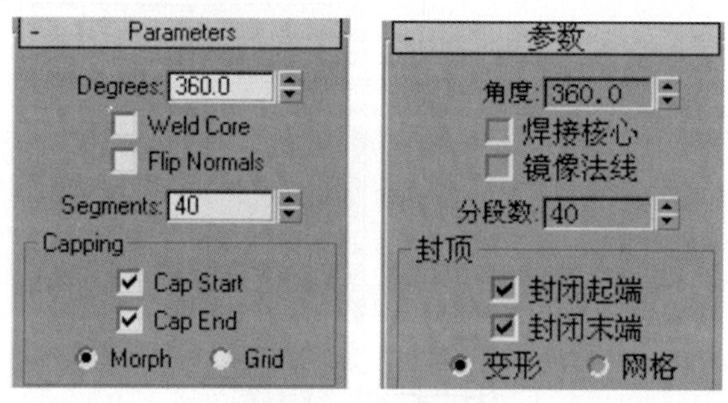

图4—2—7　参数设置

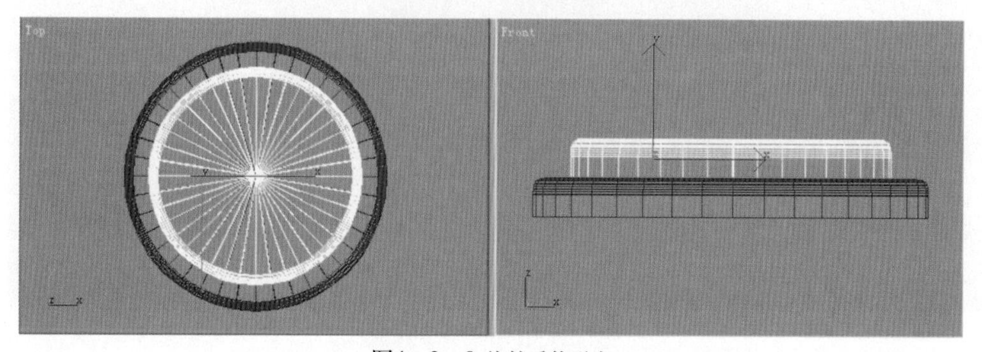

图4—2—8　旋转后的形态

8. 依次单击“ / / Line ”(线形)按钮，在前视图中，创建一个【Length】(长度) 为 2 280 mm、【Width】(宽度) 为 175 mm 的线形，调整位置如图 4 － 2 － 9 所示。

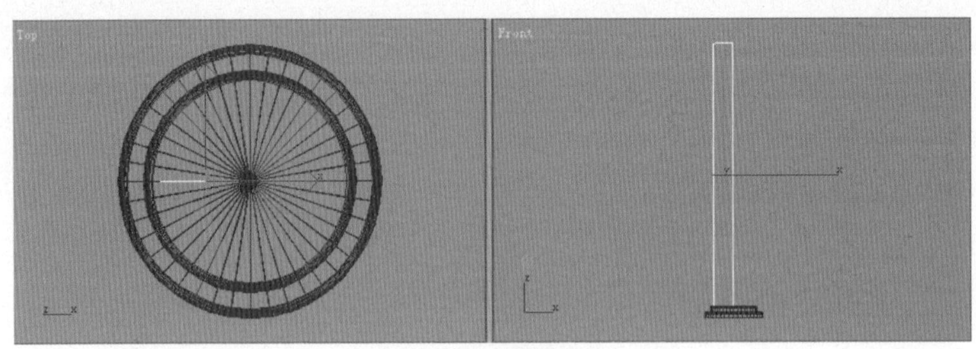

图4—2—9 绘制的线形

9. 单击 " " ,在【Modifier List】(修改器列表) 下拉菜单中选择【Lathe】(旋转) 命令,在【Parameters】(参数) 卷展栏下设置参数,如图 4 − 2 − 10 所示,旋转后的对象命名为"支柱 03",调整位置如图 4 − 2 − 11 所示。

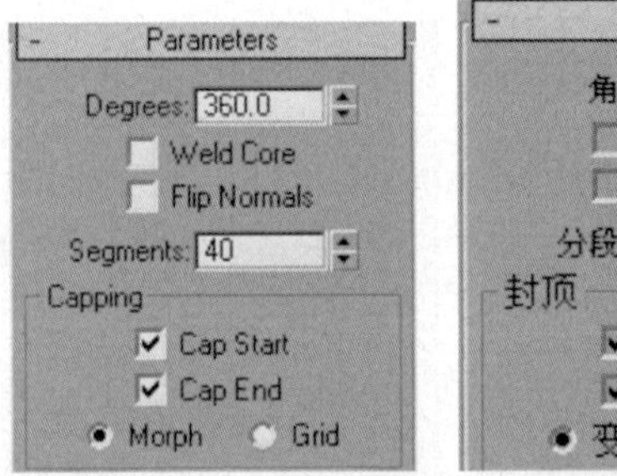

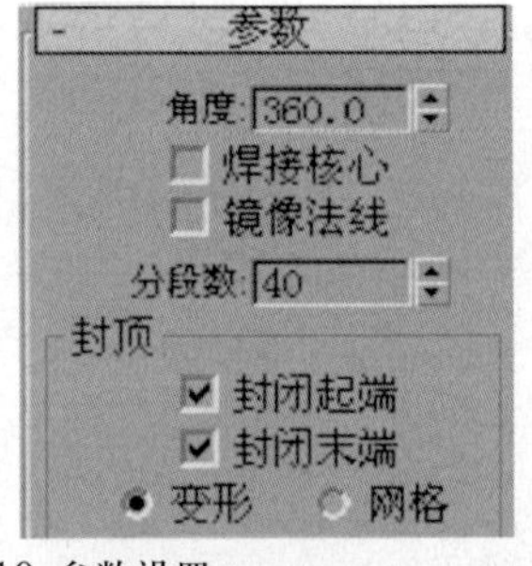

图4—2—10 参数设置

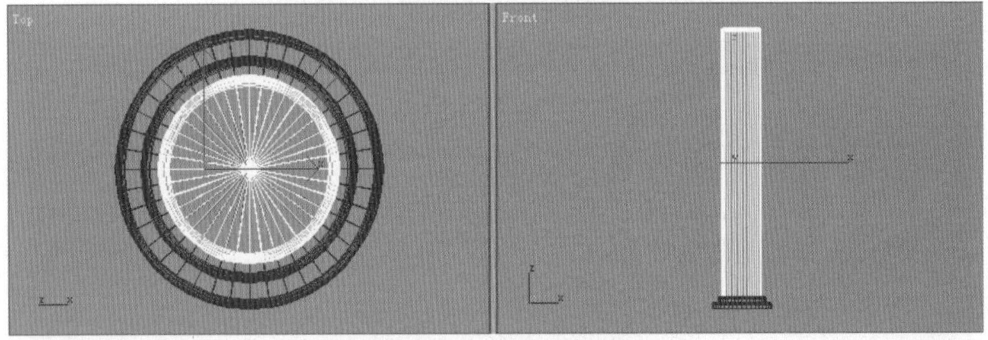

图4—2—11 旋转后的形态

10. 依次单击 " / / Line " (线形) 按钮, 在前视图中, 创建一个【Length】(长度) 为 30 mm、【Width】(宽度) 为 145 mm 的线形, 调整位置如图 4 − 2 − 12 所示。

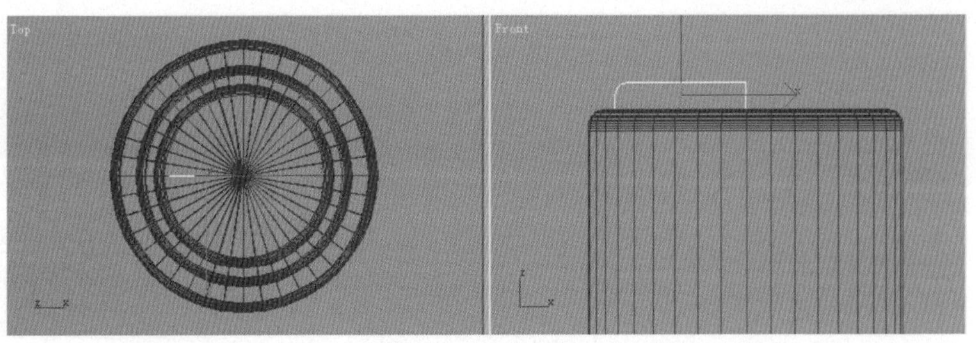

图4—2—12 绘制线形

11．单击“ ”,在【Modifier List】(修改器列表) 下拉菜单中选择【Lathe】(旋转) 命令,在【Parameters】(参数) 卷展栏下设置参数,如图 4 － 2 － 13 所示,旋转后的对象命名为“支柱 04”，调整位置如图 4 － 2 － 14 所示。

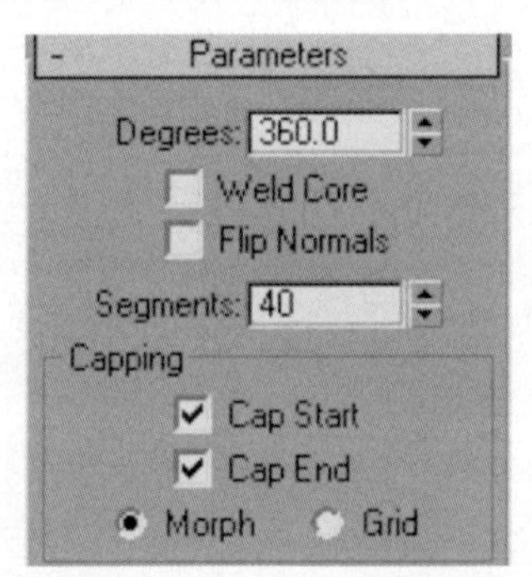

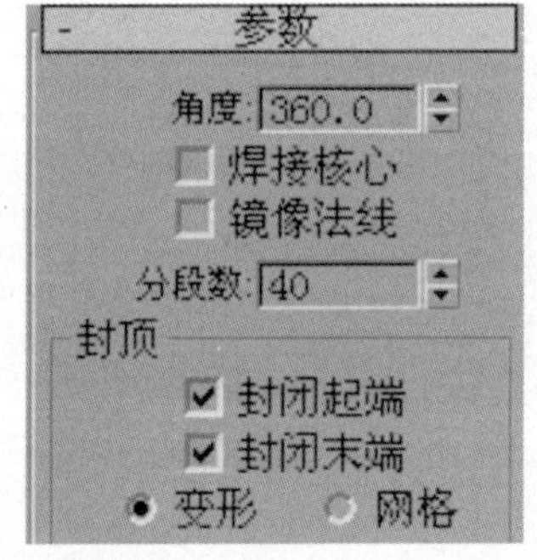

图4—2—13 参数设置

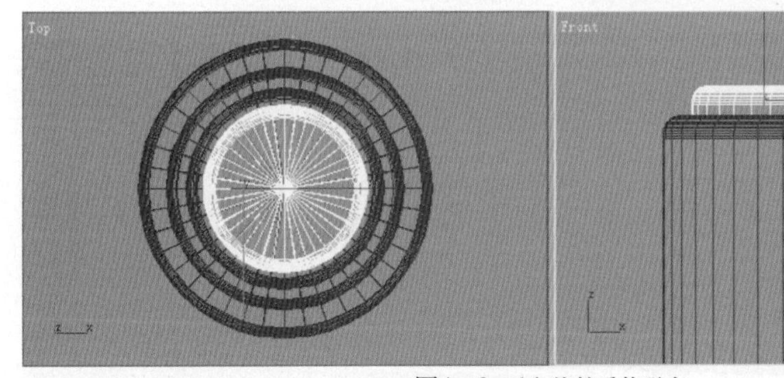

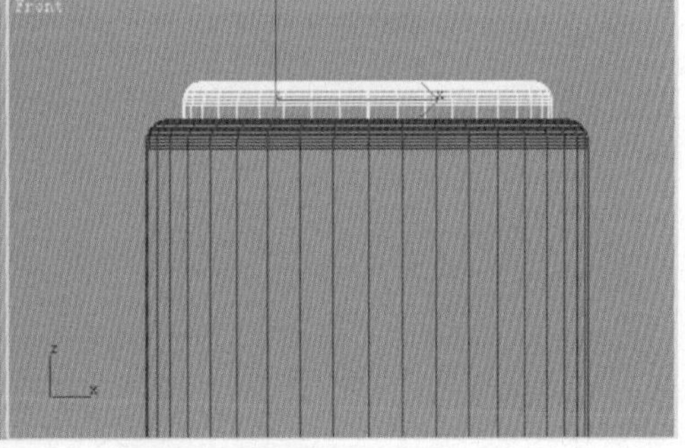

图4—2—14 旋转后的形态

12．在前视图中，选择上面所有造型，单击工具栏中“ ”工具，将其沿 X 轴关联复制 6 组，每组之间的距离为 1 480 mm，效果如图 4 － 2 － 15 所示。

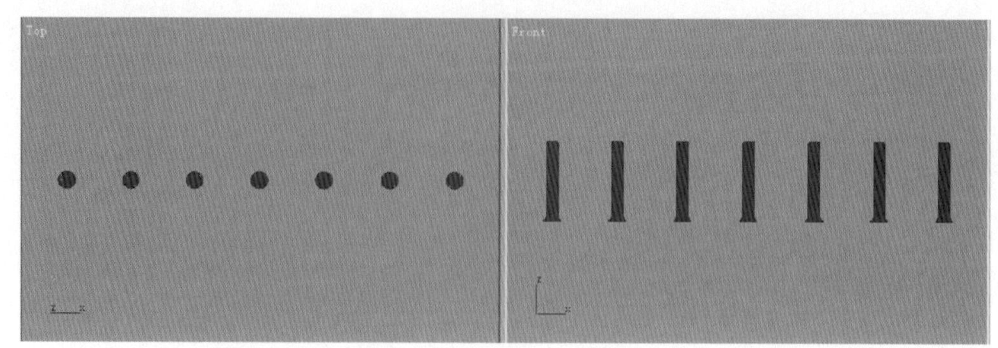

图4—2—15 关联复制后的形态

13．依次单击“ / / Box ”（方体）按钮，在顶视图中，创建一个【Length】（长度）为 150 mm、【Width】（宽度）为 12 760 mm、【Height】（高度）为 200 mm 的方体，参数设置如图 4 － 2 － 16 所示，命名为“横梁”，调整位置如图 4 － 2 － 17 所示。

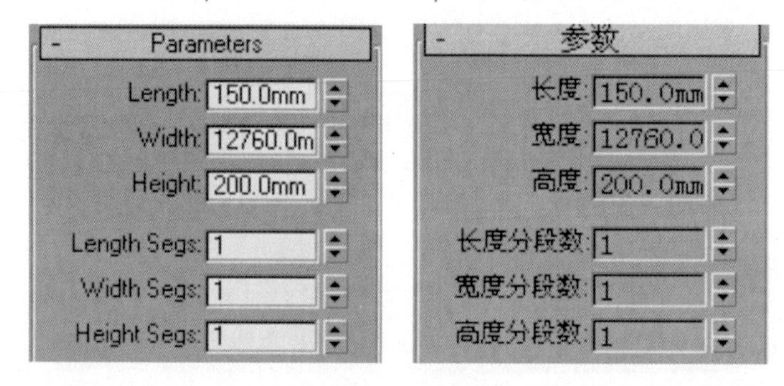

图4—2—16 参数设置

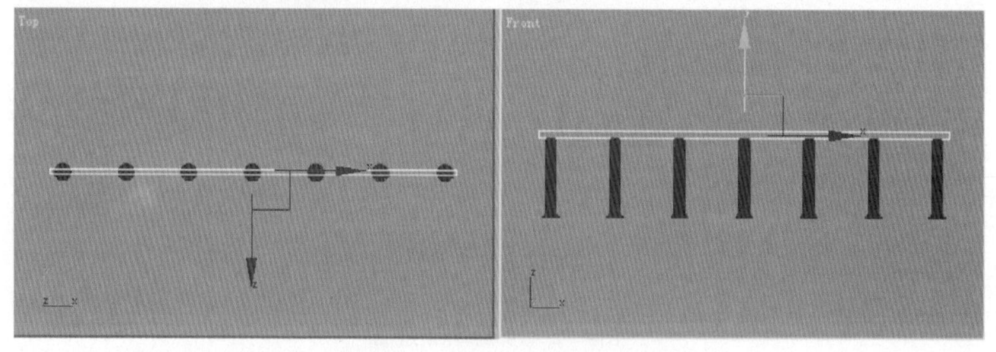

图4—2—17 创建的“横梁”方体

14．依次单击“ / / Box ”（方体）按钮，在顶视图中，创建一个【Length】（长度）为 400 mm、【Width】（宽度）为 100 mm、【Height】（高度）为 400 mm 的方体，命名为“座椅腿 01”，调整位置如图 4 － 2 － 18 所示。

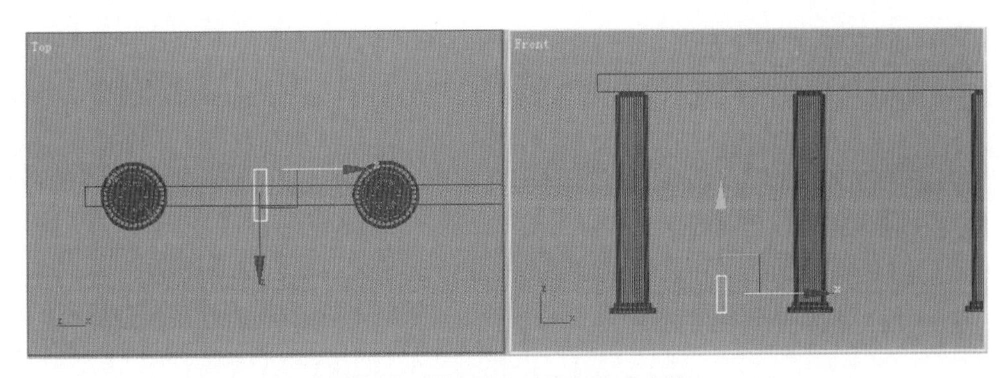

图4—2—18 创建的“座椅腿01”方体

15．依次单击“ / / Box ”（方体）按钮，在顶视图中，创建一个【Length】（长度）为 450 mm、【Width】（宽度）为 1 739 mm、【Height】（高度）为 50 mm 的方体，命名为“座椅面 01”，调整位置如图 4 － 2 － 19 所示。

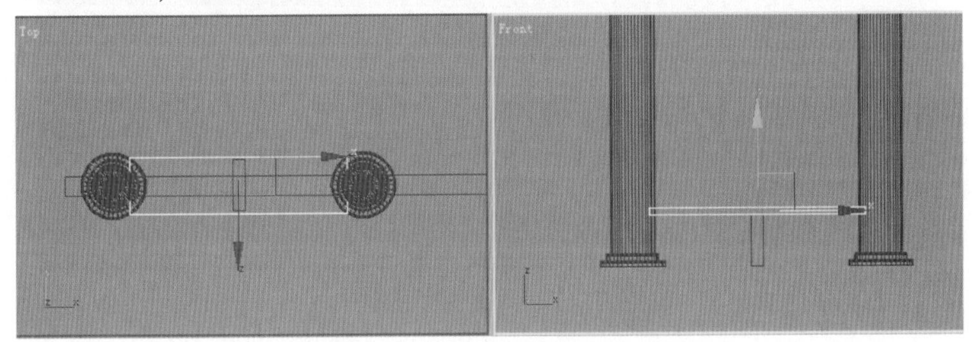

图4—2—19 创建的“座椅面01”方体

16．在前视图中，选择“座椅面 01 和座椅腿 01”，单击工具栏中“ ”工具，将其沿 *X* 轴关联复制 5 组，效果如图 4 － 2 － 20 所示。

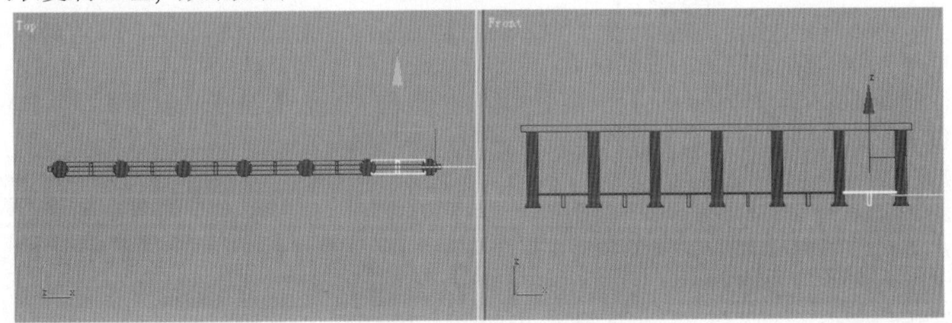

图4—2—20 关联复制后的形态

17．依次单击“ / / Box ”（方体）按钮，在顶视图中，创建一个【Length】（长度）为 2 000 mm、【Width】（宽度）为 60 mm、【Height】（高度）为 110 mm 的方体，调整位置如图 4 － 2 － 21 所示。

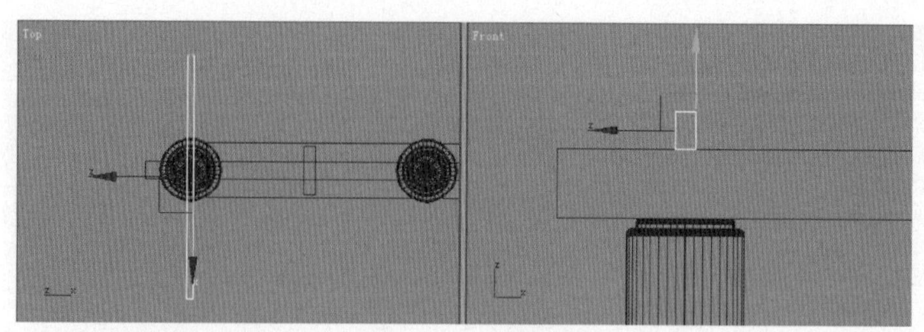

图4—2—21 创建的方体

18．在前视图中选择方体，单击工具栏中“ ”工具，将其沿 *X* 轴关联复制 24 组，效果如图 4 － 2 － 22 所示。

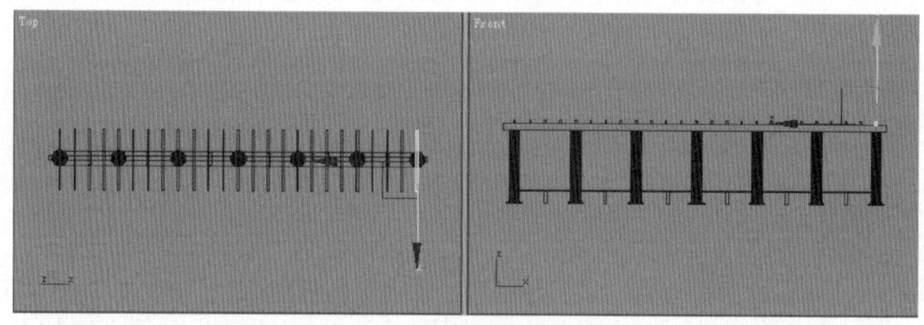

图4—2—22 关联复制后的形态

19．选择所有方体，将其成组，命名为“顶”。

二、制作花架材质

1．单击工具栏上的“ ”按钮，在弹出【Material Editor】（材质编辑器）对话框中选择一个空白示例球，命名为“白漆材质”。

2．在【Blinn Basic Parameters】(胶性基本参数)卷展栏下，将【Ambient】(阴影色)、【Diffuse】(表面色）前面的锁锁定，设置参数如图 4 － 2 － 23 所示。

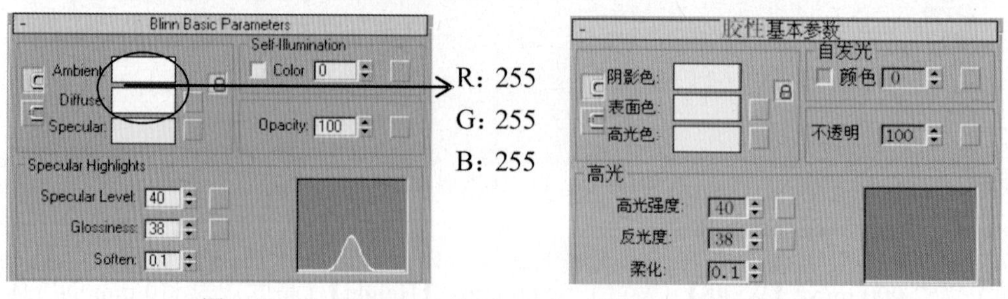

图4—2—23 【Blinn Basic Parameters】（胶性基本参数）卷展栏

3．在视图中选择“顶、横梁、所有支柱、所有座椅腿”，单击“　”按钮，将调配好的材质赋予选择的造型。

4．重新选择一个空白示例球，命名为“木材质”。

5．在【Blinn Basic Parameters】(胶性基本参数) 卷展栏下单击【Diffuse】(表面色) 右侧小按钮，在弹出的【Material/Map Browser】(材质 / 贴图浏览器) 对话框中双击【Bitmap】(位图)，打开本书配套光盘“贴图 / 模块四 / 木材质 .jpg”贴图文件，参数设置如图 4 − 2 − 24 所示。

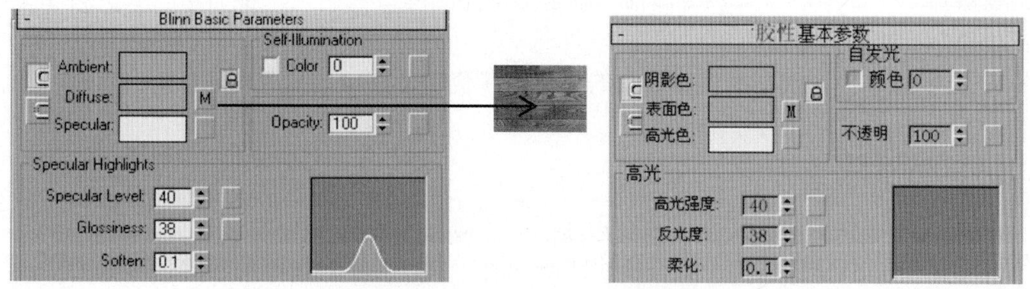

图4—2—24 【Blinn Basic Parameters】(胶性基本参数) 卷展栏

6．单击【Diffuse】(表面色) 右侧的“M”按钮，在【Coordinates】(坐标) 卷展栏下设置参数，如图 4 − 2 − 25 所示。

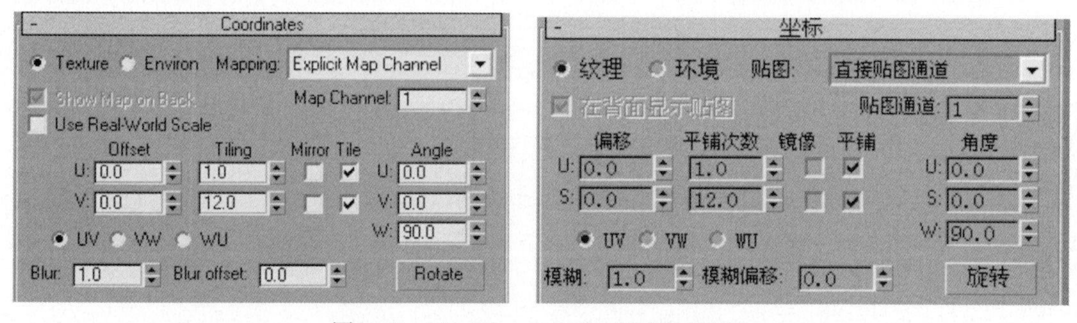

图4—2—25 【Coordinates】(坐标) 卷展栏

7．单击“　”按钮，返回上一级。

8．在视图中选择“所有座椅面”，单击“　”按钮，将调配好的材质赋予选择的造型。

三、保存文件

执行菜单栏中的【File】(文件) /【Save】(保存) 命令，将场景文件存为“花架 .max”。

练习题

一、理论基础

1．二维线形的节点有____、____、____和____四种类型。

2．在创建二维图形时，Object Type 卷展栏下的“Start New Shape”（开始新的图形）按钮用来控制____________，勾选此项，则每次生成的图形是______的对象，若不勾选此项，则会建立______的对象。

3．自我总结模块四中所使用命令的快捷键（绘制表格）。

二、实践操作

题图 4—1 为门廊的施工图，请根据此图，完成以下实践操作：

1．运用 Auto CAD 软件，综合模块四所学的知识点，绘制如图所示的门廊施工图。注：源文件在配套光盘课后习题文件夹模块四中。

2．根据图样绘制的内容，按其尺寸和材料，运用 3DS MAX 软件制作其模型图。

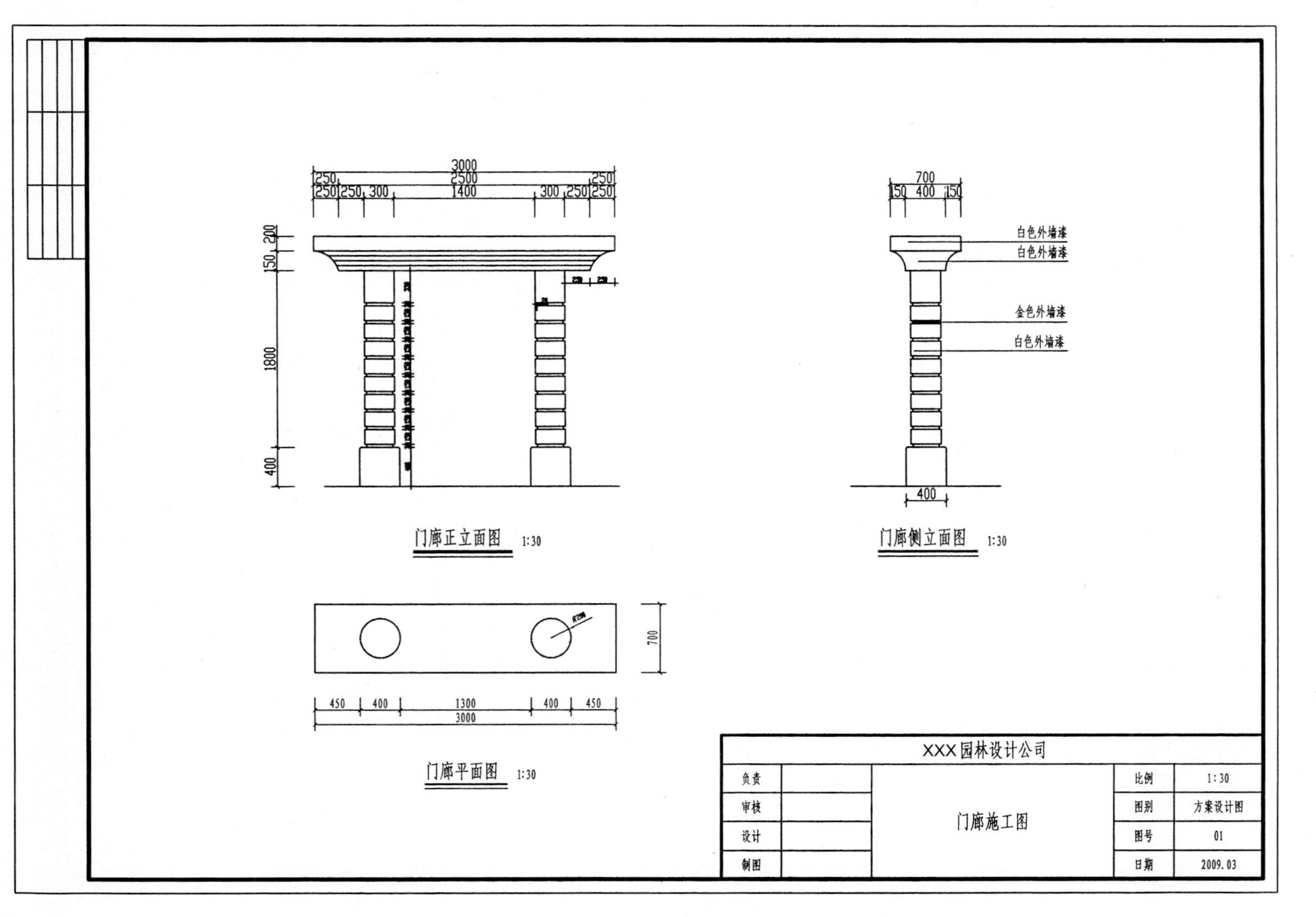
3000
250 2500 250
250 250 300 1400 300 250 250
200
150
1800
400
门廊正立面图 1:30
700
150 400 150
白色外墙漆
白色外墙漆
金色外墙漆
白色外墙漆
400
门廊侧立面图 1:30
700
450 400 1300 400 450
3000
门廊平面图 1:30
XXX园林设计公司
负责
审核
设计
制图
门廊施工图
比例 1:30
图别 方案设计图
图号 01
日期 2009.03

题图4—1　门廊施工图

模块五 小庭院平面图、彩平图、效果图的制作

任务一 绘制小庭院平面图

任务目标

- 绘制小庭院的平面图
- 材料说明
- 打印出图

任务引入

运用 AutoCAD 2006 绘图软件，绘制如图 5 － 1 － 1 所示的小庭院平面图。要求：图线运用、内容丰富、文字说明符合国家制图标准规定，并能正确设置参数，打印出图。

任务分析

绘制小庭院平面图，通过运用绘图命令和编辑命令，绘制其外轮廓、水体、园林建筑、园林小品、园路系统、园林植物、标识文字等。最后按比例打印出图。

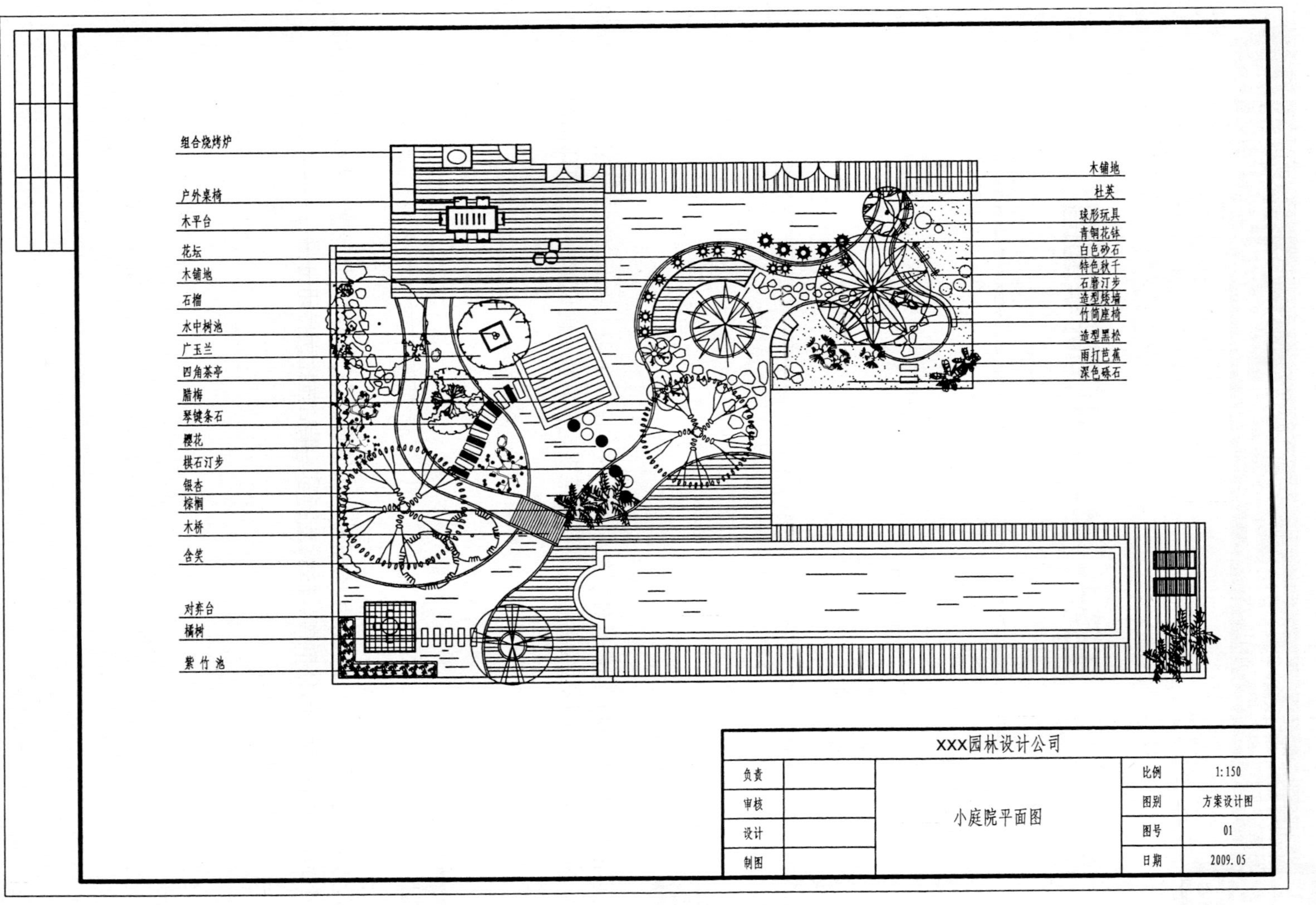
组合烧烤炉
户外桌椅
木平台
花坛
木铺地
石椅
水中树池
广玉兰
四角茶亭
腊梅
琴键条石
樱花
拱石汀步
银杏
棕榈
木桥
合欢
对弈台
橘树
紫竹池
木铺地
杜英
球形玩具
青铜花钵
白色砂石
特色秋千
石磨汀步
造型矮墙
竹筒座椅
造型黑松
雨打芭蕉
深色砾石
XXX园林设计公司
负责
审核
设计
制图
小庭院平面图
比例
1:150
图别
方案设计图
图号
01
日期
2009.05

图5—1—1 小庭院平面图

任务实施

一、绘制小庭院外部轮廓

1．设置图层如图 5 － 1 － 2 所示。

图5—1—2 【图层特性管理器】

2．设置外轮廓为当前图层。

3．运用直线命令 L（line），绘制小庭院外部轮廓，尺寸如图 5 － 1 － 3 所示。

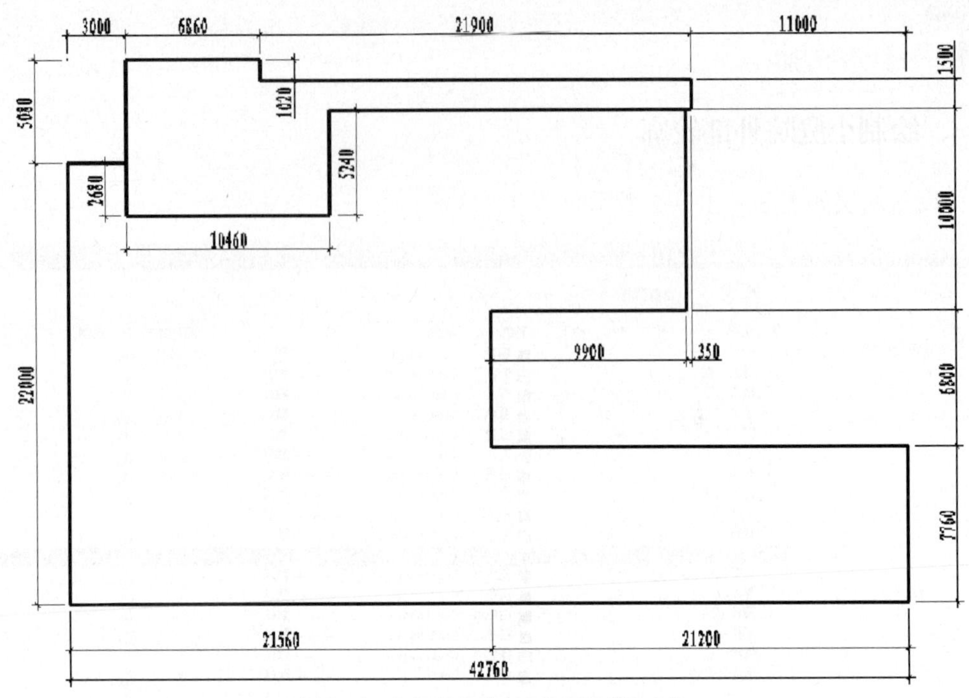

图5—1—3 运用直线命令绘制最外轮廓线

4．运用偏移命令 O（offset），偏移距离为 300 mm，绘制图形如图 5 － 1 － 4 所示。

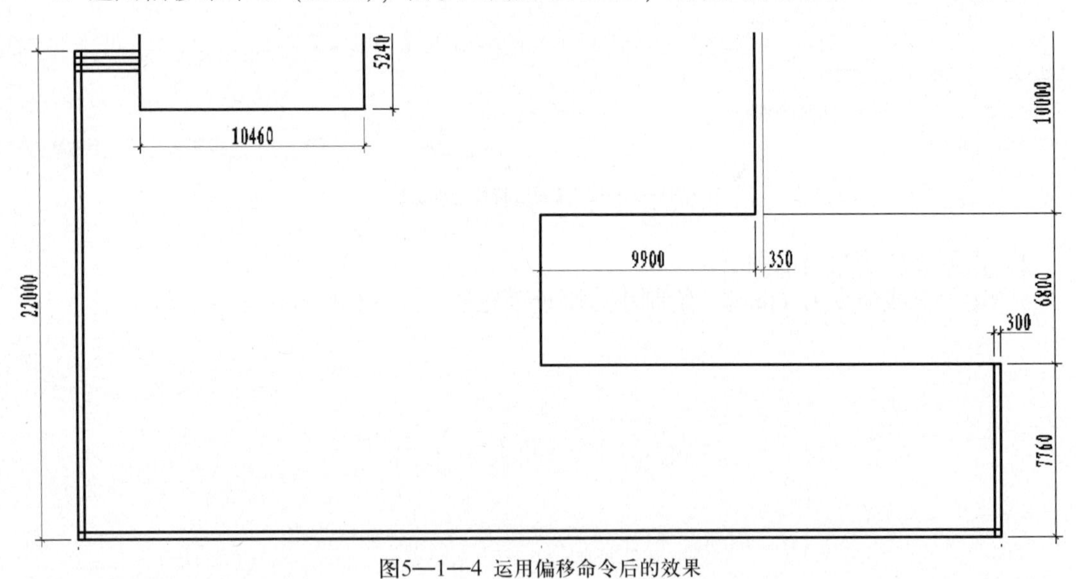

图5—1—4 运用偏移命令后的效果

5．运用倒圆角命令 F（fillet），半径为 0，绘制图形如图 5 － 1 － 5 所示。

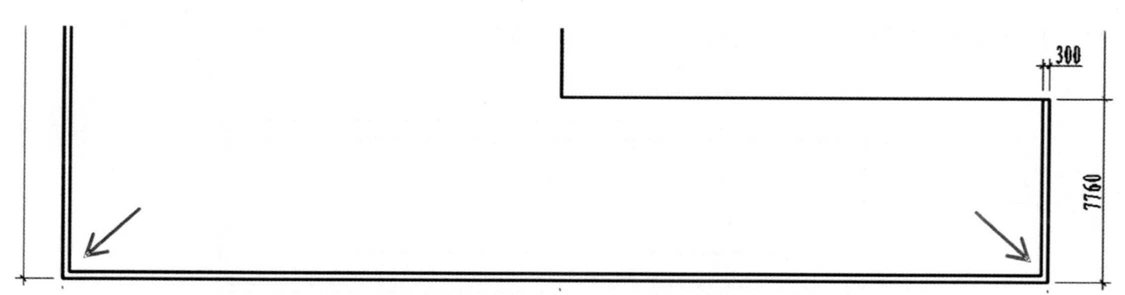

图5—1—5　运用倒圆角命令后的效果

6．运用剪切命令 TR（trim），绘制图形如图 5 － 1 － 6 所示。

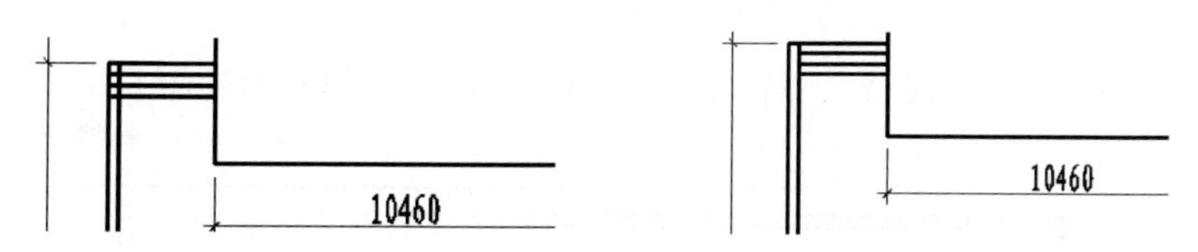

图5—1—6　运用剪切命令前后对比效果

7．运用直线命令 L（line），绘制直线如图 5 － 1 － 7 所示。

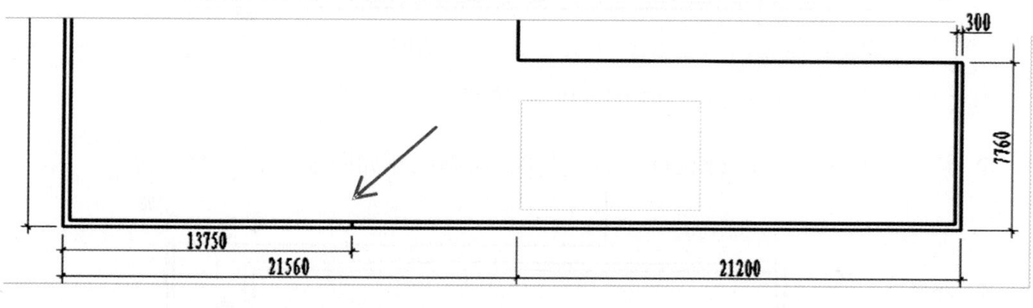

图5—1—7　绘制直线

二、绘制小庭院游泳池

1．运用偏移命令 O(offset)，以小庭院外轮廓为参照对象，各偏移距离如图 5 － 1 － 8 所示。

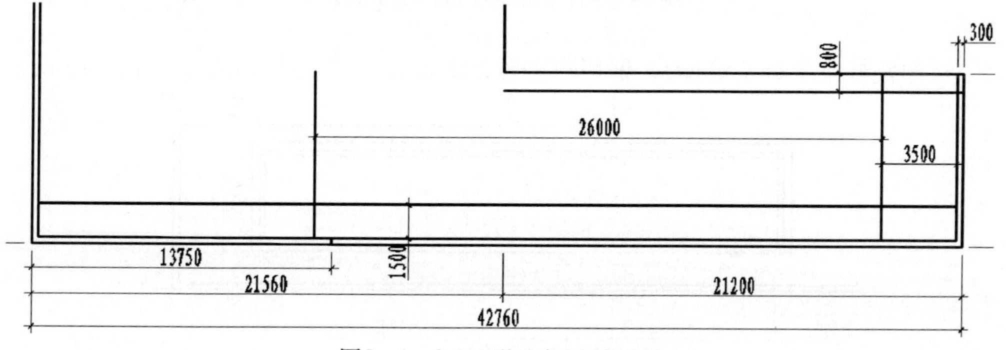

图5—1—8　运用偏移命令后的效果

2．运用倒圆角命令 F（fillet），半径为 0，绘制图形如图 5 － 1 － 9 所示。

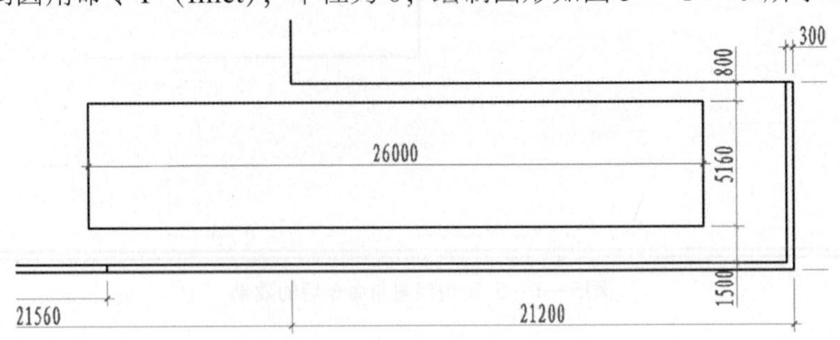

图5—1—9 运用倒圆角命令后的效果

3．运用偏移命令 O（offset），偏移距离为 380 mm，绘制图形如图 5 － 1 － 10 所示。

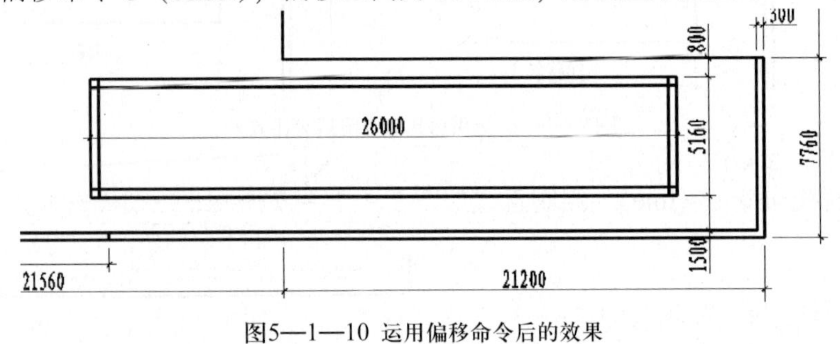

图5—1—10 运用偏移命令后的效果

4．运用倒圆角命令 F（fillet），半径为 0，绘制图形如图 5 － 1 － 11 所示。

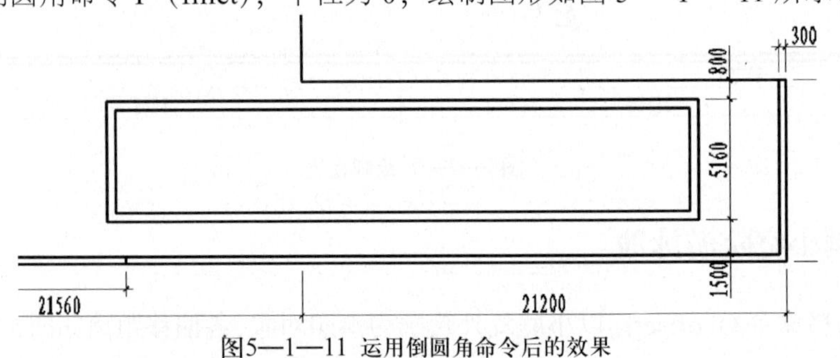

图5—1—11 运用倒圆角命令后的效果

5．运用偏移命令 O（offset），偏移距离为 280 mm，绘制图形如图 5 － 1 － 12 所示。

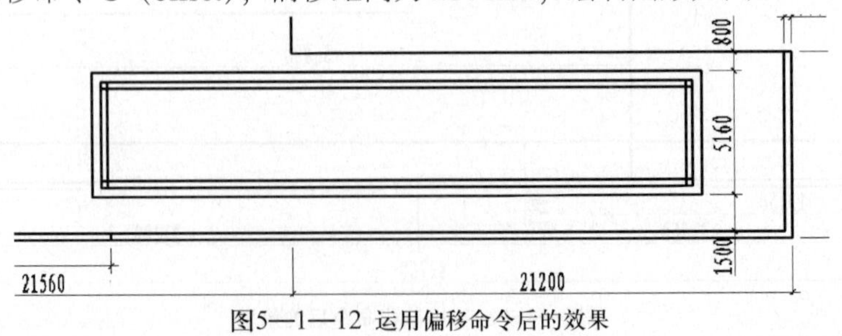

图5—1—12 运用偏移命令后的效果

6．运用倒圆角命令 F（fillet），半径为 0，绘制图形如图 5 － 1 － 13 所示。

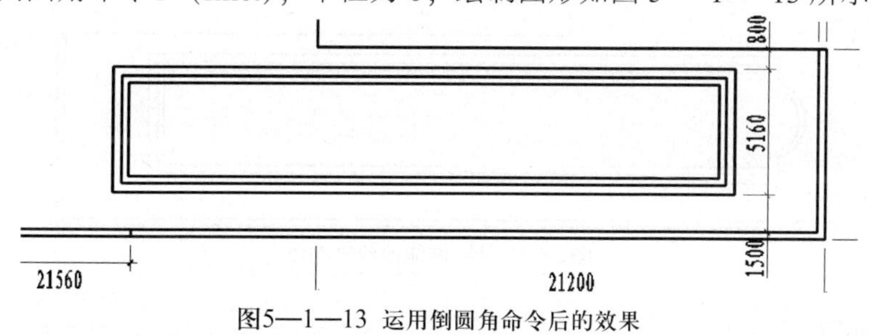

图5—1—13　运用倒圆角命令后的效果

7．运用圆命令 C（circle），绘制半径为 1 250 mm 的圆，其具体操作如图 5 － 1 － 14 和图 5 － 1 － 15 所示。

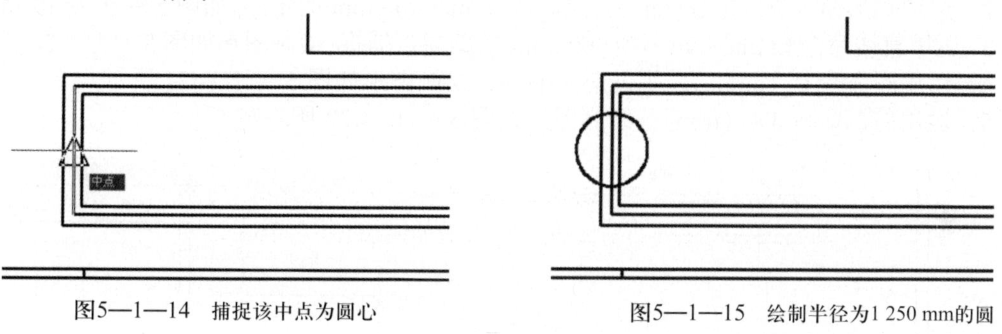

图5—1—14　捕捉该中点为圆心　　图5—1—15　绘制半径为1 250 mm的圆

8．运用偏移命令 O（offset），偏移距离为 280 mm，绘制图形如图 5 － 1 － 16 所示。

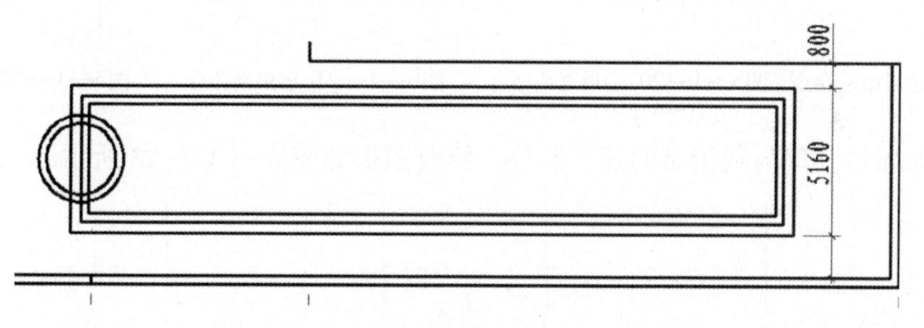

图5—1—16　将上一步绘制的圆进行280 mm的偏移

9．运用倒圆角命令 F（fillet），半径为 0；剪切命令 TR（trim）；删除命令 E（erase），绘制图形如图 5 － 1 － 17 所示。

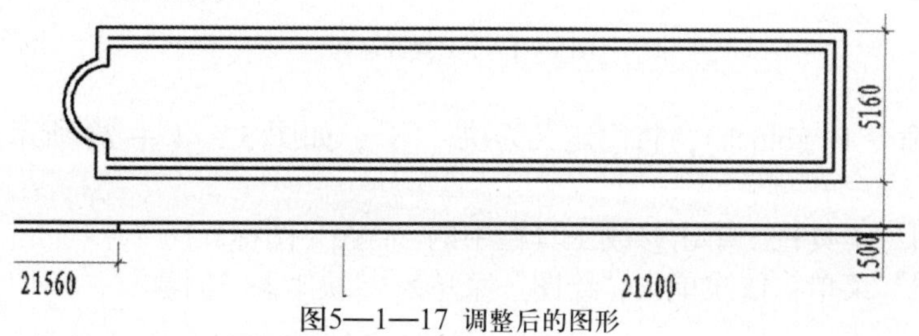

图5—1—17　调整后的图形

10. 运用延伸命令 EX（extend），绘制图形如图 5 － 1 － 18 所示。

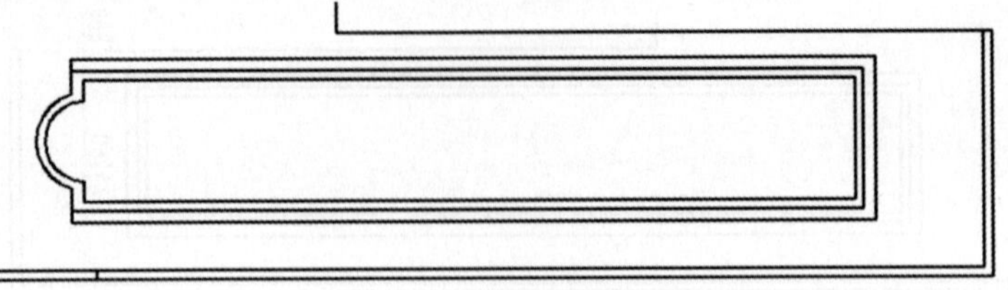

图5—1—18 游泳池绘制完成

三、绘制门

1. 将门图层设置为当前图层。
2. 运用矩形命令 REC(rectangle)，绘制 40 mm×900 mm 的矩形，如图 5 － 1 － 19 所示。
3. 运用直线命令 L(line)，距离为 900 mm，辅助端点捕捉，绘制图形如图 5 － 1 － 20 所示。
4. 运用圆命令 C（circle），辅助对象捕捉，绘制图形如图 5 － 1 － 21 所示。
5. 运用剪切命令 TR（trim），绘制图形如图 5 － 1 － 22 所示。

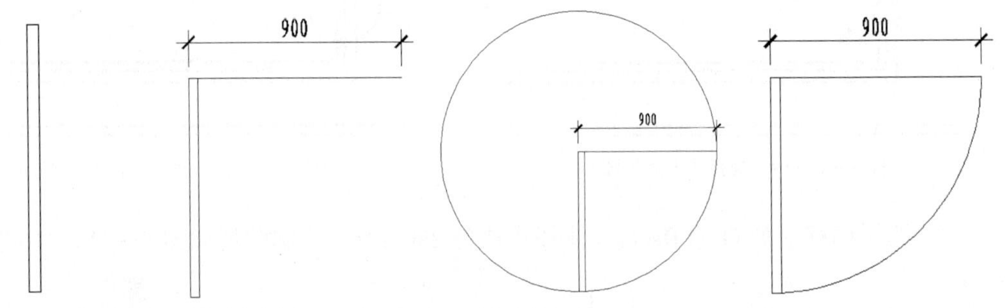

图5—1—19 运用矩形命令　图5—1—20 运用直线命令　图5—1—21 运用圆命令　图5—1—22 运用剪切命令

6. 放大显示门扇与圆相交的细节部分，修改图形如图 5 － 1 － 23 所示。

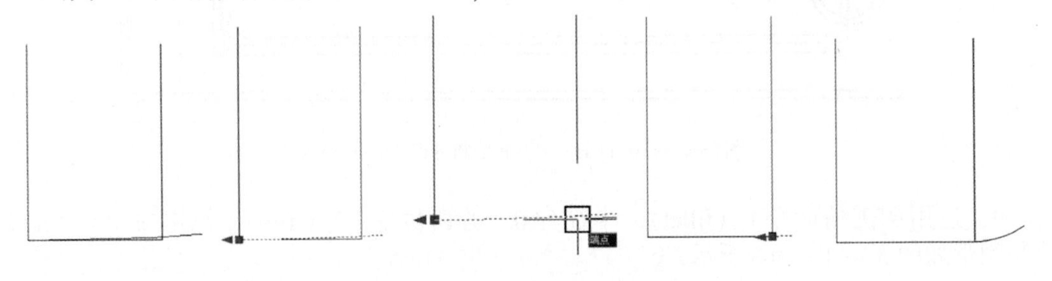

图5—1—23 修改流程

7. 运用块命令 B（block），将门定义为块“门”，如图 5 － 1 － 24 所示。

- “绘图”工具栏：单击修改工具栏中的“ ”图标。
- “绘图”菜单：依次单击“绘图”菜单➤“块”➤“创建”。

● 命令行：B（block）。

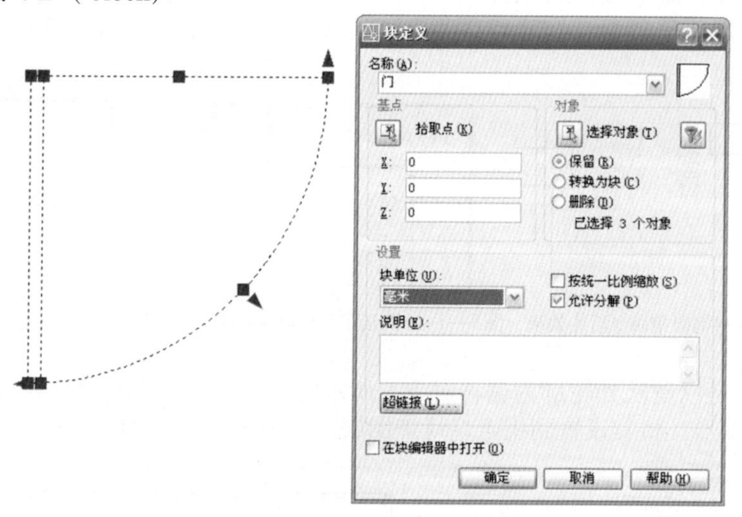

图5—1—24 定义块“门”

8．运用复制命令 CO（copy）、镜像命令 MI（mirror）和移动命令 M（move），将门进行复制并调整位置和开口方向，如图 5 － 1 － 25 所示。

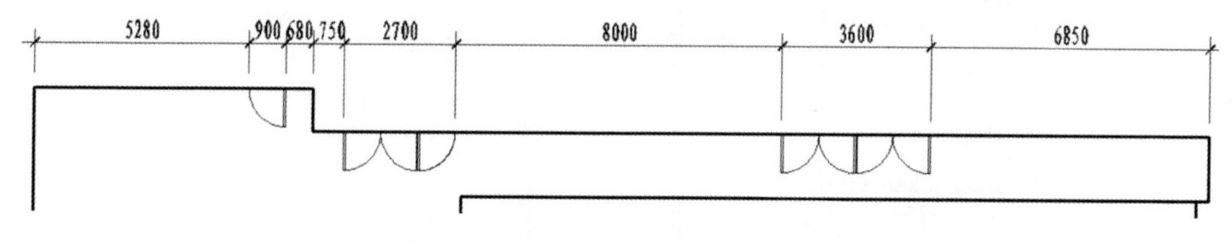

图5—1—25 调整门的位置和开口方向

9．运用剪切命令 TR（trim）和直线命令 L（line），调整图形如图 5 － 1 － 26 所示。

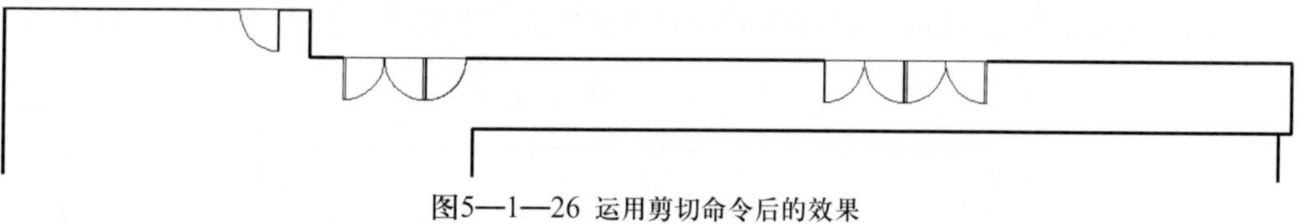

图5—1—26 运用剪切命令后的效果

四、绘制组合烧烤炉

1．将组合烧烤炉图层设置为当前图层。

2．运用偏移命令 O（offset），以庭院外观轮廓为偏移对象，具体偏移距离如图 5 － 1 － 27 所示。

3．运用倒圆角命令 F（fillet），半径为 0，绘制图形如图 5 － 1 － 28 所示。

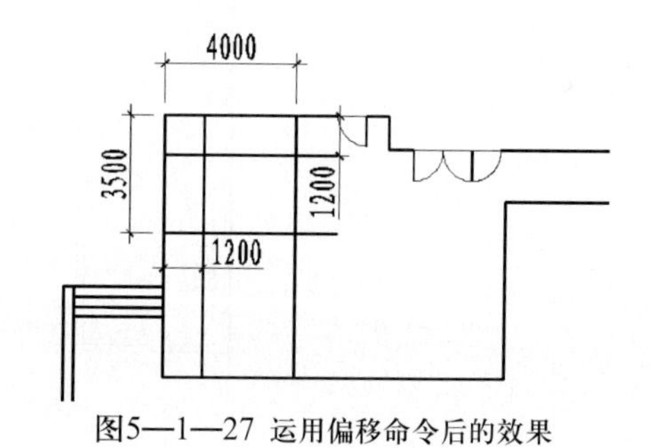

图5—1—27 运用偏移命令后的效果

4．运用偏移命令 O（offset），距离为 50 mm，绘制图形如图 5 － 1 － 29 所示。

5．运用倒圆角命令 F（fillet），半径为 0，绘制图形如图 5 － 1 － 30 所示。

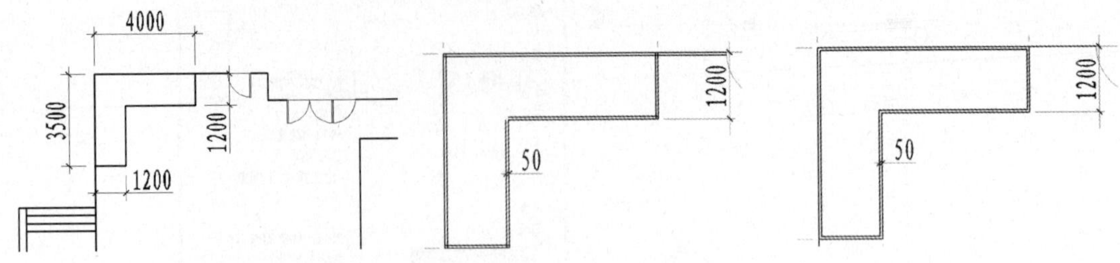

图5—1—28 运用倒圆角命令后的效果　图5—1—29 运用偏移命令后的效果　图5—1—30 运用倒圆角命令后的效果

6．因为是以庭院外轮廓为偏移对象，所示图层属性仍属于庭院外轮廓图层，这时选择刚才绘制的图形，将其设置到组合烧烤炉图层，如图 5 － 1 － 31 所示。

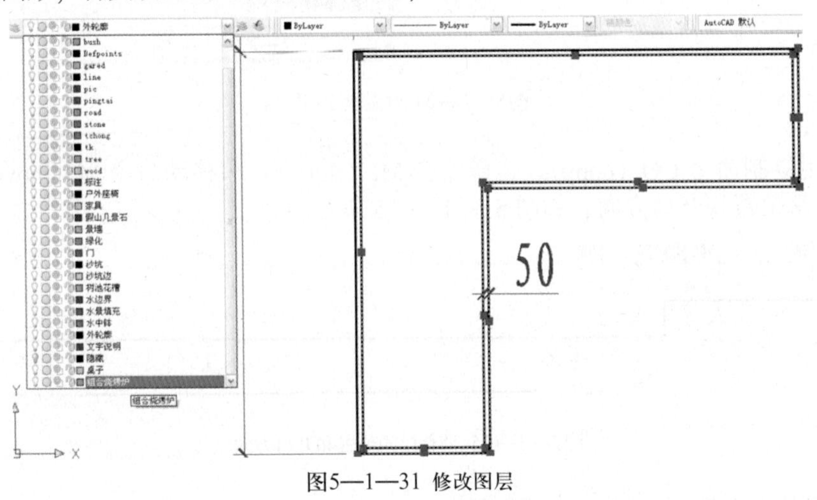

图5—1—31 修改图层

7．运用直线命令 L（line）和偏移命令 O（offset），绘制图形如图 5 － 1 － 32 所示。

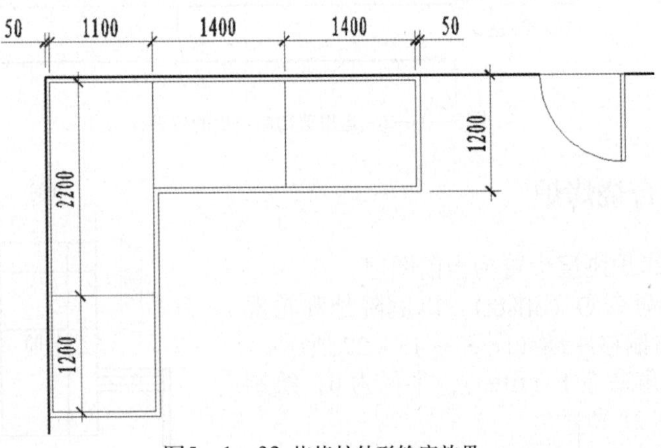

图5—1—32 烧烤炉外形轮廓效果

8．运用等分命令（divide），将其对象 4 等分，如图 5 － 1 － 33 所示。

● “绘图”菜单：依次单击“绘图”菜单 ➤ “点” ➤ “定数等分”。

● 命令行：divide。

命令：divide

选择要定数等分的对象：(单击要等分的对象)

输入线段数目或 [块（B）]: 4（输入要等分的数目 4)

这时等分的节点看不出来，通过框选就可以看到已将直线 4 等分，如图 5 － 1 － 34 所示。

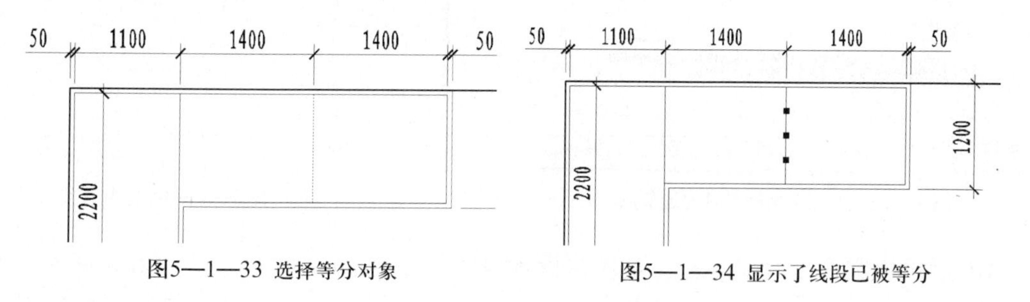

图5—1—33 选择等分对象　　　图5—1—34 显示了线段已被等分

当然也可以通过改变点样式，显示图案和点的大小，改变后可以看到节点的变化，如图 5 － 1 － 35 和图 5 － 1 － 36 所示。

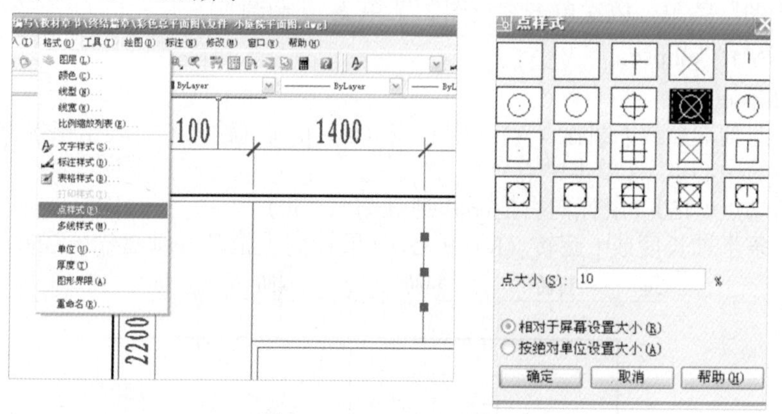

图5—1—35 改变点的样式

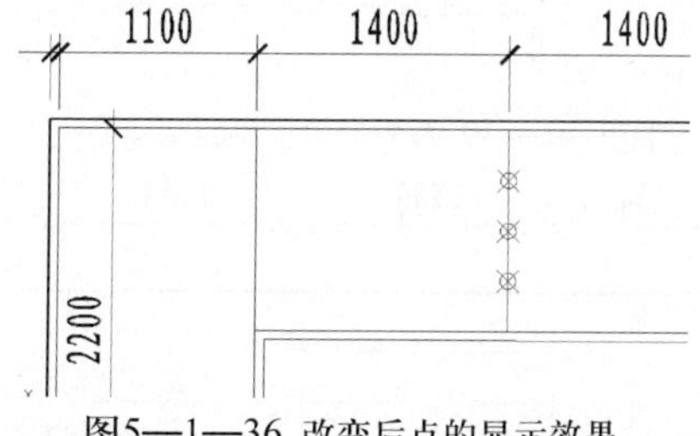

图5—1—36 改变后点的显示效果

9．运用直线命令 L（line），辅助对象捕捉中的节点和垂足，对象捕捉设置如图 5 － 1 － 37 所示，直线绘制效果如图 5 － 1 － 38 所示。

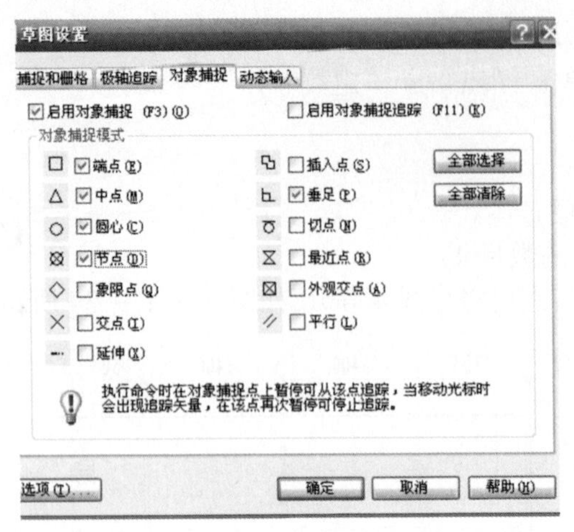

图5—1—37 对象捕捉设置勾选节点

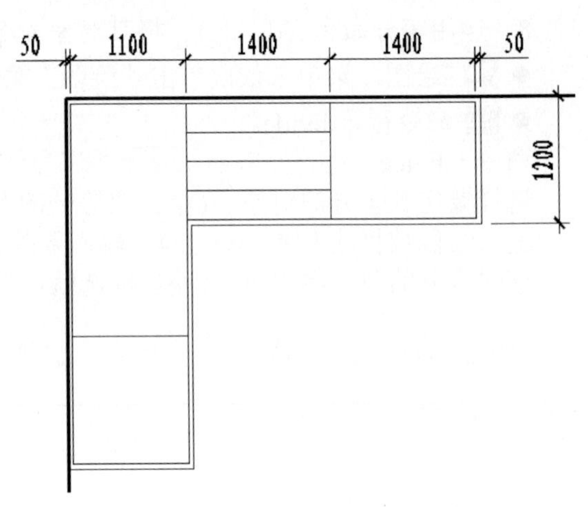

图5—1—38 绘制直线

10. 运用椭圆命令（ellipse），绘图步骤如图 5 － 1 － 39、图 5 － 1 － 40 和图 5 － 1 － 41 所示。

● “绘图”工具栏：单击修改工具栏中的“ ” 图标。
● “绘图”菜单：依次单击“绘图”菜单 ➤ “椭圆”。
● 命令行：ellipse。

命令：_ellipse
指定椭圆的轴端点或 [圆弧（A）/ 中心点（C）]: _c（输入 C，表示指定椭圆的中心点）
指定椭圆的中心点：(单击中点)
指定轴的端点 : 450（鼠标向右拖动并键盘输入 450）
指定另一条半轴长度或 [旋转（R）]: 350（鼠标向上拖动并键盘输入 350）

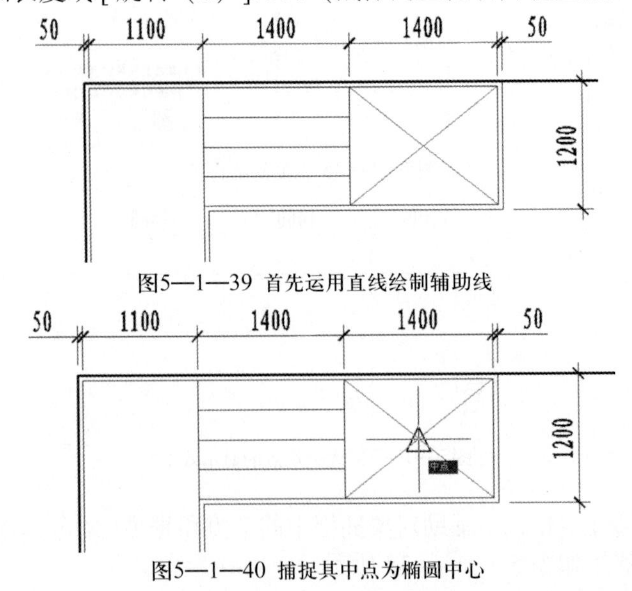

图5—1—39 首先运用直线绘制辅助线

图5—1—40 捕捉其中点为椭圆中心

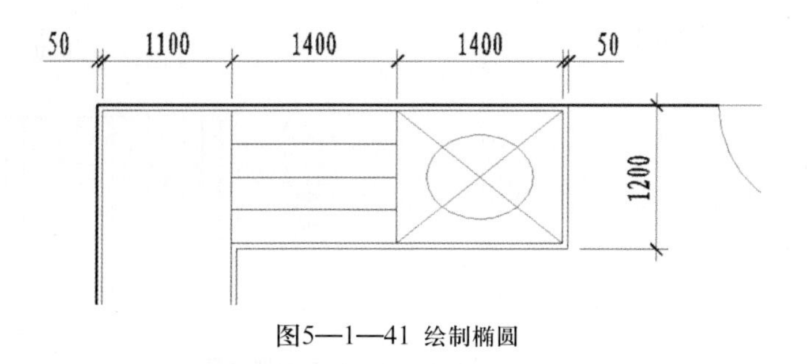

图5—1—41　绘制椭圆

11．运用删除命令 E（erase），删除辅助线，组合烧烤炉绘制完成，如图 5 － 1 － 42 所示。

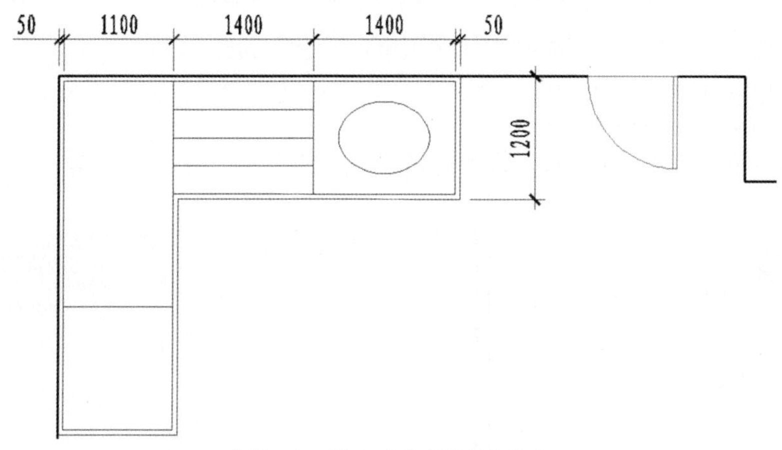

图5—1—42　组合烧烤炉绘制完成

五、绘制木桥

1．设置木桥图层为当前图层。
2．运用直线命令 L（line），绘制 2 600 mm×1 600 mm 的矩形，如图 5 － 1 － 43 所示。
3．运用偏移命令 O（offset），偏移距离为 100 mm，绘制图形如图 5 － 1 － 44 所示。
4．运用偏移命令 O（offset），偏移距离为 130 mm，绘制图形如图 5 － 1 － 45 所示。

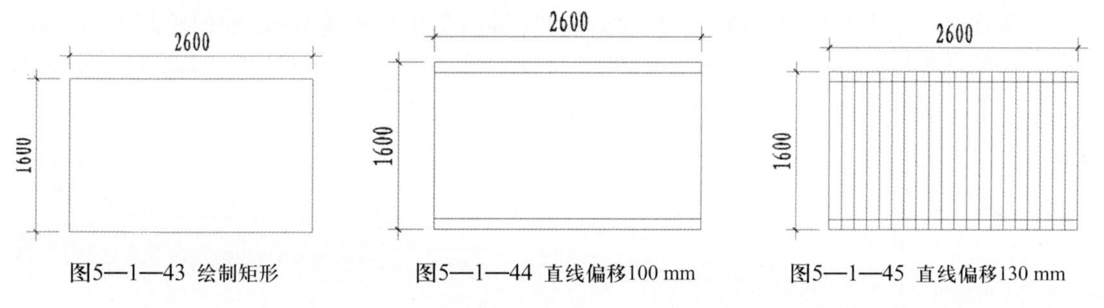

图5—1—43　绘制矩形　　图5—1—44　直线偏移100 mm　　图5—1—45　直线偏移130 mm

5．运用剪切命令 TR（trim），绘制图形如图 5 － 1 － 46 所示。

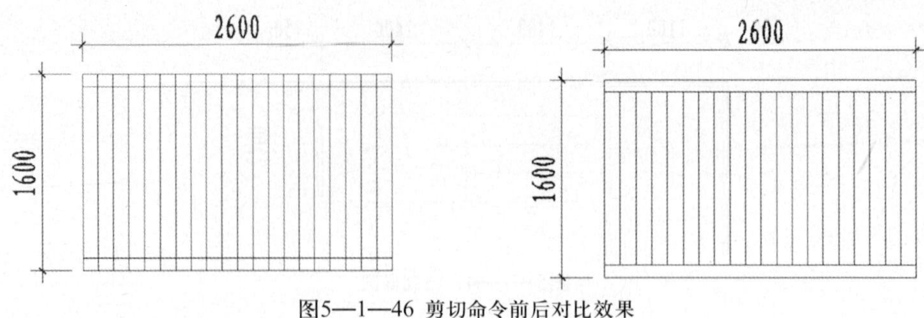

图5—1—46 剪切命令前后对比效果

6．运用旋转命令 RO（rotate），将木桥旋转 -25°，如图 5 － 1 － 47 所示。

- “修改”工具栏：单击修改工具栏中的“ ”图标。
- “修改”菜单：依次单击“修改”菜单 ➤ “旋转”。
- 命令行：RO（rotate）。

7．运用移动命令 M（move），将木桥移动到如图 5 － 1 － 48 的位置。

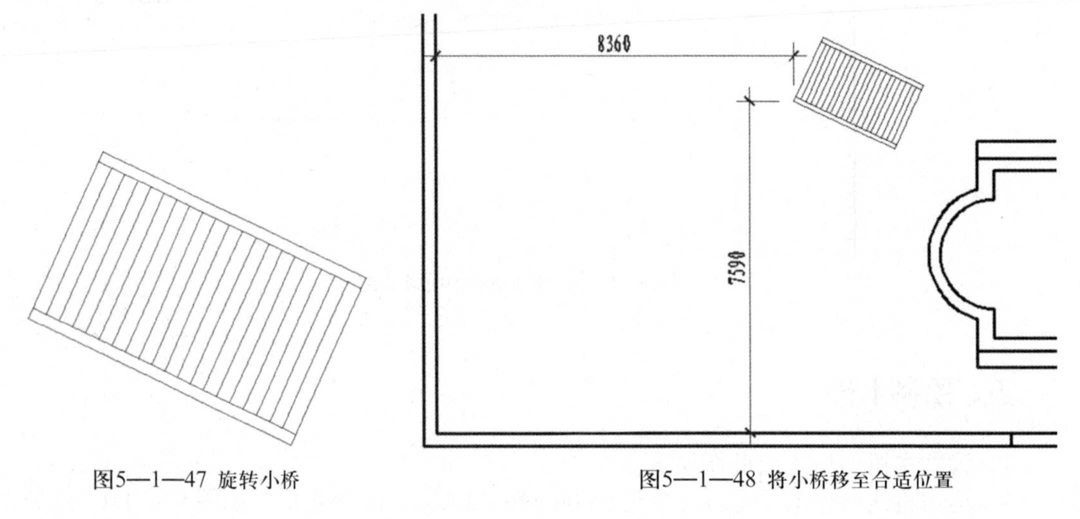

图5—1—47 旋转小桥

图5—1—48 将小桥移至合适位置

六、绘制水体

水体在整个平面布局中占有非常重要的位置，而且形体是流线型的，如何绘制水体边界，一般运用的是多段线连续绘制，为了准确定位，必须使用一定的辅助线条。其定位关系如图 5 － 1 － 49 ～图 5 － 1 － 53 所示。

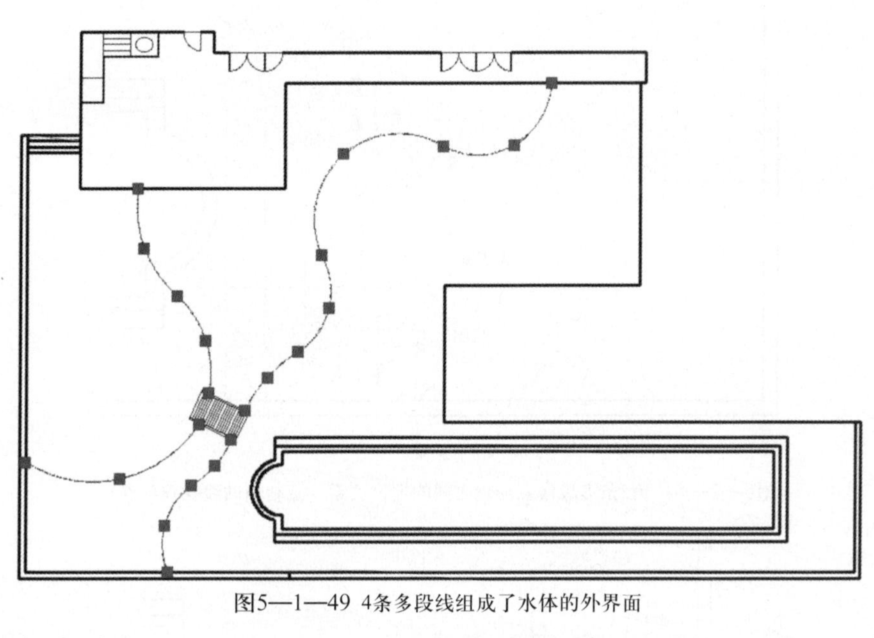

图5—1—49 4条多段线组成了水体的外界面

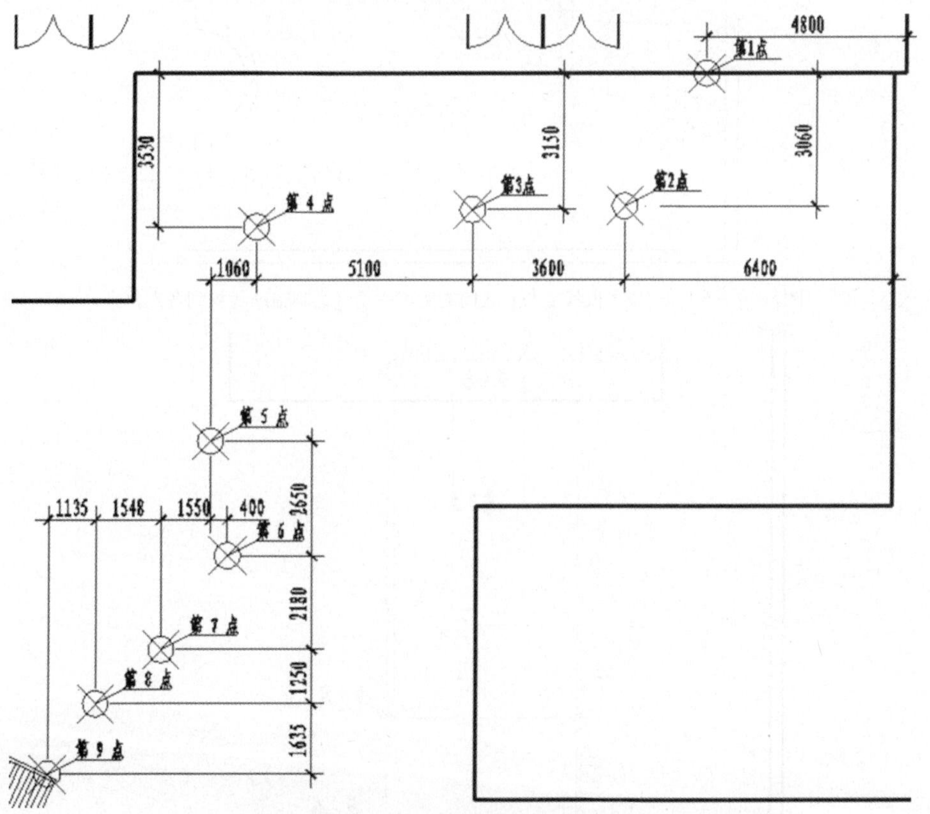

图5—1—50 第1条多段线点与点之间的定位关系（绘制辅助线找到各点）

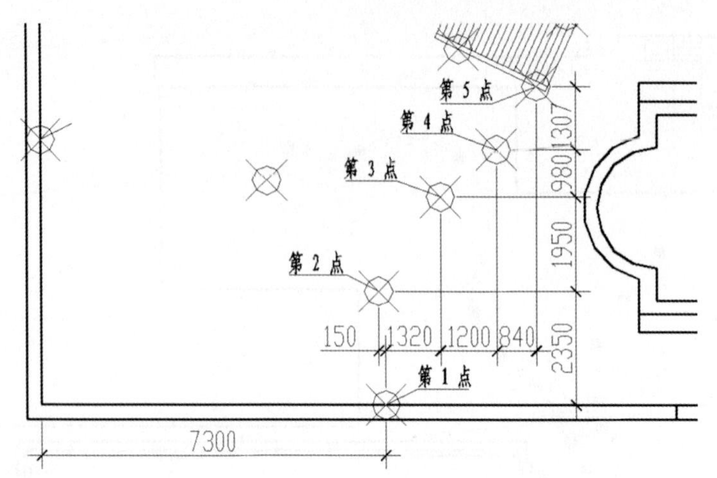

图5—1—51 第2条多段线点与点之间的定位关系（绘制辅助线找到各点）

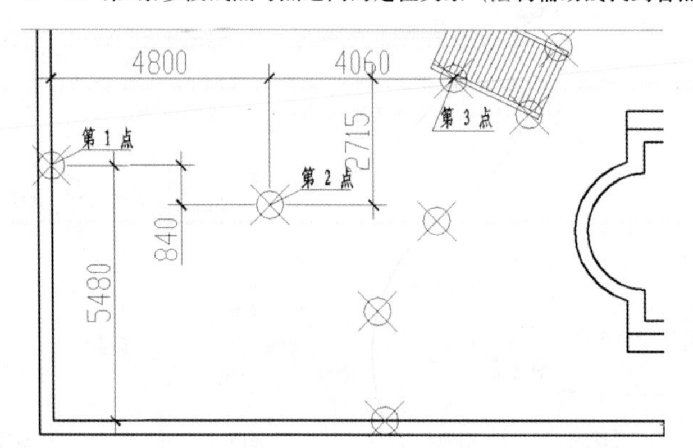

图5—1—52 第3条多段线点与点之间的定位关系（绘制辅助线找到各点）

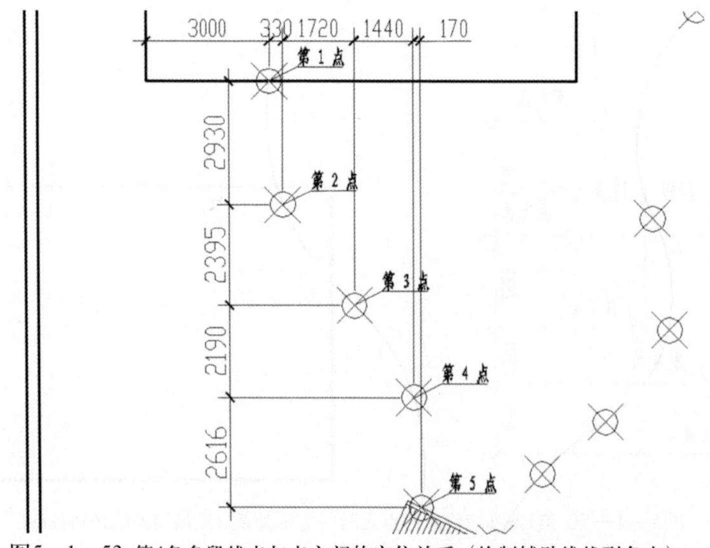

图5—1—53 第4条多段线点与点之间的定位关系（绘制辅助线找到各点）

1．设置水体边界图层为当前图层。

2．运用多段线命令 PL（pline)，绘制第 1 条多段线，如图 5 － 1 － 54 所示。

● “绘图”工具栏：单击修改工具栏中的“ ”图标。

● “绘图”菜单：依次单击“绘图”菜单 ➤ “多段线”。

● 命令行：PL（pline)。

命令：_pline

指定起点：(单击第 1 点)

当前线宽为 0

指定下一个点或 [圆弧（A）/ 半宽（H）/ 长度（L）/ 放弃（U）/ 宽度（W）]: a（键盘输入 a)

指定圆弧的端点或 [角度（A）/ 圆心（CE）/ 方向（D）/ 半宽（H）/ 直线（L）/ 半径（R）/ 第二个点（S）/ 放弃（U）/ 宽度（W）]: s（键盘输入 s)

指定圆弧上的第二个点：(单击第 2 点)

指定圆弧的端点：(单击第 3 点)

指定圆弧的端点或 [角度（A）/ 圆心（CE）/ 闭合（CL）/ 方向（D）/ 半宽（H）/ 直线（L）/ 半径（R）/ 第二个点（S）/ 放弃（U）/ 宽度（W）]: s（键盘输入 s)

指定圆弧上的第二个点：(单击第 4 点)

指定圆弧的端点：(单击第 5 点)

指定圆弧的端点或 [角度（A）/ 圆心（CE）/ 闭合（CL）/ 方向（D）/ 半宽（H）/ 直线（L）/ 半径（R）/ 第二个点（S）/ 放弃（U）/ 宽度（W）]: s（键盘输入 s)

指定圆弧上的第二个点：(单击第 6 点)

指定圆弧的端点：(单击第 7 点)

指定圆弧的端点或 [角度（A）/ 圆心（CE）/ 闭合（CL）/ 方向（D）/ 半宽（H）/ 直线（L）/ 半径（R）/ 第二个点（S）/ 放弃（U）/ 宽度（W）]: s（键盘输入 s)

指定圆弧上的第二个点：(单击第 8 点)

指定圆弧的端点：(单击第 9 点)

指定圆弧的端点或 [角度（A）/ 圆心（CE）/ 闭合（CL）/ 方向（D）/ 半宽（H）/ 直线（L）/ 半径（R）/ 第二个点（S）/ 放弃（U）/ 宽度（W）]: (点击鼠标右键或空

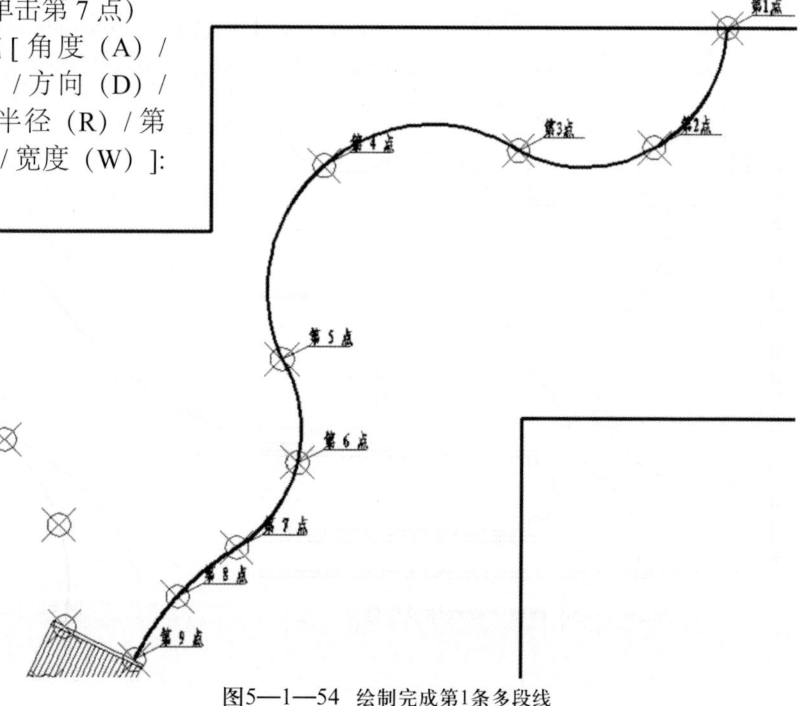

图5—1—54 绘制完成第1条多段线

格键，命令完成）

3. 运用多段线命令 PL(pline)，绘制第 2 条多段线、第 3 条多段线、第 4 条多段线，如图 5 － 1 － 55 所示。

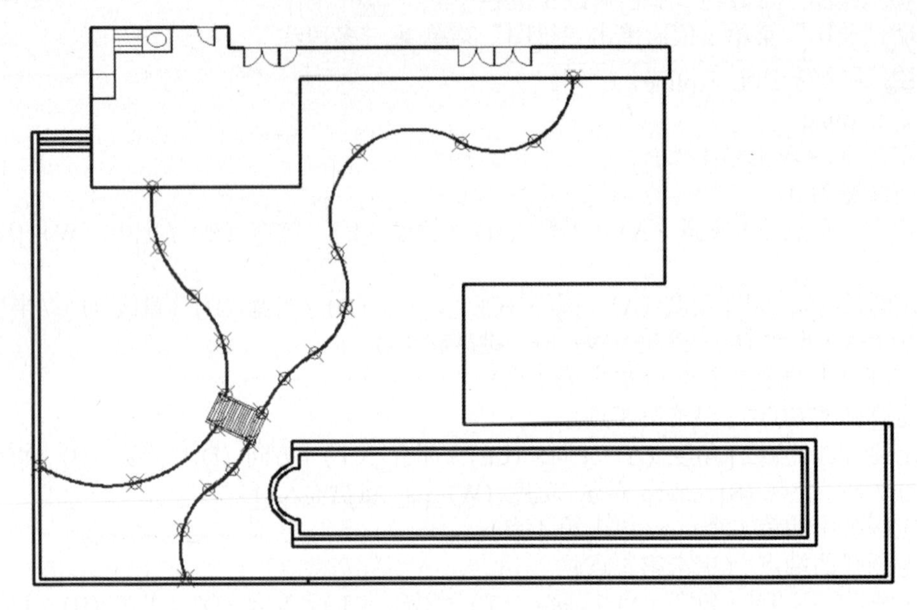

图5—1—55 绘制完成4条多段线

4．运用偏移命令 O（offset），将水体边界向外偏移 100 mm，在同一图层上，将线条颜色改为绿色，粗细为默认值；运用剪切命令 TR（trim）和延伸命令 EX（extend）对其偏移后的对象与周边物体的关系进行修改，如图 5 － 1 － 56、图 5 － 1 － 57 所示。

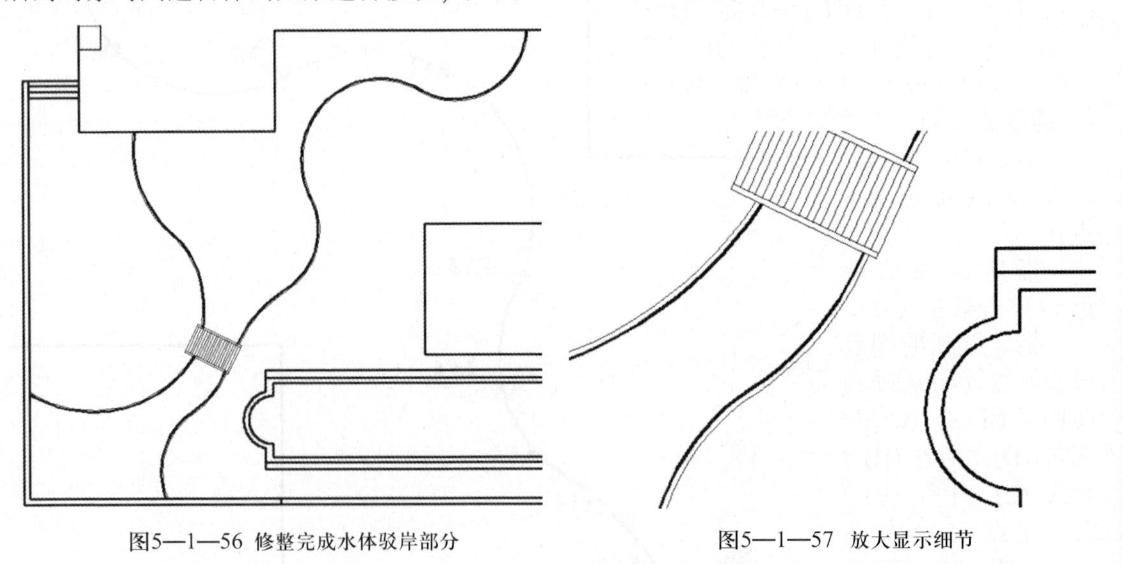

图5—1—56 修整完成水体驳岸部分　　图5—1—57 放大显示细节

七、绘制地形分区

将小庭院整体地形进行分隔，这样有利于以后其他物体的绘制，其绘制后的整体效果如图 5 － 1 － 58 所示。

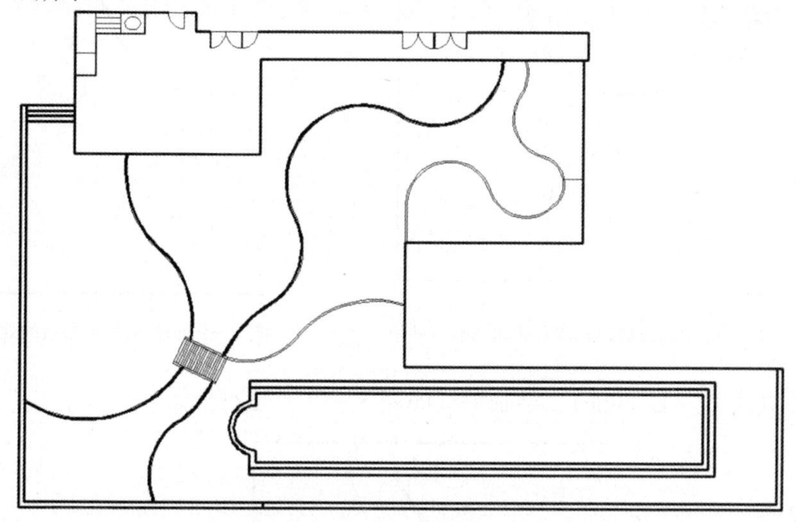

图5—1—58 小庭院地形分布图

1．绘制白色沙石和深色砾石地带

（1）将地形分区图层设置为当前图层。

（2）运用多段线命令 PL（_pline），辅助对象捕捉中的节点，从上向下绘制多段线，如图 5 － 1 － 59 所示。

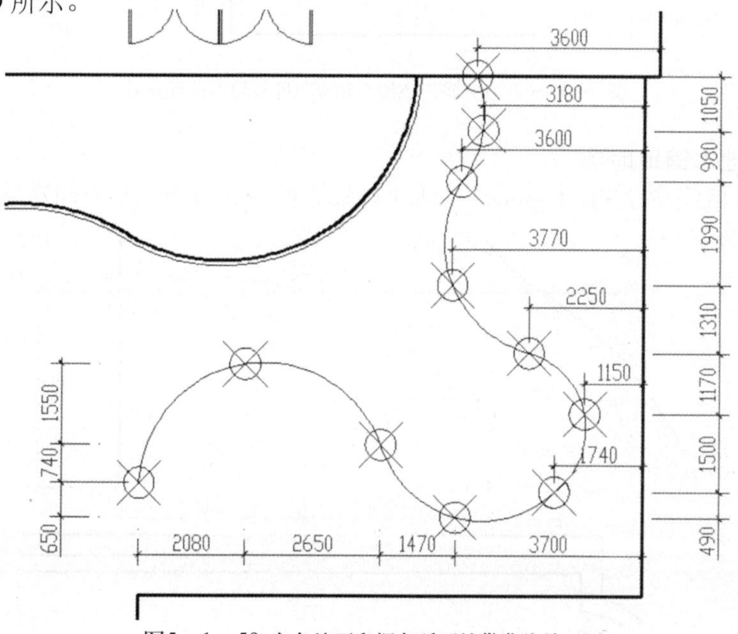

图5—1—59 白色沙石和深色砾石地带曲线关系图

(3) 运用直线命令 L (line)，辅助对象捕捉，绘制图形如图 5 － 1 － 60 所示。

(4) 运用偏移命令 O (offset)，将边界向外偏移 100 mm；运用剪切命令 TR (trim) 和延伸命令 EX(extend) 对其偏移后的对象与周边物体的关系进行修改，如图 5 － 1 － 61 所示。

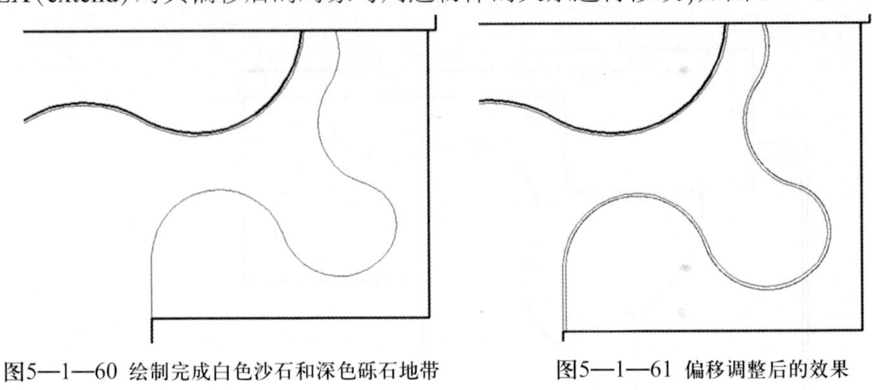

图5—1—60 绘制完成白色沙石和深色砾石地带　　图5—1—61 偏移调整后的效果

(5) 运用直线命令 L (line)，绘制单线如图 5 － 1 － 62 所示。

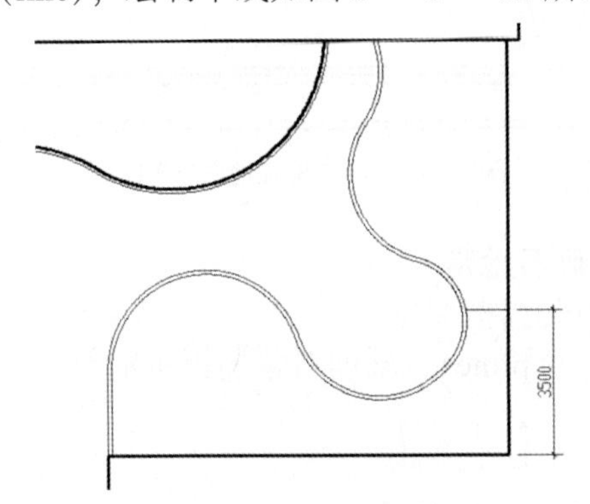

图5—1—62 直线将白色沙石和深色砾石地带进行分隔

2. 绘制泳池木铺地地带

(1) 运用多段线命令 PL (_pline)，辅助对象捕捉中的节点，从右向左绘制多段线，如图 5 － 1 － 63 所示。

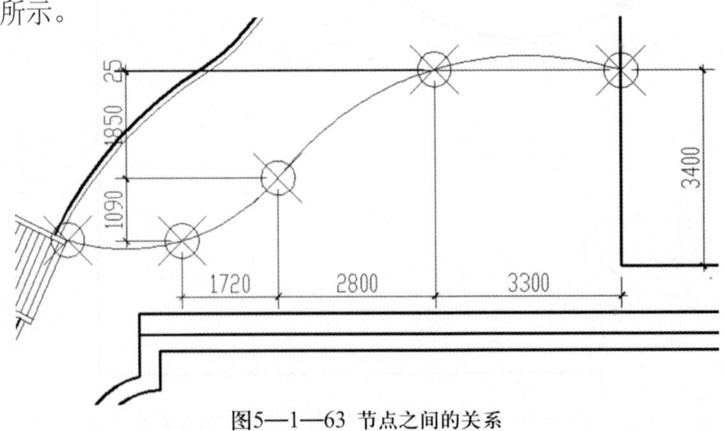

图5—1—63 节点之间的关系

(2) 运用偏移命令 O（offset），将边界向外偏移 100 mm；运用延伸命令 EX（extend）对其偏移后的对象与周边物体的关系进行修改，如图 5 － 1 － 64 所示。

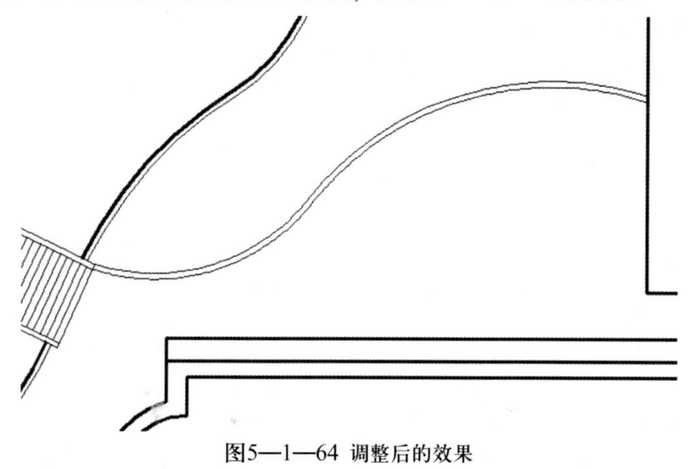

图5—1—64 调整后的效果

八、绘制园林建筑

在小庭院地形分区绘制完成后，应该来绘制园林建筑，园林建筑定位后，再来绘制园林。其园林建筑绘制完成后的整体效果如图 5 － 1 － 65 所示。

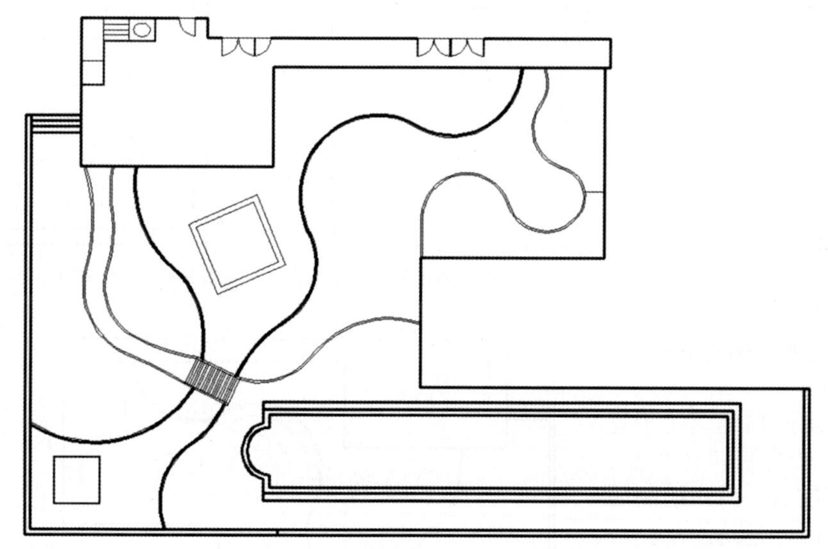

图5—1—65 园林建筑分布情况

1. 绘制四角茶亭

(1) 将园林建筑图层设置为当前图层。

(2) 运用矩形命令 REC（rectangle），绘制 4 000 mm×4 000 mm 的矩形，如图 5 － 1 － 66 所示。

(3) 运用偏移命令 O（offset），鼠标向矩形内部拖动，偏移距离为 300 mm，如图 5 － 1 －

67 所示。

(4) 运用旋转命令 RO (rotate), 旋转角度为 23°；并运用移动命令 M (move), 将其移至如图 5 － 1 － 68 所示。

图5—1—66 绘制矩形

图5—1—67 将矩形偏移后的效果

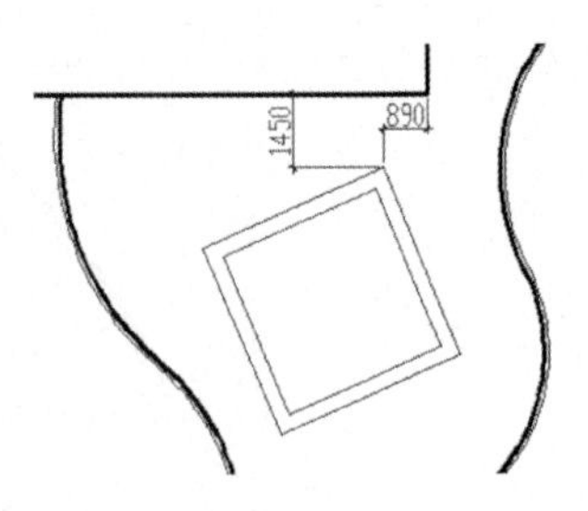

图5—1—68 将四角茶亭移至合适位置

2．绘制对弈台

(1) 运用矩形命令 REC (rectangle), 绘制 2 500 mm×2 500 mm 的矩形, 如图 5 － 1 － 69 所示。

(2) 运用偏移命令 O (offset), 鼠标向矩形内部拖动, 偏移距离为 50 mm, 如图 5 － 1 － 70 所示。

(3) 运用移动命令 M (move), 将其移至如图 5 － 1 － 71 所示。

图5—1—69 绘制矩形

图5—1—70 将矩形偏移后的效果

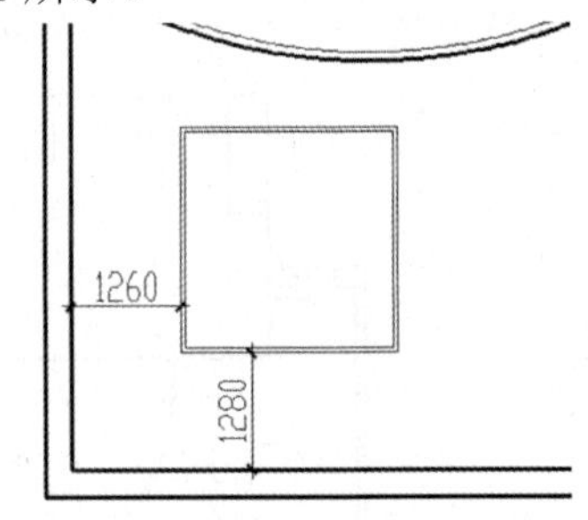

图5—1—71 将对弈台移至合适位置

九、绘制园林小品

在小庭院园林建筑绘制完成后，应该来绘制园林小品，园林小品定位后，再来绘制园路系统。其园林建筑绘制完成后的整体效果如图 5 － 1 － 72 所示。

1．绘制花坛

(1) 将园林小品图层设置为当前图层。

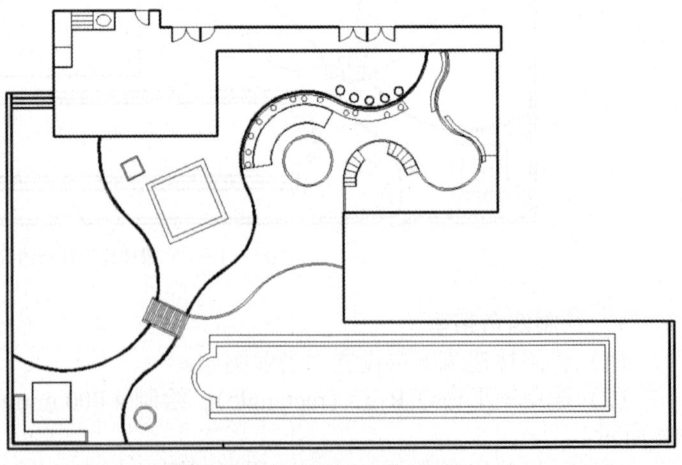

图5－1—72 园林小品分布情况

（2）两次运用偏移命令 O（offset），偏移距离分别为 100 mm、600 mm，绘制图形如图 5 − 1 − 73 所示。

（3）运用直线命令 L（line），做两条水平的辅助线与上一步的曲线相交，找到 *A*、*B* 两点，如图 5 − 1 − 74 所示。

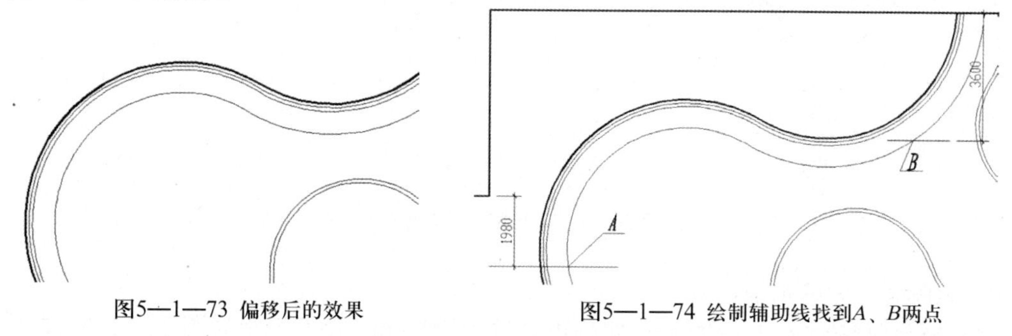

图5—1—73　偏移后的效果　　图5—1—74　绘制辅助线找到*A*、*B*两点

（4）运用直线命令 L（line），过 *A*、*B* 两点分别做垂线，如图 5 − 1 − 75 所示。

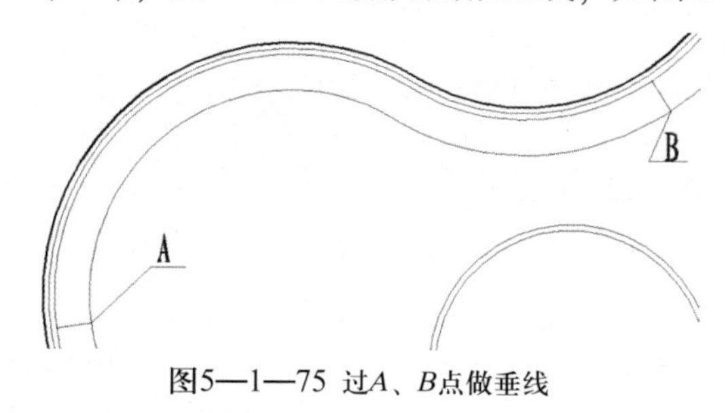

图5—1—75　过*A*、*B*点做垂线

（5）运用剪切命令 TR（trim），修改图形如图 5 − 1 − 76 所示。

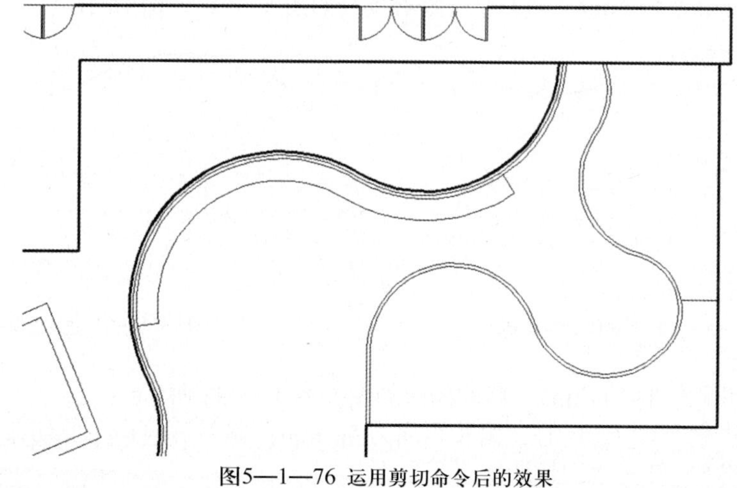

图5—1—76　运用剪切命令后的效果

（6）运用圆命令 C（circle）、偏移命令 O（offset）、复制命令 CO（copy）、移动命令 M（move），辅助对象捕捉和运用辅助线定位，绘制图形如图 5 − 1 − 77 所示。

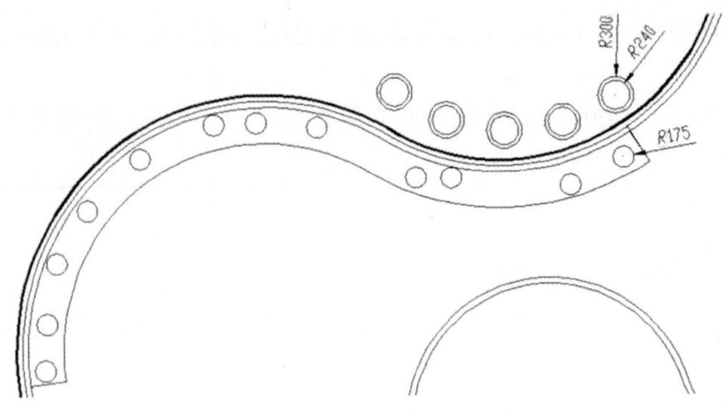

图5—1—77 绘制花坛位置关系

2．绘制花坛旁的木铺地

（1）运用偏移命令 O（offset），偏移距离为 1 200 mm，绘制图形如图 5 － 1 － 78 所示。

（2）运用延伸命令 EX（extend），绘制图形如图 5 － 1 － 79 所示。

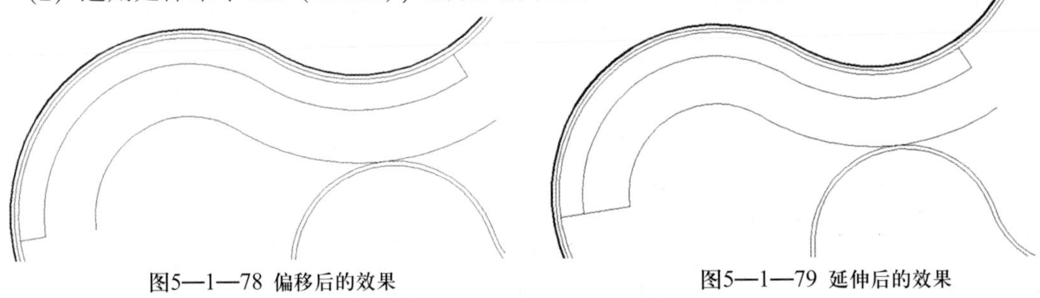

图5—1—78 偏移后的效果　　图5—1—79 延伸后的效果

（3）做一条水平的辅助线与上一步的曲线相交，找到 *A* 点，如图 5 － 1 － 80 所示。

（4）运用直线命令 L（line），过 *A* 点做垂线，如图 5 － 1 － 81 所示。

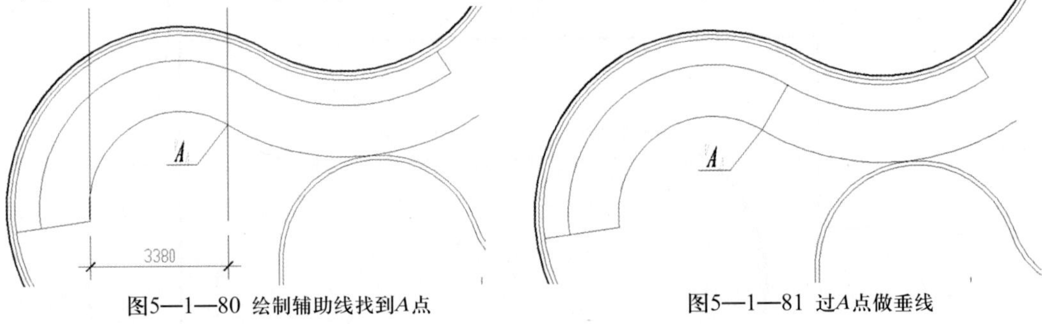

图5—1—80 绘制辅助线找到*A*点　　图5—1—81 过*A*点做垂线

（5）运用剪切命令 TR（trim），修改图形如图 5 － 1 － 82 所示。

（6）运用偏移命令 O（offset），偏移距离为 50 mm，偏移后再运用剪切命令 TR（trim）将图形绘制为如图 5 － 1 － 83 所示。

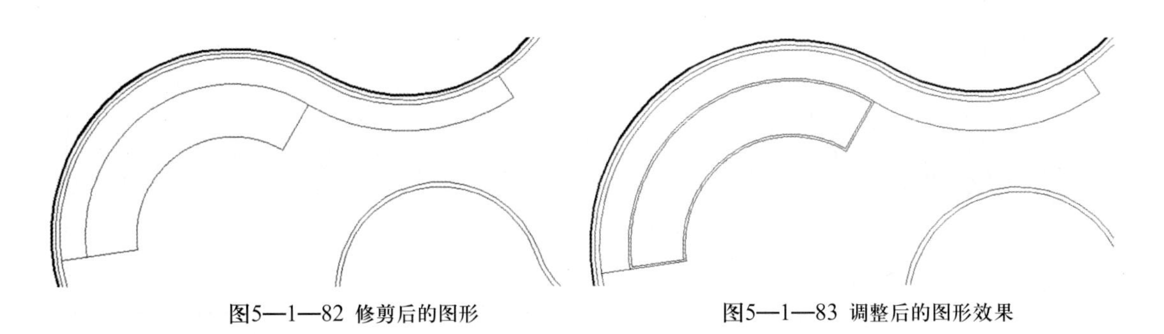

图5—1—82 修剪后的图形　　图5—1—83 调整后的图形效果

3．绘制竹筒座椅

(1) 运用偏移命令 O（offset），偏移距离为 750 mm，绘制图形如图 5 － 1 － 84 所示。

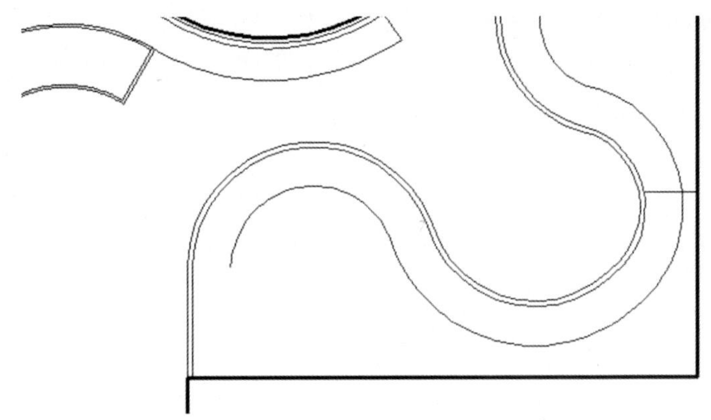

图5—1—84 运用偏移命令后的效果

(2) 运用直线命令 L（line），绘制图形如图 5 － 1 － 85 所示。

(3) 做辅助线，找到 *A*、*B*、*C* 三点，如图 5 － 1 － 86 所示。

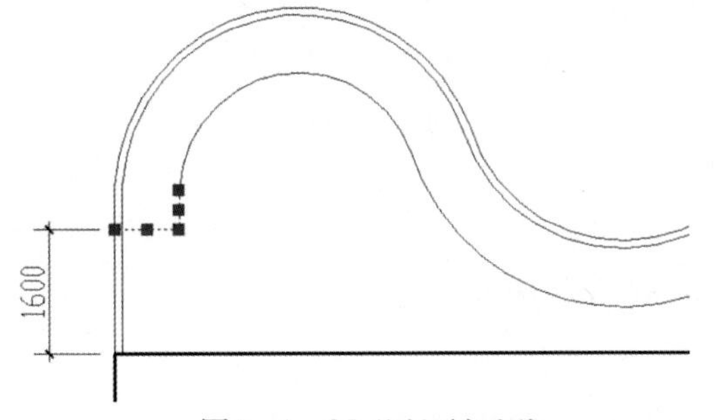

图5—1—85 绘制两条直线

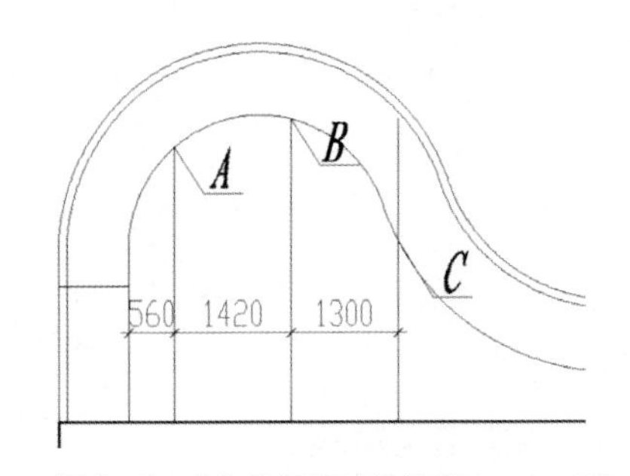

图5—1—86 绘制辅助线找到*A*、*B*、*C*点

(4) 运用直线命令 L（line），过 *A*、*B*、*C* 三点做垂线，如图 5 － 1 － 87 所示。

(5) 运用剪切命令 TR（trim），修改图形如图 5 － 1 － 88 所示。

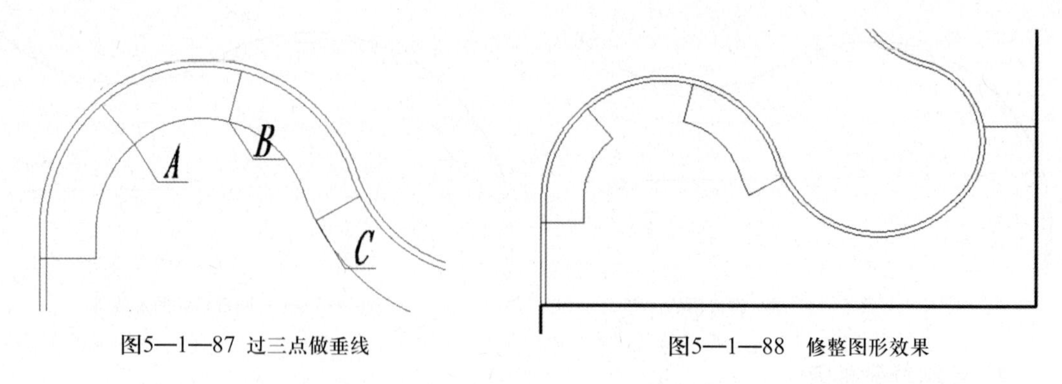

图5—1—87 过三点做垂线　　图5—1—88 修整图形效果

(6) 运用偏移命令 O（offset），偏移距离为 50 mm，偏移后再运用剪切命令 TR（trim）和延伸命令 EX（extend），将图形修改为如图 5 － 1 － 89 所示。

(7) 运用等分命令（divide），将其对象 6 等分，如图 5 － 1 － 90 所示。

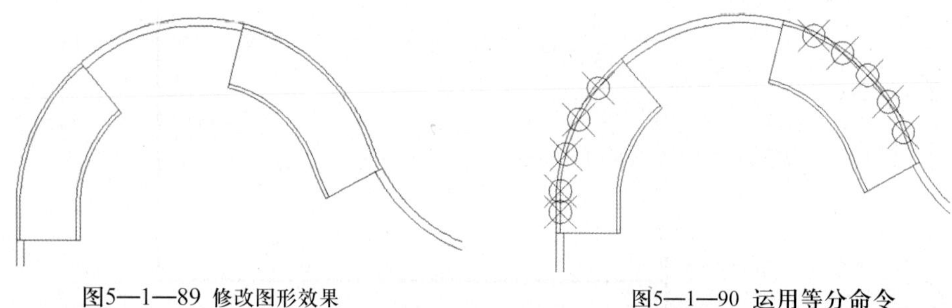

图5—1—89 修改图形效果　　图5—1—90 运用等分命令

(8) 运用直线命令 L（line），辅助对象捕捉中的垂足，绘制直线如图 5 － 1 － 91 所示。

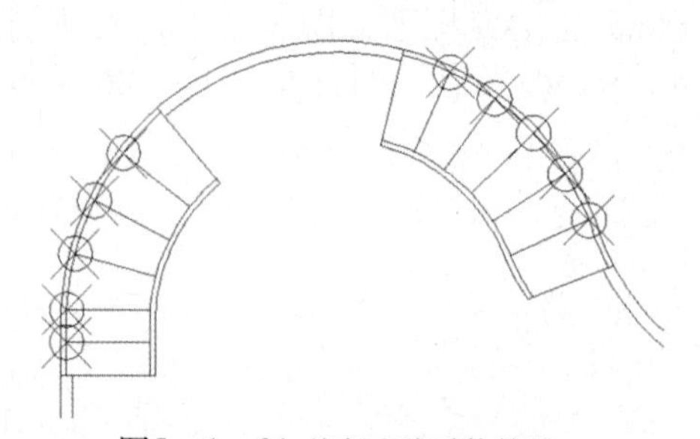

图5—1—91 绘制直线后的效果

4．绘制造型矮墙

(1) 两次运用偏移命令 O（offset），偏移距离分别为 100 mm、240 mm，绘制图形如图 5 － 1 － 92 所示。

(2) 做辅助线，辅助对象捕捉，运用直线命令 L（line）和剪切命令 TR（trim），绘制图形如图 5 － 1 － 93 所示。

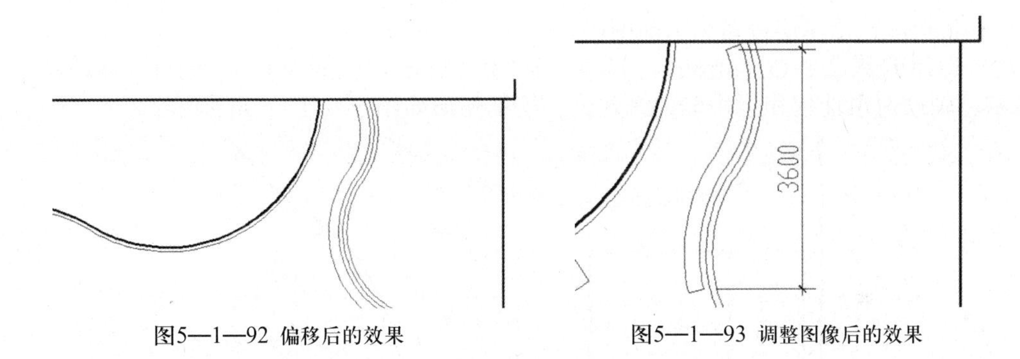

图5—1—92 偏移后的效果　　图5—1—93 调整图像后的效果

(3) 运用镜像命令 MI（mirror）、旋转命令 RO（rotate）、拉伸命令 S（stretch）、移动命令 M（move），将图像修改为如图 5 － 1 － 94 所示。

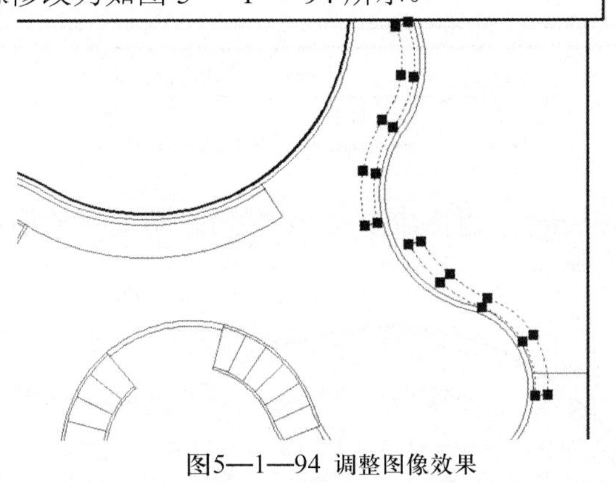

图5—1—94 调整图像效果

5．绘制树池花槽

小庭院中布置了大量的树池花槽，其主要造型为矩形和圆形，需要运用绘图命令中的矩形命令 REC（rectangle）、圆命令 C（circle）和直线命令 L（line），修改命令中的移动命令 M（move）、旋转命令 RO（rotate）、剪切命令 TR（trim）来完成任务，其完成后的效果如图 5 － 1 － 95 所示。

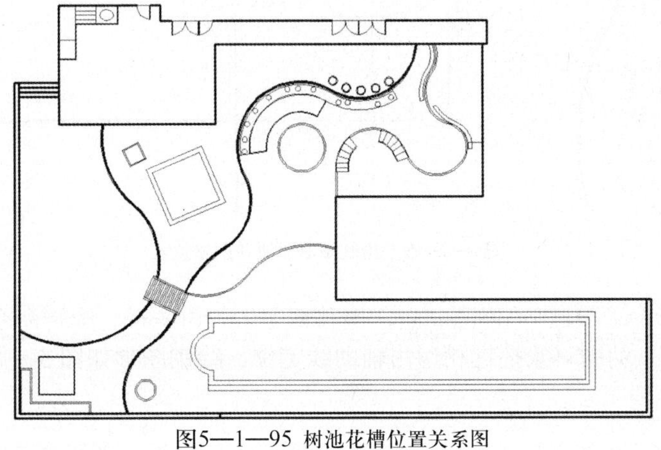

图5—1—95 树池花槽位置关系图

(1) 将树池花槽图层设置为当前图层。

(2) 运用偏移命令 O（offset）、剪切命令 TR（trim）、圆命令 C（circle）、移动命令 M（move），辅助对象捕捉和运用辅助线定位，绘制图形如图 5 － 1 － 96 所示。

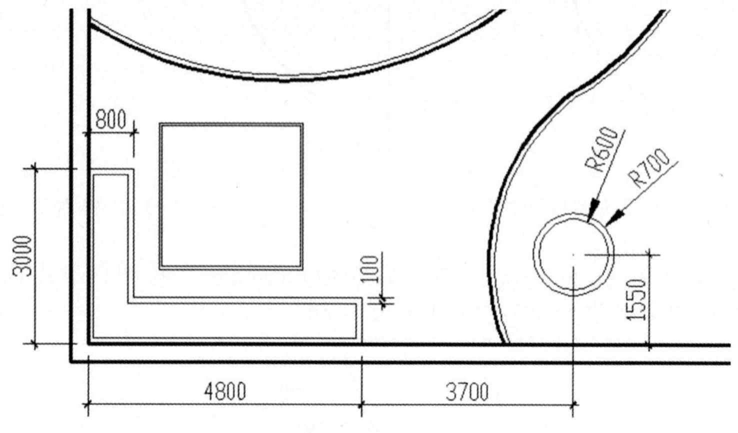

图5—1—96 绘制L形竹林和圆形花槽

(3) 运用圆命令 C（circle），偏移命令 O（offset）、辅助对象捕捉和运用辅助线定位，绘制图形如图 5 － 1 － 97 所示。

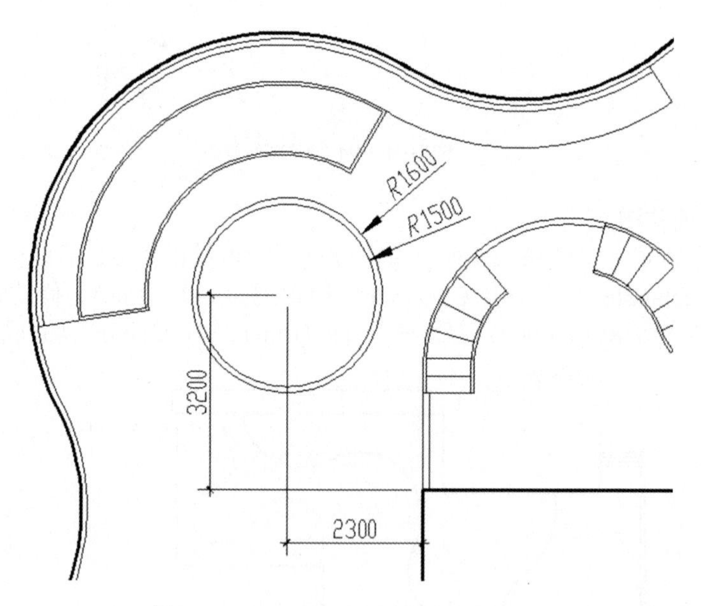

图5—1—97 绘制圆形树池并调整位置

(4) 运用矩形命令 REC（rectangle）、偏移命令 O（offset）、旋转命令 RO（rotate）、移动命令 M（move）；辅助对象捕捉和运用辅助线定位，绘制图形如图 5 － 1 － 98 所示。

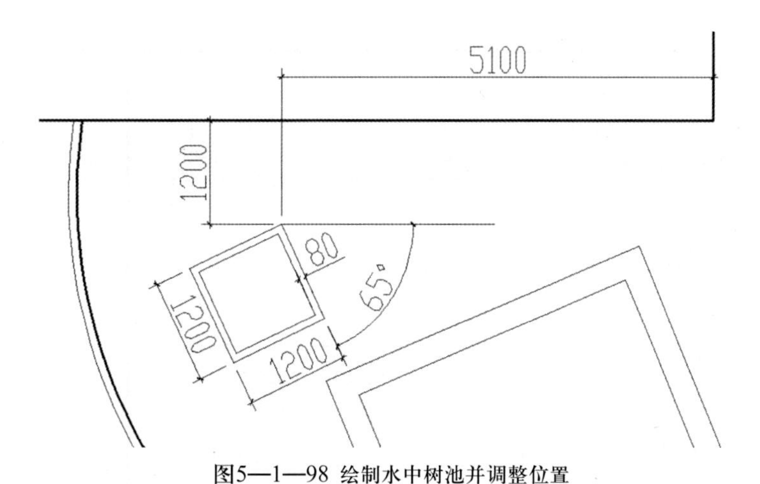

图5—1—98 绘制水中树池并调整位置

6．绘制儿童区游乐设施

（1）运用矩形命令 REC（rectangle）、旋转命令 RO（rotate）、移动命令 M（move）；辅助对象捕捉和运用辅助线定位，绘制图形如图 5 － 1 － 99 所示。

（2）运用圆命令 C（circle）、移动命令 M（move），辅助对象捕捉和运用辅助线定位，绘制图形如图 5 － 1 － 100 所示。

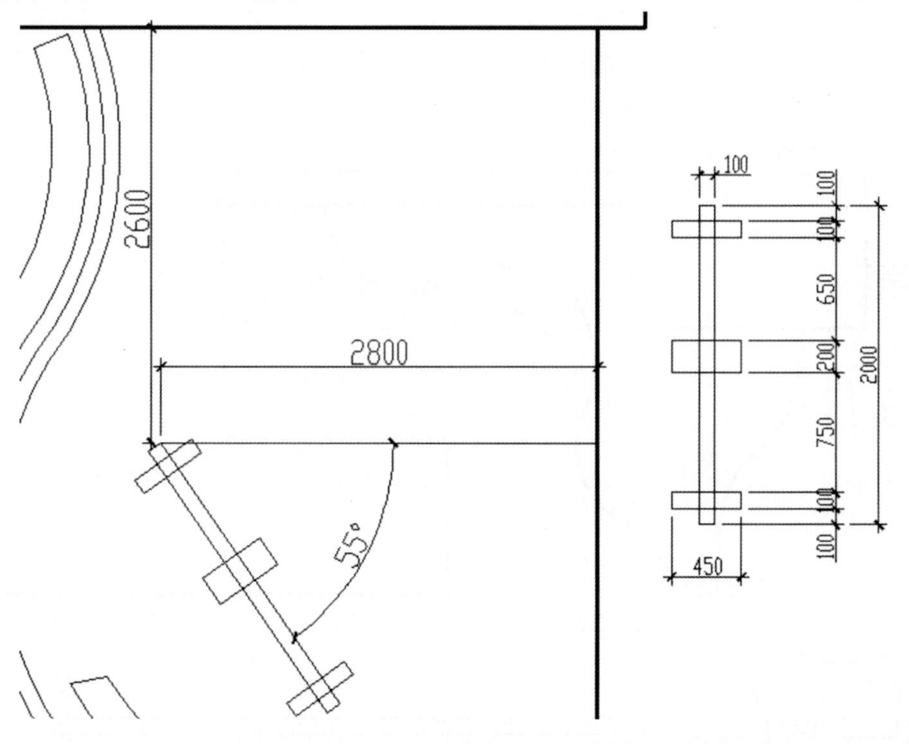

图5—1—99 绘制游乐设施秋千

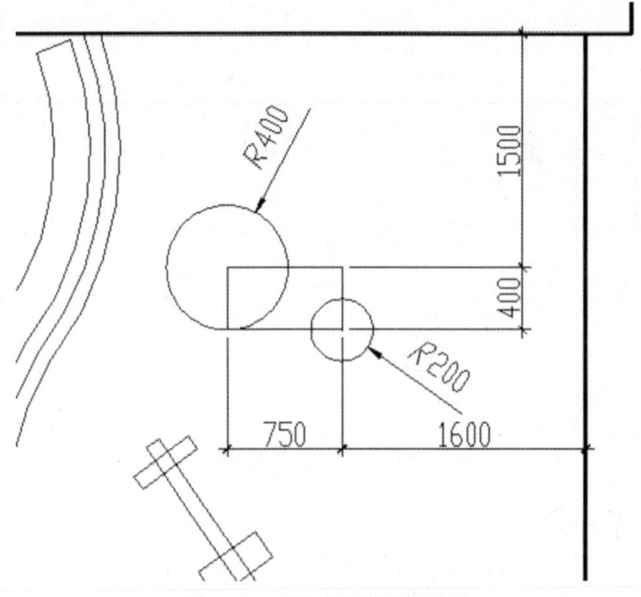

图5—1—100 绘制游乐设施球

十、绘制园路系统

园路系统在小庭院中占有非常重要的作用，它起到连接各个建筑景观、建筑小品以及有效分隔空间的作用。同时它形式、材质多样,遍及整个庭院中。其分布如图 5 － 1 － 101 所示。

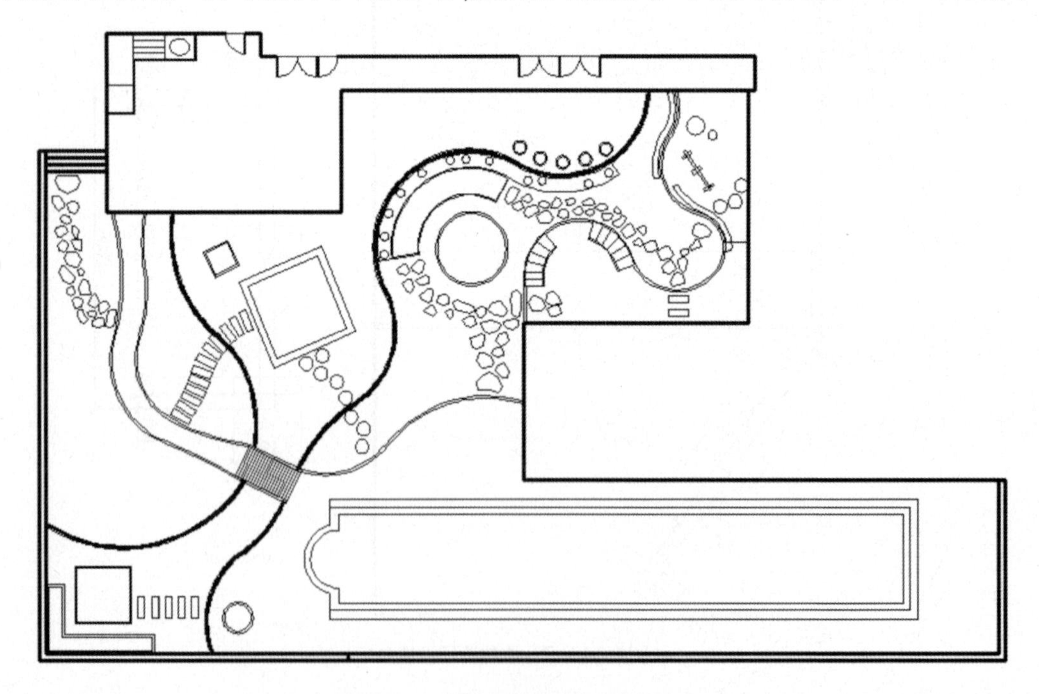

图5—1—101 小庭院园路系统分布

1．绘制曲路

(1) 设置园路系统图层为当前图层。

(2) 运用多段线命令 PL (pline)，绘制第 1 条多段线，观察其与周边的关系，如图 5 － 1 － 102 和图 5 － 1 － 103 所示。

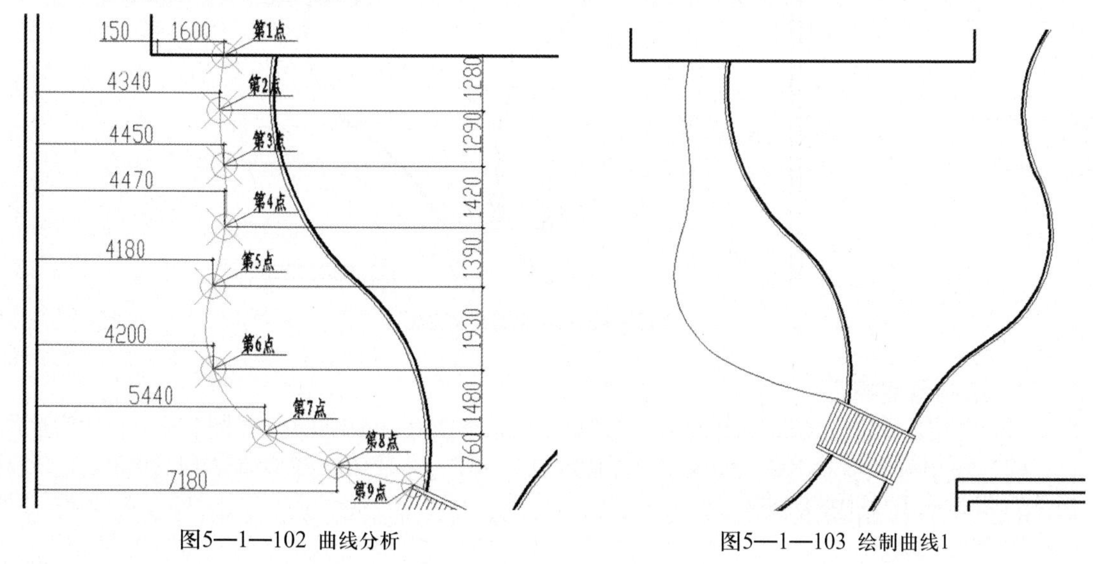

图5—1—102 曲线分析　　图5—1—103 绘制曲线1

(3) 运用多段线命令 PL (pline)，绘制第 2 条多段线，观察其与周边的关系，如图 5 － 1 － 104 和图 5 － 1 － 105 所示。

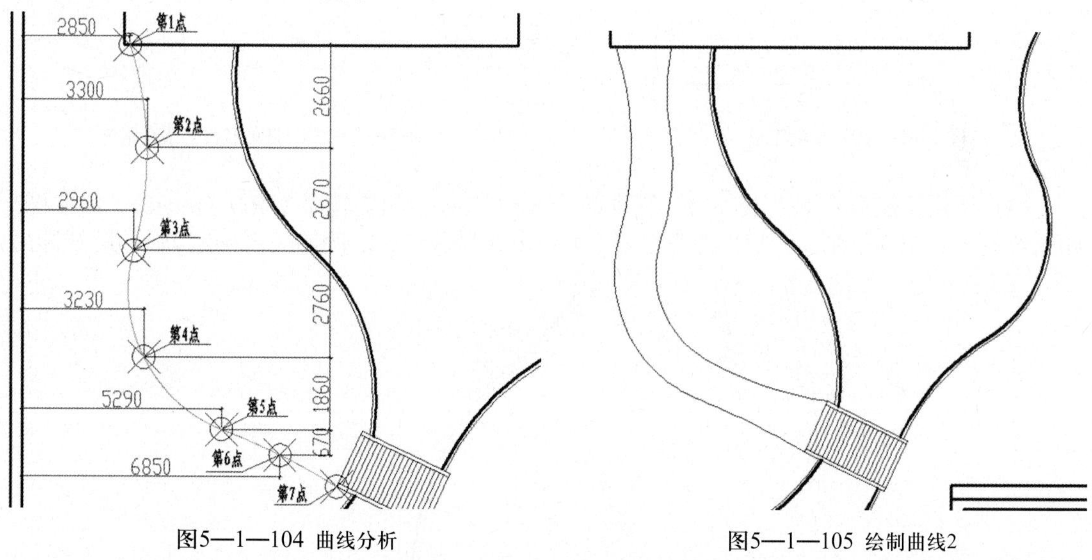

图5—1—104 曲线分析　　图5—1—105 绘制曲线2

(4) 运用偏移命令 O (offset)，向路面内部偏移距离为 100 mm；并运用剪切命令 TR (trim) 和延伸命令 EX (extend) 对其偏移后的对象与周边物体的关系进行修改，绘制图形如图 5 － 1 － 106 所示。

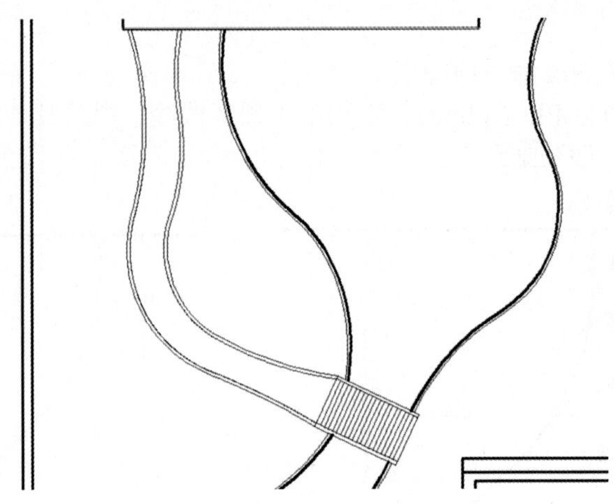

图5—1—106 曲路绘制完成

2. 绘制琴键条石

(1)运用矩形命令REC(rectangle),绘制900 mm×300 mm的矩形,如图5 － 1 － 107所示。

(2) 运用旋转命令 RO (rotate), 旋转角度为 -67°, 并运用移动命令 M (move), 将其移至如图 5 － 1 － 108 所示。

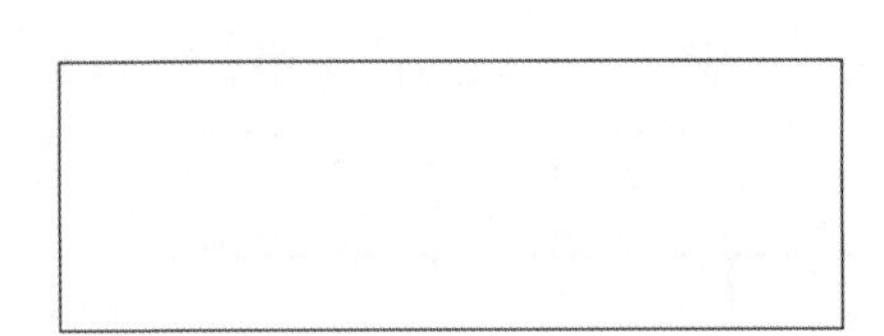

图5—1—107 绘制矩形

图5—1—108 将矩形移至茶亭附近

(3) 运用复制命令 CO (copy)、移动命令 M (move) 和旋转命令 RO (rotate), 绘制图形如图 5 － 1 － 109 所示。(共计 12 个条石, 第一个和最后一个之间的关系确定, 弧形路线即可)

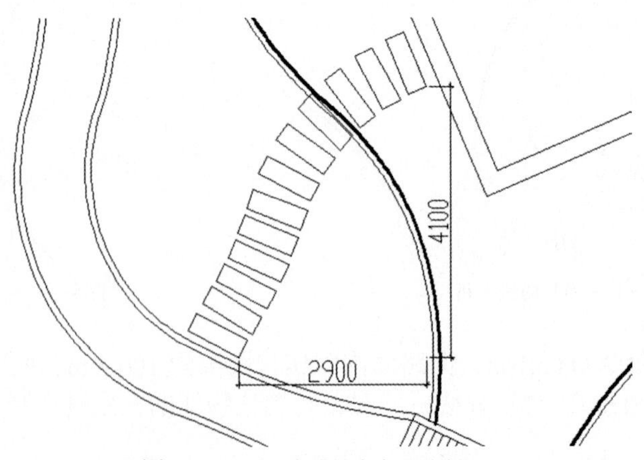

图5—1—109 完成键盘条石绘制

3．绘制棋石汀步

(1) 运用圆命令 C（circle），绘制半径为 300 mm 的圆，并运用移动命令 M（move），将其位置调整为如图 5 － 1 － 110 所示。

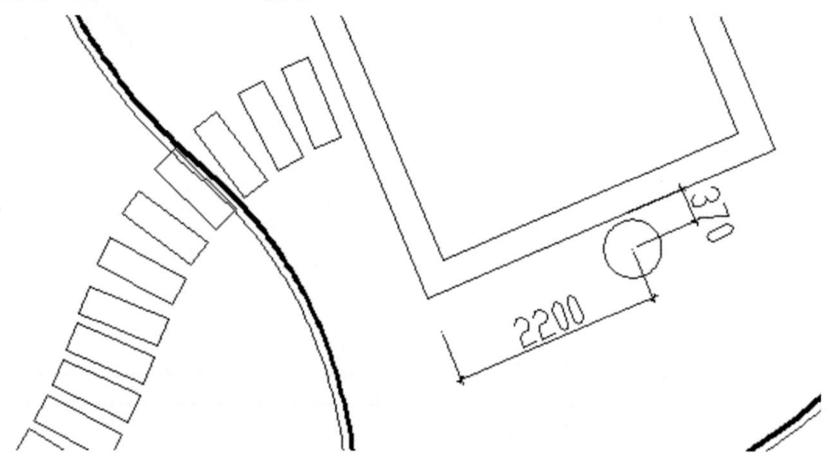

图5—1—110 绘制圆并将其移至茶亭附近

(2) 运用复制命令 CO（copy）和移动命令 M（move）,绘制图形如图 5 － 1 － 111 所示。(共计 8 个汀步，第一个和最后一个之间的关系确定，弧形路线即可)

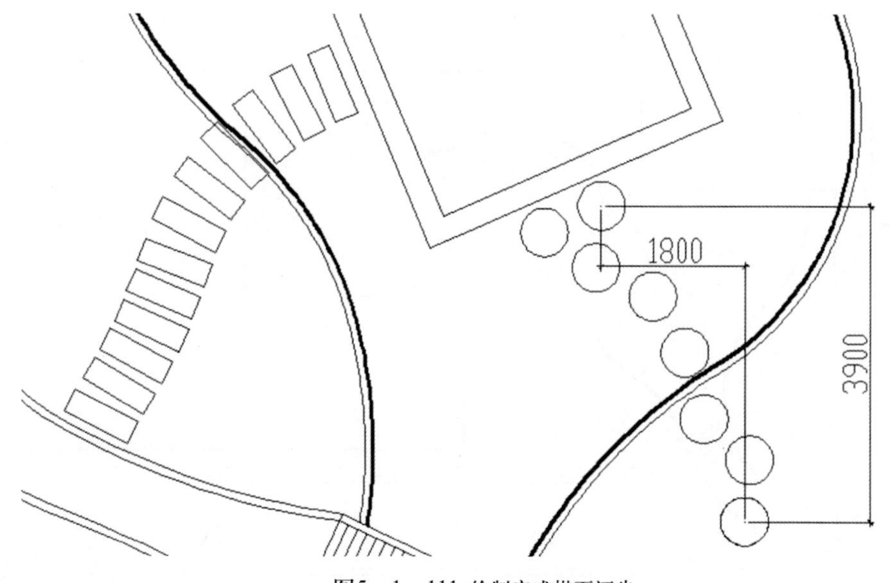

图5—1—111 绘制完成棋石汀步

4．绘制对弈台步石

运用矩形命令 REC（rectangle）、移动命令 M（move）, 辅助对象捕捉和运用辅助线定位，绘制图形如图 5 － 1 － 112 所示。

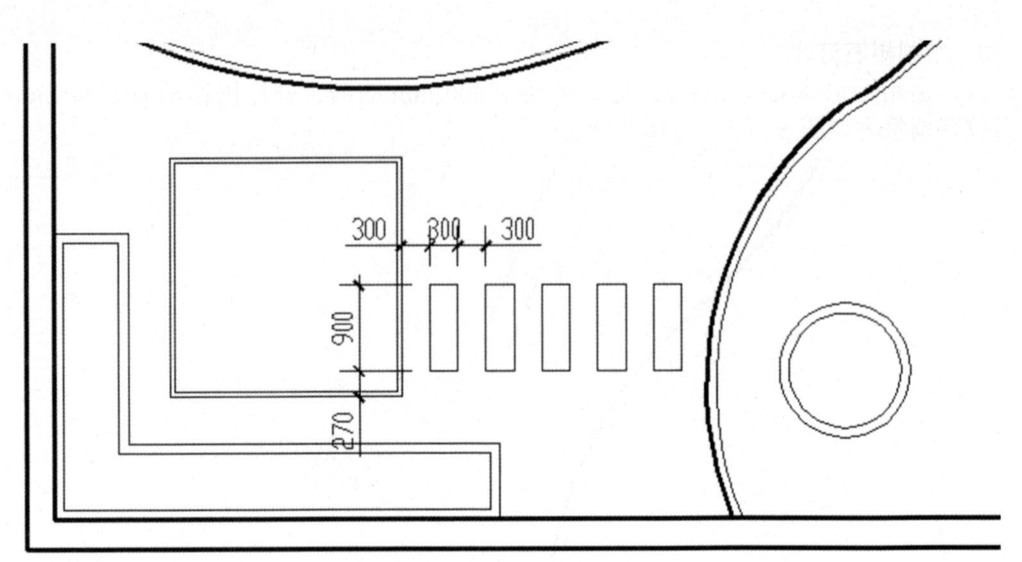

图5—1—112 绘制完成对弈台步石

5．绘制石材碎拼路面

运用多段线命令 PL（pline）绘制石材外形，并运用移动命令 M（move）将其调整为如图 5 － 1 － 113 所示。

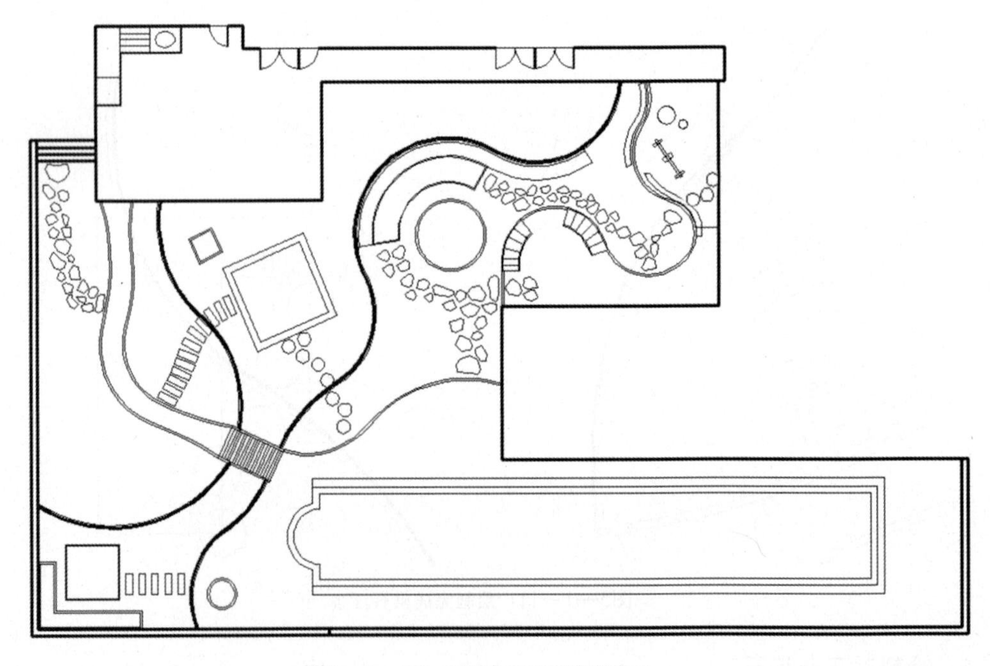
图5—1—113 绘制完成石材碎拼路面

6．绘制儿童游乐区的步石和汀步

(1) 运用矩形命令 REC（rectangle）、移动命令 M（move），辅助对象捕捉和运用辅助线定位，绘制图形如图 5 － 1 － 114 所示。

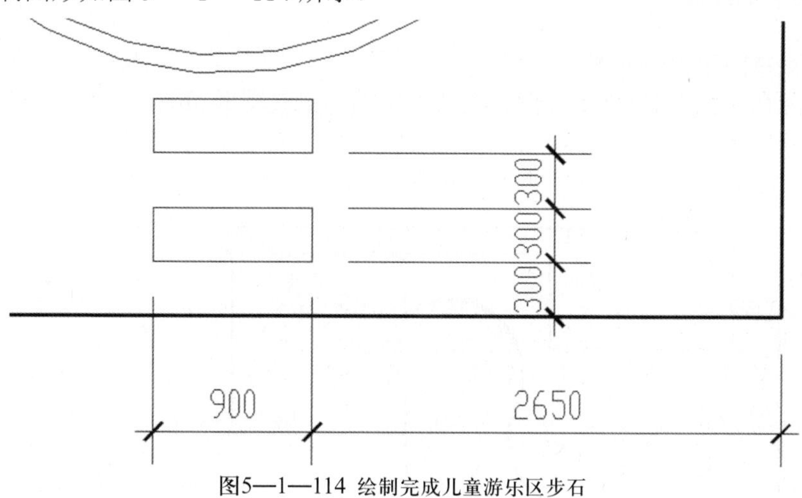

图5—1—114 绘制完成儿童游乐区步石

（2）运用圆命令 C（circle）、移动命令 M（move），辅助对象捕捉和运用辅助线定位，绘制图形如图 5 － 1 － 115 所示。

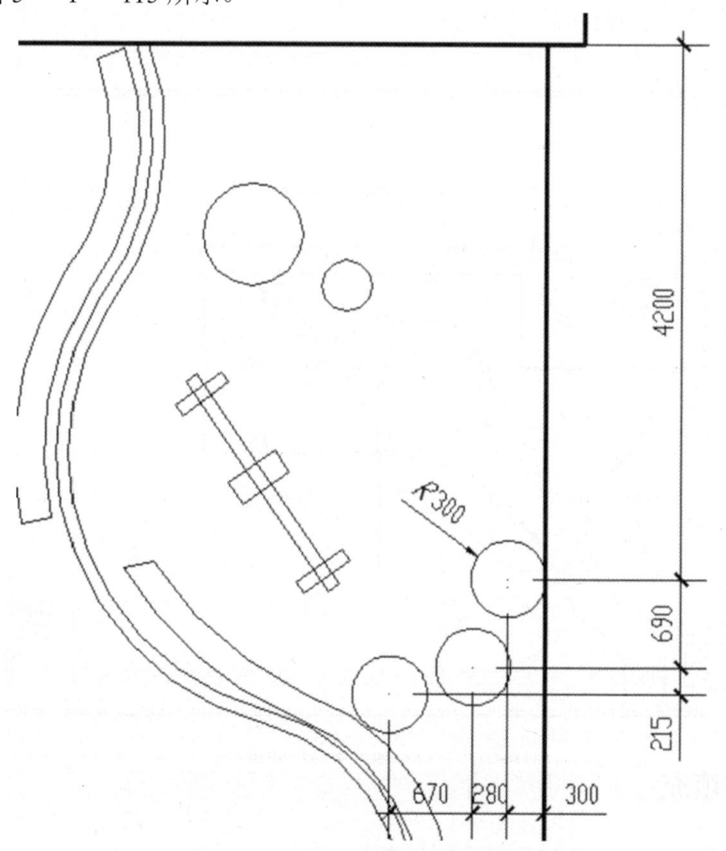

图5—1—115 绘制完成儿童游乐区步石汀步

十一、调入家具模型

1．设置家具图层为当前图层。

2．打开配套光盘中 CAD 平面图／模块五中的“家具图例 .dwg”。

3．运用复制命令（Ctrl+C）、粘贴命令（Ctrl+V），将“家具图例 .dwg”文件里的家具拷贝到小庭院平面图中，如图 5 － 1 － 116 所示。

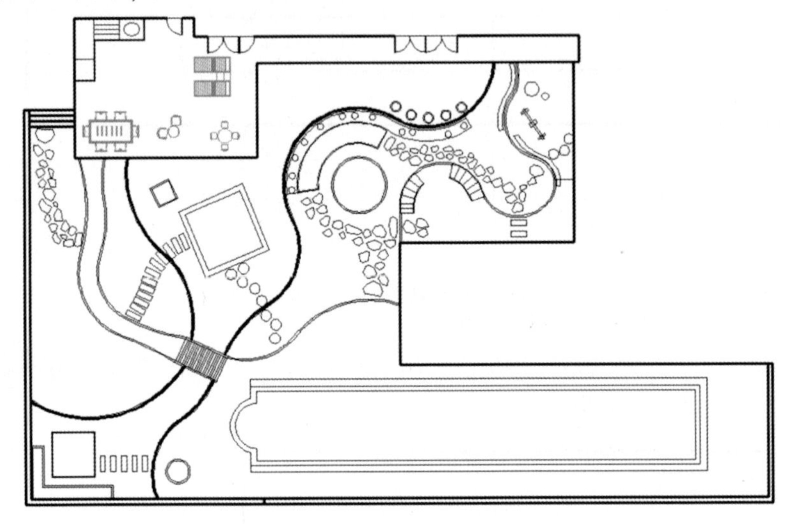

图5—1—116 调入家具模块

4．运用移动命令 M（move），将其位置调整到如图 5 － 1 － 117 所示。

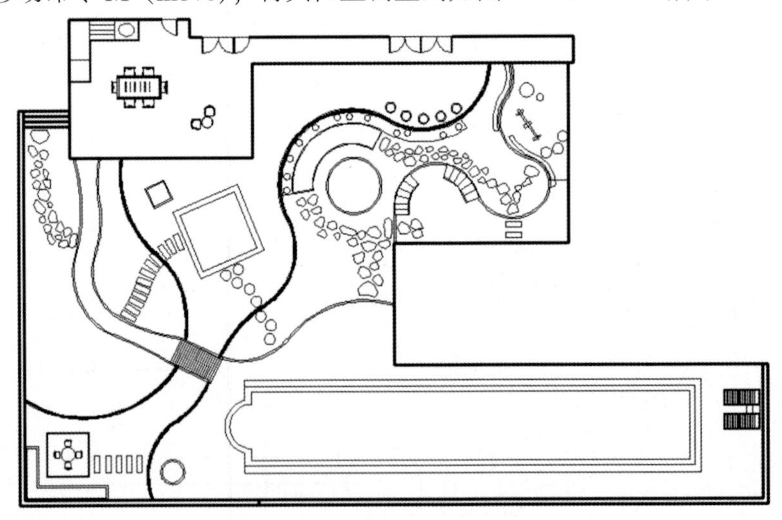

图5—1—117 完成家具的布置

十二、图案填充

1．先填充水平木铺地部分和垂直木铺地部分

（1）将填充图层设置为当前图层。

（2）运用直线命令 L（line），先将游泳池和和露台部分的铺地进行分隔，如图 5 － 1 － 118 所示。

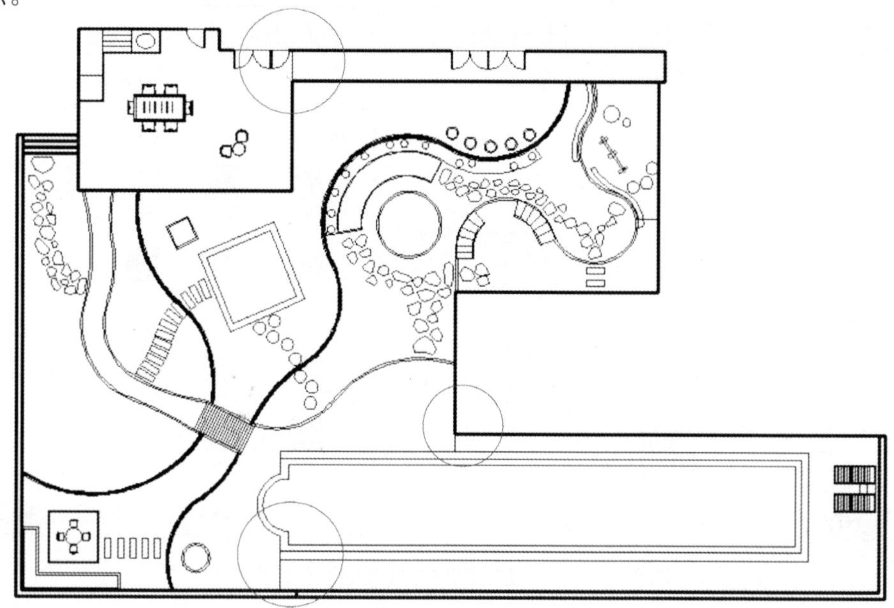

图5—1—118　画材质分隔线

（3）运用填充命令 H（hatchedit），填充图形如图 5 － 1 － 119 ～图 5 － 1 － 121 所示。

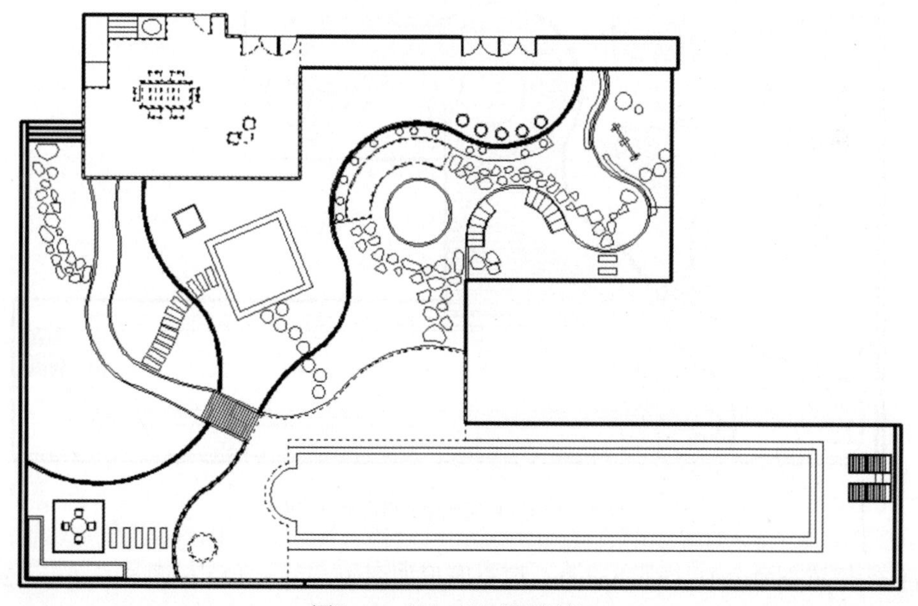

图5—1—119　选择填充区域

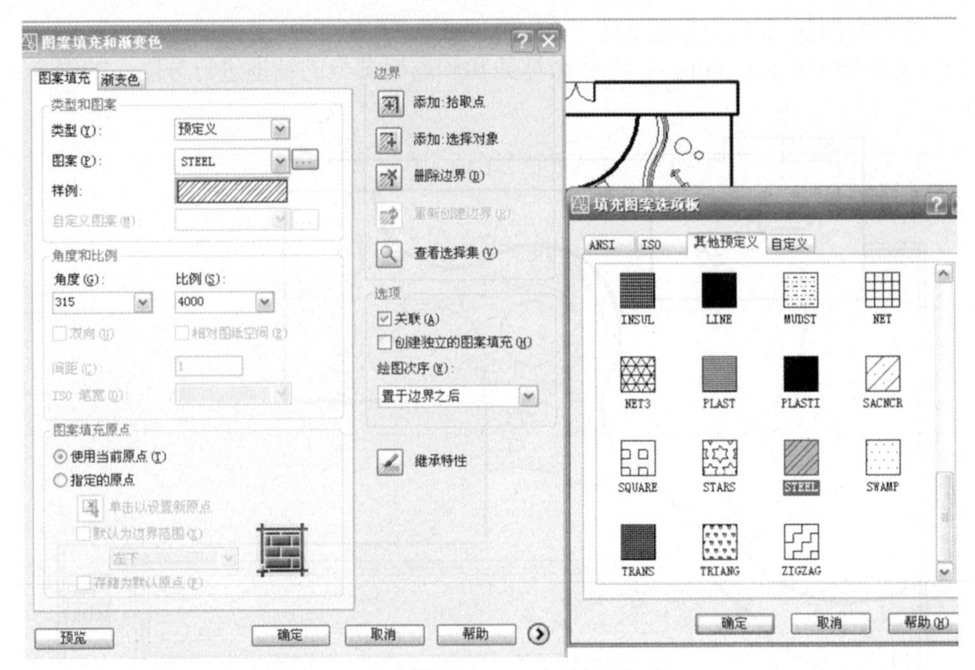

图5—1—120 【图案填充和渐变色】参数设置

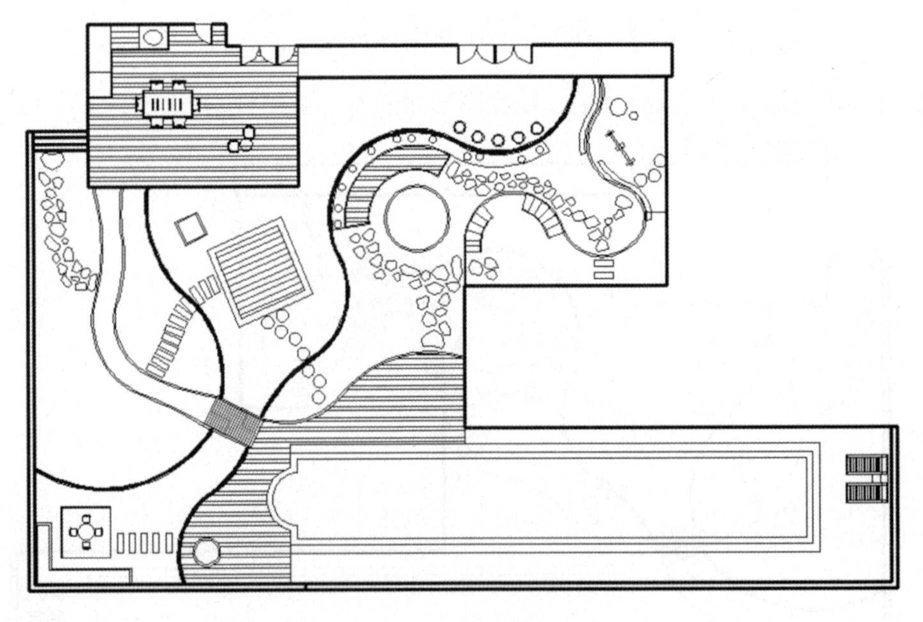

图5—1—121 完成地板横向填充效果

(4) 运用填充命令 H (hatchedit)，填充图形如图 5 － 1 － 122 ～图 5 － 1 － 124 所示。

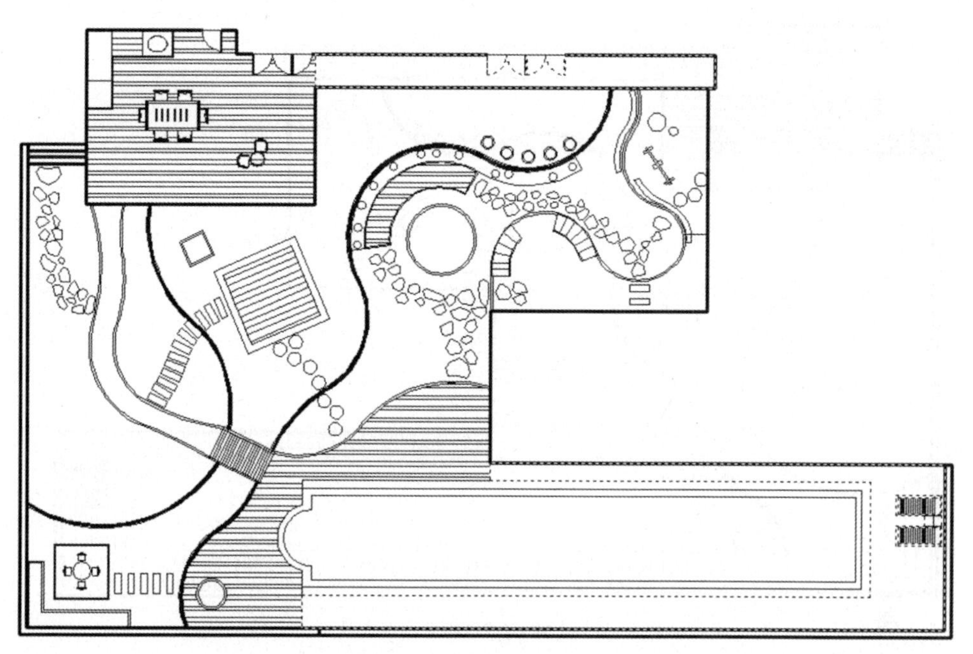

图5—1—122　选择填充区域

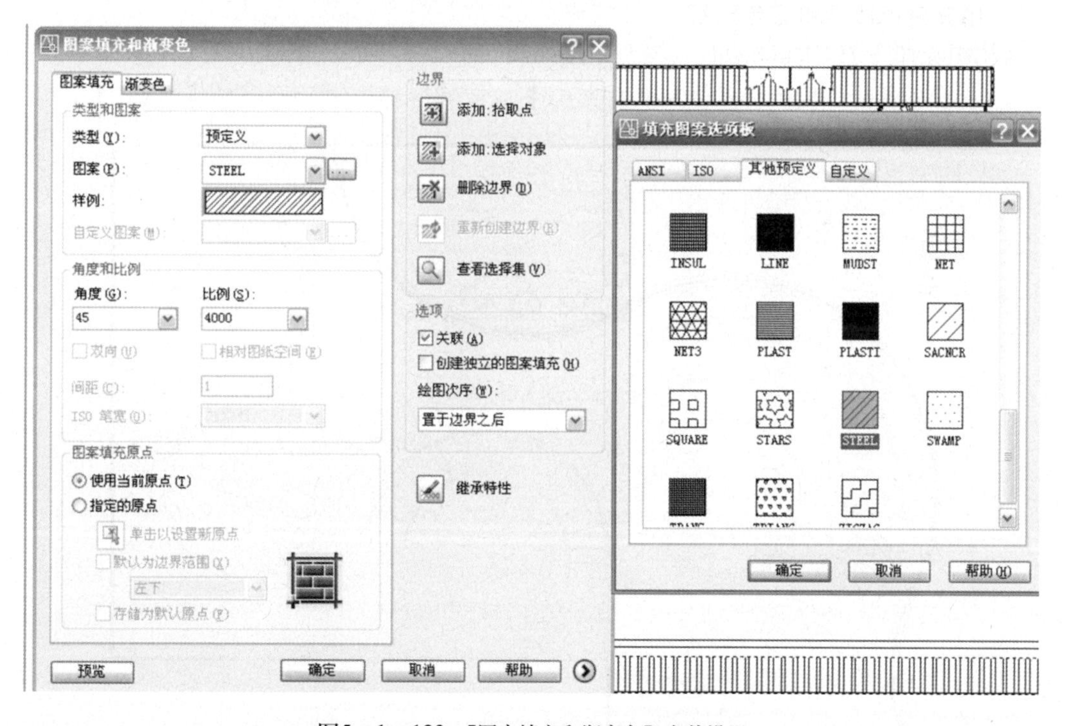

图5—1—123　【图案填充和渐变色】参数设置

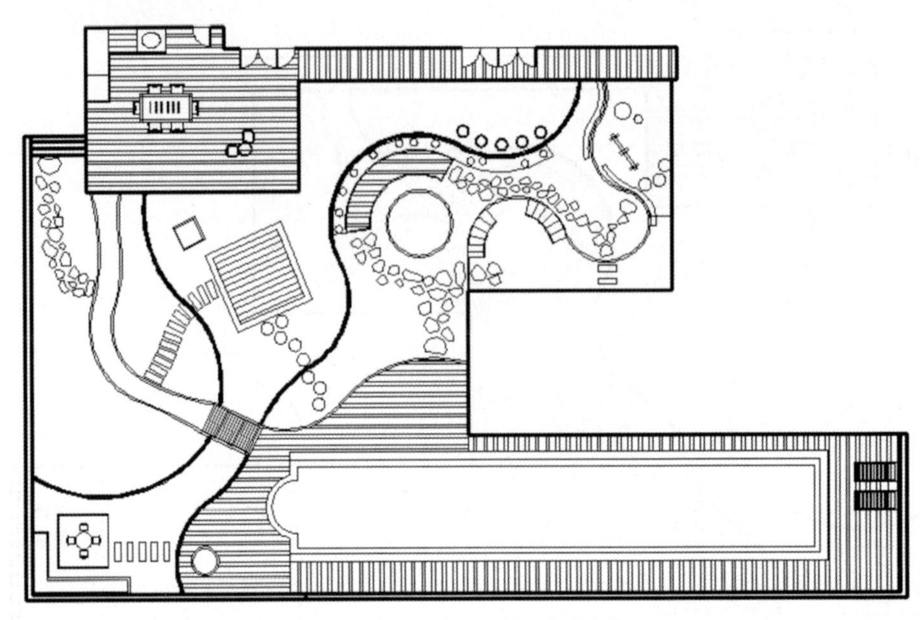

图5—1—124 完成地板竖向填充效果

2．填充白色沙石和深色砾石

运用填充命令 H（hatchedit），填充图形如图 5 － 1 － 125 ～图 5 － 1 － 127 所示。

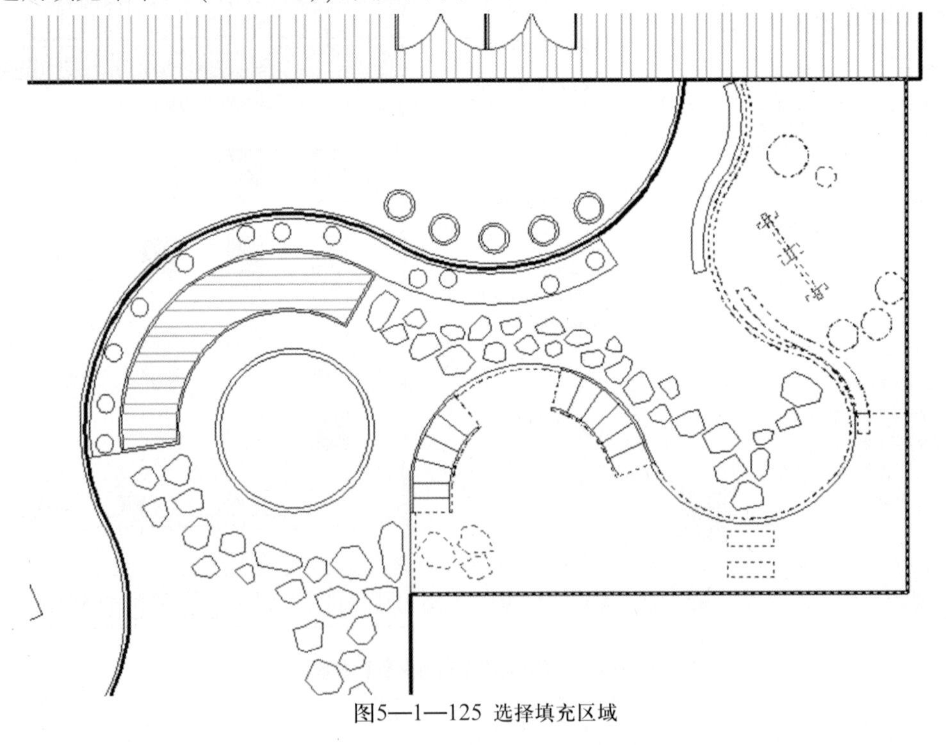

图5—1—125 选择填充区域

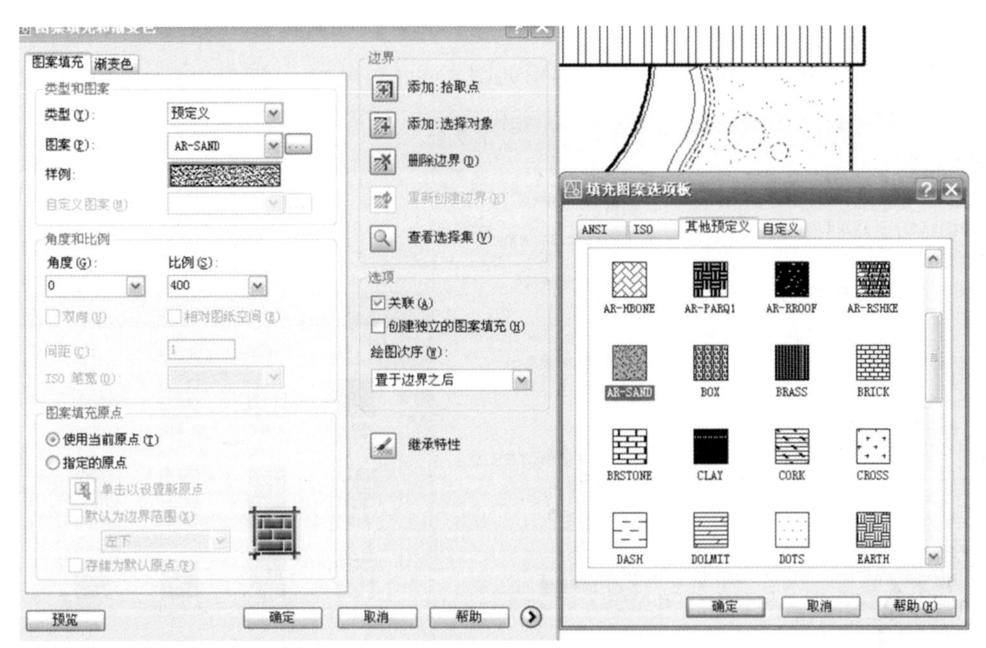

图5—1—126　【图案填充和渐变色】参数设置

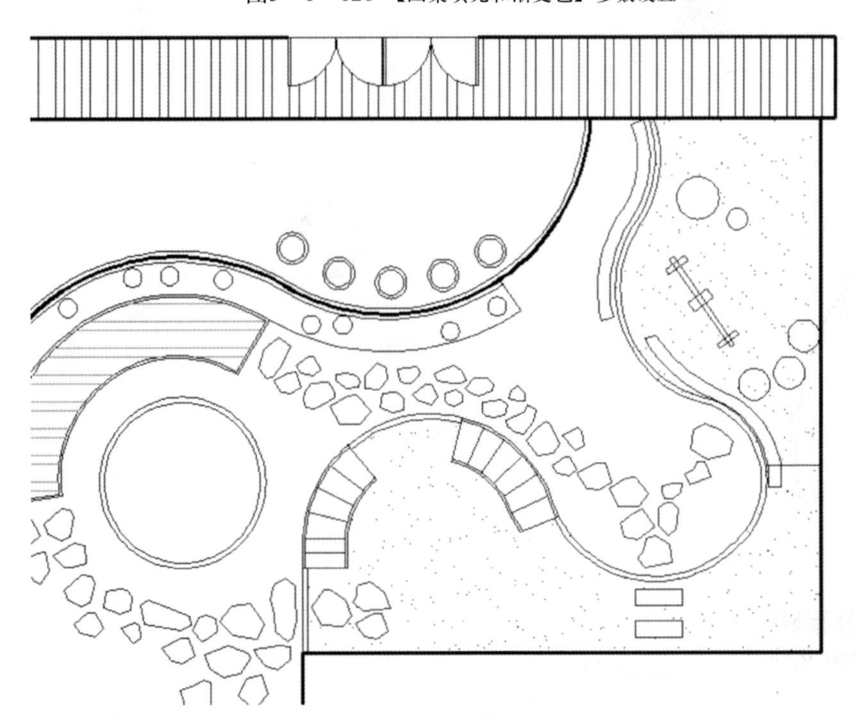

图5—1—127 白色沙石和深色砾石填充完成效果

3. 填充琴键条石和棋石汀步

运用填充命令 H（hatchedit），填充图形如图 5 － 1 － 128 ～图 5 － 1 － 130 所示。

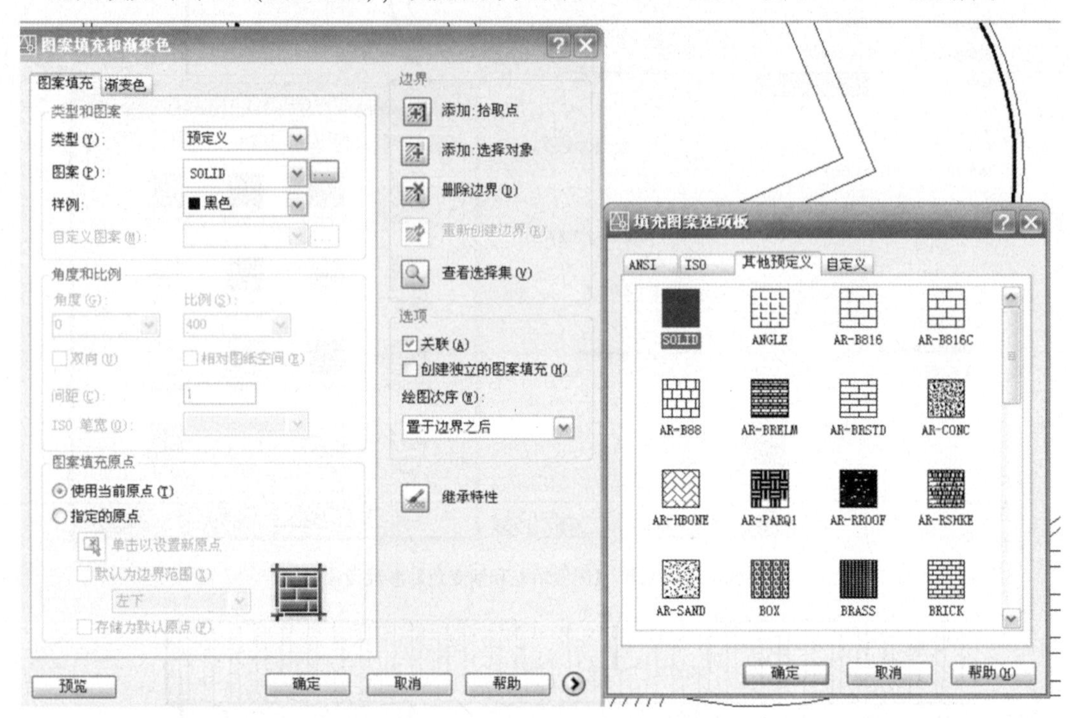

图5—1—128 【图案填充和渐变色】参数设置

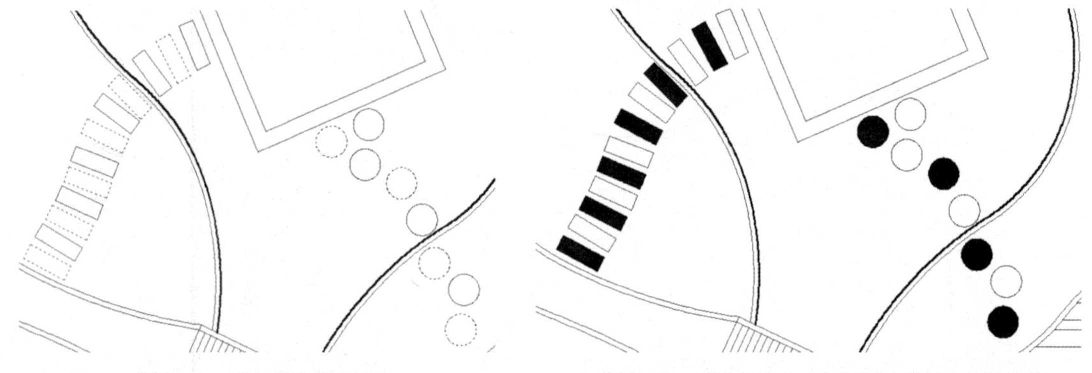

图5—1—129 选择填充区域　　图5—1—130 琴键条石和棋石汀步填充后的效果

4. 填充茶亭和对弈台

(1) 运用填充命令 H（hatchedit），填充图形如图 5 － 1 － 131 ～图 5 － 1 － 133 所示。

图5—1—131　【图案填充和渐变色】参数设置

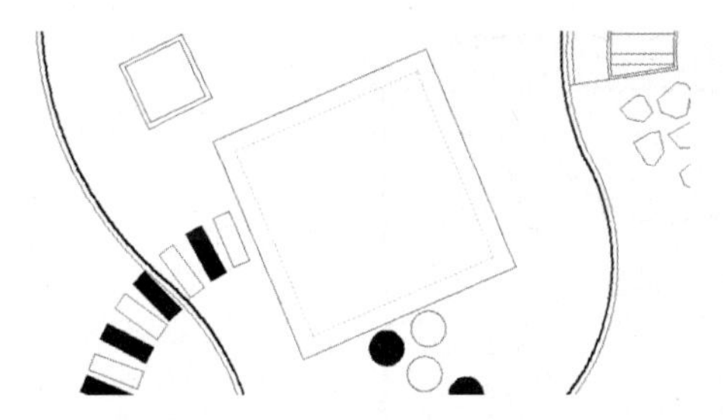

图5—1—132 选择填充区域

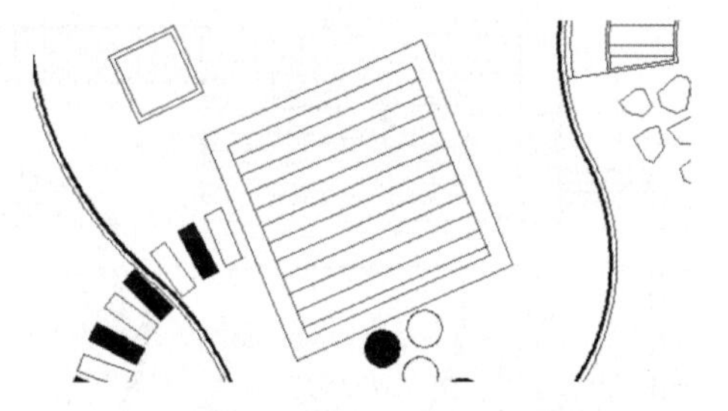

图5—1—133 茶亭填充后的效果

(2) 运用填充命令 H (hatchedit)，填充图形如图 5 － 1 － 134 ～图 5 － 1 － 136 所示。

图5—1—134　【图案填充和渐变色】参数设置

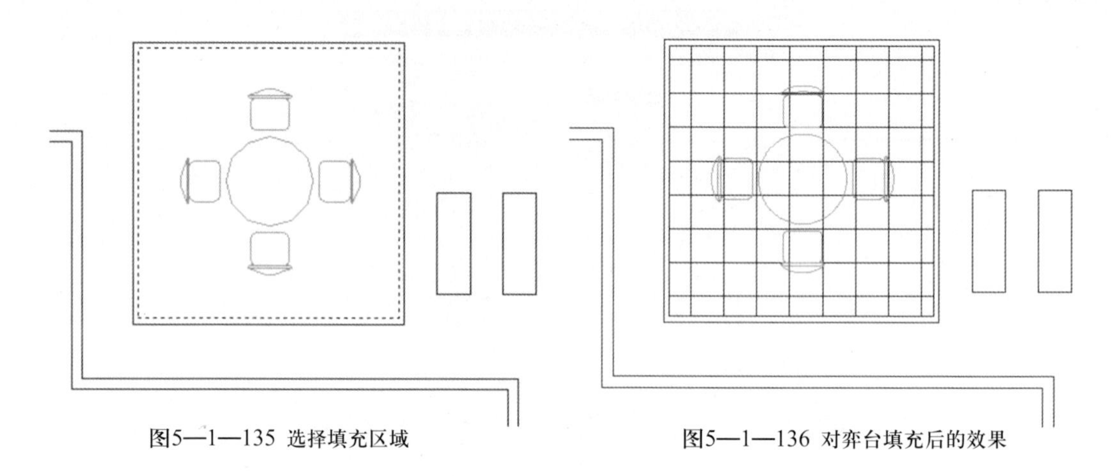

图5—1—135 选择填充区域

图5—1—136 对弈台填充后的效果

5．填充水体部分

(1) 运用填充命令 H（hatchedit），填充图形如图 5 － 1 － 137 ～图 5 － 1 － 139 所示。

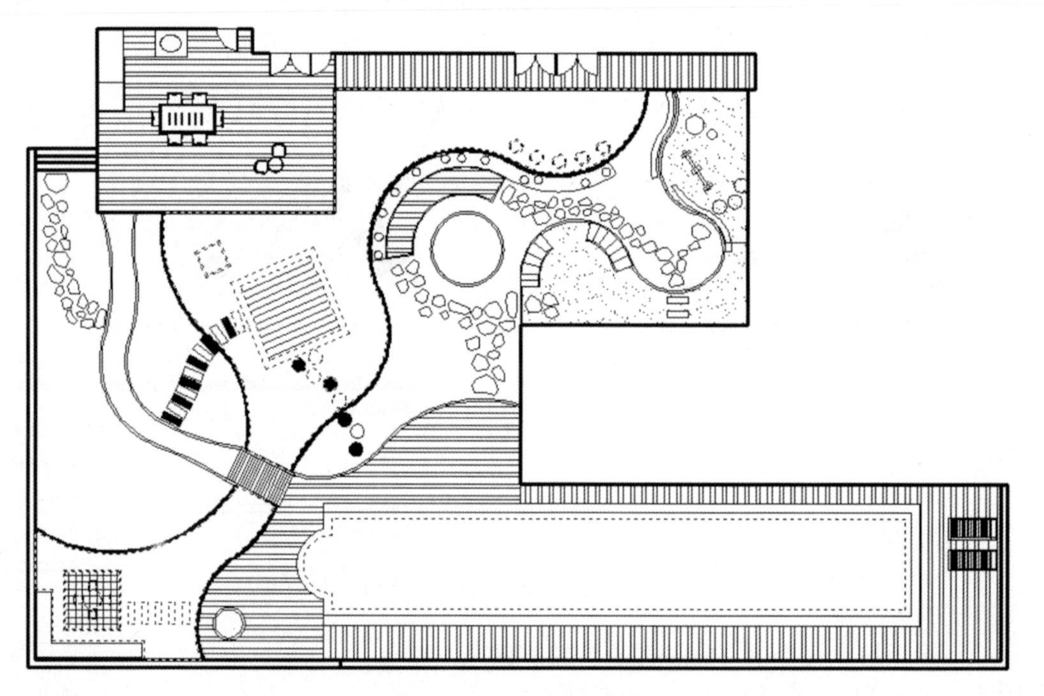

图5—1—137 选择填充区域

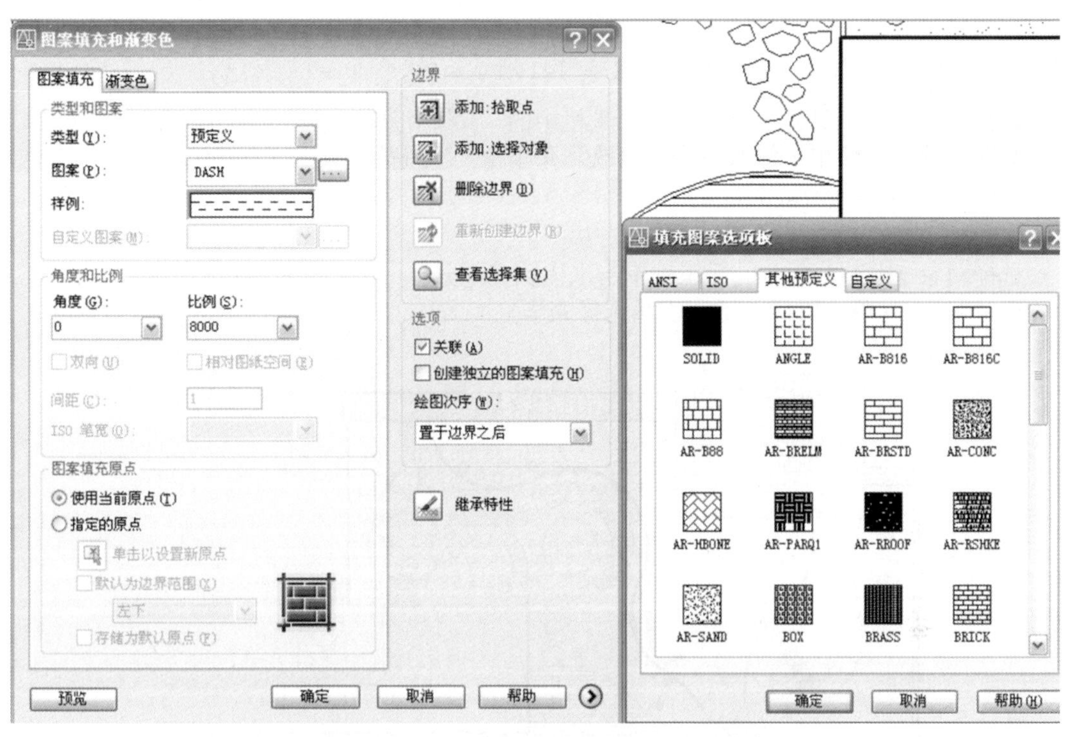

图5—1—138　【图案填充和渐变色】参数设置

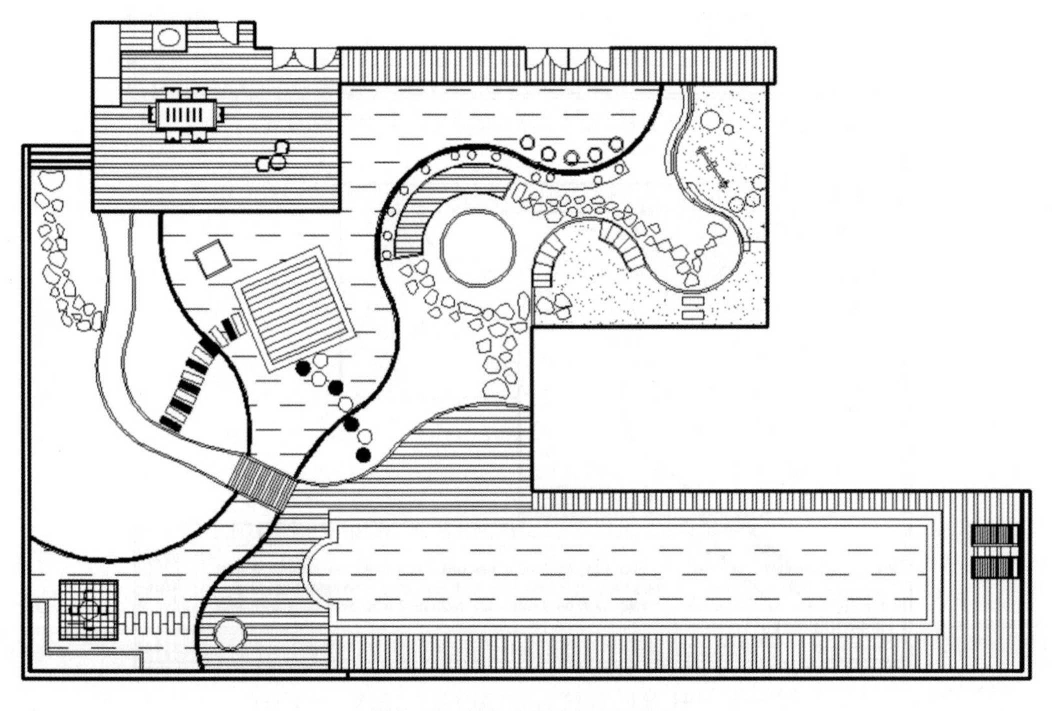

图5—1—139 水体填充后的效果

(2) 运用分解命令 X (explode)，将水体填充部分由整体分解 (将合成对象分解为其部件对象)，如图 5 − 1 − 140 和图 5 − 1 − 141 所示。

- "修改" 工具栏 : 单击修改工具栏中的 " " 图标。
- "修改" 菜单 : 依次单击 "修改" 菜单 ➤ "分解"。
- 命令行 : X (explode)。

命令 : x EXPLODE
选择对象 : 找到 1 个 (鼠标左键单击水体填充部分)
选择对象 : (单击鼠标右键，表示选择完毕)
已删除填充边界关联性。

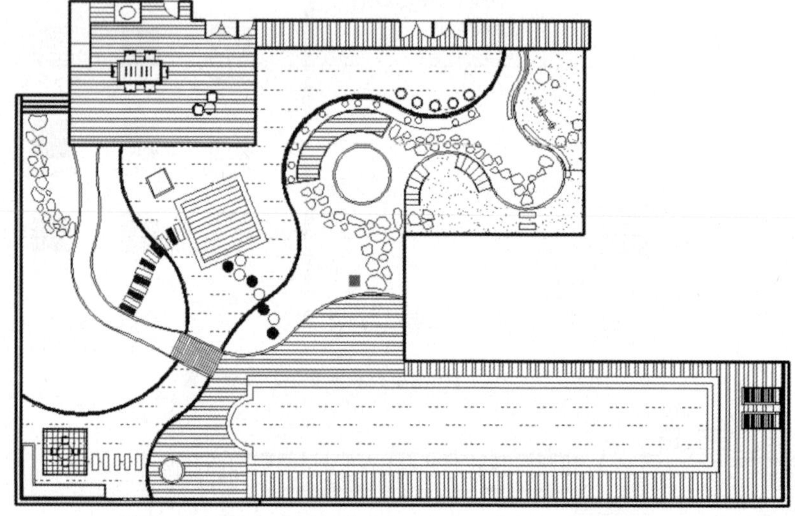

图5—1—140 鼠标左键单击水体部分为合成对象 (未分解)

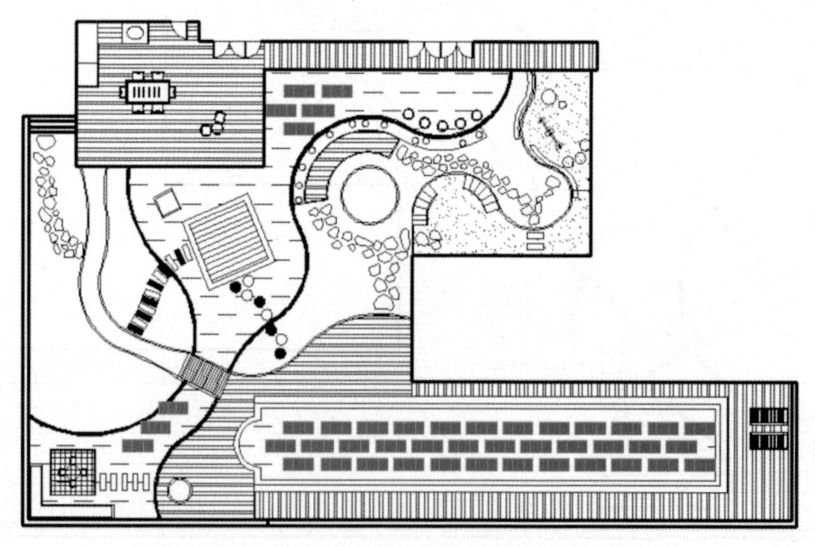

图5—1—141 鼠标左键单击水体部分为部件对象 (分解后)

(3) 运用移动命令 M (move)、删除命令 E (erase) ,调整水体填充如图 5 － 1 － 142 所示。

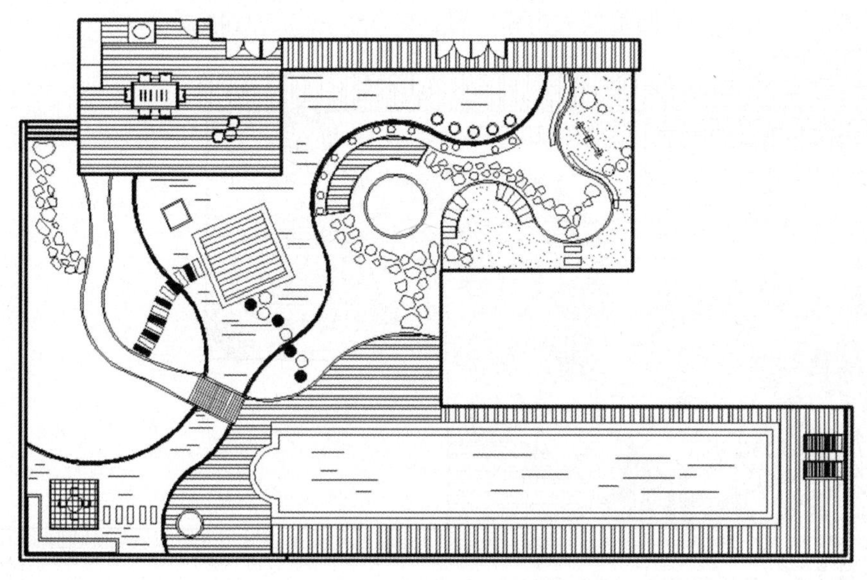

图5—1—142 水体填充调整后的效果

十三、调入植物模型

1．设置植物图层为当前图层。

2．打开配套光盘中 CAD 平面图／模块五中的“植物图例 .dwg”。

3．运用复制命令（Ctrl+C)、粘贴命令（Ctrl+V)，将“植物图例 .dwg”文件里的植物拷贝到小庭院平面图中，并调整其大小和位置，如图 5 － 1 － 143 所示。

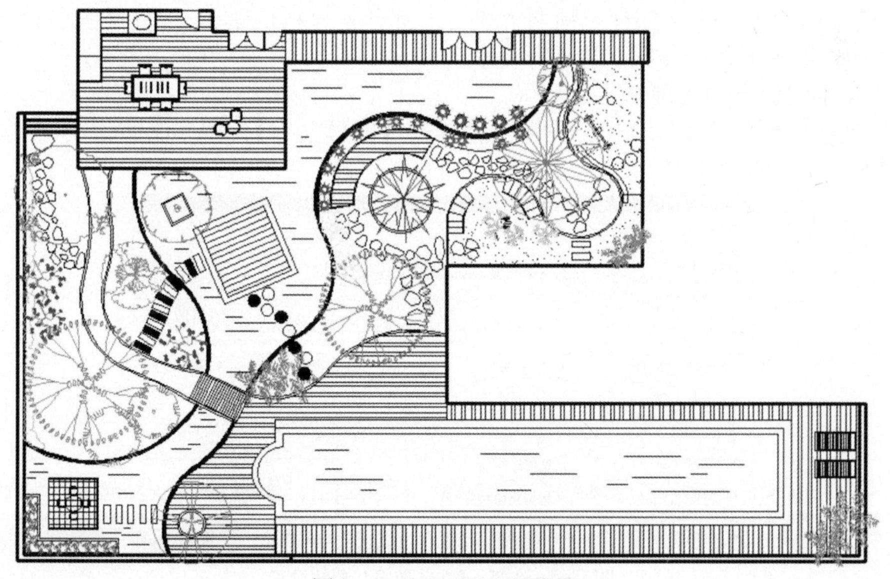

图5—1—143 调入植物模块

4．运用复制命令（Ctrl+C）、粘贴命令（Ctrl+V），将“植物图例 .dwg”文件里的石头拷贝到小庭院平面图中，并调整其大小和位置，如图 5 － 1 － 144 所示。

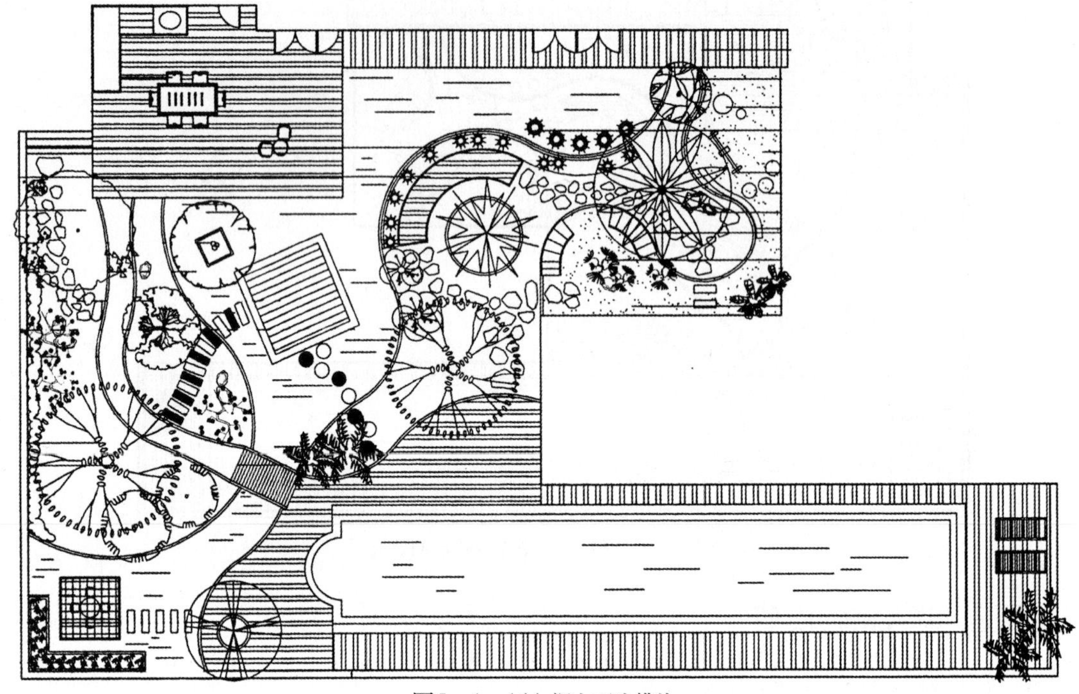

图5—1—144 调入石头模块

十四、材料说明、文字注写

小庭院平面图中，文字部分包括两大块，一部分是材料说明;一部分是图名和比例书写。必须设置两个文字样式，供其不同书写要求。

1．将文字图层置为当前图层。

2．根据出图比例为 1 ∶ 150，设置文字样式【园林文字】，用于文字说明。其具体参数设置如图 5 － 1 － 145 所示。

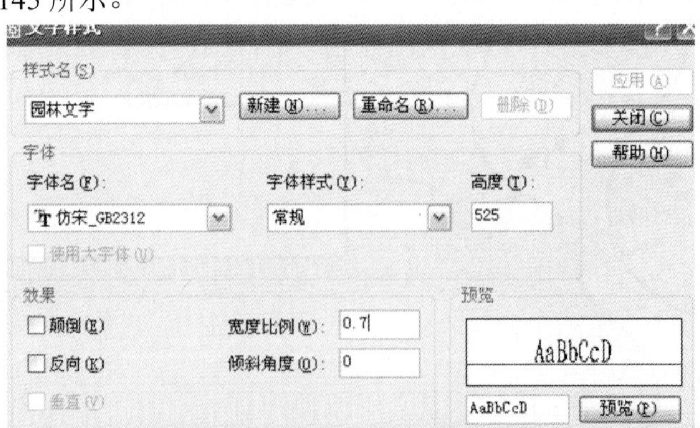

图5—1—145 【文字样式】参数设置

3．将【园林文字】置为当前文字样式，在立面图中注写主要说明，如图 5 － 1 － 146 所示。

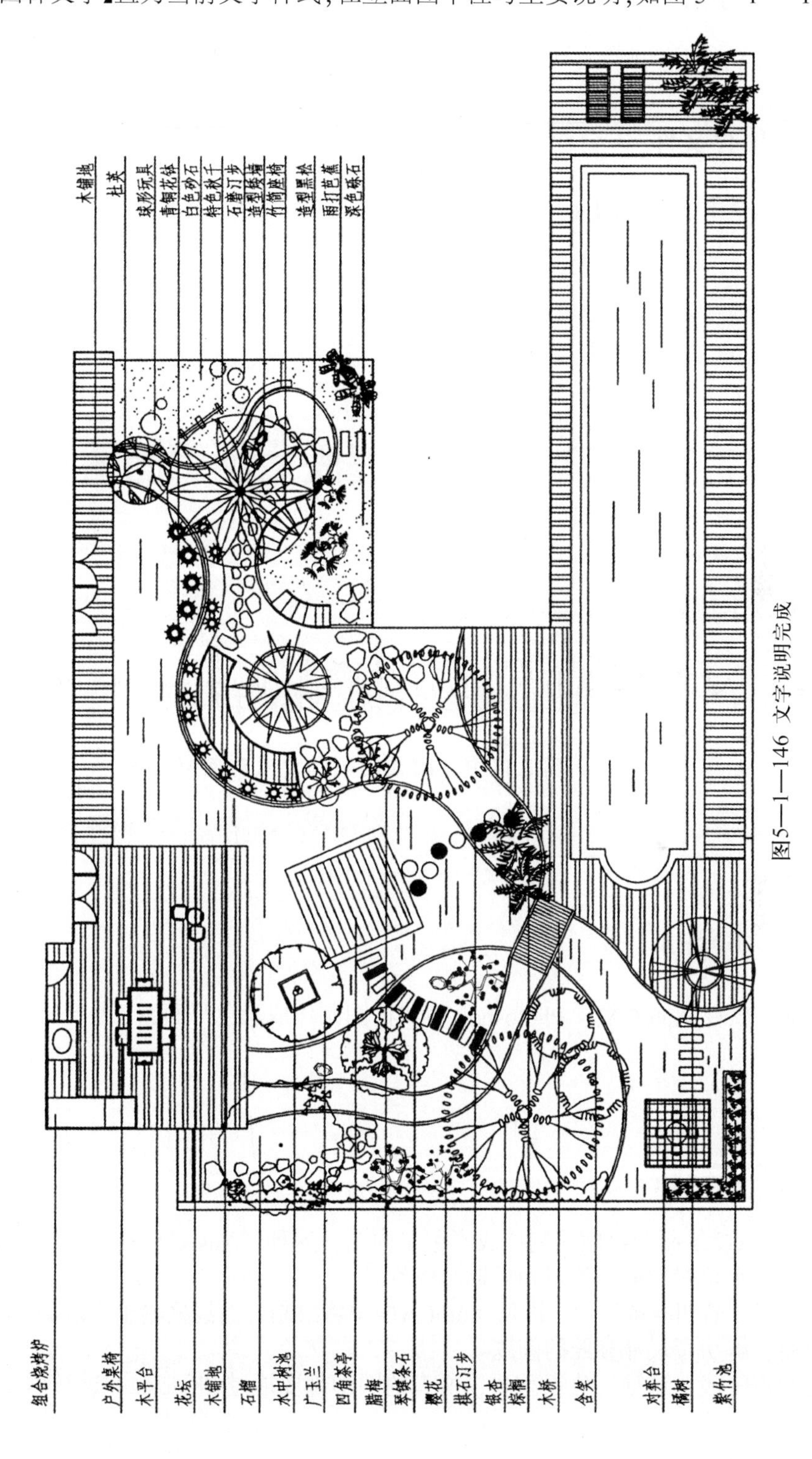

图5—1—146 文字说明完成

十五、打印出图

其步骤参见模块一中任务一的打印出图。

十六、保存文件

执行菜单栏中的【File】(文件) /【Save】(保存) 命令，将场景文件存为“小庭院平面图 .dwg”。

任务二　绘制小庭院彩色平面图

任务目标

- 掌握将CAD线框图输出到Photoshop中
- 掌握各种创建选区的方法，灵活运用路径工具
- 掌握图层样式的设置
- 掌握彩色平面图表现中，配景的制作要点和色彩处理

任务引入

使用绘图软件 AutoCAD、Photoshop 将线框图制作成彩色平面图，如图 5 － 2 － 1 所示。

任务分析

由一张 CAD 绘制的线框图制作成彩色平面图，这种“AutoCAD—Photoshop”的常用操作程序分为 2 个阶段：输出阶段和后期制作阶段。

输出阶段：前期准备工作，即从 AutoCAD 中将绘制好的线框输出，从而供在 Photoshop 中制作使用，解决了尺寸参照的问题。

后期制作阶段：这项工作很重要，所有的图形都要通过 Photoshop 进行后期合成处理来完成。

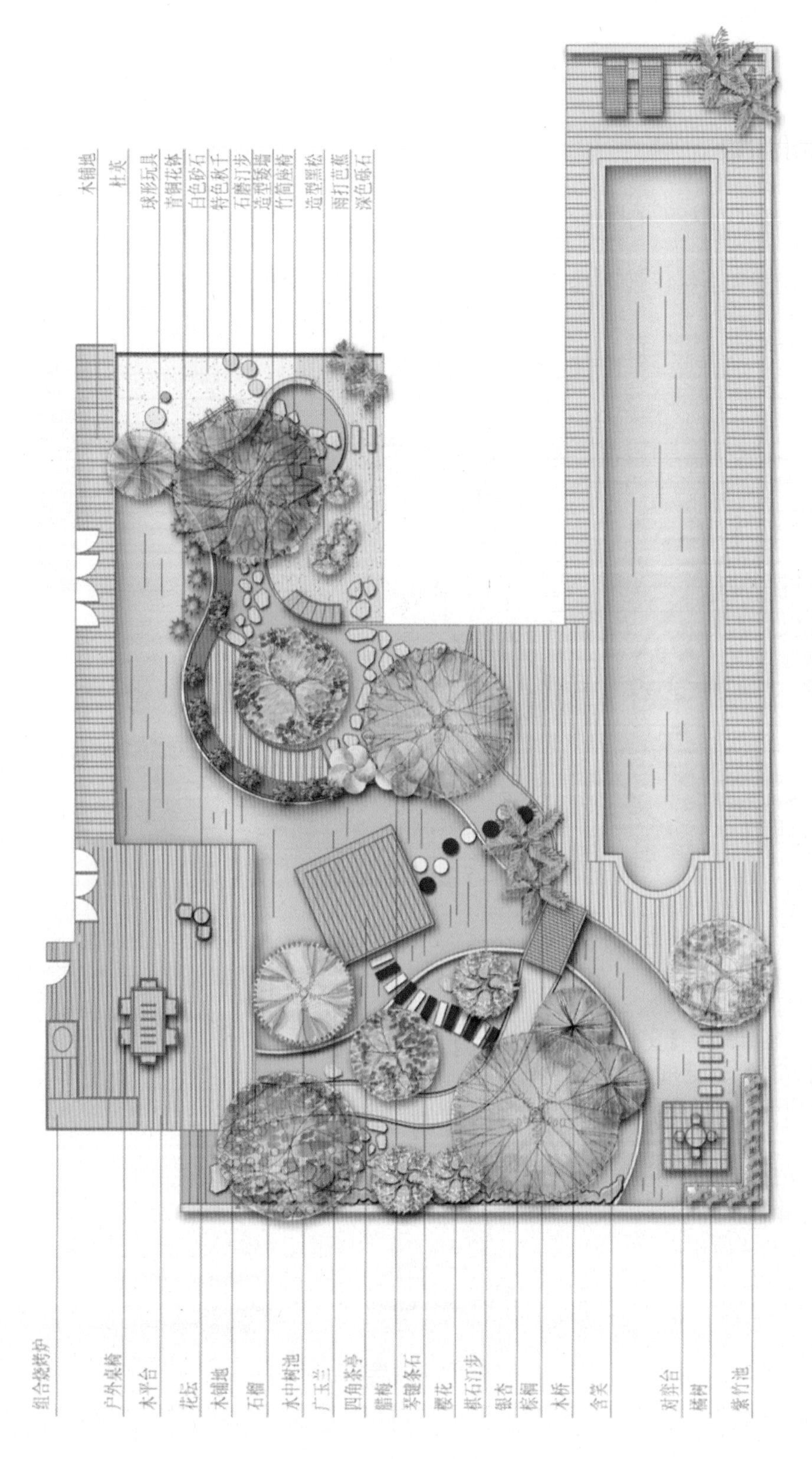

图5—2—1 小庭院彩色平面最终效果图

任务实施

一、输出阶段

1．启动 AutoCAD，在工具栏上单击“打开”按钮，打开任务一绘制的“小庭院平面图 .dwg”文件。

2．将标题栏和会签栏删除，只保留需要输出的部分，如图 5 － 2 － 2 所示。

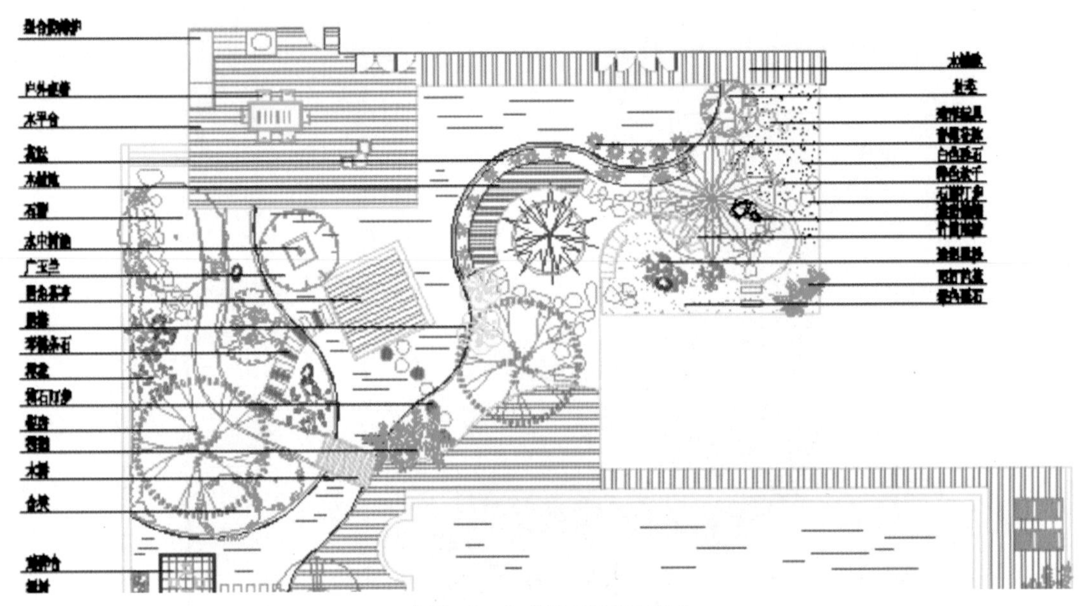

图5—2—2 删除后的保留部分

3．虚拟打印

(1) 执行菜单命令【文件】/【打印】，弹出【打印】对话框，选择【打印设备】选项卡，设置参数如图 5 － 2 － 3 所示。

(2) 单击【特性】按钮，弹出【打印机配置编辑器】对话框，设置参数如图 5 － 2 － 4 所示。

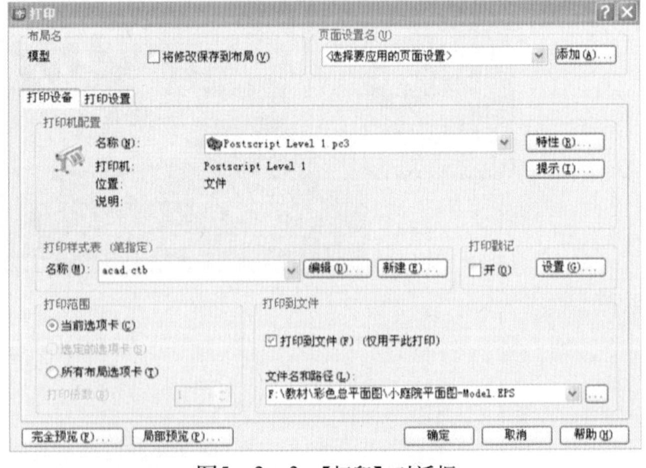

图5—2—3 【打印】对话框

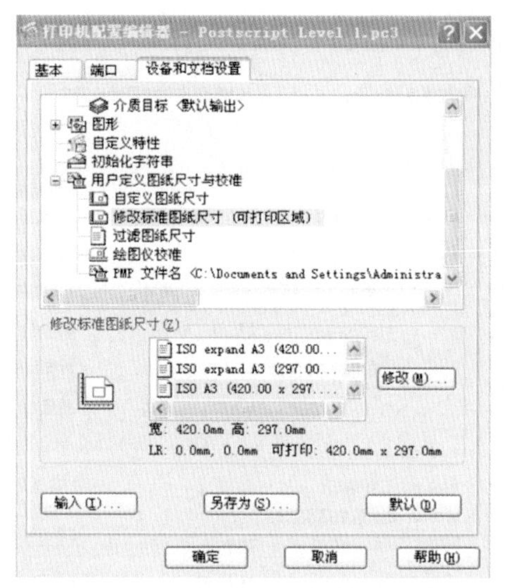

图5—2—4 【打印机配置编辑器】对话框

(3) 单击【修改】按钮,打开【自定义图纸尺寸—可打印区域】对话框,设置参数如图 5 − 2 − 5 所示。

(4) 在【打印】对话框中，单击【编辑】按钮，打开【打印样式表编辑器】对话框，设置参数如图 5 − 2 − 6 所示。

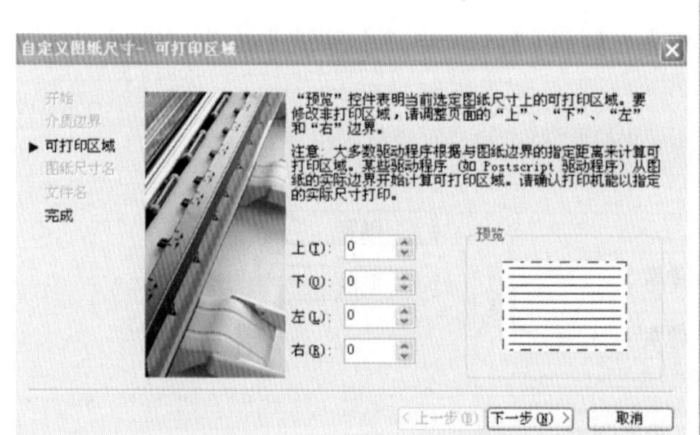

图5—2—5 【自定义图纸尺寸—可打印区域】对话框

图5—2—6 【打印样式表编辑器】对话框

(5) 选择【打印设置】选项卡，设置参数如图 5 − 2 − 7 所示。

(6) 单击【窗口】按钮，回到 CAD 操作界面，使用对象捕捉 A3 图框的对角顶点，确定打印区域。

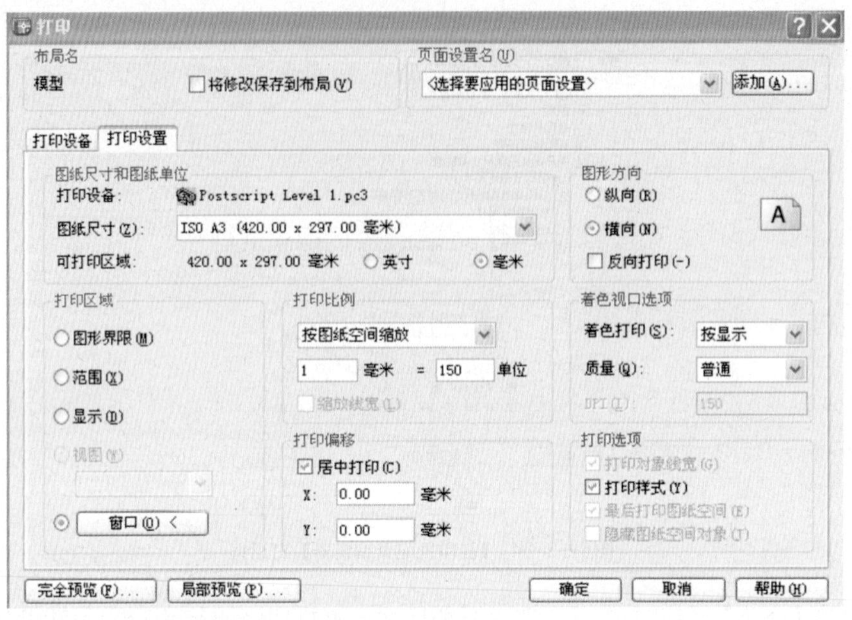

图5—2—7 【打印】对话框

(7) 单击【确定】,将“小庭院平面图 .dwg”文件以“小庭院平面图 .EPS”格式保存下来。

二、后期制作阶段

1. 文件的导入

(1) 启动 Photoshop，执行菜单【文件】/【打开】，打开“小庭院平面图 .EPS”文件，弹出对话框，设置参数如图 5 － 2 － 8 所示。

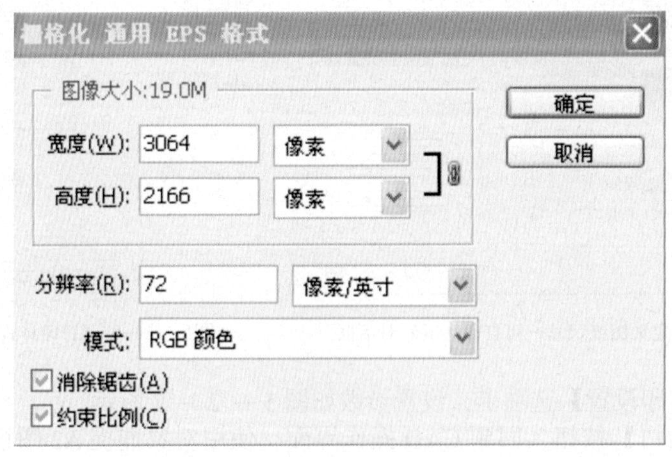

图5—2—8 输入*. EPS格式文件对话框

(2) 单击【确定】后，打开文件如图 5 － 2 － 9 所示。

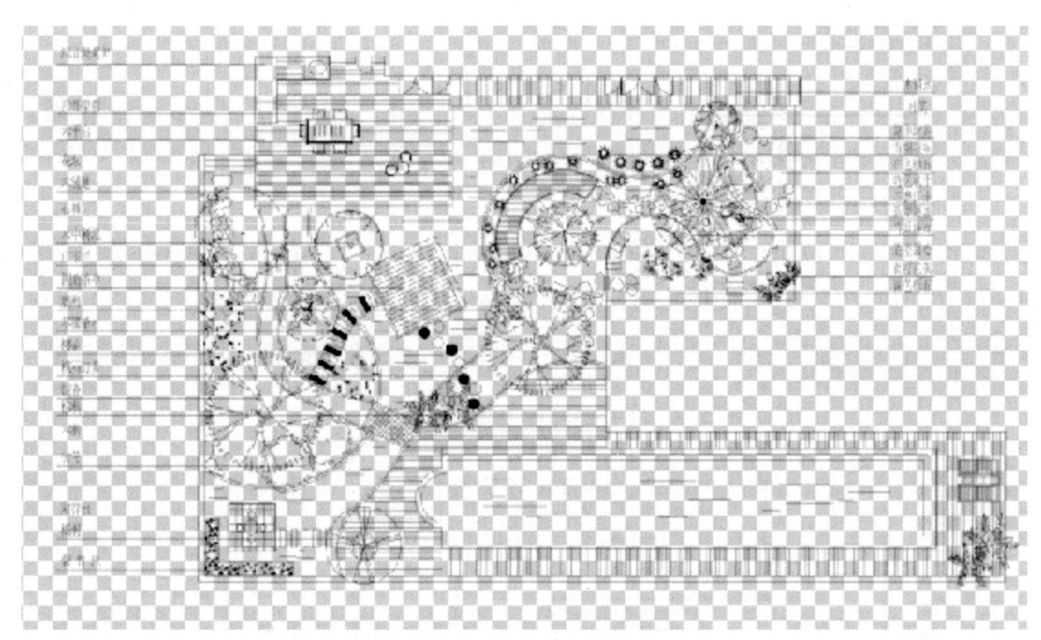

图5—2—9 打开*. EPS格式文件

(3) 单击图层调板上“ ”（创建新的图层）按钮，设置背景色为白色，按快捷键“Ctrl+Delete”，将该图层填充白色，并将图层命名为“白底”。将图层 1 透明度设为 60%，并命名为“线框”，效果如图 5 － 2 － 10 所示。

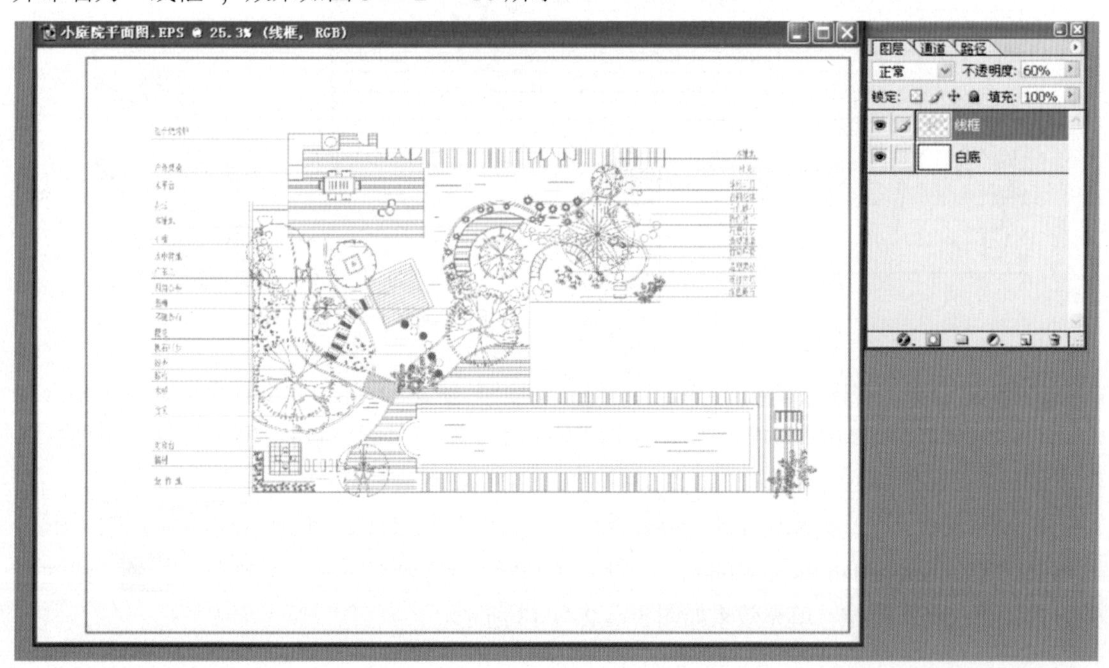

图5—2—10 添加“白底”图层和更改“线框”图层不透明度的效果

2．地面后期处理

（1）制作木平台

1）创建选区。单击工具箱中“ ”（钢笔工具）按钮，并在其选项栏中单击“ ”（路径）按钮，沿木平台的线框进行绘制，绘制完毕后，对路径进行调整，依然是“ ”（钢笔工具）的使用状态，按下 Ctrl 键，钢笔工具可直接切换到直接选择工具，按下 Alt 键，钢笔工具可直接切换到转换点工具。然后在路径调板上，单击“ ”（将路径作为选区载入）按钮，接着，单击“ ”（魔棒工具），并设置其选项栏的参数，如图 5 － 2 － 11 所示。

容差: 10 ☑消除锯齿 ☑连续 □对所有图层取样 Refine Edge...

图5—2—11 选项栏设置

用魔棒工具选择木平台上的桌椅，创建的选区如图 5 － 2 － 12 所示。

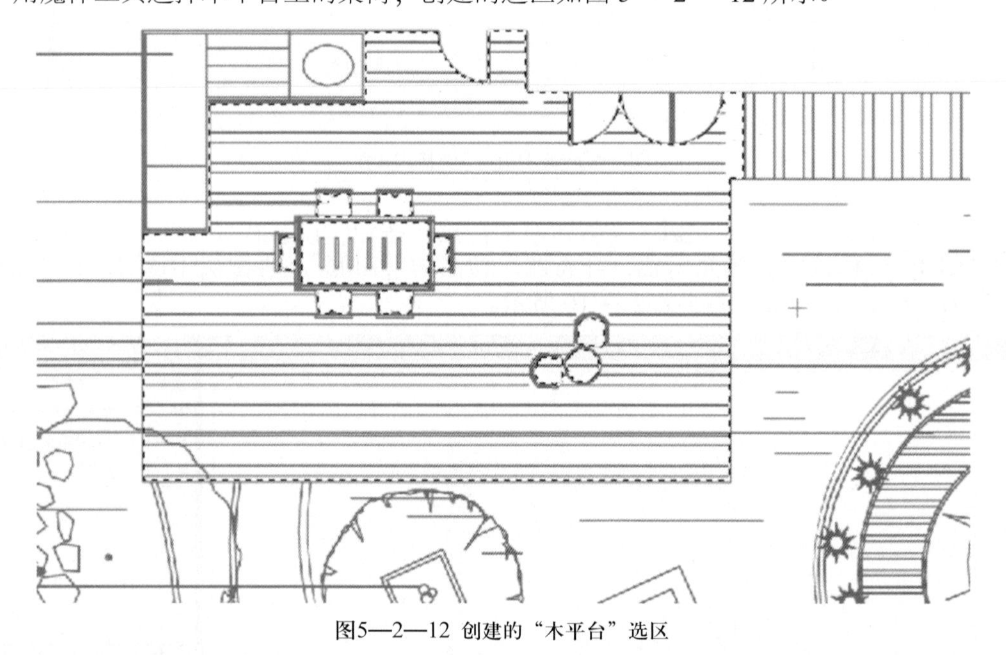

图5—2—12 创建的“木平台”选区

2）新建图层。在图层调板上，单击“ ”按钮，新建一图层，并将其命名为“木平台”。

3）选取颜色。单击前景色图标，设置 RGB 值为 203，183，114；单击背景色图标，设置 RGB 值为 226，213，158。

4）填充色彩。在工具箱中单击“ ”渐变工具，修改其选项栏，单击“ ”图标，从中选择“Foreground to Background”（从前景色到背景色）渐变方式，再单击“ ”线性渐变方式，从上向下拖拉，填充效果如图 5 － 2 － 13 所示。

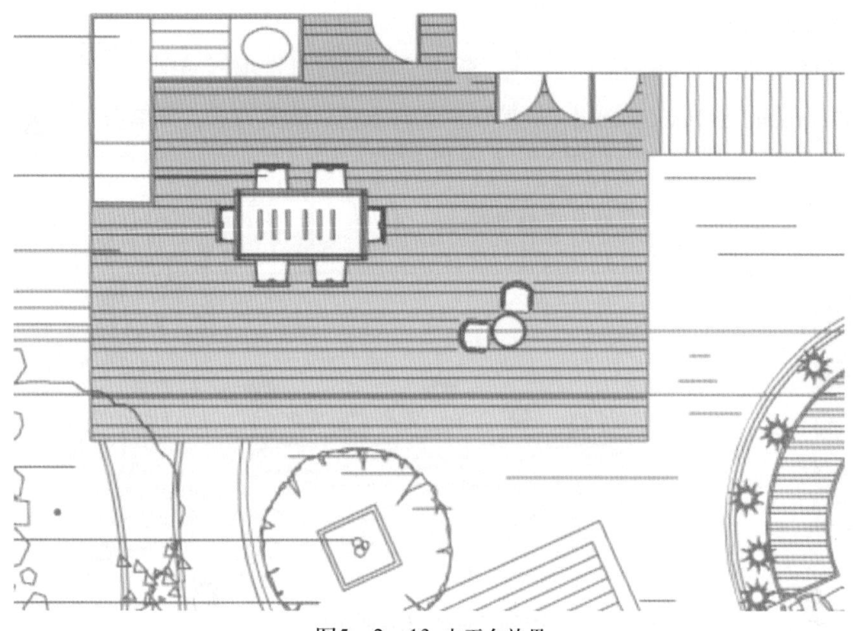

图5—2—13 木平台效果

(2) 制作木铺地

1) 创建选区。单击工具箱中“ ”按钮,并在其工具选项栏中单击“ ”(路径) 按钮,沿木铺地的线框进行绘制,绘制完毕后对路径进行调整。然后在路径调板上,单击“ ”(将路径作为选区载入) 按钮,创建的选区如图 5 - 2 - 14 所示。

图5—2—14 创建的木铺地选区

2)选取颜色。单击前景色图标,设置 RGB 值为 203,183,114;单击背景色图标,设置 RGB 值为 226，213，158。

3) 填充色彩。在工具箱中单击“![]”渐变工具,修改其选项栏,单击“![]”图标，从中选择 Foreground to Background（从前景色到背景色）渐变方式，再单击“![]”线性渐变方式，从上向下拖拉，填充效果如图 5 － 2 － 15 所示。

图5—2—15 木铺地效果

4）使用相同的方法，给平面图中其他铺装填充颜色，效果如图 5 － 2 － 16 所示。

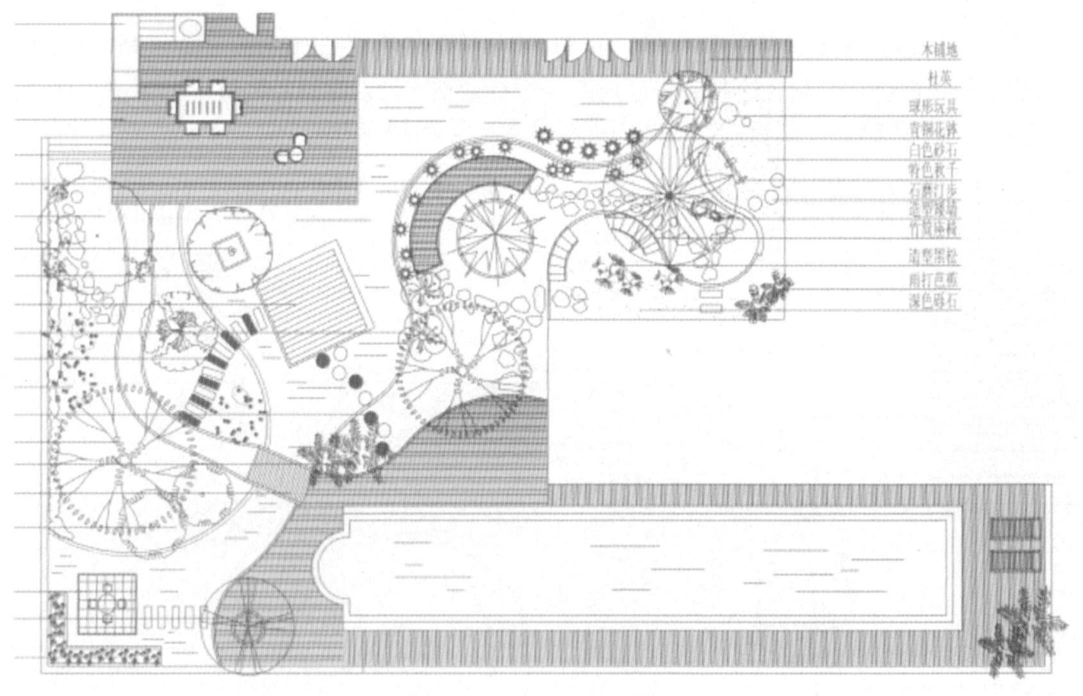

图5—2—16 所有铺装效果

(3) 制作道路

1) 创建选区。单击工具箱中“ ”按钮,并在其工具选项栏中单击“ ”(路径) 按钮,沿道路的线框进行绘制,绘制完毕后对路径进行调整。然后在路径调板上,单击“ ”(将路径作为选区载入) 按钮, 创建的选区如图 5 － 2 － 17 所示。

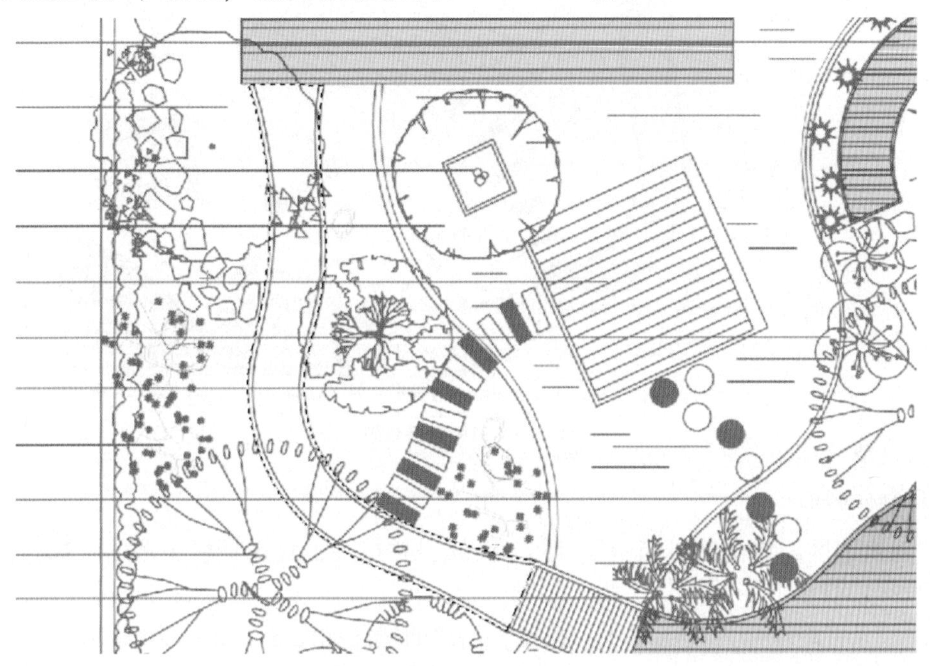

图5—2—17 创建的道路选区

2) 新建图层。在图层调板上,单击“ ”按钮,新建一图层,并将其命名为“道路”。

3) 选取颜色。单击前景色图标, 设置 RGB 值为 221, 205, 189。

4) 填充色彩。按快捷键“Alt+Delete”, 填充前景色。

5) 添加图层样式。单击图层调板下的“ ”(添加图层样式) 按钮, 选择描边, 设置参数如图 5 － 2 － 18 所示, 道路效果如图 5 － 2 － 19 所示。

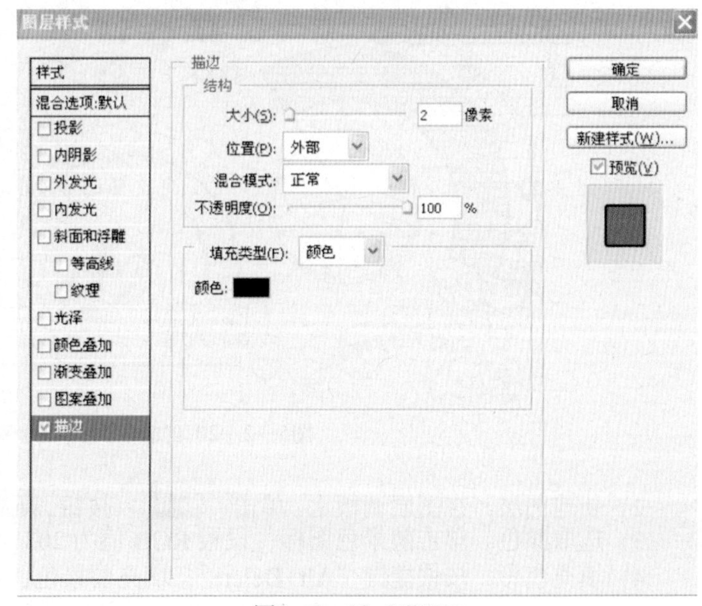

图5—2—18 参数设置

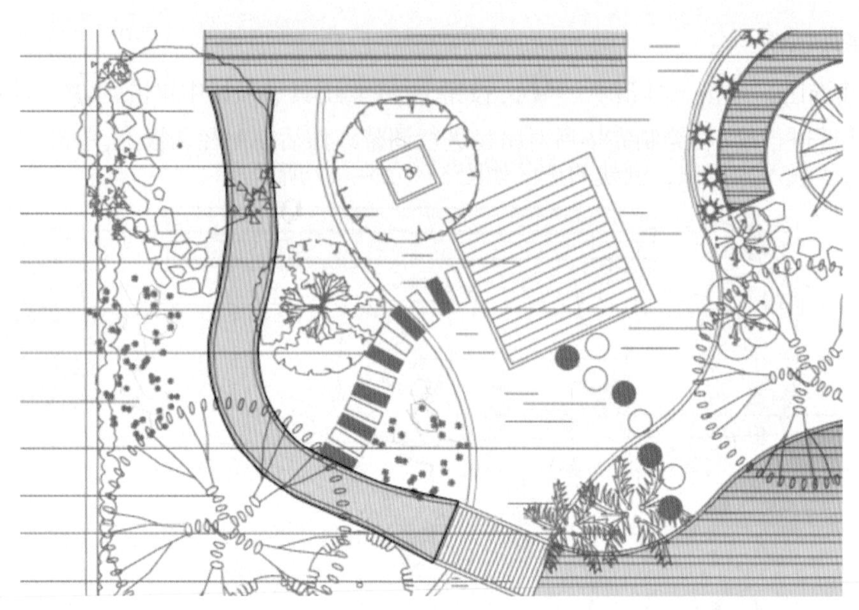

图5—2—19 道路效果

(4) 制作砂地

1) 创建选区。单击工具箱中“ ”按钮，并在其工具选项栏中单击“ ”(路径)按钮，沿深色砂地的线框进行绘制，绘制完毕后对路径进行调整。然后在路径调板上，单击“ ”(将路径作为选区载入)按钮，创建的选区如图5－2－20所示。

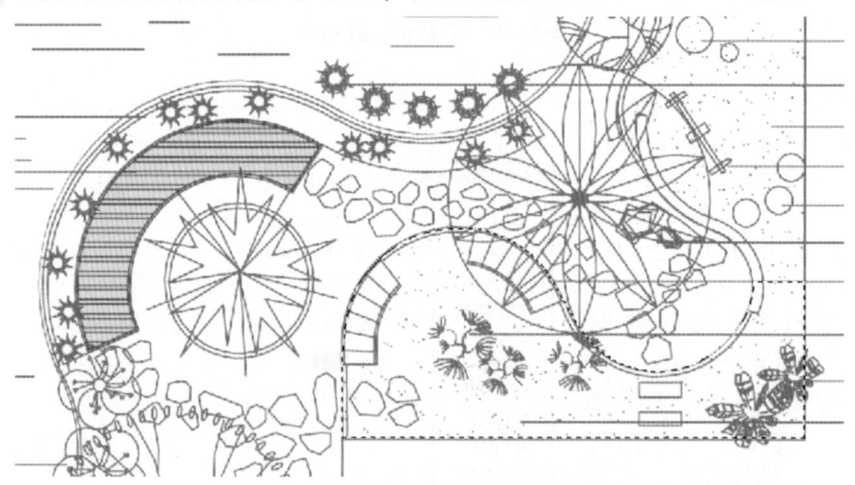

图5—2—20 创建的深色砂地选区

2) 新建图层。在图层调板上，单击“ ”按钮，新建一图层，并将其命名为“砂地”。

3) 选取颜色。单击前景色图标，设置RGB值为207，207，205。

4) 填充色彩。按快捷键“Alt+Delete”，填充前景色，效果如图5－2－21所示。

图5—2—21　深色砂地填充颜色

5）使用同样的方法，给白色砂地填充颜色，RGB 值为 251，246，236。

6）添加图层样式。单击图层调板下的“fx”（添加图层样式）按钮，选择内阴影，设置参数如图 5 － 2 － 22 所示，效果如图 5 － 2 － 23 所示。

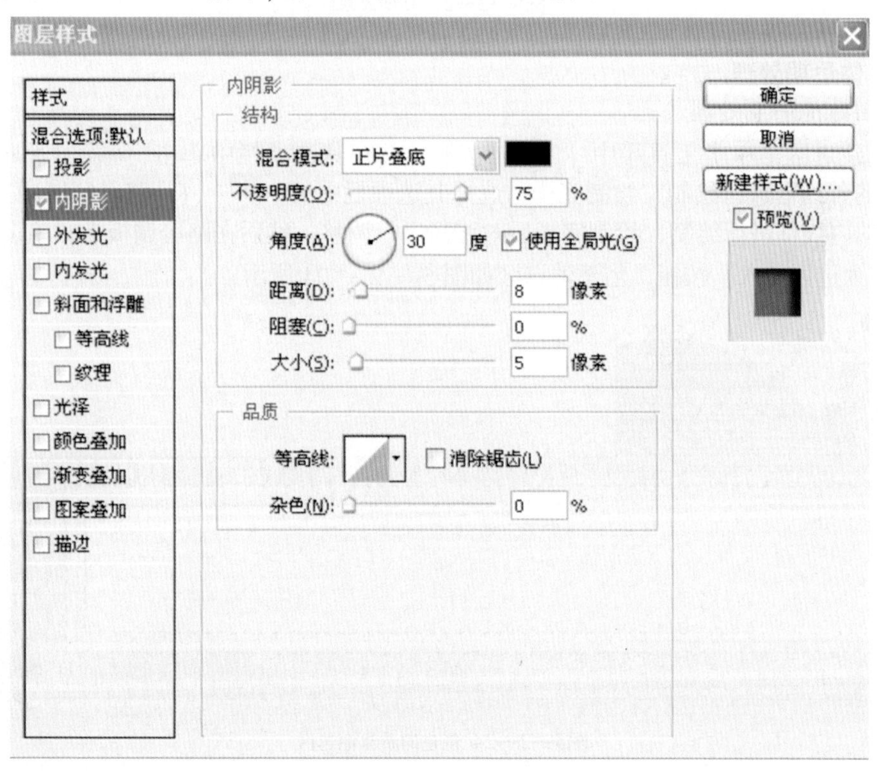

图5—2—22　参数设置

图5—2—23 砂地效果

3. 水体后期处理

(1) 游泳池后期处理

1) 创建选区。单击工具箱中“ ”按钮，并在其选项栏中单击“ ”(路径) 按钮，沿游泳池的外线框进行绘制，绘制完毕，选择其选项栏中的“ ”(从路径区域减去) 按钮，沿游泳池的内线框进行绘制，绘制完毕后对路径进行调整。然后在路径调板上，单击“ ”(将路径作为选区载入) 按钮，创建的选区如图 5 － 2 － 24 所示。

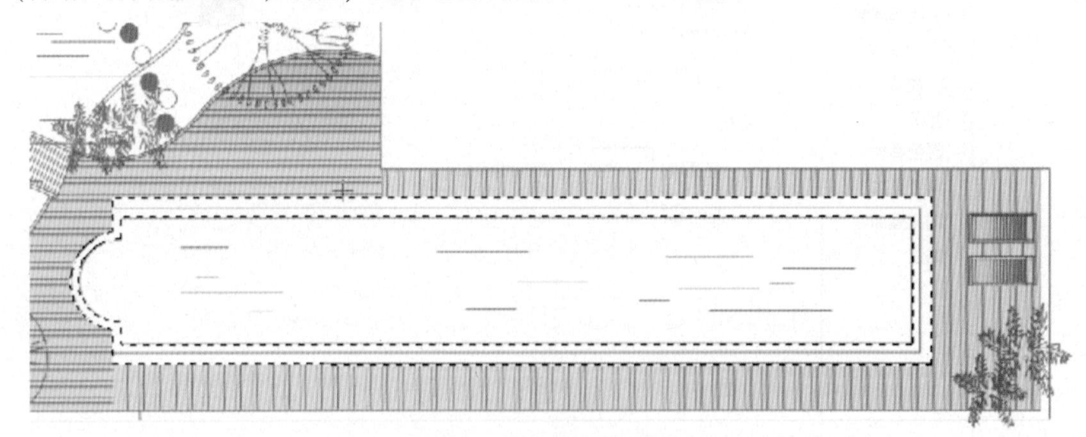

图5—2—24 创建的游泳池选区

2）新建图层。图层调板上，单击“ ”按钮，新建一图层，并将其命名为“游泳池”。
3）选取颜色。单击前景色图标，设置 RGB 值为 224，215，182。
4）填充色彩。按快捷键“Alt+Delete”，填充前景色，效果如图 5 － 2 － 25 所示。

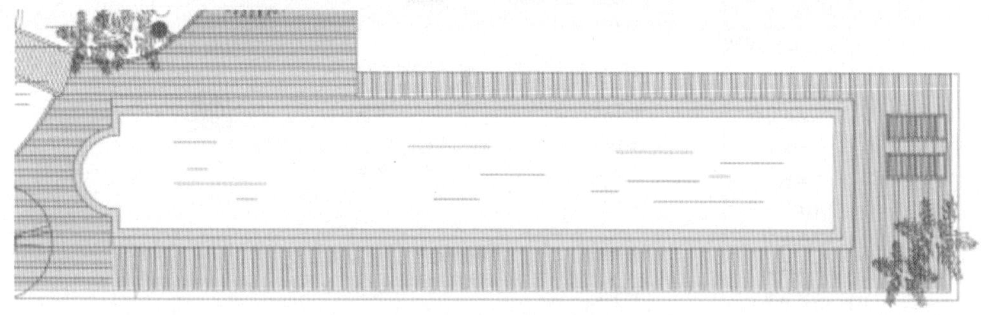

图5—2—25 游泳池效果

（2）游泳池水体后期处理

1）创建选区。单击工具箱中“ ”按钮，并在其工具选项栏中单击“ ”（路径）按钮，沿游泳池水体的线框进行绘制，绘制完毕后对路径进行调整。然后在路径调板上，单击“ ”（将路径作为选区载入）按钮，创建的选区如图 5 － 2 － 26 所示。

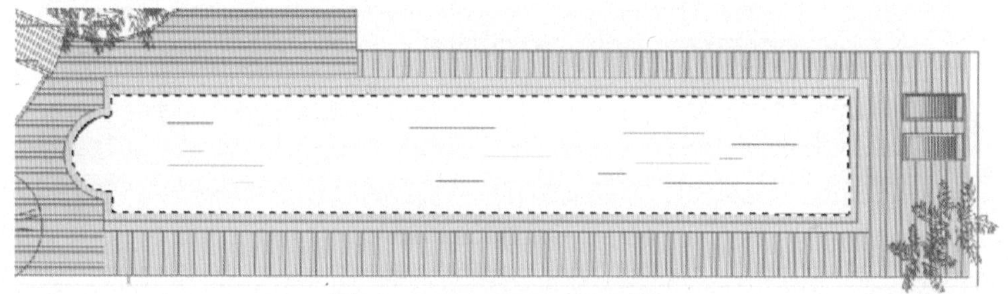

图5—2—26 创建的游泳池水体选区

2）新建图层。在图层调板上，单击“ ”按钮，新建一图层，并将其命名为“游泳池水体”。
3）选取颜色。单击前景色图标，设置 RGB 值为 166，220，244；单击背景色图标，设置 RGB 值为 110，192，239。

4）填充色彩。在工具箱中单击“ ”渐变工具，修改其选项栏，单击“ ”图标，从中选择“Foreground to Background”（从前景色到背景色）渐变方式，再单击“ ”对称渐变方式，从中间向下拖拉。

5）添加图层样式。单击图层调板下的“fx”（添加图层样式）按钮，选择内阴影，设置参数如图 5 － 2 － 27 所示，效果如图 5 － 2 － 28 所示。

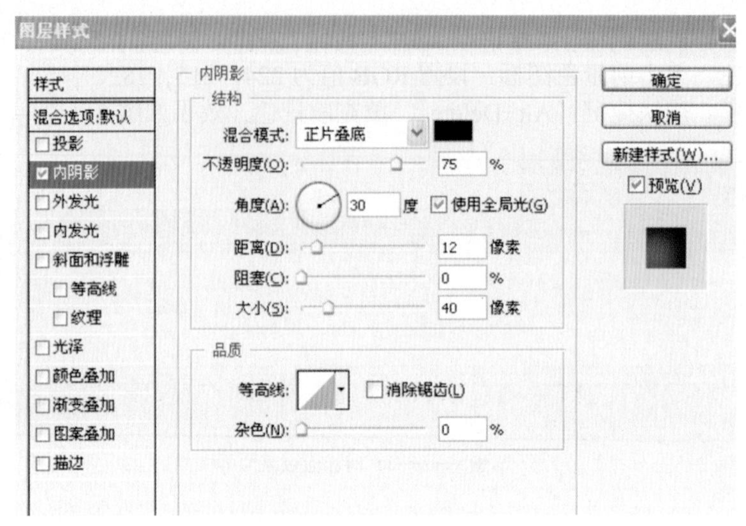

图5—2—27 参数设置

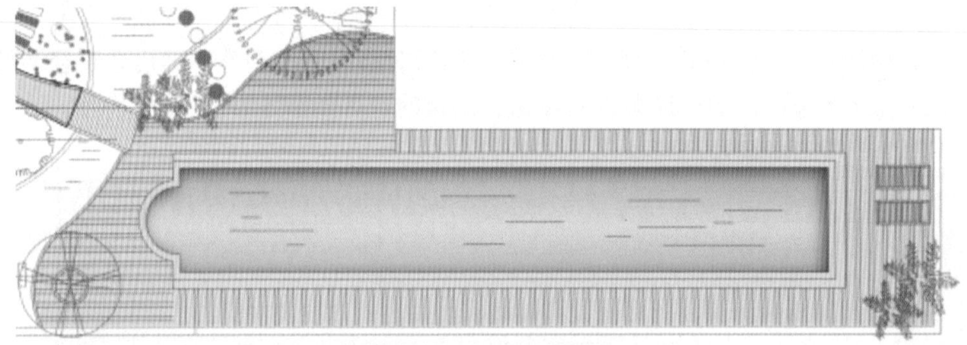

图5—2—28 游泳池水体效果

6）图层调板如图 5 － 2 － 29 所示。

图5—2—29 图层调板

(3) 静水池后期处理

使用游泳池水体后期处理的方法，对静水池进行后期处理，效果如图 5 － 2 － 30 所示。

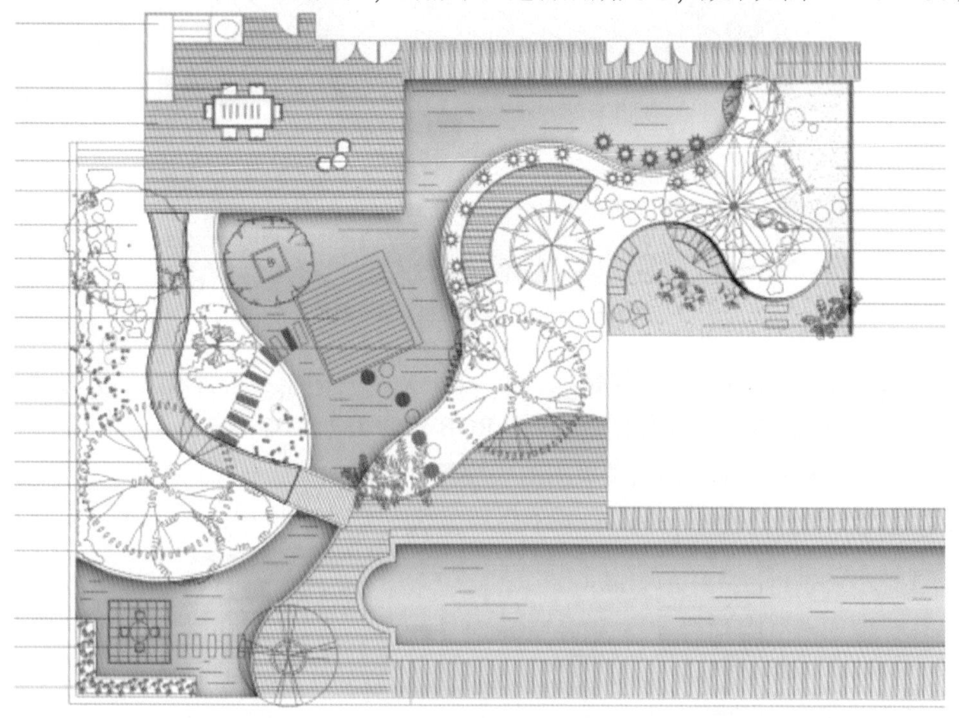

图5—2—30 静水池效果

4．汀步后期处理

(1) 棋石汀步后期处理

1）创建选区。单击工具箱中“ ”按钮，按住键盘上的 Shift，创建圆形选区，如图 5 － 2 － 31 所示。

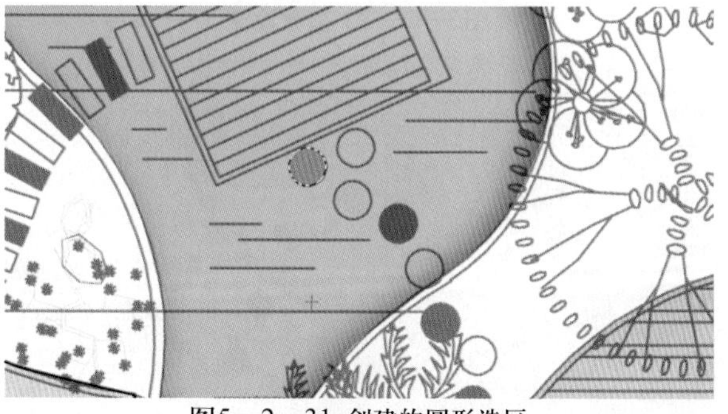

图5—2—31 创建的圆形选区

2）新建图层。在图层调板上，单击“ ”按钮，新建一图层，并将其命名为“棋石汀步”。

3）选取颜色。单击前景色图标，设置 RGB 值为 93，93，93。

4）填充色彩。按快捷键“Alt+Delete”，填充前景色，效果如图 5 － 2 － 32 所示。

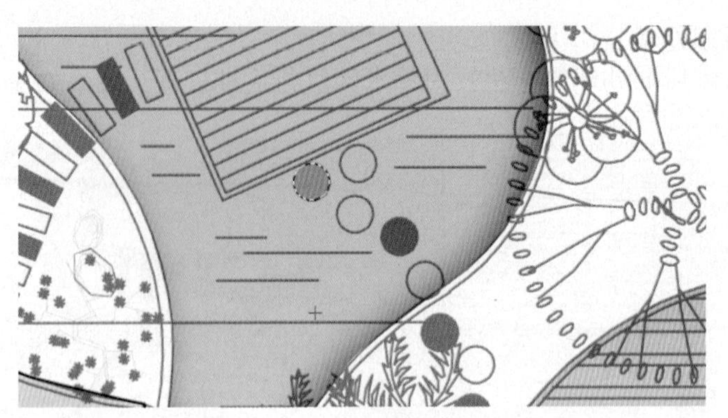

图5—2—32 一块黑色棋石填充颜色

5）复制。在工具箱中选择“ ”工具，按住 Alt 键，对黑色棋石在同一层内进行复制。

6）使用上述相同操作，制作白色棋石，RGB 值为 237，237，237。

7）添加图层样式。单击图层调板下的“ ”（添加图层样式）按钮，选择投影，设置参数如图 5 － 2 － 33 所示，棋石汀步效果如图 5 － 2 － 34 所示。

图5—2—33 参数设置

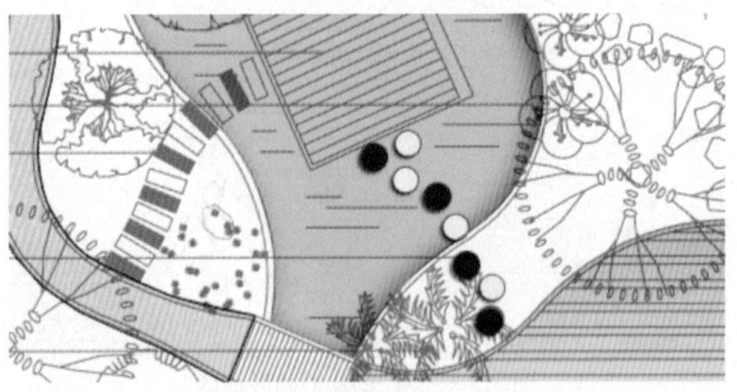

图5—2—34 棋石汀步效果

（2）琴键条石后期处理

1）创建选区。单击工具箱中的“ ”工具，在其选项栏中选择“添加到选区”，创建选区如图 5 － 2 － 35 所示。

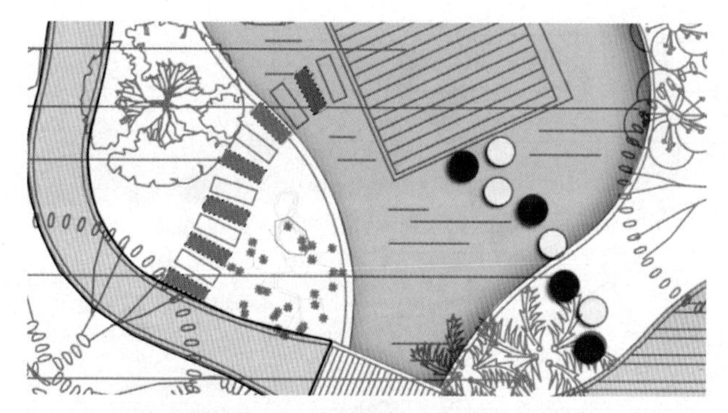

图5—2—35　创建黑色琴键条石选区

2）新建图层。在图层调板上，单击“ ”按钮，新建一图层，并将其命名为“琴键条石”。

3）选取颜色。单击前景色图标，设置 RGB 值为 93，93，93。

4）填充色彩。按快捷键“Alt+Delete”，填充前景色，效果如图 5－2－36 所示。

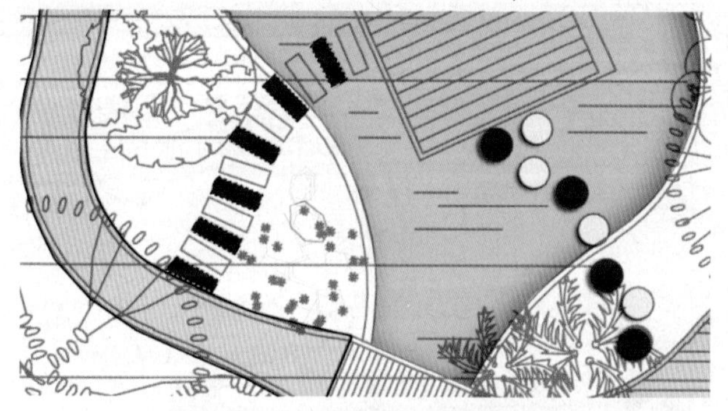

图5—2—36　黑色琴键条石填充颜色

5）创建白色条石的选区，填充颜色，RGB 值为 237，237，237。

6）添加图层样式。单击图层调板下的“fx”（添加图层样式）按钮，选择投影，设置参数如图 5－2－37 所示，效果如图 5－2－38 所示。

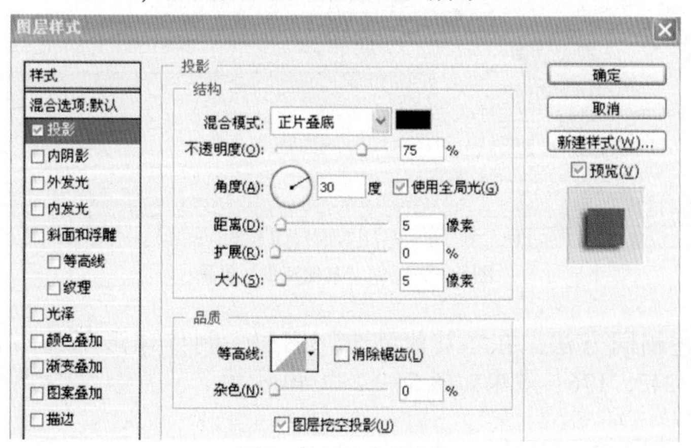

图5—2—37　参数设置

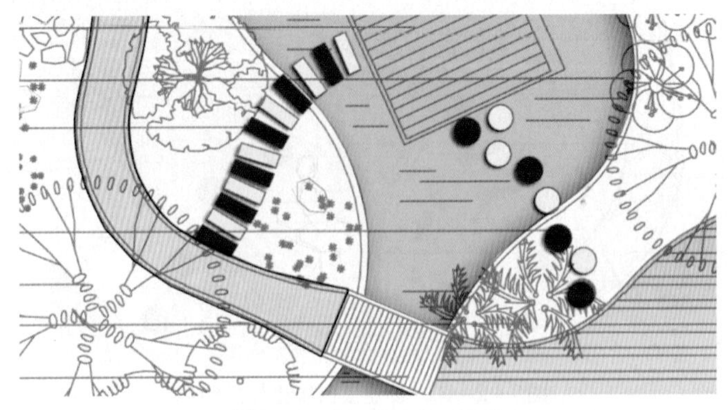

图5—2—38 琴键条石效果

(3) 使用上述相同方法，新建“其他汀步”图层，对其他汀步进行后期处理，填充颜色的 RGB 值为 221，205，189，效果如图 5 － 2 － 39 所示。

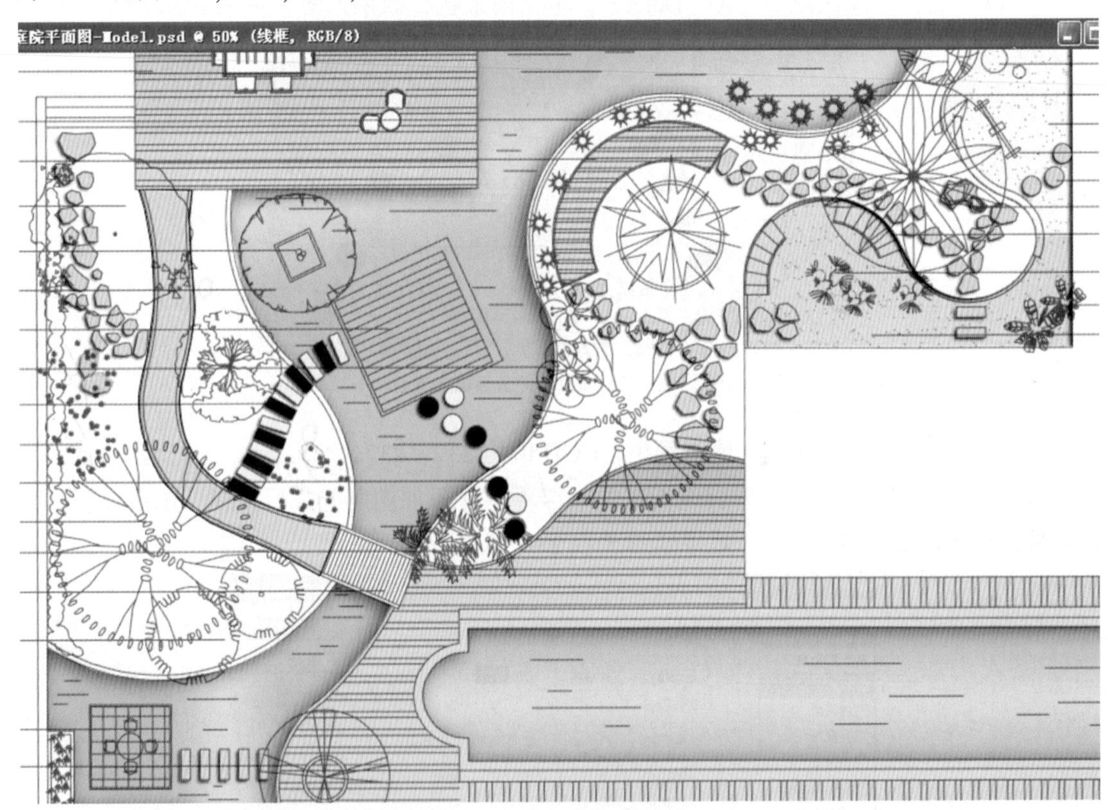

图5—2—39 “其他汀步”效果

(4) 使用上述相同方法，在“其他汀步”图层，制作球形玩具，其 RGB 值为 107，193，122 和 241，242，176，效果如图 5 － 2 － 40 所示。

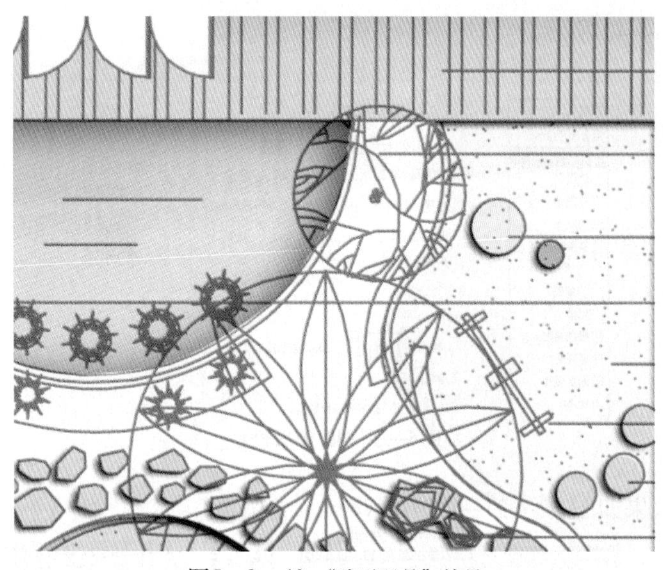

图5—2—40 “球形玩具”效果

5．园林构件后期处理

(1) 户外桌椅的制作

1) 创建选区。单击工具箱中“ ”按钮，并在其选项栏中单击“ ”(路径) 按钮和添加到路径区域按钮，沿户外桌椅的线框进行绘制，绘制完毕后对路径进行调整。然后在路径调板上，单击“ ”(将路径作为选区载入) 按钮，创建的选区如图 5 − 2 − 41 所示。

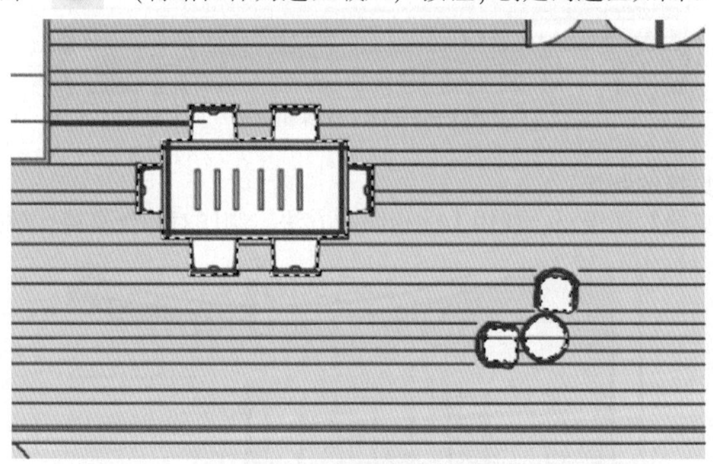

图5—2—41 创建的户外桌椅选区

2) 新建图层。在图层调板上,单击“ ”按钮,新建一图层,并将其命名为“户外桌椅”。

3) 选取颜色。单击前景色图标，设置 RGB 值为 203，188，149。

4) 填充色彩。按快捷键“Alt+Delete”，填充前景色。

5) 添加图层样式。单击图层调板下的“ ”(添加图层样式) 按钮，选择投影，设置参数如图 5 － 2 － 42 所示。

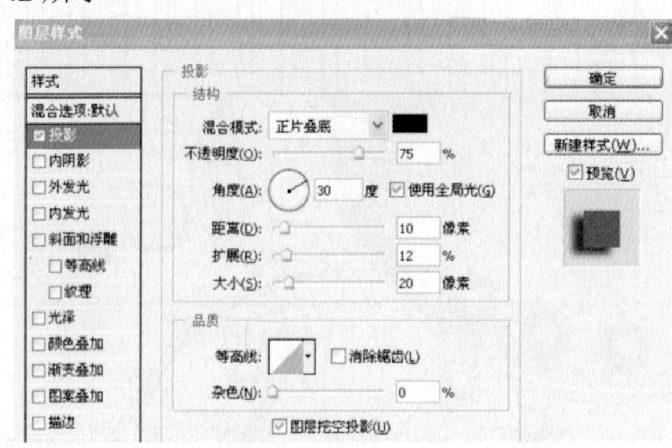

图5—2—42 参数设置

6）制作后的效果如图 5 － 2 － 43 所示。

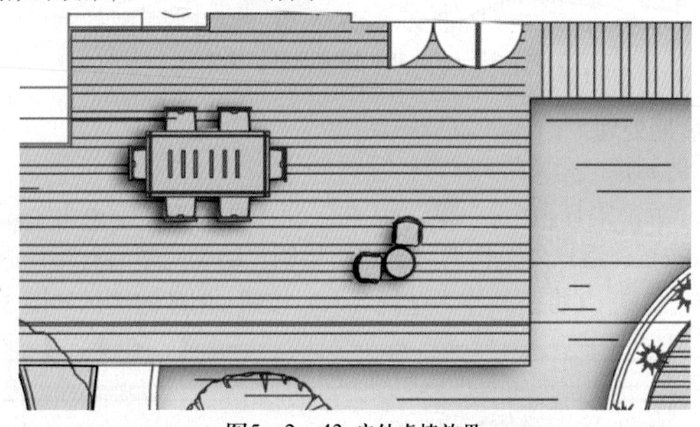
图5—2—43 户外桌椅效果

（2）对弈台桌椅的制作

仍在“户外桌椅”图层上，使用上述相同的方法，制作对弈台桌椅，效果如图 5 － 2 － 44 所示。

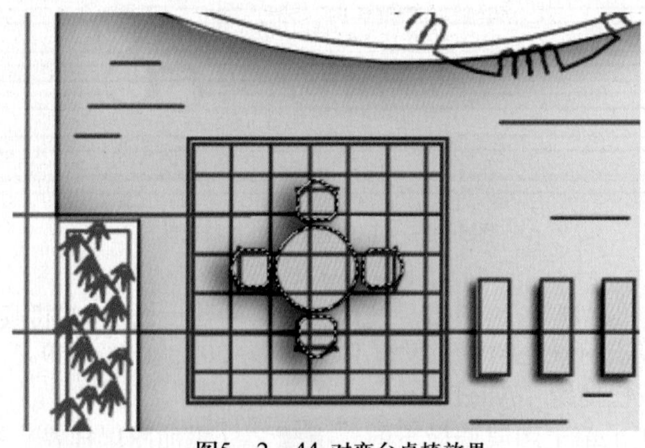
图5—2—44 对弈台桌椅效果

(3) 睡椅的制作

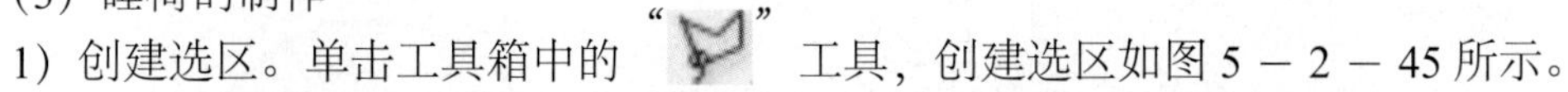

1) 创建选区。单击工具箱中的“ ”工具，创建选区如图 5 － 2 － 45 所示。

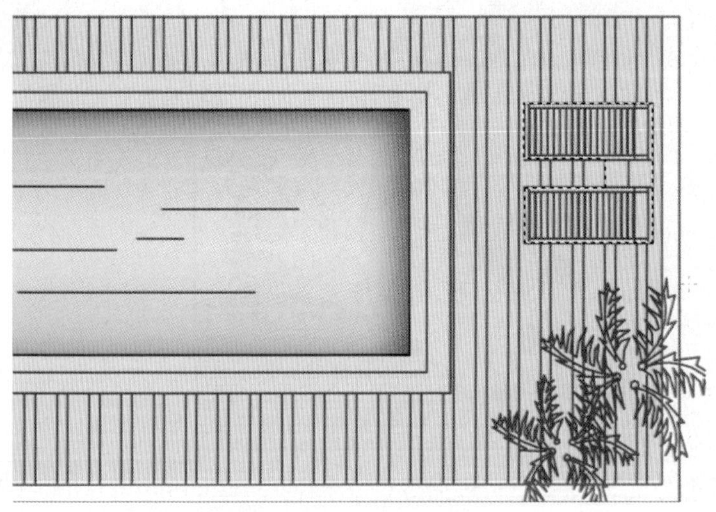

图5—2—45 创建的睡椅选区

2) 选取颜色。单击前景色图标，设置 RGB 值为 205，197，158。

3) 填充色彩。在“户外桌椅”图层上，按快捷键“Alt+Delete”，填充前景色，效果如图 5 － 2 － 46 所示。

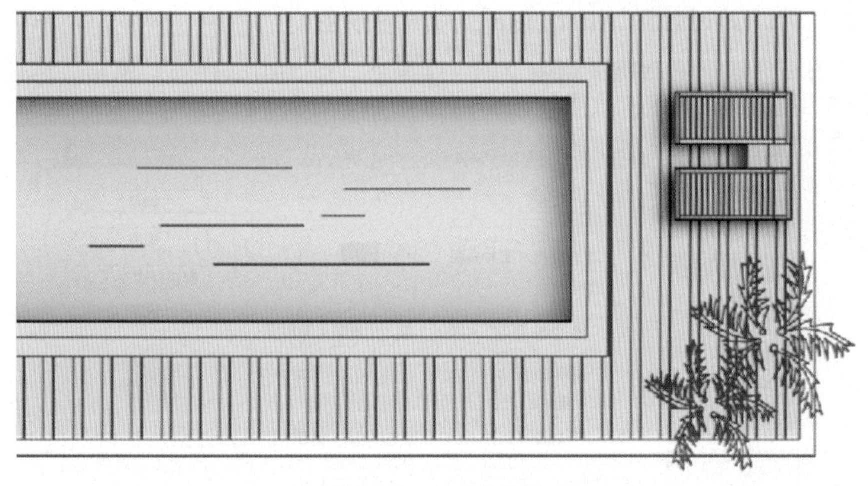

图5—2—46 睡椅效果

(4) 茶亭、桥和竹筒座椅的制作

1) 创建选区。单击工具箱中“ ”按钮，并在其工具选项栏中单击“ ”(路径) 按钮，沿茶亭、桥和竹筒座椅线框进行绘制，绘制完毕后对路径进行调整。然后在路径调板上，单击“ ”(将路径作为选区载入) 按钮，如图 5 － 2 － 47 所示。

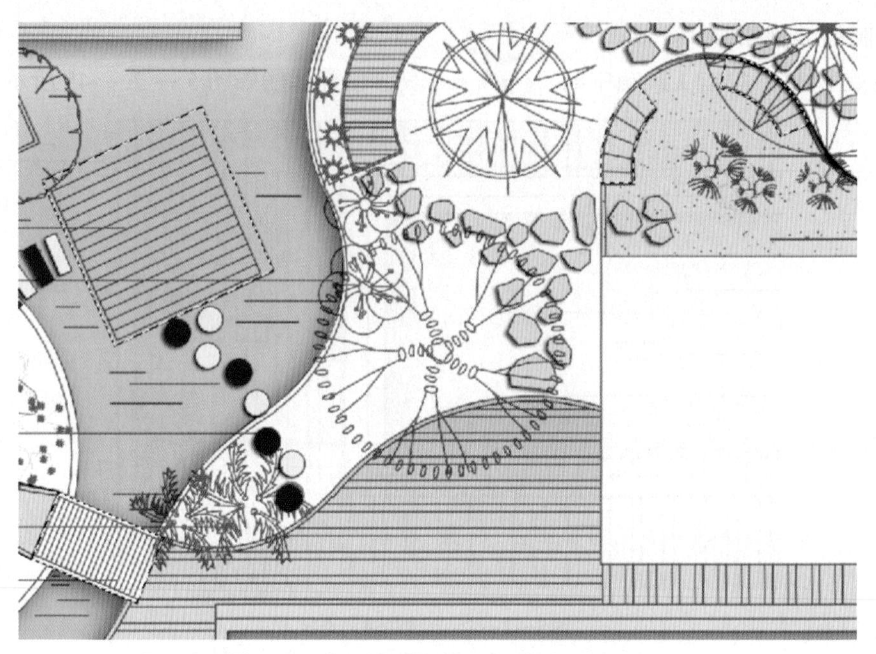

图5—2—47 创建的茶亭、桥和竹简座椅选区

2）新建图层。在图层调板上，单击“ ”按钮，新建一图层，并将其命名为“茶亭”。

3）选取颜色。单击前景色图标，设置 RGB 值为 192，173，114。

4）填充色彩。按快捷键“Alt+Delete”，填充前景色。

5）添加图层样式。单击图层调板下的“ ”（添加图层样式）按钮，选择投影，设置参数如图 5 － 2 － 48 所示，效果如图 5 － 2 － 49 所示。

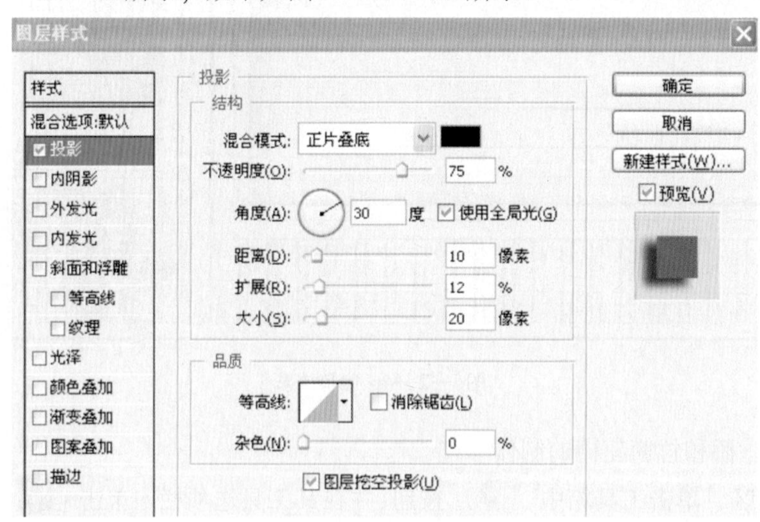

图5—2—48 参数设置

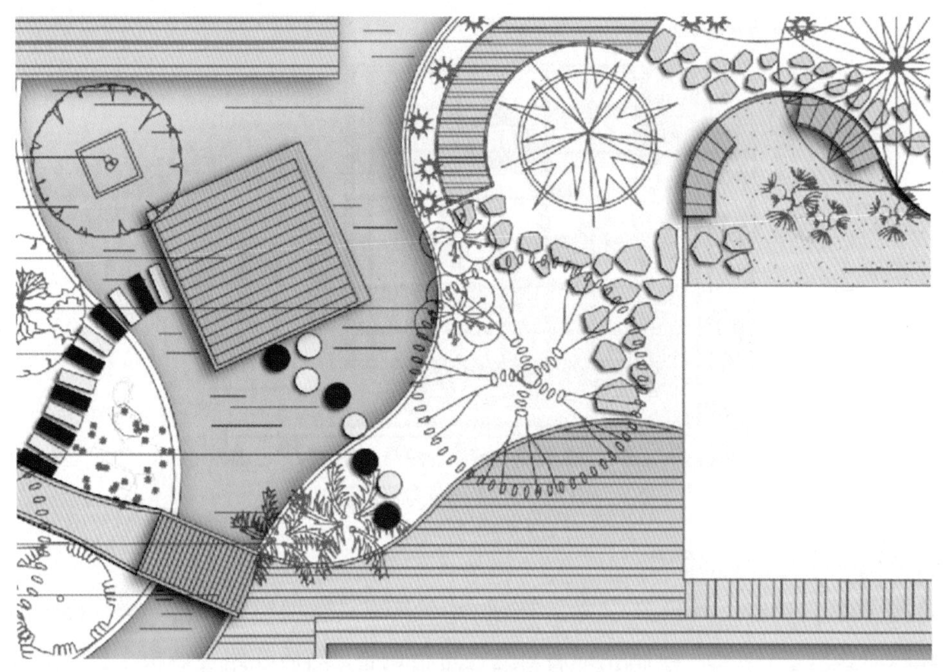

图5—2—49 茶亭、桥和竹筒座椅效果

(5) 对弈台的制作

1) 创建选区。单击工具箱中的“ ”按钮，创建选区如图 5 － 2 － 50 所示。

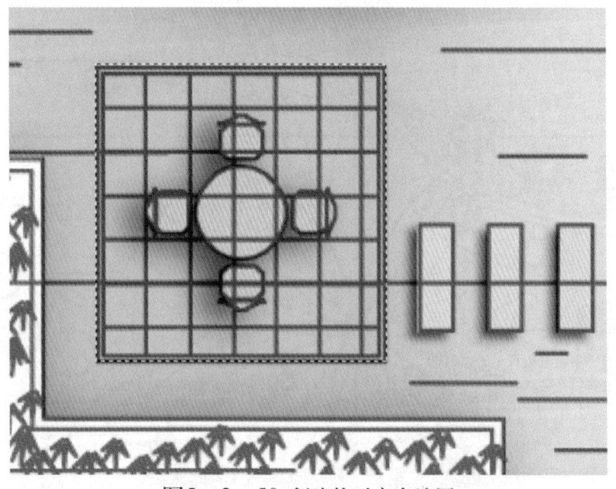

图5—2—50 创建的对弈台选区

2) 选取颜色。单击前景色图标，设置 RGB 值为 198，188，129。

3) 填充色彩。处在“茶亭”图层，按快捷键“Alt+Delete”，填充前景色，效果如图 5 － 2 － 51 所示。

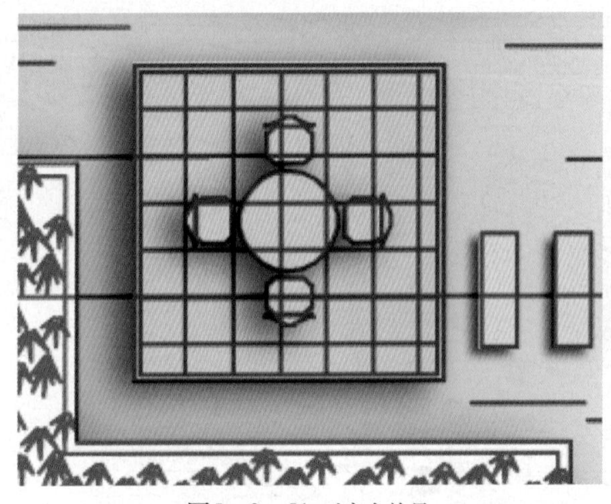

图5—2—51 对弈台效果

（6）造型矮墙和秋千的制作

1) 创建选区。单击工具箱中“ ”按钮,并在其工具选项栏中单击“ ”（路径）按钮,沿矮墙和秋千线框进行绘制,绘制完毕后对路径进行调整。然后在路径调板上,单击“ ”(将路径作为选区载入）按钮，如图 5 － 2 － 52 所示。

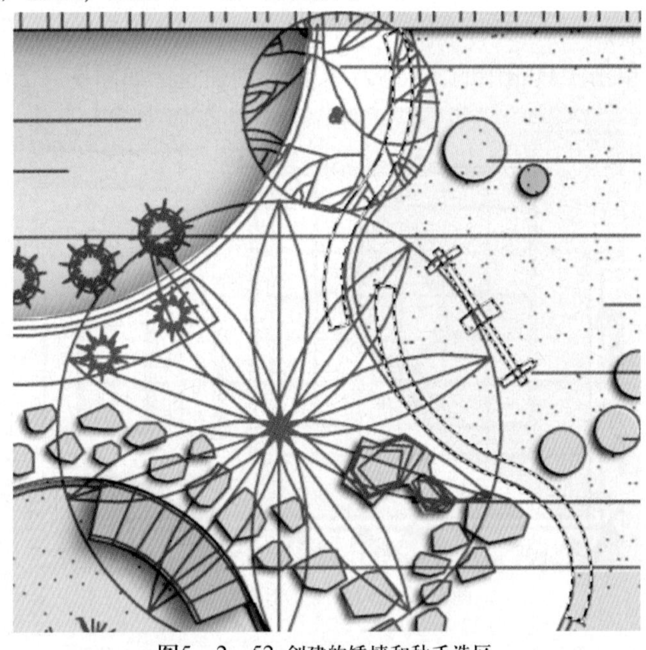

图5—2—52 创建的矮墙和秋千选区

2）新建图层。在图层调板上，单击“ ”按钮，新建一图层，并将其命名为“矮墙”。

3）选取颜色。单击前景色图标，设置 RGB 值为 244，210，113。

4）填充色彩。按快捷键“Alt+Delete”，填充前景色。

5）添加图层样式。单击图层调板下的“fx”（添加图层样式）按钮，选择投影，设置参数如图 5 － 2 － 53 所示，效果如图 5 － 2 － 54 所示。

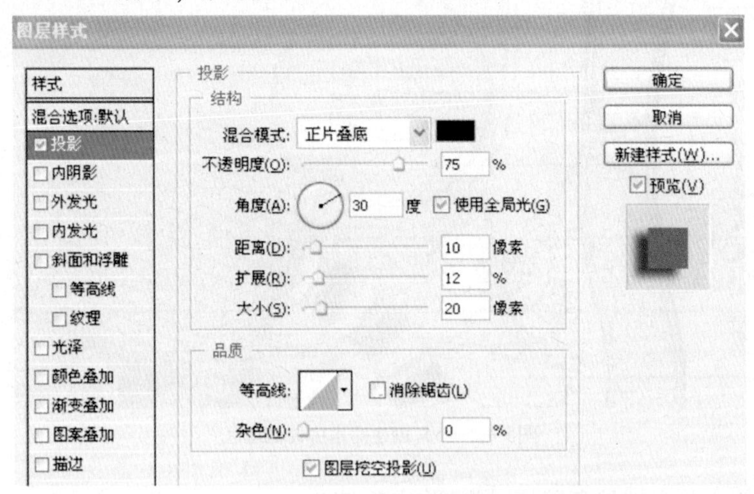

图5—2—53 参数设置

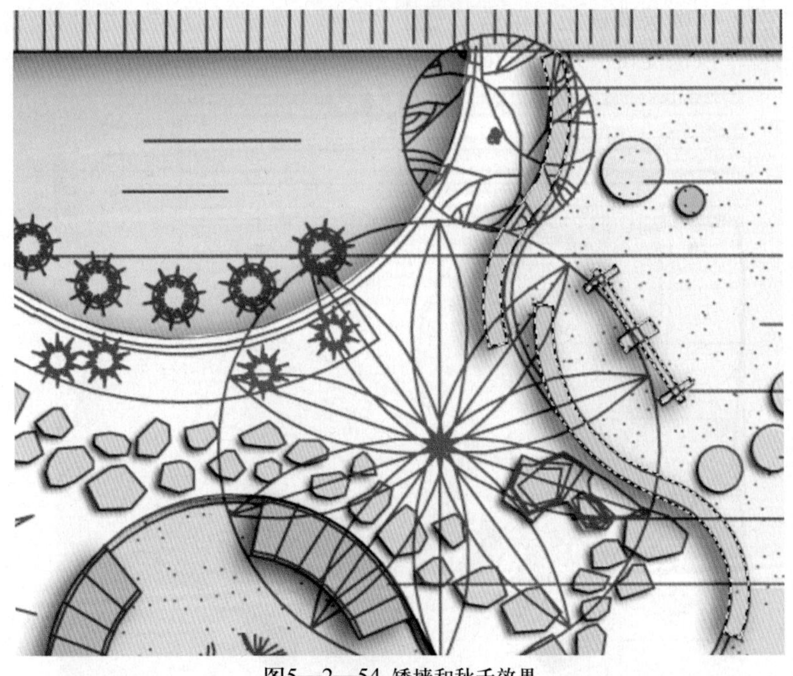

图5—2—54 矮墙和秋千效果

6．花坛后期处理

⑴ 创建选区。单击工具箱中的“”工具，创建选区如图 5 － 2 － 55 所示。

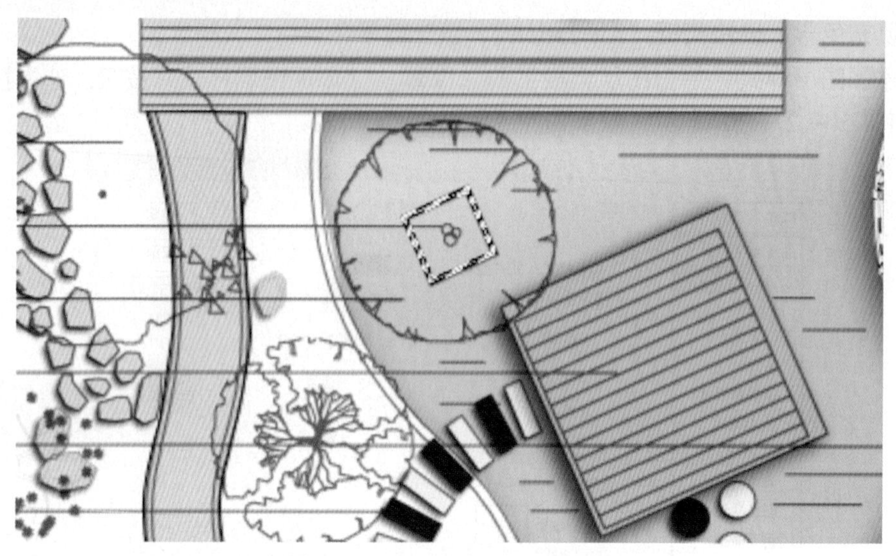

图5—2—55 创建的水中树池选区

⑵ 选取颜色。单击前景色图标，设置 RGB 值为 243，206，125。

⑶ 新建图层。在图层调板上，单击“ ”按钮，新建一图层，并将其命名为“花坛”。

⑷ 填充色彩。按快捷键“Alt+Delete”，填充前景色，效果如图 5 － 2 － 56 所示。

图5—2—56 水中树池的效果

⑸ 将“紫竹池”也填充相同颜色（RGB 值为 243,206,125），效果如图 5 － 2 － 57 所示。

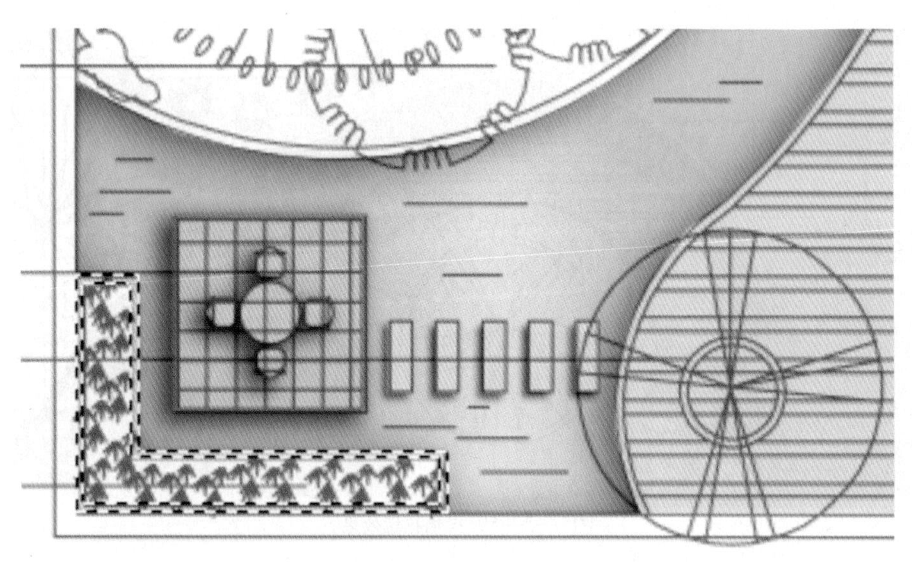

图5—2—57 紫竹池的效果

⑹ 创建选区。单击工具箱中“ ”按钮,并在其工具选项栏中单击“ ”（路径）按钮,沿火焰花坛线框进行绘制,绘制完毕后对路径进行调整。然后在路径调板上,单击“ ”(将路径作为选区载入）按钮，如图 5 － 2 － 58 所示。

图5—2—58 创建的火焰花坛选区

⑺ 选取颜色。单击前景色图标，设置 RGB 值为 247，80，97。
⑻ 填充色彩。按快捷键“Alt+Delete”，填充前景色，效果如图 5 － 2 － 59 所示。

图5—2—59 火焰花坛效果

7. 绿化系统后期处理

绿化系统包括草地、灌木、乔木。

(1) 制作草地

1) 创建选区。单击工具箱中“ ”按钮,并在其工具选项栏中单击“ ”(路径) 按钮，沿草地线框进行绘制，绘制完毕后对路径进行调整。然后在路径调板上，单击“ ”(将路径作为选区载入) 按钮，如图 5 － 2 － 60 所示。

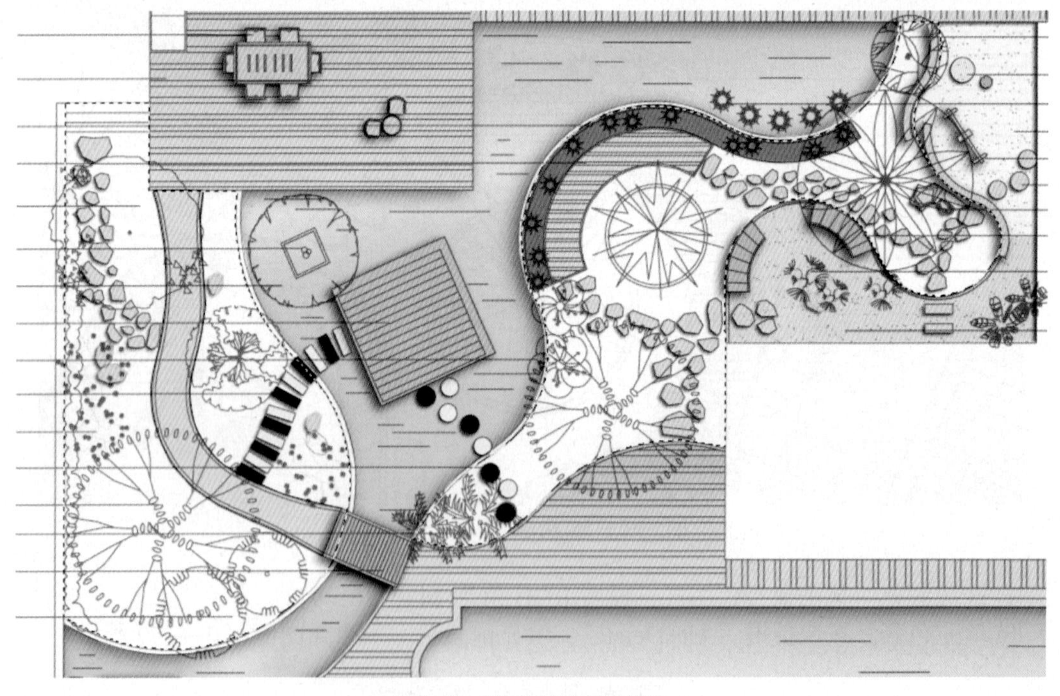
图5—2—60 创建的草地选区

2）选取颜色。单击前景色图标，设置 RGB 值为 129，182，92；单击背景色图标，设置 RGB 值为 144，193，111。

3）新建图层。在图层调板上，单击“ ”按钮，新建一图层，并将其命名为“草地”，并将此图层调整到“白底”图层之上。

4) 填充色彩。在工具箱中单击“ ”渐变工具，修改其选项栏，单击“ ”图标，从中选择“Foreground to Background”（从前景色到背景色）渐变方式，再单击“ ”线性渐变方式，从上向下拖拉，填充效果如图 5 － 2 － 61 所示。

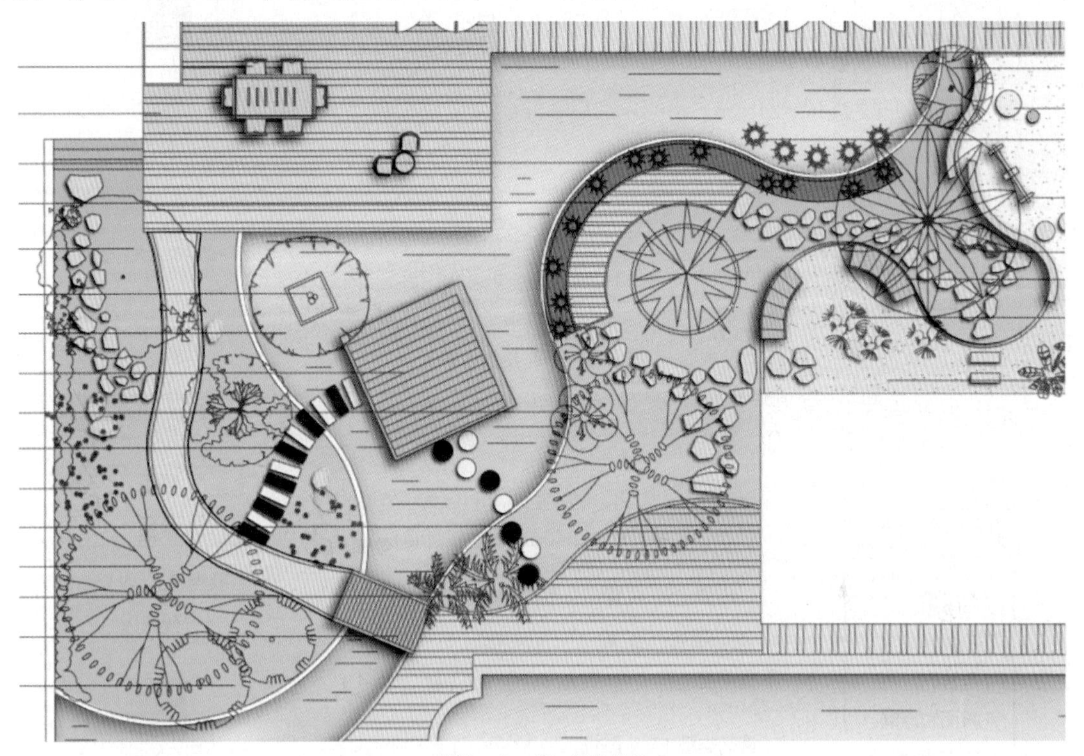

图5—2—61 草地效果

（2）制作灌木

1) 创建选区。单击工具箱中“ ”按钮，并在其工具选项栏中单击“ ”（路径）按钮，沿灌木线框进行绘制，绘制完毕后对路径进行调整。然后在路径调板上，单击“ ”（将路径作为选区载入）按钮。

2）选取颜色。单击前景色图标，设置 RGB 值为 108，186，98。

3）新建图层。在图层调板上，单击“ ”按钮，新建一图层，并将其命名为“灌木”。

4）填充色彩。按快捷键“Alt+Delete”，填充前景色。

5）添加图层样式。单击图层调板下“ ”（添加图层样式）按钮，打开“图层样式”对话，设置参数如图 5 － 2 － 62 和图 5 － 2 － 63 所示。

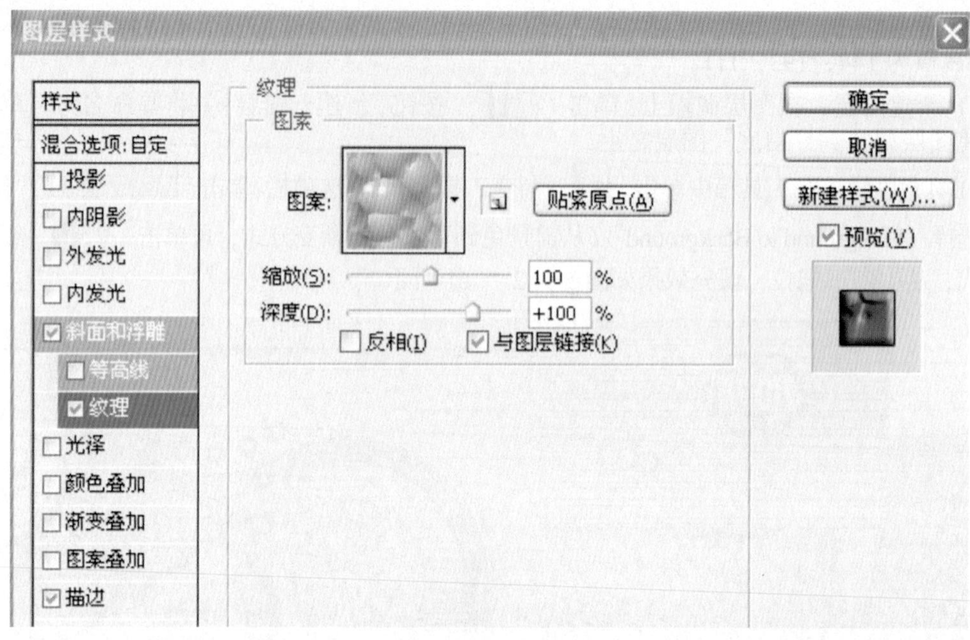

图5—2—62 参数设置

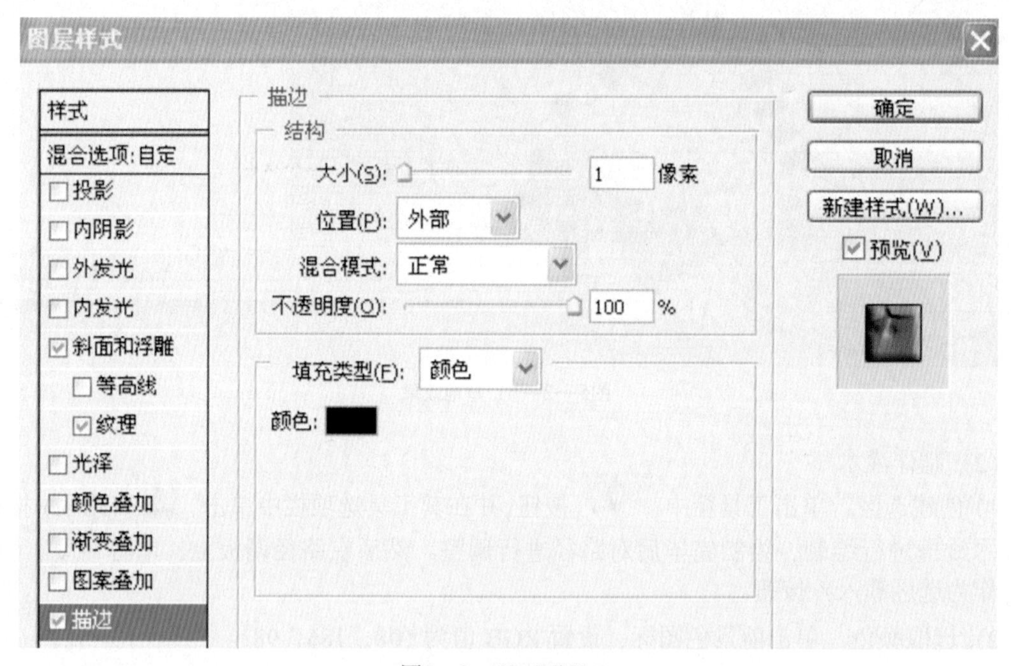

图5—2—63 参数设置

6）灌木制作后的效果如图 5 － 2 － 64 所示。

(3) 制作乔木

在彩色平面图中，乔木品种包括：石榴、广玉兰、腊梅、香樟、樱花、银杏、橘树等。

1) 调整图层。在图层调板上，单击“ ”（创建新组）按钮，新建一图层组，并将其命名为“乔木”，将该图层组置于“线框”图层之上。

2) 打开图片。执行菜单命令“文件”/“打开”，在本教材光盘中打开“后期处理素材/模块五/树平面图”文件，如图5－2－65所示。

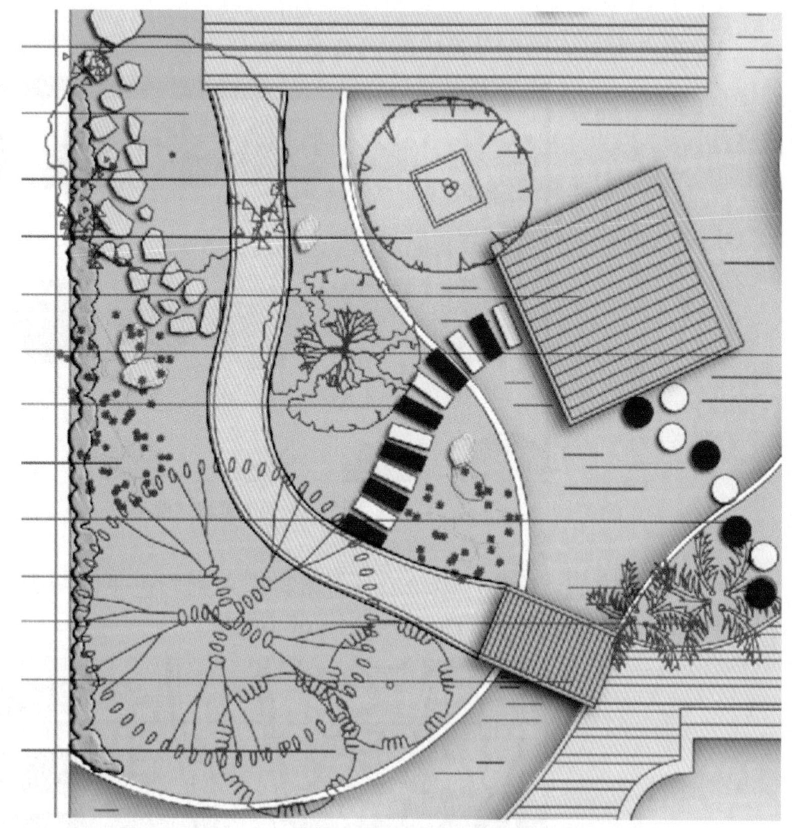

图5—2—64 灌木效果

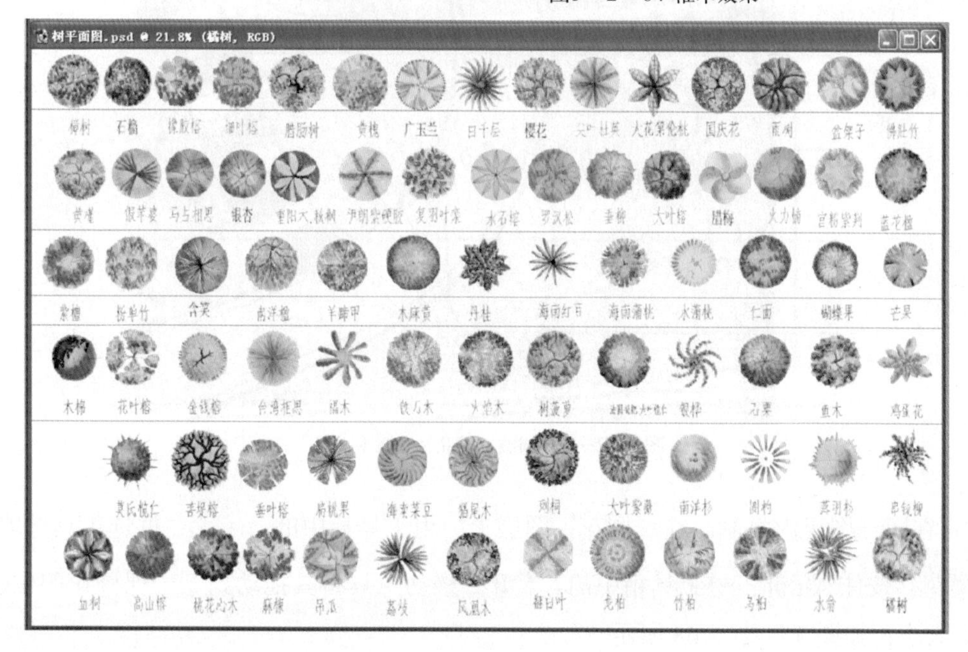

图5—2—65 “树平面图”文件

3）拖入素材。用工具箱中的“ ”框选工具，选取“樱花”，如图 5 － 2 － 66 所示。

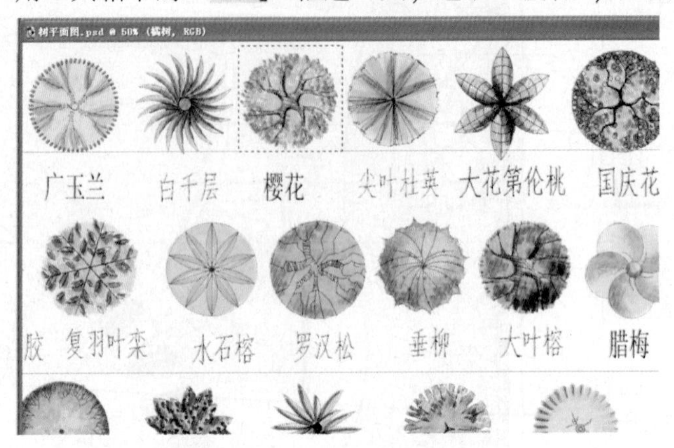

图5—2—66 选取“樱花”

用工具箱中的“ ”移动工具将素材拖入到彩色平面图中，将该图层命名为“樱花”，调整其位置和大小，效果如图 5 － 2 － 67 所示。

图5—2—67 调整“樱花”位置和大小

4）在同一图层内复制。在“樱花”图层上，用工具箱中的“ ”框选工具选取要复制的樱花，按住 Alt 键，用工具箱中的“ ”移动工具将其拖动到下一棵樱花的位置上，调整其大小，如图 5 － 2 － 68 所示。

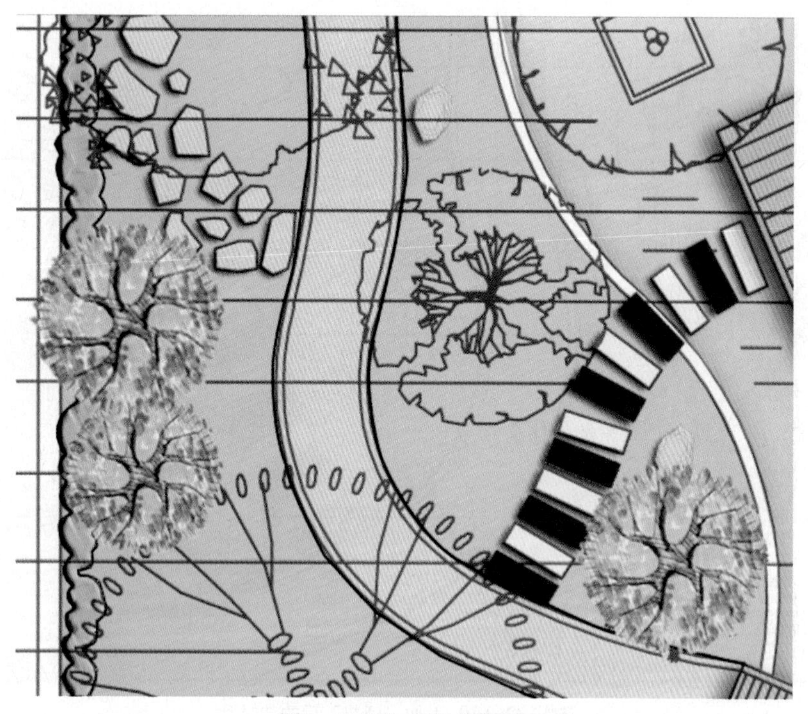

图5—2—68 复制“樱花”

5）添加效果。单击图层调板下的“fx”（添加图层样式）按钮，选择投影，设置参数如图5－2－69所示，效果如图5－2－70所示。

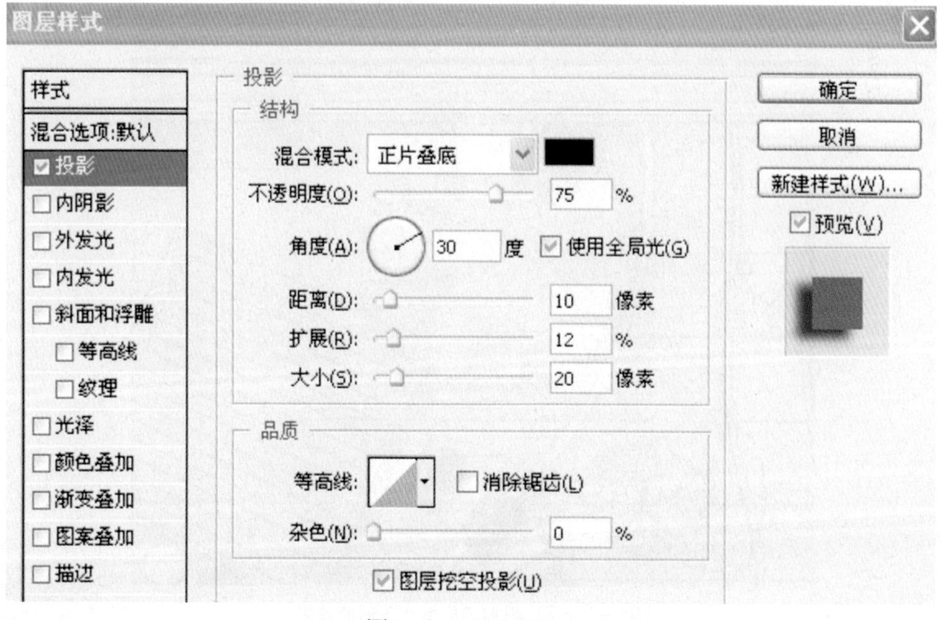

图5—2—69 参数设置

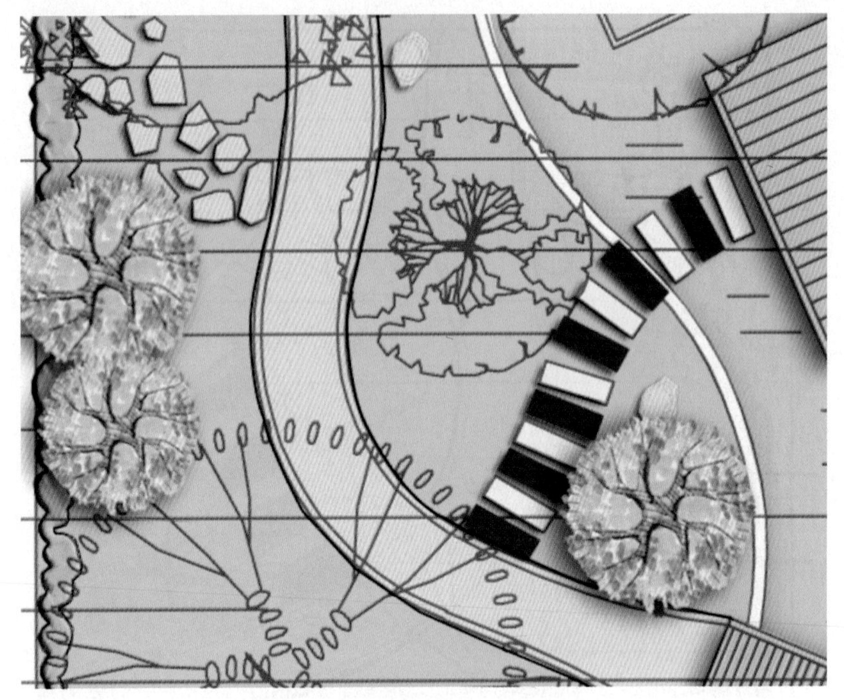

图5—2—70 添加“樱花”后的效果

6）将树平面图中的“广玉兰”拖入到彩色平面图中，并将该图层命名为“广玉兰”，调整其位置和大小，给图层添加投影样式，参数同“樱花”图层，将图层的不透明度值改为80%，效果如图 5 － 2 － 71 所示。

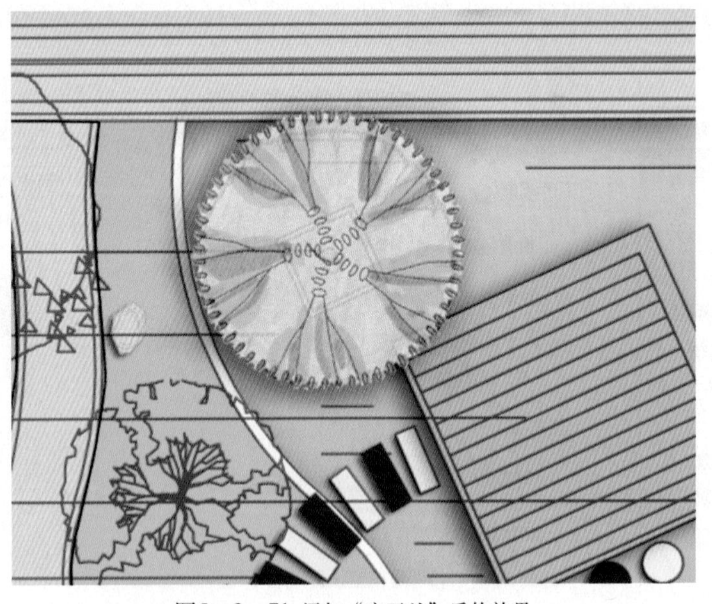

图5—2—71 添加“广玉兰”后的效果

7）添加其他树种。用同样的方法添加石榴、腊梅、香樟、银杏、橘树等，最后效果如图 5 － 2 － 72 所示。

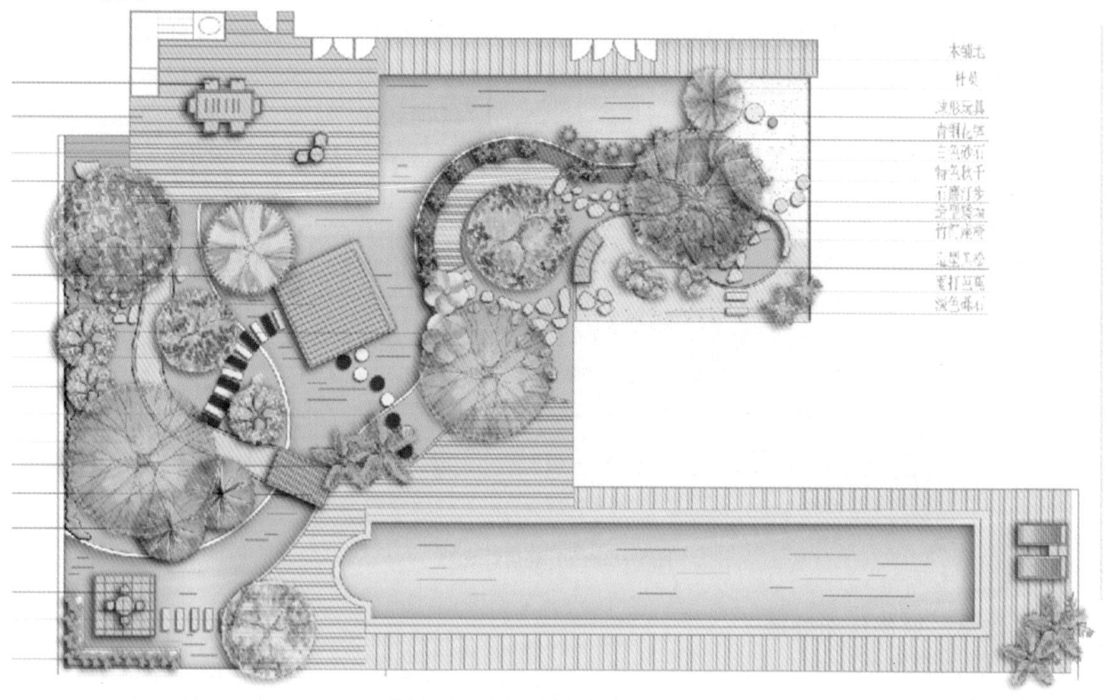

图5—2—72 添加所有乔木后的效果

提示：在制作其他乔木时，根据所要表达的效果，分别给相应的乔木图层设置适当的不透明值。

8．烧烤炉后期处理

⑴ 创建选区。单击工具箱中的“ ”工具，创建选区如图 5 － 2 － 73 所示。

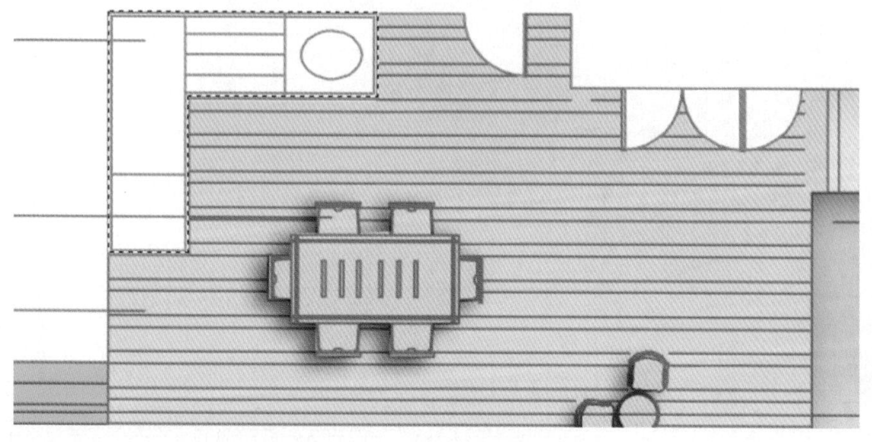

图5—2—73 创建烧烤炉选区

⑵ 新建图层。在图层调板上，单击“ ”按钮，新建一图层，并将其命名为“烧烤炉”。

⑶ 选取颜色。单击前景色图标，设置 RGB 值为 203，188，149。

⑷ 填充色彩。按快捷键 Alt+Delete，填充前景色，效果如图 5 － 2 － 74 所示。

图5—2—74 烧烤炉效果

9．墙体、驳岸后期处理

（1）墙体制作

1）创建选区。隐藏乔木图层组，单击工具箱中的“ ”工具，创建选区如图 5 － 2 － 75 所示。

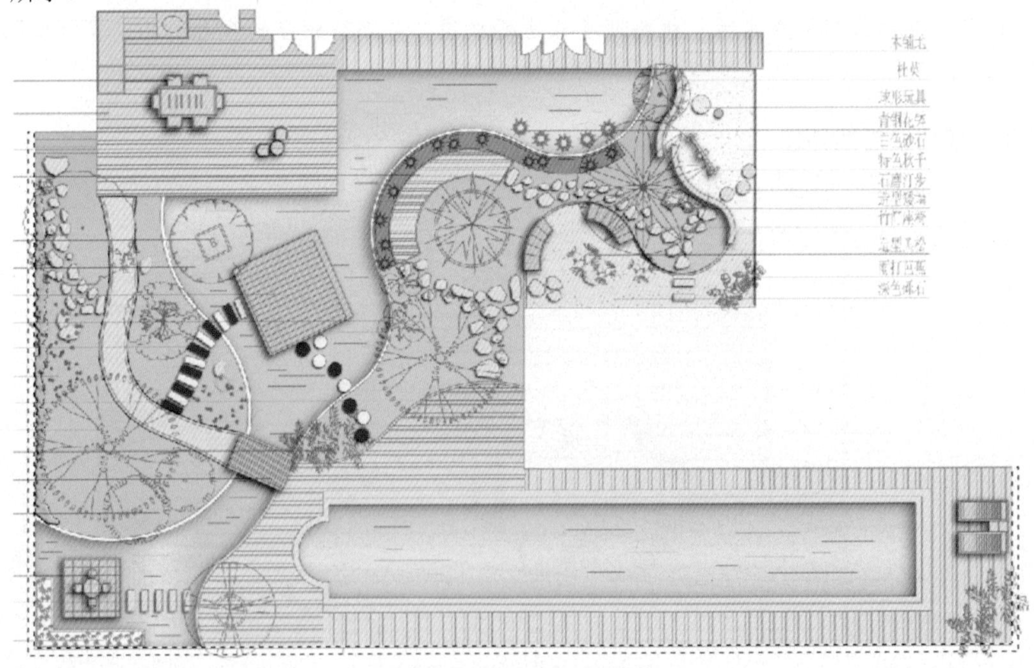

图5—2—75 创建的墙体选区

2）新建图层。在图层调板上，单击“ ”按钮，新建一图层，并将其命名为“墙体”。

3）选取颜色。单击前景色图标，设置 RGB 值为 229，224，194。

4）填充色彩。按快捷键“Alt+Delete”，填充前景色。

5）添加效果。单击图层调板下的“ ”（添加图层样式）按钮，选择投影，设置参数如图 5 － 2 － 76 所示，效果如图 5 － 2 － 77 所示。

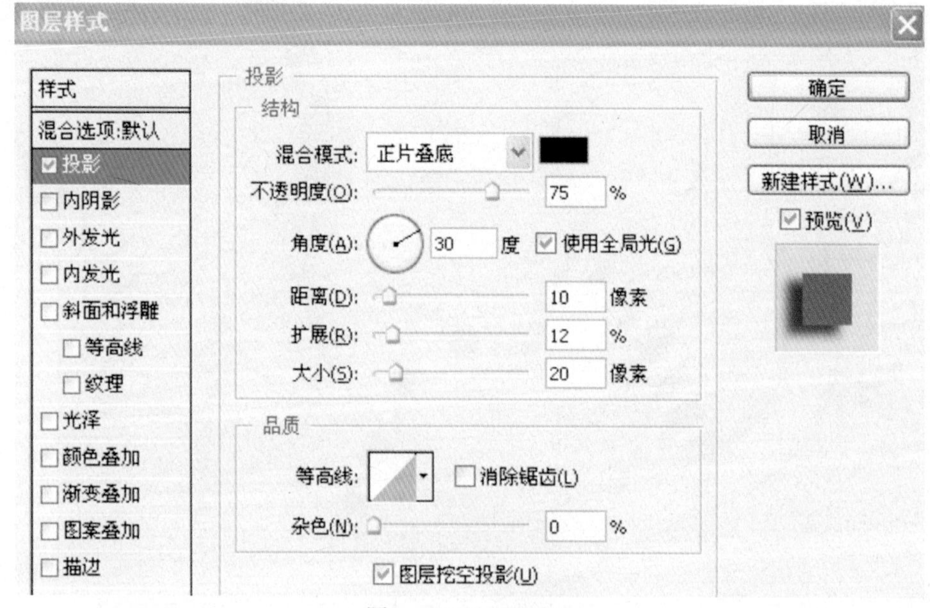

图5—2—76 参数设置

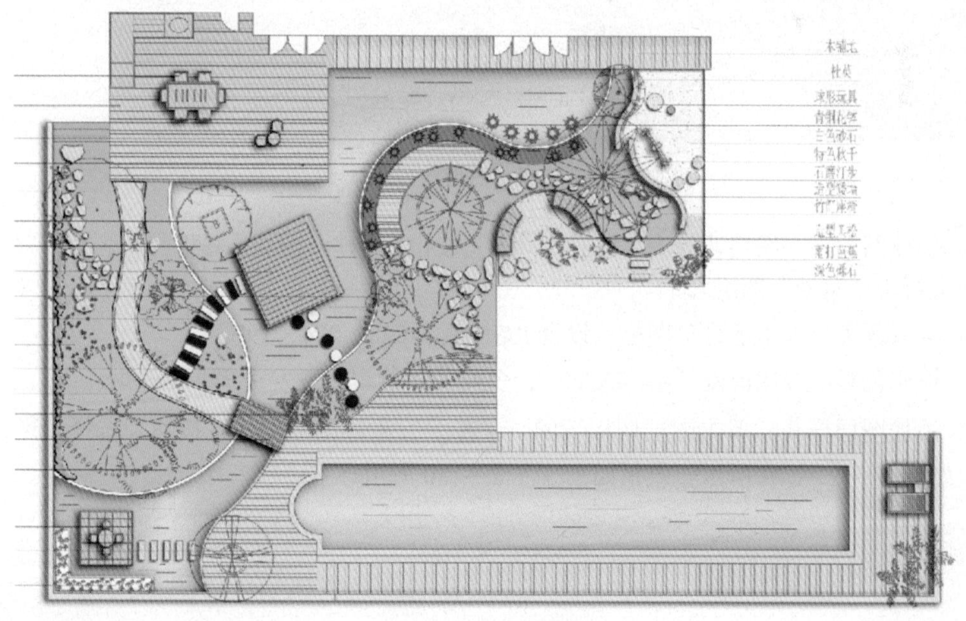

图5—2—77 墙体效果

（2）制作驳岸

1) 创建选区。单击工具箱中“ ”按钮，并在其工具选项栏中单击“ ”（路径）按钮，沿驳岸线框进行绘制，绘制完毕后对路径进行调整。然后在路径调板上，单击“ ”（将路径作为选区载入）按钮，如图 5 － 2 － 78 所示。

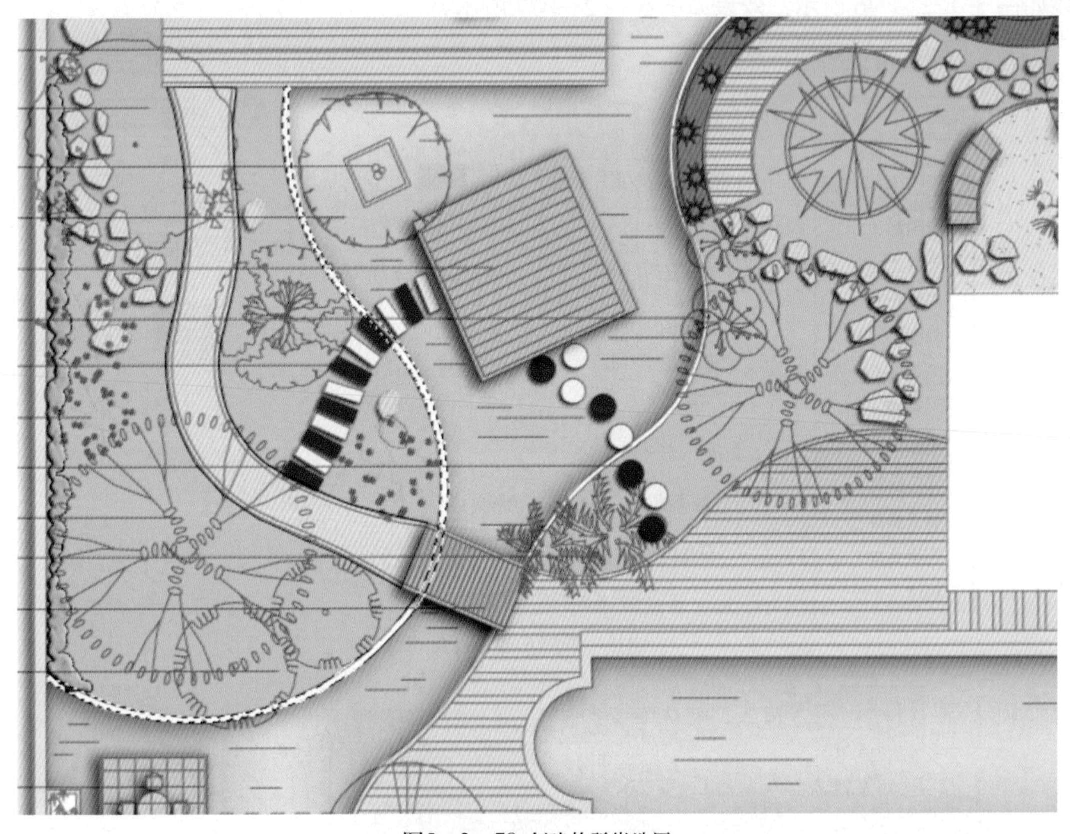

图5—2—78 创建的驳岸选区

2）新建图层。在图层调板上，单击“ ”按钮，新建一图层，并将其命名为“驳岸”，将该图层置于“草地”图层之上。

3）选取颜色。单击前景色图标，设置 RGB 值为 228，224，197。

4）填充色彩。按快捷键“Alt+Delete”，填充前景色。

5）添加图层样式。单击图层调板下的“fx”（添加图层样式）按钮，选择投影，设置参数如图 5 － 2 － 79 所示，效果如图 5 － 2 － 80 所示。

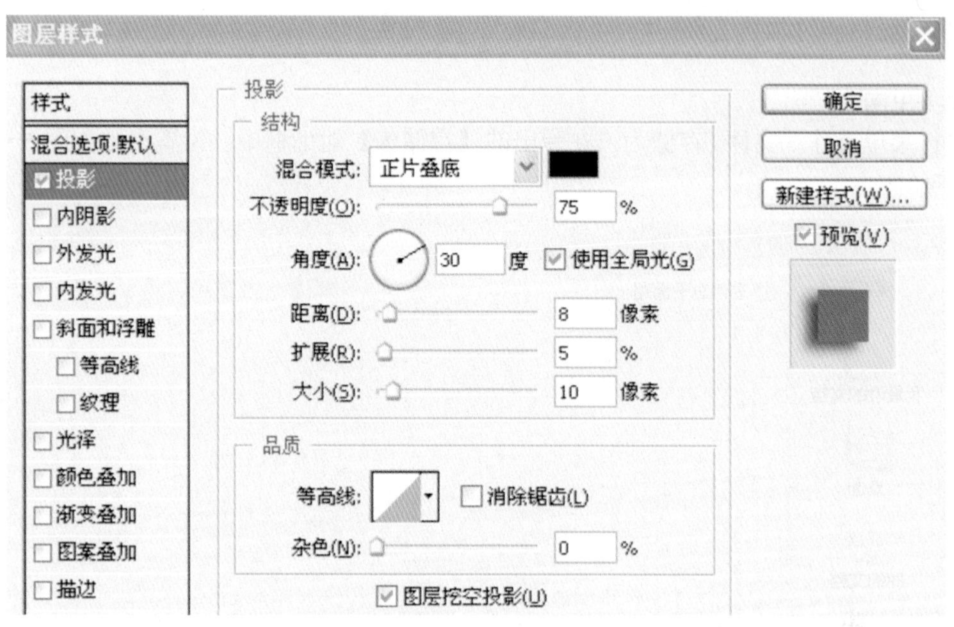

图5—2—79 参数设置

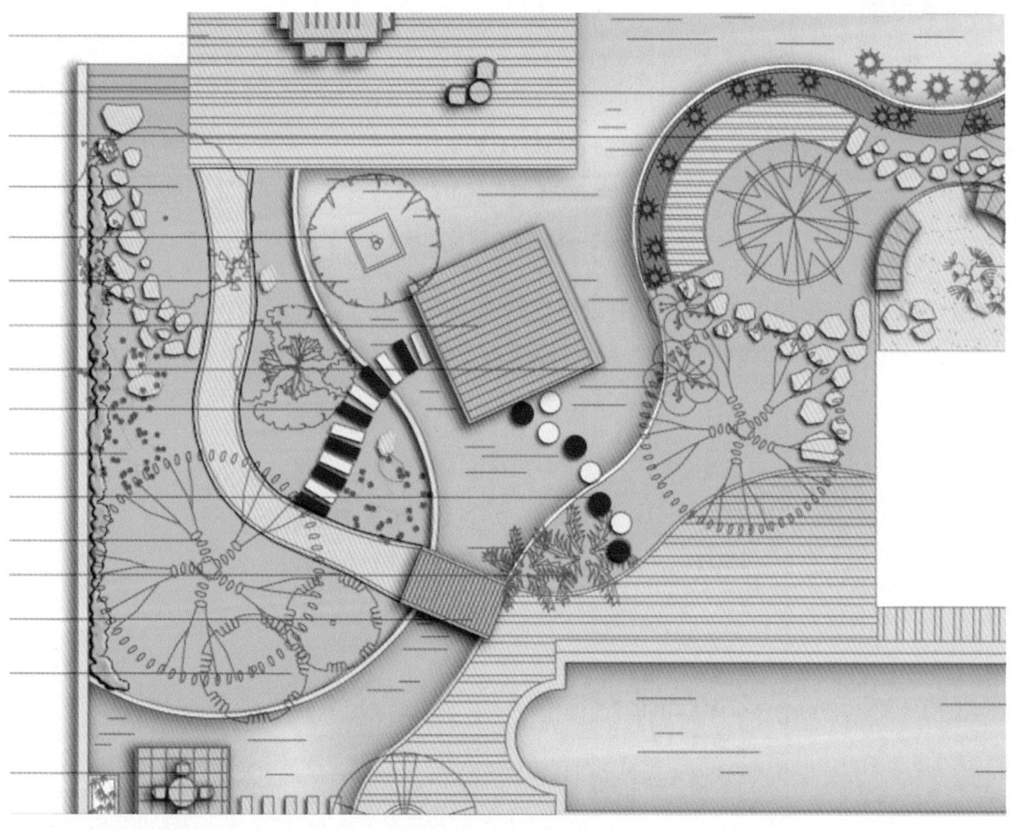

图5—2—80 驳岸效果

6）然后制作对面驳岸效果。

10．出图

执行菜单操作：文件 / 存储为，在弹出的【存储为】对话框中，设置参数如图 5 － 2 － 81 所示。

图5—2—81 【存储为】对话框

单击“保存”，在弹出的对话框中设置参数如图 5 － 2 － 82 所示。

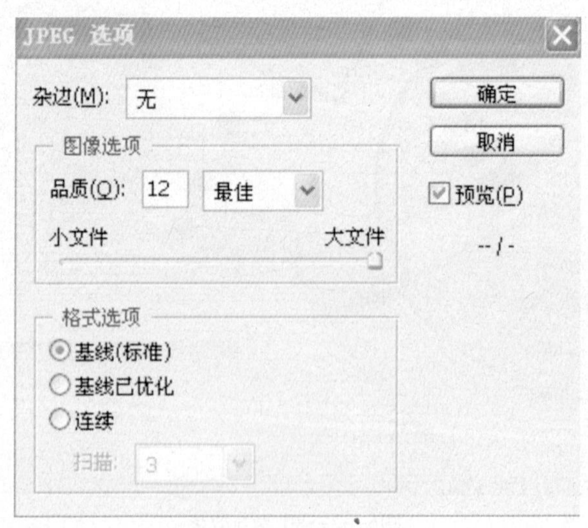

图5—2—82 参数设置

单击“确定”按钮即可。

将一张用 CAD 绘的线框图制作成了彩色的效果图，这不是简单地追求“漂亮”，相对施工用的线条平面图而言，它显得更直观、更真实，所反映出来的信息也更全面，它可以让设计者更直观地推敲和加深理解自己的设计构思，还可以更加方便地与他人进行交流。

任务三 制作小庭院渲染图

任务目标

- 掌握【FFD2×2×2】（自由变形2×2×2）命令的使用
- 掌握二维物体的布尔运算
- 掌握旋转复制的操作
- 掌握【UVW Map】（UVW贴图）命令的使用
- 掌握在3D场景中直接用CAD线形拉伸建模
- 掌握如何合并3D场景

任务引入

使用 3DS MAX 软件制作小庭院景观渲染图，效果如图 5－3－1 所示。

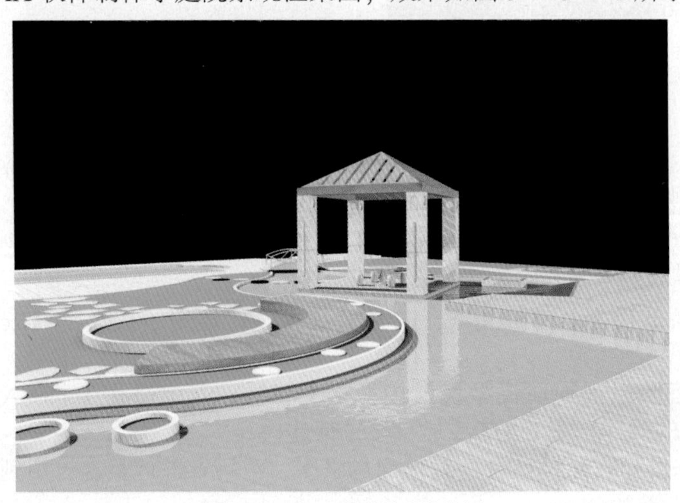

图5—3—1 小庭院景观渲染图

任务分析

小庭院景观渲染图的制作流程如图 5 － 3 － 2 所示。

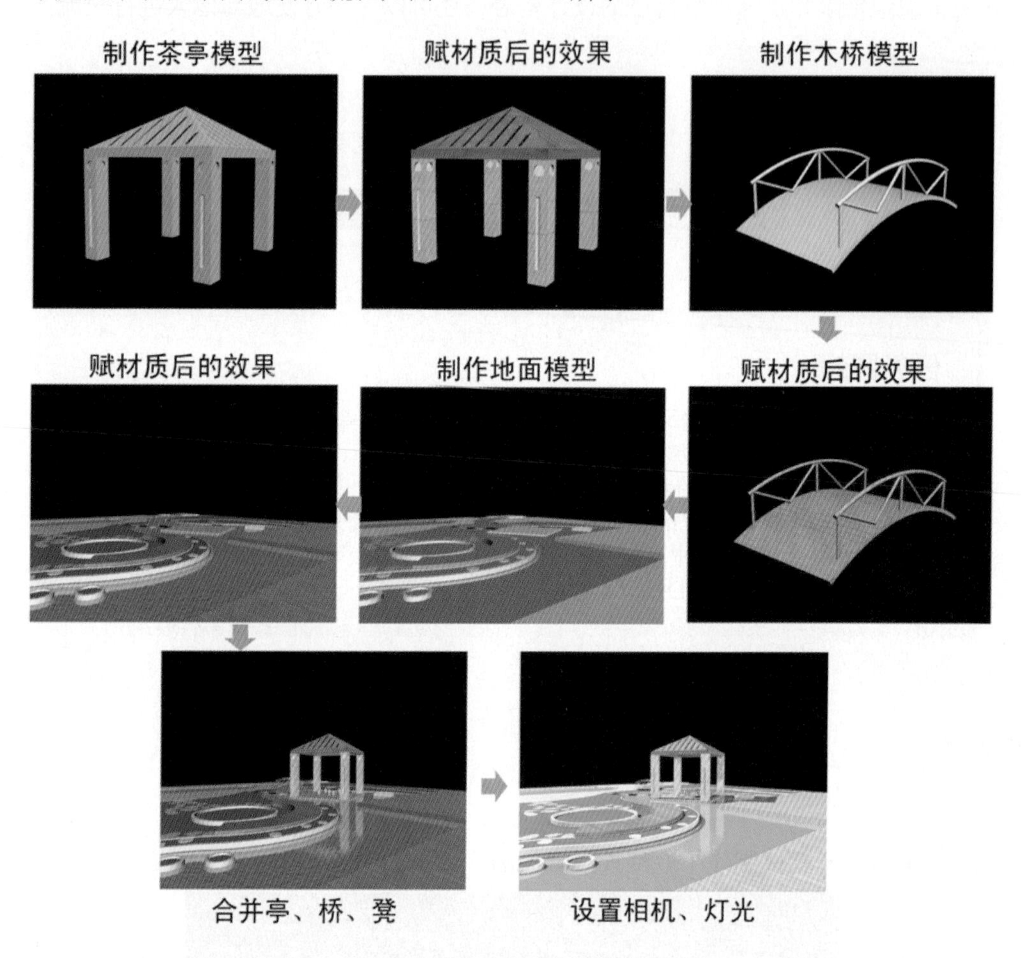

图5—3—2 小庭院景观渲染图的制作流程图

首先在 3DS MAX 中制作茶亭的模型及给模型赋上材质，顶模型制作用到了【Edit Spline】（样条编辑器）命令、二维线形的布尔运算、【FFD2×2×2】（自由变形 2×2×2）命令和旋转关联复制；石柱模型的制作用到了三维对象的布尔运算；材质的制作用到了【UVW Map】（UVW 贴图）命令。

然后制作木桥的模型及给模型赋上材质，模型制作运用了线形的【Rendering】（渲染）和对线形的修改。

然后制作小庭院景观地面模型及给模型赋上材质，其中进行了将 CAD 地形图输入到 3DS MAX 场景中的操作，用 CAD 线形直接拉伸建模。

再将茶亭、木桥和石凳模型合并到地面场景中，对场景进行整合，用到了【Merge】（合并）命令。

最后设置相机、灯光和渲染出图。创建一盏“Target Spot”（目标聚光灯）和一盏“Omni”（泛光灯）作为场景的主光源，使用“Skylight”（天光）来模拟天空光照亮场景；渲染图以 .tga 或 .tif 的格式保存，这两种格式带有通道。

任务实施

一、茶亭模型的制作

1．茶亭檐的制作

（1）启动 3DS MAX 软件。

（2）重新设置系统。

（3）执行菜单栏中的【Customize】（自定义）/【Units Setup】（单位设置）命令，设置单位为“毫米”。

（4）依次单击“ / / Rectangle ”（矩形）按钮，在顶视图中，创建一个【Length】（长度）为 3 948 mm、【Width】（宽度）为 3 948 mm 的矩形，调整位置如图 5－3－3 所示。

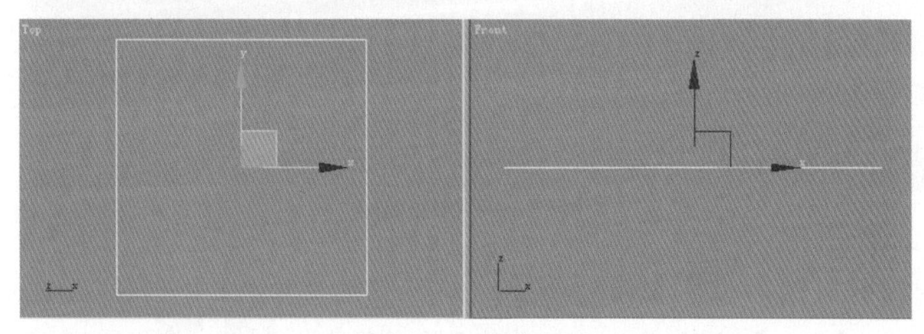

图5—3—3　创建的矩形

（5）单击“ ”按钮，在【Modifier List】（修改器列表）下拉菜单中选择【Edit Spline】（样条编辑器），选择子对象 Spline，在【Geometry】（几何体）卷展栏下设置轮廓值为 226，如图 5－3－4 所示。

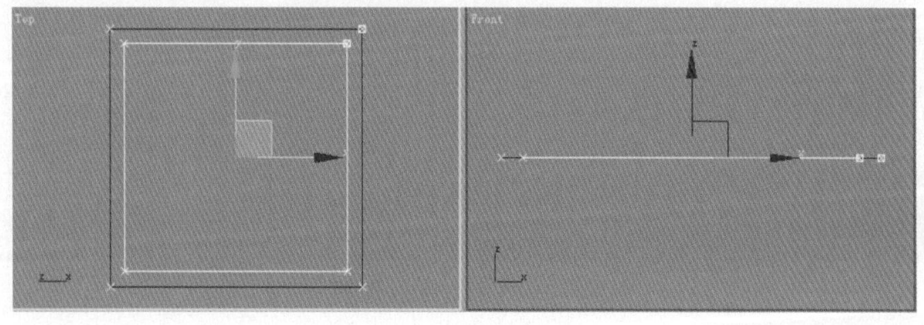

图5—3—4　轮廓后的形态

(6) 在【Modifier List】(修改器列表) 下拉菜单中选择“Extrude”(拉伸), 设置【Amount】(数量) 值为 226, 命名为“檐”, 效果如图 5 − 3 − 5 所示。

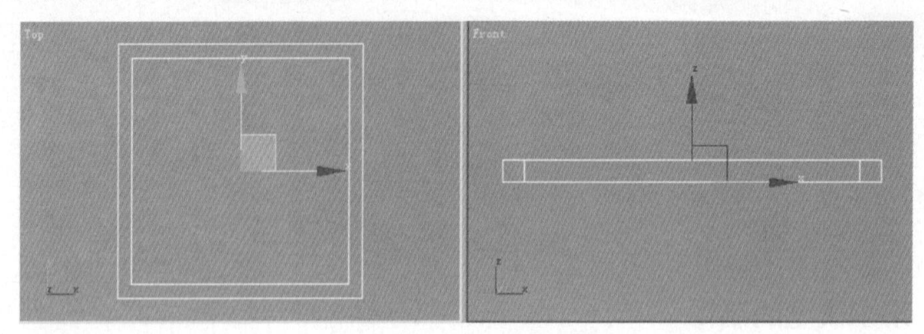

图5—3—5 拉伸后的形态

2. 顶的制作

(1) 依次单击“ / / Line”(线形) 按钮,在顶视图中,创建一个【Length】(长度) 为 3 760 mm、【Width】(宽度) 为 1 880 mm 的线形, 如图 5 − 3 − 6 所示。

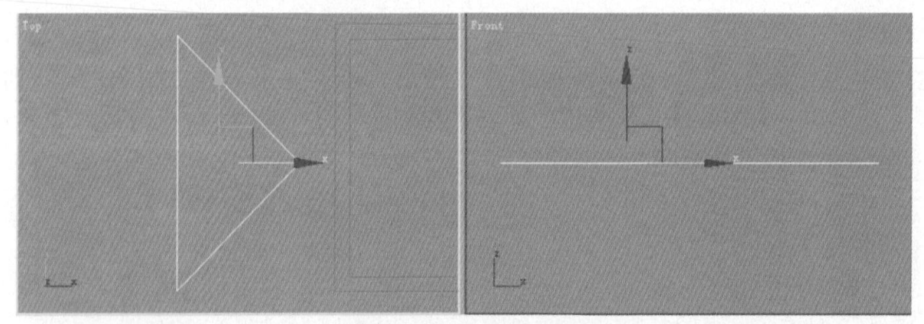

图5—3—6 创建的线形

(2) 依次单击“ / / Rectangle”(矩形) 按钮,在顶视图中,创建一个【Length】(长度) 为 106 mm、【Width】(宽度) 为 1 614 mm 的矩形;依次单击“ / / Circle”(圆形) 按钮, 在顶视图中,创建两个【Radius】(半径) 为 53 mm 的圆形,调整位置如图 5 − 3 − 7 所示。

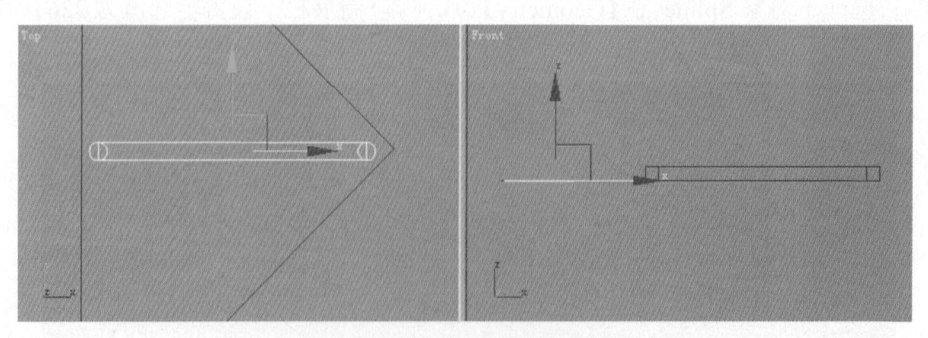

图5—3—7 创建的矩形和圆

（3）选择矩形，单击“ ”按钮，在【Modifier List】（修改器列表）下拉菜单中选择【Edit Spline】（样条编辑器），选择子对象 Spline，在【Geometry】（几何体）卷展栏下单击“ Attach ”（结合），在顶视图中单击两个圆形，将 3 个二维对象结合为一个整体，选择矩形，在【Geometry】（几何体）卷展栏下设置参数如图 5 － 3 － 8 所示，然后单击“ Boolean ”按钮，在顶视图中单击两个圆，布尔运算后的效果如图 5 － 3 － 9 所示。

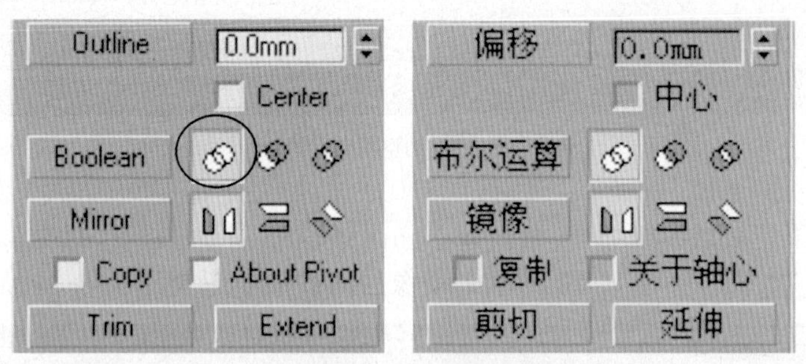

图5—3—8 参数设置

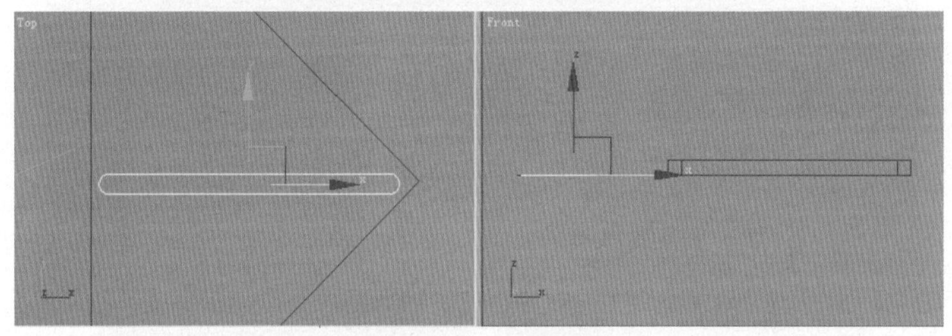

图5—3—9 布尔运算后的效果

（4）在顶视图中，沿 Y 轴复制上面制作的线形，间距为 292 mm，如图 5 － 3 － 10 所示。

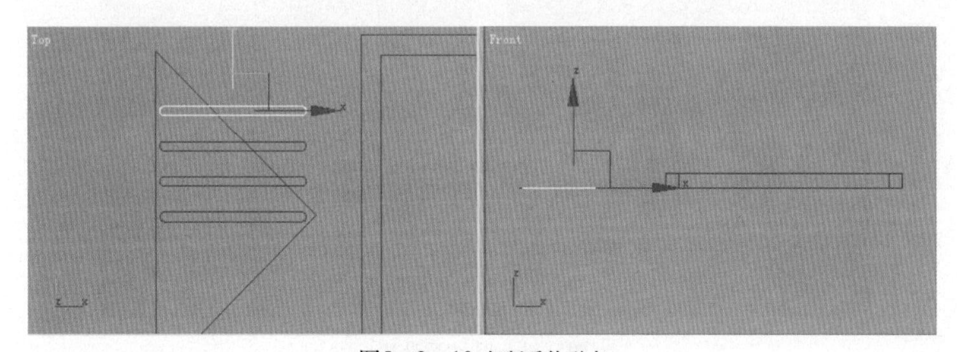

图5—3—10 复制后的形态

（5）选择子对象 Vertex，调整顶点位置，如图 5 － 3 － 11 所示。

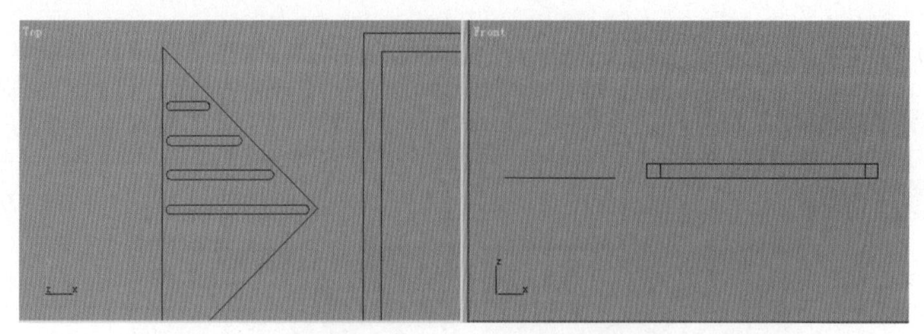

图5—3—11 调整顶点后的形态

（6）在顶视图中选择如图 5 － 3 － 12 所示的线形，在工具栏中选择“ ”按钮，在对话框中设置参数如图 5 － 3 － 13 所示，镜像后的效果如图 5 － 3 － 14 所示。

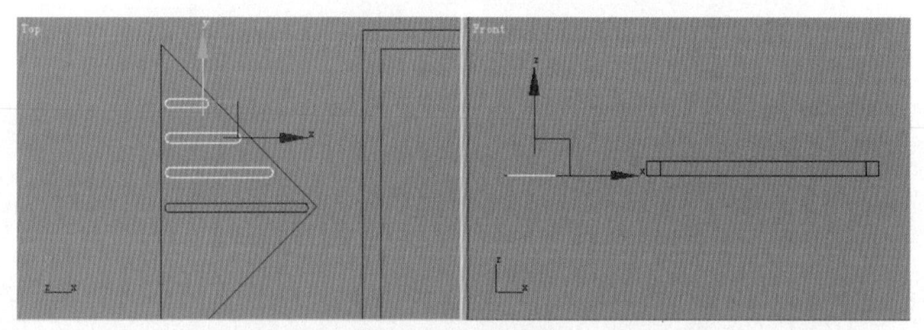

图5—3—12 选择对象

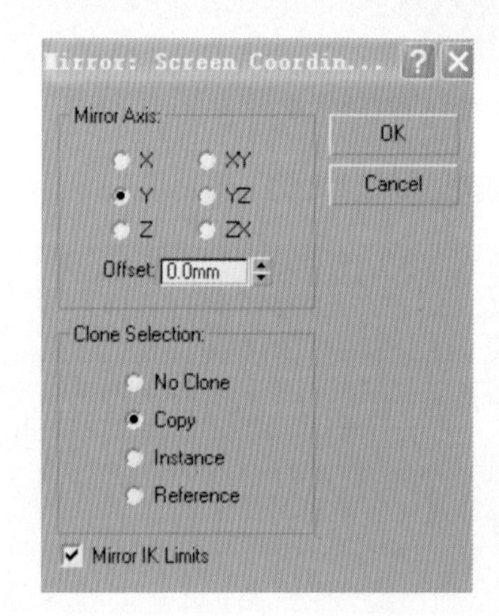

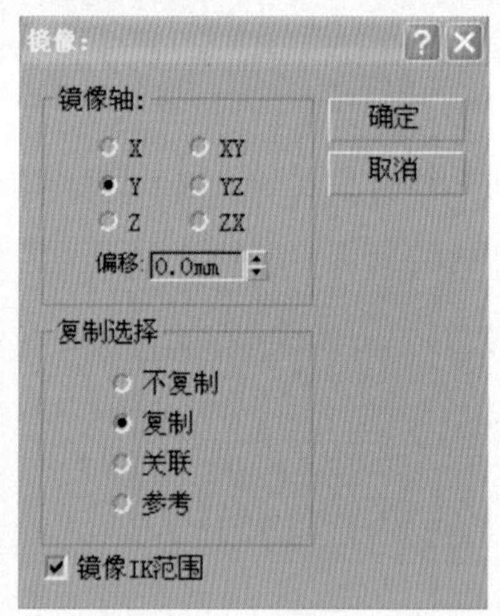

图5—3—13 参数设置

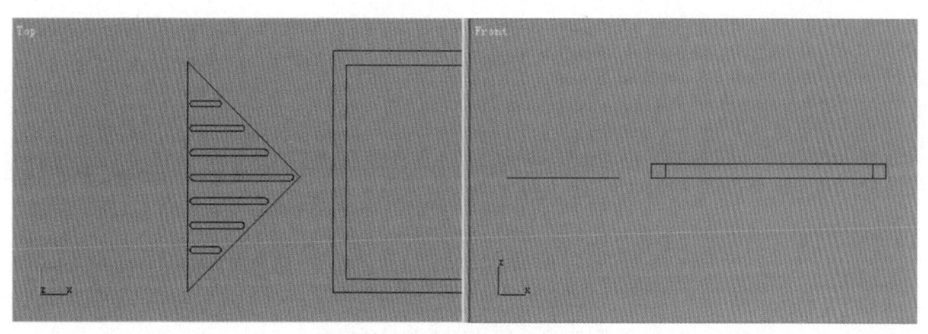

图5—3—14 镜像后的形态

(7) 选择三角线形，选择子对象 Spline，在【Geometry】(几何体) 卷展栏下单击“Attach”(结合),在顶视图中单击其他所有线形,将它们结合为一个整体,在【Modifier List】(修改器列表) 下拉菜单中选择“Extrude”(拉伸)，设置【Amount】(数量) 值为 32，命名为“顶 01”，效果如图 5 － 3 － 15 所示。

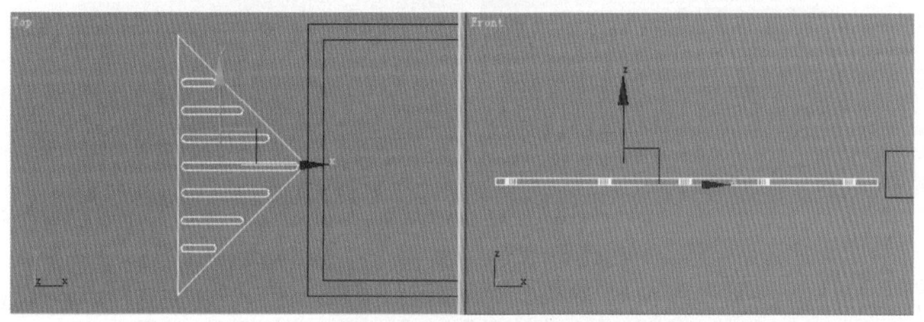

图5—3—15 拉伸后的形态

(8) 在【Modifier List】(修改器列表) 下拉菜单中选择“FFD 2x2x2”(自由变形 2×2×2) 命令，选择子对象“Control Points”，在前视图中，选择右边两个控制点，沿 Y 轴向上移动直到和 X 轴方向成 31.5° 的夹角，如图 5 － 3 － 16 所示。

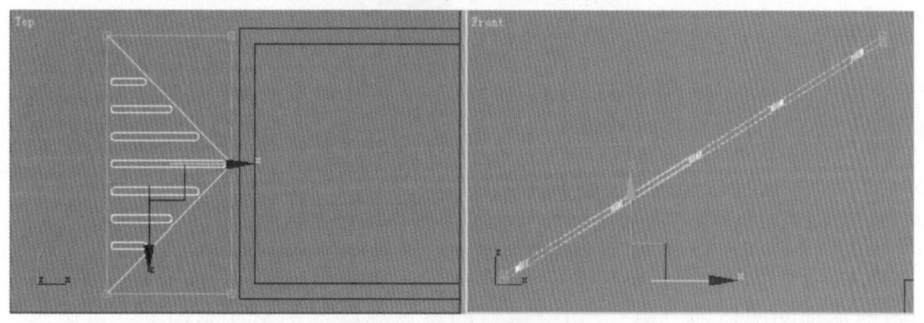

图5—3—16 编辑后的形态

(9) 调整“顶 01”的位置，距檐边缘的距离为 94 mm，如图 5 － 3 － 17 所示。

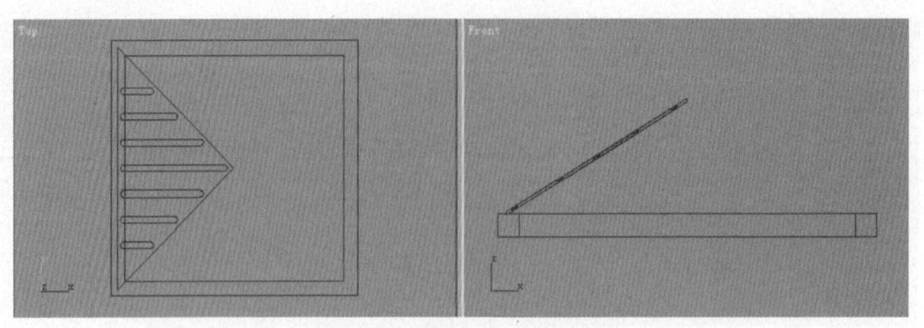

图5—3—17 调整位置后的形态

(10) 激活工具栏中的“ ”按钮,并在其上右击,在弹出的【Grid and Snap Settings】(栅格和捕捉设置) 对话框中设置参数, 如图 5 – 3 – 18 所示。

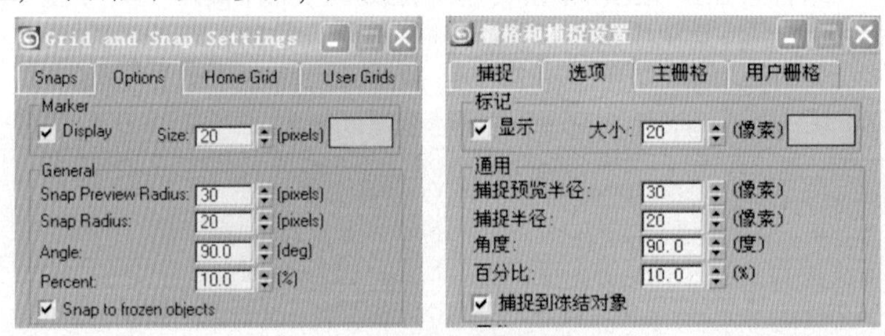

图5—3—18 参数设置

(11) 顶视图中选择“顶 01”, 单击工具栏中的“ ”按钮, 在工具栏中的【Reference Coordinate System】(参考坐标系) 窗口中选择【Pick】(拾取) 坐标系统,如图 5 – 3 – 19 所示。

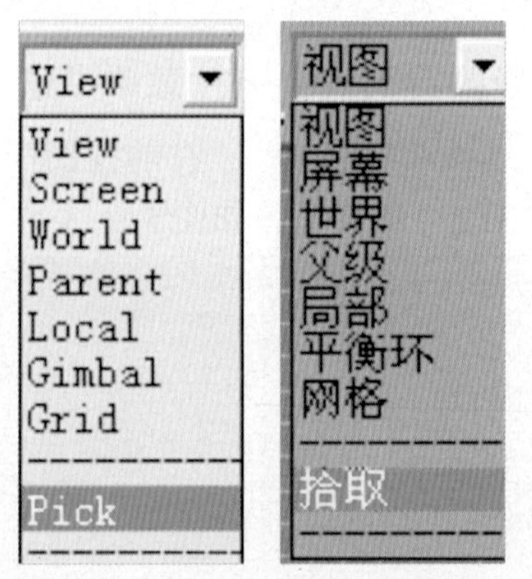

图5—3—19 参数坐标系窗口

(12) 在顶视图中拾取“檐”, 以“檐”的自身坐标系为当前坐标系, 再单击工具栏中的“ ”按钮, 使用当前拾取物体自身坐标系统的轴心作为变动的中心, 按住键盘中的 Shift 键, 将“顶 01”绕 *Z* 轴旋转关联复制 3 个, 并分别命名为顶 02、03、04, 如图 5 – 3 – 20 所示。

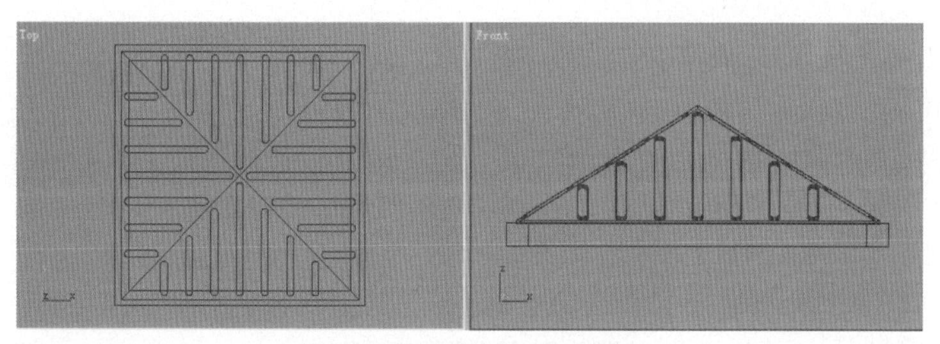

图5—3—20 旋转关联复制后的形态

3．石柱的制作

(1) 依次单击“ / / Box ”(方体) 按钮，在顶视图中创建一个【Length】(长度) 为 451 mm、【Width】(宽度) 为 451 mm、【Height】为 451 mm 的方体，如图 5 － 3 － 21 所示；依次单击“ / / Cylinder ”(圆柱) 按钮，在前视图中，创建一个【Radius】(半径) 为 124 mm、【Height】为 600 mm 的圆柱，调整位置如图 5 － 3 － 22 所示。

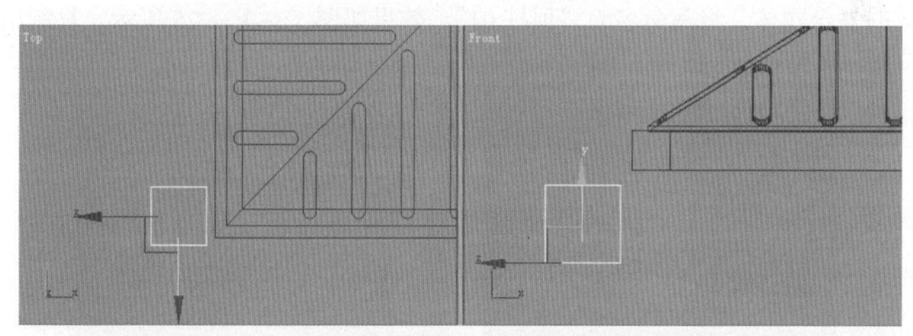

图5—3—21 创建的方体

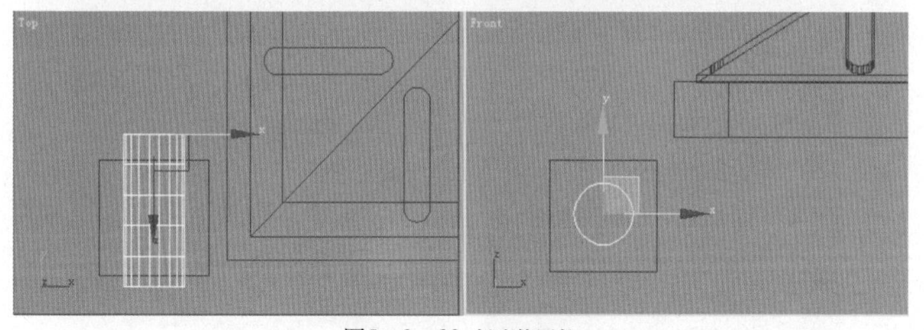

图5—3—22 创建的圆柱

(2) 在顶视图中选择圆柱，单击工具栏上的“ ”按钮，再单击工具栏中的“ ”按钮，激活工具栏中的“ ”按钮，并在其上右击，在弹出的【Grid and Snap Settings】(栅格和捕捉设置) 对话框中设置【Angle】值为 90，将其旋转复制一个，如图 5 － 3 － 23 所示。

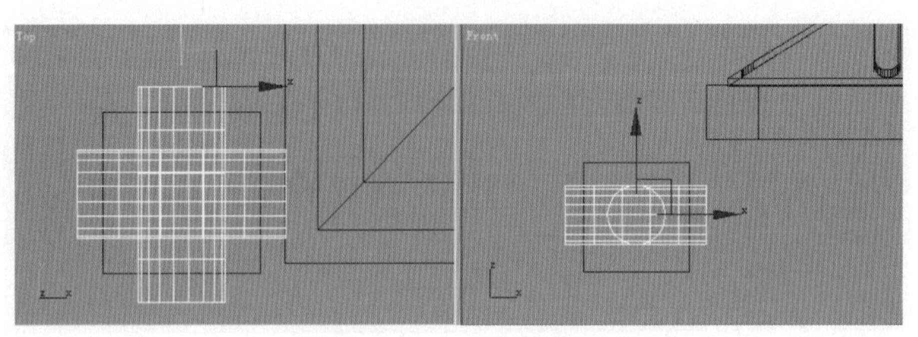

图5—3—23 旋转复制后的形态

(3) 选择其中一个圆柱，单击“ ”，在【Modifier List】(修改器列表) 下拉菜单中选择“Edit Mesh”命令，在“- Edit Geometry”卷展栏下选择“Attach”，然后在视图中单击另一个圆柱，将两个圆柱结合为一个整体。

(4) 选择方体，依次单击“ / / Compound Objects / Boolean”，在卷展栏下设置参数如图 5 － 3 － 24 所示，然后单击“Pick Operand B”，在视图中单击两个圆柱组成的复合物体，将其命名为“顶柱 01”，效果如图 5 － 3 － 25 所示，复制出其他三根顶柱，并命名为顶柱 02、03、04。

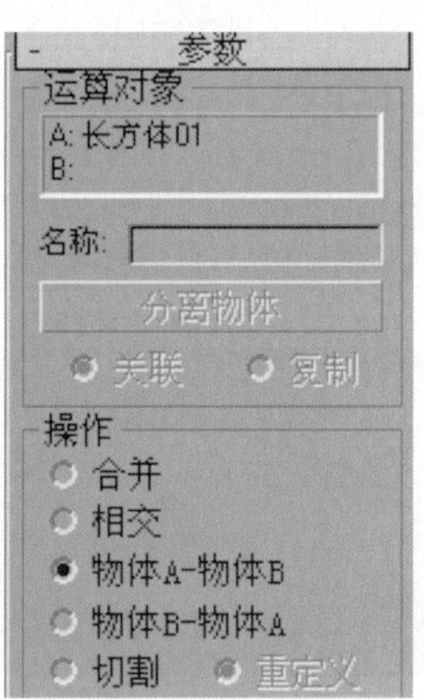

图5—3—24 参数设置

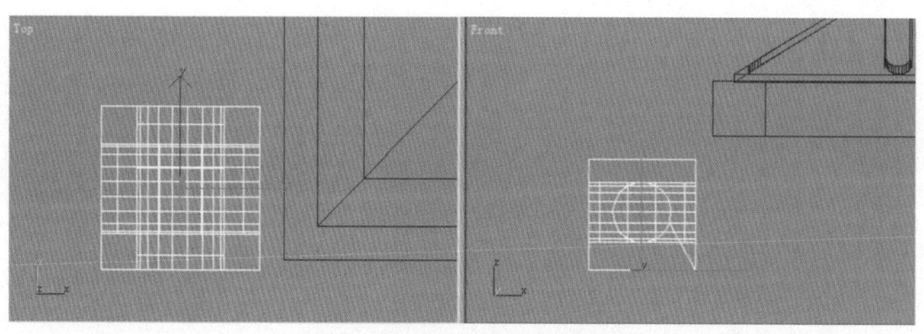

图5—3—25 布尔运算后的形态

（5）依次单击“ / / Box ”（方体）按钮，在顶视图中创建一个【Length】（长度）为 338 mm、【Width】（宽度）为 338 mm、【Height】为 338 mm 的方体，命名为“灯01”，调整位置如图 5 － 3 － 26 所示，其他三盏灯同样复制出，并命名为灯 02、03、04。

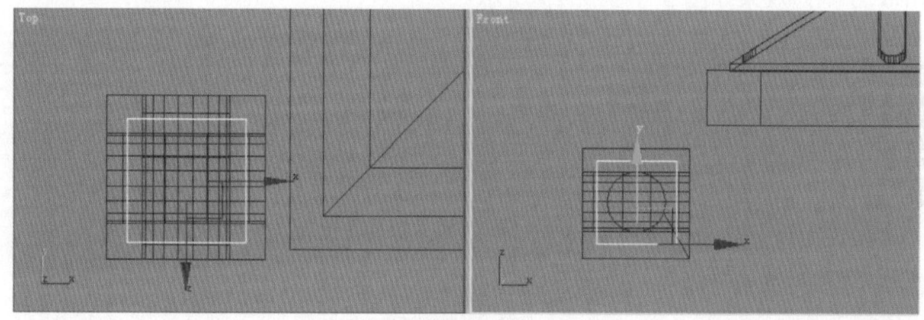

图5—3—26 创建的“灯01”方体

（6）依次单击“ / / Box ”（方体）按钮，在顶视图中创建一个【Length】（长度）为 451 mm、【Width】（宽度）为 451 mm、【Height】为 2 256 mm 的方体，命名为“支柱 01”，调整位置如图 5 － 3 － 27 所示，其他支柱同样复制出，并命名为支柱 02、03、04。

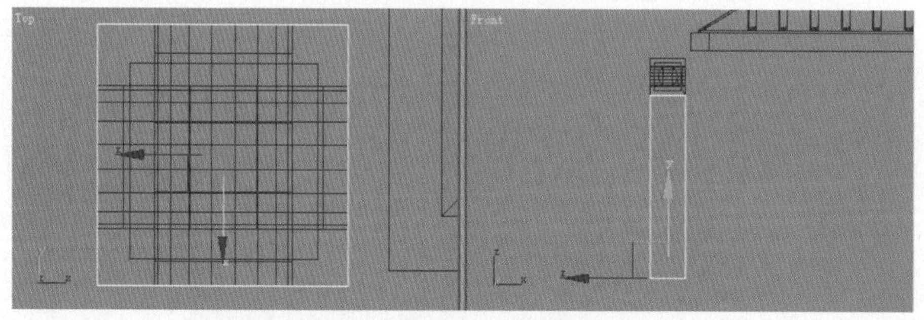

图5—3—27 创建的“支柱01”方体

（7）依次单击“ / / Extended Primitives / Capsule ”（胶囊体）按钮，在顶视图中创建一个【Radius】（半径）为 54 mm、【Height】为 1 600 mm 的胶囊体，调整位置如图 5 － 3 － 28 所示。

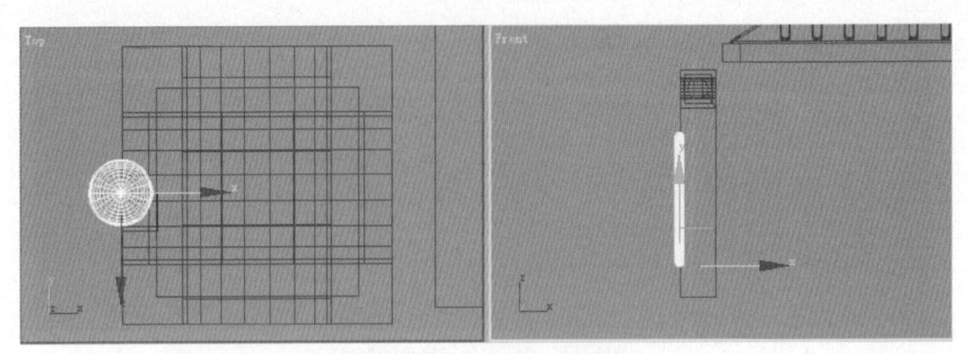
图5—3—28 创建的胶囊体

（8）选择“支柱 01”，依次单击“ / / Compound Objects / Boolean ”，在卷展栏下选择“Subtraction [A-B]”[差集（A-B）]，然后单击“Pick Operand B”，在视图中单击胶囊体，效果如图 5 － 3 － 29 所示。

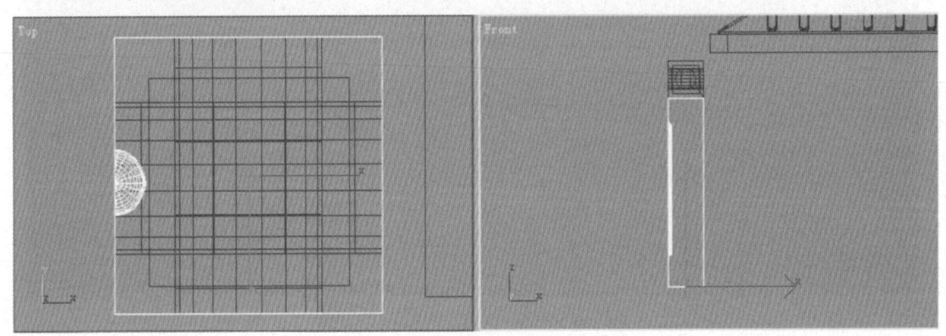
图5—3—29 布尔运算后的形态

（9）选择“顶柱 01、灯 01、支柱 01”，将其成组，命名为“石柱 01”，调整位置如图 5 － 3 － 30 所示。

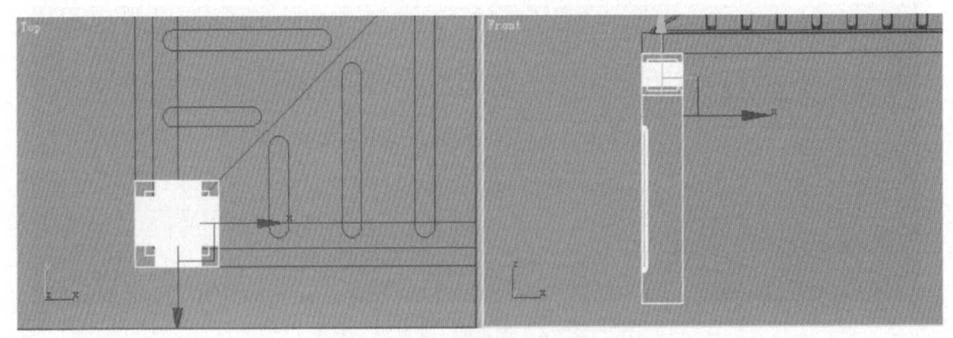
图5—3—30 创建的“石柱01”

（10）在顶视图中选择“石柱 01”，沿 Y 轴关联复制一组，如图 5 － 3 － 31 所示。

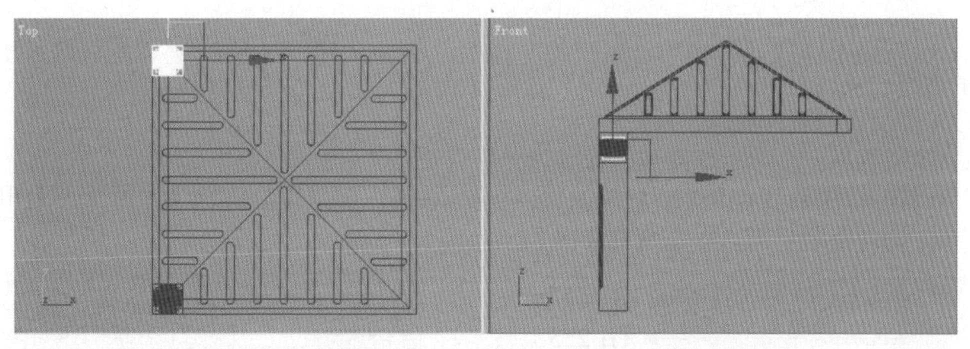

图5—3—31 关联复制后的形态

（11）在顶视图中选择“石柱 01、02”，在工具栏中单击“ ”按钮，将选择的造型以【Instance】（关联复制）的方式沿 *X* 轴镜像复制一组，调整位置如图 5 － 3 － 32 所示。

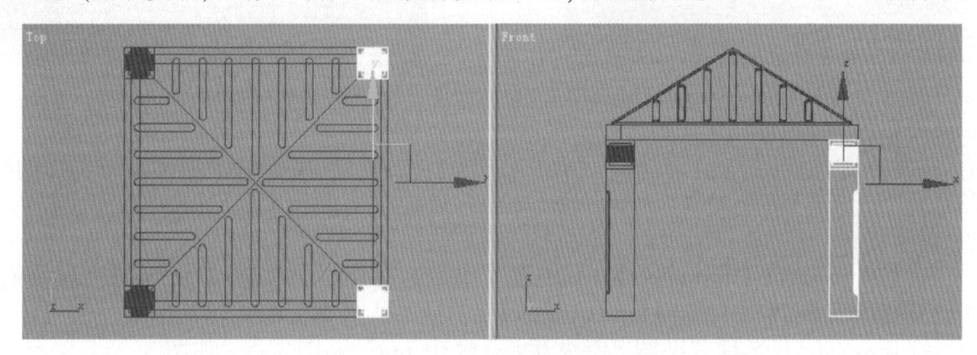

图5—3—32 镜像后的形态

4．茶亭材质的制作

（1）顶材质的制作

1）单击工具栏上的“ ”按钮，在弹出【Material Editor】（材质编辑器）对话框中选择一个空白示例球，命名为“顶材质”。

2）在【Blinn Basic Parameters】（胶性基本参数）卷展栏下单击【Diffuse】（表面色）右侧小按钮，在弹出的【Material/Map Browser】（材质 / 贴图浏览器）对话框中双击【Bitmap】（位图），打开本书配套光盘“贴图 / 模块五 / 木材 01.jpg”贴图文件，参数设置如图 5 － 3 － 33 所示。

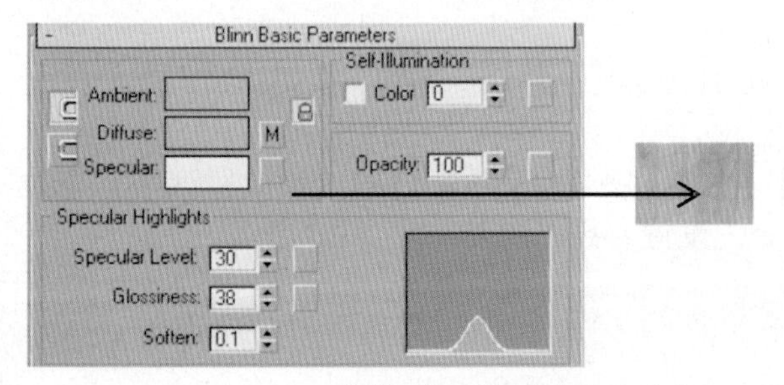

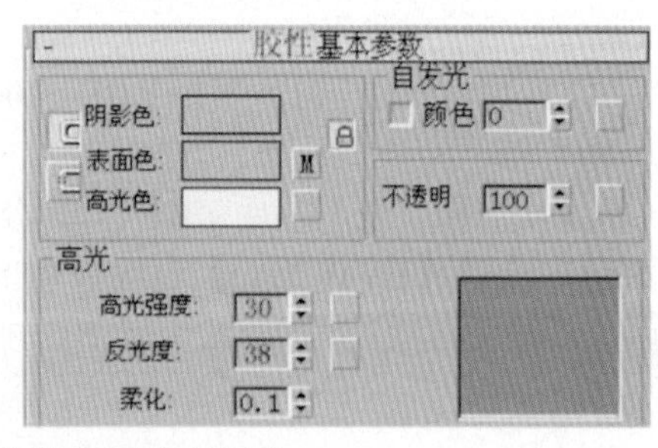

图5—3—33 【Blinn Basic Parameters】（胶性基本参数）卷展栏

3）在视图中选择“顶 01 ～ 04”“檐”造型，单击“ ”按钮，将调配好的材质赋予选择的造型。

(2) 灯材质的制作

1）重新选择一个空白材质球，命名为“灯材质”。

2)在【Blinn Basic Parameters】(胶性基本参数)卷展栏下,将【Ambient】(阴影色)、【Diffuse】(表面色) 前面的锁锁定，设置参数如图 5 － 3 － 34 所示。

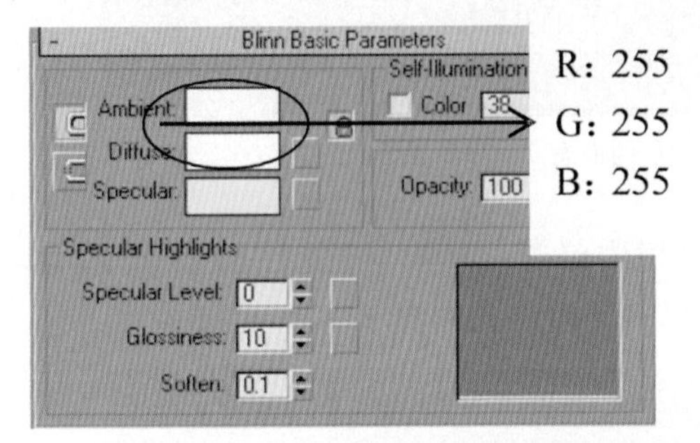

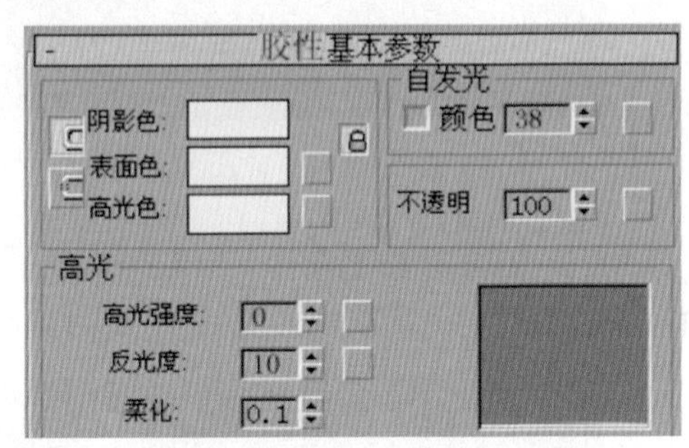

图5—3—34 【Blinn Basic Parameters】（胶性基本参数）卷展栏

3）在视图中选择“灯 01 ～ 04”，单击“ ”按钮，将调配好的材质赋予选择的造型。

(3) 石材质的制作

1）重新选择一个空白材质球，命名为“石材质”。

2）在【Blinn Basic Parameters】(胶性基本参数）卷展栏下单击【Diffuse】(表面色）右侧小按钮，在弹出的【Material/Map Browser】(材质 / 贴图浏览器）对话框中双击【Bitmap】(位图)，打开本书配套光盘“贴图 / 模块五 / 石材 01.jpg”贴图文件，如图 5 － 3 － 35 所示。

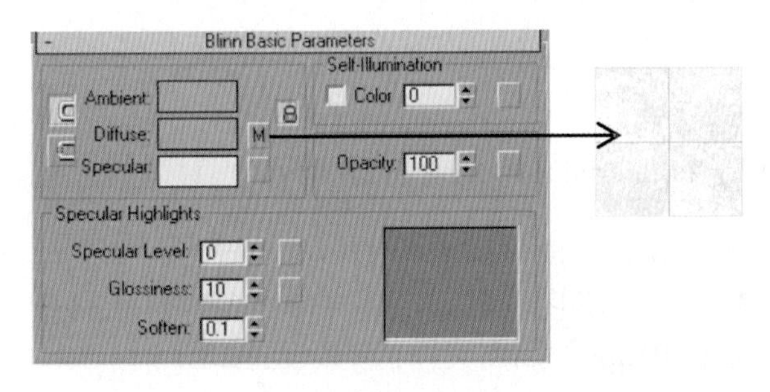

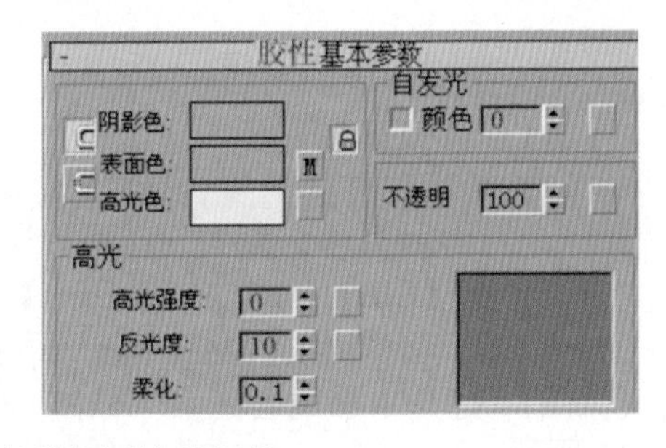

图5—3—35 【Blinn Basic Parameters】（胶性基本参数）卷展栏

3）在视图中选择“顶柱 01 ～ 04”“支柱 01 ～ 04”，单击“ ”按钮，将调配好的材质赋予选择的造型。

4）选择“支柱 01 ～ 04”，单击“ ”按钮，在【Modifier List】(修改器列表）下拉菜单中选择【UVW Map】(UVW 贴图）命令，设置参数如图 5 － 3 － 36 所示。

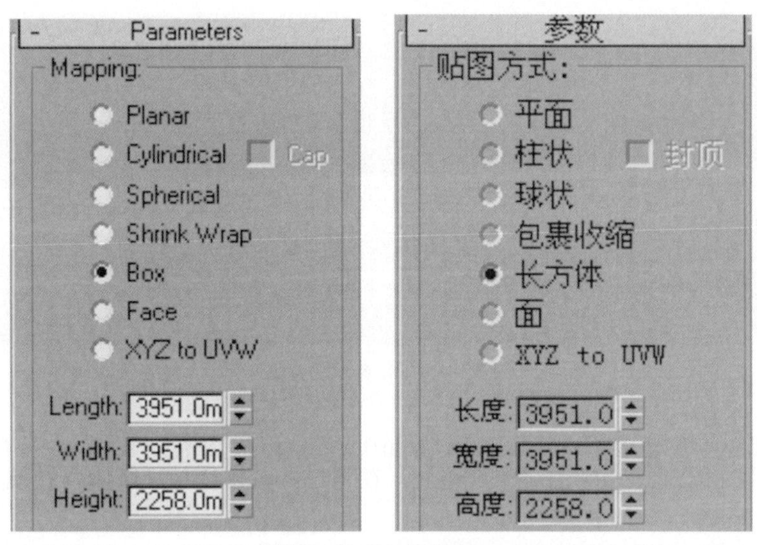

图5—3—36 参数设置

5）执行菜单栏中的【File】(文件) /【Save】(保存) 命令,将场景文件存为“茶亭 .max”。

二、木桥的制作

1．桥面的制作

（1）重新设置系统。

（2）执行菜单栏中的【Customize】（自定义）/【Units Setup】（单位设置）命令，设置单位为“毫米”。

（3）依次单击“ / / Arc ”（弧线）按钮，在前视图中，创建一条弧线，参数设置如图 5 － 3 － 37 所示，调整位置如图 5 － 3 － 38 所示。

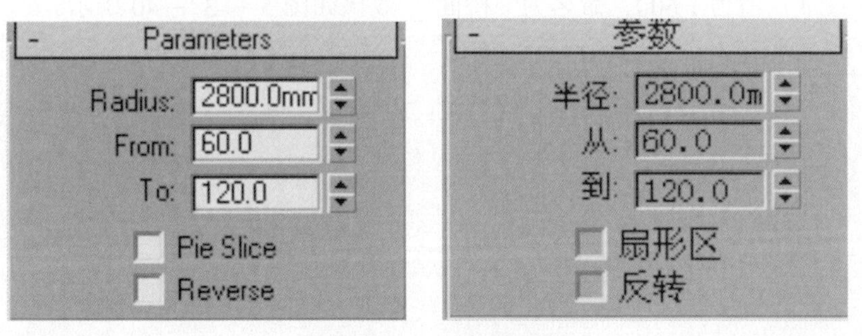

图5—3—37 参数设置

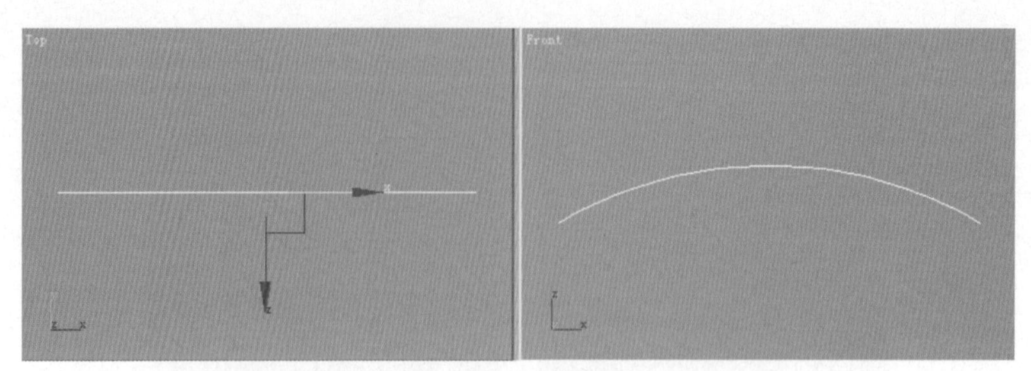

图5—3—38 绘制的弧线

(4) 选择弧线,单击“ ”按钮,在【Modifier List】(修改器列表) 下拉菜单中选择【Edit Spline】(样条编辑器), 选择子对象 Spline, 在【Geometry】(几何体) 卷展栏下设置轮廓值为 50, 效果如图 5 − 3 − 39 所示。

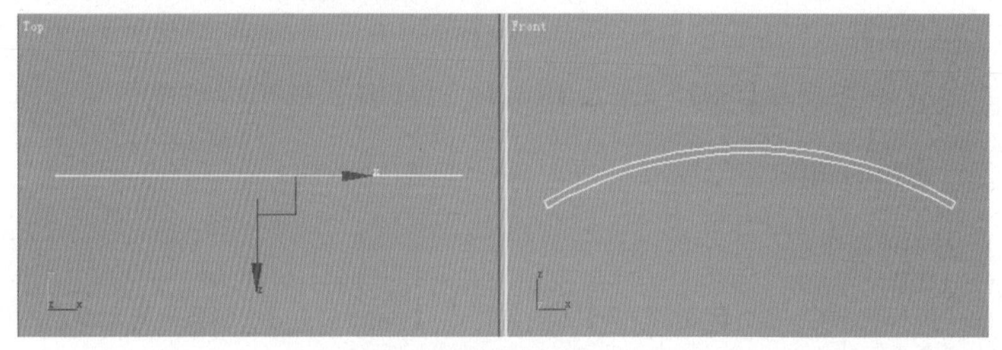

图5—3—39 轮廓后的形态

(5) 在【Modifier List】(修改器列表) 下拉菜单中选择“ Extrude ”(拉伸), 设置【Amount】(数量) 值为 1 600, 命名为“桥面”, 效果如图 5 − 3 − 40 所示。

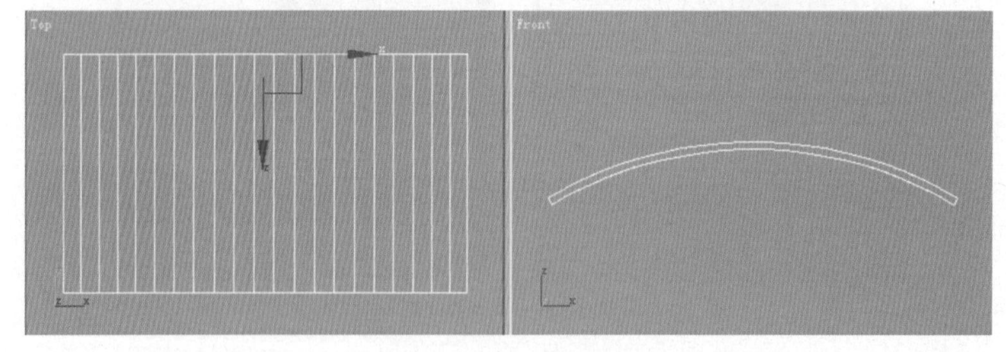

图5—3—40 拉伸后的形态

2. 栏杆的制作

(1) 依次单击“ / / Arc ”(弧线) 按钮,在前视图中,再创建一条【Radius】

(半径) 为 2 800 mm、【From】(从) 65、【To】(至) 115 的弧线, 设置其他参数如图 5 － 3 － 41 所示，调整位置 (距离桥面的距离为 400 mm)，如图 5 － 3 － 42 所示。

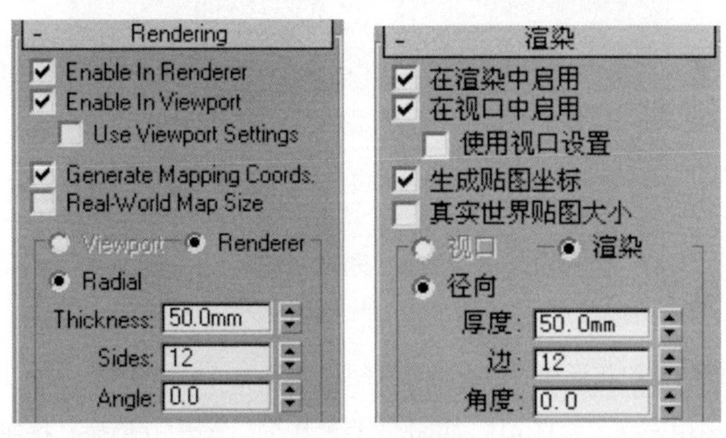

图5—3—41　参数设置

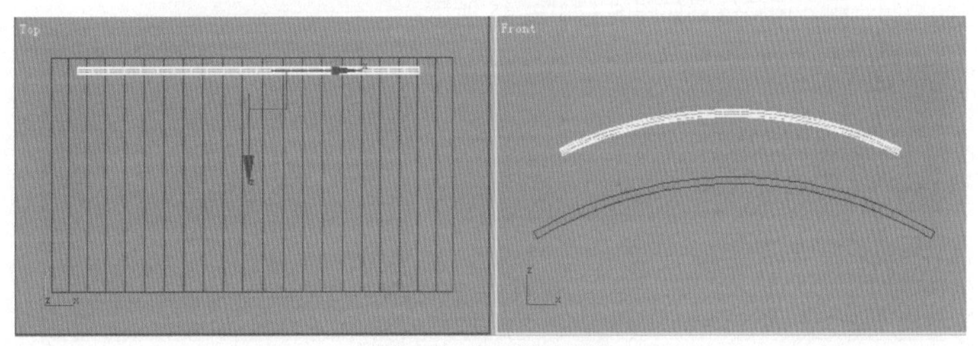

图5—3—42　创建的弧线

(2) 依次单击 “ / / Line” (线形) 按钮, 在前视图中, 创建如图 5 － 3 － 43 所示的线形，设置线形的参数如图 5 － 3 － 44 所示。

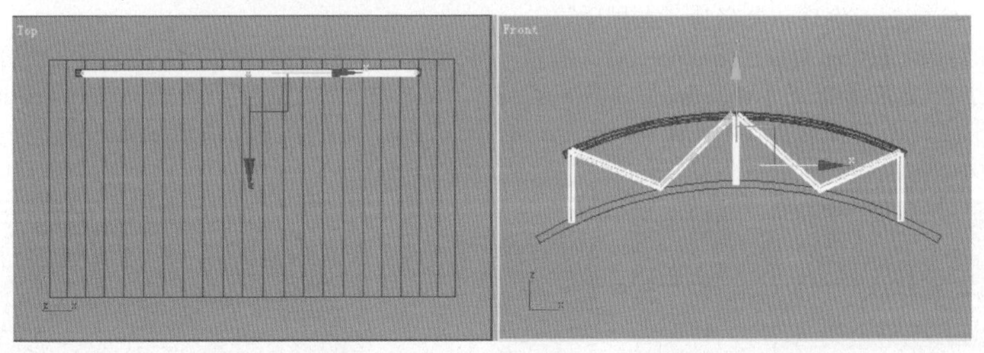

图5—3—43　创建的线形

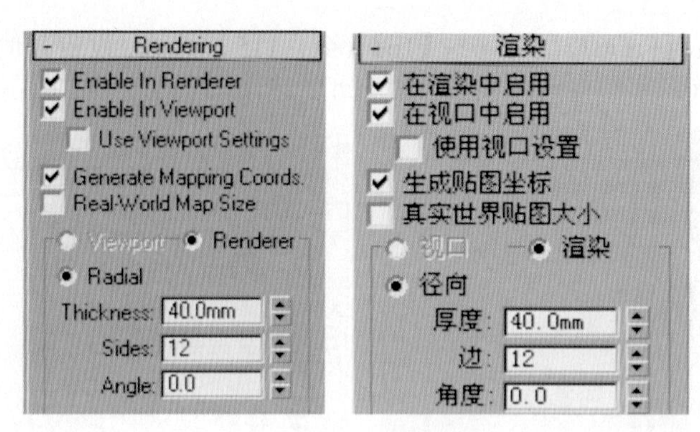

图5—3—44 参数设置

(3) 选择上面创建的弧形和线形，将其成组，命名为“栏杆 01”。

(4) 在顶视图中选择“栏杆 01”，单击工具栏中的“ ”（镜像）按钮，将其沿 Y 轴镜像关联复制一组，调整位置如图 5 － 3 － 45 所示。

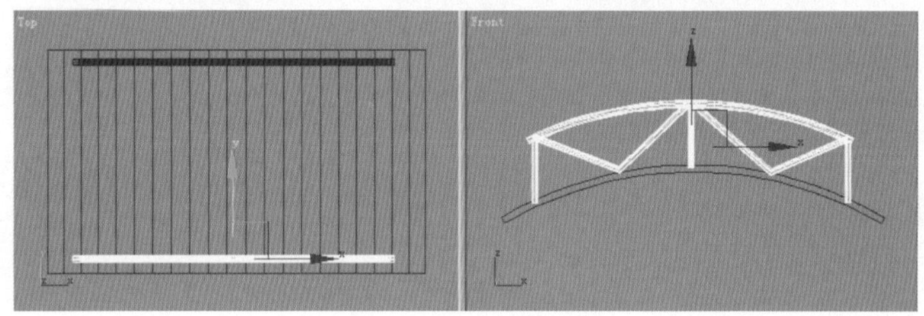

图5—3—45 镜像后的形态

3. 木桥材质的制作

(1) 单击工具栏上的“ ”按钮，在弹出【Material Editor】（材质编辑器）对话框中选择一个空白示例球，命名为“木材质”。

(2) 在【Blinn Basic Parameters】（胶性基本参数）卷展栏下单击【Diffuse】（表面色）右侧小按钮，在弹出的【Material/Map Browser】（材质 / 贴图浏览器）对话框中双击【Bitmap】（位图），打开本书配套光盘“贴图 / 模块五 / 木材 02.jpg”贴图文件，参数设置如图 5 － 3 － 46 所示。

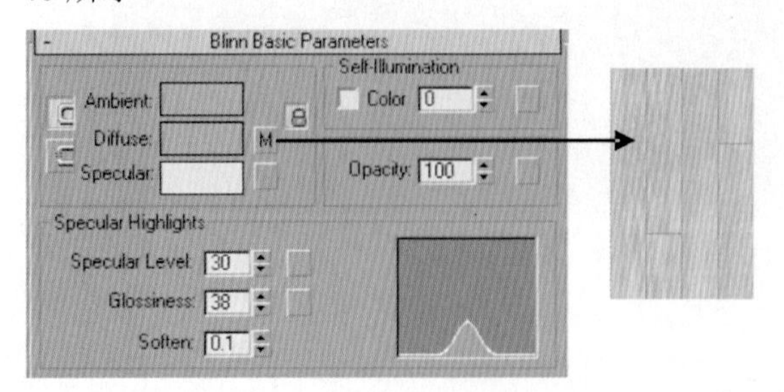

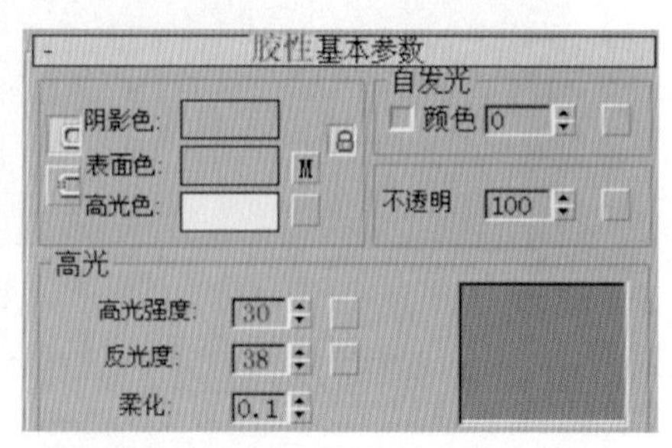

图5—3—46 【Blinn Basic Parameters】（胶性基本参数）卷展栏

(3) 在视图中选择所有造型，单击“ ”按钮，将调配好的材质赋予选择的造型。

(4) 选择桥面，单击“ ”按钮，在【Modifier List】(修改器列表) 下拉菜单中选择【Map Scaler（WSM)】[贴图定标器（WSM）] 命令，设置参数如图 5 – 3 – 47 所示。

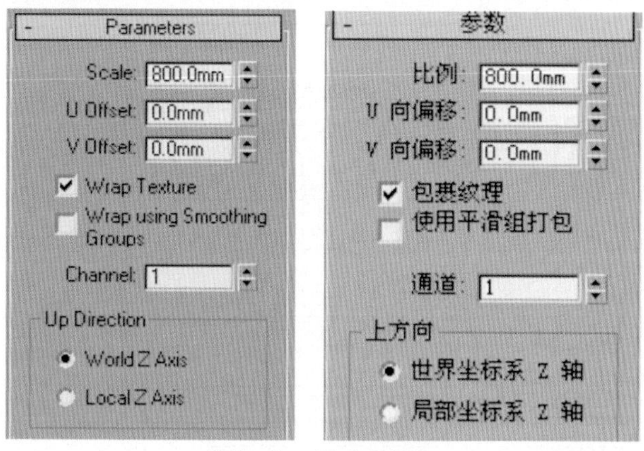

图5—3—47 参数设置

(5) 执行菜单栏中的【File】(文件) /【Save】(保存) 命令，将场景文件存为“木桥 .max”。

三、小庭院地形的制作

1．小庭院平面图的调整

(1) 启动 AutoCAD 软件，打开任务一绘制的“小庭院平面图 .dwg”文件，如图 5 – 3 – 48 所示。

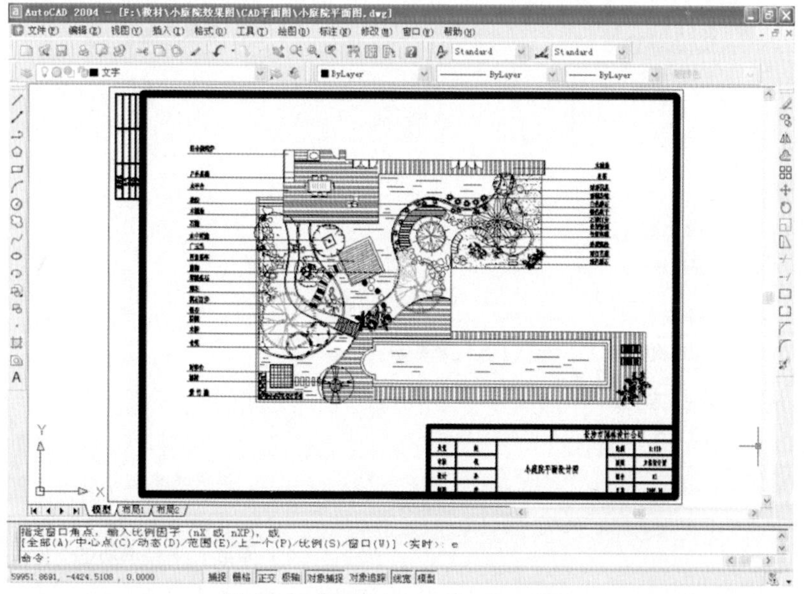

图5—3—48 打开的“小庭院平面图”

(2) 删除图框、文字、植物、填充等对象，效果如图 5 － 3 － 49 所示。

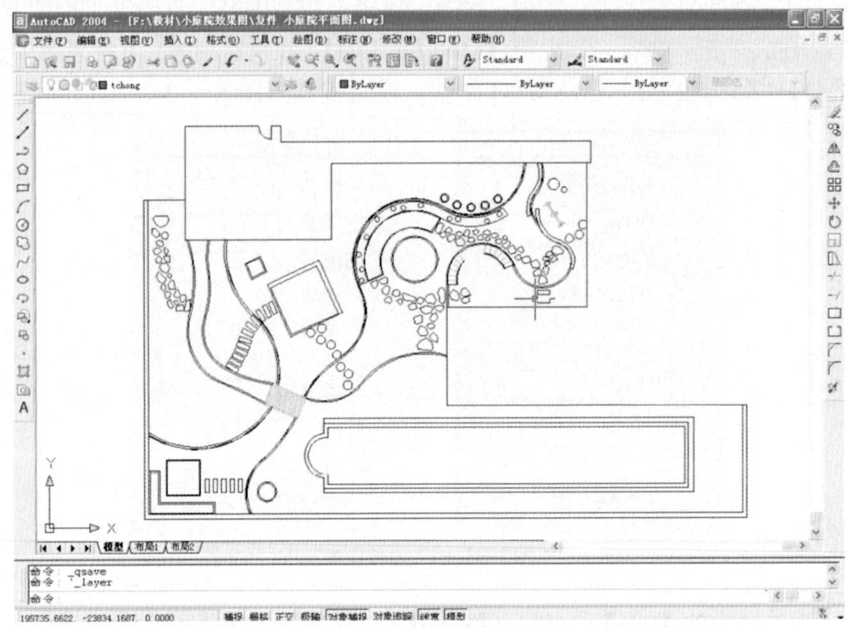

图5—3—49 删除后的保留部分

(3) 新建一图层，命名为“导入”，并将该图层置为当前图层。
(4) 输入命令 BO，打开“边界创建”对话框，如图 5 － 3 － 50 所示。

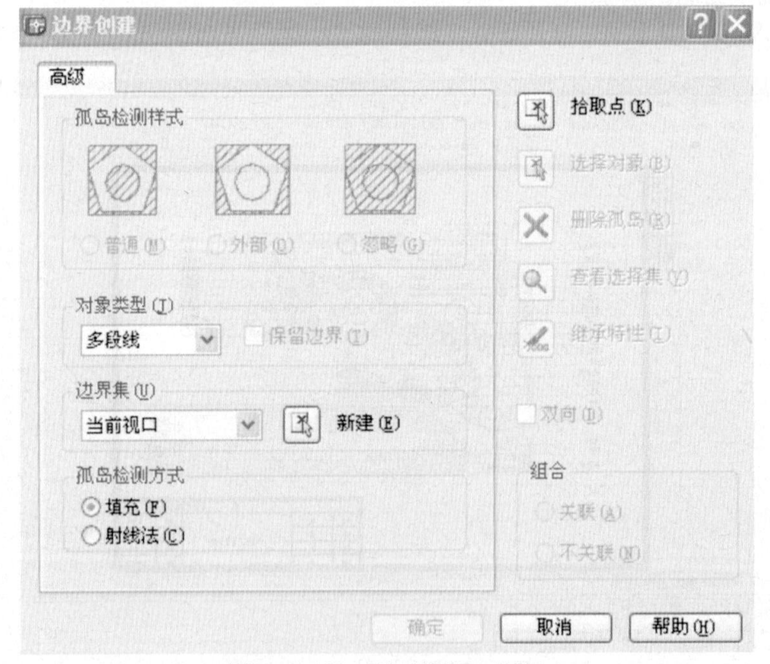

图5—3—50 【边界创建】对话框

(5) 单击“拾取点”按钮,在绘图区内单击点 A,将 A 区的边界线定义为多段线,如图 5 － 3 － 51 所示。

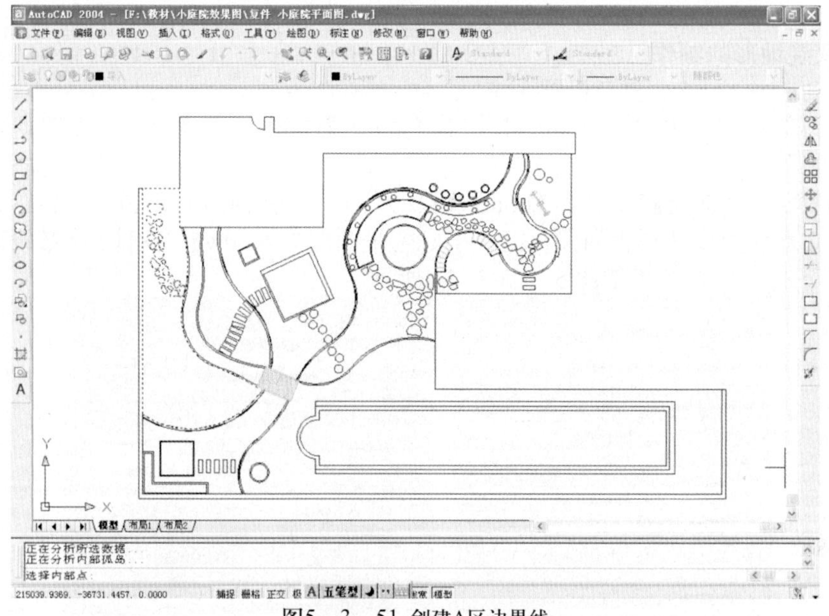

图5—3—51 创建A区边界线

(6) 然后，用 BO 命令将平面图的每一封闭区域的边界线都定义为多段线。

(7) 除当前图层“导入”图层外,将其他图层全部关闭,只显示“导入”图层,如图 5 － 3 － 52 所示。

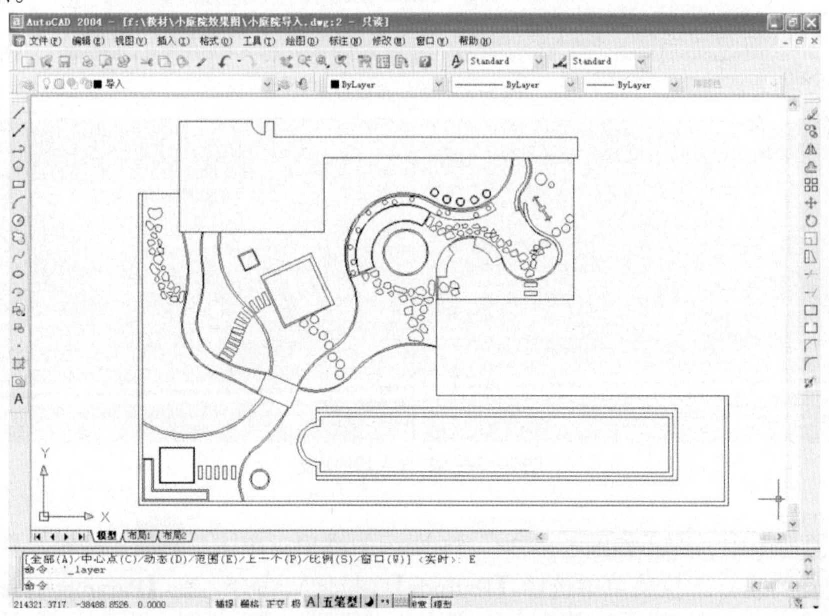

图5—3—52 显示“导入”图层对象

(8) 在绘图区内选择所有对象，按“Ctrl+C”键，新建一 CAD 文件，按“Ctrl+V”键，将导入图层的对象复制到一个新文件，将新文件保存为“小庭院平面图导入 .dwg”。

2．小庭院地形的制作

(1) 启动 3DS MAX，重新设置系统。

(2) 执行菜单栏中的【Customize】(自定义) /【Units Setup】(单位设置) 命令，设置单位为“毫米”。

(3) 执行菜单栏【File】(文件) /【Import】(输入) 命令，在弹出的【Select File to Import】(选择输入文件) 对话框中选择上面保存的“小庭院平面图导入 .dwg”文件，参数设置如图 5 － 3 － 53 所示，打开后的效果如图 5 － 3 － 54 所示。

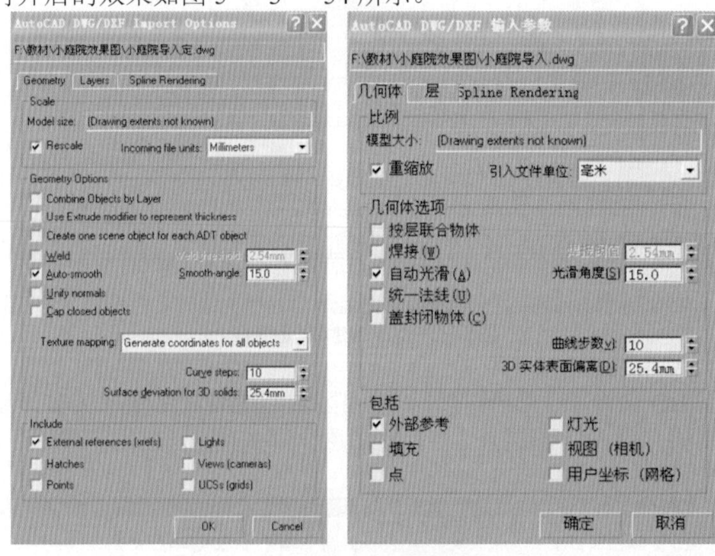

图5—3—53 参数设置

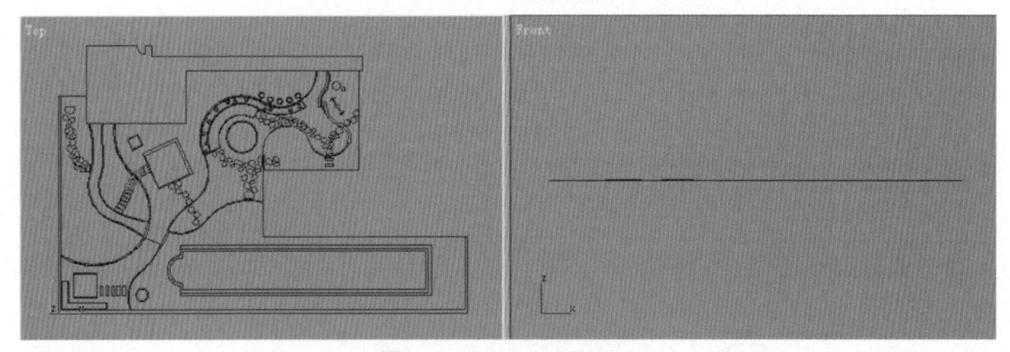

图5—3—54 导入后的形态

(4) 在顶视图中，选择如图 5 － 3 － 55 所示的线形，单击“ ”按钮，在【Modifier List】(修改器列表) 下拉菜单中选择【Extrude】(拉伸) 命令，在【Parameters】(参数) 卷展栏中设置【Amount】(数量) 值为 50，命名为“地面 01”，如图 5 － 3 － 56 所示。

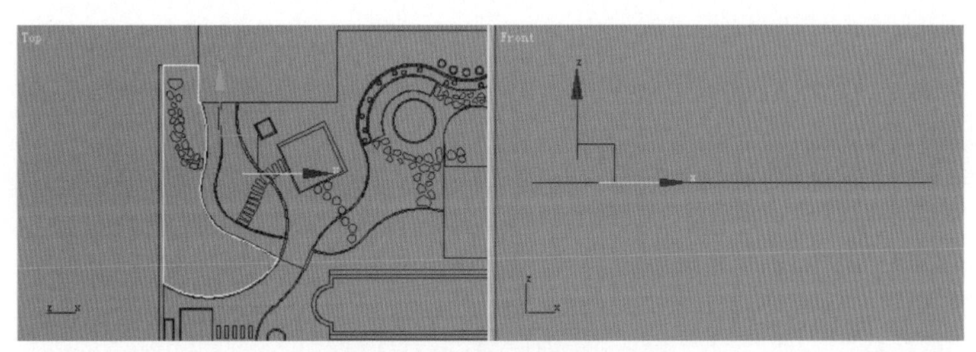

图5—3—55 选择的“地面01”线形

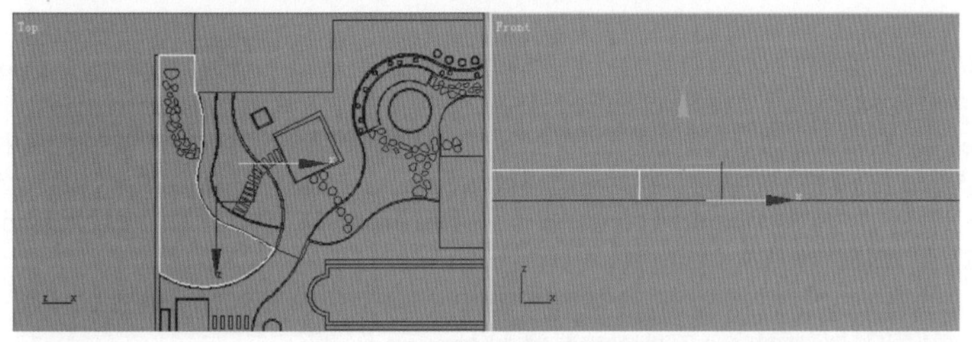

图5—3—56 拉伸后的“地面01”形态

(5) 在顶视图中，选择如图 5 – 3 – 57 所示的线形，单击“ ”按钮，在【Modifier List】(修改器列表) 下拉菜单中选择【Extrude】(拉伸) 命令，在【Parameters】(参数) 卷展栏中设置【Amount】(数量) 值为 50，命名为“地面 02”。

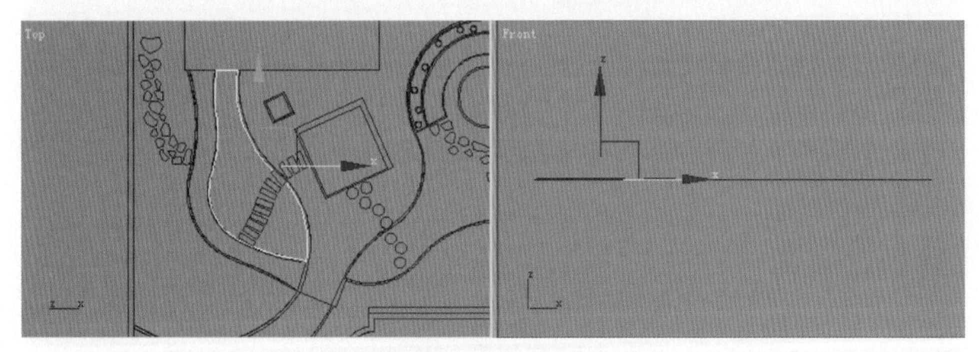

图5—3—57 选择的“地面02”线形

(6) 在顶视图中，选择如图 5 – 3 – 58 所示的线形，单击“ ”按钮，在【Modifier List】(修改器列表) 下拉菜单中选择【Extrude】(拉伸) 命令，在【Parameters】(参数) 卷展栏中设置【Amount】(数量) 值为 50，命名为“地面 03”。

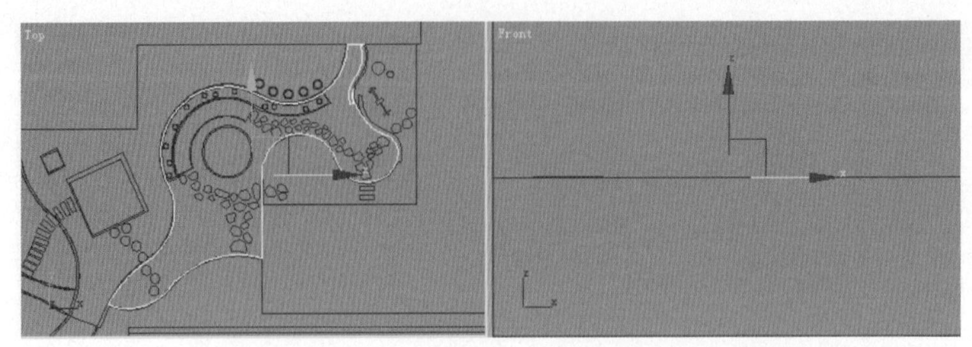

图5—3—58 选择的“地面03”线形

(7) 在顶视图中，选择如图 5 － 3 － 59 所示的线形，单击 “ ” 按钮，在【Modifier List】(修改器列表) 下拉菜单中选择【Edit Spline】(样条编辑器) 按钮，选择子对象 Spline，在【Geometry】(几何体) 卷展栏下单击 “ Attach ”(结合)，在顶视图中单击如图 5 － 3 － 60 所示的线形，将两条边界线结合为一个整体，在【Modifier List】(修改器列表) 下拉菜单中选择【Extrude】(拉伸) 命令，在【Parameters】(参数) 卷展栏中设置【Amount】(数量) 值为 70，命名为“地面 04”。

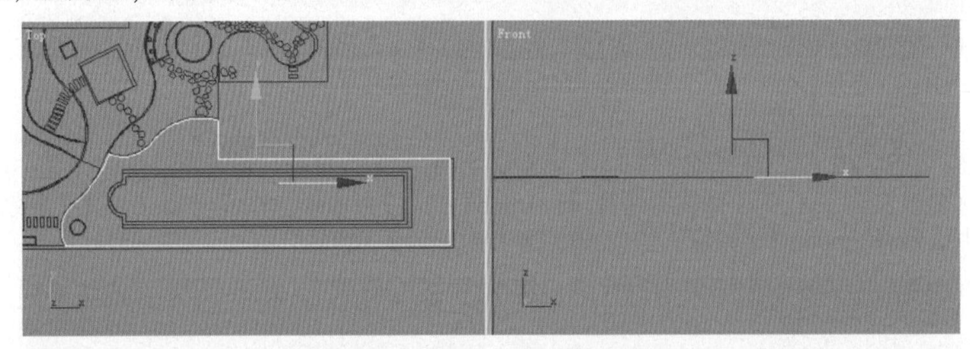

图5—3—59 选择的“地面04”线形

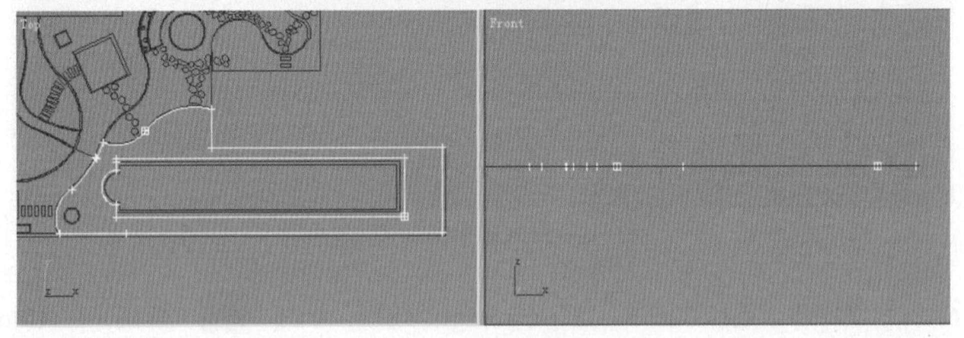

图5—3—60 单击的线形

(8) 在顶视图中，选择如图 5 － 3 － 61 所示的线形，单击 “ ” 按钮，在【Modifier List】(修改器列表) 下拉菜单中选择【Extrude】(拉伸) 命令，在【Parameters】(参数) 卷展栏中设置【Amount】（数量）值为 50，命名为“地面 05”。

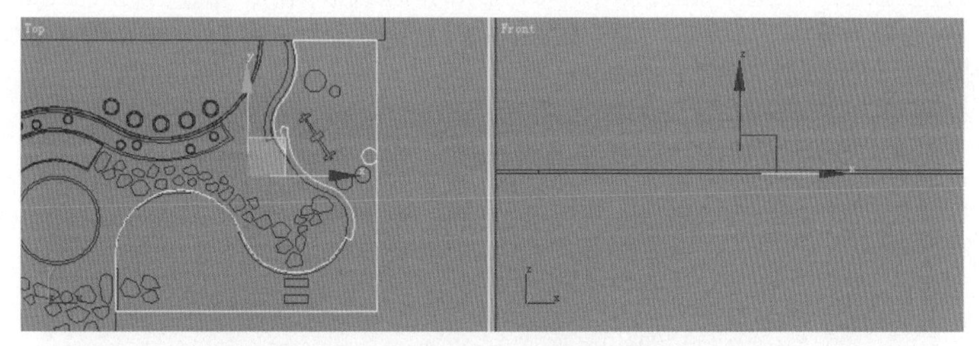

图5—3—61 选择的“地面05”线形

(9) 在顶视图中，选择如图 5 – 3 – 62 所示的线形，单击“ ”按钮，在【Modifier List】（修改器列表）下拉菜单中选择【Extrude】（拉伸）命令，在【Parameters】（参数）卷展栏中设置【Amount】（数量）值为 200，命名为“木平台”。

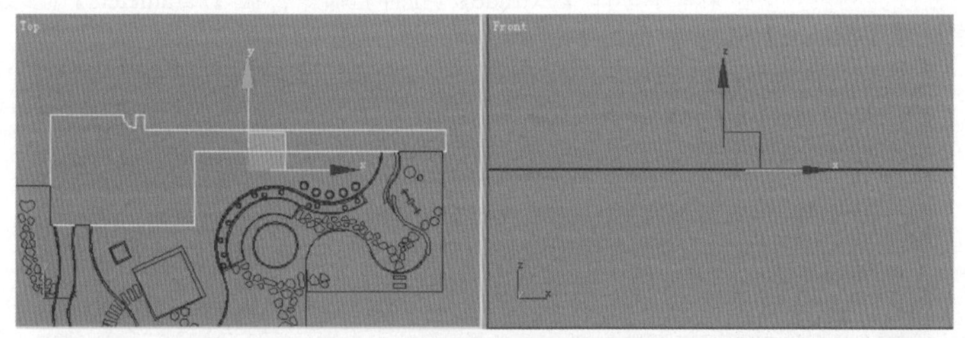

图5—3—62 选择的“木平台”线形

(10) 在顶视图中，选择如图 5 – 3 – 63 所示的线形，单击“ ”按钮，在【Modifier List】（修改器列表）下拉菜单中选择【Extrude】（拉伸）命令，在【Parameters】（参数）卷展栏中设置【Amount】（数量）值为 50，命名为“园路”。

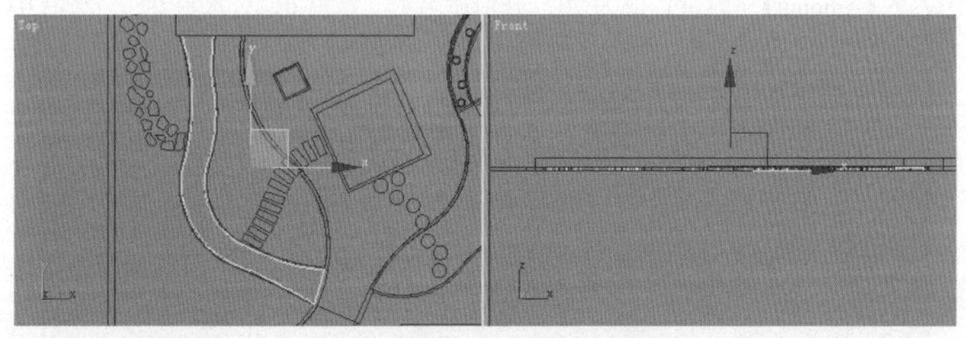

图5—3—63 选择的“园路”线形

(11) 在顶视图中,选择如图 5 — 3 — 64 所示的两条线形,单击"[icon]"按钮,在【Modifier List】(修改器列表)下拉菜单中选择【Extrude】(拉伸)命令,在【Parameters】(参数)卷展栏中设置【Amount】(数量)值为 50,分别命名为"路沿 01"和"路沿 02"。

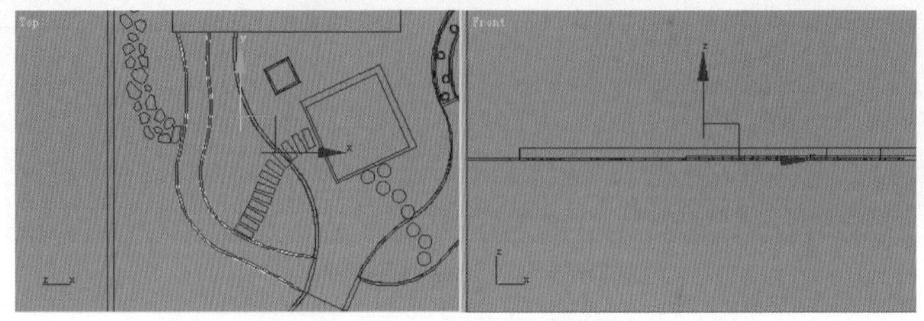

图5—3—64 选择的"路沿01""路沿02"线形

(12) 在顶视图中,选择如图 5 — 3 — 65 所示的线形,单击"[icon]"按钮,在【Modifier List】(修改器列表)下拉菜单中选择【Extrude】(拉伸)命令,在【Parameters】(参数)卷展栏中设置【Amount】(数量)值为 70,命名为"路沿 03"。

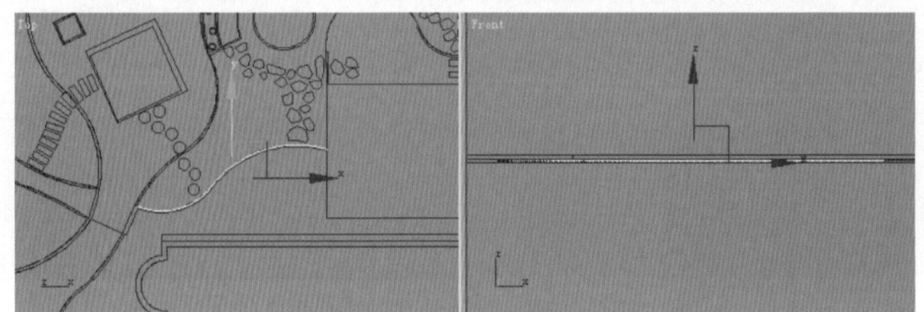

图5—3—65 选择的"路沿03"线形

(13) 在顶视图中,选择如图 5 — 3 — 66 所示的四条线形,单击"[icon]"按钮,在【Modifier List】(修改器列表)下拉菜单中选择【Extrude】(拉伸)命令,在【Parameters】(参数)卷展栏中设置【Amount】(数量)值为 70,分别命名为"水沿 01""水沿 02""水沿 03""水沿 04"。

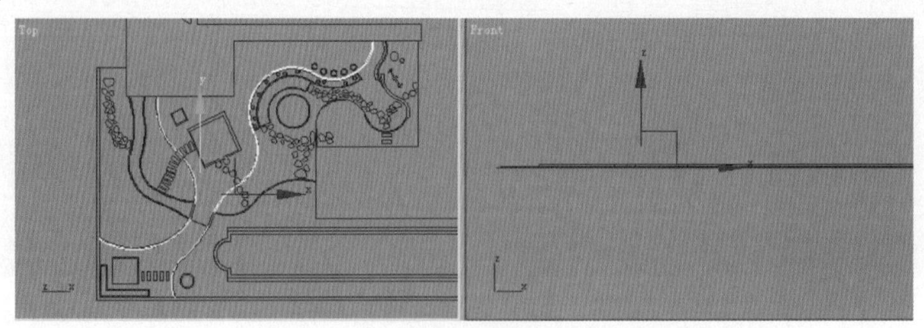

图5—3—66 选择"水沿01～04"线形

（14）在顶视图中，选择如图 5 － 3 － 67 所示的线形，单击“ ”按钮，在【Modifier List】（修改器列表）下拉菜单中选择【Extrude】（拉伸）命令，在【Parameters】（参数）卷展栏中设置【Amount】（数量）值为 -50，命名为“水 01”。

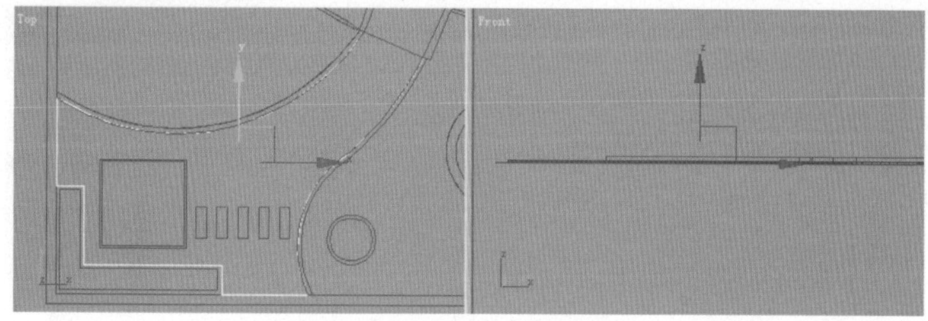

图5—3—67 选择的“水01”线形

（15）在顶视图中，选择如图 5 － 3 － 68 图所示的线形，单击“ ”按钮，在【Modifier List】（修改器列表）下拉菜单中选择【Extrude】（拉伸）命令，在【Parameters】（参数）卷展栏中设置【Amount】（数量）值为 -50，命名为“水 02”。

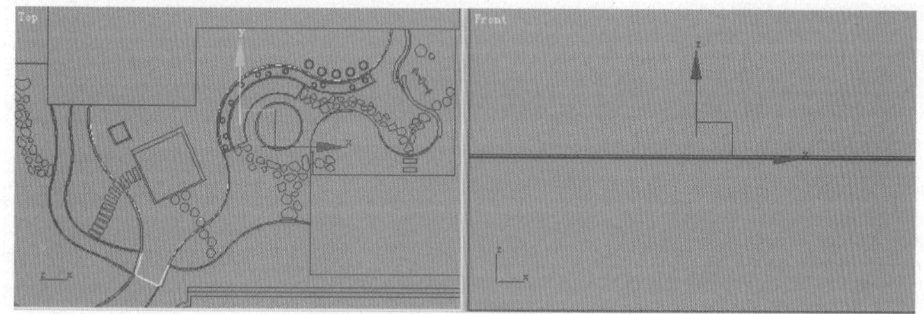

图5—3—68 选择的“水02”线形

（16）在顶视图中，选择如图 5 － 3 － 69 所示的线形，单击“ ”按钮，在【Modifier List】（修改器列表）下拉菜单中选择【Extrude】（拉伸）命令，在【Parameters】（参数）卷展栏中设置【Amount】（数量）值为 100，命名为“茶亭台阶”。

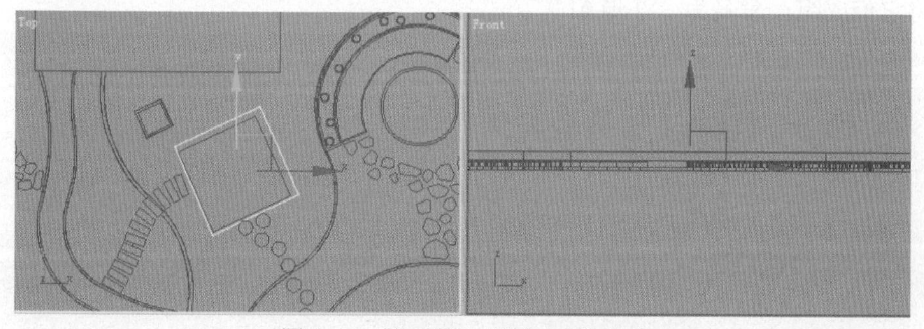

图5—3—69 选择的“茶亭台阶”线形

（17）在顶视图中，选择如图 5 － 3 － 70 所示的线形，单击“ ”按钮，在【Modifier List】（修改器列表）下拉菜单中选择【Extrude】（拉伸）命令，在【Parameters】（参数）卷展栏中设置【Amount】（数量）值为 100，命名为“对弈台阶 01”。

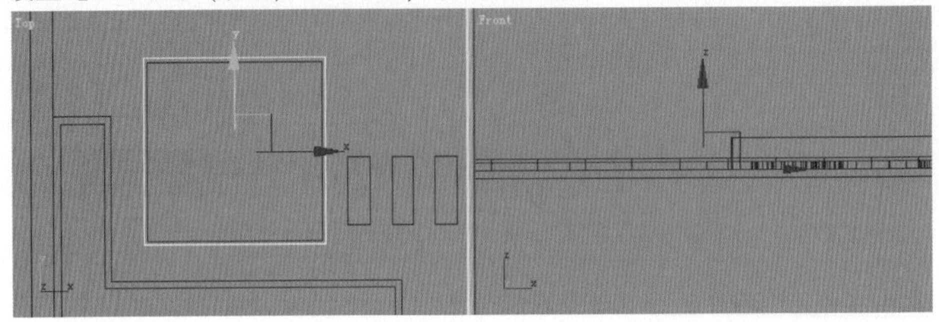

图5—3—70 选择的“对弈台阶01”线形

（18）在顶视图中，选择如图 5 － 3 － 71 所示的线形，单击“ ”按钮，在【Modifier List】（修改器列表）下拉菜单中选择【Extrude】（拉伸）命令，在【Parameters】（参数）卷展栏中设置【Amount】（数量）值为 200，命名为“对弈台阶 02”。

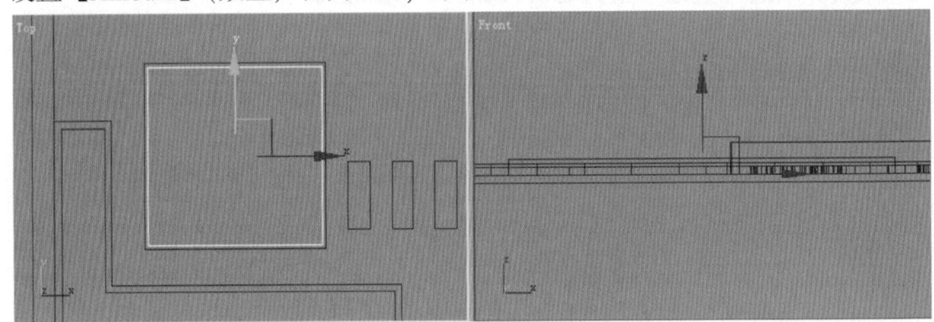

图5—3—71 选择的“对弈台阶02”线形

（19）在顶视图中，选择如图 5 － 3 － 72 所示的线形，单击“ ”按钮，在【Modifier List】（修改器列表）下拉菜单中选择【Extrude】（拉伸）命令，在【Parameters】（参数）卷展栏中设置【Amount】（数量）值为 60,执行菜单栏中的【Group】（组群）/【Group】（组群）命令，将它们成组，命名为“汀步 01”。

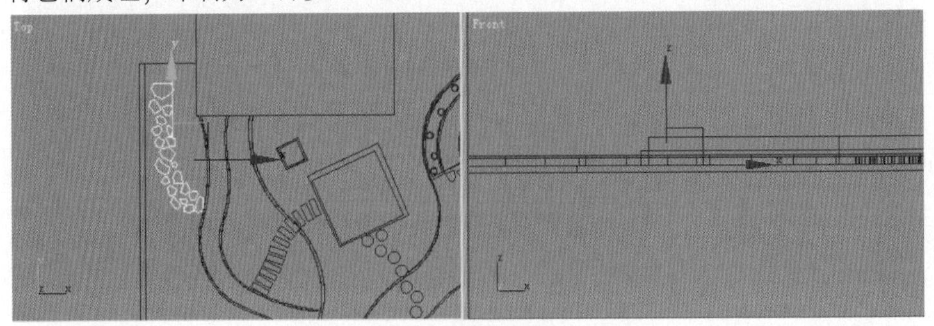

图5—3—72 选择的“汀步01”线形

（20）在顶视图中，选择如图 5 － 3 － 73 所示的线形，单击"　"按钮，在【Modifier List】（修改器列表）下拉菜单中选择【Extrude】（拉伸）命令，在【Parameters】（参数）卷展栏中设置【Amount】（数量）值为 70。

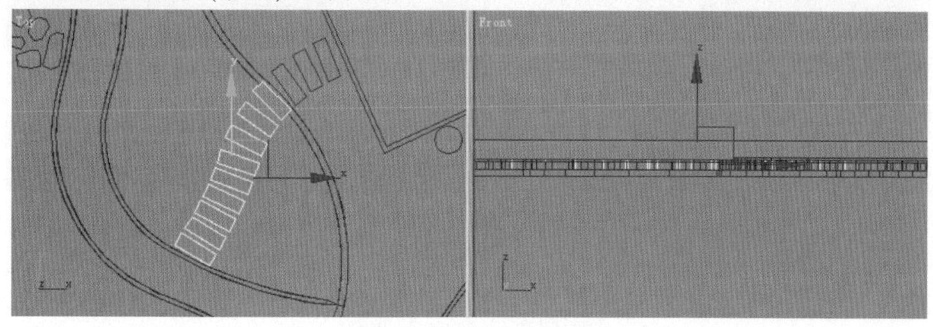

图5—3—73 选择的线形

（21）在顶视图中，选择如图 5 － 3 － 74 所示的线形，单击"　"按钮，在【Modifier List】（修改器列表）下拉菜单中选择【Extrude】（拉伸）命令，在【Parameters】（参数）卷展栏中设置【Amount】（数量）值为 50。

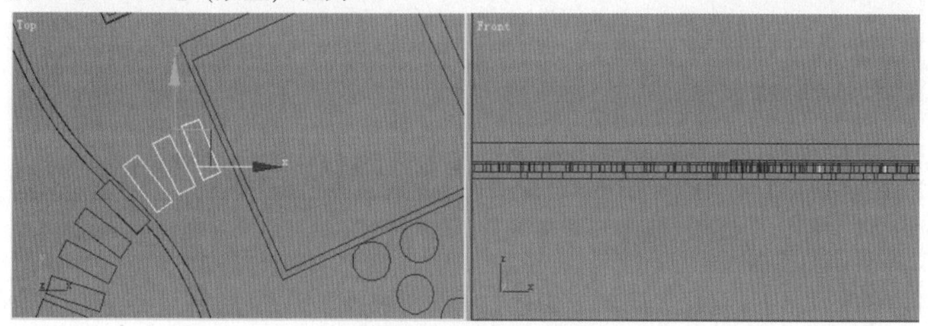

图5—3—74 选择的线形

（22）在顶视图中，选择如图 5 － 3 － 75 所示的造型，执行菜单栏中的【Group】（组群）/【Group】（组群）命令，将它们成组，命名为"汀步 02"。

在顶视图中，选择如图 5 － 3 － 76 所示的造型，将它们成组，命名为"汀步 03"。

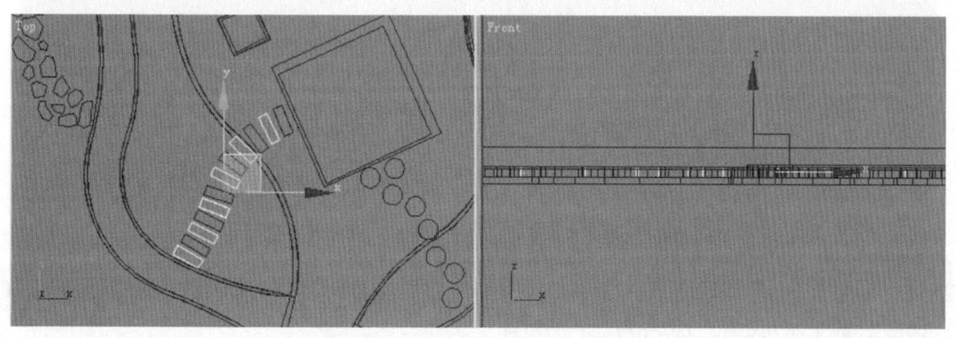

图5—3—75 选择的"汀步02"造型

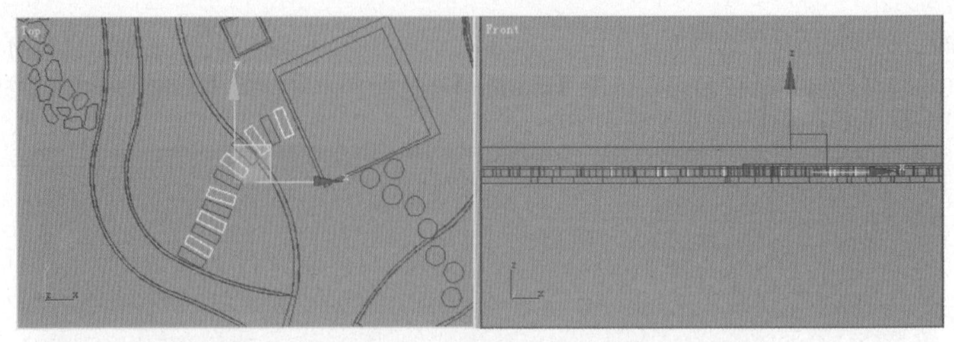

图5—3—76 选择的“汀步03”造型

（23）在顶视图中，选择如图5－3－77所示的线形，单击“ ”按钮，在【Modifier List】（修改器列表）下拉菜单中选择【Extrude】（拉伸）命令，在【Parameters】（参数）卷展栏中设置【Amount】（数量）值为70。

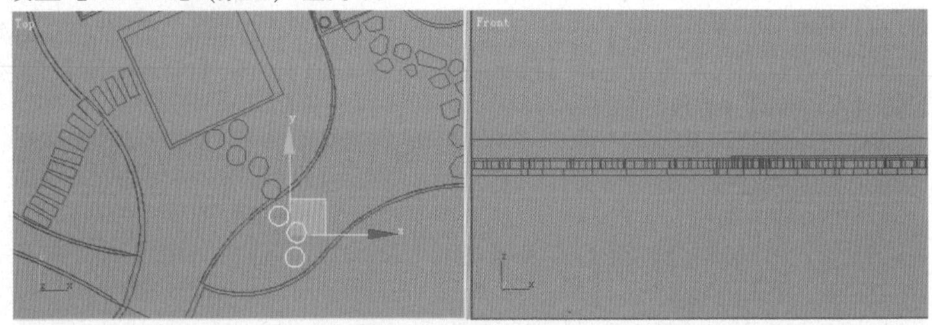

图5—3—77 选择的线形

（24）在顶视图中，选择如图5－3－78所示的线形，单击“ ”按钮，在【Modifier List】（修改器列表）下拉菜单中选择【Extrude】（拉伸）命令，在【Parameters】（参数）卷展栏中设置【Amount】（数量）值为50。

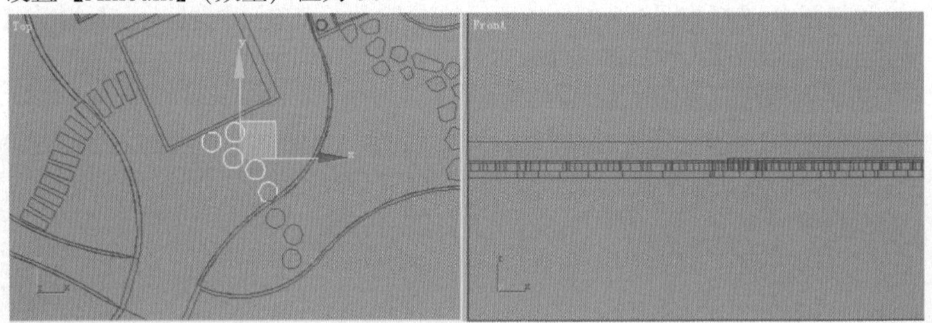

图5—3—78 选择的线形

（25）在顶视图中，选择如图5－3－79所示的造型，执行菜单栏中的【Group】（组群）/【Group】（组群）命令，将它们成组，命名为“汀步04”。

在顶视图中，选择如图 5 － 3 － 80 所示的造型，将它们成组，命名为“汀步 05”。

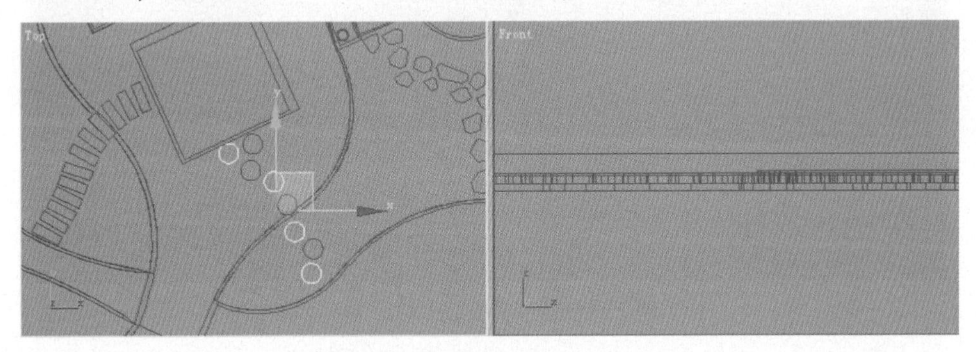

图5—3—79 选择的“汀步04”造型

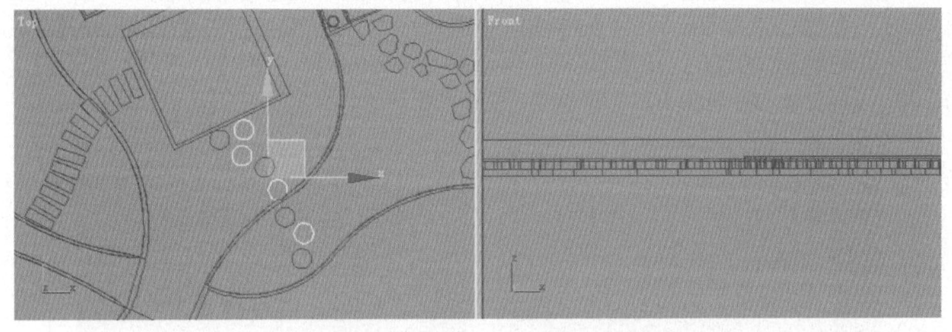

图5—3—80 选择的“汀步05”造型

(26)用上述相同的方法,制作“汀步 06”“汀步 07”“汀步 08”,效果如图 5 － 3 － 81 所示。

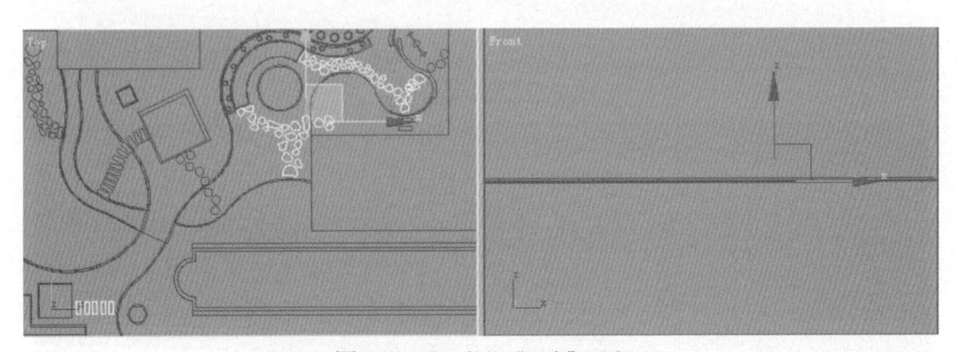

图5—3—81 其他“汀步”形态

(27) 在顶视图中，选择如图 5 － 3 － 82 所示的线形，单击“ ”按钮，在【Modifier List】(修改器列表) 下拉菜单中选择【Extrude】(拉伸) 命令，在【Parameters】(参数) 卷展栏中设置【Amount】(数量) 值为 100，命名为“树池 01”。

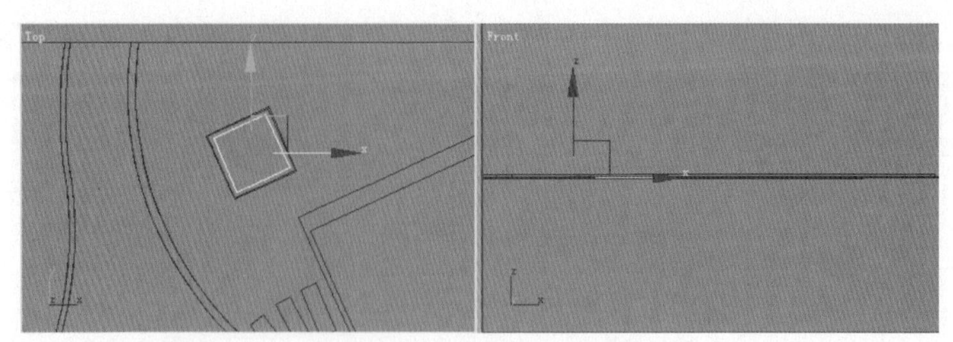

图5—3—82 选择的“树池01”线形

（28）选择“树池 01”，按“Ctrl+V”，在弹出的对话框中设置参数如图 5 － 3 － 83 所示，将“树池 01”在原位置复制一个，在堆栈区中选择子对象 Spline，在【Geometry】（几何体）卷展栏下设置轮廓值为 100，在堆栈区中再选择【Extrude】（拉伸），将【Amount】（数量）值改为 200，命名为“树池沿 01”，效果如图 5 － 3 － 84 所示。

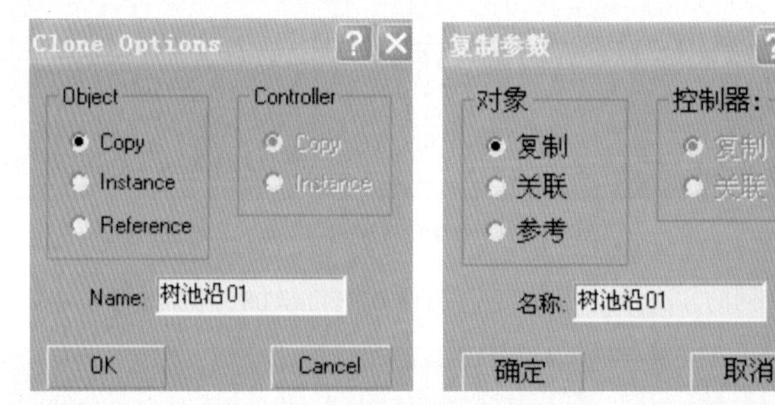

图5—3—83 参数设置

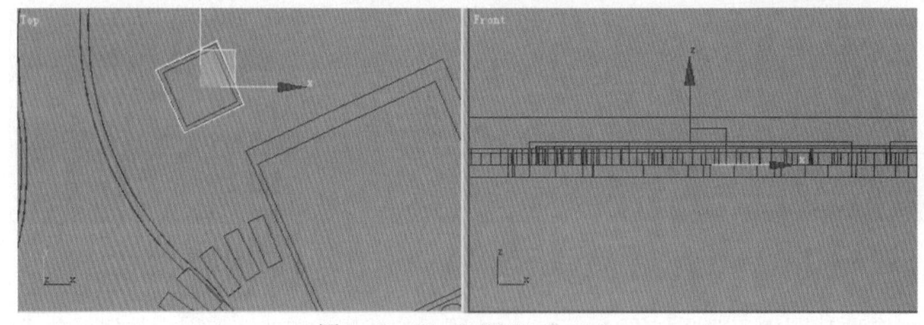

图5—3—84 “树池沿01”形态

（29）树池 02、树池沿 02 的制作方法同上，效果如图 5 － 3 － 85 所示。

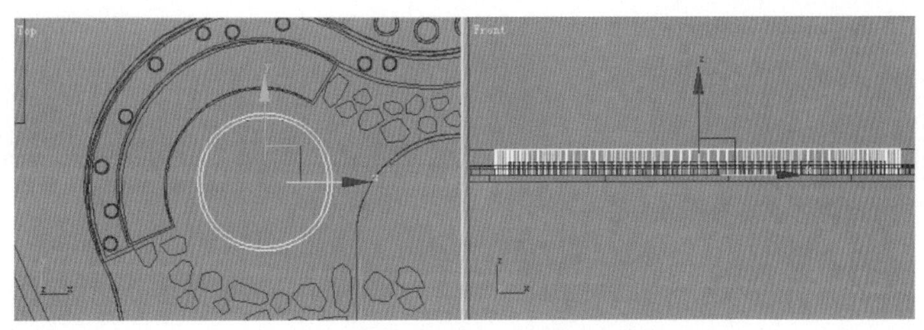

图5—3—85 “树池02、树池沿02”形态

(30) 在顶视图中，选择如图 5 － 3 － 86 所示的线形，单击“ ”按钮，在【Modifier List】(修改器列表) 下拉菜单中选择【Extrude】(拉伸) 命令，在【Parameters】(参数) 卷展栏中设置【Amount】(数量) 值为 50，命名为“树池 03”。

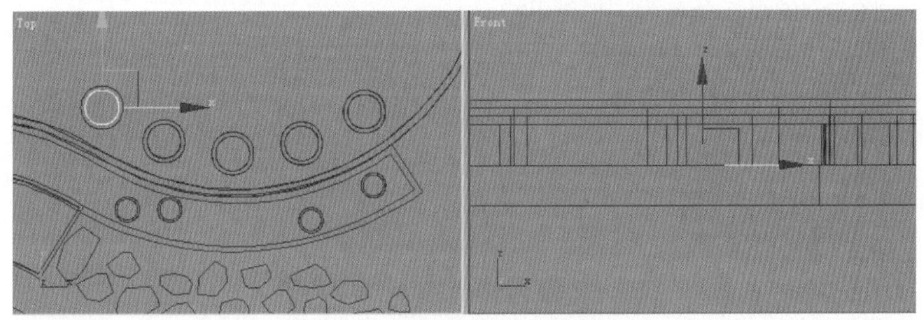

图5—3—86 选择的“树池03”线形

(31) 选择“树池 03”，按“Ctrl+V”，将“树池 03”在原位置复制一个，在堆栈区中选择子对象 Spline，在【Geometry】(几何体) 卷展栏下设置轮廓值为 60，在堆栈区中再选择【Extrude】(拉伸)，将【Amount】(数量) 值改为 200，命名为“树池沿 03”，效果如图 5 － 3 － 87 所示。

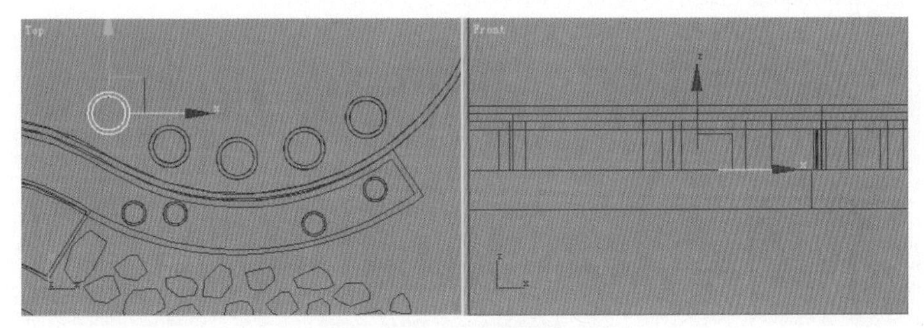

图5—3—87 “树池沿03”形态

(32) 选择“树池 03 和树池沿 03”，选择“ ”工具，关联复制 4 组，并分别命名为树池 04、05、06、07 和树池沿 04、05、06、07，调整位置如图 5 － 3 － 88 所示。

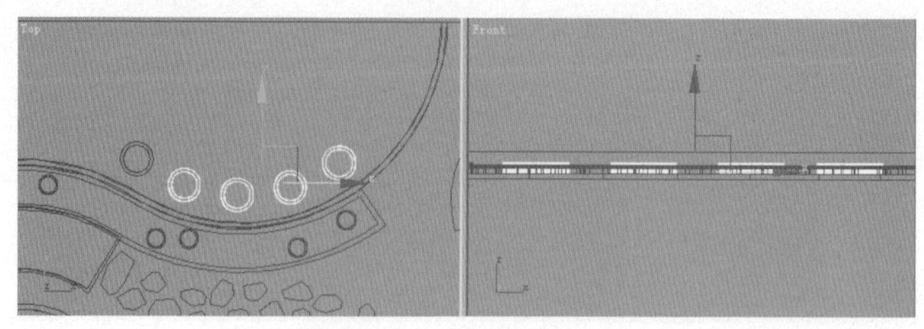
图5—3—88 关联复制后的形态

（33）在顶视图中，选择如图 5 － 3 － 89 所示的线形，单击“ ”按钮，在【Modifier List】（修改器列表）下拉菜单中选择【Extrude】（拉伸）命令，在【Parameters】（参数）卷展栏中设置【Amount】（数量）值为 200，执行菜单栏中的【Group】（组群）/【Group】（组群）命令，将它们成组，命名为“树池 08”。

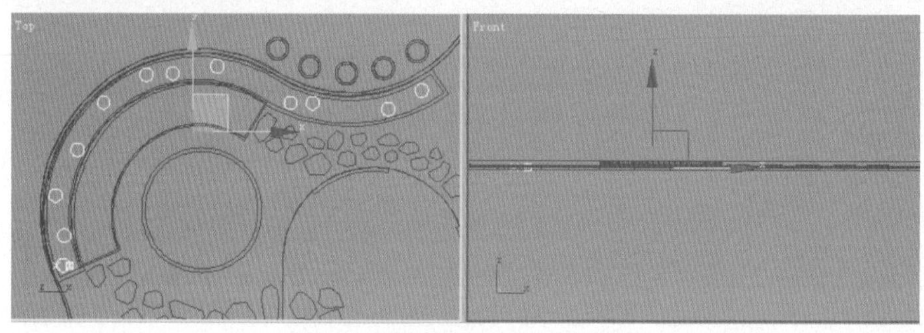
图5—3—89 选择的“树池08”线形

（34）在顶视图中，选择如图 5 － 3 － 90 所示的线形，单击“ ”按钮，在【Modifier List】（修改器列表）下拉菜单中选择【Extrude】（拉伸）命令，在【Parameters】（参数）卷展栏中设置【Amount】（数量）值为 180，命名为“火焰花坛”。

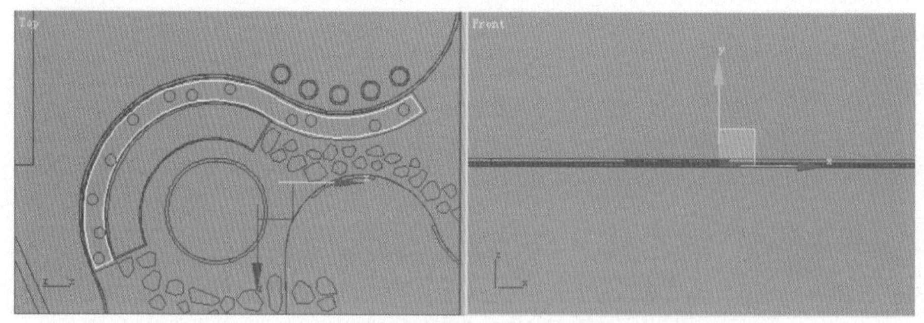
图5—3—90 选择的“火焰花坛”线形

（35）选择“火焰花坛”，按“Ctrl+V”，将其在原位置复制一个，在堆栈区中选择子对象 Spline，在【Geometry】（几何体）卷展栏下设置轮廓值为 -100，在堆栈区中再选择【Extrude】

(拉伸)，将【Amount】(数量) 值改为 200，命名为“火焰花坛沿”，效果如图 5 － 3 － 91 所示。

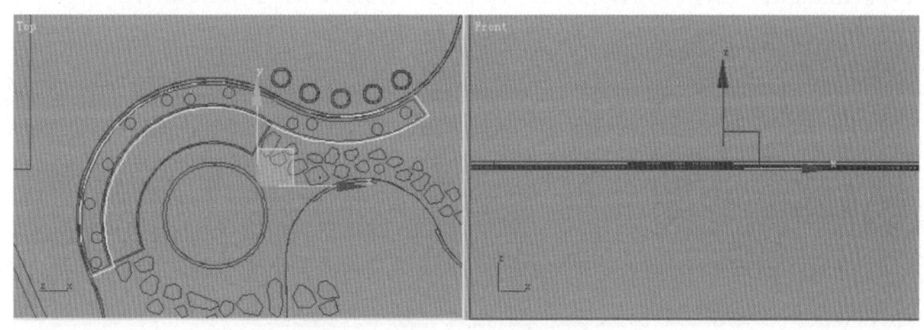

图5—3—91 “火焰花坛沿”形态

(36) 在顶视图中，选择如图 5 － 3 － 92 所示的线形，单击“ ”按钮，在【Modifier List】(修改器列表) 下拉菜单中选择【Extrude】(拉伸) 命令，在【Parameters】(参数) 卷展栏中设置【Amount】(数量) 值为 300，命名为“木铺地”。

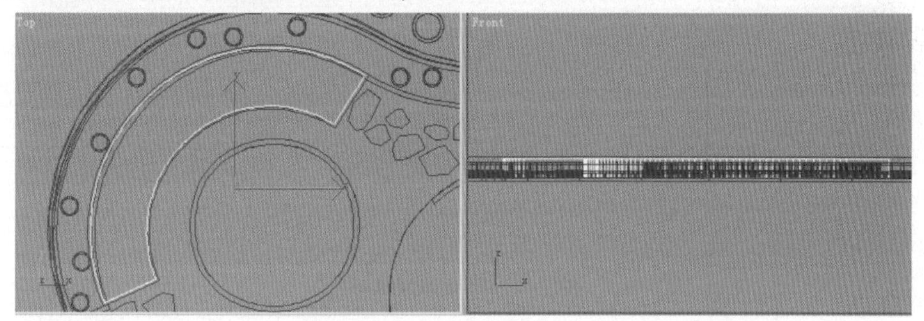

图5—3—92 选择的“木铺地”线形

(37) 在顶视图中，选择如图 5 － 3 － 93 所示的线形，单击“ ”按钮，在【Modifier List】(修改器列表) 下拉菜单中选择【Extrude】(拉伸) 命令，在【Parameters】(参数) 卷展栏中设置【Amount】(数量) 值为 50，命名为“花坛 01”。

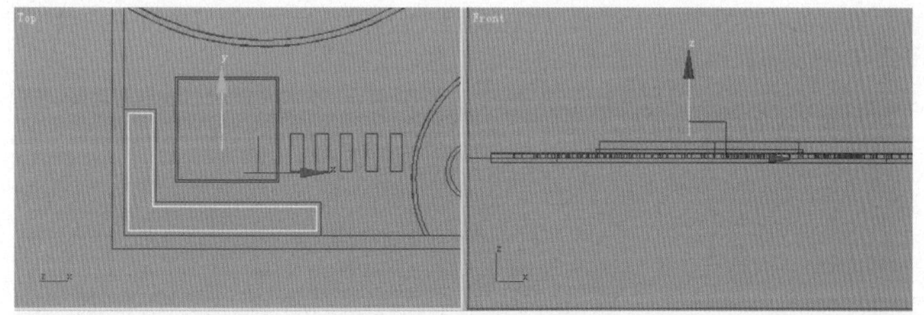

图5—3—93 选择“花坛01”线形

(38) 选择“花坛 01”，按“Ctrl+V”，将其在原位置复制一个，在堆栈区中选择子对象

Spline，在【Geometry】（几何体）卷展栏下设置轮廓值为 -100，在堆栈区中再选择【Extrude】（拉伸），将【Amount】（数量）值改为 80，命名为“花坛沿 01”，效果如图 5 – 3 – 94 所示。

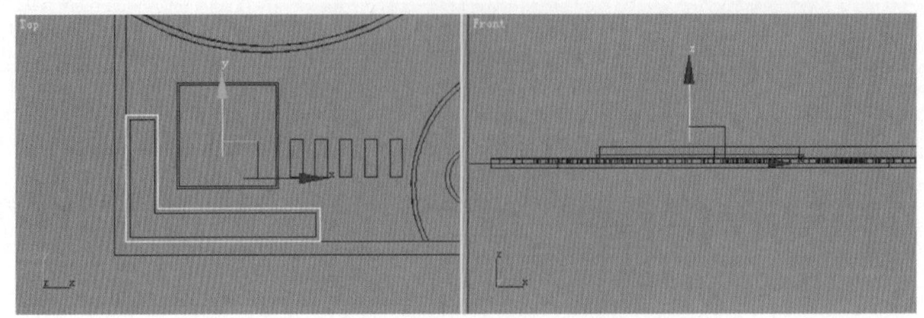

图5—3—94 “花坛沿01”形态

(39) 依次单击“ / / Line ”（线形）按钮，在顶视图中，绘制如图 5 – 3 – 95 所示的线形。

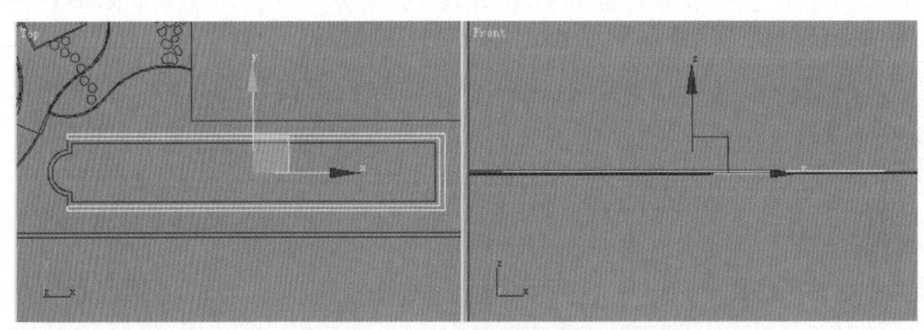

图5—3—95 绘制的线形

(40) 单击“ ”按钮，在【Modifier List】（修改器列表）下拉菜单中选择【Extrude】（拉伸）命令，在【Parameters】（参数）卷展栏中设置【Amount】（数量）值为 70，命名为“游泳池沿 01”。

(41) 在顶视图中，选择如图 5 – 3 – 96 所示的线形，单击“ ”按钮，在【Modifier List】（修改器列表）下拉菜单中选择【Extrude】（拉伸）命令，在【Parameters】（参数）卷展栏中设置【Amount】（数量）值为 -50，命名为“水 03”。

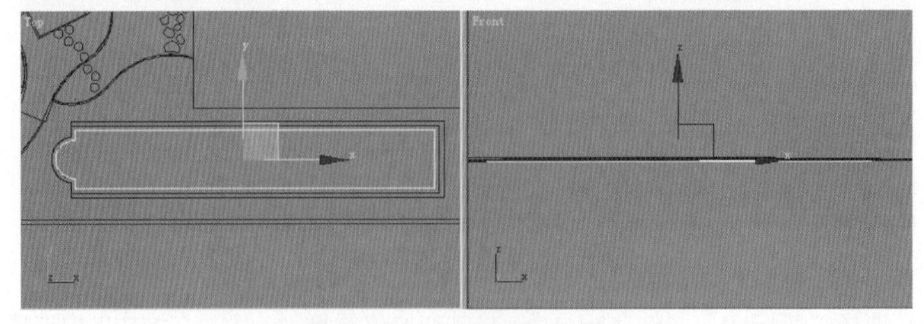

图5—3—96 选择的“水03”线形

（42）选择“水 03”，按“Ctrl+V”，将其在原位置复制一个，在堆栈区中选择子对象 Spline，在【Geometry】（几何体）卷展栏下设置轮廓值为 380，再选择子对象 Vertex，调整顶点位置如图 5 － 3 － 97 所示，在堆栈区中再选择【Extrude】（拉伸），将【Amount】（数量）值改为 70，命名为“游泳池沿 02”。

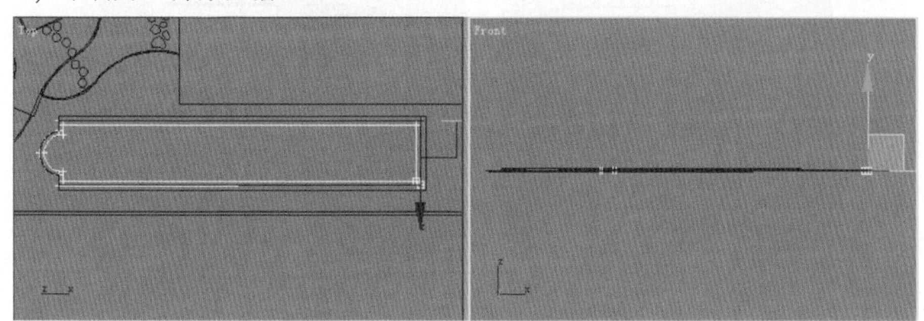

图5—3—97 “游泳池沿02”线形

3．小庭院地形材质的制作

（1）台阶材质

1）单击工具栏上的“ ”按钮，在弹出【Material Editor】（材质编辑器）对话框中选择一个空白示例球，命名为“台阶材质”。

2）在【Blinn Basic Parameters】（胶性基本参数）卷展栏下单击【Diffuse】（表面色）右侧小按钮，在弹出的【Material/Map Browser】（材质 / 贴图浏览器）对话框中双击【Bitmap】（位图），打开本书配套光盘“贴图 / 模块五 / 石材 03.jpg”贴图文件，参数设置如图 5 － 3 － 98 所示。

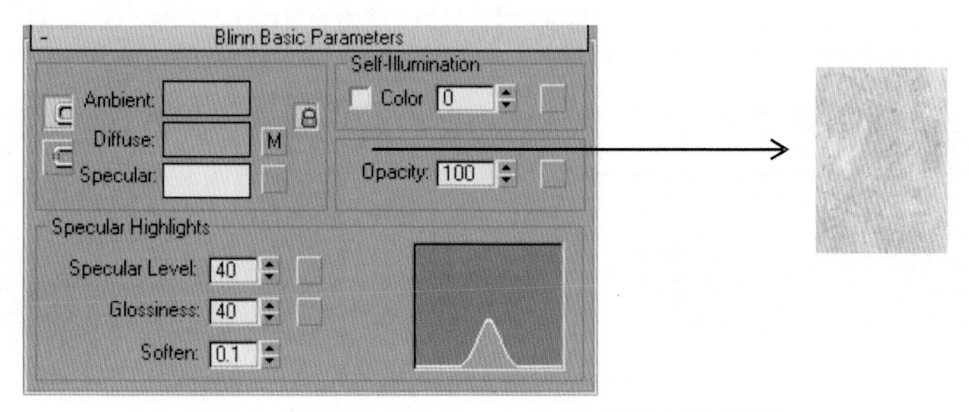

图5—3—98 【Blinn Basic Parameters】（胶性基本参数）卷展栏

3）在视图中选择“茶亭台阶”“对弈台阶 01、02”造型，单击“ ”按钮，将调配好的材质赋予选择的造型。

4）选择“茶亭台阶”“对弈台阶 01、02”造型，单击“ ”按钮，在【Modifier List】（修改器列表）下拉菜单中选择【Map Scaler（WSM)】[贴图定标器（WSM）] 命令，设置参数如图 5 － 3 － 99 所示。

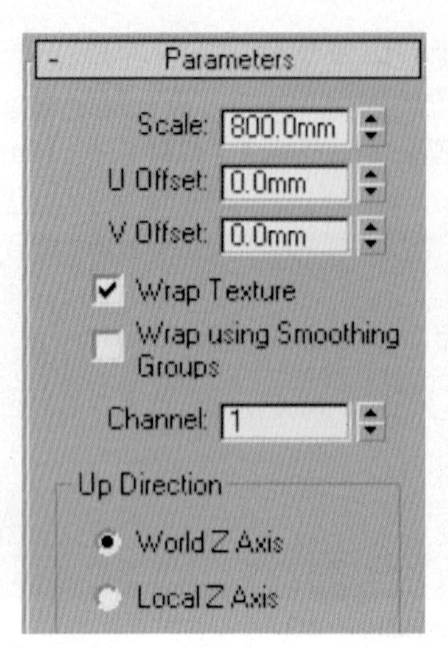

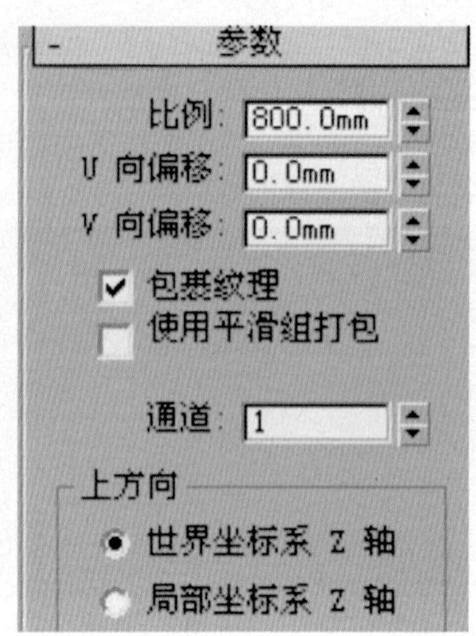

图5—3—99 参数设置

(2) 木平台材质

木平台材质与本任务前面所述“木桥”桥面材质的制作相同。

(3) 木铺地材质

木铺地材质与本任务前面所述“茶亭顶”材质的制作相同。

(4) 路沿和汀步材质

1) 重新选择一个空白材质球，命名为“路沿材质”。

2) 在【Blinn Basic Parameters】(胶性基本参数) 卷展栏下单击【Diffuse】(表面色) 右侧小按钮，在弹出的【Material/Map Browser】(材质 / 贴图浏览器) 对话框中双击【Bitmap】(位图),打开本书配套光盘“贴图 / 模块五 / 石材 02.jpg”贴图文件,如图 5 － 3 － 100 所示。

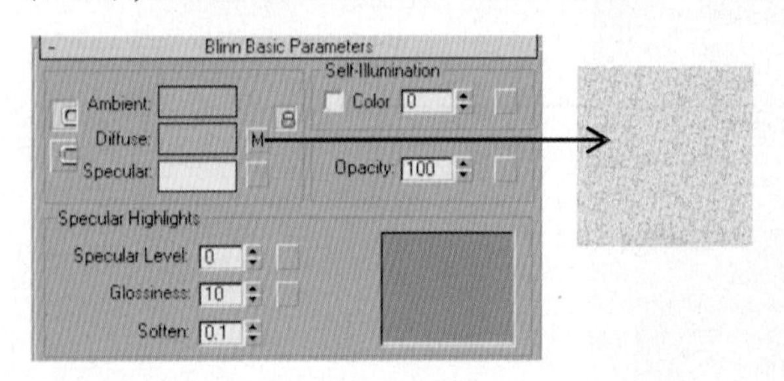

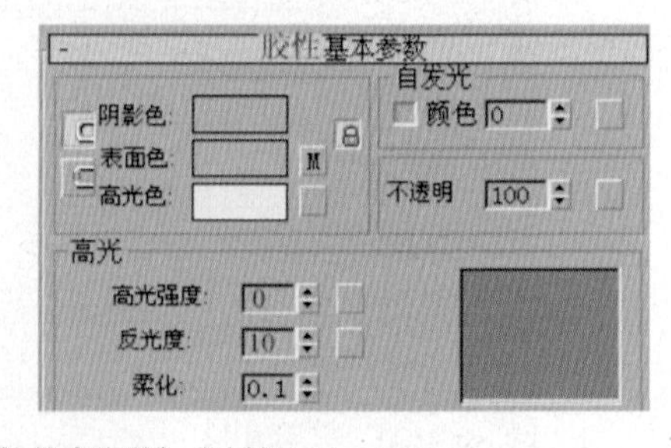

图5—3—100 【Blinn Basic Parameters】(胶性基本参数) 卷展栏

3) 在视图中选择“路沿 01 ～ 03”“水沿 01 ～ 04”“汀步 01、02、05 ～ 08”,单击“ ”按钮,将调配好的材质赋予选择的造型。

4) 选择“路沿 01 ～ 03”“水沿 01 ～ 04”，单击“ ”按钮，在【Modifier List】(修

改器列表）下拉菜单中选择【Map Scaler（WSM)】[贴图定标器（WSM）] 命令，设置参数如图 5 － 3 － 101 所示。

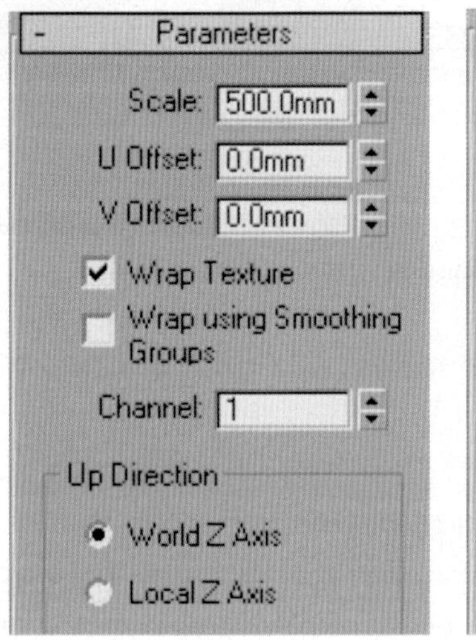

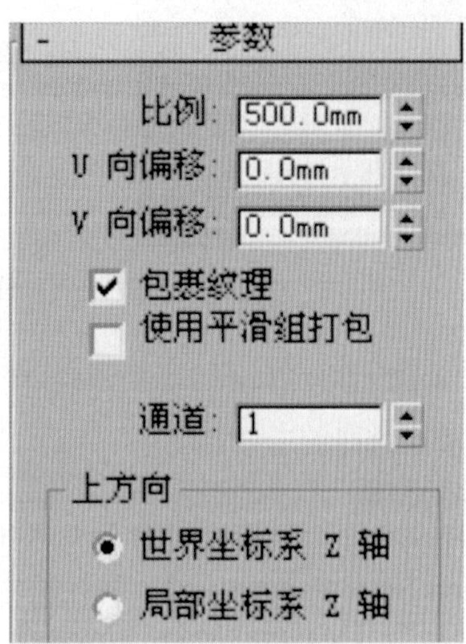

图5—3—101　参数设置

5）重新选择一个空白材质球，命名为“汀步材质”。

6）在【Blinn Basic Parameters】(胶性基本参数）卷展栏下单击【Diffuse】(表面色）右侧小按钮，在弹出的【Material/Map Browser】(材质 / 贴图浏览器）对话框中双击【Bitmap】(位图),打开本书配套光盘“贴图 / 模块五 / 石材 04.jpg”贴图文件,如图 5 － 3 － 102 所示。

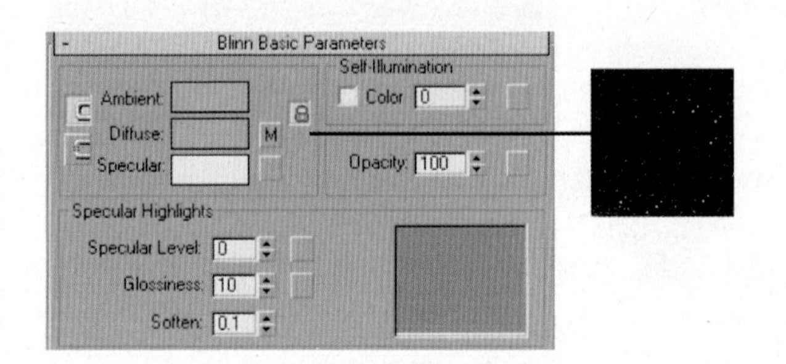

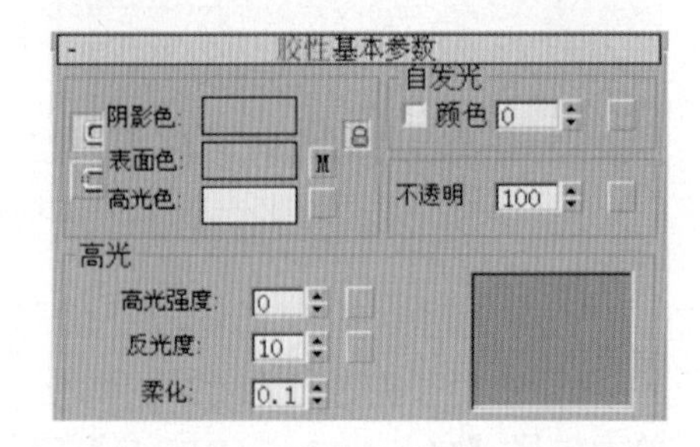

图5—3—102【Blinn Basic Parameters】（胶性基本参数）卷展栏

7）在视图中选择“汀步 03、04”，单击“　”按钮，将调配好的材质赋予选择的造型。

(5) 花坛沿材质

1）重新选择一个空白材质球，命名为“花坛沿材质”。

2)在【Blinn Basic Parameters】(胶性基本参数)卷展栏下,将【Ambient】(阴影色)、【Diffuse】(表面色）前面的锁锁定，设置参数如图 5 － 3 － 103 所示。

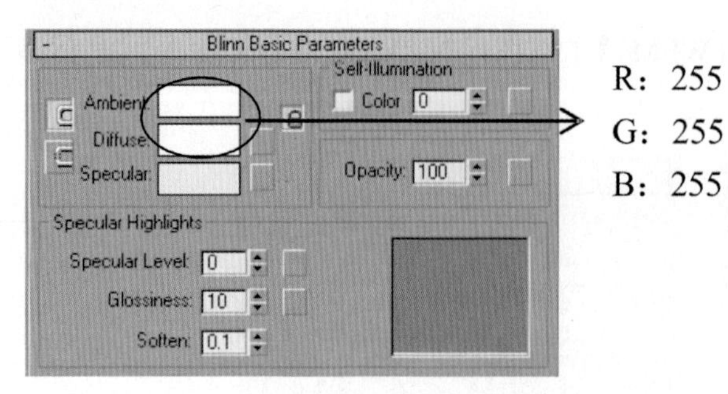

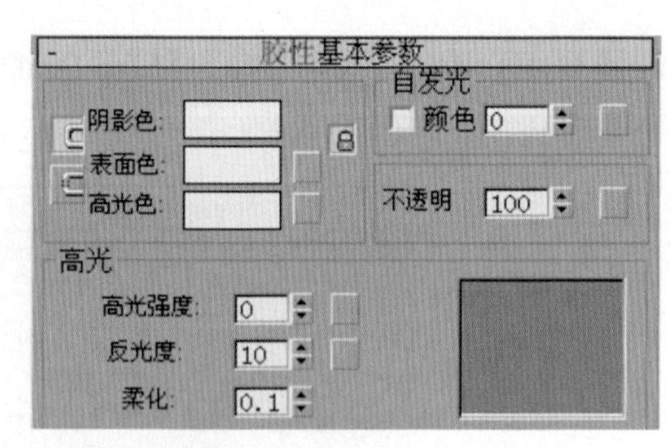

图5—3—103 【Blinn Basic Parameters】（胶性基本参数）卷展栏

3) 在视图中选择“花坛沿 01”“火焰花坛沿”“树池沿 01 ～ 07”“树池 08”，单击“ ”按钮，将调配好的材质赋予选择的造型。

（6）游泳池沿材质

1）重新选择一个空白材质球，命名为“地砖黄材质”。

2）在【Blinn Basic Parameters】（胶性基本参数）卷展栏下单击【Diffuse】（表面色）右侧小按钮，在弹出的【Material/Map Browser】（材质 / 贴图浏览器）对话框中双击【Bitmap】（位图），打开本书配套光盘“贴图 / 模块五 / 地砖黄 .jpg”贴图文件，设置参数如图 5 － 3 － 104 所示。

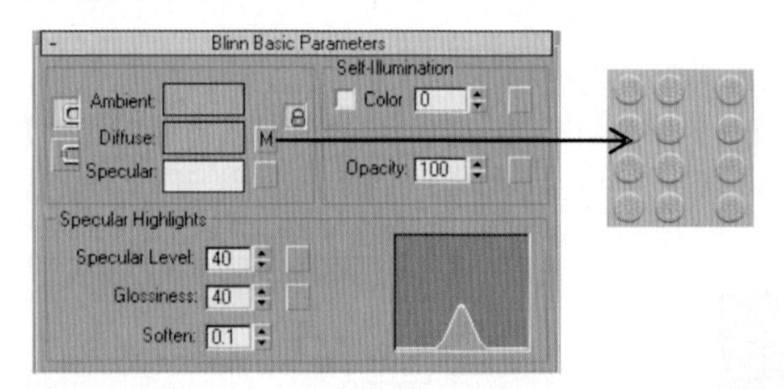

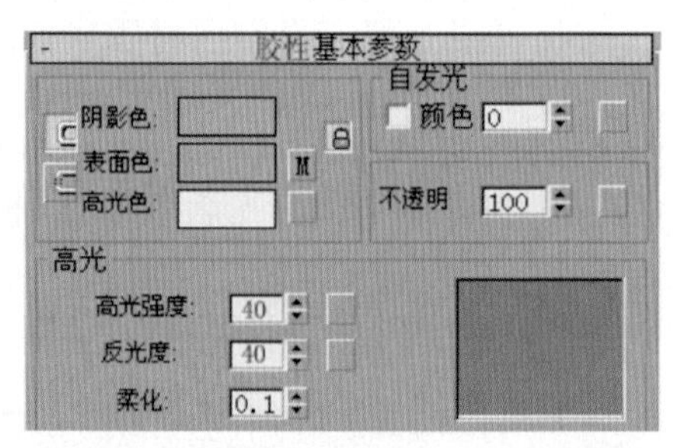

图5—3—104 【Blinn Basic Parameters】（胶性基本参数）卷展栏

3) 在视图中选择“游泳池沿 02”造型，单击“ ”按钮，将调配好的材质赋予选择的造型。

4）选择“游泳池沿 02”，单击“ ”按钮，在【Modifier List】（修改器列表）下拉菜单中选择【Map Scaler（WSM）】[贴图定标器（WSM）] 命令，设置参数如图 5 － 3 － 105 所示。

5）重新选择一个空白材质球，命名为“地砖绿材质”。

6）在【Blinn Basic Parameters】（胶性基本参数）卷展栏下单击【Diffuse】（表面色）右侧小按钮，在弹出的【Material/Map Browser】（材质 / 贴图浏览器）对话框中双击【Bitmap】（位图），打开本书配套光盘“贴图 / 模块五 / 地砖绿 .jpg”贴图文件，设置参数如图 5 － 3 － 106 所示。

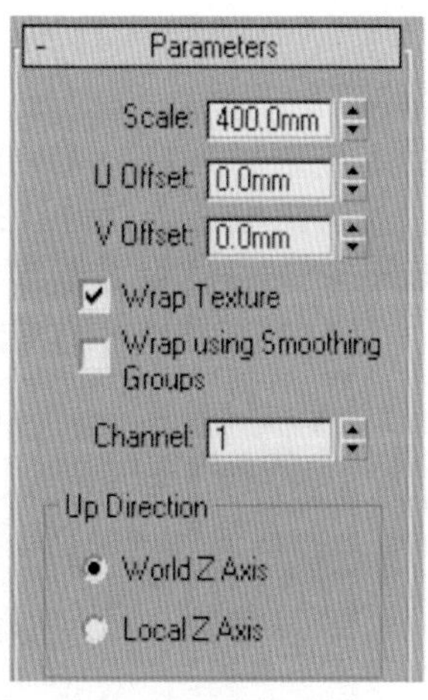

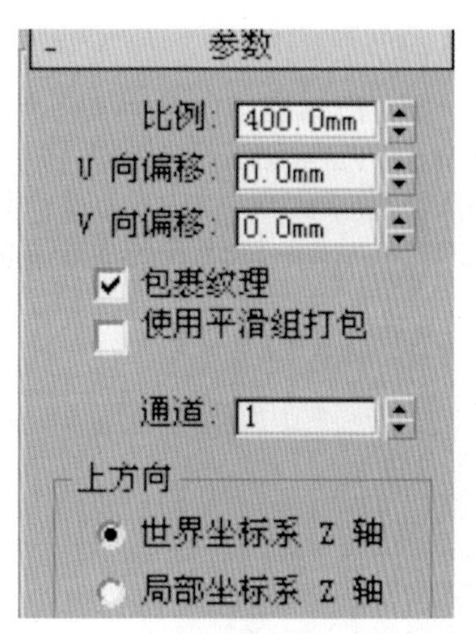

图5—3—105　参数设置

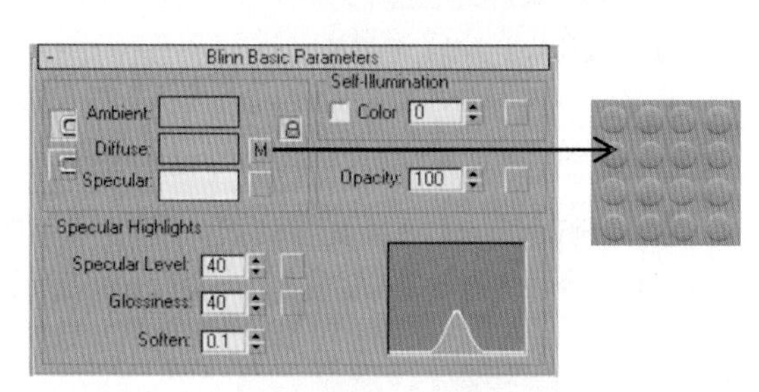

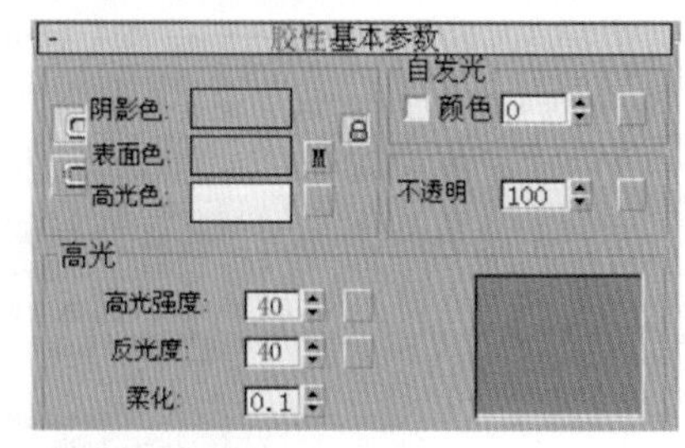

图5—3—106　【Blinn Basic Parameters】（胶性基本参数）卷展栏

7) 在视图中选择“游泳池沿 01”造型，单击“”按钮，将调配好的材质赋予选择的造型。

8) 选择“游泳池沿 01”，单击“”按钮，在【Modifier List】(修改器列表）下拉菜单中选择【Map Scaler（WSM)】[贴图定标器（WSM）] 命令，设置参数如图 5 － 3 － 107 所示。

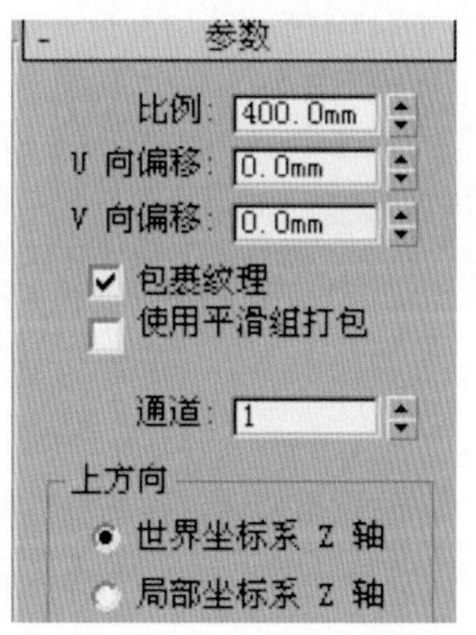

图5—3—107　参数设置

(7) 地砖材质

1) 重新选择一个空白材质球，命名为“地砖材质”。

2) 在【Blinn Basic Parameters】(胶性基本参数) 卷展栏下单击【Diffuse】(表面色) 右侧小按钮，在弹出的【Material/Map Browser】(材质 / 贴图浏览器) 对话框中双击【Bitmap】(位图)，打开本书配套光盘“贴图 / 模块五 / 地砖 .jpg”贴图文件，参数设置如图 5 － 3 － 108 所示。

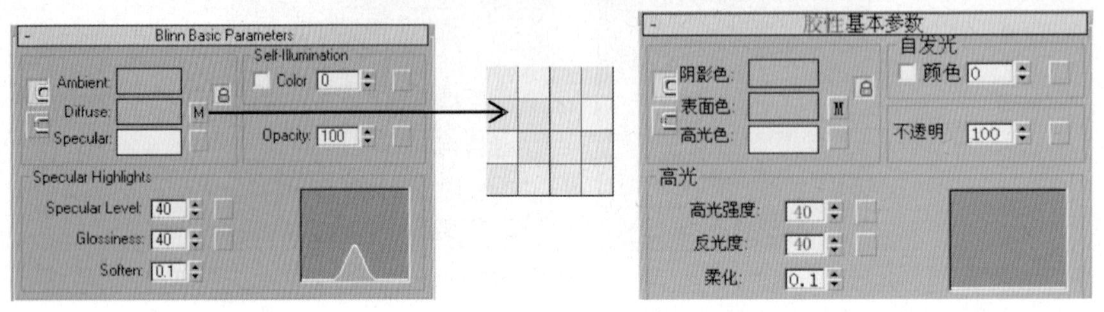

图5—3—108 【Blinn Basic Parameters】(胶性基本参数) 卷展栏

3) 在视图中选择“地面 04”造型，单击“ ”按钮，将调配好的材质赋予选择的造型。

4) 选择“地面 04”，单击“ ”按钮，在【Modifier List】(修改器列表) 下拉菜单中选择【Map Scaler (WSM)】[贴图定标器 (WSM)] 命令，设置参数如图 5 － 3 － 109 所示。

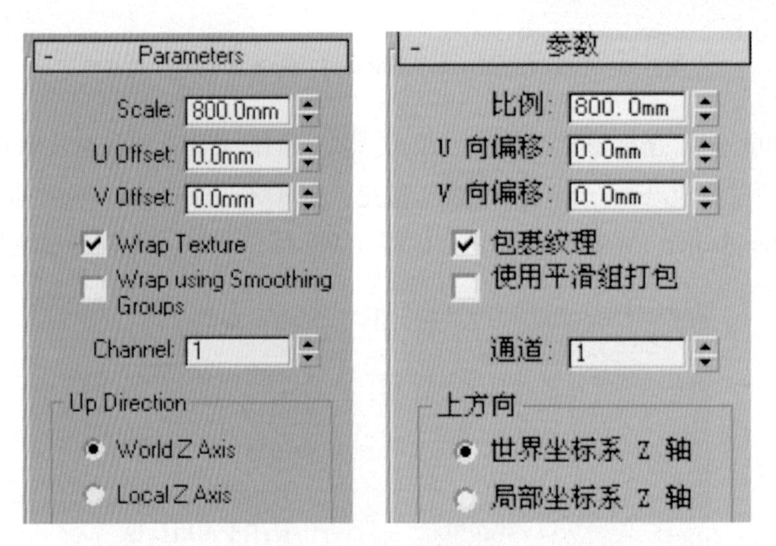

图5—3—109 参数设置

(8) 园路材质

1) 重新选择一个空白材质球，命名为“园路材质”。

2）在【Blinn Basic Parameters】（胶性基本参数）卷展栏下单击【Diffuse】（表面色）右侧小按钮，在弹出的【Material/Map Browser】（材质 / 贴图浏览器）对话框中双击【Bitmap】（位图），打开本书配套光盘“贴图 / 模块五 / 石材 05.jpg”贴图文件，如图 5 － 3 － 110 所示。

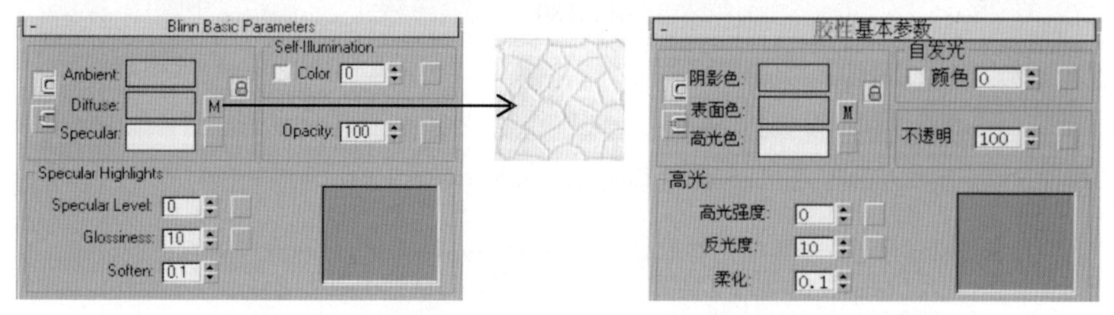

图5—3—110　【Blinn Basic Parameters】（胶性基本参数）卷展栏

3）在视图中选择“园路”，单击“ ”按钮，将调配好的材质赋予选择的造型。

4）选择“园路”，单击“ ”按钮，在【Modifier List】（修改器列表）下拉菜单中选择【Map Scaler（WSM）】[贴图定标器（WSM）] 命令，设置参数如图 5 － 3 － 111 所示。

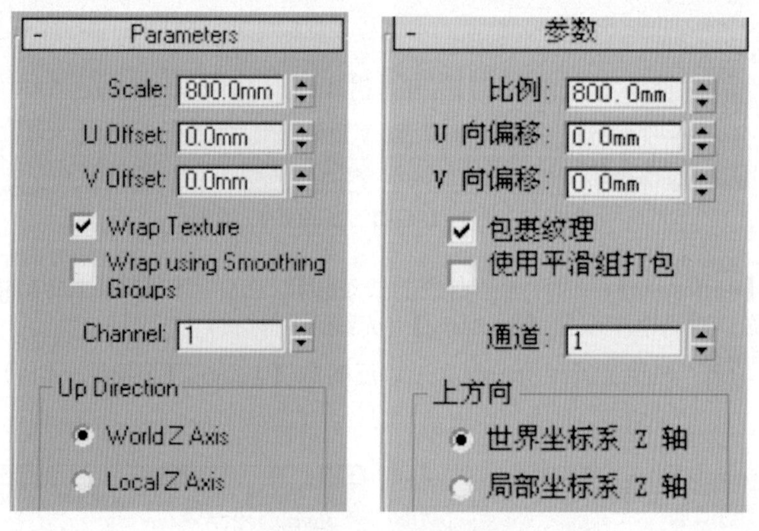

图5—3—111　参数设置

（9）水材质

1）重新选择一个空白材质球，命名为“水材质”。

2）在【Blinn Basic Parameters】（胶性基本参数）卷展栏下，将【Ambient】（阴影色）、【Diffuse】（表面色）前面的锁锁定，设置参数如图 5 － 3 － 112 所示。

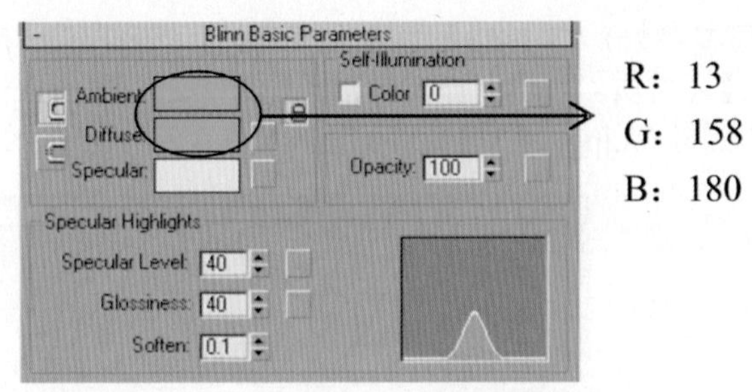

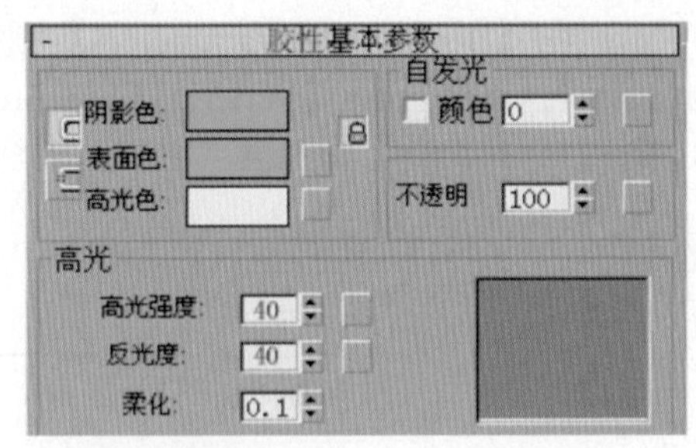

图5—3—112 【Blinn Basic Parameters】（胶性基本参数）卷展栏

3）在【Maps】（贴图类型）卷展栏下单击【Bump】（凹凸）通道右侧的长条按钮，在弹出的【Material/Map Browser】（材质 / 贴图浏览器）对话框中双击【Noise】（噪波）。

4）单击“ ”按钮，返回上一级，设置凹凸的【Amount】（数量）值为 20，如图 5－3－113 所示。

Maps	Amount	Map
Ambient Color	100	None
Diffuse Color	100	None
Specular Color	100	None
Specular Level	100	None
Glossiness	100	None
Self-Illumination	100	None
Opacity	100	None
Filter Color	100	None
✔ Bump	20	Map #5 (Noise)
Reflection	100	None
Refraction	100	None
Displacement	100	None

贴图类型	百分比	贴图类型
阴影色	100	无
表面色	100	无
高光色	100	无
高光强度	100	无
反光度	100	无
自发光	100	无
不透明度	100	无
过滤色	100	无
✔ 凹凸	20	贴图 #5 （噪波）
反射	100	无
折射	100	无
位移	100	无

图5—3—113 【Maps】（贴图类型）卷展栏

5）再单击【Reflection】（反射）通道右侧的长条按钮，在弹出的【Material/Map Browser】（材质 / 贴图浏览器）对话框中双击【Raytrace】（光线跟踪材质）。

6）单击“ ”按钮，返回上一级，设置反射的【Amount】（数量）值为 40，如图 5－3－114 所示。

Maps	Amount	Map
Ambient Color	100	None
Diffuse Color	100	None
Specular Color	100	None
Specular Level	100	None
Glossiness	100	None
Self-Illumination	100	None
Opacity	100	None
Filter Color	100	None
✔ Bump	20	Map #5 (Noise)
✔ Reflection	40	Map #14 (Raytrace)
Refraction	100	None
Displacement	100	None

贴图类型	百分比	贴图类型
阴影色	100	无
表面色	100	无
高光色	100	无
高光强度	100	无
反光度	100	无
自发光	100	无
不透明度	100	无
过滤色	100	无
✔ 凹凸	20	贴图 #5 （噪波）
✔ 反射	40	#14 （光线跟踪材质）
折射	100	无
位移	100	无

图5—3—114 【Maps】（贴图类型）卷展栏

7）在视图中选择“水 01 ～ 03”，单击“ ”按钮，将调配好的材质赋予选择的造型。

四、小庭院景观的整合

1．执行菜单栏【File】（文件）/【Merge】（合并）命令，在打开的【Merge File】（合并文件）对话框中选择上面保存的“茶亭 .max”文件，如图 5 － 3 － 115 所示。

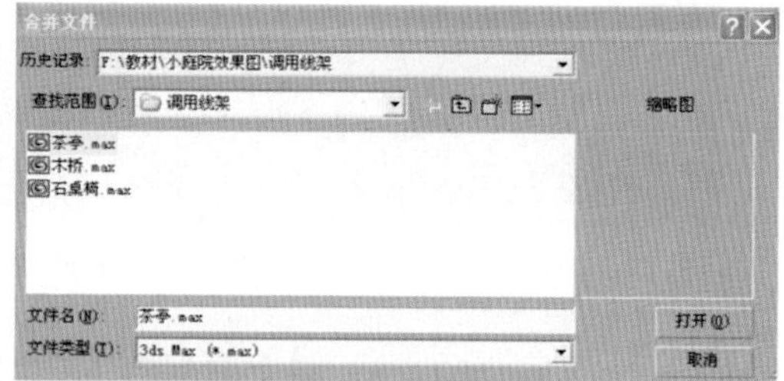

图5—3—115　【Merge File】（合并文件）对话框

2．单击“打开(O)”按钮，在弹出的对话框中选择所有的造型，如图 5 － 3 － 116 所示。

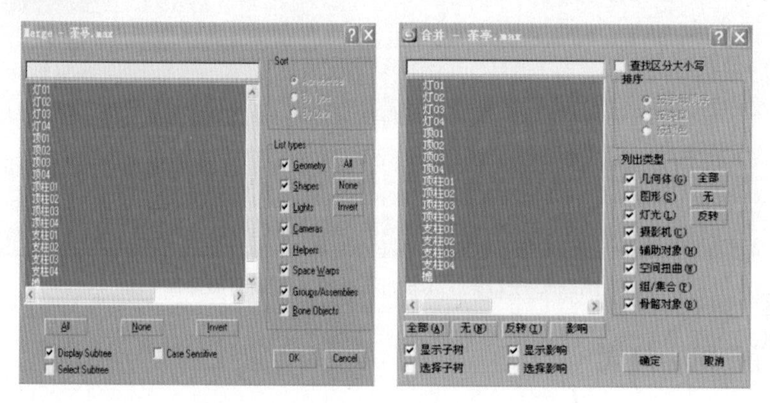

图5—3—116　【Merge】（合并）对话框

3．单击“OK”按钮，在弹出的【Duplicate Name】（重复名称）对话框中勾选“Apply to All Duplicates”（应用于所有重复情况），如图 5 － 3 － 117 所示。

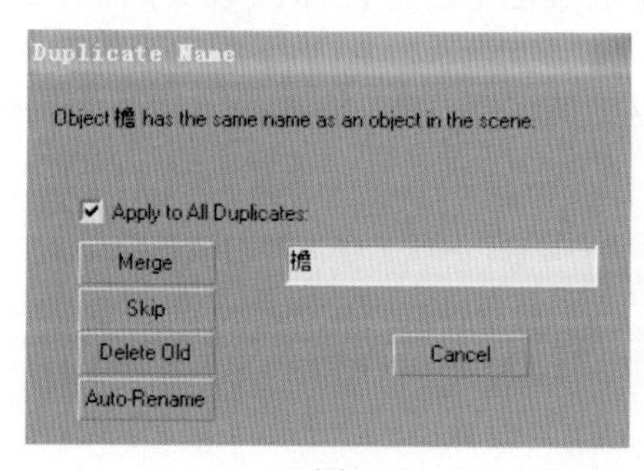

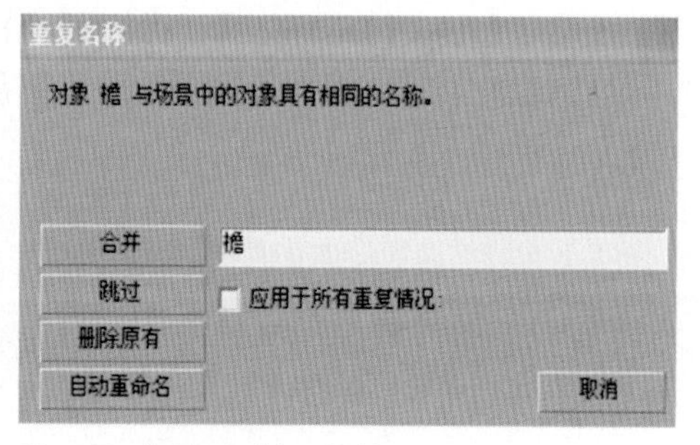

图5—3—117　【Duplicate Name】（重复名称）对话框

4．单击“ Merge ”(合并)按钮,将茶亭合并到场景中,执行菜单栏【Group】(组群)/【Group】(组群) 命令，将茶亭成组，并调整位置如图 5 － 3 － 118 所示。

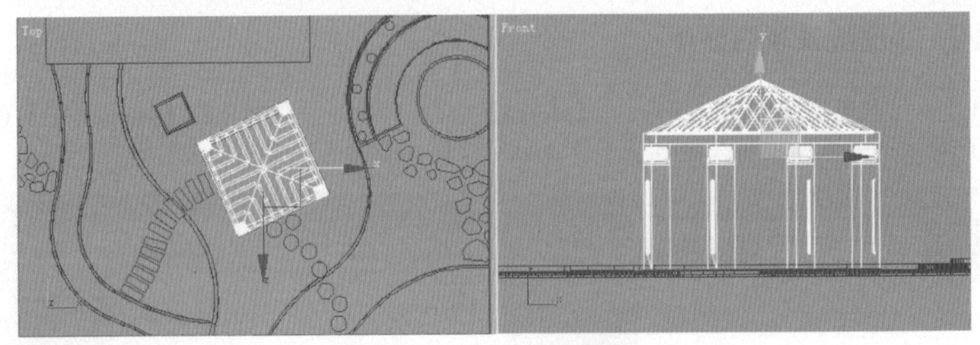

图5—3—118 “茶亭”调整后的位置

5．用上述同样的方法,将上面保存的“木桥”和本书光盘“调用线架 / 石桌椅 .max”文件,合并到场景中，调整位置如图 5 － 3 － 119 所示。

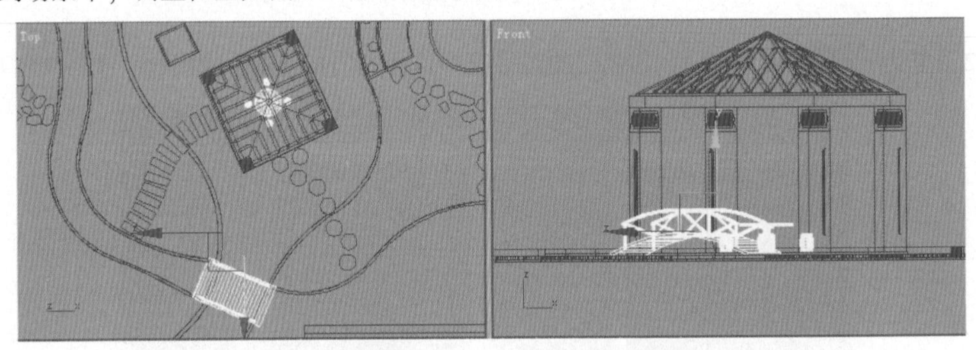

图5—3—119 “木桥、石桌椅” 调整后的位置

五、设置相机、灯光

1．设置相机

(1) 依次单击“ / / Target ”（目标摄像机）按钮，在顶视图中创建一个目标摄像机,单击“ ”按钮,在【Parameters】(参数) 卷展栏中设置【Len】(镜头) 值为 28、【Fov】(视野) 为 65.47、【Target Distance】(目标距离) 为 19 457.8。

(2) 调整摄像机位置，激活透视图，按键盘上的“C”键，将透视图转换为相机视图，如图 5 － 3 － 120 所示。

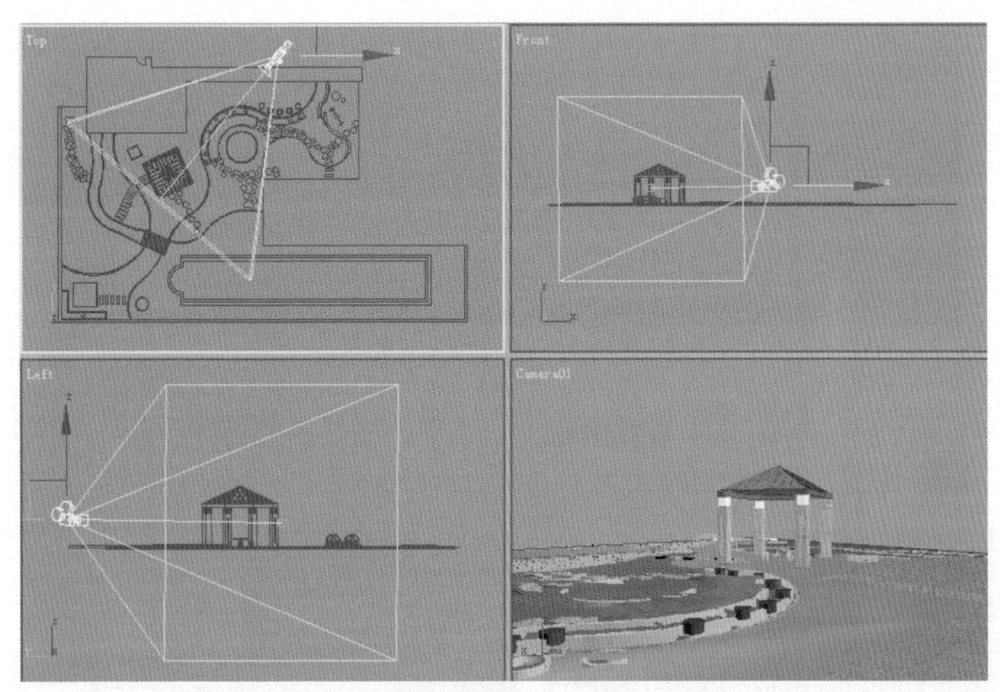

图5—3—120 相机视图

(3) 按键盘上的“Shift+C”键，将相机隐藏。

2. 设置灯光

(1) 依次单击“ / / Target Spot”（目标聚光灯）按钮，在顶视图中创建一盏目标聚光灯，单击“ ”按钮，设置各项参数如图 5 − 3 − 121 所示。

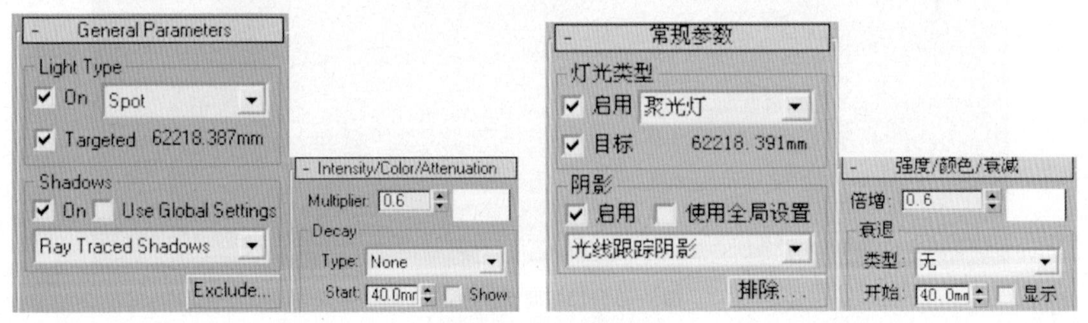

图5—3—121 参数设置

(2) 调整位置，如图 5 − 3 − 122 所示。

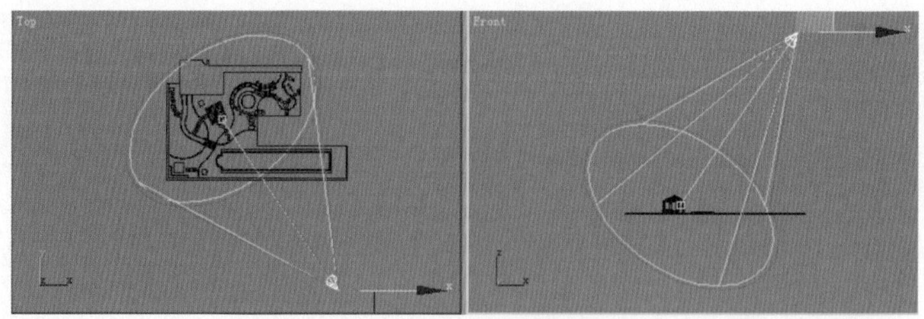

图5—3—122 调整后的位置

(3) 依次单击“ / / Omni ”(泛光灯)按钮，在顶视图中创建一盏泛光灯，单击“ ”按钮，设置各项参数如图 5 － 3 － 123 所示。

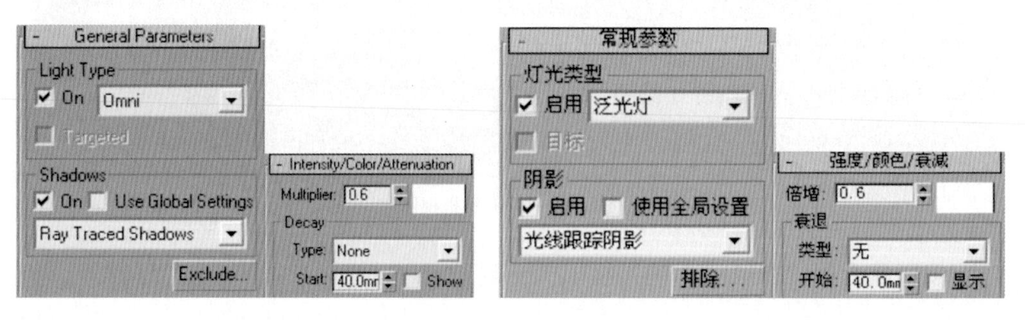

图5—3—123 参数设置

(4) 调整位置如图 5 － 3 － 124 所示。

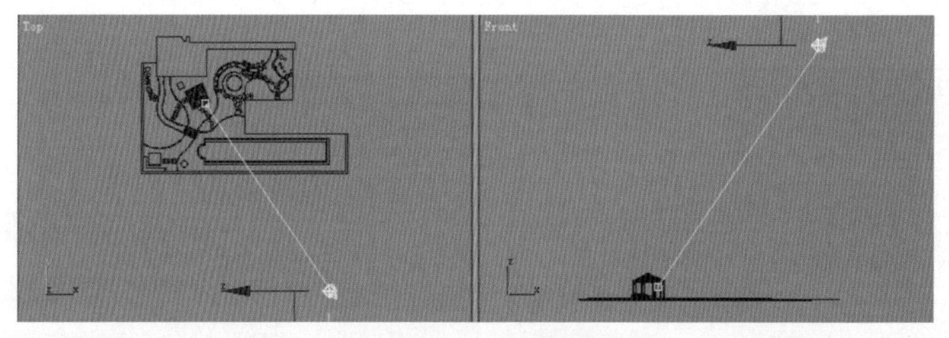

图5—3—124 调整后的位置

(5) 依次单击“ / / Omni ”(泛光灯)按钮，在顶视图中创建一盏泛光灯，单击“ ”按钮，设置各项参数如图 5 － 3 － 125 所示。

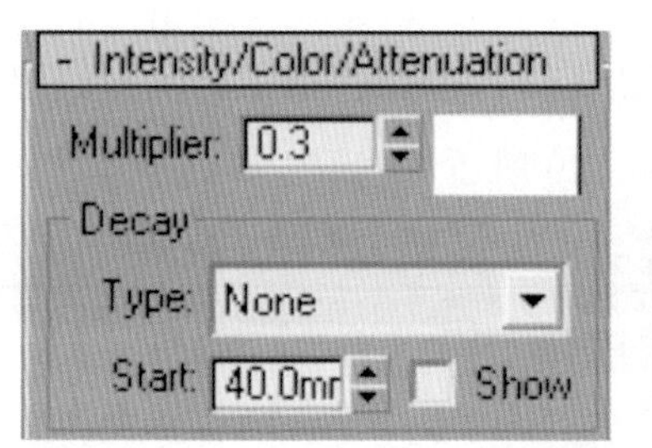

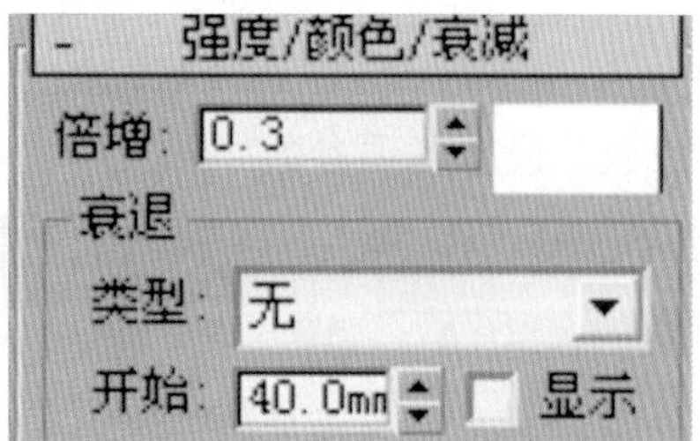

图5—3—125 参数设置

（6）调整位置如图 5 － 3 － 126 所示。

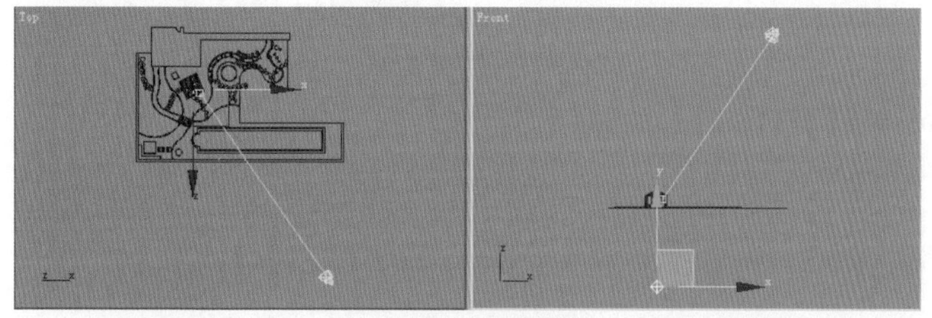

图5—3—126 调整后的位置

（7）依次单击“ / / Omni ”（泛光灯）按钮，在顶视图中创建一盏泛光灯，单击“ ”按钮，设置参数如图 5 － 3 － 127 所示。

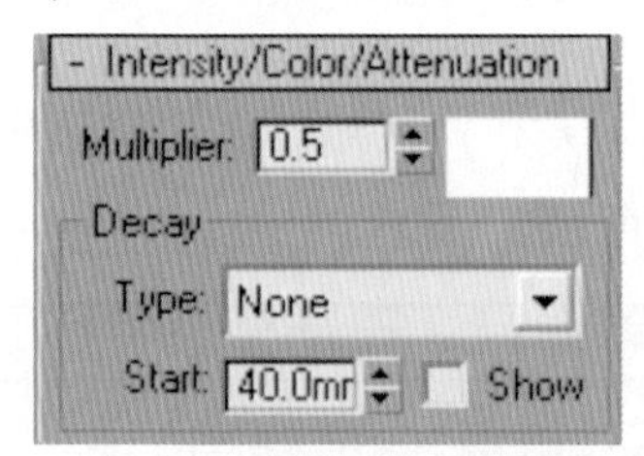

图5—3—127 参数设置

（8）调整位置如图 5 － 3 － 128 所示。

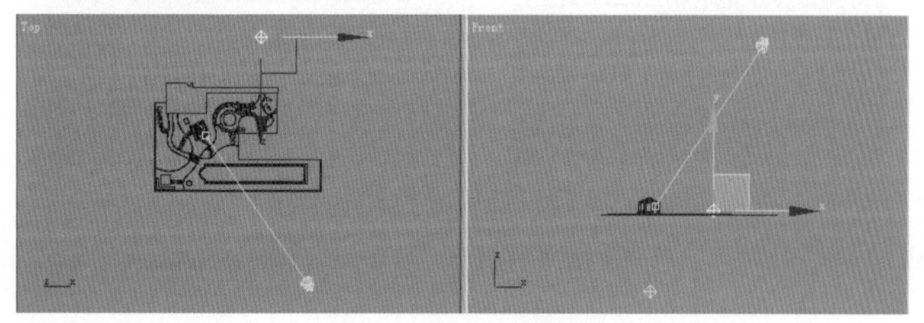

图5—3—128 调整后的位置

(9) 依次单击“ / / Omni ”（泛光灯）按钮，在顶视图中创建一盏泛光灯，单击“ ”按钮，设置各项参数如图 5 － 3 － 129 所示。

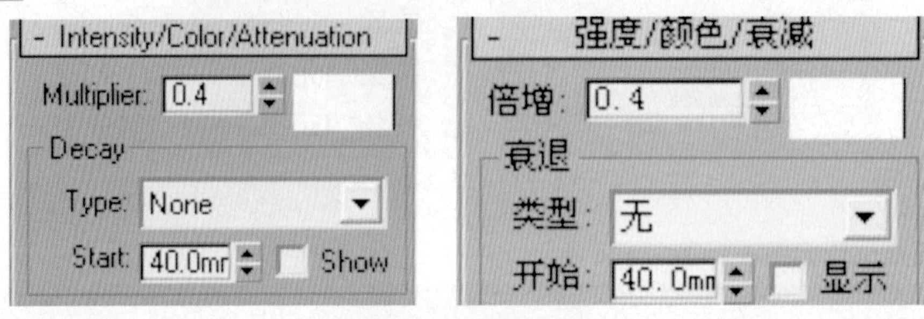

图5—3—129 参数设置

(10) 调整位置如图 5 － 3 － 130 所示。

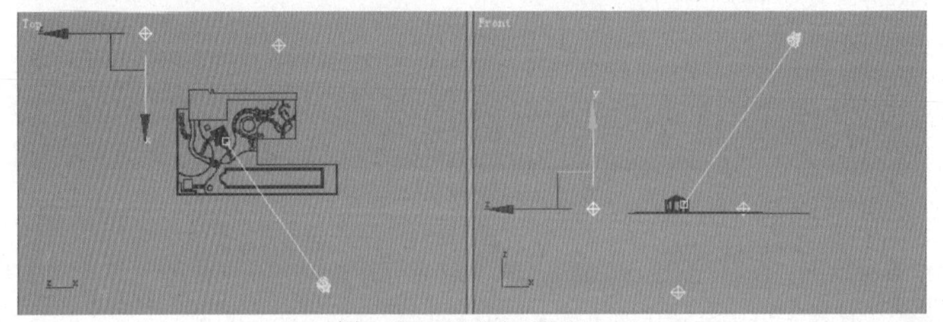

图5—3—130 调整后的位置

(11) 依次单击“ / / Skylight ”（天光）按钮，在顶视图中创建一盏天光，单击“ ”按钮，设置参数如图 5 － 3 － 131 所示。

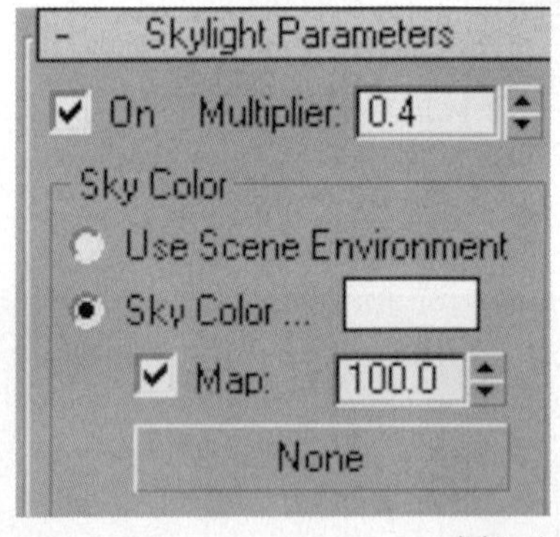

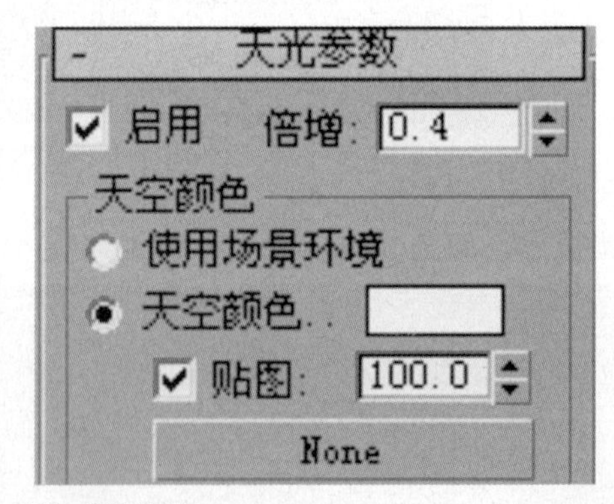

图5—3—131 参数设置

(12) 调整位置如图 5 － 3 － 132 所示。

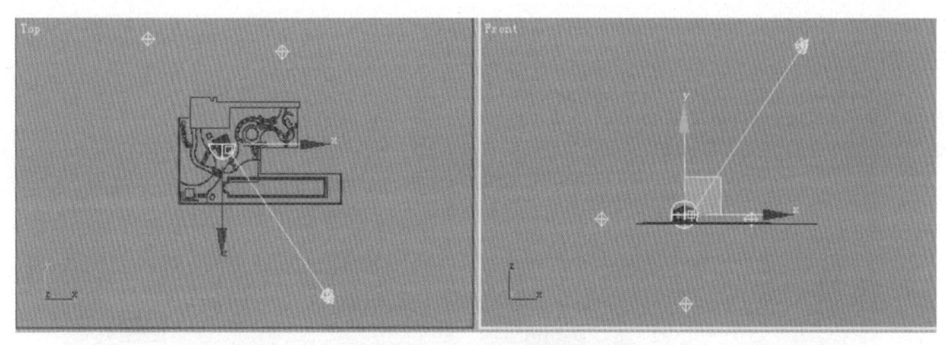

图5—3—132 调整后的位置

六、渲染输出

1．单击工具栏上的“ ”（渲染）按钮，在弹出的【Render Scene】（渲染场景）对话框中单击“Common”（公用）选项卡，设置参数如图 5 － 3 － 133 所示。

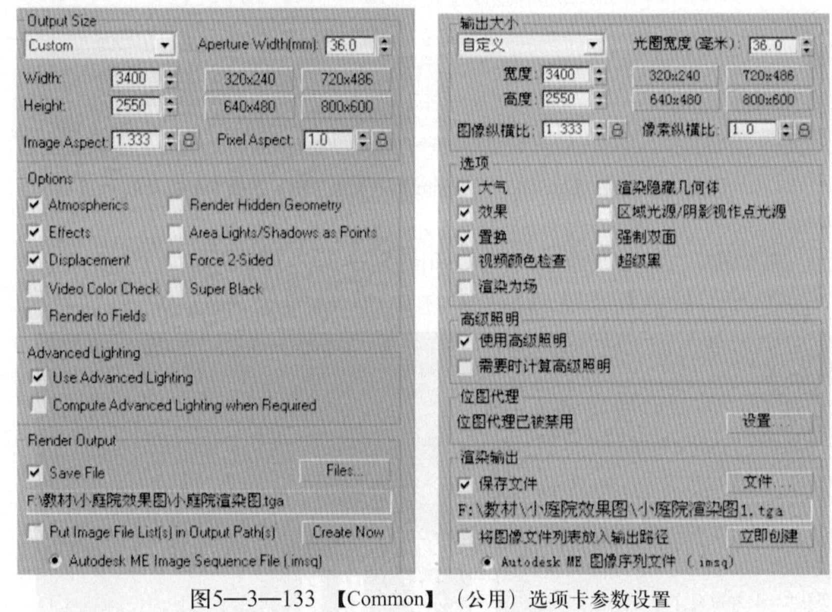

图5—3—133 【Common】（公用）选项卡参数设置

2．单击“Advanced Lighting”（高级照明）选项卡，设置参数如图 5 － 3 － 134 所示。

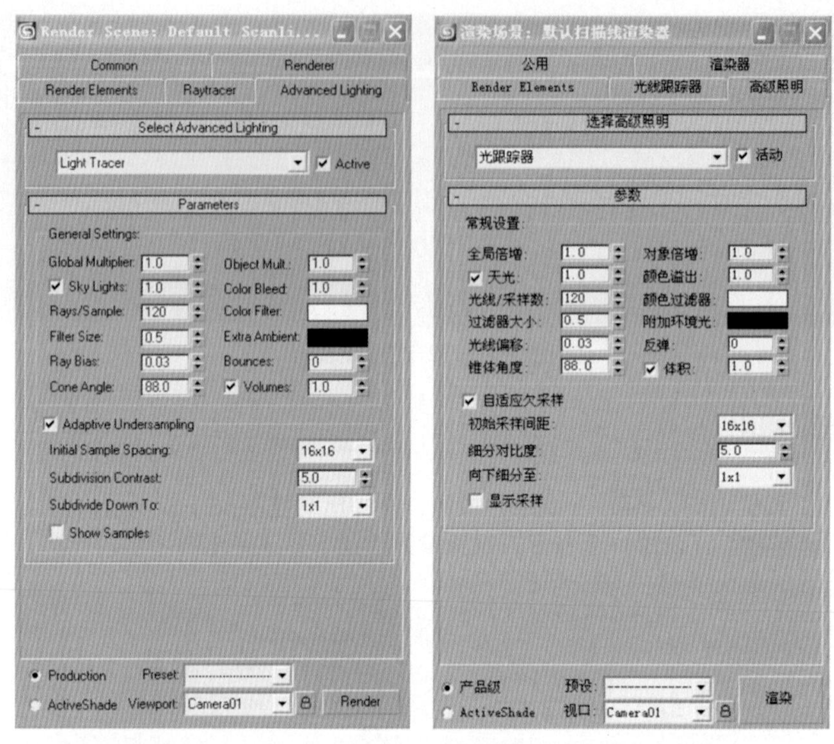

图5—3—134 【Advanced Lighting】（高级照明）选项卡参数设置

3．单击“Render”按钮，渲染的效果如图5－3－135所示。

4．执行菜单栏中的【File】(文件)/【Save】(保存)命令，将场景文件存为“小庭院景观.max”。

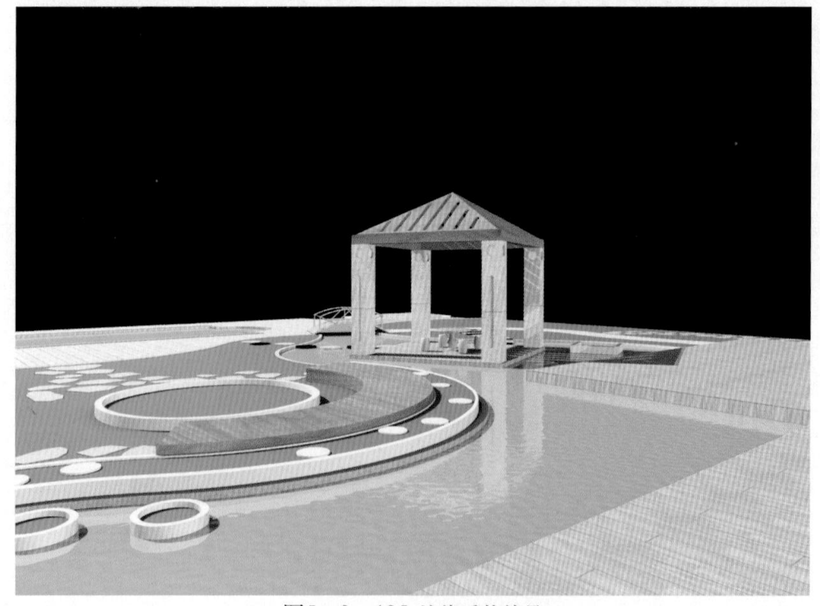

图5—3—135 渲染后的效果

任务四　小庭院渲染图的后期处理

任务目标

- 掌握对素材图像的大小和形状进行调整
- 掌握阴影和倒影的制作
- 掌握【存储选区】【载入选区】命令的使用
- 掌握草地、水面的制作
- 掌握用滤镜加强画面效果

任务引入

使用 Photoshop 软件对小庭院景观渲染图进行后期处理，最终效果如图 5 － 4 － 1 所示。

图5—4—1 小庭院景观最终效果图

任务分析

小庭院景观效果图通常都是很美丽的，犹如一幅风景画，艺术效果更浓，使用Photoshop软件对小庭院渲染图进行后期处理时，要把握好配景的添加，展示出能够体验自然、营造和谐气氛的庭院；在庭院内设置了假山、树林、河流、亭和游泳池，从各要素相互营造的氛围中，可以感受到庭院的生机盎然。

任务实施

一、制作远景

1．启动Photoshop软件。

2．执行菜单命令“文件”/“打开”，在弹出的对话框中打开任务三保存的“小庭院景观渲染图.tga”，如图5－4－2所示。

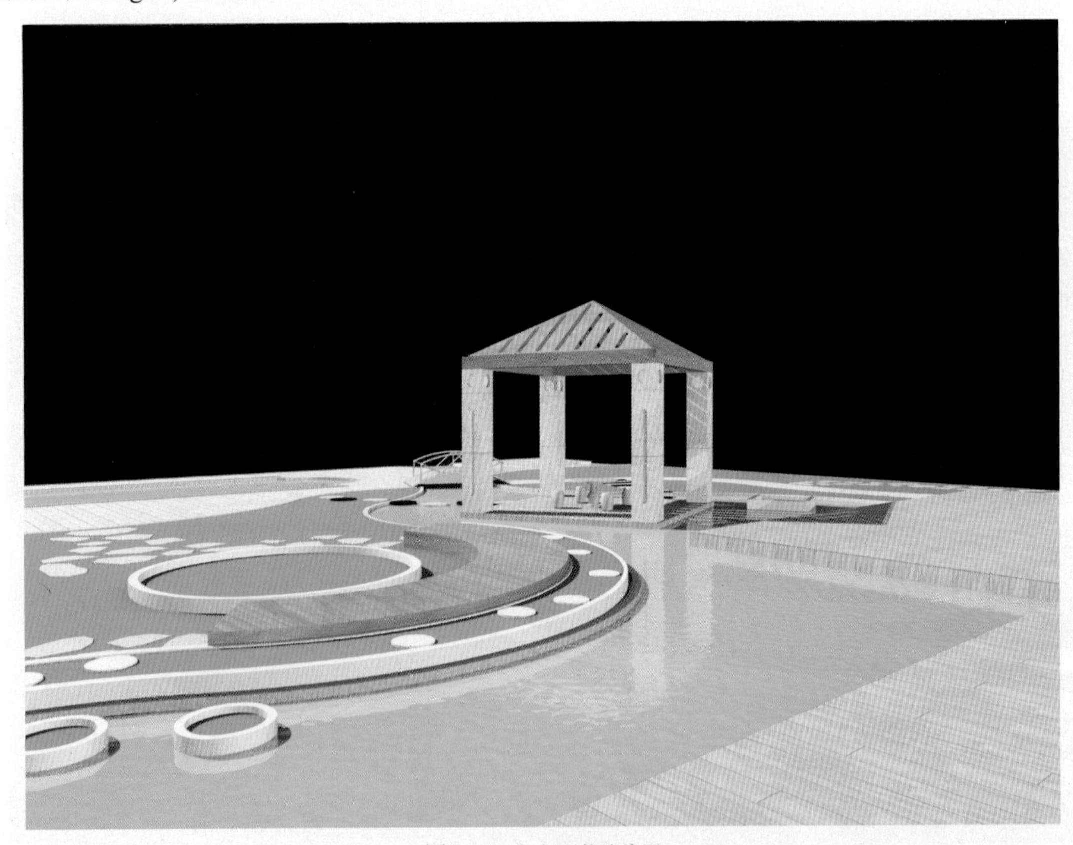

图5—4—2 打开的渲染图

3．单击工具箱中“ ”魔术橡皮擦工具，并设置选项栏，如图 5 － 4 － 3 所示。

容差: 0　☑消除锯齿　☐连续　☐对所有图层取样　不透明度: 100%

图5—4—3 选项栏设置

4．在黑色背景上单击，效果如图 5 － 4 － 4 所示。

图5—4—4 擦掉非建筑主体后的效果

5．将该图层命名为“背景”。

6．执行菜单命令“文件” / “打开”，在本教材光盘中打开“后期处理素材 / 模块五 / 小庭院效果图后期处理素材 .psd”文件，如图 5 － 4 － 5 所示。

7．选择素材文件的“背景 01”图层，用工具箱上的“ ”移动工具将其拖入场景，置于背景图层之下，用“Ctrl+T”调整大小和位置，如图 5 － 4 － 6 所示。

8．单击工具箱中的“ ”裁剪工具裁剪图像，裁剪后的效果如图 5 － 4 － 7 所示。

9．选择素材文件的“背景 02”图层，将其拖入场景，用“Ctrl+T”调整大小和位置，如图 5 － 4 － 8 所示。

10．选择场景中的“背景 01”图层，按“Ctrl+J”，将其复制一层，用“Ctrl+T”调整大小和位置，如图 5 － 4 － 9 所示。

11．选择素材文件的“树 02”图层，将其拖入场景，调整大小和位置，如图 5 － 4 － 10 所示。

图5—4—5 打开的素材文件

图5—4—6 添加“背景01”后的效果

图5—4—7 裁剪后的效果

图5—4—8 添加“背景02”后的效果

图5—4—9 复制“背景01”后的效果

图5—4—10 添加“树02”后的效果

12．选择素材文件的“鸟”图层,将其拖入场景,调整大小和位置如图5－4－11所示。

图5—4—11 添加“鸟”后的效果

二、制作中景

1．选择素材文件的“树03”图层,将其拖入场景,调整大小和位置如图5－4－12所示。
2．选择素材文件的“树05”图层,将其拖入场景,调整大小和位置如图5－4－13所示。
3．选择素材文件的“樱花”图层,将其拖入场景,调整大小和位置如图5－4－14所示。
4．选择素材文件的“白雾”图层，将其拖入场景，置于“树02、03和05”之前，效果如图5－4－15所示。
5．选择素材文件的“树04”图层,将其拖入场景,调整大小和位置如图5－4－16所示。
6．选择素材文件的“树06”图层,将其拖入场景,调整大小和位置如图5－4－17所示。
7．将“樱花”图层复制一层，调整大小和位置如图5－4－18所示。

注:以上所建图层都置于“背景”图层之下,接下来所创建的图层置于“背景”图层之上。

8．选择工具箱中的“ ”魔棒工具，设置选项栏如图5－4－19所示。
9．选择“背景”图层，在水体上单击，创建水面选区，如图5－4－20所示。
10．执行菜单命令“选择/存储选区”,在弹出的对话框中设置参数如图5－4－21所示。
11．单击“好”，将“水面“选区存储，按“Ctrl+D”取消选择。
12．选择素材文件的“水波”图层,将其拖入场景,调整大小和位置如图5－4－22所示。

图5—4—12 添加“树03”后的效果

图5—4—13 添加“树05”后的效果

图5—4—14 添加“樱花”后的效果

图5—4—15 添加“白雾”后的效果

图5—4—16 添加“树04”后的效果

图5—4—17 添加“树06”后的效果

图5—4—18 复制“樱花”后的效果

图5—4—19 选项栏设置

图5—4—20 创建的“水面”选区

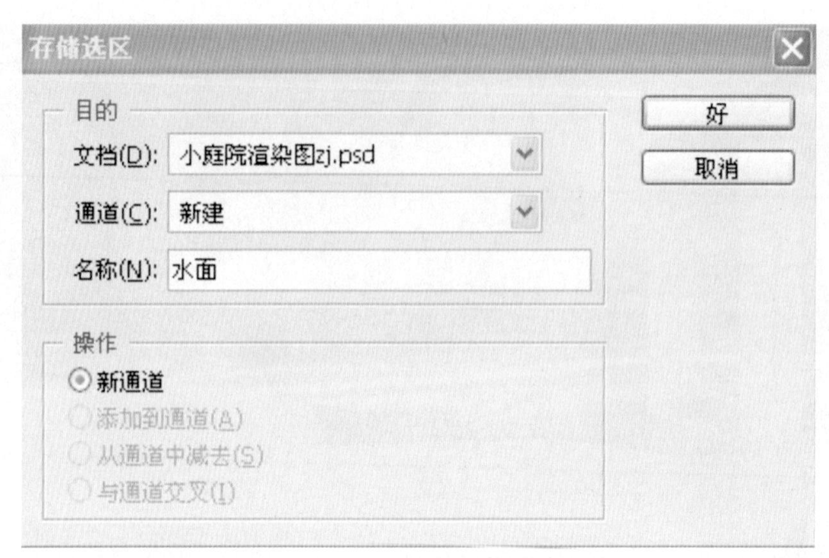

图5—4—21 【存储选区】对话框

图5—4—22 调整后的效果

13．执行菜单命令“选择 / 载入选区”，在弹出的对话框中设置参数如图 5 － 4 － 23 所示。

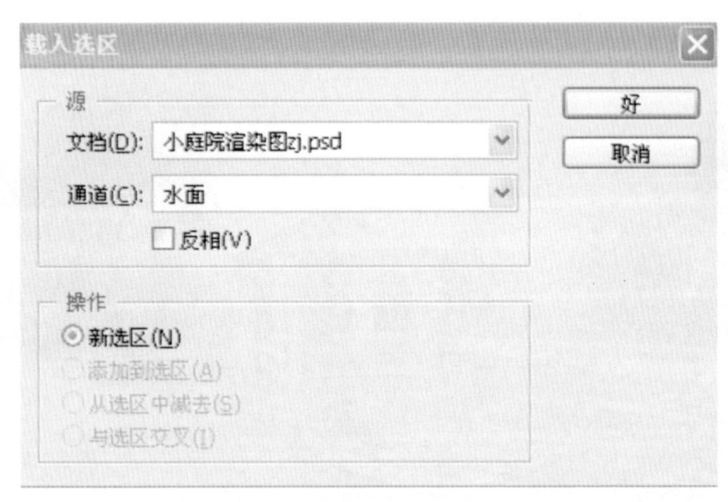

图5—4—23　【载入选区】对话框

14．单击“好”，效果如图 5 － 4 － 24 所示。

图5—4—24　载入选区后的效果

15．按键盘中的“Ctrl+Shift+I”，进行反选，再按 Delete 删除选区，将该图层的“不透明度”值设为 50%，效果如图 5 － 4 － 25 所示。

图5—4—25 添加“水波”后的效果

16. 选择工具箱中的“ ”魔棒工具，设置选项栏如图 5 － 4 － 26 所示。

图5—4—26 选项栏设置

17. 选择“背景”图层，在草地上单击，创建草地选区，如图 5 － 4 － 27 所示。

图5—4—27 创建的“草地”选区

18．执行菜单命令“选择 / 存储选区”，将“草地”选区存储，按“Ctrl+D”取消选择。
19．选择素材文件的“草地”图层，将其拖入场景，调整大小和位置如图 5 － 4 － 28 所示。

图5—4—28 调整后的效果

20．执行菜单命令“选择 / 载入选区”，将“草地”选区载入，按“Ctrl+Shift+I”，进行反选，再按 Delete，删除选区后的效果如图 5 － 4 － 29 所示。

图5—4—29 添加“草地”后的效果

21．选择素材文件的“人物”图层，将其拖入场景，调整大小和位置如图 5 － 4 － 30 所示。

图5—4—30 添加“人物”后的效果

22．选择素材文件的“树 01”图层，将其拖入场景，调整大小和位置如图 5 － 4 － 31 所示。

图5—4—31 添加“树01”后的效果

23．按“Ctrl+J”，将“树 01”复制一层，命名为“树 01 倒影”，按“Ctrl+T”，垂直翻转，调整位置如图 5 － 4 － 32 所示。

图5—4—32 调整后的效果

24．将“水面”选区载入，按“Ctrl+Shift+I”进行反选，再按 Delete 删除选区，最后将“树 01 倒影”图层的“不透明度”值设为 15%，效果如图 5 － 4 － 33 所示。

图5—4—33 制作“树01倒影”的效果

25. 再将“树 01”复制一层，命名为“树 01 阴影”，将“树 01 阴影”填充黑色，效果如图 5 － 4 － 34 所示。

图5—4—34 填充黑色后的效果

26. 按“Ctrl+D”取消选择，再按“Ctrl+T”，右键单击，选择“扭曲”，进行调整，调整后的效果如图 5 － 4 － 35 所示。

图5—4—35 调整后的效果

27．将“树 01 阴影”图层的“不透明度”值设为 50%。

28．执行菜单命令“滤镜 / 模糊 / 高斯模糊”，在弹出的对话框中设置参数如图 5 － 4 － 36 所示，效果如图 5 － 4 － 37 所示。

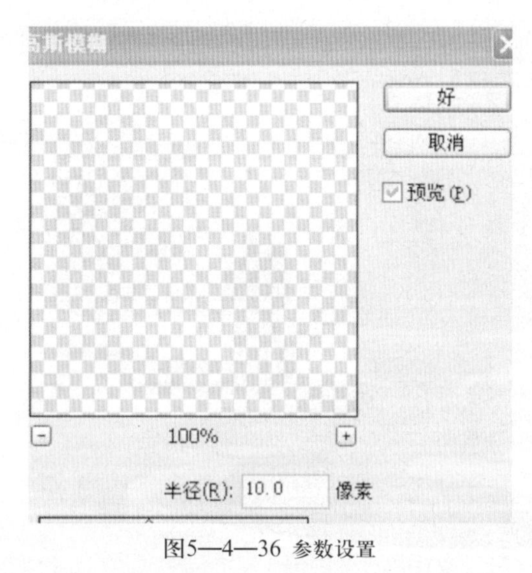

图5—4—36 参数设置

图5—4—37 “树01阴影”效果

三、制作近景

1．选择素材文件的“造型树”图层，将其拖入场景，调整大小和位置如图 5 － 4 － 38 所示。

图5—4—38 添加“造型树”后的效果

2．选择素材文件的“假山”图层，将其拖入场景，调整大小和位置如图 5 － 4 － 39 所示。

图5—4—39 添加“假山”后的效果

3. 选择素材文件的“花坛 02”图层,将其拖入场景,调整大小和位置如图 5 － 4 － 40 所示。

图5—4—40 添加“花坛02”后的效果

4．选择工具箱中的“ ”矩形选框工具,选择“花坛 02”,然后选择“ ”移动工具,按住“Alt+ 鼠标左键”拖动，将“花坛 02”在同一图层内复制 7 个，并根据透视关系调整花坛的大小，效果如图 5 － 4 － 41 所示。

图5—4—41 复制后的效果

5. 选择素材文件的“花坛 01”图层，将其拖入场景，调整大小和位置，并在同一图层内复制一个，效果如图 5 － 4 － 42 所示。

图5—4—42 添加“花坛01”的效果

6. 选择素材文件的“睡莲”图层，将其拖入场景，调整大小和位置如图 5 － 4 － 43 所示。

四、画面整体调整

1. 单击图层调板上的“ ”创建新图层按钮，新建一图层，命名为“阴影”，选择工具箱中“ ”矩形选框工具，创建如图 5 － 4 － 44 所示的选区。

2. 在工具箱中选择“ ”渐变按钮，设置选项栏中如图 5 － 4 － 45 所示。

3. 在选区内从下向上拉出一段渐变效果，并将该图层的“不透明度”设为 50%，效果如图 5 － 4 － 46 所示。

4. 执行菜单命令“图层 / 拼合图层”。

5. 执行菜单命令“滤镜 / 渲染 / 镜头光晕”，在弹出的对话框中，设置参数如图 5 － 4 － 47 所示。

6. 单击“好”，然后执行菜单命令“文件 / 存储为”，在弹出的对话框中，设置参数如图 5 － 4 － 48 所示。

7. 单击“保存”，在弹出的对话框中设置参数如图 5 － 4 － 49 所示。

8. 单击“确定”，这样就完成了整个制作。

图5—4—43 添加“睡莲”后的效果

图5—4—44 创建的选区

图5—4—45 选项栏设置

图5—4—46 添加“阴影”后的效果

图5—4—47 【镜头光晕】对话框

图5—4—48 【存储为】对话框

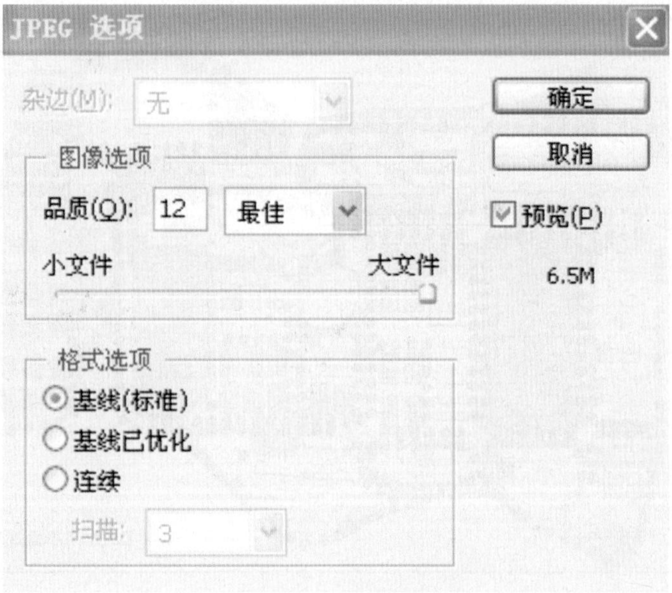

图5—4—49 参数设置

练习题

一、理论基础

1. Photoshop 中取消选择的快捷键是_____。
2. Photoshop 中填充前景色的快捷键是_____。
3. Photoshop 中对路径进行调整，依然是“ ”（钢笔工具）的使用状态，按下____键，钢笔工具可直接切换到直接选择工具；按下_____键，钢笔工具可直接切换到转换点工具。
4. 在二维线形的参数面板中勾选____项，二维线形就成为可渲染的管状物体。
5. 自我总结模块五中所使用命令的快捷键（绘制表格）。

二、实践操作

1. 题图 5 – 1 为“XXX 学院平面规划图”，请根据此图，完成以下实践操作：

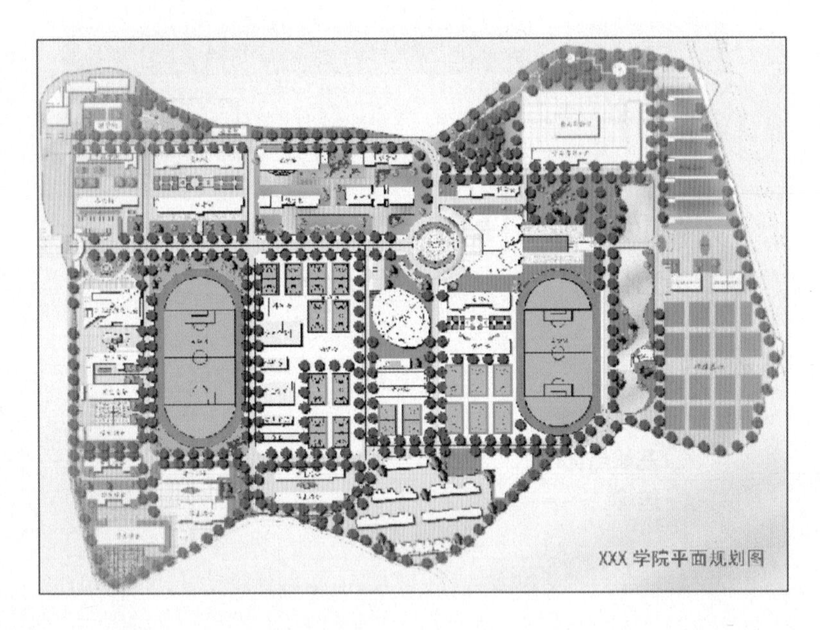

题图5—1 XXX学院平面规划图

(1) 运用 AutoCAD 软件根据“XXX 学院平面规划图 .jpg”绘制其 CAD 图。注：源文件在配套光盘课后习题文件夹模块五中。

提示：如何快捷有效地将自己喜欢的图形（图片、彩平图、扫描图）绘制成 CAD 图呢?这里有个小技巧可以提高效率，在此简单讲述一下。

- 在桌面上双击“ ”按钮，打开 AutoCAD 应用程序。
- 单击菜单栏中的【插入】下的【光栅图像】。在弹出的【选择图像文件】对话框（见题图 5 － 2）中找到光盘中课后习题文件夹中模块五中的“XXX 学院平面规划图 .jpg”。

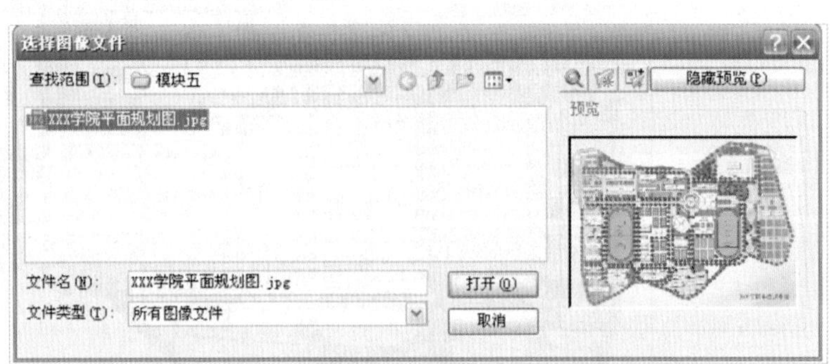

题图5—2　【选择图像文件】对话框

单击打开，这时弹出【图像】对话框，其设置如题图 5 － 3 所示，然后单击“确定”。

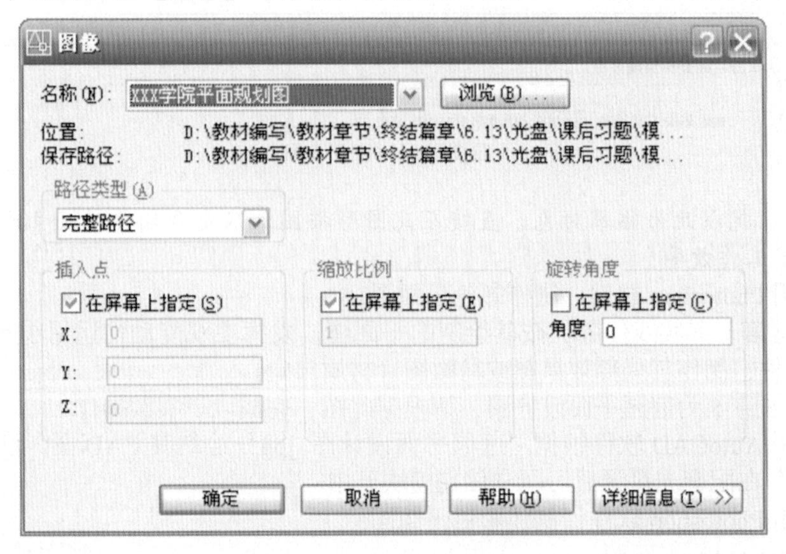

题图5—3　【图像】对话框设置

这时回到绘图窗口，命令行提示“指定插入点 <0，0>”，在屏幕上任意单击一点，这时命令行继续提示“指定缩放比例因子或 [单位 (U)] <1>”，默认情况下是不缩放，单击空格键或鼠标右键完成命令。这时会看到在绘图区域中出现了刚才插入的彩色平面图，如题图 5－4 所示。

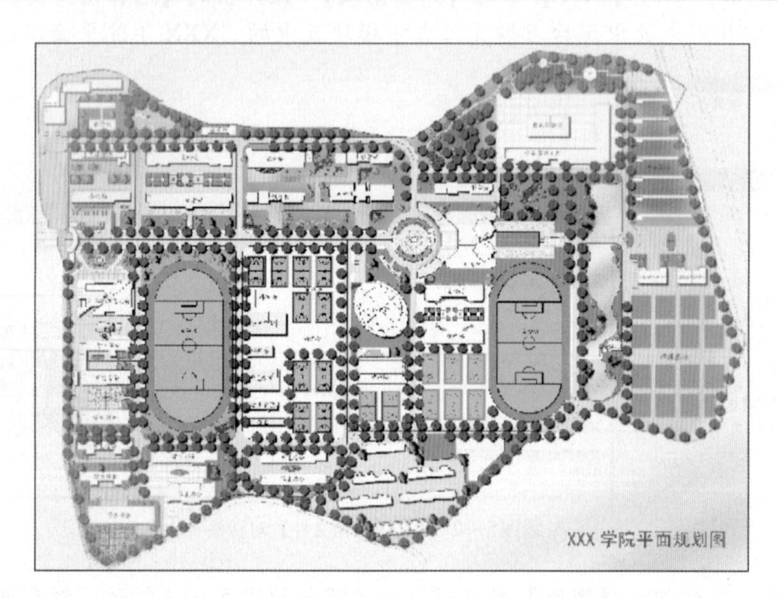

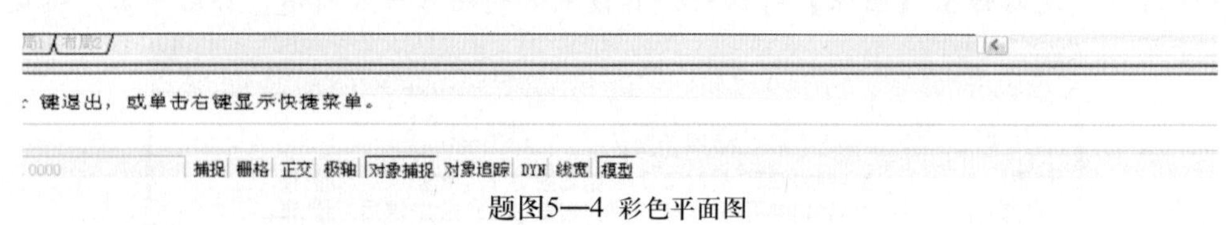

题图5—4 彩色平面图

● 接着，就以此为临摹对象，直接在此图形描图，只是后期要对尺寸比例进行调整。这大大提高了工作效率。

(2) 运用 Photoshop 软件，制作彩色平面图。

(3) 通过第一个实践任务，按其绘制的平面图，发挥主观能动性运用 3DS MAX 软件、Photoshop 软件，制作其局部效果图或鸟瞰图（材质自定）。

2．题图 5 － 5 为庭园平面设计图，请根据此图，完成以下实践操作：

(1) 运用 AutoCAD 软件根据“庭园平面设计图 .jpg”绘制其 CAD 图。注：“庭园平面设计图 .jpg”” 在配套光盘课后习题文件夹模块五中。

(2) 运用 Photoshop 软件，制作彩色平面图。

(3) 按照绘制的平面图，运用 3DS MAX 软件、Photoshop 软件，制作其局部效果图或鸟瞰图（材质自定）。

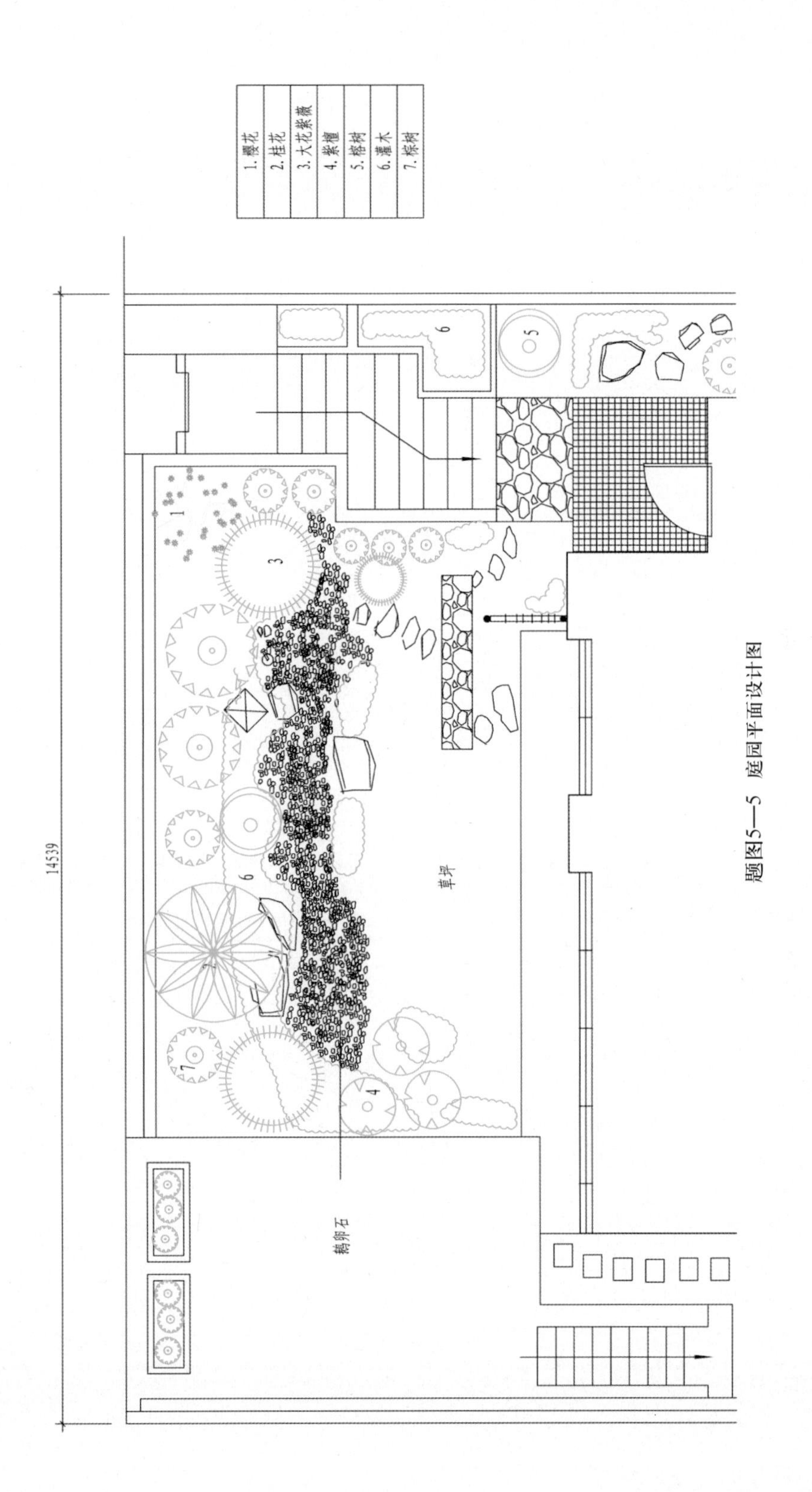

题图5—5　庭园平面设计图

模块六 欧式景观效果图的制作

任务一 制作欧式景观渲染图

任务目标

- 掌握【Bend】（弯曲）命令的使用
- 掌握【FFD（box）】[自由变形（长方体）]命令的使用

任务引入

使用 3DS MAX 软件制作欧式景观渲染图，效果如图 6 － 1 － 1 所示。

图6—1—1 欧式景观渲染图

任务分析

欧式景观渲染图的制作流程如图 6 － 1 － 2 所示。

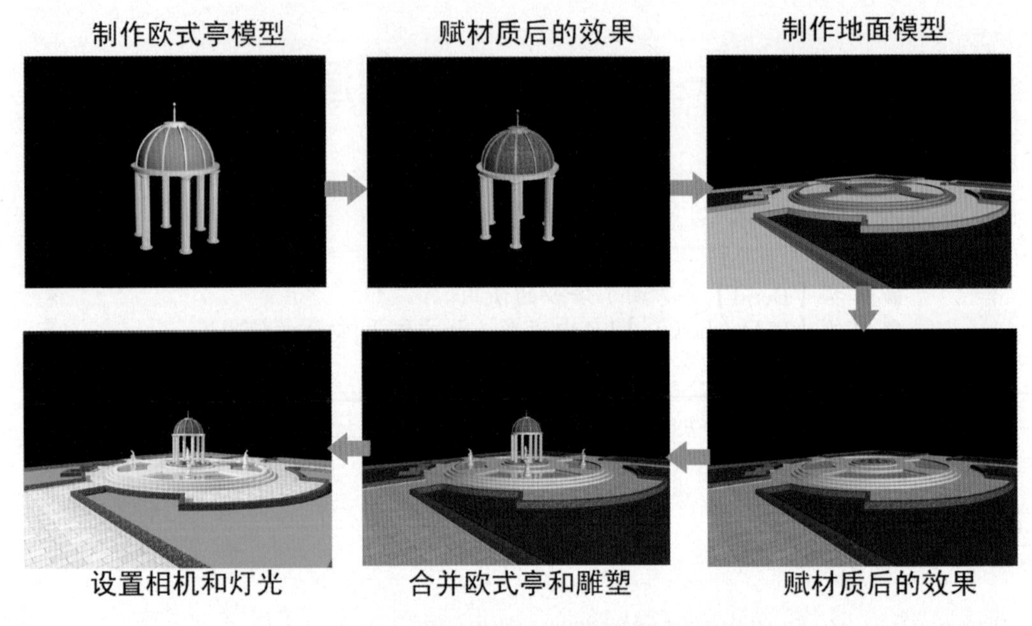

图6—1—2 欧式景观渲染图的制作流程图

首先在 3DS MAX 中制作欧式亭的模型及给模型赋上材质，顶模型制作用到了【Bend】（弯曲）命令、旋转关联复制、【FFD（box）】［自由变形（长方体）］命令，在使用【Bend】命令时，要对弯曲的对象在弯曲方向设置适当分段数，旋转关联复制时，要确定旋转复制的中心；石柱模型的制作用到了二维线形的布尔运算；材质的制作用到了【Map Scaler（WSM）】［贴图定标器（WSM）］命令。

然后制作欧式景观地面模型及给模型赋上材质，其中进行了将 CAD 地形图输入到 3DS MAX 场景中的操作，用到了“Extrude”（拉伸）命令。

再将欧式亭和雕塑模型合并到地面场景中，对场景进行整合，用到了【Merge】（合并）命令。

最后设置相机、灯光和渲染出图。创建一盏“Target Spot”（目标聚光灯）和一盏“Omni”（泛光灯）作为场景的主光源，使用“Skylight”（天光）来模拟天空光照亮场景；渲染图以 .tga 或 .tif 的格式保存，这两种格式带有通道。

任务实施

一、欧式亭模型的制作

1．制作欧式亭顶

（1）启动 3DS MAX 软件。

（2）重新设置系统。

（3）执行菜单栏中的【Customize】（自定义）/【Units Setup】（单位设置）命令，设置单位为“毫米”。

（4）依次单击“ / / Sphere ”（球体）按钮，在顶视图中创建球体。

（5）单击“ ”按钮，在【Parameters】（参数）卷展栏中设置参数，如图 6 － 1 － 3 所示。

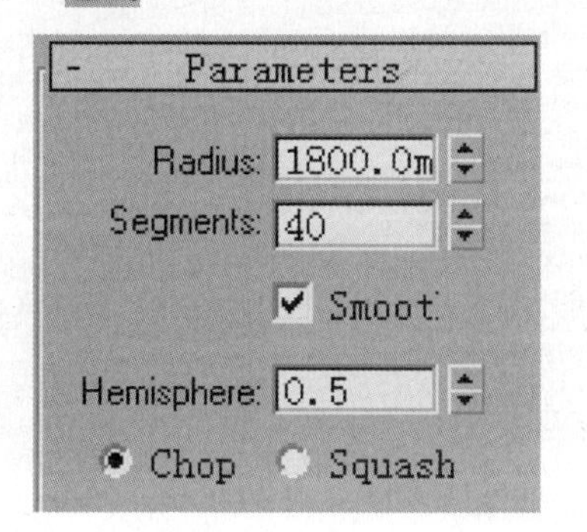

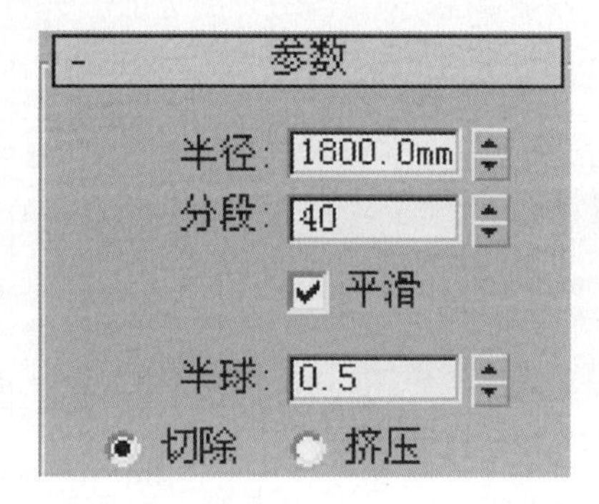

图6—1—3　【Parameters】（参数）卷展栏

（6）球体造型在视图中的形态如图 6 － 1 － 4 所示，将其命名为“半球顶”。

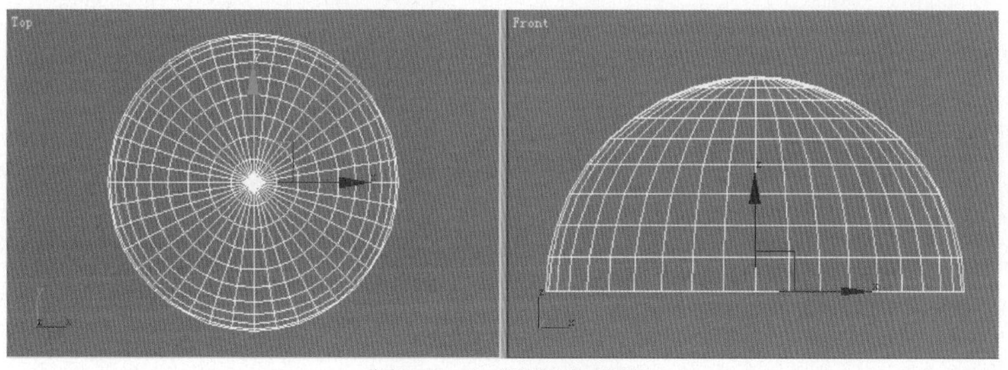

图6—1—4　“半球顶”造型

（7）依次单击“ / / Box ”（方体）按钮，在前视图中创建【Length】（长度）为 2 800 mm、【Width】（宽度）为 80 mm、【Height】（高度）为 75 mm、【Length Segs】（长度分段数）为 20 的方体，参数设置如图 6 － 1 － 5 所示。

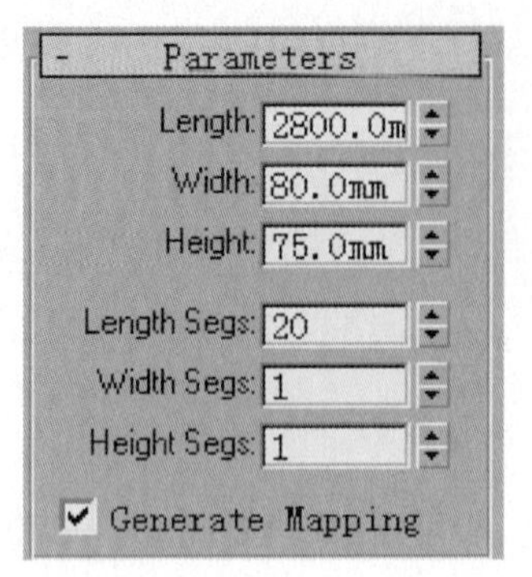

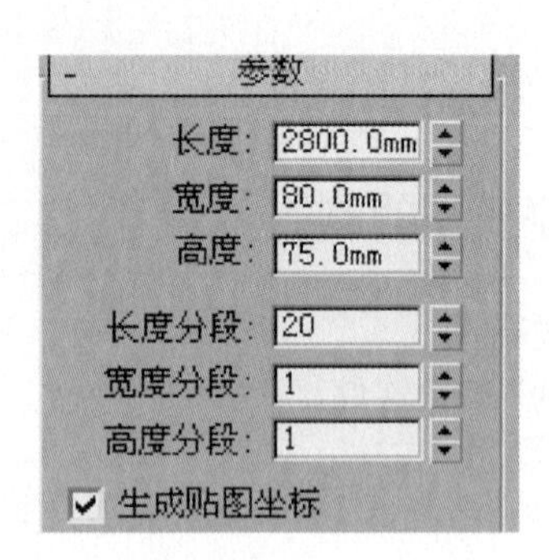

图6—1—5 【Parameters】（参数）卷展栏

（8）调整位置如图 6 － 1 － 6 所示。

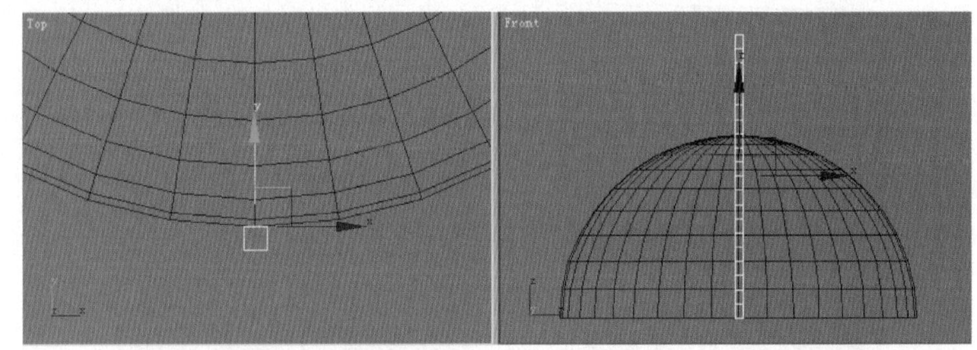

图6—1—6 创建的方体

（9）单击“”按钮，在【Modifier List】（修改器列表）下拉菜单中选择【Bend】（弯曲）命令，在【Parameters】（参数）卷展栏中设置参数，如图 6 － 1 － 7 所示。

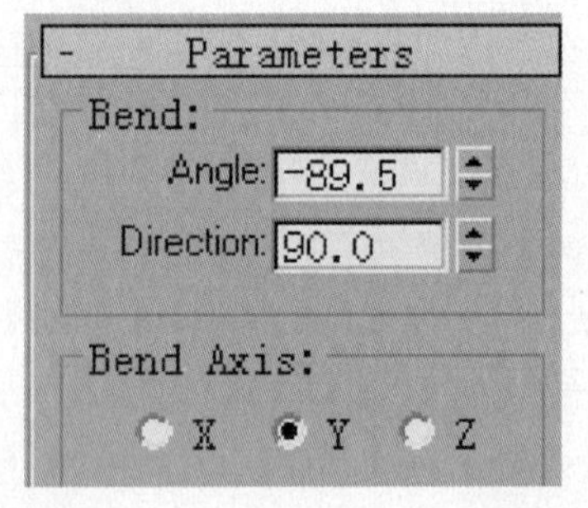

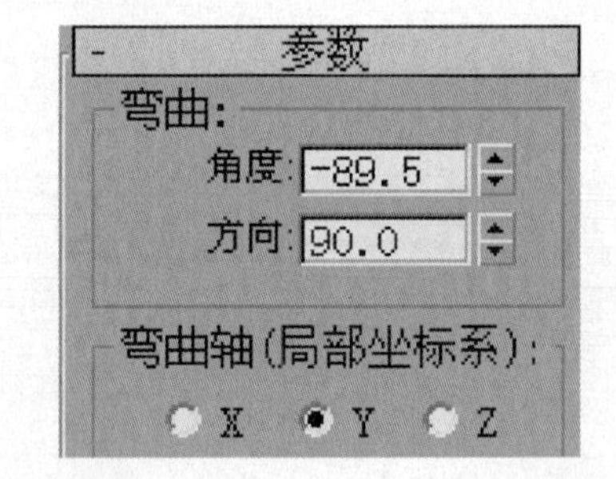

图6—1—7 参数设置

（10）弯曲后的形态及位置如图 6 － 1 － 8 所示。

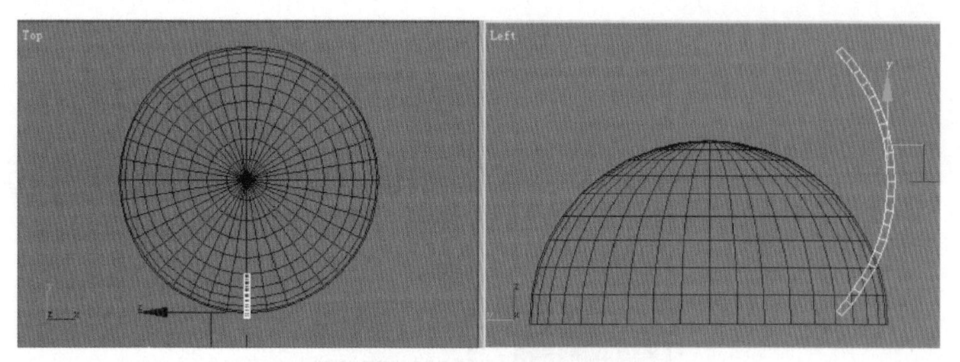

图6—1—8 弯曲后的形态

（11）在工具栏中单击“ ”（选择并旋转）按钮，在左视图中旋转方体，并用“ ”（选择并移动）工具，调整其位置，调整后的形态及位置如图 6 － 1 － 9 所示。

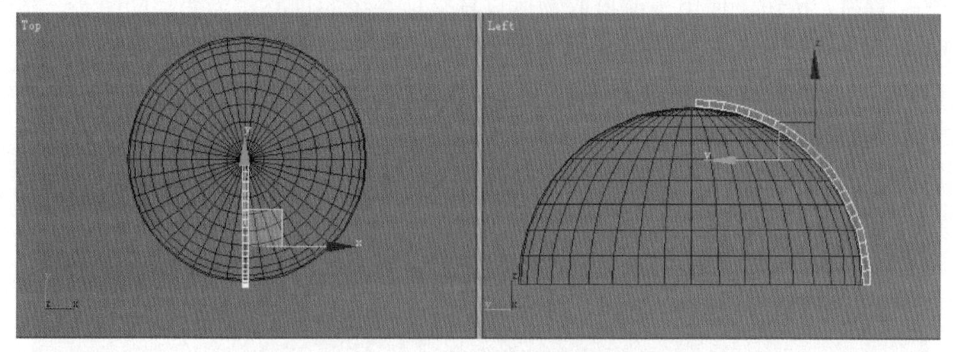

图6—1—9 调整位置后的效果

（12）激活工具栏中的“ ”按钮，并在其上右击，在弹出的【Grid and Snap Settings】（栅格和捕捉设置）对话框中设置参数，如图 6 － 1 － 10 所示。

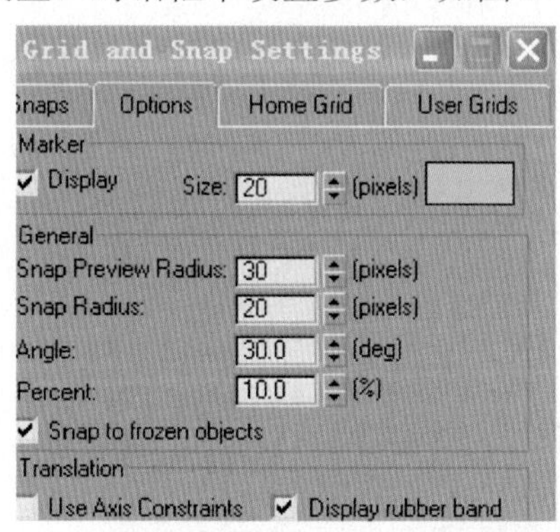

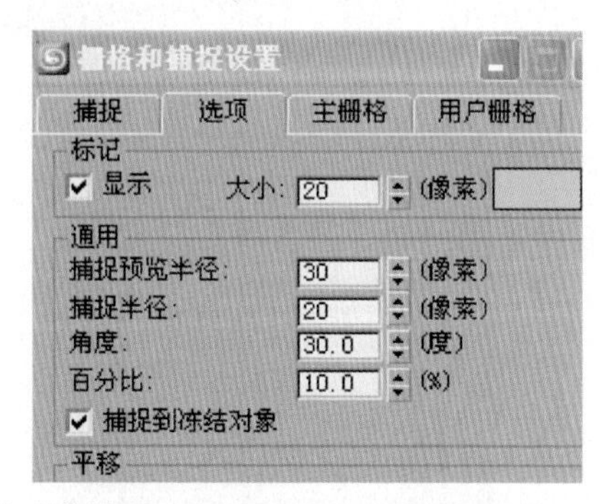

图6—1—10 参数设置

（13）顶视图中选择方体，单击工具栏中的“ ”按钮，在工具栏中的参考坐标系窗口中选择【Pick】（拾取）坐标系统，如图 6 － 1 － 11 所示。

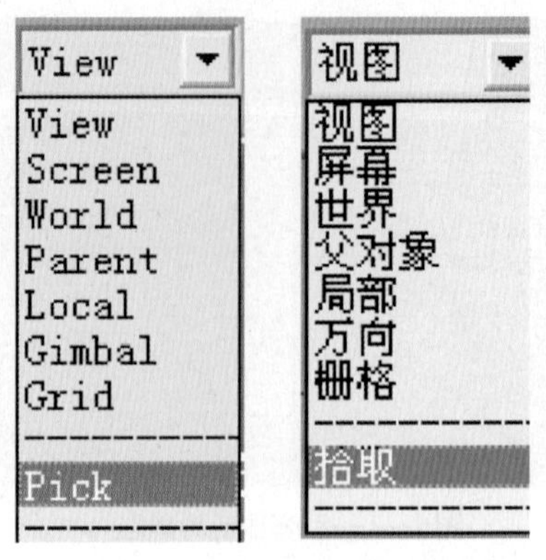

图6—1—11 参考坐标系窗口

（14）在顶视图中拾取“半球顶”，以“半球顶”的自身坐标系为当前坐标系，再单击工具栏中的“ ”按钮，使用当前拾取物体自身坐标系统的轴心作为变动的中心，按住键盘中的 Shift 键，将方体沿 *Z* 轴旋转关联复制 11 个，如图 6 － 1 － 12 所示。

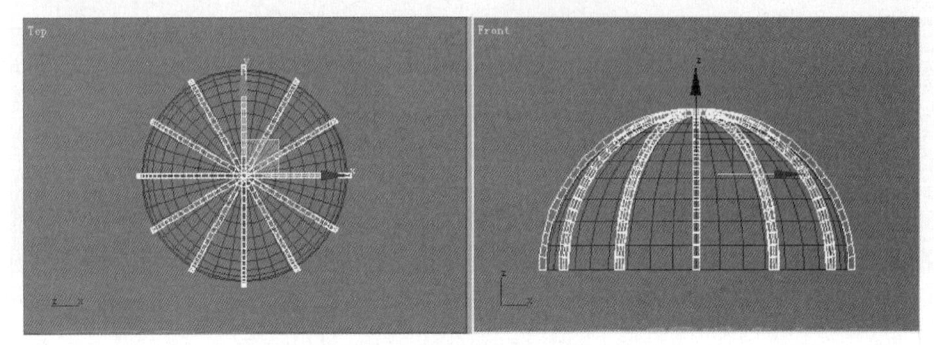

图6—1—12 旋转关联复制后的形态

（15）选择所有方体造型，将其成组，命名为“弧形顶”。

（16）依次单击“ / / Cylinder ”（圆柱）按钮，在顶视图中创建一个圆柱，参数设置如图 6 － 1 － 13 所示。

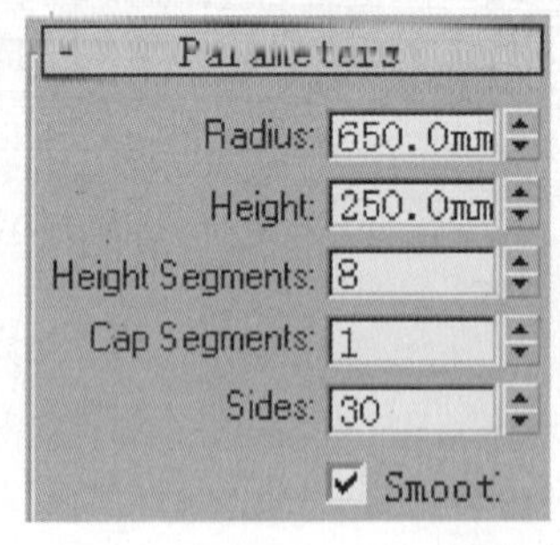

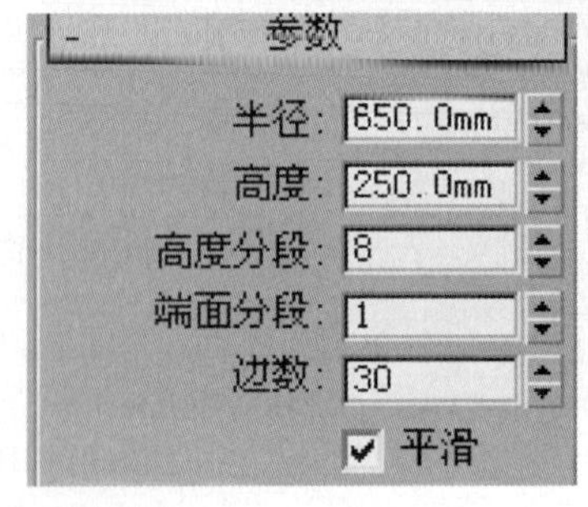

图6—1—13 参数设置

（17）调整其位置后如图 6 － 1 － 14 所示，将其命名为“顶 01”。

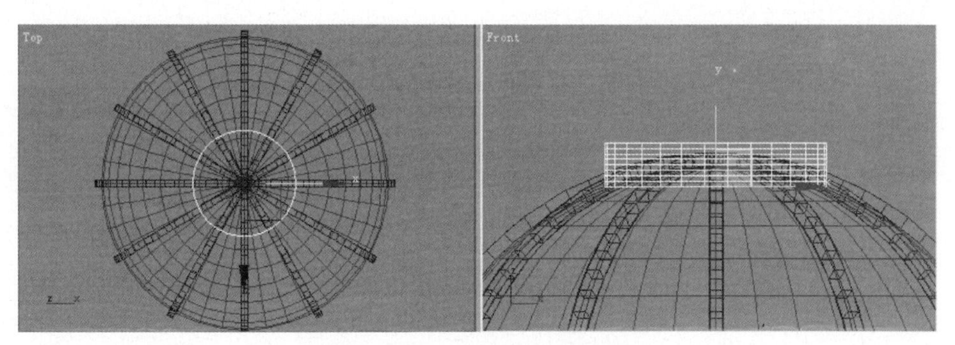

图6—1—14 创建的“顶01”圆柱

（18）单击“ ”按钮，在【Modifier List】（修改器列表）下拉菜单中选择【FFD（box）】[自由变形（长方体）]命令，在【FFD Parameters】（自由变形参数）卷展栏中，单击【Set Number of Points】（设置控制点数目）按钮，在弹出的对话框中设置参数，如图6－1－15所示。

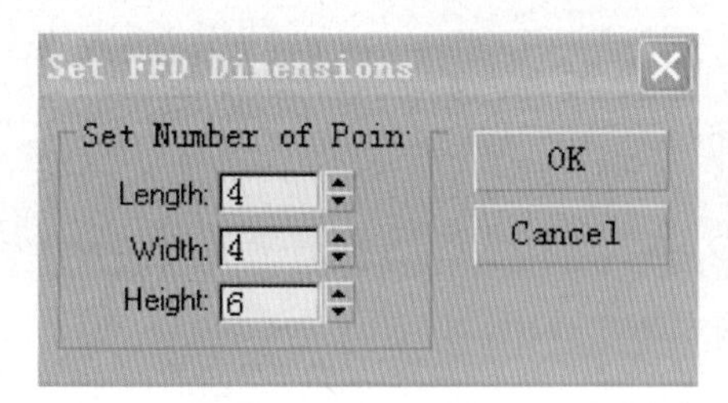

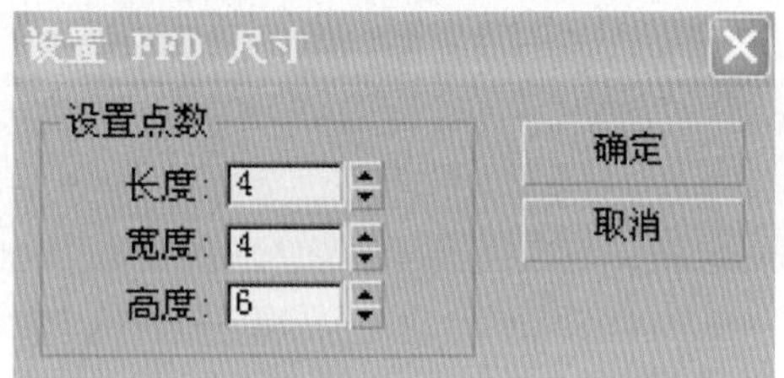

图6—1—15 参数设置

（19）在堆栈区中进入【Control Points】（控制点）次物体级，在前视图中选择顶点，再单击工具栏中的“ ”按钮，在前视图或顶视图中调整顶点的位置，调整后的效果如图6－1－16所示。

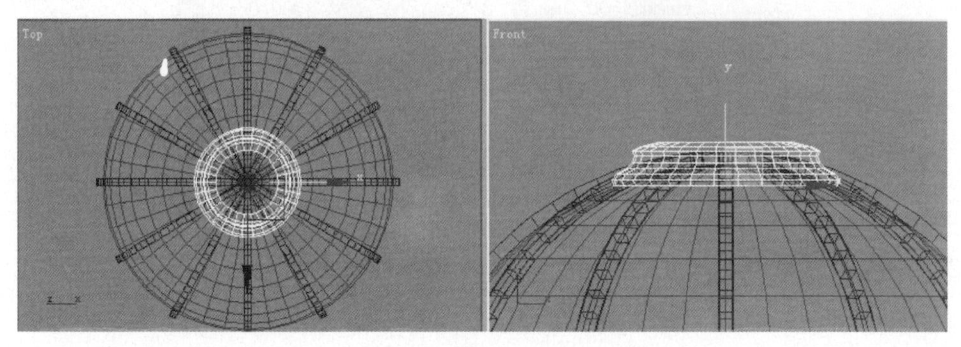

图6—1—16 调整后的形态

（20）依次单击“ / / Cylinder ”（圆柱）按钮，在顶视图中创建一个圆柱，参数设置如图6－1－17所示。

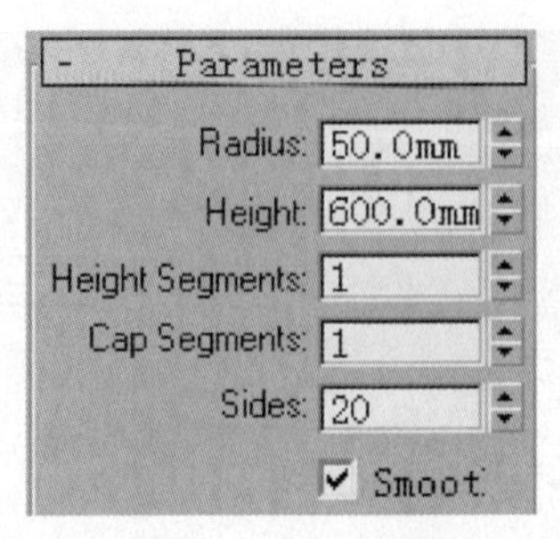

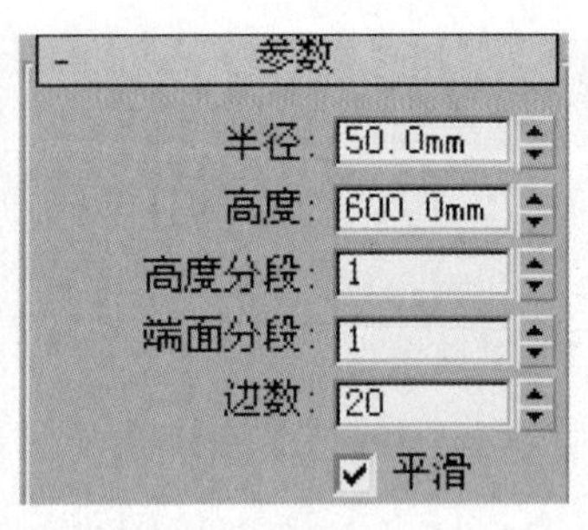

图6—1—17 参数设置

（21）调整位置如图 6 － 1 － 18 所示，将其命名为“顶 02”。

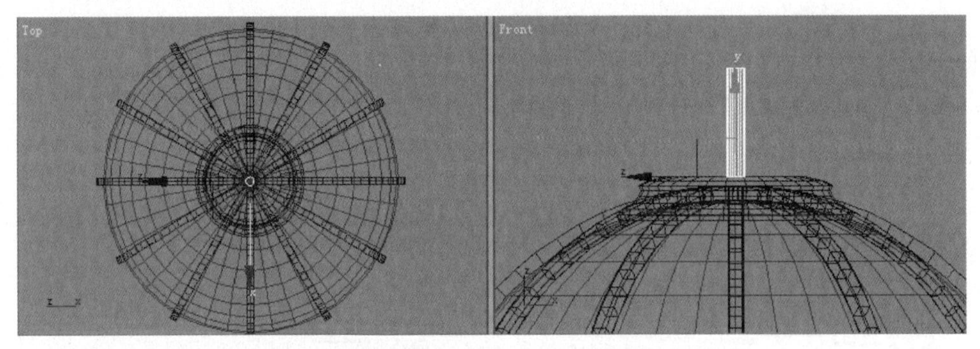

图6—1—18 创建的“顶02”圆柱

（22）依次单击“ / / Cylinder ”（圆柱）按钮，在顶视图中创建一个圆柱，参数设置如图 6 － 1 － 19 所示。

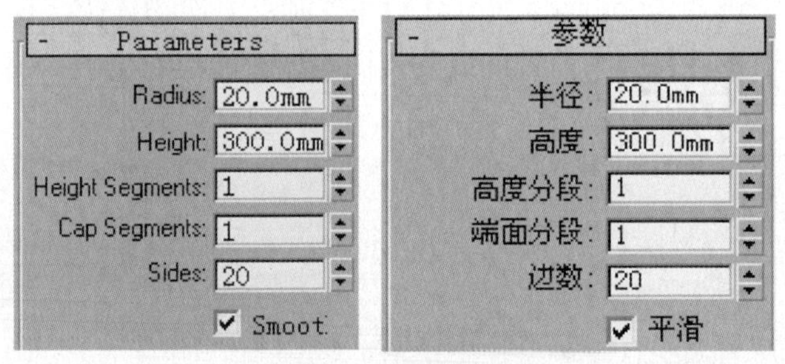

图6—1—19 参数设置

（23）调整位置如图 6 － 1 － 20 所示，将其命名为“顶 03”。

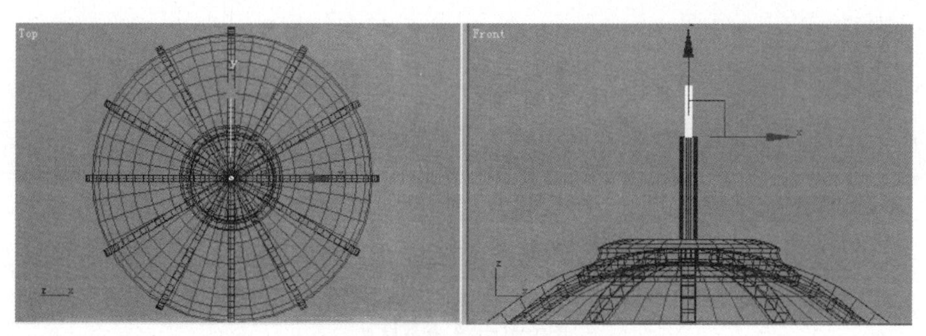

图6—1—20 创建的“顶03”圆柱

（24）依次单击“ / / Sphere ”（球体）按钮，在顶视图中创建一个球体，参数设置如图 6 － 1 － 21 所示。

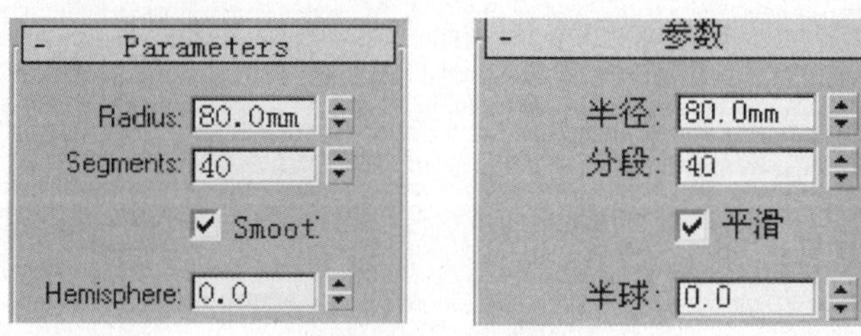

图6—1—21 参数设置

（25）调整位置如图 6 － 1 － 22 所示，将其命名为“顶 04”。

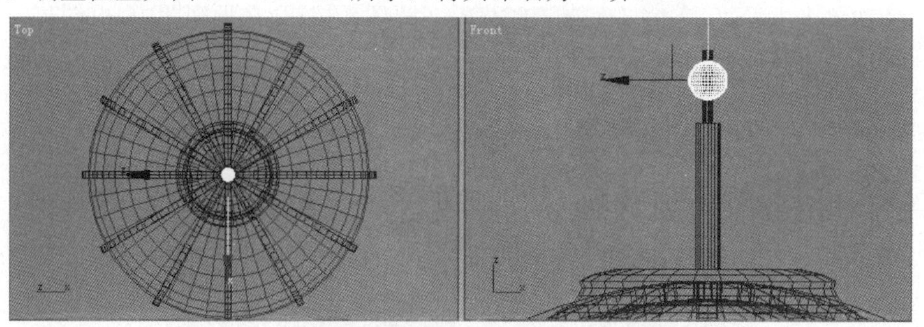

图6—1—22 创建的“顶04”球体

2．檐的制作

（1）依次单击“ / / Donut ”（圆环）按钮，在顶视图中，创建一个圆环，参数设置如图 6 － 1 － 23 所示。

（2）单击“ ”按钮，在【Modifier List】（修改器列表）下拉菜单中选择【Extrude】（拉伸）命令，在【Parameters】（参数）卷展

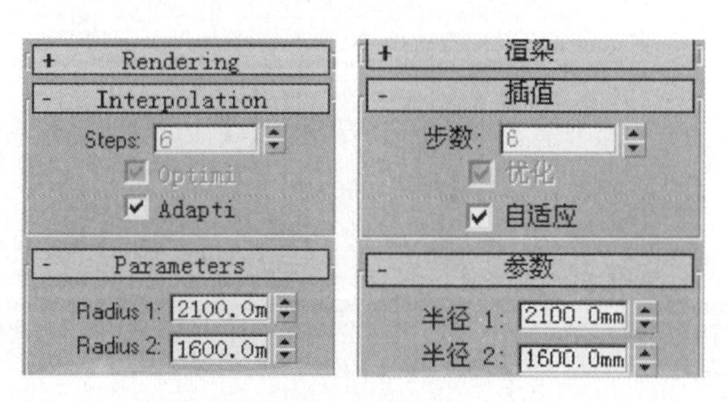

图6—1—23 参数设置

栏中设置【Amount】（数量）值为 120 mm，如图 6 — 1 — 24 所示。

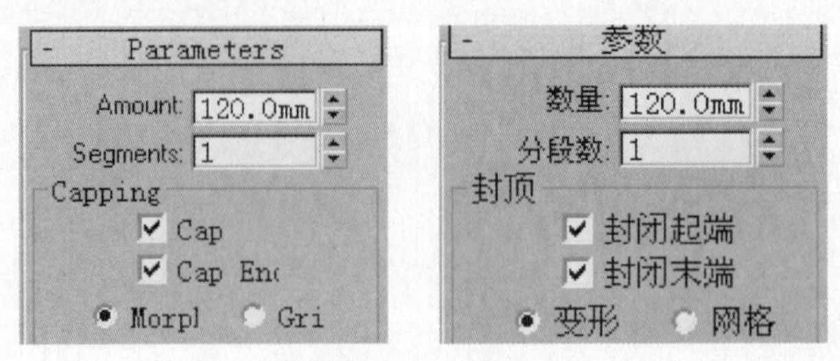

图6—1—24 参数设置

（3）拉伸后的形态及位置如图 6 — 1 — 25 所示，并将其命名为“檐 01”。

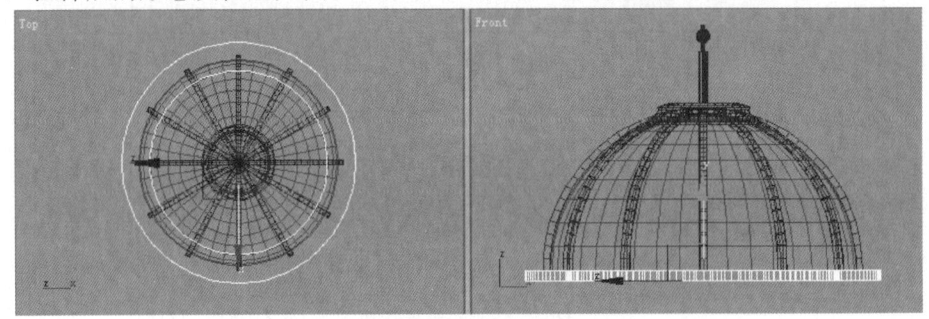

图6—1—25 拉伸后的形态

（4）依次单击“ / / Donut ”（圆环）按钮，在顶视图中，再创建一个圆环，参数设置如图 6 — 1 — 26 所示。

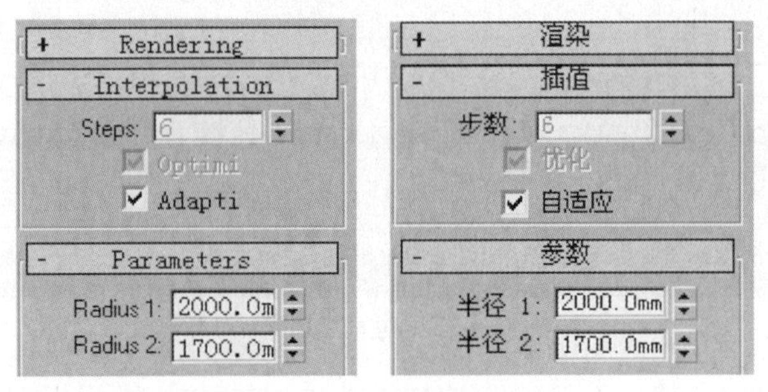

图6—1—26 参数设置

（5）单击“ ”按钮，在【Modifier List】（修改器列表）下拉菜单中选择【Extrude】（拉伸）命令，在【Parameters】（参数）卷展栏中设置【Amount】（数量）值为 100 mm，并将其命名为“檐 02”，拉伸后的形态及位置如图 6 — 1 — 27 所示。

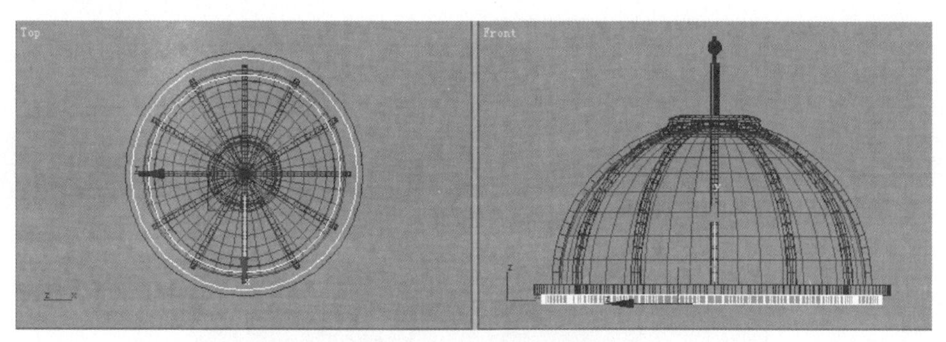

图6—1—27 拉伸后的形态

3．支柱的制作

（1）依次单击“ / / ChamferCyl”（倒角圆柱）按钮，在顶视图中创建一个倒角圆柱体，参数设置如图 6 － 1 － 28 所示。

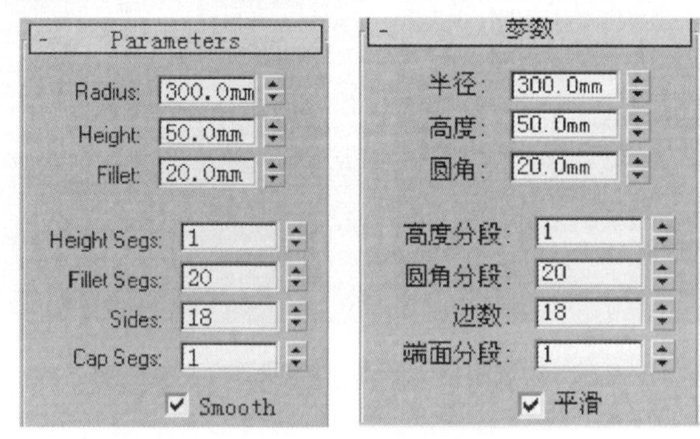

图6—1—28 参数设置

（2）调整位置如图 6 － 1 － 29 所示，将其命名为“石柱 01”。

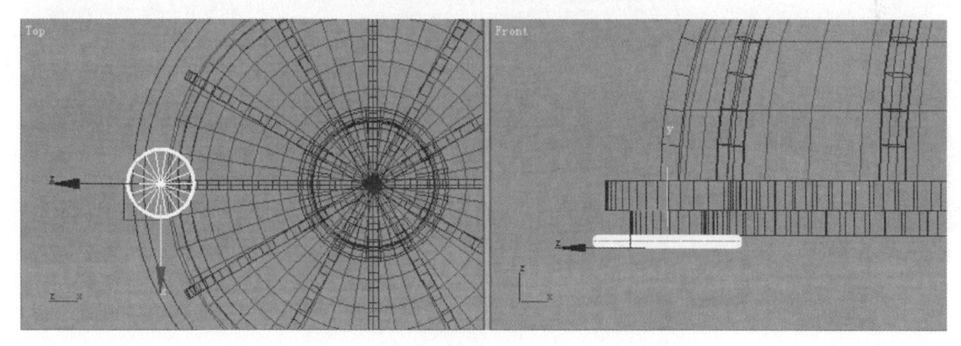

图6—1—29 创建的“石柱01” 倒角圆柱

（3）在前视图中，将“石柱 01”沿 *Y* 轴复制 2 个，并命名为石柱 02、03，分别将参数设置为如图 6 － 1 － 30 和图 6 － 1 － 31 所示。

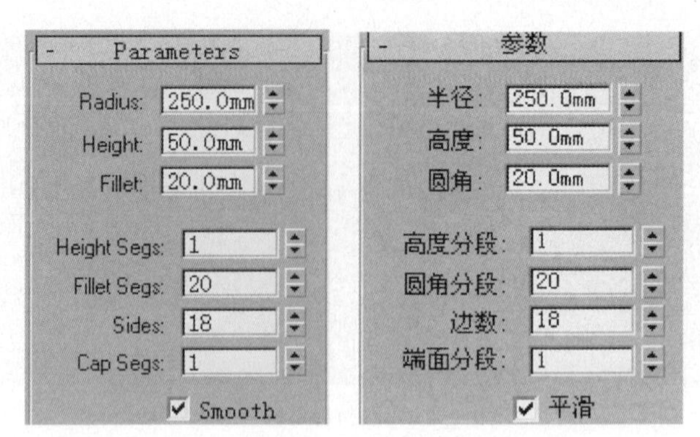

图6—1—30 参数设置

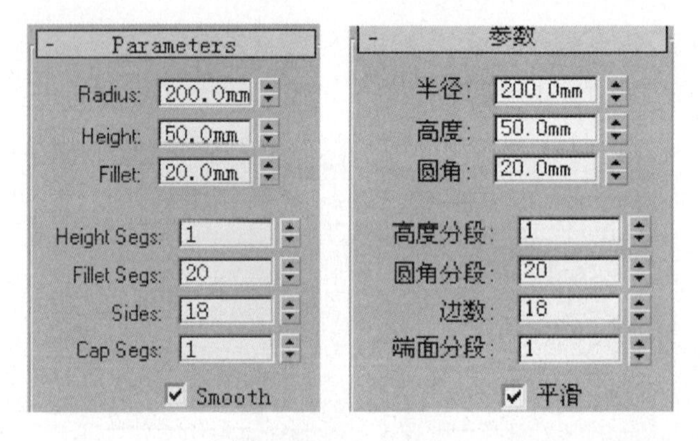

图6—1—31 参数设置

（4）调整位置如图 6 － 1 － 32 所示。

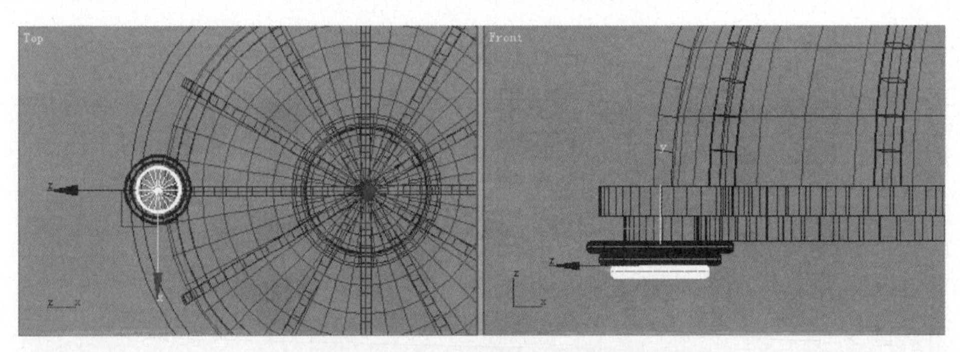

图6—1—32 调整后的形态

(5)依次单击“ / / Circle ”(圆)按钮,在顶视图中,创建两个圆,【Radius】（半径）分别为 200 mm 和 30 mm，调整位置如图 6 － 1 － 33 所示。

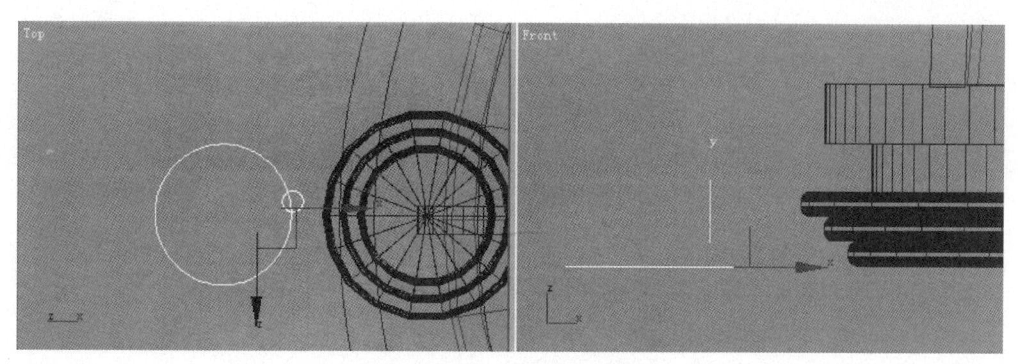

图6—1—33 创建的两个圆形

(6)激活工具栏中的“ ”按钮,并在其上右击,在弹出的【Grid and Snap Settings】(栅格和捕捉设置)对话框中设置【Angle】(角度)为40,在顶视图中选择小圆,单击工具栏中的“ ”按钮,在工具栏中的参考坐标系窗口中选择【Pick】(拾取)坐标系统,在顶视图中拾取大圆,再单击工具栏中的“ ”按钮,按住键盘中的Shift键,将小圆绕大圆旋转复制8个,效果如图6－1－34所示。

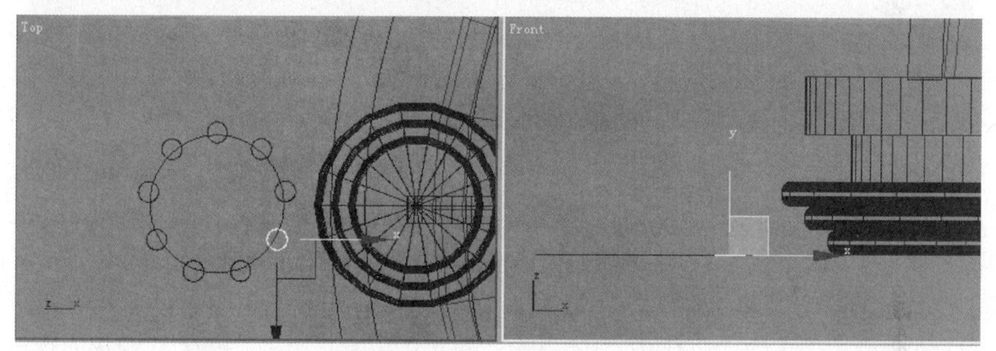

图6—1—34 小圆复制后的形态

(7)选择大圆,依次单击“ /Edit Spline”按钮,选择子对象Spline,在【Geometry】(几何体)卷展栏下单击【Attach Mult】按钮,在弹出的对话框中,选择所有的小圆,将大圆和所有小圆结合为一个对象,再选择大圆,在【Geometry】(几何体)卷展栏下选择“ ”(差集),再单击“Boolean”按钮,然后在顶视图中单击每一个小圆,效果如图6－1－35所示。

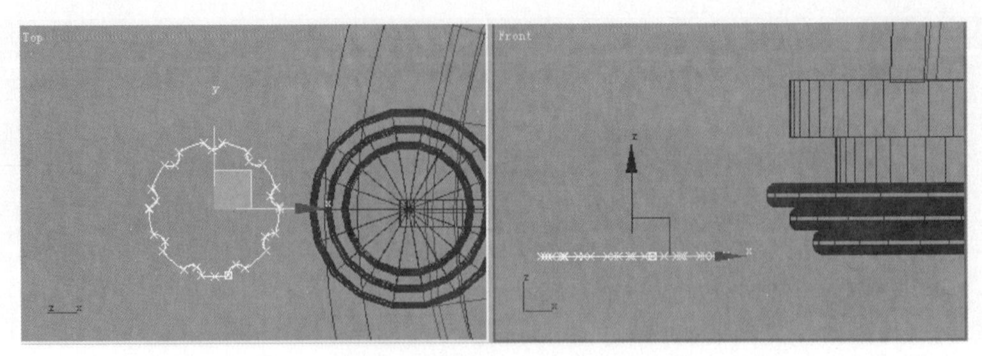

图6—1—35 布尔运算后的形态

（8）单击“ ”按钮，在【Modifier List】（修改器列表）下拉菜单中选择【Extrude】（拉伸）命令，在【Parameters】（参数）卷展栏中设置【Amount】（数量）值为3 000 mm，将其命名为“石柱04”，调整位置如图6－1－36所示。

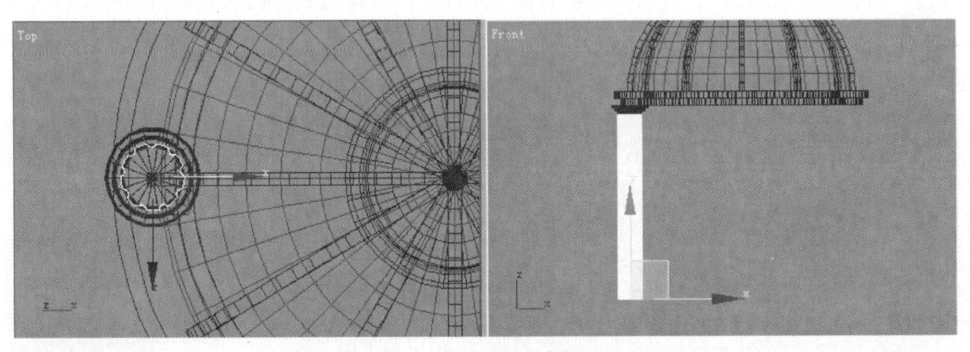

图6—1—36 创建的“石柱04”

（9）在前视图中选择“石柱01、02、03”，再单击工具栏中的“ ”（镜像）按钮，在弹出的对话框中设置参数如图6－1－37所示。

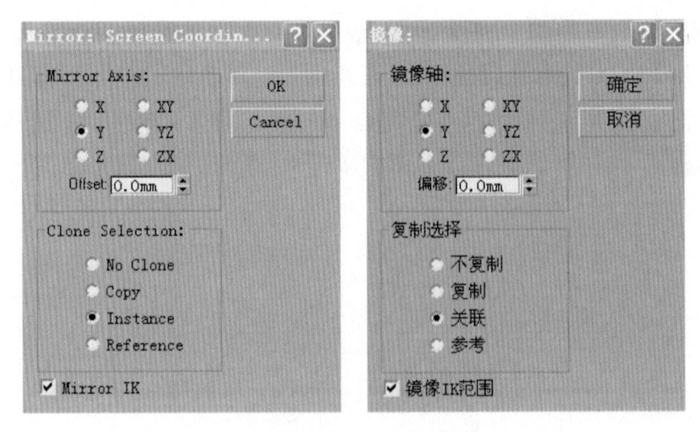

图6—1—37 参数设置

（10）调整位置如图 6 － 1 － 38 所示。

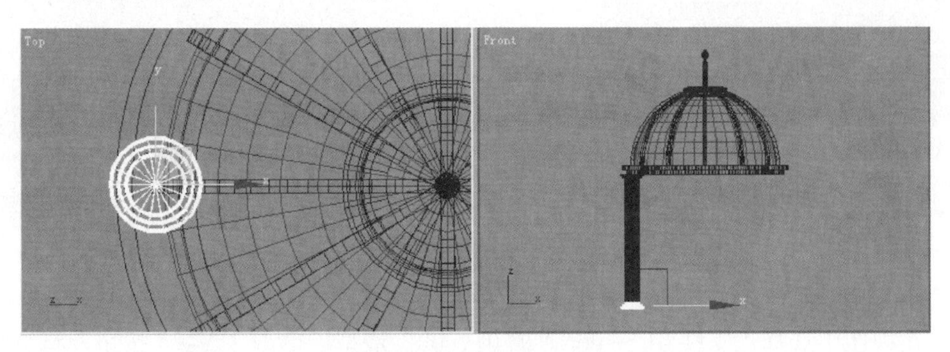

图6—1—38 调整后的形态

（11）选择所有石柱造型，将其成组，并命名为“支柱 01”。

（12）用前面介绍的方法，在顶视图中，将“支柱 01”旋转关联复制 5 个，分别命名为支柱 02、03、04、05、06，效果如图 6 － 1 － 39 所示。

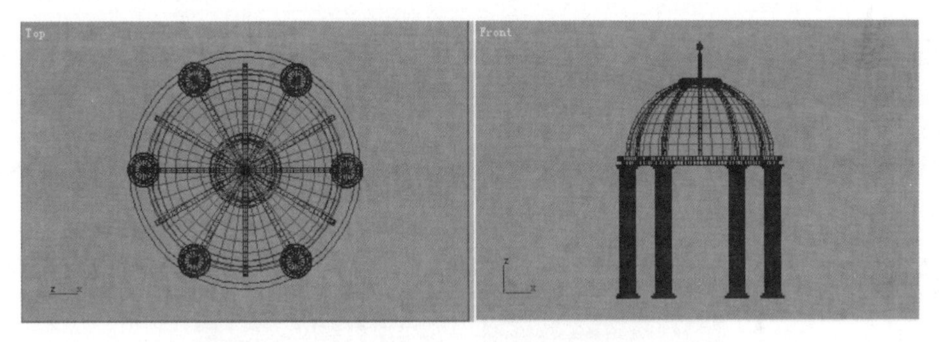

图6—1—39 旋转关联复制后的形态

4. 欧式亭材质的制作

（1）石材质的制作

1）单击工具栏上的“ ”按钮，在弹出【Material Editor】（材质编辑器）对话框中选择一个空白示例球，命名为“石材质”。

2）在【Blinn Basic Parameters】（胶性基本参数）卷展栏下单击【Diffuse】（表面色）右侧小按钮，在弹出的【Material/Map Browser】（材质 / 贴图浏览器）对话框中双击【Bitmap】（位图），打开本书配套光盘“贴图 / 模块六 / 珍珠白 .jpg”贴图文件，参数设置如图 6 － 1 － 40 所示。

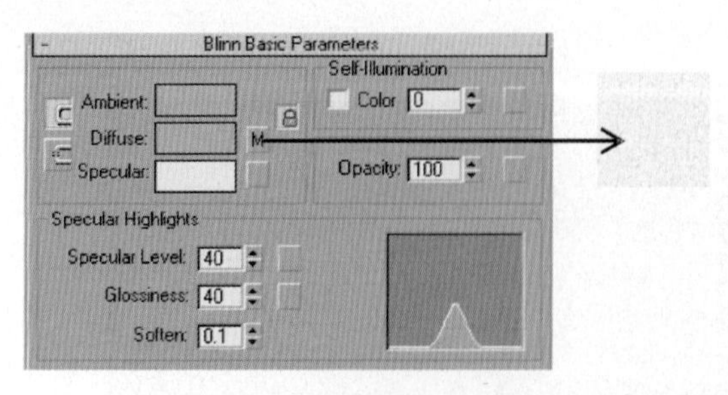

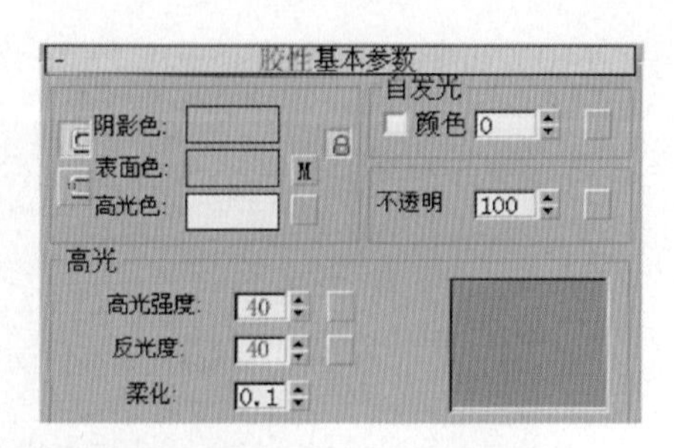

图6—1—40 【Blinn Basic Parameters】（胶性基本参数）卷展栏

3）在视图中选择“支柱 01 ～ 06”“檐 01、02”造型，单击“ ”按钮，将调配好的材质赋予选择的造型。

4）确认“檐 01、02”造型处于选中状态，单击“ ”按钮，在【Modifier List】（修改器列表）下拉菜单中选择【Map Scaler（WSM)】［贴图定标器（WSM）］命令，设置参数如图 6 － 1 － 41 所示。

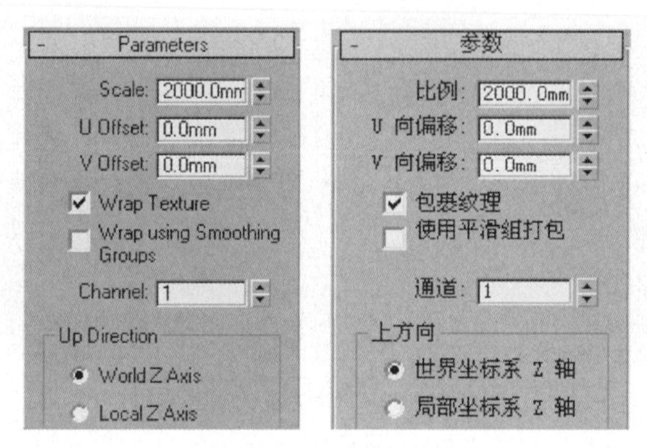

图6—1—41 参数设置

（2）瓦材质的制作

1）重新选择一个空白材质球，命名为“瓦材质”。

2）在【Blinn Basic Parameters】（胶性基本参数）卷展栏下单击【Diffuse】（表面色）右侧小按钮，在弹出的【Material/Map Browser】（材质 / 贴图浏览器）对话框中双击【Bitmap】（位图），打开本书配套光盘“贴图 / 模块六 / 瓦 . jpg”贴图文件，如图 6 － 1 － 42 所示。

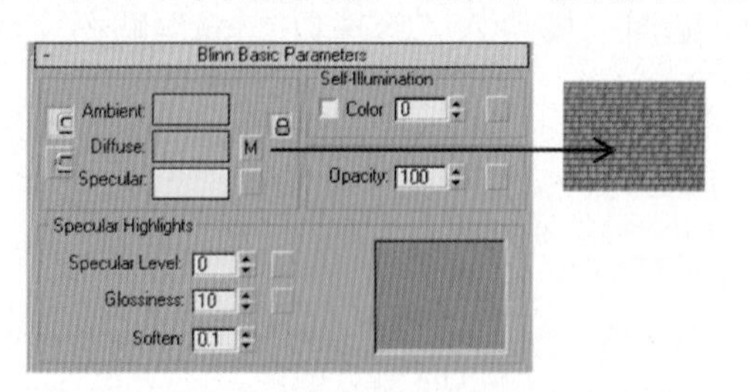

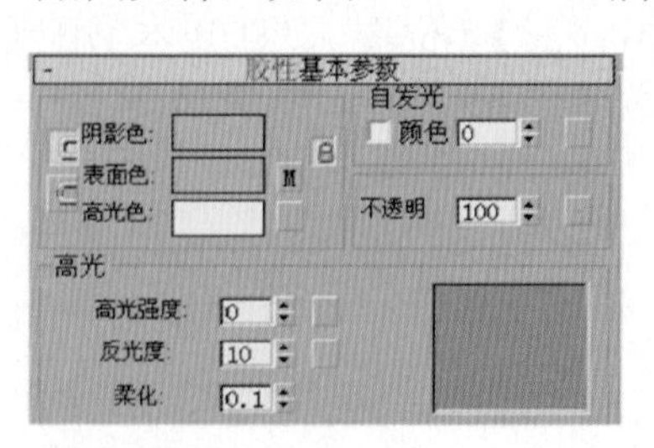

图6—1—42 【Blinn Basic Parameters】（胶性基本参数）卷展栏

3）在视图中选择“半球顶”造型，单击“ ”按钮，将调配好的材质赋予选择的造型。

4）确认“半球顶”造型处于选中状态，单击“ ”按钮，在【Modifier List】（修改器列表）下拉菜单中选择【Map Scaler（WSM）】［贴图定标器（WSM）］命令，设置参数如图 6 － 1 － 43 所示。

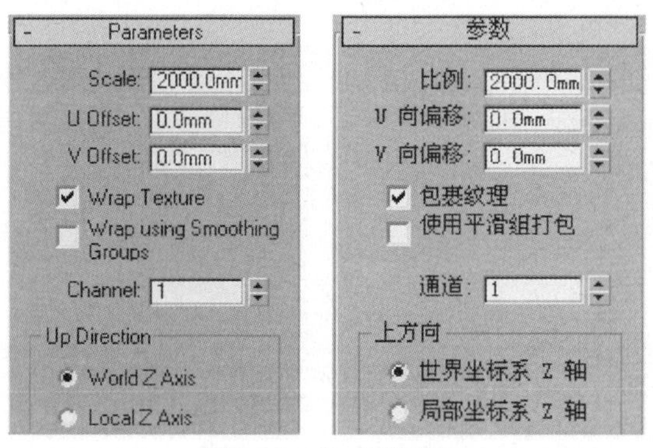

图6—1—43 参数设置

（3）金属材质的制作

1）重新选择一个空白材质球，命名为“金属材质”。

2）在【Blinn Basic Parameters】（胶性基本参数）卷展栏下单击【Diffuse】（表面色）右侧小按钮，在弹出的【Material/Map Browser】（材质 / 贴图浏览器）对话框中双击【Bitmap】（位图），打开本书配套光盘“贴图 / 模块六 / 金属 . jpg”贴图文件，参数设置如图 6 － 1 － 44 所示。

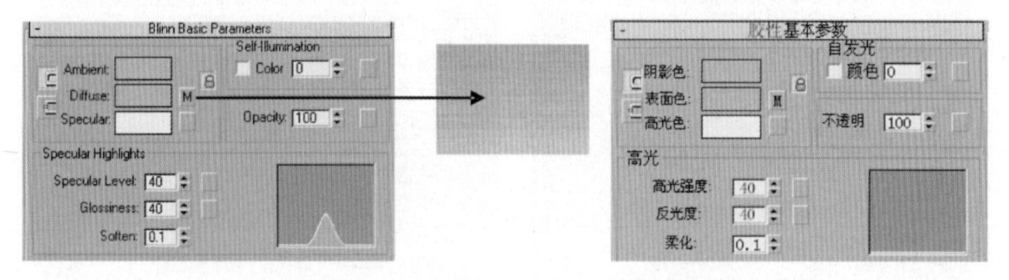

图6—1—44 【Blinn Basic Parameters】（胶性基本参数）卷展栏

3）在视图中选择“弧形顶”“顶 01 ～ 04”造型，单击“ ”按钮，将调配好的材质赋予选择的造型。

5．保存文件

执行菜单栏中的【File】（文件）/【Save】（保存）命令，将场景文件存为“欧式亭 . max”。

二、欧式景观地形的制作

1．欧式景观地形的制作

（1）重新设置系统。

（2）执行菜单栏中的【Customize】（自定义）/【Units Setup】（单位设置）命令，设置单位为“毫米”。

（3）执行菜单栏【File】（文件）/【Import】（导入）命令，在弹出的【Select File to Import】（选择要导入的文件）对话框中选择本书光盘“CAD 平面图 / 模块六 / 欧式景观地形 . dwg”文件，如图 6 － 1 － 45 所示。

图6—1—45 【Select File to Import】（选择要导入的文件）对话框

（4）单击“ 打开(O) ”按钮，在弹出的对话框中设置参数，如图 6 － 1 － 46 所示。

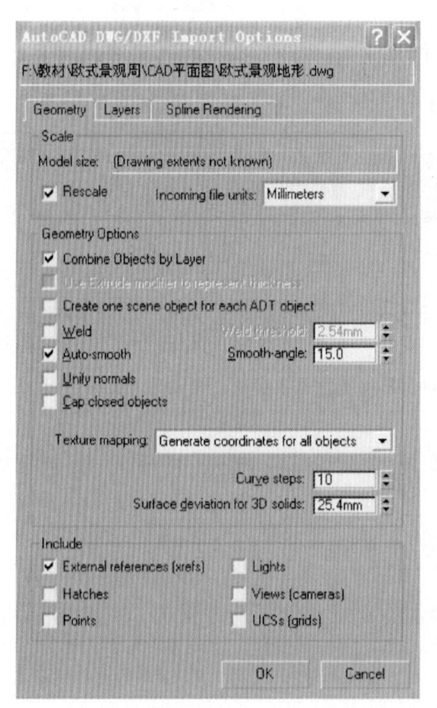

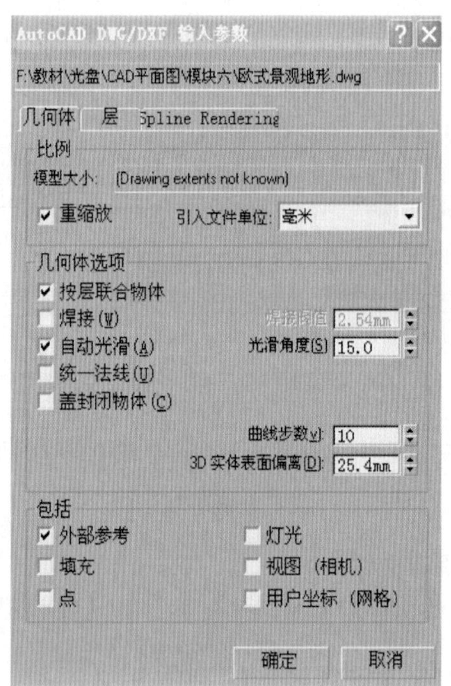

图6—1—46 参数设置

（5）单击“OK”（确定）按钮，将“欧式景观地形.dwg”文件导入场景中，其形态如图 6 — 1 — 47 所示。

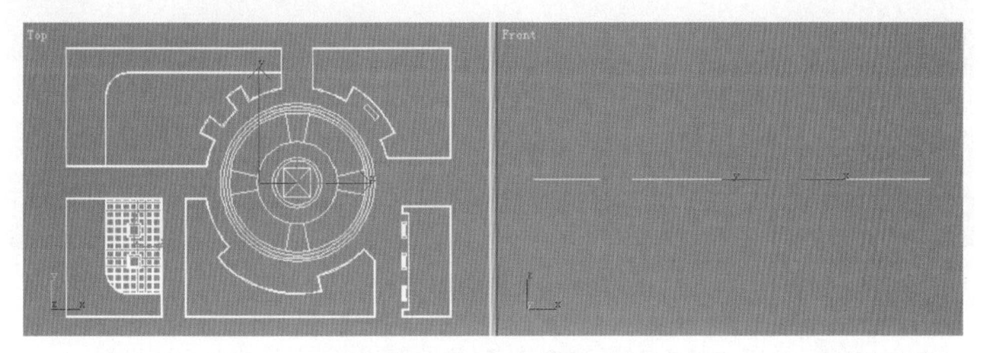

图6—1—47 导入后的形态

（6）选择导入的对象，右键单击，选择“Freeze Selected”（冻结选择物体）按钮，将导入的对象冻结，其形态如图 6 — 1 — 48 所示。

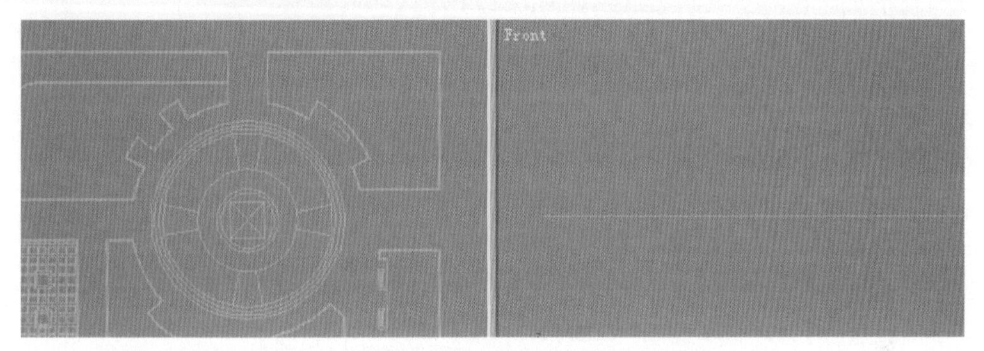

图6—1—48 冻结后的形态

（7）在命令面板上，依次单击“ / / Circle ”（圆形）按钮，在顶视图中，创建一个【Radius】（半径）为 10 000 mm 的圆形，参数设置如图 6 — 1 — 49 所示，调整其位置如图 6 — 1 — 50 所示。

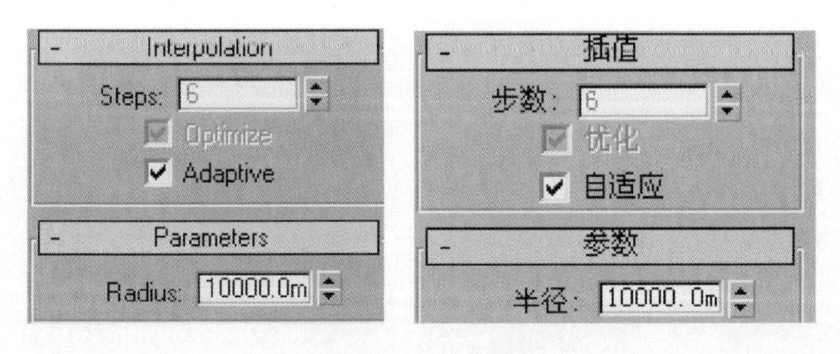

图6—1—49 参数设置

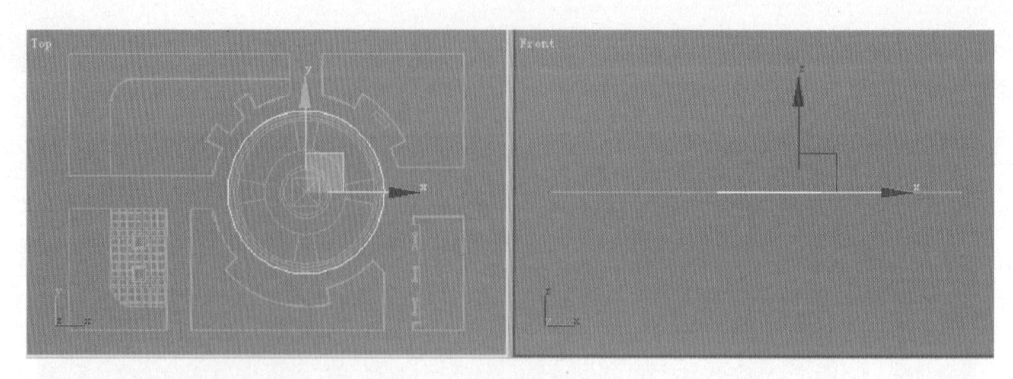

图6—1—50 创建的圆形

（8）单击“ ”按钮，在【Modifier List】（修改器列表）下拉菜单中选择【Extrude】（拉伸）命令，在【Parameters】（参数）卷展栏中设置【Amount】（数量）值为200，命名为“台阶01”，如图6－1－51所示。

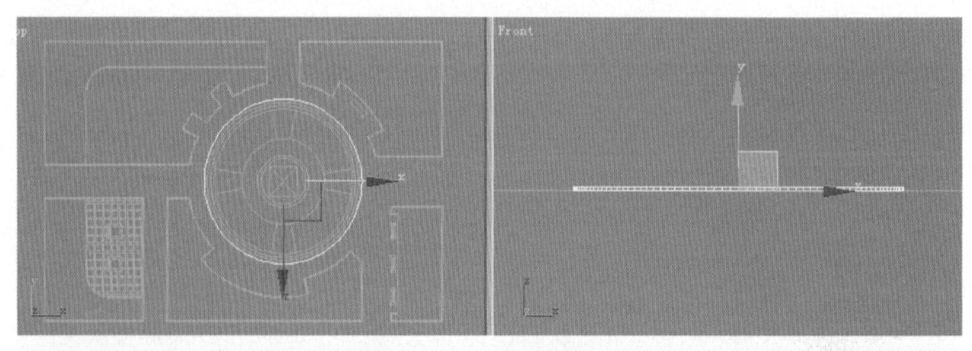

图6—1—51 拉伸后的形态

（9）依次单击“ / / Circle ”（圆形）按钮，在顶视图中，创建一个【Radius】（半径）为9 600 mm的圆形，单击“ ”按钮，在【Modifier List】（修改器列表）下拉菜单中选择【Extrude】（拉伸）命令，在【Parameters】（参数）卷展栏中设置【Amount】（数量）值为200，命名为“台阶02”，调整位置如图6－1－52所示。

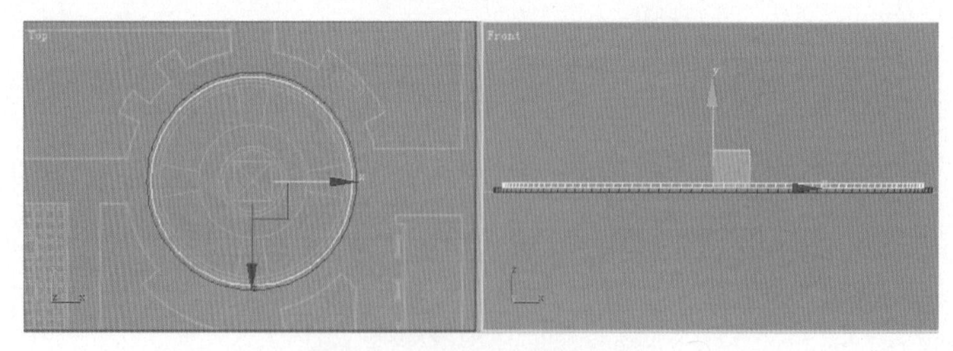

图6—1—52 创建的“台阶02”造型

（10）依次单击“ / / Circle ”（圆形）按钮，在顶视图中，创建一个【Radius】（半径）为 9 200 mm 的圆形，调整位置如图 6 － 1 － 53 所示。

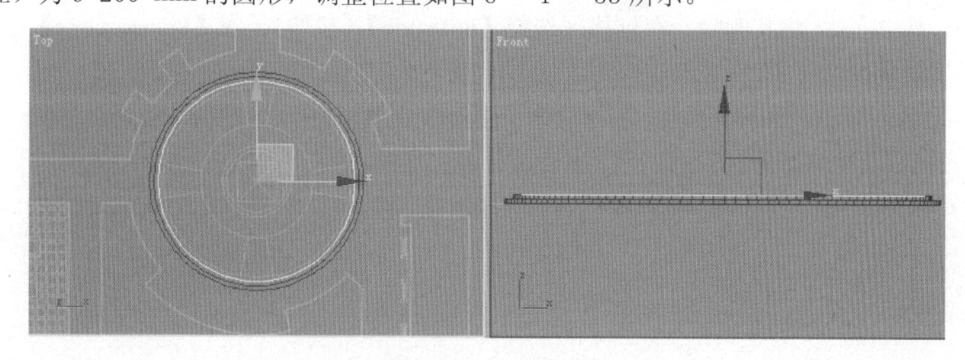

图6—1—53 创建的圆形

（11）单击“ ”，在【Modifier List】（修改器列表）下拉菜单中选择【Edit Spline】（样条编辑器）按钮，选择子对象 Spline，在【Geometry】（几何体）卷展栏下设置【Outline】（轮廓）值为 400，轮廓后的效果如图 6 － 1 － 54 所示。

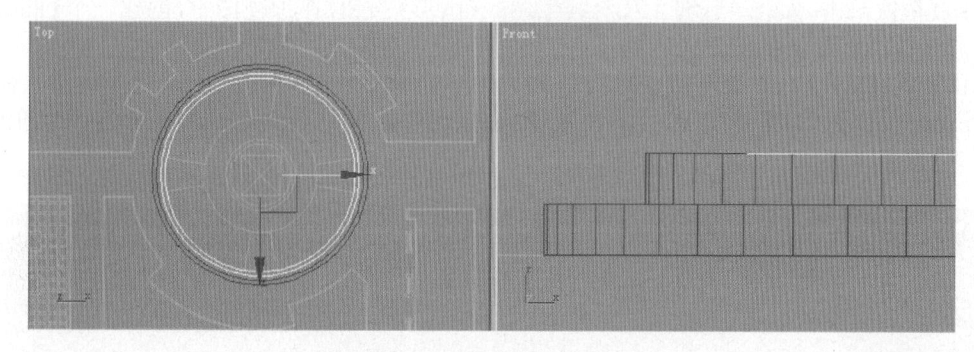

图6—1—54 轮廓后的形态

（12）在【Modifier List】（修改器列表）下拉菜单中选择【Extrude】（拉伸）命令，在【Parameters】（参数）卷展栏中设置【Amount】（数量）值为 200，命名为“台阶 03”，效果如图 6 － 1 － 55 所示。

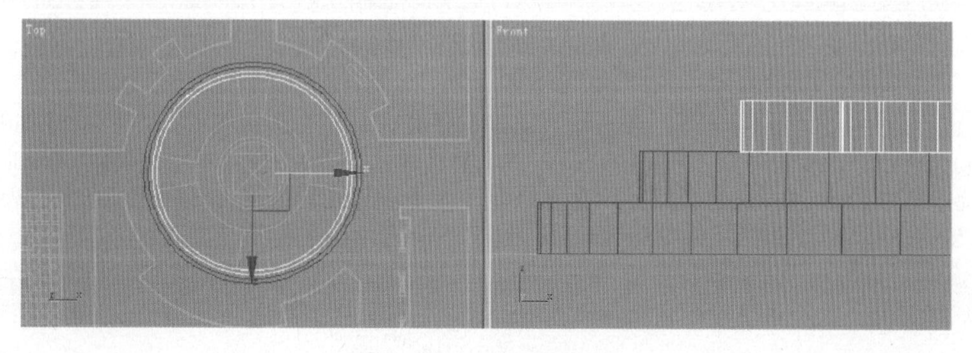

图6—1—55 拉伸后的形态

（13）选择“台阶 03”，按“Ctrl+V”，将“台阶 03”在原位置复制一个，命名为“水体”。

（14）选择“水体”，单击“ ”，在堆栈区选择子对象 Spline，在顶视图中选择外面一个圆，按 Delete 将其删除，在堆栈区选择【Extrude】（拉伸），在【Parameters】（参数）卷展栏中将【Amount】（数量）值改为 50，效果如图 6 － 1 － 56 所示。

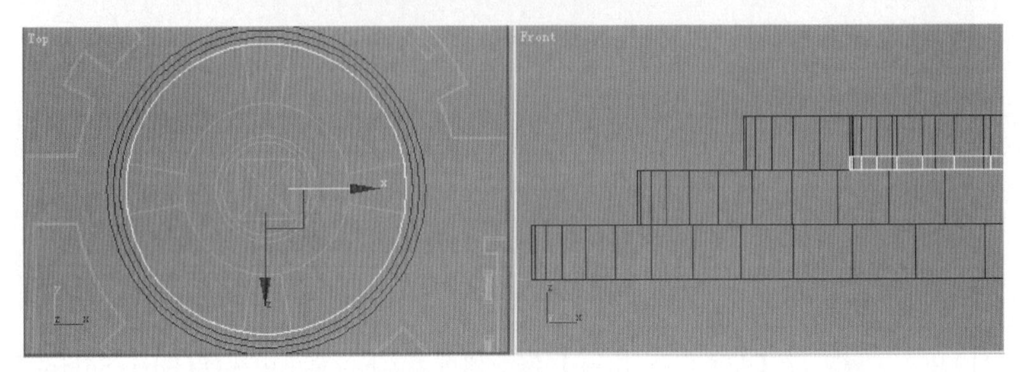

图6—1—56 拉伸后的形态

（15）依次单击“ / / Circle ”（圆形）按钮，在顶视图中，创建一个【Radius】（半径）为 5 200 mm 的圆形。

（16）在【Modifier List】（修改器列表）下拉菜单中选择【Extrude】（拉伸）命令，在【Parameters】（参数）卷展栏中设置【Amount】（数量）值为 150，命名为“台阶 04”，调整其位置于“水体”之上，效果如图 6 － 1 － 57 所示。

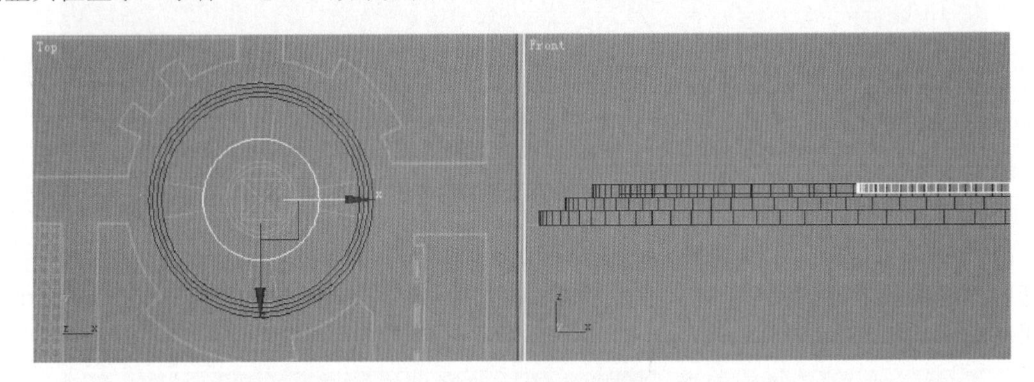

图6—1—57 拉伸后的形态

（17）依次单击“ / / Circle ”（圆形）按钮，在顶视图中，创建一个【Radius】（半径）为 3 200 mm 的圆形。在【Modifier List】（修改器列表）下拉菜单中选择【Extrude】（拉伸）命令，在【Parameters】（参数）卷展栏中设置【Amount】（数量）值为 150，命名为“台阶 05”，调整位置如图 6 － 1 － 58 所示。

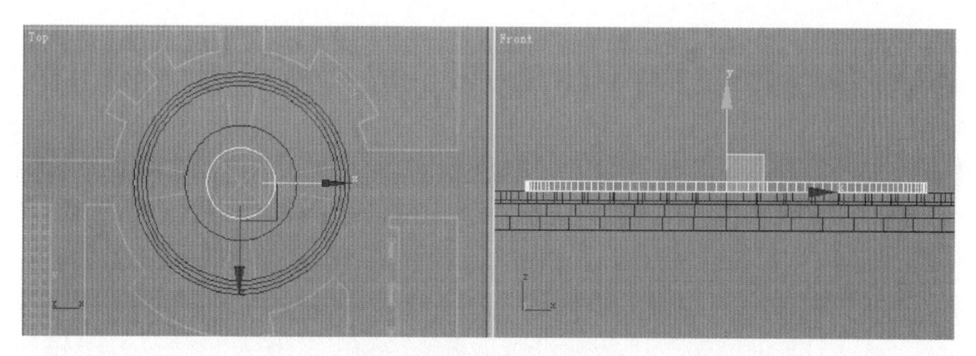

图6—1—58 拉伸后的形态

（18）依次单击“ / / Circle ”（圆形）按钮，在顶视图中，创建一个【Radius】（半径）为 2 800 mm 的圆形。

（19）在【Modifier List】（修改器列表）下拉菜单中选择【Extrude】（拉伸）命令，在【Parameters】（参数）卷展栏中设置【Amount】（数量）值为 150，命名为“台阶 06”，调整位置如图 6 － 1 － 59 所示。

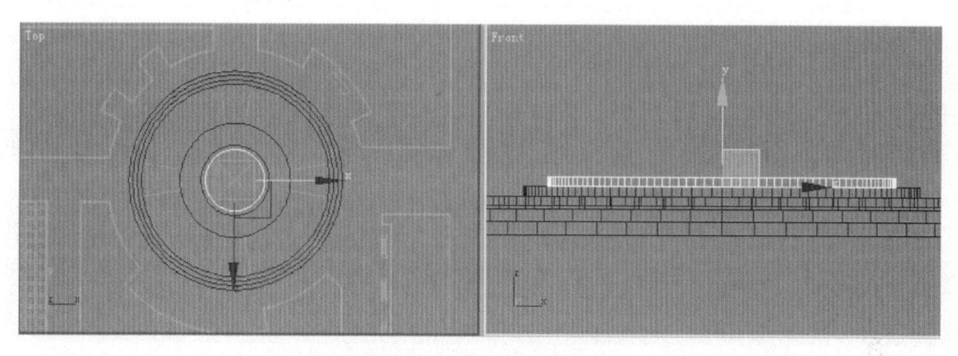

图6—1—59 拉伸后的形态

（20）依次单击“ / / Line ”（线形）按钮，在顶视图中，绘制如图 6 － 1 － 60 所示的线形。

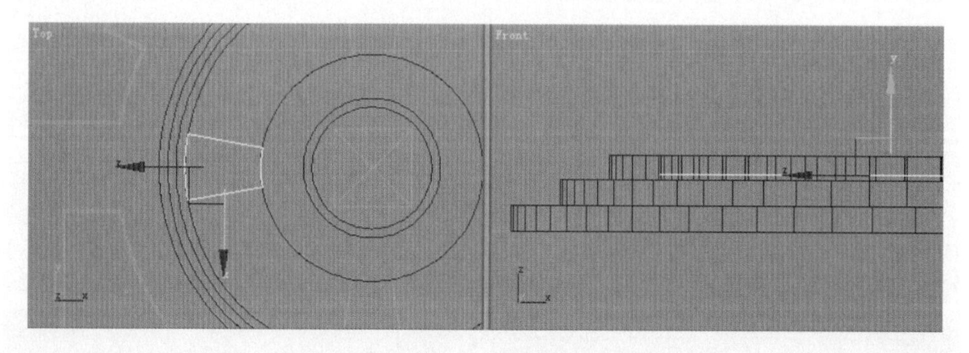

图6—1—60 绘制的线形

（21）在【Modifier List】（修改器列表）下拉菜单中选择【Extrude】（拉伸）命令，在【Parameters】（参数）卷展栏中设置【Amount】（数量）值为 150，命名为“汀步 01”，调整位置如图 6 － 1 － 61 所示。

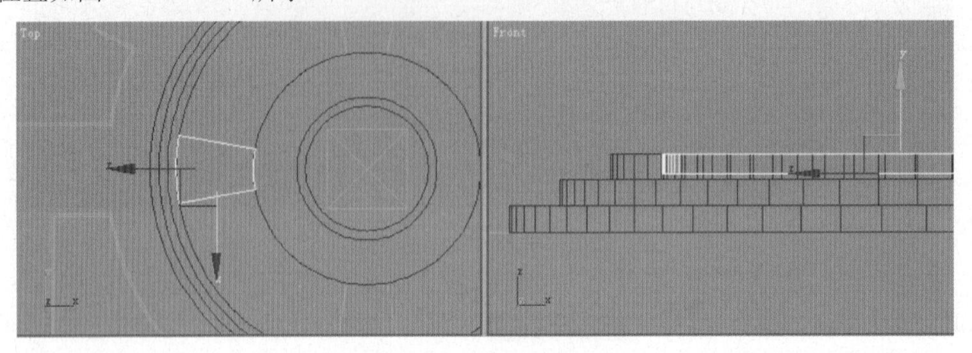

图6—1—61 拉伸后的形态

（22）在顶视图中选择“汀步 01”，旋转关联复制 3 个，分别命名为汀步 02、03、04，效果如图 6 － 1 － 62 所示。

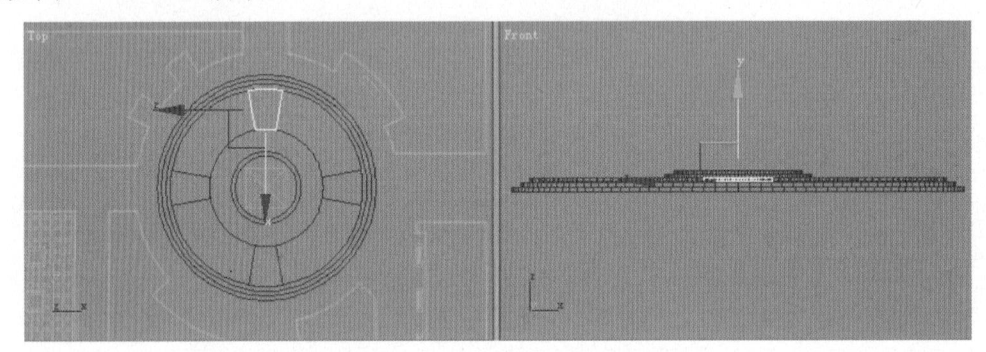

图6—1—62 旋转关联复制后的形态

（23）依次单击“ / / Rectangle ”（矩形）按钮，在顶视图中，绘制【Length】（长度）为 34 000 mm、【Width】（宽度）为 50 000 mm 的矩形，调整位置如图 6 － 1 － 63 所示。

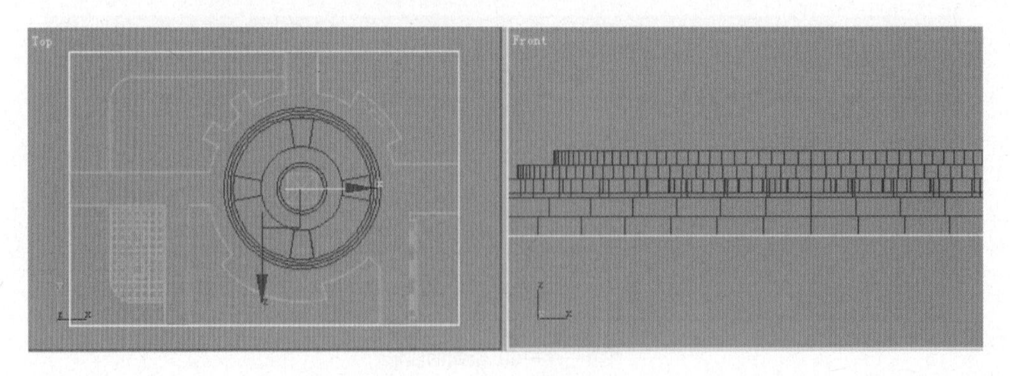

图6—1—63 绘制的矩形

（24）在【Modifier List】（修改器列表）下拉菜单中选择【Extrude】（拉伸）命令，在【Parameters】（参数）卷展栏中设置【Amount】（数量）值为 -100，命名为“地面”，效果如图 6 － 1 － 64 所示。

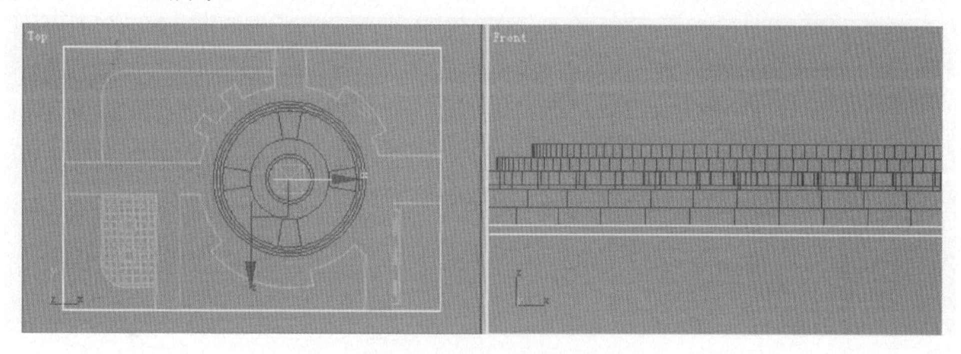

图6—1—64 拉伸后的形态

（25）依次单击“ / / Line ”（线形）按钮，在顶视图中，绘制如图 6 － 1 － 65 所示的线形。

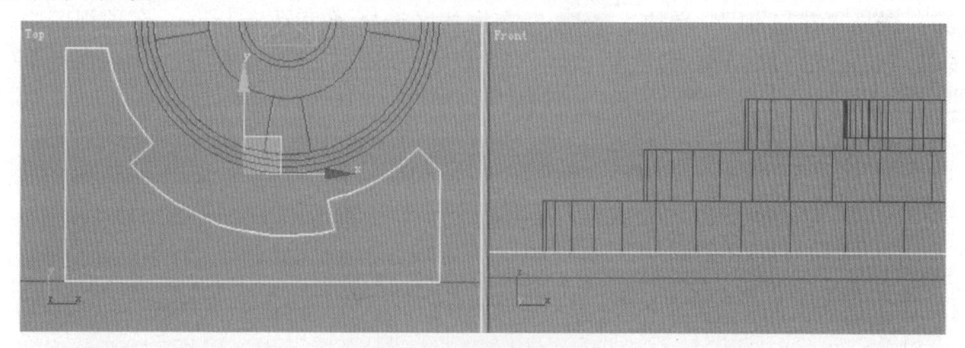

图6—1—65 绘制的线形

（26）选择子对象 Spline，在【Geometry】（几何体）卷展栏下设置轮廓值为 -100 mm，效果如图 6 － 1 － 66 所示。

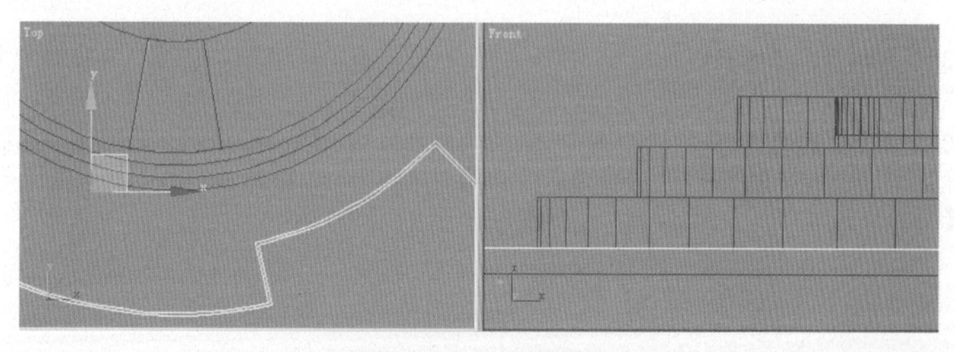

图6—1—66 轮廓后的形态

（27）在【Modifier List】（修改器列表）下拉菜单中选择【Extrude】（拉伸）命令，在【Parameters】（参数）卷展栏中设置【Amount】（数量）值为 60，命名为“花坛沿 01”，效果如图 6 － 1 － 67 所示。

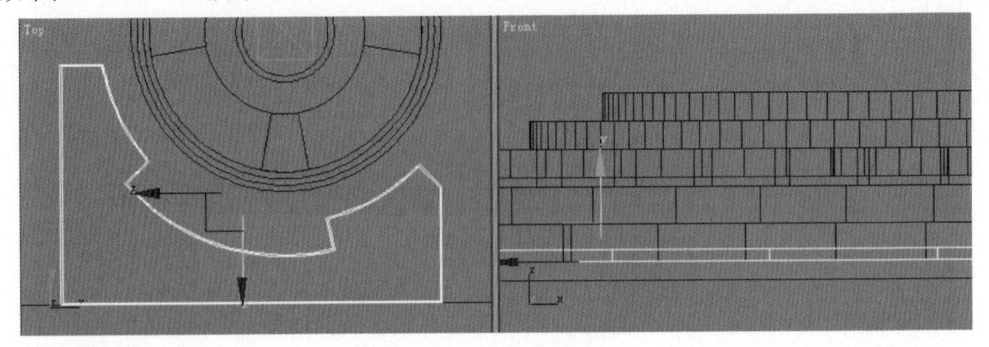

图6—1—67 拉伸后的形态

（28）在顶视图中选择“花坛沿 01”，按“Ctrl+V”，将“花坛沿 01”在原位置复制一个，命名为“花坛 01”。

（29）选择“花坛 01”，单击“ ”，在堆栈区选择子对象 Spline，在顶视图中选择外侧的线形，按 Delete 将其删除，在堆栈区选择【Extrude】（拉伸），在【Parameters】（参数）卷展栏中将【Amount】（数量）值改为 5，效果如图 6 － 1 － 68 所示。

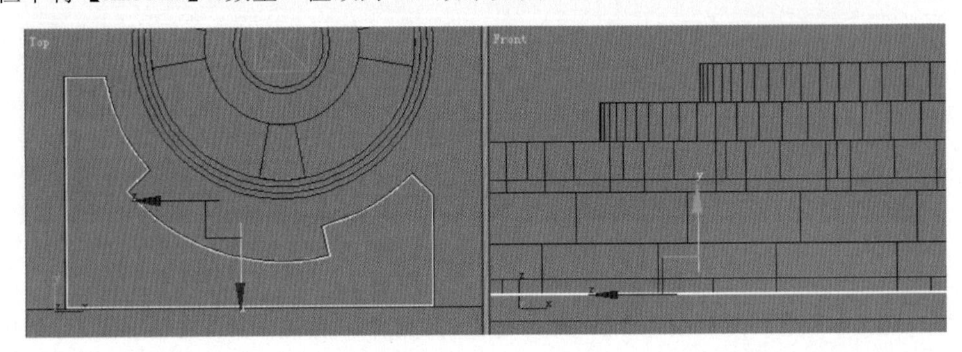

图6—1—68 拉伸后的形态

（30）在顶视图中选择“花坛 01”，按“Ctrl+V”，将“花坛 01”在原位置复制一个，命名为“绿篱 01”。

（31）单击“ ”，在堆栈区选择子对象 Spline，在【Geometry】（几何体）卷展栏下设置轮廓值为 -300，在堆栈区选择【Extrude】（拉伸），在【Parameters】（参数）卷展栏中将【Amount】（数量）值改为 400，效果如图 6 － 1 － 69 所示。

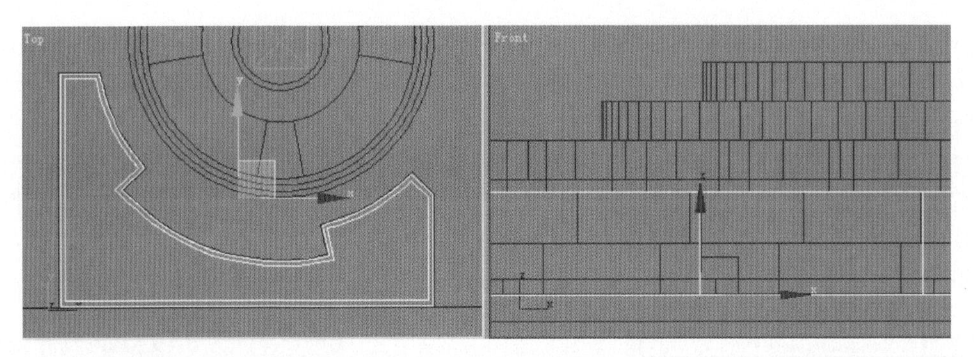

图6—1—69 拉伸后的形态

（32）用上述方法，分别绘制“花坛沿 02 ～ 04”“花坛 02 ～ 04”“绿篱 02 ～ 04”，效果如图 6 － 1 － 70 所示。

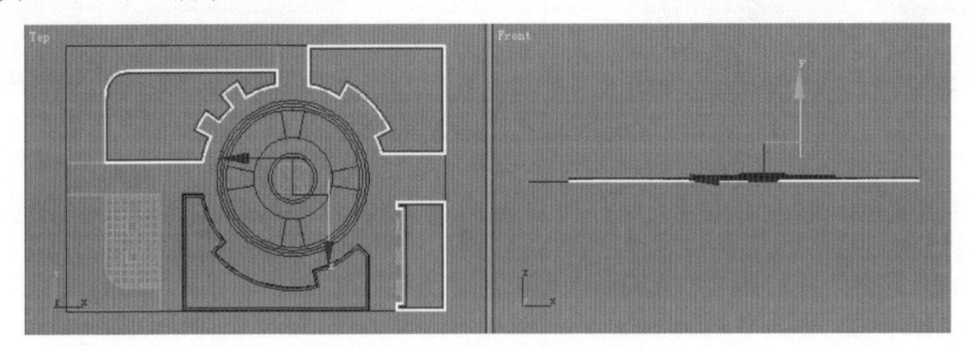

图6—1—70 其他“花坛”造型

2. 地形材质的调配

（1）拼花材质

1）单击工具栏上的“ ”按钮，在弹出【Material Editor】（材质编辑器）对话框中选择一个空白示例球，命名为“拼花材质”。

2）在【Blinn Basic Parameters】（胶性基本参数）卷展栏下单击【Diffuse】（表面色）右侧小按钮，在弹出的【Material/Map Browser】（材质 / 贴图浏览器）对话框中双击【Bitmap】（位图），打开本书配套光盘“贴图 / 模块六 / 石材拼花 . jpg”贴图文件，参数设置如图 6 － 1 － 71 所示。

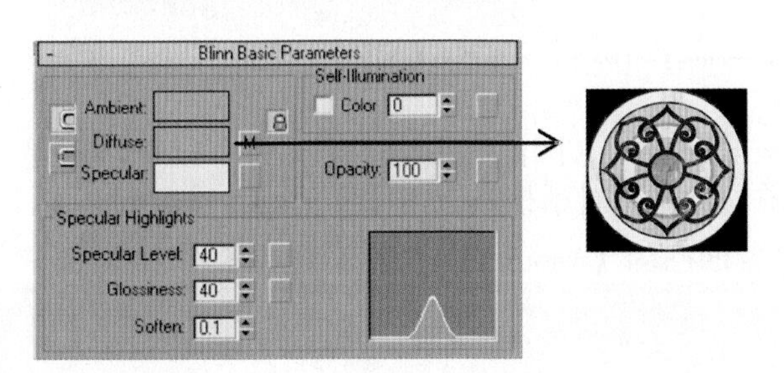

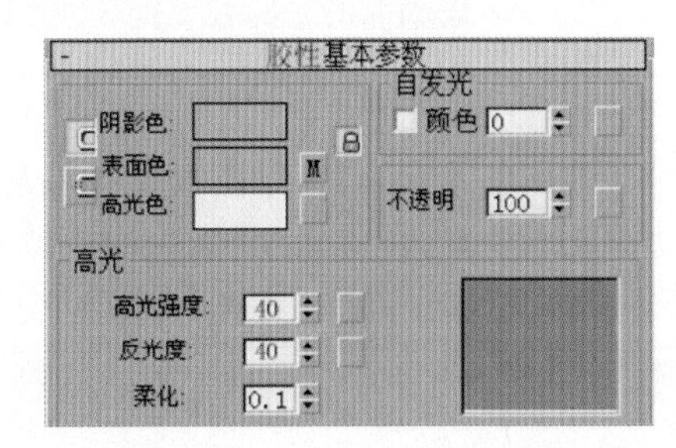

图6—1—71 【Blinn Basic Parameters】（胶性基本参数）卷展栏

3）在视图中选择“台阶 06”造型，单击“ ”按钮，将调配好的材质赋予选择的造型。

（2）大理石材质

1）重新选择一个空白材质球，命名为“大理石材质”。

2）在【Blinn Basic Parameters】（胶性基本参数）卷展栏下单击【Diffuse】（表面色）右侧小按钮，在弹出的【Material/Map Browser】（材质 / 贴图浏览器）对话框中双击【Bitmap】（位图），打开本书配套光盘“贴图 / 模块六 / 大理石 .jpg”贴图文件，参数设置如图 6 － 1 － 72 所示。

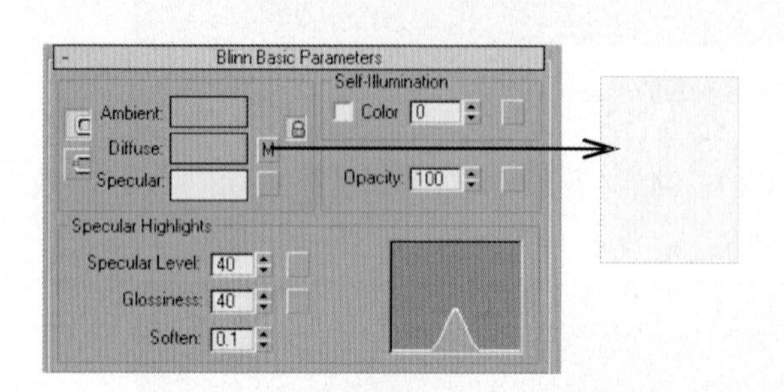

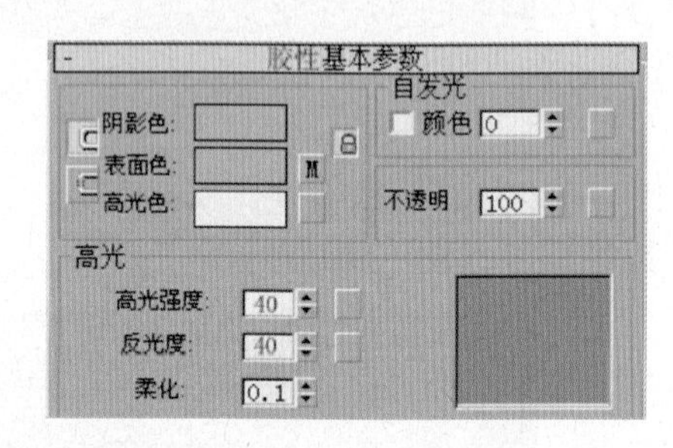

图6—1—72 【Blinn Basic Parameters】（胶性基本参数）卷展栏

3）在视图中选择“台阶 04、05”“汀步 01 ～ 04”造型，单击“ ”按钮，将调配好的材质赋予选择的造型。

（3）“花坛沿 01 ～ 04”“台阶 01 ～ 03”材质

其制作参照“欧式亭檐”的材质。

（4）水材质

1）重新选择一个空白材质球，命名为“水材质”。

2）在【Blinn Basic Parameters】（胶性基本参数）卷展栏下，将【Ambient】（阴影色）、【Diffuse】（表面色）前面的锁打开，设置参数如图 6 － 1 － 73 所示。

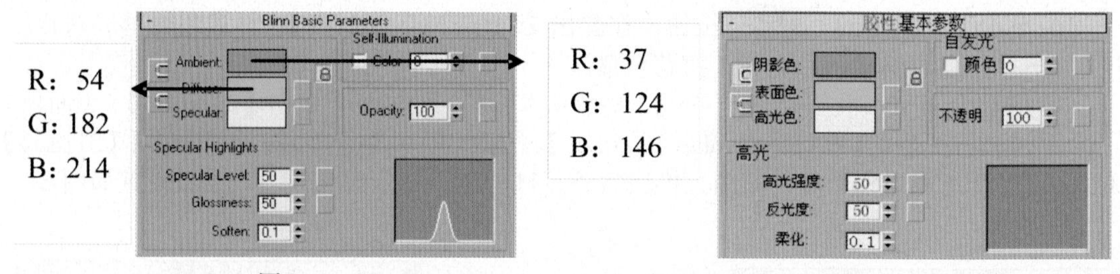

图6—1—73 【Blinn Basic Parameters】（胶性基本参数）卷展栏

3）在【Maps】（贴图类型）卷展栏下单击【Bump】（凹凸）通道右侧的长条按钮，在弹出的【Material/Map Browser】（材质 / 贴图浏览器）对话框中双击【Noise】（噪波）。

4）单击“ ”按钮，返回上一级，设置凹凸的【Amount】（数量）值为 60，如图 6 － 1 － 74 所示。

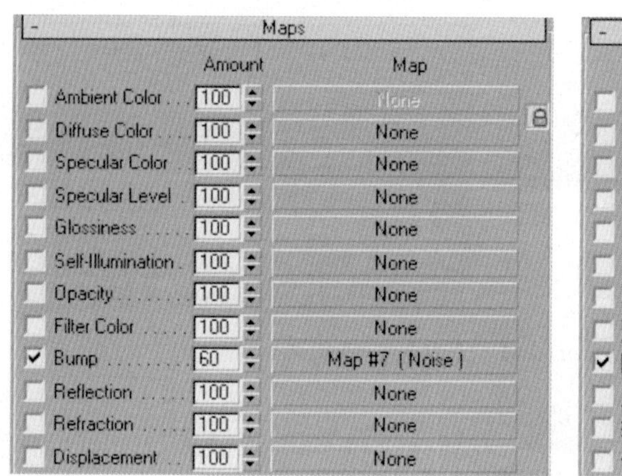

图6—1—74　【Maps】（贴图类型）卷展栏

5）再单击【Reflection】（反射）通道右侧的长条按钮，在弹出的【Material/Map Browser】（材质/贴图浏览器）对话框中双击【Raytrace】（光线跟踪材质）。

6）单击“ ”按钮，返回上一级，设置反射的【Amount】（数量）值为45，如图6－1－75所示。

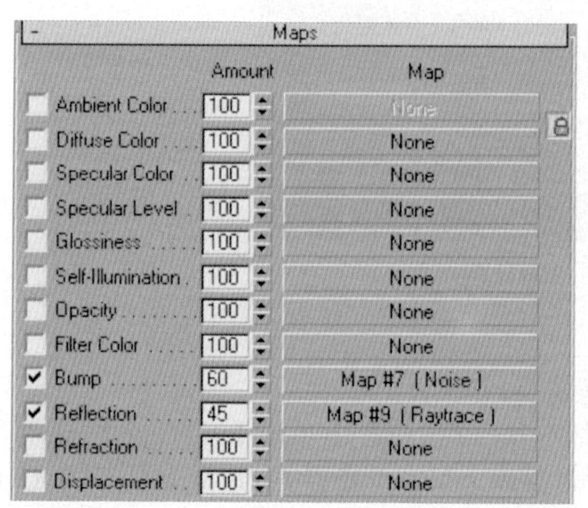

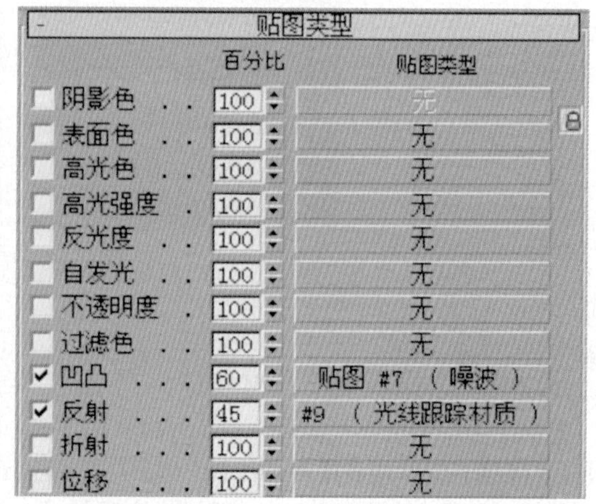

图6—1—75　【Maps】（贴图类型）卷展栏

7）在视图中选择“水体”造型，单击“ ”按钮，将调配好的材质赋予选择的造型。

（5）地面材质

1）重新选择一个空白材质球，命名为“地面材质”。

2）在【Blinn Basic Parameters】（胶性基本参数）卷展栏下单击【Diffuse】（表面色）右侧小按钮，在弹出的【Material/Map Browser】（材质/贴图浏览器）对话框中双击【Bitmap】（位图），打开本书配套光盘“贴图/模块六/BRICK.jpg”贴图文件，参数设置如图6－1－76所示。

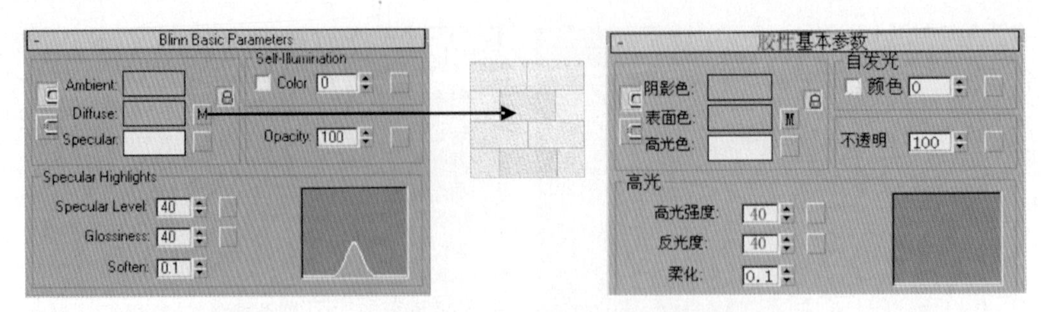

图6—1—76 【Blinn Basic Parameters】（胶性基本参数）卷展栏

3）在视图中选择“地面”造型，单击“ ”按钮，将调配好的材质赋予选择的造型。

4）确认“地面”造型处于选中状态，单击“ ”按钮，在【Modifier List】（修改器列表）下拉菜单中选择【Map Scaler（WSM）】[贴图定标器（WSM）] 命令，设置参数如图 6 － 1 － 77 所示。

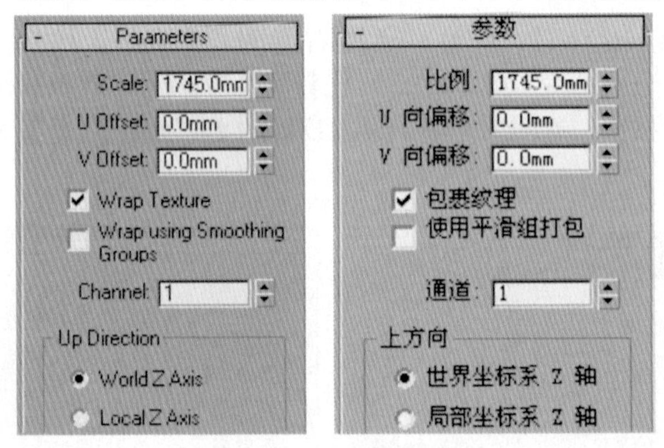

图6—1—77 参数设置

（6）绿篱材质

1）重新选择一个空白材质球，命名为“绿篱材质”。

2）在【Blinn Basic Parameters】（胶性基本参数）卷展栏下单击【Diffuse】（表面色）右侧小按钮，在弹出的【Material/Map Browser】（材质 / 贴图浏览器）对话框中双击【Bitmap】（位图），打开本书配套光盘“贴图 / 模块六 / 草 . jpg”贴图文件，如图 6 － 1 － 78 所示。

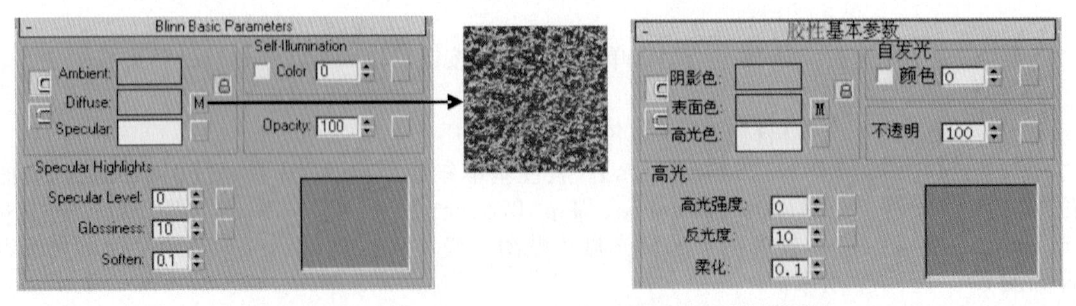

图6—1—78 【Blinn Basic Parameters】（胶性基本参数）卷展栏

3）在视图中选择“绿篱 01 ～ 04”造型，单击“ ”按钮，将调配好的材质赋予选择的造型。

4）确认“绿篱 01 ～ 04”造型处于选中状态，单击“ ”按钮，在【Modifier List】（修改器列表）下拉菜单中选择【Map Scaler（WSM）】［贴图定标器（WSM）］命令，设置参数如图 6 － 1 － 79 所示。

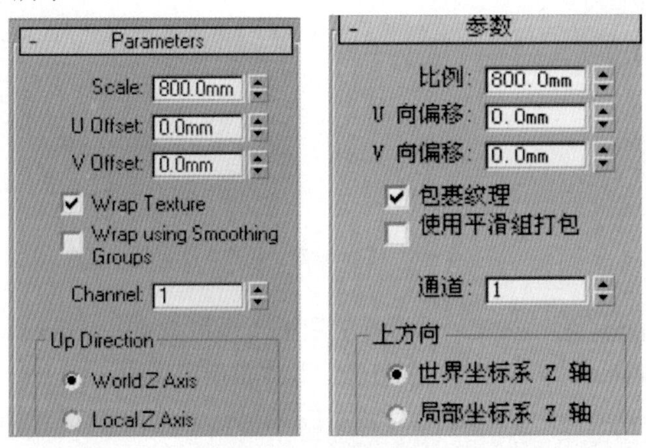

图6—1—79　参数设置

三、欧式景观的整合

1. 执行菜单栏【File】（文件）/【Merge】（合并）命令，在打开的【Merge File】（合并文件）对话框中选择上面保存的“欧式亭 .max”文件，如图 6 － 1 － 80 所示。

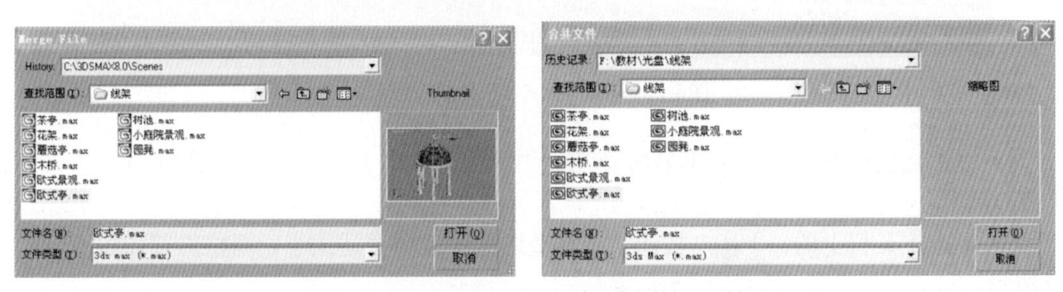

图6—1—80　【Merge File】（合并文件）对话框

2. 单击“ 打开(O) ”按钮，在弹出的对话框中选择所有的造型，如图 6 － 1 － 81 所示。

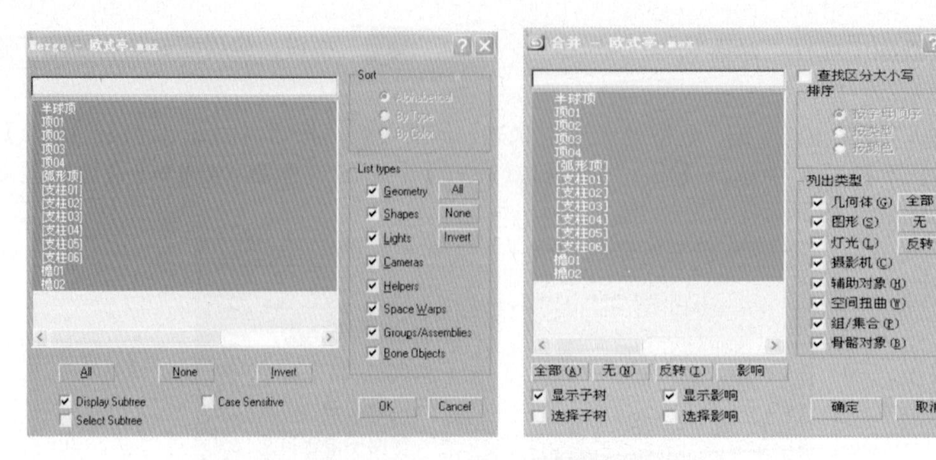

图6—1—81 【Merge】（合并）对话框

3. 单击“ OK ”按钮，将选择的造型合并到场景中，执行菜单栏【Group】（组群）/【Group】（组群）命令，将欧式亭组群，并调整位置如图 6 － 1 － 82 所示。

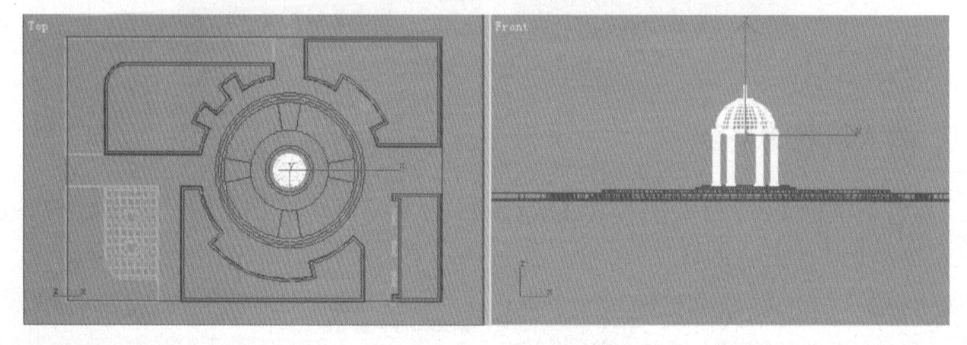

图6—1—82 “欧式亭”调整后的位置

4. 用上述同样的方法，将本书配套光盘“调用线架”文件夹中的“雕塑 .max”文件合并到场景中。

5. 单击工具栏上的“ ”按钮，将雕塑造型缩放至合适大小，调整位置如图 6 － 1 － 83 所示。

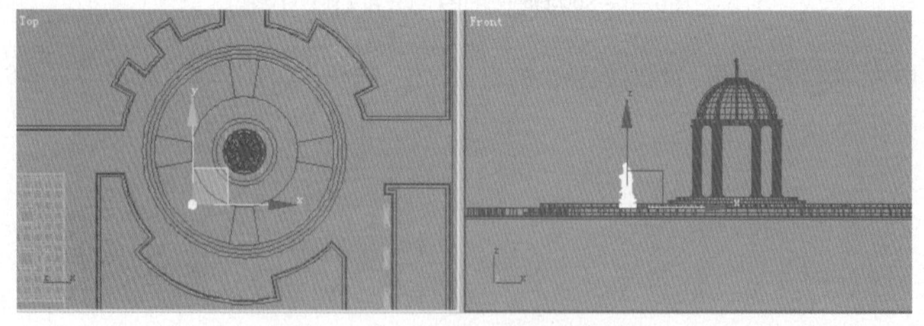

图6—1—83 “雕塑” 调整后的位置大小

6. 将雕塑造型旋转关联复制 3 个，如图 6 － 1 － 84 所示。

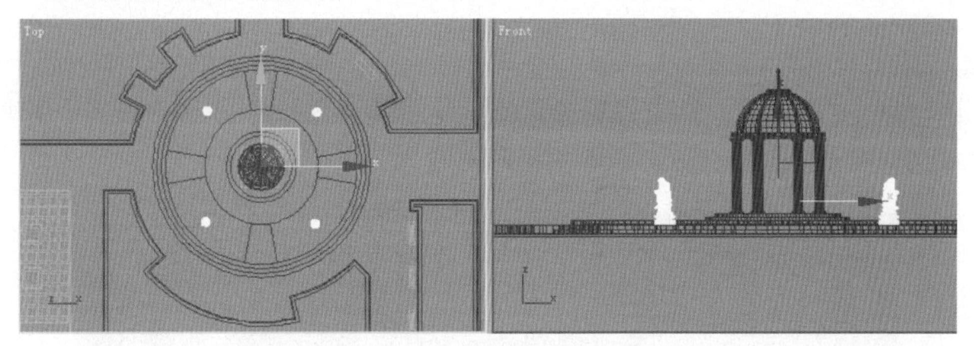

图6—1—84 旋转关联复制后的形态

四、设置相机、灯光

1. 设置相机

（1）依次单击“ / / Target ”（目标摄像机）按钮，在顶视图中创建一个目标摄像机，单击“ ”按钮，在【Parameters】（参数）卷展栏中设置【Len】（镜头）值为 24、【Fov】（视野）为 73.74、【Target Distance】（目标距离）为 25567。

（2）调整相机位置，激活透视图，按键盘上的“C”键，将透视图转换为相机视图，如图 6 － 1 － 85 所示。

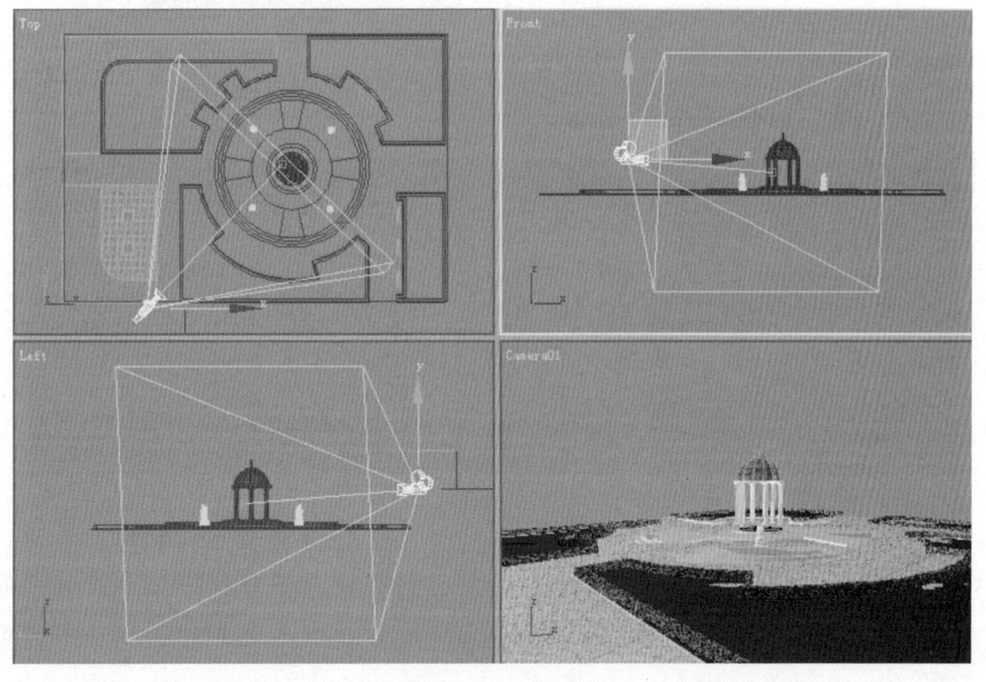

图6—1—85 相机视图

（3）按键盘上的“Shift+C”键，将相机隐藏。

2．设置灯光

（1）依次单击“ / / Target Spot ”（目标聚光灯）按钮，在顶视图中创建一盏目标聚光灯，单击“ ”按钮，设置各项参数如图 6 － 1 － 86 所示。

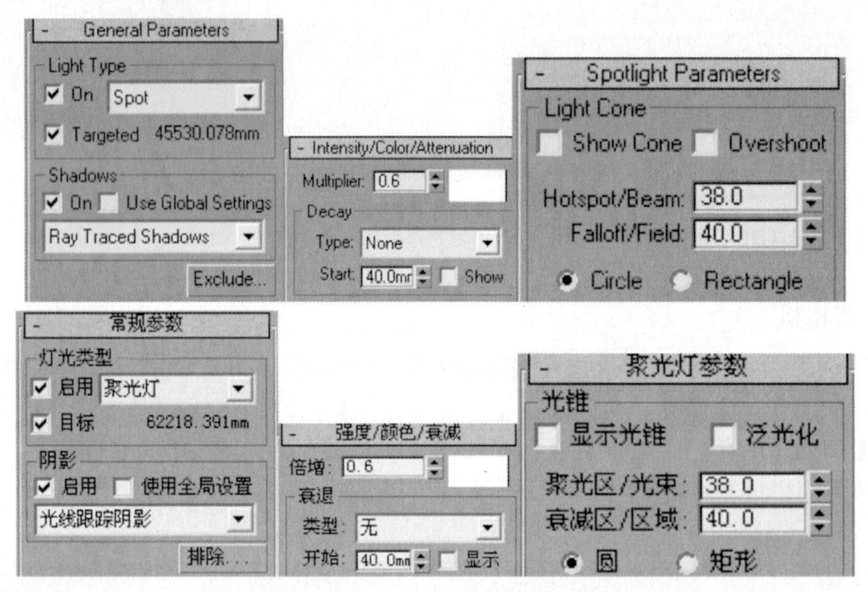

图6—1—86 参数设置

（2）调整位置，如图 6 － 1 － 87 所示。

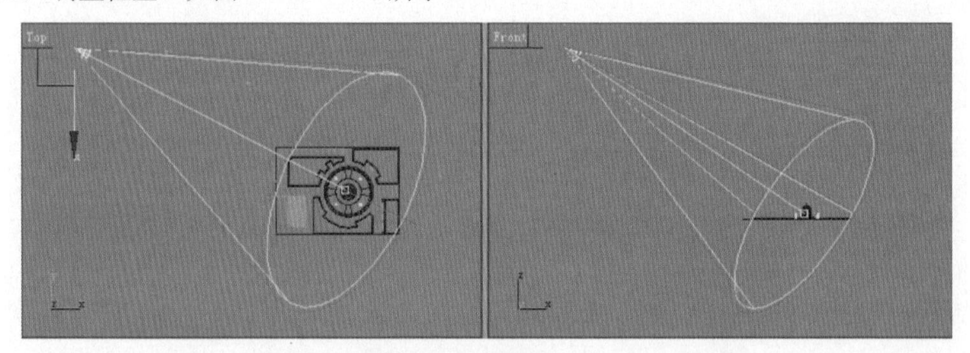

图6—1—87 调整后的位置

（3）依次单击“ / / Omni ”（泛光灯）按钮，在顶视图中创建一盏泛光灯，单击“ ”按钮，设置各项参数如图 6 － 1 － 88 所示。

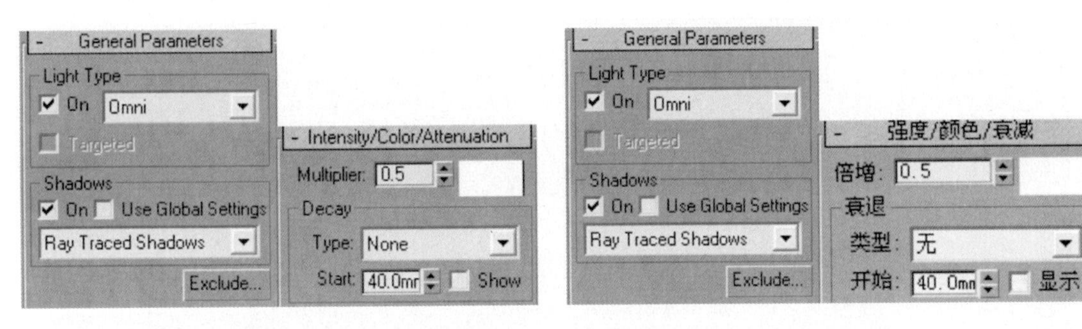

图6—1—88　参数设置

（4）调整位置如图 6 － 1 － 89 所示。

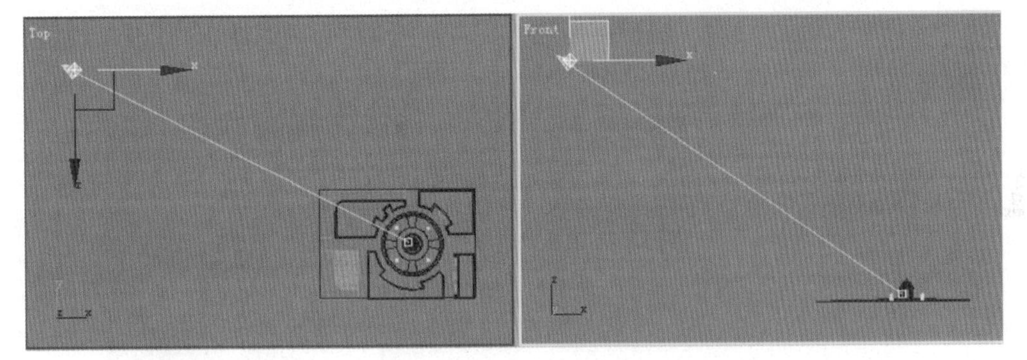

图6—1—89　调整后的位置

（5）依次单击“ / / Omni ”（泛光灯）按钮，在顶视图中创建一盏泛光灯，单击“ ”按钮，设置各项参数如图 6 － 1 － 90 所示。

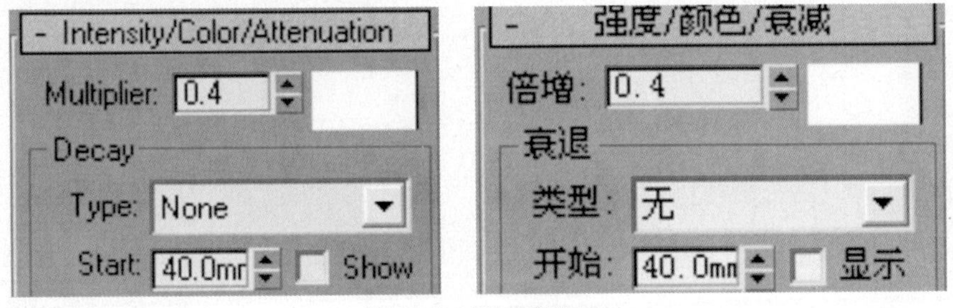

图6—1—90　参数设置

（6）调整位置如图 6 － 1 － 91 所示。

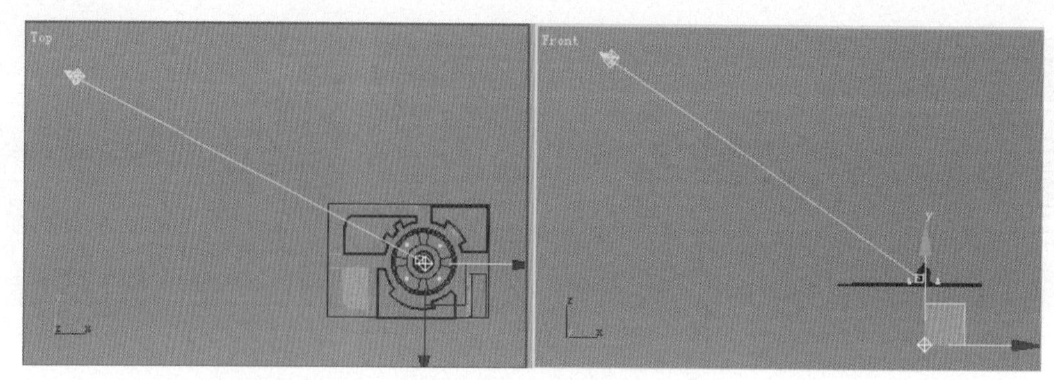

图6—1—91 调整后的位置

（7）依次单击“ / / Omni ”（泛光灯）按钮，在顶视图中创建一盏泛光灯，单击“ ”按钮，设置各项参数如图 6 － 1 － 92 所示。

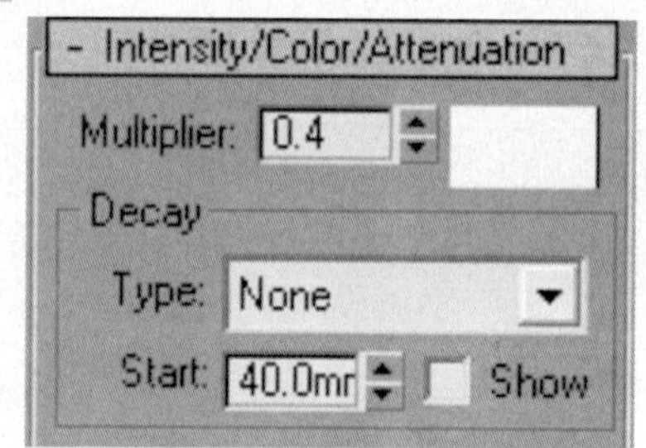

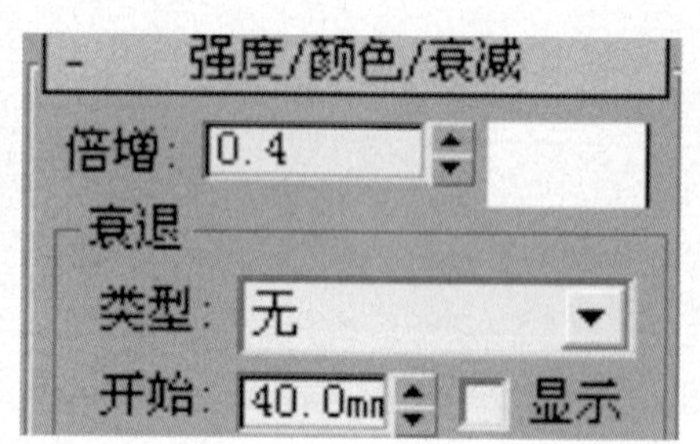

图6—1—92 参数设置

（8）调整位置如图 6 － 1 － 93 所示。

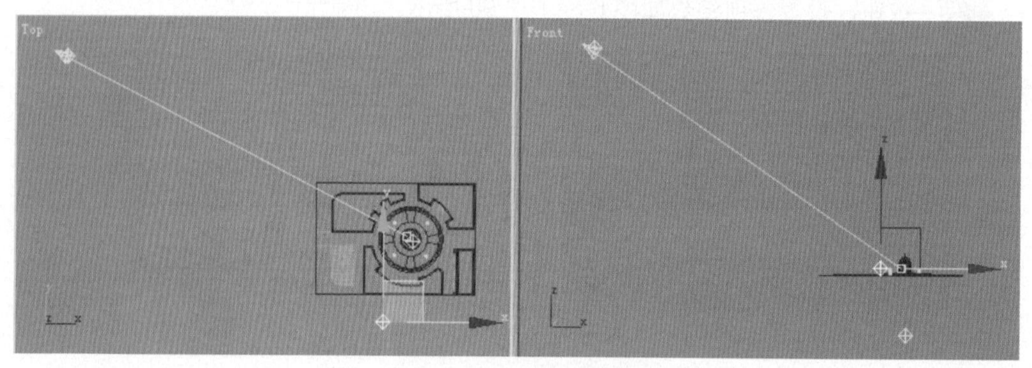

图6—1—93 调整后的位置

（9）依次单击“ / / Omni ”（泛光灯）按钮，在顶视图中创建一盏泛光灯，单击“ ”按钮，设置各项参数如图 6 － 1 － 94 所示。

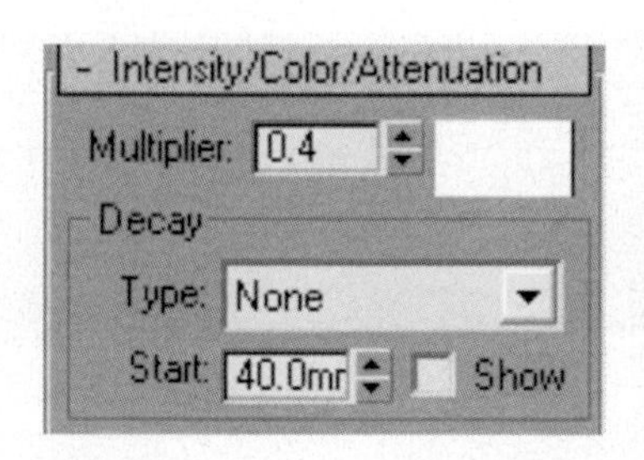

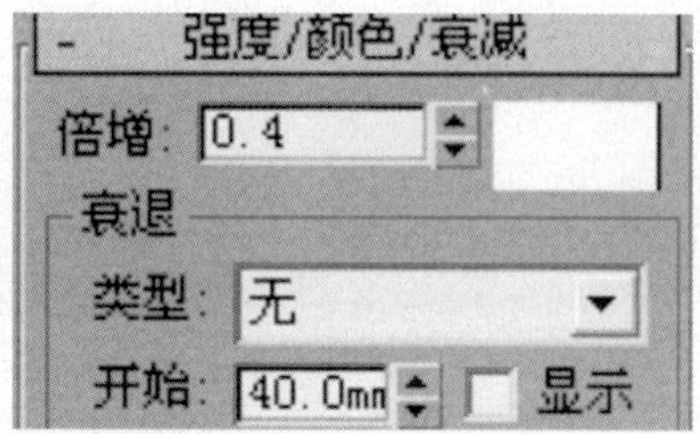

图6—1—94 参数设置

（10）调整位置如图 6 － 1 － 95 所示。

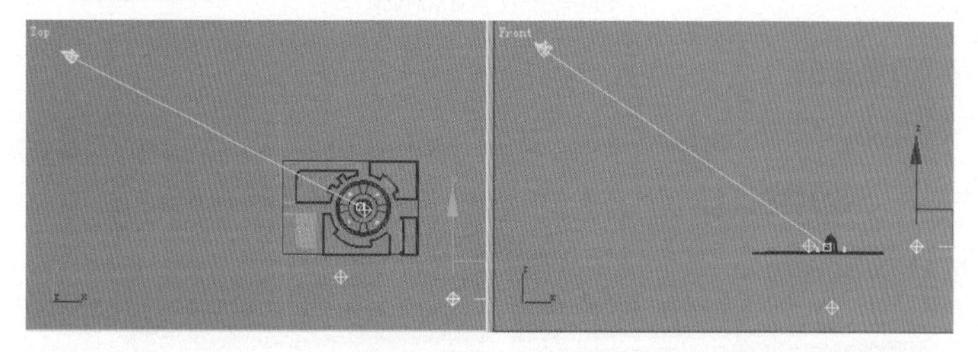

图6—1—95 调整后的位置

（11）依次单击“ / / Skylight ”（天光）按钮，在顶视图中创建一盏天光，单击“ ”按钮，设置参数如图 6 － 1 － 96 所示。

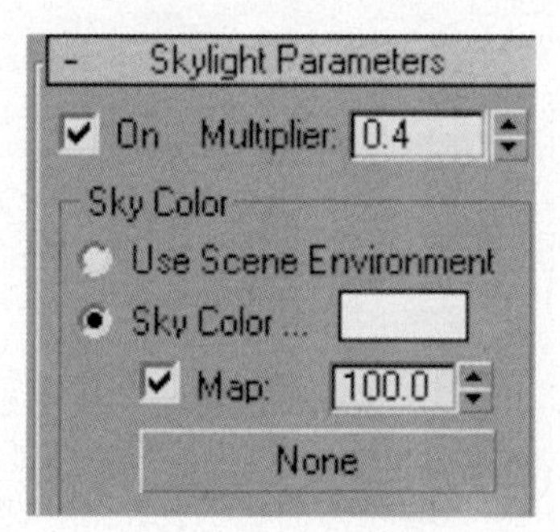

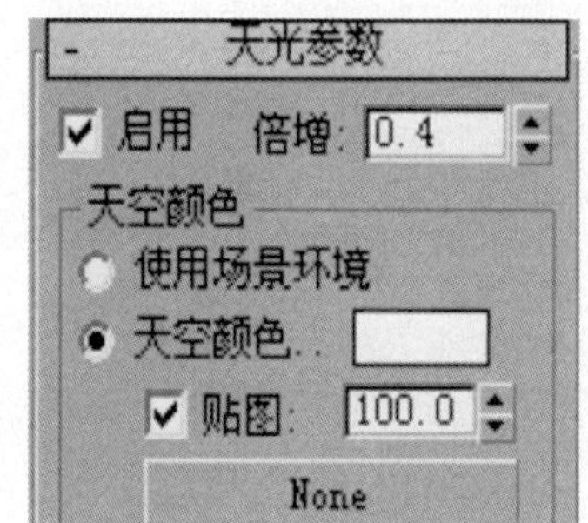

图6—1—96 参数设置

（12）调整位置如图 6 － 1 － 97 所示。

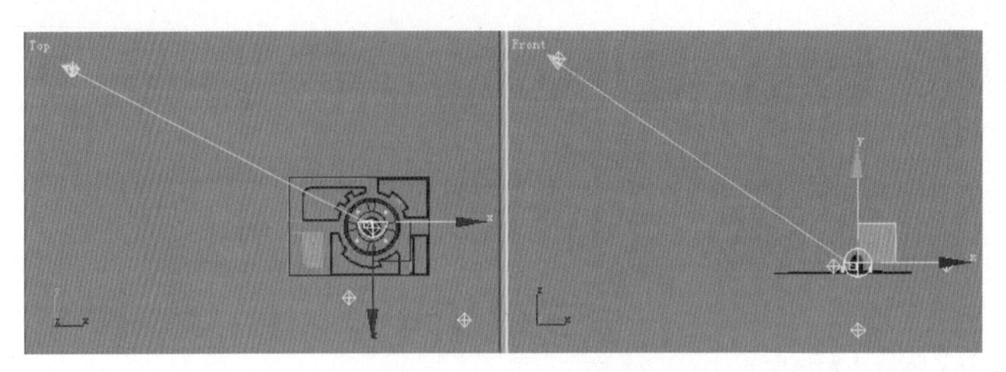

图6—1—97 调整后的位置

五、渲染输出

1．单击工具栏上的“ ”（渲染）按钮，在弹出的【Render Scene】（渲染场景）对话框中单击“Common”（公用）选项卡，设置参数如图 6 － 1 － 98 所示。

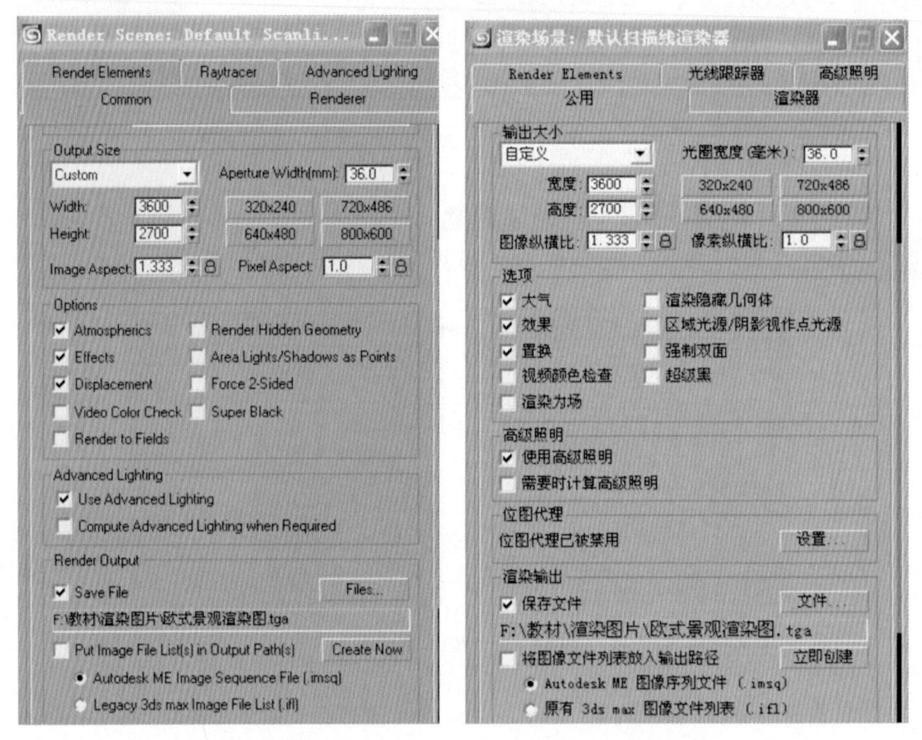

图6—1—98 【Common】（公用）选项卡参数设置

2．单击“Advanced Lighting”（高级照明）选项卡，设置参数如图 6 － 1 － 99 所示。

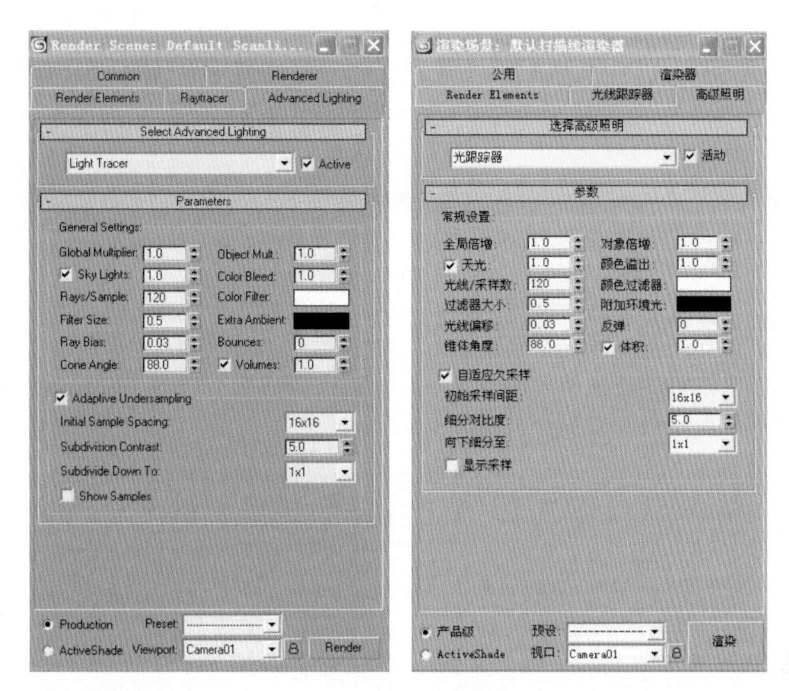

图6—1—99 【Advanced Lighting】（高级照明）选项卡参数设置

3. 单击“Render”按钮，渲染的效果如图 6 — 1 — 100 所示。

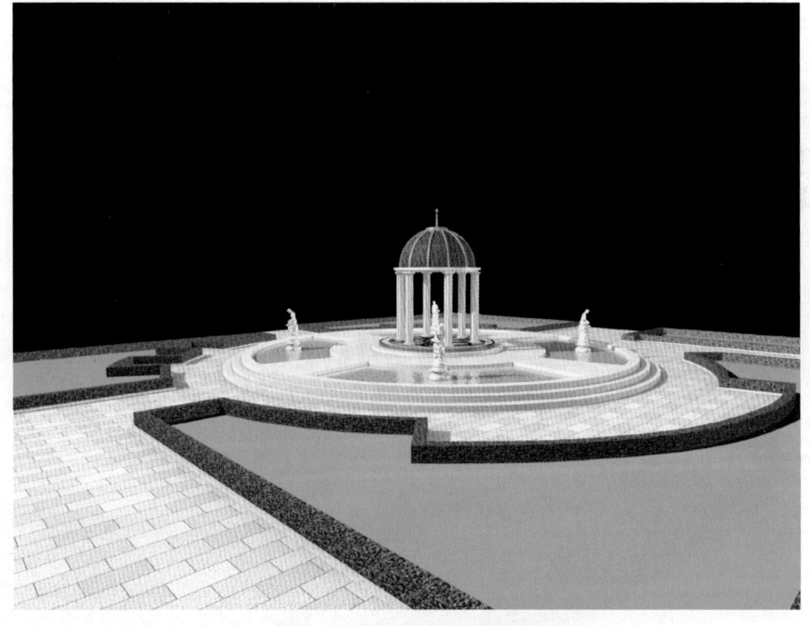

图6—1—100 渲染后的效果

4. 执行菜单栏中的【File】(文件)/【Save】(保存)命令，将场景文件存为“欧式景观.max”。

任务二　欧式景观渲染图的后期处理

任务目标

- 学习分析画面，选择合适的配景
- 学习画面的整体与局部调整
- 掌握图层的使用方法
- 掌握协调画面的各种方法

任务引入

使用 Photoshop 软件对欧式景观渲染图进行后期处理，最终效果如图 6 － 2 － 1 所示。

图6—2—1 欧式景观最终效果图

任务分析

使用 Photoshop 软件对渲染图进行后期处理，要把握好效果图的远、中、近景层次的做法，掌握好配景的添加顺序，制作出一定的空间层次;根据需要表现的效果添加不同的植物、喷泉等，充分体现环境设计中的艺术景观，表达欧式景观的风格。

任务实施

一、制作天空背景

1. 启动 Photoshop 软件。

2. 执行菜单命令“文件”/“打开”，在弹出的对话框中打开任务一保存的“欧式景观渲染图.tga”，如图 6－2－2 所示。

图6—2—2 打开的文件

3. 单击工具箱中的“ ”魔术橡皮擦工具，设置选项栏如图 6－2－3 所示。

容差: 0 ☑消除锯齿 ☐连续 ☐对所有图层取样 不透明度: 100%

图6—2—3 选项栏设置

4. 在黑色背景上单击，效果如图 6 － 2 － 4 所示。

图6—2—4 擦掉非建筑主体后的效果

5. 将该图层命名为“背景”。

6. 执行菜单命令“文件 / 打开”,在本教材光盘中打开“后期处理素材 / 模块六 / 天空”文件，如图 6 － 2 － 5 所示。

图6—2—5 打开的素材文件

7. 将其拖入场景，命名为“天空”，用自由变换“Ctrl+T”调整天空大小和位置，并使天空图层处在背景图层的下方，效果如图 6 － 2 － 6 所示。

图6—2—6 添加“天空”后的效果

二、制作远景位置的配景

1. 执行菜单命令“文件 / 打开”，在本教材光盘中打开“后期处理素材 / 模块六 / 鸟”文件，如图 6 － 2 － 7 所示。

图6—2—7 打开的素材文件

2. 将其拖入场景，命名为“鸟”，图层不透明度设置为60%，调整大小和位置，效果如图6－2－8所示。

图6—2—8 添加“鸟”后的效果

3. 打开本教材光盘中“后期处理素材 / 模块六 / 景01”文件，如图6－2－9所示。

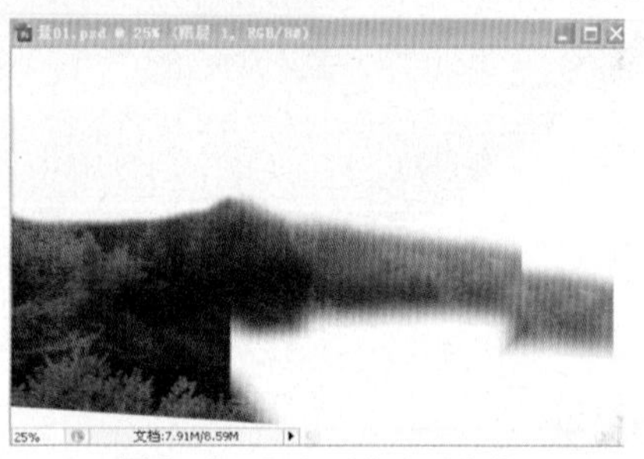

图6—2—9 打开的素材文件

4. 将其拖入场景，命名为“景01”，图层不透明度设置为70%，调整大小和位置，效果如图6－2－10所示。

图6—2—10 添加“景01”后的效果

三、制作中景位置的配景

1．打开本教材光盘中“后期处理素材／模块六／树层01”文件，如图6－2－11所示。

图6—2—11 打开的素材文件

2．将其拖入场景，命名为“树层01”，图层不透明度设置为50%，调整大小和位置；将“树层01”复制一层，图层不透明度设置为60%，调整大小和位置，效果如图6－2－12所示。

图6—2—12 添加“树层01”及复制后的效果

3．打开本教材光盘中“后期处理素材／模块六／树01”文件，如图6－2－13所示。

图6—2—13 打开的素材文件

4. 将其拖入场景，命名为“树 01”，图层不透明度设置为 60%，调整大小和位置，效果如图 6 － 2 － 14 所示。

图6—2—14 添加“树01”后的效果

四、制作近景位置的配景

1. 打开本教材光盘中“后期处理素材 / 模块六 / 灌木层”文件，如图 6 － 2 － 15 所示。

图6—2—15 打开的素材文件

2. 将其拖入场景，命名为“灌木层”，图层不透明度设置为 80%，调整大小和位置，效果如图 6 － 2 － 16 所示。

图6—2—16 添加“灌木层”后的效果

3．将灌木层复制一层，调整灌木层副本的大小和位置，如图 6 － 2 － 17 所示。

图6—2—17 调整后的效果

4. 处在“灌木层副本”图层，用工具栏上的“ ”选框工具，选择欧式亭支柱区域，按 Delete 键，删除选区，效果如图 6 － 2 － 18 所示。

图6—2—18 删除后的效果

5．打开本教材光盘中“后期处理素材 / 模块六 / 草地”文件，如图 6 － 2 － 19 所示。

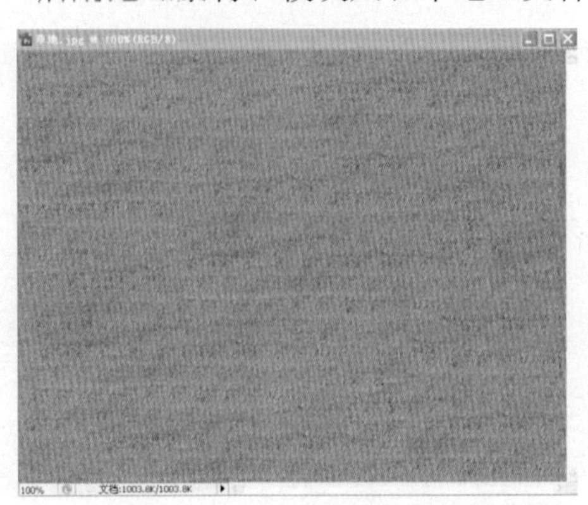

图6—2—19 打开的素材文件

6．将其拖入场景，命名为“草地”，调整大小和位置，如图 6 － 2 － 20 所示。

图6—2—20 添加“草地”素材

7．选择草地（按住 Ctrl 键，用鼠标左键单击“草地”图层），然后在工具箱中选择“ ”移动工具，“Alt+ 鼠标左键”拖动，将草地于同一图层在花坛范围内复制，效果如图 6 － 2 － 21 所示。

图6—2—21 “草地”复制后的效果

8．隐藏草地图层，并处于背景图层，选择工具箱中的“ ”工具，设置选项栏如图 6 － 2 － 22 所示。

图6—2—22 选项栏设置

9．单击花坛内绿色部分，创建如图 6 － 2 － 23 所示的选区。

图6—2—23 创建的选区

10．显示草地图层并处于该图层，按“Shift+Ctrl+I”，进行反选，再按Delete键，删除选区，效果如图6－2－24所示。

图6—2—24 添加“草地”后的效果

11．打开本教材光盘中“后期处理素材／模块六／灌木层”文件，将其拖入场景，命名为“灌木层01”，将图层不透明度设置为80%，调整大小和位置，如图6－2－25所示。

图6—2—25 添加“灌木层01”后的效果

12．打开本教材光盘中“后期处理素材 / 模块六 / 植物 03”文件，如图 6 － 2 － 26 所示。

图6—2—26 打开的素材文件

13．将其拖入场景，命名为“植物 03”，在同一图层内复制一个，调整大小和位置，并将该图层的不透明度设置为 80%，执行菜单命令“图像 / 调整 / 亮度 / 对比度”，在弹出的对话框中设置参数如图 6 － 2 － 27 所示，调整后的效果如图 6 － 2 － 28 所示。

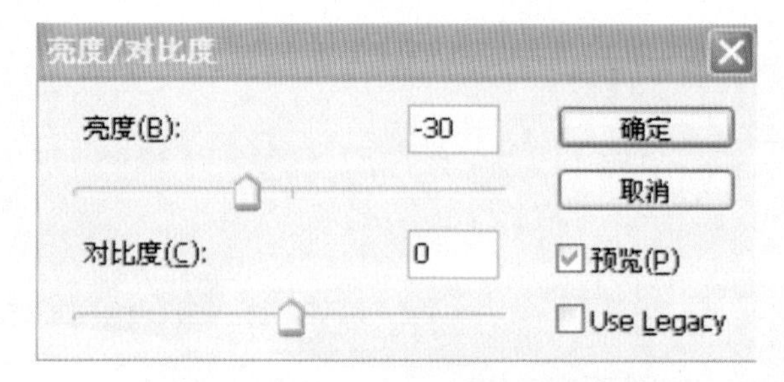

图6—2—27 【亮度/对比度】对话框

图6—2—28 添加“植物03”后的效果

14．打开本教材光盘中“后期处理素材／模块六／植物02”文件，如图 6 － 2 － 29 所示。

图6—2—29 打开的素材文件

15．将其拖入场景，命名为“植物02”，按“Ctrl+T”，调整大小和位置，如图 6 － 2 － 30 所示。

图6—2—30 添加“植物02”素材

16．按住 Ctrl 键，用鼠标左键单击“植物 02”图层，这样就选择了“植物 02”，将“植物 02”图像进行图层内的复制，根据透视关系调整大小，调整后效果如图 6 － 2 － 31 所示。

图6—2—31 调整后的效果

17. 单击工具箱中的“ ”裁剪工具，裁剪图像，裁剪后的效果如图 6 － 2 － 32 所示。

图6—2—32 裁剪后的效果

18. 打开本教材光盘中“后期处理素材 / 模块六 / 树 03”文件，如图 6 － 2 － 33 所示。

图6—2—33 打开的素材文件

19. 将其拖入场景，命名为“树 03”，调整大小和位置，如图 6 － 2 － 34 所示。

图6—2—34 添加“树03”后的效果

20．打开本教材光盘中“后期处理素材 / 模块六 / 喷泉”文件，如图 6 － 2 － 35 所示。

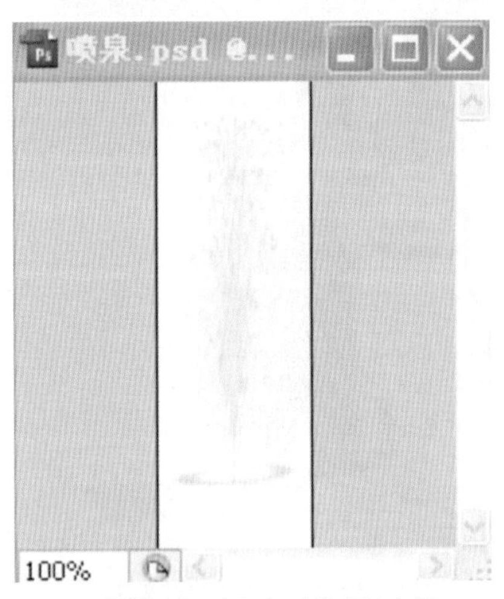

图6—2—35 打开的素材文件

21．将其拖入场景，命名为“喷泉”，按“Ctrl+T”，调整大小和位置，并将其在同一图层内复制一个，将该图层的不透明度设置为 70%，效果如图 6 － 2 － 36 所示。

图6—2—36 添加“喷泉”后的效果

22．打开本教材光盘中“后期处理素材 / 模块六 / 人”文件，如图 6 － 2 － 37 所示。

图6—2—37 打开的素材文件

23．将其拖入场景，命名为“人”，按“Ctrl+T”，调整大小和位置，效果如图 6 － 2 － 38 所示。

图6—2—38 添加“人”后的效果

24．打开本教材光盘中“后期处理素材 / 模块六 / 植物 01”文件，如图 6 － 2 － 39 所示。

图6—2—39 打开的素材文件

25．将其拖入场景，命名为“植物01”，调整大小和位置，如图6－2－40所示。

图6—2—40 添加“植物01”后的效果

26．打开本教材光盘中“后期处理素材／模块六／树影”文件，如图 6 － 2 － 41 所示。

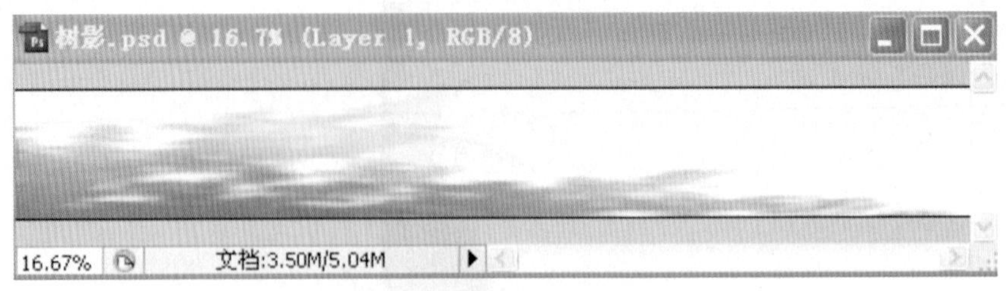

图6—2—41 打开的素材文件

27．将其拖入场景，命名为“树影”，调整大小和位置，效果如图 6 － 2 － 42 所示。

图6—2—42 添加“树影”后的效果

五、画面整体调整

1．执行菜单命令“图层／拼合图层”，使用快捷键“Ctrl+J”将背景图层复制一层，如图 6 － 2 － 43 所示。

图6—2—43 图层调板

2．选择图层 1，执行菜单命令“滤镜 / 模糊 / 高斯模糊”，设置参数如图 6 － 2 － 44 所示。

图6—2—44 参数设置

3．调整该图层的属性，以及“亮度 / 对比度”，参数设置如图 6 － 2 － 45 所示。

图6—2—45 参数设置

注：这样处理可以更好地将画面的各个部分融合起来，有一种更真实的效果。

4．单击图层调板下的“　”按钮，选择“色相 / 饱和度”选项，设置参数如图 6 － 2 － 46 所示。

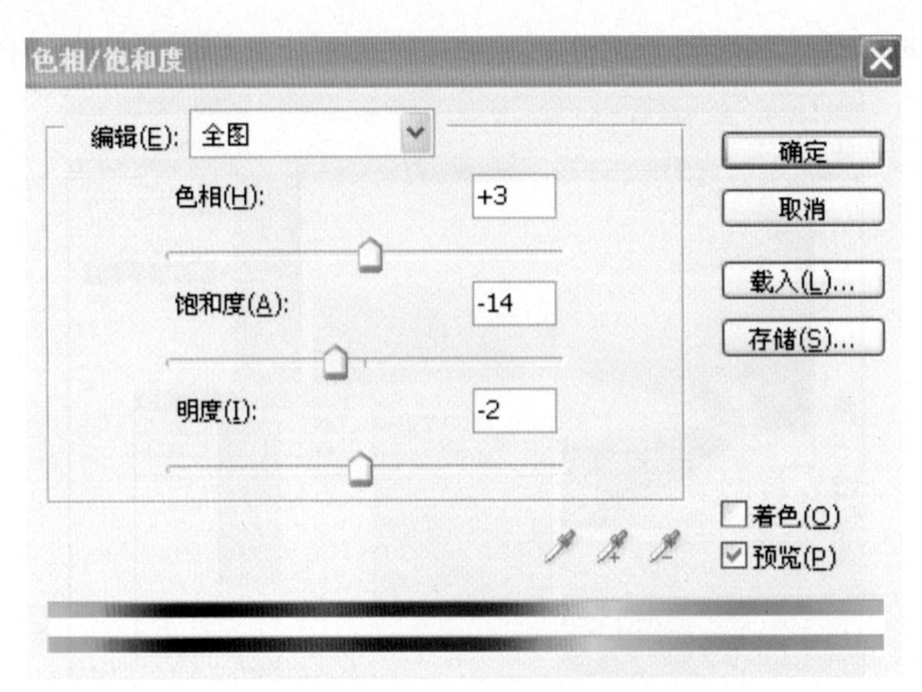

图6—2—46 【色相/饱和度】对话框

5．单击“确定”，然后执行菜单命令“文件 / 存储为”，在弹出的对话框中，设置参数如图 6 － 2 － 47 所示。

图6—2—47 【存储为】对话框

6．单击“保存”，在弹出的对话框中设置参数如图 6 － 2 － 48 所示。

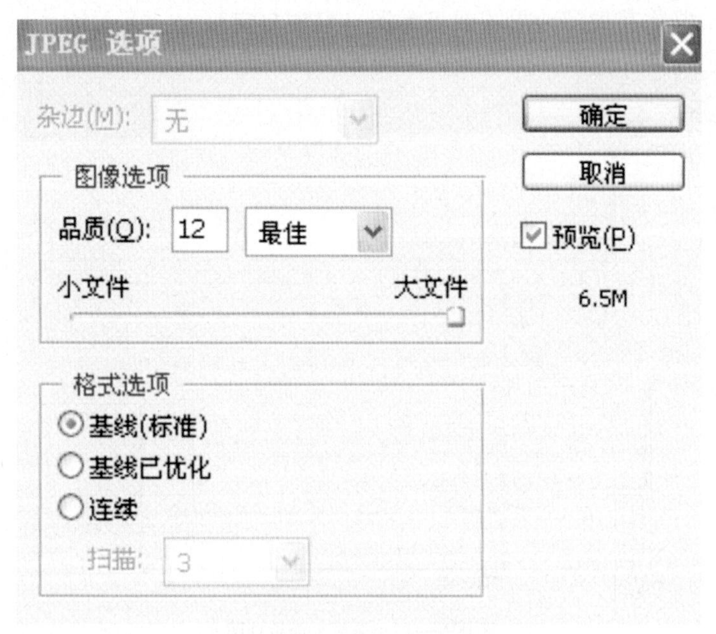

图6—2—48 参数设置

7．单击“确定”，这样就完成了整个制作。

练 习 题

一、理论基础

1．Photoshop 中自由变换的快捷键是______。
2．Photoshop 中反选的快捷键是_______。
3．Photoshop 中拷贝图层的快捷键是________。
4．自我总结模块六中所使用命令的快捷键（绘制表格）。

二、实践操作

1．题图 6 － 1 为小游园平面设计图，请根据此图，完成以下实践操作：

（1）运用 AutoCAD 软件根据“小游园平面设计图 . jpg”绘制其 CAD 图。注：“小游园平面设计图”在配套光盘课后习题文件夹模块六中。

（2）然后运用 Photoshop 软件，制作彩色平面图。

(3) 通过第一个实践任务，按其绘制的平面图，发挥其主观能动性运用 3DS MAX 软件、Photoshop 软件，制作其局部效果图或鸟瞰图（材质自定）。

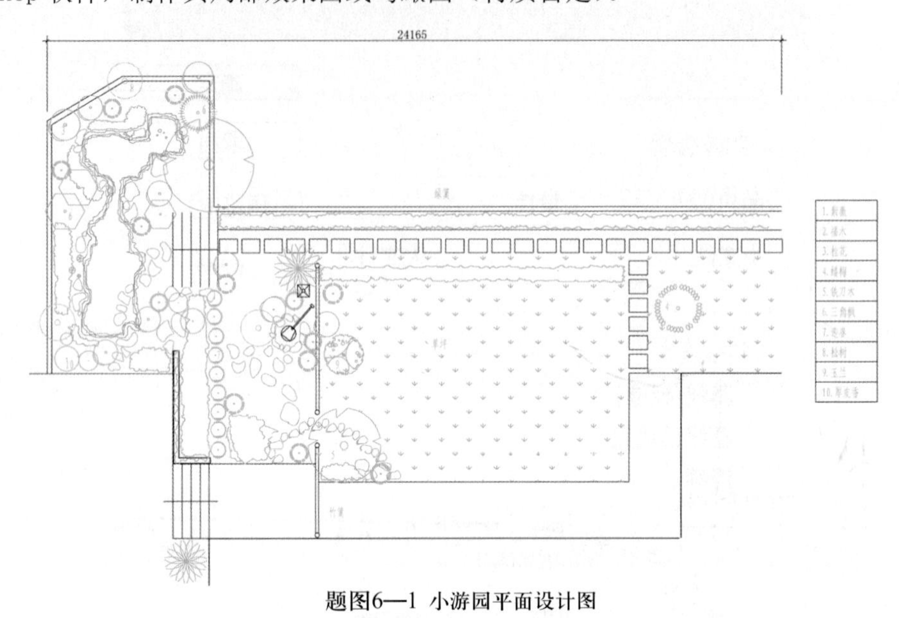

题图6—1 小游园平面设计图

2. 题图 6 － 2 为某住宅小区平面规划图，请根据此图，完成以下实践操作：

（1）运用 Photoshop 软件，根据“某小区平面图 .dwg”绘制其彩色平面图。注：“某小区平面图 .dwg”在配套光盘课后习题文件夹模块六中。

(2) 根据“某小区平面图 .dwg”，发挥其主观能动性运用 3DS MAX 软件、Photoshop 软件，制作其局部效果图或鸟瞰图（材质自定）。

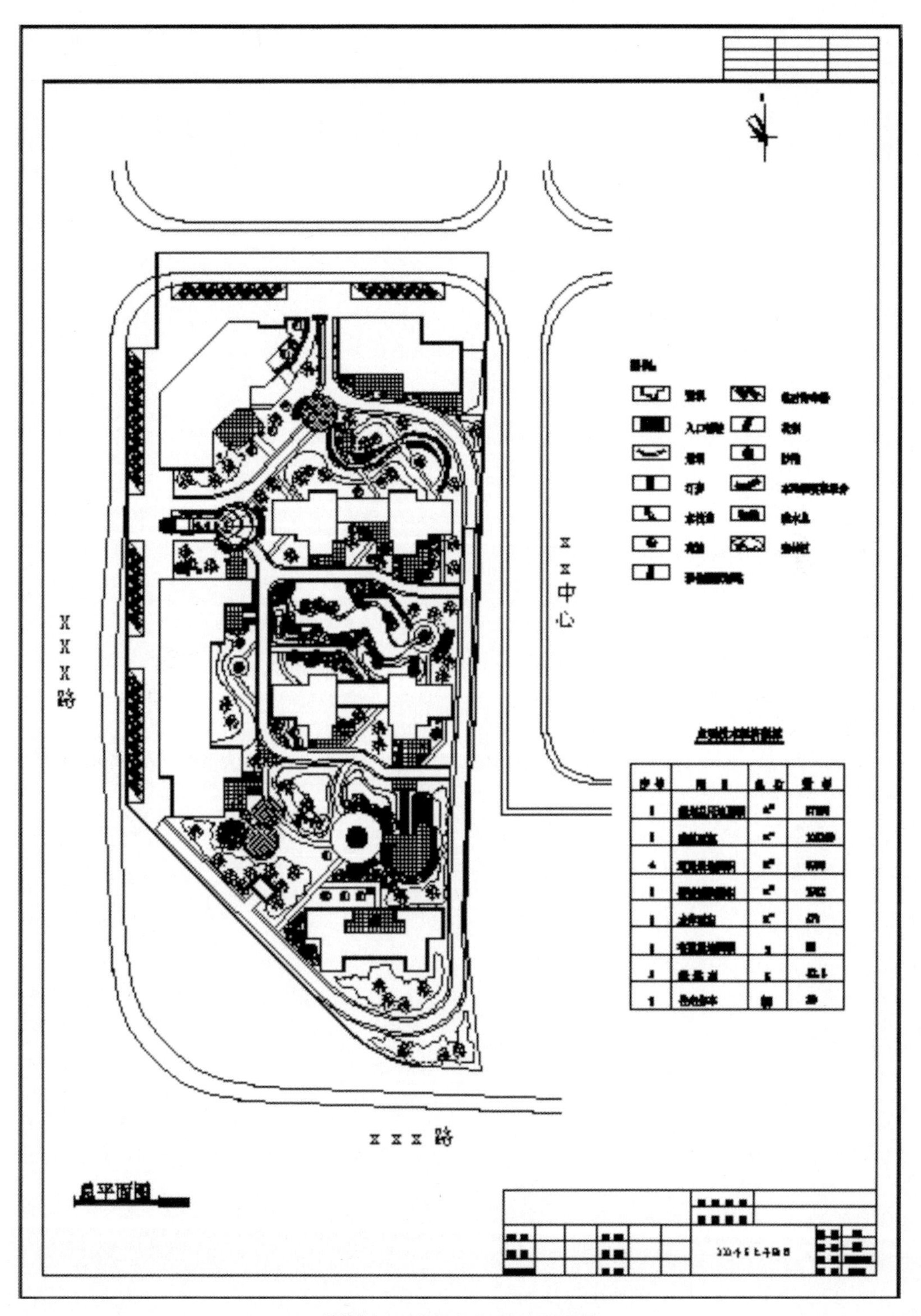

题图6—2 某住宅小区平面规划图